# ESTATÍSTICA NÃO-PARAMÉTRICA PARA CIÊNCIAS DO COMPORTAMENTO

**Autores**

**Sidney Siegel** foi professor-pesquisador de psicologia na Pennsylvania State University. Ph.D em Psicologia pela Stanford University em 1953.

**N. John Castellan, Jr.** é professor de psicologia na Indiana University em Bloomington. Recebeu seu A.B. da Stanford University e seu Ph.D da University of Colorado. Trabalha como pesquisador associado no Oregon Research Institute e como professor visitante de ciência computacional na University of Colorado.

S574e  Siegel, Sidney
    Estatística não-paramétrica para ciências do comportamento / Sidney Siegel, N. John Castellan Jr. ; tradução Sara Ianda Correa Carmona. – 2. ed. – Porto Alegre : Artmed, 2006.
    448 p. ; 25 cm.

    ISBN 978-85-363-0729-9

    1. Estatística – Psicologia. I. Castellan Jr., N. John. II. Título.

    CDU 31:159.9

Catalogação na publicação: Júlia Angst Coelho – CRB 10/1712

# ESTATÍSTICA NÃO-PARAMÉTRICA PARA CIÊNCIAS DO COMPORTAMENTO

2ª edição

Sidney Siegel
N. John Castellan, Jr.

Tradução:
Sara Ianda Correa Carmona

Consultoria, supervisão e revisão técnica desta edição:
Cláudio Damacena
*Doutor em Administração pela Universidade de Córdoba, Espanha.*
Dirceu da Silva
*Doutor em Educação pela USP.*
André Accorsi
*Doutor em Administração pela USP.*

Reimpressão 2008

2006

Obra originalmente publicada sob o título *Nonparametric Statistics for the Behavioral Sciences*, 2.ed.

ISBN 0-07-057357-3

© 1988 by The McGraw-Hill Companies, Inc., New York, NY. All rights reserved.
Portuguese language edition © 2006 by Artmed Editora S.A.

Capa
*Paola Manica*

Preparação do original
*Aline Pereira*

Leitura final
*Rubia Minozzo*

Supervisão editorial
*Mônica Ballejo Canto*

Projeto e editoração
*Armazém Digital Editoração Eletrônica – Roberto Vieira*

Reservados todos os direitos de publicação, em língua portuguesa, à
ARTMED® EDITORA S.A.
Av. Jerônimo de Ornelas, 670 - Santana
90040-340 Porto Alegre RS
Fone (51) 3027-7000 Fax (51) 3027-7070

É proibida a duplicação ou reprodução deste volume, no todo ou em parte, sob quaisquer formas ou por quaisquer meios (eletrônico, mecânico, gravação, fotocópia, distribuição na Web e outros), sem permissão expressa da Editora.

SÃO PAULO
Av. Angélica, 1091 - Higienópolis
01227-100 São Paulo SP
Fone (11) 3665-1100 Fax (11) 3667-1333

SAC 0800 703-3444

IMPRESSO NO BRASIL
*PRINTED IN BRAZIL*
Impresso sob demanda na Meta Brasil a pedido de Grupo A Educação.

A Jay
Sidney Siegel (1ª edição)

A Caryn, Norman & Tanya
John Castellan (2ª edição)

# AGRADECIMENTOS

Agradeço aos seguintes editores e autores que gentilmente me concederam permissão para reproduzir uma ou mais das tabelas do Apêndice:

Sir Ronald A. Fisher, F.R.S a Frank Yates, F.R.S pela permissão de reeditar as tabelas III e IV de seu livro *Statistical tables for biological, agricultural and medical research* (6ª edição, 1974).

Biometrika, editor de *Biometrika* e *Biometrika tables for statisticians,* Volume I, (3ª edição, 1966).

Charles Griffin & Co. Ltd, por materiais do *Kendall's rank correlation methods* (4ª edição, 1970).

Americal Statistical Association, editora do *Journal of the American Statistical Association and Technometrics.*

Biometric Society, editora de *Biometrics.*

Institute of Mathematical Statistics, editor de *Annals of mathematical statistics.*

Gordon and Breach Science Publishers, Inc., editor de *Journal of Statistical Computation and Simulation*; Alfred A. Knopf; John Wiley; McMillan e McGraw-Hill.

W. J. Dixon, C. W. Dunnett, M. A. Fligner, M. H. Gail, S. S. Gupta, K. R. Hammond, M. Hollander, J. E. Householder, F. J. Massey, Jr., C. Eisenhart, S. Maghsoodloo, M. R. Mickey, Jr., R. E. Odeh, E. B. Page, D. W. Stilson e J. H. Zar pela permissão para reproduzir tabelas estatísticas de seus trabalhos publicados.

# SUMÁRIO

Glossário de símbolos ............................................................................................. 13
Prefácio à segunda edição ....................................................................................... 17
Prefácio à primeira edição ....................................................................................... 19

1. **Introdução** ........................................................................................................ 23

2. **O uso de testes estatísticos em pesquisa** ...................................................... 27
   2.1 A hipótese nula ............................................................................................. 28
   2.2 Escolha do teste estatístico ........................................................................... 29
   2.3 Nível de significância e tamanho da amostra ............................................... 29
   2.4 Distribuição amostral .................................................................................... 32
   2.5 Região de rejeição ........................................................................................ 34
   2.6 Decisão .......................................................................................................... 35
   2.7 Exemplo ilustrativo ....................................................................................... 36
   2.8 Referências .................................................................................................... 38

3. **Escolhendo um teste estatístico adequado** .................................................... 39
   3.1 Modelo estatístico ......................................................................................... 39
   3.2 Eficiência ....................................................................................................... 41
   3.3 Mensurações .................................................................................................. 42
   3.4 Testes estatísticos paramétricos e não-paramétricos .................................... 53

4. **O caso de uma amostra** .................................................................................. 57
   4.1 O teste binomial ............................................................................................ 58
   4.2 O teste qui-quadrado de aderência ............................................................... 64
   4.3 Teste de Kolmogorov-Smirnov de uma amostra .......................................... 71
   4.4 Teste para inferência de simetrias de distribuições ...................................... 75

| | | |
|---|---|---|
| | 4.5 Teste das séries de uma amostra para aleatoriedade | 78 |
| | 4.6 O teste ponto-mudança | 84 |
| | 4.7 Discussão | 91 |
| **5.** | **O caso de uma amostra, duas medidas ou replicações emparelhadas** | **95** |
| | 5.1 O teste de mudança de McNemar | 96 |
| | 5.2 O teste do sinal | 102 |
| | 5.3 O teste de postos com sinal de Wilcoxon | 109 |
| | 5.4 O teste de permutação para replicações emparelhadas | 117 |
| | 5.5 Discussão | 122 |
| **6.** | **Duas amostras independentes** | **125** |
| | 6.1 O teste exato de Fisher para tabelas $2 \times 2$ | 126 |
| | 6.2 O teste qui-quadrado para duas amostras independentes | 134 |
| | 6.3 O teste da mediana | 148 |
| | 6.4 O teste de Wilcoxon-Mann-Whitney | 153 |
| | 6.5 Teste posto-ordem robusto | 162 |
| | 6.6 O teste de duas amostras de Kolmogorov-Smirnov | 169 |
| | 6.7 O teste da permutação para duas amostras independentes | 177 |
| | 6.8 O teste de Siegel-Tukey para diferenças de escalas | 181 |
| | 6.9 O teste posto-similaridade de Moses para diferenças de escalas | 186 |
| | 6.10 Discussão | 192 |
| **7.** | **O caso de $k$ amostras relacionadas** | **195** |
| | 7.1 O teste $Q$ de Cochran | 197 |
| | 7.2 A análise de variância de dois fatores de Friedman por postos | 202 |
| | 7.3 O teste de Page para alternativas ordenadas | 211 |
| | 7.4 Discussão | 216 |
| **8.** | **O caso de $k$ amostras independentes** | **219** |
| | 8.1 O teste qui-quadrado para $k$ amostras independentes | 220 |
| | 8.2 Extensão do teste da mediana | 229 |
| | 8.3 Análise de variância de um fator de Kruskal-Wallis por postos | 235 |
| | 8.4 O teste de Jonckheere para alternativas ordenadas | 245 |
| | 8.5 Discussão | 251 |
| **9.** | **Medidas de associação e seus testes de significância** | **255** |
| | 9.1 O coeficiente $C$ de Cramér | 256 |
| | 9.2 O coeficiente phi para tabelas $2 \times 2$: $r_\phi$ | 263 |
| | 9.3 O coeficiente de correlação posto-ordem de Spearman $r_s$ | 266 |
| | 9.4 O coeficiente $T$ de correlação posto-ordem de Kendall | 277 |
| | 9.5 O coeficiente de correlação posto-ordem parcial $T_{xy \cdot z}$ de Kendall | 287 |
| | 9.6 O coeficiente de concordância $W$ de Kendall | 295 |
| | 9.7 O coeficiente de concordância $u$ de Kendall para comparações emparelhadas ou ordenações | 306 |
| | 9.8 Dados em escala nominal e a estatística kappa $K$ | 318 |

| | | |
|---|---|---|
| 9.9 | Variáveis ordenadas e a estatística gama $G$ | 326 |
| 9.10 | Associação assimétrica e a estatística lambda $L_B$ | 333 |
| 9.11 | Associação assimétrica para variáveis ordenadas: $d_{BA}$ de Somers | 338 |
| 9.12 | Discussão | 346 |

**Referências** .................................................................................................. 349
**Apêndice I Tabelas** ...................................................................................... 353
**Apêndice II Programas** ................................................................................ 411
**Apêndice III Uso de recursos computacionais
para o tratamento de dados** ........................................................................ 421
**Índice por autor** ........................................................................................... 437
**Índice por autor de exemplos** ..................................................................... 439
**Índice por assunto** ....................................................................................... 441

# GLOSSÁRIO DE SÍMBOLOS

Nota: Entradas em parênteses referem-se a seções do livro nas quais os símbolos foram definidos ou usados pela primeira vez.

| | |
|---|---|
| $a_{ij}$ | Contador preferido no cálculo do coeficiente de concordância de Kendall (9.7). |
| $A(x_i)$ | Denota o atributo de um objeto $x_i$ (3.3). |
| $\alpha$ | Alfa. Probabilidade de um erro do Tipo I – probabilidade de rejeitar $H_0$ quando $H_0$ é de fato verdadeira. |
| $\beta$ | Beta. Probabilidade do erro do Tipo II – probabilidade de rejeitar $H_1$ quando $H_1$ é de fato verdadeira. |
| $C$ | Coeficiente de Cramér (9.1). |
| $C_j$ | Denota a soma das freqüências na j-*ésima* coluna em uma tabela de contingência (8.1.3), (9.1). |
| $\gamma$ | Gama. Índice de associação entre variáveis ordenadas de uma população gama (9.9). |
| $d_{BA}$ | d de Somers, um índice de associação assimétrica para variáveis ordenadas (9.11). |
| $d_i$ | Diferença entre escores de mesma ordem: $X_i - Y_i$. Usada no teste de Wilcoxon para postos com sinal (5.3), no teste de permutação para replicações emparelhadas (5.4) e na correlação posto-ordem de Spearman (9.3). |
| $d_{ij}$ | Resíduos ajustados ou padronizados usados para testar desvios em células individuais no teste qui-quadrado (8.1.3). |
| $D_{m,n}$ | Estatística associada com os testes de Kolmogorov-Smirnov (4.6), (6.6). |
| $D(X_j)$ | Índice de dispersão usado no teste posto-similaridade de Moses para diferenças de escalas (6.9). |
| $gl$ | Graus de liberdade associados com vários testes estatísticos, usualmente testes qui-quadrado e $t$. |
| $\Delta_{BA}$ | Delta. Parâmetro populacional correspondente ao d de Somers, um índice de associação assimétrica para variáveis ordenadas (9.11). |
| $E_i$ | Valor esperado usado em testes qui-quadrado (4.2), (5.1). |
| $E_{ij}$ | Valor esperado usado em testes qui-quadrado (6.2), (8.1), (8.2). |

| | |
|---|---|
| $F_0(X)$ | Distribuição de freqüências acumuladas especificada pela hipótese nula no teste de Kolmogorov-Smirnov (4.3). |
| $F_r$ | Análise de variância a dois fatores de Friedman por estatística de postos (7.2). |
| $G$ | A estatística Gama para medir associação entre variáveis ordenadas (9.9). |
| $H_0$ | Denota a hipótese nula. |
| $H_1$ | Denota a hipótese alternativa. |
| $\theta_r$ | Teta. Mediana populacional da variável $X$. |
| $J$ | Teste de Jonckheere para estatística de alternativas ordenadas (8.4). |
| $J^*$ | Teste aproximado com amostra grande para a estatística de Jonckheere (8.4.2). |
| $K$ | A estatística kapa, um índice de concordância para dados em escala nominal (9.8). |
| $K_{m,n}$ | Estatística associada com a forma do teste ponto-mudança para grandes amostras (4.6). |
| $KW$ | Análise de variância a um fator de Kruskal-Wallis para estatísticas de postos (8.3). |
| $k$ | Kapa. Índice populacional kapa de concordância para dados em escala nominal (9.8). |
| $L$ | Estatística do teste Page para alternativas ordenadas (7.3). |
| $L(x_i)$ | Denota a função identificação para um objeto $x_i$ (3.3). |
| $L_B, L_A$ | Estatística lambda para medir associação assimétrica entre variáveis em escala nominal (9.10). |
| $\lambda_B, \lambda_A$ | Lambda. Índice populacional lambda de associação assimétrica entre variáveis em escala nominal (9.10). |
| $\mathbf{M}^+_{ij}, \mathbf{N}^+_{ij}$ | Contadores de freqüências para tabelas de contingência. Usados no cálculo da estatística Gama (9.9). |
| $m$ | O maior tamanho da amostra em testes com duas amostras. |
| $m', n'$ | Tamanhos ajustados de amostras no teste posto-similaridade de Moses para diferenças de escalas (6.9). |
| $\max(X)$ | Valor máximo da variável $X$. |
| $\mathrm{med}(X)$ | Mediana da variável $X$. |
| $\mathrm{med}(X_i, X_j, X_k)$ | Mediana das variáveis $X_i$, $X_j$ e $X_k$. |
| $\min(X)$ | Valor mínimo da variável $X$. |
| $\mu$ | Mu. Média populacional. |
| $\mu_x$ | Média populacional da variável $X$. |
| $n$ | Tamanho da menor amostra em testes com duas amostras. |
| $n_{ij}$ | Valor observado, usado em testes qui-quadrado (6.2), (8.1), (8.2). |
| $N$ | Tamanho da amostra. |
| $\binom{N}{k} = \dfrac{N!}{k!(N-k)!}$ | Coeficiente binomial. Expressa o número de combinações de $N$ objetos tomados $k$ de cada vez (4.1.1). |
| $N!$ | Fatorial. $N! = N(N-1)(N-2)(N-3) \ldots (2)(1)$, p.ex., $5! = (5)(4)(3)(2)(1) = 120$. *Nota*: Por definição, $0! = 1$ (4.1.1). |
| $O_i$ | Valor observado, usado nos testes qui-quadrado (4.2), (5.1). |
| $p$ | Probabilidade. Usado no lugar de $P[X]$ quando o contexto é claro. |
| $P[H]$ | Probabilidade da variável aleatória $H$. |
| $q$ | Probabilidade. Comumente usado para denotar a probabilidade associada com um resultado binário, $q = 1 - p$ (4.1.1). |
| $q(\alpha, \#c)$ | Estatística usada na comparação de grupos relacionados ou condições com um controle (7.2.4). |

| | |
|---|---|
| $Q$ | Estatística do teste Q de Cochran para comparação de proporções correlacionadas (7.1). |
| $r$ | Número de séries no teste de séries com uma amostra (4.5). |
| $r_\phi$ | Coeficiente fi para tabelas de contingência 2x2 (9.2). |
| $r_s$ | Coeficiente de correlação posto-ordem de Spearman (9.3). |
| $R_i$ | Denota a soma das freqüências na *i-ésima* linha em uma tabela de contingência (8.1.3), (9.1). |
| $R_j$ | Soma dos postos no *j-ésimo* grupo (7.2), (8.3), (9.6). |
| $\bar{R}_j$ | Média dos postos no *j-ésimo* grupo (7.3), (8.6), (9.6). |
| $\rho_s$ | Ro. Coeficiente de correlação populacional posto-ordem de Spearman (9.3.5). |
| $S$ | Número de concordâncias menos o número de discordâncias na ordenação de postos em dois conjuntos de dados. Usado para calcular o coeficiente de correlação posto-ordem de Kendall (9.4.3). |
| $S_N(X)$ | Distribuição de freqüências acumuladas para amostra de tamanho *N*. Usada no teste de Kolmogorov-Smirnov (4.3), (6.6). |
| $\sigma$ | Sigma. Desvio-padrão populacional. |
| $\sigma_x$ | Desvio padrão populacional da variável *X*. |
| $\sigma_{\bar{x}}$ | Erro padrão populacional da média. |
| $\sigma^2$ | Variância populacional. |
| $t$ | Estatística para o teste *t* de Student. |
| $t_j$ | Número de postos iguais no *j-ésimo* grupo de postos. Usado em testes nos quais os dados são indicados por postos (6.4). |
| $T, T_{xy}$ | Coeficiente de correlação posto-ordem de Kendall (9.4). |
| $T_{xy.z}$ | Coeficiente de correlação posto-ordem parcial de Kendall (9.5). |
| $T_c$ | Correlação entre vários julgamentos e um critério de classificação por postos (9.7.4). |
| $T^+$ | Soma das diferenças positivas no teste de postos com sinal de Wilcoxon (5.3). |
| $T^-$ | Soma das diferenças negativas no teste de postos com sinal de Wicoxon (5.3). |
| $T_x, T_y$ | Fator de correção para postos iguais no coeficiente de correlação posto-ordem de Spearman (9.3.4). |
| $T_x, T_y$ | Fator de correção para postos iguais no coeficiente de correlação posto-ordem de Kendall (9.4.4). (Os valores de $T_x$ e $T_y$ serão diferentes quando aplicados aos coeficientes de correlação posto-ordem de Kendall e Spearman). |
| $\tau$ | Tau. Coeficiente de correlação populacional posto-ordem de Kendall (9.4). |
| $\tau_{xy.z}$ | Coeficiente de correlação populacional posto-ordem parcial de Kendall (9.5). |
| $\bar{\tau}$ | Média populacional tau para testes de significância do coeficiente de Kendall para concordância quando os dados são indicados por postos (9.7.2). |
| $u$ | Coeficiente de Kendall para concordância (9.7). |
| $U_{ij}$ | Estatística *U* de contagem de Mann-Whitney. Usada no cálculo da estatística de Jonckheere (8.4.2). |
| $U(YX)$ | Posição média de um conjunto de *X* escores com relação a um conjunto de *Y* escores. Usado no teste posto-ordem robusto (6.5). |
| $U(YX_i)$ | The *placement* of the score $X_i$ with respect to the *Y* scores. Used in the robust rank-order test (6.5). |
| $\dot{U}$ | Estatística do teste posto-ordem robusto (6.5). |
| $\upsilon$ | Upsilon. Parâmetro populacional para o coeficiente de Kendall de concordância quando os dados são comparados aos pares (9.7.2). |
| $\phi$ | Fi. Subscrito usado para $r_\phi$, o coeficiente fi (9.2). |

| | |
|---|---|
| $V_x, V_y$ | Estatística para igualdade de variâncias para o teste posto-ordem robusto (6.5). |
| $W$ | Coeficiente de Kendall de concordância entre postos múltiplos (9.6). |
| $W_T$ | Um índice de concordância entre julgamentos. Similar ao coeficiente de concordância de Kendall (9.7.1). |
| $W_x$ | Soma dos postos para o grupo $X$ no teste de Wicoxon-Mann-Whitney (6.4). Também usado no teste de Siegel-Tukey para diferenças de escalas (6.8). |
| $X, X_i$ | Um escore ou dado observado. |
| $\bar{X}$ | Média amostral da variável $X$. |
| $X^2$ | Estatística qui-quadrado (4.2), (5.1), (6.2), (6.3), (8.1). |
| $X_i^2$ | Estatística qui-quadrado para partições de uma tabela de contingência (6.2), (8.1.3). |
| $\chi^2$ | Qui-quadrado. Distribuição qui-quadrado (4.2), (5.1), (6.2), (8.1). |
| $z$ | Escore $z$. Comumente usado para denotar uma variável transformada para a *forma padrão*, i.é., com média 0 e desvio padrão 1. |
| # | Função contagem. Por exemplo: |
|    #H | Número de caras (2.7). |
|    #(+) | Número de concordâncias na ordenação de objetos em dois grupos (9.9.3). |
|    #(−) | Número de discordâncias na ordenação de objetos em dois grupos (9.9.3). |

# PREFÁCIO À SEGUNDA EDIÇÃO

Ao revisar *Estatística não-paramétrica para ciências do comportamento,* incluí técnicas que acredito serem de valor especial para cientistas do comportamento. Devido aos desenvolvimentos em estatística não-paramétrica e estatísticas livres de distribuição ocorridos desde a primeira edição, alguns procedimentos foram substituídos por novas técnicas, e a cobertura dos tópicos foi bastante expandida. Em particular, a cobertura de técnicas para $k$ amostras (Capítulos 7 e 8) foi ampliado, e há uma apresentação de procedimentos comparativos. O Capítulo 9 sobre medidas de associação foi significativamente expandido.

Uma característica diferenciada da primeira edição foi o delineamento passo a passo da aplicação de cada procedimento a dados reais. Ao preparar esta revisão, tentei preservar esse aspecto do texto. Apesar de alguns dos exemplos usados na primeira edição terem sido substituídos, outros permaneceram. O objetivo foi fornecer uma ilustração clara dos princípios, do uso, do cálculo e da interpretação de cada estatística.

Devido à grande variedade de procedimentos não-paramétricos e ao espaço disponível limitado, foi difícil fazer escolhas entre os métodos. Minha escolha foi baseada, em parte, sobre o julgamento de utilidade de cada procedimento e sobre um esforço para minimizar a inclusão de testes similares.

Algumas escolhas devem ser especificamente mencionadas: optei por incluir os testes qui-quadrado de Pearson para tabelas de contingência em vez dos modelos loglineares. Isso por duas razões: constatei que os estudantes se mostram, muitas vezes, capazes de compreender mais rapidamente os conceitos dos testes de Pearson e porque há alguma evidência sugerindo que os testes de Pearson têm propriedades melhores para amostras pequenas.

Também omiti testes multivariados e, exceto por alguns poucos exemplos, testes em seqüências de comportamentos. Apesar de tais testes serem tópicos importantes para o cientista do comportamento, cada um deles requer uma discussão extensiva para uma adequada cobertura.

Leitores com um conhecimento básico mínimo em estatística podem usar este livro; entretanto, esses leitores verificarão que os Capítulos 2 e 3 são bastante concisos, mas completos. Leitores que cursaram uma ou mais disciplinas de estatística podem passar rapidamente pelos Capítulos 2 e 3.

Um aspecto do livro certamente vem a ser controvertido. Na primeira edição, escalas de medidas foram bastante enfatizadas ao longo do livro. Na revisão, incluí uma extensa discussão sobre mensurações por escalas no Capítulo 3, mas "suavizei" a maior parte da linguagem concernente à importância das escalas na discussão de certas técnicas particulares. O papel de escalas de medidas em *pesquisa* é complicado, e esse papel é, muitas vezes, considerado como independente de *estatística*. Minha experiência como professor e consultor tem-me levado a acreditar que as mensurações têm recebido pouca atenção, o que leva a resultados infelizes. Mensurações afetam a *interpretação* dos dados obtidos em pesquisa, e tenho verificado que a ênfase em escalas ajuda os pesquisadores a fazer interpretações apropriadas de seus dados. Apesar de defensores de vários enfoques concernentes ao papel das escalas de mensurações em estatística poderem estar insatisfeitos com a ênfase escolhida por mim, acredito que um equilíbrio foi atingido, o que ajudará os pesquisadores a realizarem melhor sua pesquisa.

Uma característica adicional desta edição é a inclusão de listagens de programas informáticos para alguns dos procedimentos. Cálculos para muitas das técnicas apresentadas neste texto podem ser executados facilmente a mão ou com uma calculadora eletrônica não muito cara. Entretanto, outras técnicas são computacionalmente mais difíceis ou tediosas. Para estas, listagens de programas estão incluídas no Apêndice II. Essas listagens são em BASIC, porque esta linguagem é acessível para virtualmente todo usuário de computador (e sistemas maiores). Um esforço foi feito para fazer listagens fáceis de serem interpretadas, a fim de que a lógica do programa possa ser entendida; elas são independentes umas das outras e não envolvem nenhum outro programa. Como uma consequência, os programas não são tão eficientes ou elegantes como poderiam ser em outro caso. Novamente, o objetivo foi clareza e facilidade de uso. Deve ser observado que, até o presente momento, não existe um pacote único de programas informáticos que possa fazer todas as análises descritas no livro.[1]

Ao preparar esta edição, quero agradecer o encorajamento e apoio que recebi de Alberta Siegel no início e na continuação do projeto. Além disso, gostaria de expressar minha gratidão a vários estudantes que trabalharam nos primeiros rascunhos da revisão e ofereceram muita assistência crítica. Estou particularmente em dívida de gratidão com meus colegas que leram e comentaram sobre um ou mais rascunhos do manuscrito: Helena Chmura Kraemer, Richard Lehman, Thomas Nygren, James L. Phillips, J.B. Spalding e B. James Starr. Para finalizar, o maior suporte veio de minha esposa e meus filhos, os quais, mesmo sem nem sempre entenderem o que eu estava fazendo, deram-me encorajamento e incentivo para completar o trabalho.

**N. John Castellan, Jr.**

---

[1] Um conjunto completo de todos os procedimentos estatísticos discutidos neste livro está disponível como um pacote integrado de estatística não-paramétrica para computadores. Para mais informações sobre o pacote, contate N. John Castellan, Jr., Department of Psychology, Indiana University, Bloomington, In. 47405.

# PREFÁCIO À PRIMEIRA EDIÇÃO

Creio que as técnicas não-paramétricas para testar hipóteses são especialmente convenientes para dados de ciências do comportamento. As duas designações alternativas que são dadas freqüentemente a esses testes sugerem duas razões para essa conveniência. Os testes são chamados muitas vezes de "livres de distribuição", sendo um de seus principais méritos o fato de que eles não assumem que os dados sob análise foram extraídos de uma população distribuída de uma certa maneira, por exemplo, de uma população normalmente distribuída. Alternativamente, muitos desses testes são identificados como "testes de ordenação", e este título sugere seus outros principais méritos: técnicas não-paramétricas podem ser usadas com escores que não são exatos em nenhum sentido numérico, mas que, de fato, são simplesmente indicados por "postos" na ordenação. Uma terceira vantagem dessas técnicas, é claro, é sua simplicidade informática. Muitos acreditam que pesquisadores e estudantes em ciências do comportamento necessitam despender mais tempo e reflexão na formulação cuidadosa de seus problemas de pesquisa e na coleta de dados precisos e relevantes. Talvez eles venham a dedicar mais atenção a estes pontos, se ficarem livres da necessidade de cálculos estatísticos que são complicados e demorados. Uma última vantagem dos testes não-paramétricos é sua utilidade com amostras pequenas, uma característica que deve ser útil ao pesquisador que faz a coleta de dados para um estudo-piloto e ao pesquisador cujas amostras precisam ser pequenas por causa de sua natureza intrínseca (por exemplo, amostras de pessoas com um tipo raro de doença mental, ou amostras de culturas).

Para finalizar, nenhuma fonte disponível apresenta técnicas não-paramétricas em uma forma prática e em termos que sejam familiares ao cientista do comportamento. As técnicas são apresentadas em várias publicações matemáticas e estatísticas. Muitos cientistas do comportamento não têm a sofisticação matemática exigida para consultar tais fontes. Além disso, certos escritores têm apresentado resumos dessas técnicas em artigos dirigidos aos cientistas sociais. Entre esses escritores, distinguem-se Blum e Fattu (1954), Moses (1952a), Mosteller e Bush (1954) e Smith (1953). Além disso, alguns dos mais novos textos em estatística para cientistas sociais têm apresentado capítulos sobre métodos não-paramétricos. Estes incluem os textos escritos por Edwards (1954), McNemar (1955) e Walker e Lev (1953). Mesmo valiosas como estas fontes são, elas têm sido tipicamente muito seletivas nas técnicas apresentadas ou não têm incluído as tabelas de valores de significância que são utilizadas na aplicação dos vários testes. Portanto, sinto que um texto em métodos não-paramétricos seria um acréscimo desejável à literatura formada pelas fontes mencionadas.

Neste livro, apresentei os testes de acordo com o tipo de pesquisa para a qual ele é apropriado. Na discussão de cada teste, tenho-me esforçado em indicar sua "função", isto é, indicar o tipo de dados para os quais ele é aplicável, fornecer alguma noção dos fundamentos lógicos ou provas subjacentes ao teste, explicar seu cálculo e compará-lo ao seu equivalente paramétrico, se existir algum, e a quaisquer testes não-paramétricos de função similar.

O leitor pode ficar surpreso com a quantidade de espaço gráfico dado a exemplos do uso destes testes e até mesmo espantado com a repetição de idéias introduzidas por esses exemplos. Posso explicar essa utilização de espaço, argumentando que: (a) os exemplos ajudam a ensinar o cálculo do teste, (b) os exemplos ilustram a aplicação do teste a problemas de pesquisa em ciências do comportamento e (c) o uso dos mesmos seis passos em qualquer teste de hipóteses demonstra que uma mesma lógica está por trás de cada uma das muitas técnicas estatísticas, fato que não é bem-compreendido por muitos pesquisadores.

Como tentei apresentar toda a lista de dados para cada um dos exemplos, não fui capaz de extraí-los de um grupo universal de fontes. Publicações em pesquisa, tipicamente não apresentam listagem de dados e, portanto, para muitos exemplos, fui compelido a extrair dados de um grupo bastante particular de fontes – aquelas fontes das quais listas de dados eram obtidas rapidamente. O leitor compreenderá que isso é uma apologia, em função da freqüência com que apresento, nos exemplos, minha própria pesquisa e aquelas de meus colegas mais próximos. Algumas vezes, não encontrei dados apropriados para ilustrar o uso de um teste e, portanto, "criei" dados de acordo com a finalidade.

Ao escrever este livro, tornei-me bastante consciente da importante influência que vários professores e colegas têm exercido sobre meu pensamento. O professor Quinn McNemar me deu um treinamento fundamental em inferência estatística e foi quem primeiro me introduziu na importância das suposições subjacentes de vários testes estatísticos. O professor Lincoln Moses enriqueceu minha compreensão de estatística e foi quem primeiro despertou meu interesse na literatura de estatística não-paramétrica. Meus estudos com o professor George Polya me proporcionaram excitantes percepções em teoria da probabilidade. Os professores Kenneth J. Arrow, Albert H. Bowker, Douglas H. Lawrence e o já falecido J. C. C. McKinsey contribuíram significativamente para minha compreensão de estatística e de planejamento de experimentos. Meu conhecimento de teoria da medida foi aprofundado pela minha colaboração em pesquisa com os professores Donald Davidson e Patrick Suppes.

Este livro foi enormemente beneficiado pelas sugestões e críticas estimulantes e detalhadas que os professores James B. Bartoo, Quinn McNemar e Lincoln Moses fizeram-me após cada um deles ter lido o manuscrito. Estou em grande dívida com cada um deles por suas valiosas doações de tempo e conhecimento. Também sou agradecido aos professores John F. Hall e Robert E. Stover, que me encorajaram a escrever este livro e contribuíram com comentários críticos e úteis em alguns dos capítulos. É claro, nenhuma dessas pessoas é, de nenhum modo, responsável por erros que possam ainda aparecer; estes são de minha inteira responsabilidade e agradeço aos meus leitores que detectarem erros ou pontos obscuros e peço-lhes que chamem minha atenção para eles.

Muito da praticidade deste livro é devida à generosidade de muitos autores e editores que têm bondosamente me permitido adaptar ou reproduzir tabelas e outros materiais originalmente apresentados por eles. Mencionei cada fonte onde este material aparece e desejo também registrar aqui minha gratidão a Donovan Auble, Irvin L. Child, Frieda Swed Cohn, Chuchill Eisenhart, D. J. Finney, Milton Friedman, Leo A. Goodman, M. G. Kendall, William Kruskal, Joseph Lev, Henry B. Mann, Frank J. Massey, Jr., Edwin G. Olds, George W. Snedecor, Helen M. Walker, W. Allen Wallis, John E. Walsh, John W. M. Whiting, D. R. Whitney e Frank Wilcoxon e ao Institute of Mathematical Statistics, ao American Statistical Asoociation, *Biometrika*, ao American Psychological Association, Iowa State College Press, Yale University Press, ao Institute of Educational Research at Indiana University, ao American Cyanamid Company, Charles Griffin & Co., Ltd., John Wiley & Sons, Inc. e Henry Holt and Company, Inc. Estou em dívida com o professor Sir Ronald A. Fisher, Cambridge, ao Dr. Frank Yates, Rothamsted e ao Messrs.Oliver and Boyd, Ltd., Edinburgh, pela permissão para reimprimir as Tabelas III e IV de seu livro *Statistical tables for biological, agricultural, and medical research*.

Minha maior dívida pessoal é com minha esposa, Dra. Alberta Engvall Siegel, pois, sem sua ajuda, este livro não poderia ter sido escrito. Ela trabalhou em estreita colaboração junto a mim em todas as fases do planejamento e redação do livro. Sei que este foi beneficiado não só por seu conhecimento de ciências do comportamento, como também por sua cuidadosa revisão, a qual reforçou quaisquer méritos de caráter expositivo que o livro possa ter.

**Sidney Siegel**

# 1
# INTRODUÇÃO

Estudantes de ciências sociais e do comportamento acostumam-se rapidamente a usar palavras familiares de formas inicialmente não-familiares. Muito cedo em seus estudos, eles aprendem que um cientista do comportamento falando de *sociedade* não está referindo-se àquele grupo de pessoas cujos nomes aparecem nas páginas sociais de nossos jornais. Eles sabem que a denotação científica do termo *personalidade* pouco ou nada tem em comum com o significado dado pelos adolescentes. Apesar de um adolescente poder, desdenhosamente, romper com algum de seus amigos por ele "não ter personalidade", o cientista do comportamento raramente pode conceber tal condição. Os estudantes aprendem que o termo *cultura*, quando usado tecnicamente, abrange muito mais do que refinamento estético. E eles não cometeriam o erro de dizer que um vendedor "usa" *psicologia* para persuadir um cliente a comprar um certo produto.

De forma semelhante, os estudantes descobrem que o campo da *estatística* é bastante diferente da concepção comum dada a ele. Nos jornais, no rádio e na televisão, o estatístico é apresentado como aquele que coleta grandes quantidades de informações quantitativas e então as resume, as manipula e as divulga. Somos todos familiarizados com a noção de que a determinação do salário médio em uma indústria ou do número médio de crianças nas famílias urbanas americanas é trabalho para um estatístico. Mais familiar para alguns é o papel do estatístico em descrever eventos esportivos. Mas os estudantes, mesmo tendo feito somente um curso introdutório em estatística, sabem que a descrição é somente uma das funções da estatística.

Uma função central da estatística moderna é a *inferência estatística*. A inferência estatística está relacionada com dois tipos de problemas: estimação de parâmetros populacionais e testes de hipóteses. É o último deles, testes de hipóteses, que será nosso maior interesse neste livro.

O dicionário *Webster* nos diz que o verbo *inferir* significa "obter como uma conseqüência, conclusão, probabilidade". Quando vemos uma mulher que não usa aliança no segundo dedo de sua mão esquerda, podemos *inferir* que ela não é casada. Entretanto, essa inferência poderia ser incorreta. Por exemplo, a mulher poderia ter vindo da Europa onde a aliança de casamento freqüentemente é usada na mão direita. Ou ela poderia simplesmente ter optado por não usar aliança.

Em inferência estatística, estamos preocupados em extrair conclusões sobre um grande grupo de objetos ou com eventos que estão ainda por ocorrer, com base na observação de poucos objetos ou de fatos que tenham ocorrido no passado. A estatística fornece ferramentas que formalizam e padronizam nossos procedimentos para obter tais conclusões. Por exemplo, podemos querer determinar qual entre três variedades de suco de tomate é mais popular com cozinheiros americanos. Informalmente, poderíamos obter informações sobre essa questão ficando parados próximo da seção de sucos de tomates em um supermercado, contando o número de latas de cada variedade que são compradas ao longo de um dia. É quase certo que o número de compras das três variedades será desigual. Mas podemos *inferir* que aquela variedade mais freqüentemente escolhida *naquele* dia e *naquele* mercado por *aqueles* clientes do dia é realmente a mais popular entre os cozinheiros americanos? Para fazermos tal inferência, precisamos considerar a margem de popularidade mantida pela marca mais freqüentemente comprada, a representatividade do supermercado escolhido e também a representatividade do grupo de compradores que observamos.

Os procedimentos de inferência estatística introduzem ordem em qualquer tentativa de extrair conclusões da evidência proporcionada por amostras. A lógica dos procedimentos estabelece algumas das condições sobre as quais a evidência precisa ser coletada, e testes estatísticos determinam se, a partir da evidência que coletamos, podemos ter confiança no que concluímos sobre o grande grupo do qual somente poucos objetos foram observados.

Um problema comum de inferência estatística é determinar, em termos de uma probabilidade, se diferenças observadas entre duas amostras significam que as populações correspondentes são realmente diferentes entre si. Agora, mesmo se coletarmos dois grupos de escores tomando amostras aleatórias da mesma população, é provável que ainda encontremos diferenças nos escores. Diferenças podem ocorrer simplesmente porque a escolha das amostras é feita ao acaso. Como podemos determinar em qualquer caso considerado se as diferenças observadas entre duas amostras são devidas meramente ao acaso ou se são causadas por outros fatores? Os procedimentos de inferência estatística nos tornam capazes de determinar se as diferenças observadas estão dentro de um domínio que facilmente poderia ter ocorrido devido ao acaso ou não. Outro problema comum é determinar se uma amostra de escores provém de uma população específica. Um outro problema ainda é decidir se podemos legitimamente inferir que vários grupos diferem entre si. Neste livro, estaremos preocupados com esses problemas em inferência estatística.

No desenvolvimento dos métodos da estatística moderna, as primeiras técnicas de inferência que apareceram foram as que fizeram muitas boas suposições sobre a natureza das populações das quais as observações ou os dados foram extraídos. Essas técnicas estatísticas são chamadas *paramétricas*. Por exemplo, uma técnica de inferência pode ser baseada na suposição de que os dados foram extraídos de uma população denominada *população normalmente distribuída*. Ou uma técnica de inferência pode ser baseada na suposição de que dois conjuntos de dados foram extraídos de populações tendo a mesma variância ($\sigma^2$) ou dispersão de escores. Tais técnicas produzem conclusões contendo restrições, por exemplo: "Se as suposições com relação à forma da(s) distribuição(ões) da(s) população(ões) são válidas, então podemos concluir que...". Devido às suposições serem comuns à maioria dos testes, tais testes são facilmente sistematizados e, portanto, são mais fáceis de ser ensinados e aplicados.

Um pouco mais recentemente assistimos ao desenvolvimento de um grande número de técnicas de inferência, as quais não fazem suposições numerosas ou restringentes sobre a população da qual os dados são extraídos. Essas técnicas *não-paramétricas* ou *livres de distribuição* resultam em conclusões que requerem menos qualificações. Ao usar uma delas, poderemos ser capazes de dizer que "desconsiderando a forma da(s) população(ões), podemos concluir que...". São essas as técnicas com as quais estaremos preocupados neste livro.

Algumas técnicas não-paramétricas são testes de postos ou testes de ordenação, e estas formas de identificação sugerem outro aspecto em que testes não-paramétricos diferem de testes paramétricos. Quando usamos um teste estatístico, implicitamente fazemos certas suposições sobre as atribuições numéricas feitas aos objetos observados. Como veremos no Capítulo 3, as regras para atribuições numéricas constituem uma mensuração por escala. As regras de atribuição que usamos (isto é, a escala) colocam restrições nos tipos de interpretação e de operações que são apropriadas a essas atribuições. Quando a aplicação de um teste estatístico transforma valores de escala de maneiras inadequadas, torna-se difícil interpretar o resultado. Apesar de podermos calcular um teste estatístico paramétrico para dados de qualquer tipo, a facilidade de interpretação do teste depende da maneira como as observações são transformadas em números para análise. Muitos testes não-paramétricos, por outro lado, têm foco na ordem ou nos postos dos escores, e não em seu valor "numérico", e outras técnicas não-paramétricas são úteis com dados nos quais mesmo uma ordenação é impossível (por exemplo, com dados classificatórios). Enquanto um teste paramétrico pode focalizar sobre a diferença entre as médias de duas populações, o teste não-paramétrico análogo pode focalizar sobre a diferença das medianas. As vantagens de estatísticas baseadas em ordenação de dados em ciências do comportamento (na qual escores "numéricos" podem ser precisamente numéricos somente na aparência) devem ser aparentes. Discutiremos este ponto detalhadamente no Capítulo 3, no qual testes paramétricos e não-paramétricos são contrastados.

Dos nove capítulos deste livro, seis são dedicados à apresentação dos vários testes estatísticos não-paramétricos. Os testes são colocados nos capítulos de acordo com o tipo de pesquisa para o qual eles são apropriados. O Capítulo 4 contém testes que podem ser usados quando se quer determinar se uma única amostra provém de uma população específica. Dois capítulos contêm testes que podem ser usados quando se deseja comparar os escores dados por duas amostras: o Capítulo 5 considera testes para duas amostras relacionadas e o Capítulo 6 considera testes para duas amostras independentes. De forma similar, dois capítulos são dedicados a testes de significância para três ou mais amostras: o Capítulo 7 apresenta testes para três ou mais amostras relacionadas e o Capítulo 8 apresenta testes para três ou mais amostras independentes. As medidas não-paramétricas de associação e testes de significância para elas são descritas no Capítulo 9.

Além disso, tentamos tornar o livro compreensível para o leitor cujo conhecimento em matemática está limitado à álgebra elementar. Essa orientação impediu a apresentação de muitas derivações mais complexas. Quando possível, tentamos transmitir uma compreensão *intuitiva* da lógica subjacente ao teste, pois acreditamos que essa compreensão será mais útil do que a tentativa de seguir as deduções matemáticas. O leitor mais sofisticado matematicamente desejará seguir os tópicos desenvolvidos neste livro recorrendo a fontes às quais fizemos referência.

Os leitores cuja experiência em matemática é limitada, e especialmente aqueles cuja experiência educacional tem sido tal que tenham desenvolvido respostas emocionais negativas aos símbolos, muitas vezes acham difíceis os livros de estatística devido ao extensivo uso de símbolos. Tais leitores poderão verificar que muita de sua dificuldade desaparecerá se ele ler mais lentamente do que de costume e relacionar a apresentação textual à apresentação tabular dos dados. Além disso, o leitor é encorajado a aprender a ler equações e fórmulas como se fossem sentenças, substituindo os nomes das variáveis pelos nomes dos símbolos. Não se espera que um leitor especialista em ciências sociais ou do comportamento possa manter a mesma rapidez de percepção ao ler um livro de estatística e ao ler um livro sobre, digamos, personalidade, ou sobre hostilidade entre grupos, ou sobre o papel da geografia nas diferenças culturais. As redações em estatística são mais condensadas do que a maioria das redações sociais científicas – usamos símbolos tanto para simplificar como para dar maior precisão – e, portanto, ela requer uma leitura mais lenta. O leitor que considera os símbolos difíceis pode também recorrer ao glossário que está incluído no livro. O glossário sintetiza os significados dos vários símbolos usados no texto. Uma razão para que o uso extensivo de símbolos torne o material mais difícil é que os símbolos são termos gerais e abstratos, os quais adquirem uma variedade de significados específicos em uma variedade de casos específicos. Assim, quando falamos de $k$ amostras queremos dizer um número qualquer de amostras – 3, 4, 8, 5 ou qualquer outro número. Nos exemplos, é claro, cada símbolo adquire um valor numérico específico e, assim, os exemplos podem servir para "concretizar" a discussão para o leitor.

Muitos leitores possuem calculadoras eletrônicas em que podem ser calculadas a maioria das estatísticas descritas neste livro. Outros têm acesso fácil a "pacotes" estatísticos para uso em computadores. Apesar de os computadores reduzirem ao mínimo o trabalho de análise de dados, é importante que o usuário entenda a estatística – suas suposições e o que ela faz com os dados. A melhor maneira de se entender as técnicas estatísticas é calculá-las com seus próprios dados. Em nossa apresentação das técnicas, preferimos descrever os procedimentos de uma maneira amena para agilizar a análise de dados. Apesar de os pacotes informáticos poderem ser usados (e devem ser usados em muitos casos), muitas vezes é mais rápido analisar conjuntos pequenos de dados com uma calculadora. Para algumas das estatísticas mais complicadas, incluímos listas de programas informáticos simples que ajudarão a analisar os dados se o procedimento não for facilmente encontrado em outros pacotes.

Finalmente, o leitor com treinamento matemático limitado também poderá considerar os exemplos especialmente úteis. É dado um exemplo do uso na pesquisa para cada um dos testes estatísticos apresentados neste livro. Os exemplos também servem para ilustrar o papel e a importância da Estatística na pesquisa do cientista do comportamento. Esta pode ser sua função mais útil, já que este livro é dirigido para o pesquisador cujo interesse primordial está no conteúdo ou em tópicos da ciência social e comportamental, e não tanto em sua metodologia. Os exemplos demonstram a íntima inter-relação do conteúdo e do método nessas ciências.

# 2

# O USO DE TESTES ESTATÍSTICOS EM PESQUISA

Em ciências do comportamento, conduzimos a pesquisa de modo a testar hipóteses que surgem de nossas teorias do comportamento. Tendo estabelecido uma determinada hipótese que nos pareça importante para uma certa teoria, coletamos dados que devem nos dar condições de tomar uma decisão com relação à hipótese. Nossa decisão pode nos levar a reter, rever ou rejeitar a hipótese e a teoria da qual ela se originou.

Para chegar a uma decisão objetiva sobre se uma determinada hipótese é confirmada por um conjunto de dados, precisamos ter um procedimento objetivo para aceitar ou rejeitar a hipótese. A objetividade é enfatizada porque um importante aspecto do método científico é que se deveria chegar a conclusões por métodos que sejam públicos e que possam ser repetidos por outros investigadores competentes.

Este procedimento objetivo deveria ser baseado nas informações ou nos dados que obtivemos em nossa pesquisa e no risco que estamos correndo de que nossa tomada de decisão com relação à hipótese possa estar incorreta.

O procedimento seguido geralmente envolve vários passos. Listamos esses passos na ordem de sua execução; este e o próximo capítulo são dedicados à discussão de cada um, com algum detalhe. Eles são introduzidos aqui para que o leitor tenha uma visão do procedimento como um todo.

1. Estabeleça a hipótese nula ($H_0$) e sua alternativa ($H_1$). Decida quais dados coletar e sob quais condições. Escolha um teste estatístico (com seu modelo estatístico associado) para testar $H_0$.
2. Entre os diversos testes que podem ser usados com um certo tipo de pesquisa, escolha aquele cujo modelo mais se aproxima das condições da pesquisa em termos das suposições nas quais o teste está baseado.
3. Especifique um nível de significância ($\alpha$) e um tamanho para a amostra ($N$).
4. Encontre a distribuição amostral do teste estatístico sob a suposição de que $H_0$ é verdadeira.
5. Com base em (2), (3) e (4), defina a região de rejeição para o teste estatístico.

6. Colete os dados. Usando os dados obtidos da(s) amostra(s), calcule o valor da estatística do teste. Se esse valor está na região de rejeição, a decisão é rejeitar $H_0$; se esse valor está fora da região de rejeição, a decisão é que $H_0$ não pode ser rejeitada no nível de significância escolhido.

Diversos testes estatísticos são apresentados neste livro. Na maioria das apresentações, um ou mais exemplos são dados para ilustrar o uso dos testes. Cada exemplo segue os seis passos mencionados. Uma compreensão básica da razão para cada um deles é essencial para entender o papel da estatística ao testar hipóteses.

## 2.1 A HIPÓTESE NULA

O primeiro passo no procedimento de tomada de decisão é estabelecer a hipótese nula ($H_0$). A *hipótese nula* é uma hipótese de "não-efeito" e é usualmente formulada com o propósito de ser rejeitada; ou seja, é a negação do ponto que se está tentando confirmar. Se ela é rejeitada, a hipótese alternativa ($H_1$) é confirmada. A *hipótese alternativa* é a afirmação operacional da hipótese de pesquisa do investigador. A *hipótese de pesquisa* é a predição originada da teoria que está sendo testada.

Quando queremos tomar uma decisão sobre diferenças, testamos $H_0$ contra $H_1$. $H_1$ constitui a afirmação ou hipótese que é aceita se $H_0$ é rejeitada.

Suponha que uma certa teoria sociopsicológica nos leve a predizer que dois grupos específicos de pessoas diferem na quantidade de tempo que gastam na leitura de jornais. Esta predição seria nossa hipótese de pesquisa. Falando mais genericamente, nossa hipótese de pesquisa é que os grupos diferem. A confirmação da predição daria suporte à teoria da qual ela surgiu. Para testar esta hipótese de pesquisa, estabelecemos de uma forma operacional como sendo ela a hipótese alternativa $H_1$. Mas como? Uma medida teria que ser usada para a quantidade média de tempo que cada grupo utiliza para ler jornais. Então $H_1$ seria $\mu_1 \neq \mu_2$, isto é, as quantidades médias de tempo lendo jornais pelos membros de duas populações são desiguais. $H_0$ seria $\mu_1 = \mu_2$, isto é, a quantidade média de tempo utilizado lendo jornais pelos membros de duas populações é a mesma. Se os dados nos permitem rejeitar $H_0$, então aceitaríamos $H_1$, pois os dados suportam a hipótese de pesquisa e sua teoria subjacente.

A natureza da hipótese de pesquisa determina como $H_1$ deve ser estabelecida. Se a hipótese de pesquisa estabelece simplesmente que os dois grupos irão diferir com relação às médias, então $H_1$ é $\mu_1 \neq \mu_2$. Mas se a teoria prediz a *direção* da diferença, isto é, um especificado grupo terá uma média maior do que o outro, então $H_1$ pode ser $\mu_1 > \mu_2$ ou $\mu_1 < \mu_2$, isto é, a média para o grupo 1 é maior ou menor que a média para o grupo 2, respectivamente.

Deve ser observado que, apesar de podermos dizer que os dados suportam $H_1$, e gostaríamos de aceitar esta hipótese, não podemos dizer que $H_1$ é verdadeira. Como veremos na Seção 2.3, nossos dados somente nos permitem fazer afirmações probabilísticas com relação às hipóteses. Apesar de podermos *dizer* que estamos rejeitando uma hipótese e aceitando sua alternativa, não podemos dizer que a alternativa é verdadeira.

## 2.2 ESCOLHA DO TESTE ESTATÍSTICO

O campo da estatística tem desenvolvido até o presente momento, para quase todos os tipos de pesquisa, testes estatísticos alternativos válidos que podem ser usados para chegar a uma decisão sobre uma hipótese. Tendo testes alternativos válidos, precisamos certa base racional para uma escolha entre eles. Como este livro é voltado para a estatística não-paramétrica, a escolha entre procedimentos estatísticos paramétricos e não-paramétricos é um de seus tópicos centrais. A discussão deste ponto é reservada para um capítulo separado. O Capítulo 3 fornece uma extensa discussão sobre as bases para a escolha entre os vários testes aplicáveis a um dado tipo de pesquisa. Apesar de não termos aqui uma completa discussão, é importante lembrar que a escolha de testes estatísticos é o segundo passo do procedimento.

## 2.3 NÍVEL DE SIGNIFICÂNCIA E TAMANHO DA AMOSTRA

Quando a hipótese nula e a hipótese alternativa já foram estabelecidas e quando o teste estatístico apropriado já foi selecionado, o próximo passo é especificar um nível de significância ($\alpha$) e selecionar um tamanho para a amostra ($N$).

Resumidamente, este é o nosso procedimento de tomada de decisão: antes da coleta de dados, especificamos um conjunto de todas as possíveis amostras que poderiam ocorrer quando $H_0$ é verdadeira. Destas, especificamos um conjunto de possíveis amostras que sejam tão inconsistentes com $H_0$ (ou tão extremas) que a probabilidade de que a amostra que de fato observamos esteja entre elas é muito pequena, quando $H_0$ é verdadeira. Então, se em nossa pesquisa de fato observamos uma amostra que está incluída naquele conjunto, rejeitamos $H_0$.

Descrevendo de outra forma, nosso procedimento é rejeitar $H_0$ em favor de $H_1$ se um teste estatístico dá um valor cuja probabilidade associada de ocorrência sob $H_0$ é menor ou igual a alguma pequena probabilidade, usualmente denotada por $\alpha$. Esta probabilidade é chamada de *nível de significância*. Valores comuns para $\alpha$ são 0,05 e 0,01.[1] Repetindo: se a probabilidade associada à ocorrência sob $H_0$ (por exemplo, quando a hipótese nula é verdadeira) de um valor particular fornecido por um teste estatístico (e mais valores extremos) é menor ou igual a $\alpha$, rejeitamos $H_0$ em favor de $H_1$, a afirmação operacional da hipótese de pesquisa. O propósito de escolher um nível de significância é definir um evento raro sob $H_0$ quando a hipótese nula é verdadeira. Assim, se $H_0$ fosse de fato verdadeira e se o resultado de um teste estatístico sobre um conjunto de dados observados tivesse uma probabilidade menor ou igual a $\alpha$, é a ocorrência de um evento raro que nos levaria, sobre uma base probabilística, a rejeitar $H_0$.

Pode ser visto, então, que $\alpha$ dá a probabilidade de errar ou de falsamente rejeitar $H_0$. A falsa rejeição de $H_0$ é chamada erro do Tipo I e será discutida mais tarde neste capítulo.

Como a probabilidade $\alpha$ entra no processo de determinação de aceitação ou de rejeição de $H_0$, a necessidade de objetividade exige que $\alpha$ seja especificado antes que

---

[1] Da discussão de níveis de significância feita neste livro, o leitor não deve concluir que acreditamos em uma abordagem rígida ou "difícil e rápida" para a análise dos níveis de significância. Ao contrário, esses níveis são enfatizados por razões heurísticas; uma tal exposição parece o melhor método de esclarecimento do papel da informação contida na distribuição amostral no processo de tomada de decisão.

os dados sejam coletados. O nível no qual o pesquisador escolhe especificar α deve ser determinado por uma estimativa própria da importância ou possível significância prática do resultado que será obtido. Em um estudo de possíveis efeitos terapêuticos de uma cirurgia cerebral, por exemplo, o pesquisador pode muito bem escolher especificar um nível de significância bastante rigoroso, pois as conseqüências de rejeitar a hipótese nula impropriamente (e, portanto, defender ou recomendar uma técnica clínica drástica sem fundamentação) são bastante perigosas. Ao relatar resultados, o pesquisador deve indicar o verdadeiro nível probabilístico associado aos resultados obtidos de modo que os leitores possam usar seus próprios julgamentos ao decidir se a hipótese nula deve ou não deve ser rejeitada. Um pesquisador pode decidir trabalhar no nível 0,05, mas um leitor pode recusar aceitar qualquer resultado não significante nos níveis 0,01, 0,005 ou 0,001 e outro leitor pode estar interessado em qualquer resultado que atinja, digamos, os níveis 0,08 ou 0,10. Essas diferenças freqüentemente refletem diferentes subjetividades ou percepções das conseqüências da aplicação dos resultados por indivíduos diferentes. Sempre que possível, o pesquisador deve fornecer aos leitores a informação solicitada relatando o nível probabilístico associado aos dados.

Existem dois tipos de erros que podem ser cometidos ao chegar a uma decisão sobre $H_0$. O primeiro, *erro do Tipo I*, envolve a rejeição da hipótese $H_0$ quando ela é, de fato, verdadeira. O segundo, *erro do Tipo II*, envolve não rejeitar a hipótese nula $H_0$, quando, de fato, ela é falsa.

A probabilidade de cometer um erro do Tipo I é denotado por α. Quanto maior a probabilidade α, mais provável será que $H_0$ seja rejeitada falsamente, isto é, mais provável será que um erro do Tipo I seja cometido. O erro do Tipo II é usualmente denotado por β, e α e β serão usados para indicar o tipo do erro e a probabilidade de cometer tal erro. Isto é,

$$P[\text{erro Tipo I}] = \alpha$$
$$P[\text{erro Tipo II}] = \beta$$

Idealmente, os valores particulares de α e β devem ser escolhidos pelo pesquisador antes do começo da pesquisa. Esses valores determinariam o tamanho $N$ da amostra que seria necessário ser extraída usando o teste estatístico escolhido.

Na prática, entretanto, é mais comum α e $N$ serem especificados primeiramente. Uma vez que α e $N$ tenham sido especificados, β é determinado. Vendo que existe uma relação inversa entre as probabilidades de cometer os dois tipos de erros, um decréscimo em α ocasionará um acréscimo em β para qualquer valor dado de $N$. Se desejamos reduzir a possibilidade de ambos os tipos de erros, precisamos aumentar o tamanho da amostra $N$.

Deve ficar claro que, em qualquer inferência estatística, existe o perigo de cometer um dos dois tipos de erros alternativos e, portanto, o pesquisador deve fazer alguns ajustes que otimizem o equilíbrio entre as probabilidades de cometer os dois tipos de erros. Os vários testes estatísticos oferecem a possibilidade de diferentes equilíbrios entre estes fatores. É na obtenção deste equilíbrio que a noção de poder de um teste estatístico é relevante.

O *poder de um teste* é definido como a probabilidade de rejeitar $H_0$ quando ela é, de fato, falsa. Isto é,

$$\text{Poder} = 1 - P[\text{erro Tipo II}] = 1 - \beta$$

As curvas na Figura 2.1 mostram que, para um teste particular, a probabilidade $\beta$ de cometer um erro do Tipo II decresce quando o tamanho $N$ da amostra cresce e, então, o poder cresce com o tamanho de $N$. Pode-se considerar $1 - \beta$ como sendo a "força da evidência". Também o poder de um teste paramétrico cresce com a diferença entre o "verdadeiro" parâmetro populacional, digamos $\mu$, e o valor especificado por $H_0$, digamos $\mu_0$.

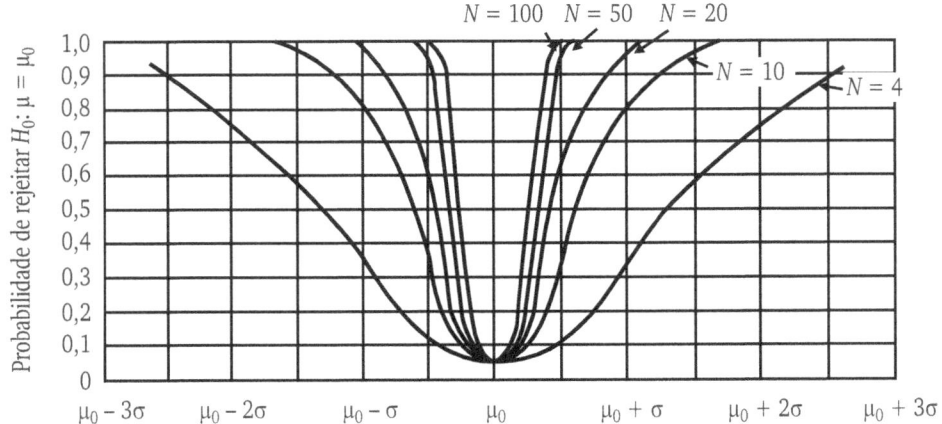

**Figura 2.1**
Curvas de poder do teste bilateral com $\alpha = 0,05$ variando os tamanhos da amostra.

A Figura 2.1 ilustra o crescimento no poder do teste bilateral da média ocasionado pelo crescimento dos tamanhos da amostra: $N = 4, 10, 20, 50, 100$. Estas amostras são extraídas de populações com variância $\sigma^2$ e distribuição normal.[2] Quando a hipótese nula é verdadeira, a média é $\mu_0$, isto é, $\mu = \mu_0$.

A Figura 2.1 mostra as curvas de poder para testes onde $\alpha = 0,05$. Isto é, as curvas foram desenhadas assumindo que quando $H_0$ é verdadeira – quando a verdadeira média é $\mu_0$ – a probabilidade de rejeitar $H_0$ é igual a 0,05.

Desta discussão, é importante que o leitor entenda os cinco pontos seguintes, os quais resumem o que temos dito sobre a seleção do nível de significância e do tamanho da amostra:

1. O nível de significância $\alpha$ de um teste é a probabilidade de que, quando a hipótese $H_0$ é verdadeira, um teste estatístico venha a fornecer um valor da estatística do teste que nos levará à rejeição de $H_0$; isto é, o nível de significância indica a probabilidade de cometer um erro do Tipo I.

---

[2] A distribuição normal é a distribuição de uma variável aleatória $x$ tendo a seguinte forma:
$$f(x) = \frac{1}{\sqrt{2\pi}\sigma} e^{-1/2[(x-\mu)/\sigma]^2}$$
onde $\mu$ é a média e $\sigma$ é o desvio padrão da distribuição. É a conhecida distribuição em "forma de sino".

2. β é a probabilidade de que um teste estatístico forneça um valor da estatística do teste sob o qual a hipótese nula não seria rejeitada quando, de fato, ela é falsa; isto é, β é a probabilidade de cometer um erro do Tipo II.
3. O poder de um teste, $1 - \beta$, é a probabilidade de rejeitar a hipótese nula quando ela é falsa (e então deve ser rejeitada).
4. Poder é uma função do teste estatístico escolhido.[3]
5. Geralmente, o poder de um teste estatístico cresce quando o tamanho da amostra cresce.

## 2.4 DISTRIBUIÇÃO AMOSTRAL

Após um pesquisador ter escolhido um certo teste estatístico para usar com um conjunto de dados, a distribuição da estatística do teste precisa ser determinada.

A distribuição amostral é uma distribuição teórica. É aquela distribuição que teríamos se tomássemos todas as possíveis amostras de mesmo tamanho da mesma população, extraindo cada uma aleatoriamente. Outra maneira de dizer isso é que a distribuição amostral é a distribuição, quando $H_0$ é verdadeira, de todos os possíveis valores que alguma estatística (digamos, a média amostral $\bar{X}$) pode tomar quando a estatística é calculada a partir de muitas amostras de mesmo tamanho, extraídas da mesma população.

A distribuição amostral nula de uma estatística consiste das probabilidades sob $H_0$ associadas aos vários possíveis valores numéricos da estatística. A probabilidade "associada" à ocorrência de um determinado valor da estatística quando $H_0$ é verdadeira *não* é a probabilidade exata daquele valor. De fato, "a probabilidade associada com a ocorrência sob $H_0$" é usada aqui para se referir à probabilidade de um particular valor *mais* as probabilidades de todos possíveis valores mais extremos ou mais inconsistentes com $H_0$. Isto é, a "probabilidade associada" ou a "probabilidade associada com a ocorrência sob $H_0$" é a probabilidade de ocorrência sob $H_0$ de um valor "tão extremo quanto ou mais extremo que" o valor particular da estatística do teste. Neste livro, teremos freqüentes ocasiões para usar as frases supracitadas, e, em todos os casos, cada uma tem o significado dado.

Suponha que estivéssemos interessados na probabilidade de aparecerem três caras quando três moedas "honestas" fossem lançadas simultaneamente. A distribuição amostral do número de caras poderia ser obtida da lista de todos possíveis resultados do lançamento de três moedas honestas, a qual é dada na Tabela 2.1. O número total de resultados possíveis – possíveis combinações de caras (Hs – *heads*) e coroas (Ts – *tails*) – é oito, dos quais somente um é o evento no qual estamos interessados: a ocorrência simultânea de três Hs. Assim, a probabilidade de ocorrência sob $H_0$ de três caras no lançamento de três moedas é $\frac{1}{8}$. Aqui $H_0$ é a afirmação de que as moedas são "honestas", o que significa que para cada moeda a probabilidade de ocorrer uma cara é igual à probabilidade de ocorrer uma coroa.

---

[3] Poder também é relacionado com a natureza de $H_1$. Se $H_1$ tem direção, um teste unilateral é usado. Um teste unilateral é mais potente do que um teste bilateral. Isso deve estar claro na definição de poder. Testes uni e bilaterais estão descritos na Seção 2.5. Poder também está relacionado com o tamanho $N$ da amostra, com a variância $\sigma^2$, com o nível de significância $\alpha$ e com outras variáveis, dependendo do teste que está sendo feito.

### Tabela 2.1
Possíveis resultados do lançamento de três moedas

| Resultado | Moedas | | |
|---|---|---|---|
| | 1 | 2 | 3 |
| 1 | H | H | H |
| 2 | H | H | T |
| 3 | H | T | H |
| 4 | H | T | T |
| 5 | T | H | H |
| 6 | T | H | T |
| 7 | T | T | H |
| 8 | T | T | T |

A distribuição amostral de todos possíveis resultados fornece a probabilidade de ocorrência, quando $H_0$ é verdadeira, do evento no qual estamos interessados.

É óbvio que seria essencialmente impossível para nós usar este método de imaginar todos os possíveis resultados a fim de registrar a distribuição amostral mesmo para amostras moderadamente grandes de grandes populações. Sendo este o caso, nos basearemos na autoridade das afirmações de teoremas matemáticos. Estes teoremas, invariavelmente, envolvem suposições, e ao aplicar os teoremas precisamos manter em mente estas suposições. Usualmente tais suposições referem-se à distribuição da população e/ou ao tamanho da amostra. Um exemplo de um tal teorema é o *teorema do limite central*.

Quando uma variável é normalmente distribuída, sua distribuição é completamente caracterizada por sua média e por seu desvio-padrão. Sendo este o caso, sabemos, da análise da distribuição, na qual a probabilidade de que um valor observado da variável difira da média populacional por mais do que 1,96 desvios-padrão é menor do que 0,05. (As probabilidades associadas com qualquer diferença em desvios-padrão da média de uma variável normalmente distribuída são dadas na Tabela A do Apêndice.)

Suponha que queiramos saber, antes da amostra ser extraída, a probabilidade associada com a ocorrência de um particular valor de $\bar{X}$ (média da amostra) – isto é, a probabilidade sob $H_0$ da ocorrência de um valor pelo menos tão grande quanto um valor particular de $\bar{X}$ quando a amostra é extraída aleatoriamente de alguma população – com média $\mu$ e desvio-padrão $\sigma$ conhecidos. Uma versão do teorema do limite central estabelece que:

> Se uma variável é distribuída com média $\mu$ e desvio padrão $\sigma$ e se amostras aleatórias de tamanho $N$ são extraídas, então as médias dessas amostras, os $\bar{X}$'s, terão distribuição aproximadamente normal com média $\mu$ e desvio padrão $\sigma/\sqrt{N}$ quando $N$ é grande.[4]

---

[4] Apesar de dizermos que a distribuição torna-se *aproximadamente* normal quando $N$ torna-se grande, o teorema do limite central afirma que quando $N \to \infty$, a distribuição torna-se normal. Entretanto, como todas as amostras são finitas, a terminologia "aproximado" é apropriada.

Em outras palavras, sabemos que a distribuição amostral de $\bar{X}$ tem uma média igual à média μ da população, um desvio padrão igual ao desvio-padrão da população dividido pela raiz quadrada do tamanho da amostra, isto é, $\sigma_{\bar{X}} = \sigma/\sqrt{N}$, e se $N$ é suficientemente grande, ela é aproximadamente normal.

Por exemplo, suponha que saibamos que, na população dos estudantes universitários americanos, alguma característica psicológica, medida por algum teste, é distribuída com média μ = 100 e σ = 16. Agora queremos saber a probabilidade de extrair uma amostra aleatória de $N$ = 64 elementos desta população e obter um escore médio naquela amostra, $\bar{X}$, tão grande quanto 104. A distribuição amostral dos $\bar{X}$'s de todas as possíveis amostras de tamanho 64 terá uma média igual a 100 (μ = 100) e um desvio padrão igual a $\sigma/\sqrt{N} = 16/\sqrt{64} = 2$, e o teorema do limite central nos diz que a distribuição de $\bar{X}$ será aproximadamente normal quando $N$ se torna grande. (Se a variável $X$ tivesse inicialmente uma distribuição normal, $\bar{X}$ teria também uma distribuição normal, independentemente do tamanho da amostra.) Podemos ver que 104 difere de 100 por dois desvios padrão.[5] Consulta à Tabela A do Apêndice revela que a probabilidade associada com a ocorrência sob $H_0$ de um valor tão grande quanto o valor observado de $\bar{X}$ – isto é, de um $\bar{X}$ que está pelo menos dois desvios padrão acima da média ($z \geq 2,0$) – é $p < 0,023$. Este cálculo pode ser representado da seguinte maneira:

$$z = \frac{\bar{X} - \mu}{\sigma/\sqrt{N}}$$

$$= \frac{104 - 100}{16/\sqrt{64}}$$

$$= 2$$

Deve ficar claro desta discussão e deste exemplo que, conhecendo a distribuição amostral de alguma estatística, podemos fazer afirmações sobre a probabilidade de ocorrência de certos valores numéricos da estatística. As seções seguintes mostrarão como usamos tais afirmações probabilísticas ao tomar uma decisão sobre $H_0$.

## 2.5 REGIÃO DE REJEIÇÃO

A região de rejeição é uma região da distribuição amostral nula. A distribuição amostral inclui *todos* os possíveis valores que a estatística do teste pode assumir. A região de rejeição consiste de um subconjunto destes valores possíveis e é escolhida de modo que a probabilidade sob $H_0$ de que a estatística do teste assuma um valor naquele subconjunto seja α. Em outras palavras, a região de rejeição consiste de um conjunto de possíveis valores que sejam tão extremos que, quando $H_0$ é verdadeira, a probabilidade de que a amostra que observamos forneça um valor entre eles seja realmente pequena (isto é, igual a α). A probabilidade associada a qualquer valor na região de rejeição é menor ou igual a α.

---

[5] O desvio padrão de uma distribuição amostral da média da amostra é freqüentemente denominado como *erro padrão* da distribuição.

A natureza da região de rejeição é afetada pela forma da hipótese alternativa $H_1$. Se $H_1$ também indica a direção da predição da diferença, então é usado um teste unilateral. Se $H_1$ não indica a direção da diferença predita, então é usado um teste bilateral. Testes unilaterais e bilaterais diferem na localização (mas não no tamanho) da região de rejeição. Isto é, em um teste unilateral a região de rejeição está inteiramente em um dos finais (ou cauda) da distribuição amostral. Em um teste bilateral, a região de rejeição está localizada em ambos os finais (ou caudas) da distribuição amostral.

Como um exemplo, suponha que um pesquisador queira determinar se um regime particular de treinamento teve um efeito na habilidade de lembrar nomes de pontos geográficos. A hipótese nula seria que o desempenho de um grupo de controle que não recebeu nenhum treinamento especial não difira do grupo treinado. Se o pesquisador desejasse meramente saber da existência de uma diferença, então grandes acréscimos ou grandes decréscimos no desempenho levariam à rejeição de $H_0$. Como uma diferença em qualquer direção levaria à rejeição de $H_0$, seria usado um teste bilateral. Entretanto, se o pesquisador estivesse apenas interessado em determinar se o regime de treinamento levaria a uma melhora no desempenho, somente grandes acréscimos no desempenho levariam à rejeição de $H_0$ e seria usado um teste unilateral.

O tamanho da região de rejeição é expresso por $\alpha$, o nível de significância. Se $\alpha = 0,05$, então o tamanho da região de rejeição compreende 5% da área total incluída sob a "curva" da distribuição amostral. Regiões de rejeição unilaterais e bilaterais para $\alpha = 0,05$ estão ilustradas na Figura 2.2. Note que estas duas regiões diferem na localização, mas não no tamanho total.

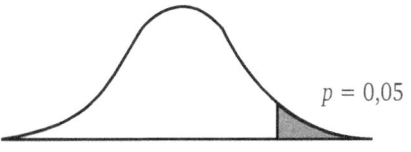 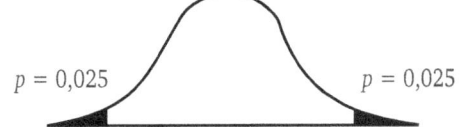

A. Área sombreada mostra região de rejeição unilateral quando $\alpha = 0,05$

B. Área sombreada mostra região de rejeição bilateral quando $\alpha = 0,05$

**FIGURA 2.2**
Regiões de rejeição para testes unilaterais e bilaterais.

## 2.6 DECISÃO

Se o teste estatístico fornece um valor que está na região de rejeição, rejeitamos $H_0$.

A argumentação por trás deste processo de decisão é muito simples. Se a probabilidade associada com a ocorrência, sob a hipótese nula, de um valor particular na distribuição amostral é muito pequena, podemos explicar a verdadeira ocorrência daquele valor em uma de duas maneiras: podemos explicá-la decidindo que a hipótese nula é falsa, ou podemos explicá-la decidindo que um evento improvável ou raro tenha ocorrido. No processo de decisão escolhemos a primeira dessas explicações. Ocasionalmente, é claro, a segunda pode ser a explicação correta. De fato, a probabilidade associada com a segunda explicação é dada por α, pois rejeitar $H_0$ quando ela é, de fato, verdadeira é o erro do Tipo I.

Quando a probabilidade associada com um valor observado da estatística do teste é igual ou menor do que o valor previamente determinado de α, concluímos que $H_0$ é falsa. Tal valor observado é dito "significante". $H_0$, a hipótese a ser testada, é rejeitada sempre que ocorre um resultado significante. Um resultado significante é um resultado que é encontrado na região de rejeição e cuja probabilidade associada de ocorrência sob $H_0$ (como mostrado pela distribuição amostral) é menor ou igual a α.

## 2.7 EXEMPLO ILUSTRATIVO

Na discussão dos vários testes estatísticos não-paramétricos, muitos exemplos de decisões estatísticas serão dados neste livro. Aqui vamos dar somente um exemplo de como se chega a uma decisão estatística a fim de ilustrar os pontos tratados neste capítulo.

**Exemplo 2.7** Supondo que suspeitemos de que uma dada moeda seja viciada. Suspeita-se que a moeda é viciada em cair com cara voltada para cima. Para testar esta suspeita (a qual chamaremos nossa "hipótese de pesquisa"), decidimos lançar essa moeda 12 vezes e observar a freqüência com a qual o resultado cara ocorre.

1. *Hipótese nula*. $H_0$: $P[H] = P[T] = \frac{1}{2}$. Para esta moeda não existe diferença entre a probabilidade de ocorrência de uma cara, isto é, $P[H]$, e a probabilidade de uma coroa, isto é, $P[T]$. Colocando ainda de outra maneira, a moeda é "honesta". A hipótese alternativa $H_1$: $P[H] > \frac{1}{2}$ é uma representação da hipótese de pesquisa.
2. *Teste estatístico*. O teste estatístico que é apropriado para testar nossa hipótese é o teste binomial, o qual é baseado na distribuição binomial. (O número observado de caras quando uma moeda é lançada tem uma distribuição binomial. Sabemos que, se o número observado de caras é muito grande, desejaremos rejeitar $H_0$. Entretanto, precisamos conhecer as probabilidades dos diferentes resultados possíveis do experimento. Esta distribuição e o teste associado são integralmente discutidos no Capítulo 4.)
3. *Nível de significância*. Primeiramente decidimos usar α = 0,01 como nosso nível de significância e $N = 12$ como o número de lançamentos independentes da moeda.
4. *Distribuição amostral*. A distribuição amostral que dá a probabilidade de obter #H – número de caras – e $N$ – #H – número de coroas sob a hipótese nula (a hipótese de que, de fato, a moeda é honesta) – é a função distribuição binomial:

$$P[\#H] = \frac{N!}{(\#H)!(N-\#H)!} \left(\frac{1}{2}\right)^N \qquad \#H = 0, 1, 2, ..., N$$

A Tabela 2.2 mostra a distribuição amostral de #H, o número de caras quando uma moeda é lançada 12 vezes.[6] Essa distribuição amostral mostra que o resultado mais provável quando se lança uma moeda 12 vezes é 6 caras e 6 coroas. Obter 7 caras e 5 coroas é um pouco menos provável, mas ainda bastante provável. Mas a ocorrência de 12 caras em 12 lançamentos é realmente bastante improvável. A ocorrência de 0 caras (12 coroas) é igualmente improvável.

**Tabela 2.2**
Distribuição amostral de #H (número de caras) para $2^{12}$ amostras de tamanho $N = 12$

| Número de caras | Distribuição amostral* | Probabilidade |
|---|---|---|
| 12 | 1 | 0,00024 |
| 11 | 12 | 0,0029 |
| 10 | 66 | 0,0161 |
| 9 | 220 | 0,0537 |
| 8 | 495 | 0,1208 |
| 7 | 792 | 0,1936 |
| 6 | 924 | 0,2256 |
| 5 | 792 | 0,1936 |
| 4 | 495 | 0,1208 |
| 3 | 220 | 0,0537 |
| 2 | 66 | 0,0161 |
| 1 | 12 | 0,0029 |
| 0 | 1 | 0,00024 |
|  | 4.096 | 1,000 |

*Freqüência esperada de ocorrência se fossem tomadas $2^{12}$ amostras de 12 lançamentos.

5. *Região de rejeição.* Como $H_1: p > \frac{1}{2}$ especifica uma direção da diferença, será usado um teste unilateral. A região de rejeição está inteiramente em um dos finais da distribuição amostral, por exemplo, quando o número de caras é grande. A região de rejeição consiste de todos os valores de #H que sejam tão grandes que a probabilidade associada com suas ocorrências sob $H_0$ seja igual ou menor a $\alpha = 0,01$.

A probabilidade de se obter 12 caras é $1/4096 = 0,00024$. Como $p = 0,00024$ é menor do que $\alpha = 0,01$, claramente a ocorrência de 12 caras estaria na região de rejeição.

A probabilidade de se obter 12 *ou* 11 caras é

$$\frac{1}{4096} + \frac{12}{4096} = \frac{13}{4096} = 0,003$$

---

[6] Os detalhes e a fundamentação lógica para a distribuição binomial são integralmente discutidas na Seção 4.1. Para o exemplo dado aqui, é necessário somente entender que a distribuição amostral de #H pode ser determinada analiticamente.

Como $p = 0,003$ é menor do que $\alpha = 0,01$, a ocorrência de 11 caras estaria também na região de rejeição.

A probabilidade de se obter 10 caras (ou um valor mais extremo) é

$$\frac{1}{4096} + \frac{12}{4096} + \frac{66}{4096} = \frac{79}{4096} = 0,019$$

Como $p = 0,019$ é maior do que $\alpha = 0,01$, a ocorrência de 10 caras não estaria na região de rejeição.[7] Isto é, se 10 ou menos caras aparecem em nossa amostra de 12 lançamentos, não podemos rejeitar $H_0$ no nível $\alpha = 0,01$ de significância.

6. *Decisão*. Supondo que em nossa amostra de 12 lançamentos obtivemos 11 caras. A probabilidade associada com uma ocorrência tão extrema como esta é $p = 0,003$. Visto que esta probabilidade é menor do que nosso nível de significância previamente estabelecido ($\alpha = 0,01$), nossa decisão seria a de rejeitar $H_0$ em favor de $H_1$. Concluiríamos que a moeda é viciada em mostrar cara voltada para cima.

Neste capítulo discutimos o procedimento para a tomada de uma decisão quanto à aceitação ou à rejeição de uma hipótese particular, como operacionalmente definida, em termos da informação fornecida pelos dados obtidos na pesquisa. O Capítulo 3 completa a discussão geral entrando na questão de como se pode escolher o teste estatístico mais apropriado para ser usado com os dados da pesquisa. (Essa escolha é o passo 2 no procedimento recém-delineado.) A discussão no Capítulo 3 esclarece as condições sob as quais testes paramétricos são ideais e indica as condições sob as quais testes não-paramétricos são mais apropriados.

## 2.8 REFERÊNCIAS

O leitor que queira uma abordagem mais profunda ou fundamental dos tópicos resumidos neste capítulo pode utilizar livros-texto sobre estatística nas ciências sociais e do comportamento. Especialmente importantes são Bailey (1971) e Hays (1981).

---

[7] Visto que as distribuições amostrais para muitas estatísticas não-paramétricas são discretas, pode não ser possível selecionar a região de rejeição tal que, $\alpha$ seja exatamente igual ao valor predeterminado. Portanto, o ponto de corte que divide a distribuição deve ser escolhido de modo que a probabilidade associada com a região de rejeição seja tão grande quanto possível, *mas menor do que* o nível $\alpha$ de significância escolhido. Como isso resulta em um teste conservativo, ele fornece uma regra simples para usar em testes de hipóteses.

# 3

# ESCOLHENDO UM TESTE ESTATÍSTICO ADEQUADO

Quando testes estatísticos válidos e alternativos estão disponíveis para uma particular hipótese de pesquisa, como é freqüentemente o caso, é necessário empregar alguma lógica para se escolher entre eles. No Capítulo 2, apresentamos um critério de escolha entre testes estatísticos alternativos e válidos – o critério do poder. Neste capítulo, será apresentado outro.

O leitor deverá lembrar que o poder de uma análise estatística é, em parte, uma função do teste estatístico que é empregado na análise. Um teste estatístico é bom se a probabilidade de rejeitar $H_0$, quando $H_0$ é verdadeira, é igual ao valor escolhido para $\alpha$. Ele é um teste poderoso se tem uma probabilidade grande de rejeitar $H_0$ quando $H_0$ é falsa. Vamos supor que encontremos dois testes estatísticos, $A$ e $B$, que tenham a mesma probabilidade de rejeitar $H_0$ quando ela é verdadeira. Isso significa que ambos são igualmente válidos. Pode parecer que deveríamos simplesmente selecionar aquele com maior probabilidade de rejeitar $H_0$ quando ela é falsa.

Entretanto, existem outras considerações que entram na escolha de um teste estatístico. Nessa escolha, precisamos considerar a maneira com que a amostra de escores foi extraída, a natureza da população da qual a amostra foi extraída, a particular hipótese que desejamos testar e o tipo de mensurações ou escalonamentos que foram empregados nas definições operacionais das variáveis envolvidas, isto é, nos escores. Todos esses aspectos entram na determinação de qual teste estatístico é ideal ou mais apropriado para analisar um particular conjunto de dados de pesquisa.

## 3.1 MODELO ESTATÍSTICO

Quando caracterizamos a natureza da população e a forma de amostragem, temos um modelo estatístico estabelecido. Associado a cada teste estatístico existe um modelo e uma exigência da mensuração. O teste é válido sob certas condições, e o modelo e a exigência da mensuração especificam estas condições. Algumas vezes somos capazes de testar se as condições de um particular modelo estatístico são de fato válidas, mas em geral temos que *assumir* que elas são válidas. Precisamos examinar a situação e determinar se é razoável ou não assumir que o modelo é correto. Assim, as condições do modelo estatístico de um teste são freqüentemente chamadas de "suposições" do teste. Todas as decisões tomadas pelo uso de qualquer teste estatístico precisam trazer com elas esta qualificação: "Se o modelo utilizado estava correto e se a exigência da mensuração foi satisfeita, então...".

É óbvio que, quanto menos suposições definem um particular modelo estatístico ou quanto mais fracas elas forem, menos precisamos para qualificar a decisão tomada por meio do teste estatístico associado àquele modelo; isto é, quanto menor o número de suposições e mais fracas elas são, mais gerais são as conclusões.

Entretanto, os testes mais poderosos são aqueles que têm as suposições mais fortes ou mais abrangentes. Os testes paramétricos – por exemplo, o teste $t$ ou o teste $F$ – têm uma variedade de fortes suposições subjacentes ao seu uso. Se essas suposições são válidas, os testes baseados sobre elas são os mais prováveis entre todos os testes em rejeitar $H_0$ quando $H_0$ é falsa; isto é, quando os dados da pesquisa podem ser analisados apropriadamente por um teste paramétrico, este teste será mais poderoso do que qualquer outro. Note, entretanto, a exigência de que os dados da pesquisa precisam ser apropriados para o teste. O que constitui ser apropriado? Quais são as condições associadas com o modelo estatístico e as exigências das mensurações subjacentes, digamos, ao teste $t$? As condições que precisam ser satisfeitas para tornar o teste $t$ o mais poderoso, e diante de qualquer confiança possa ser previamente colocada em qualquer afirmação probabilística obtida pelo uso do teste $t$, são pelo menos estas:

1. As observações precisam ser independentes, isto é, a seleção de qualquer elemento da população para fazer parte da amostra não pode interferir na seleção de qualquer outro elemento a ser incluído na amostra, e o escore atribuído a qualquer elemento não pode interferir no escore atribuído a qualquer outro elemento.
2. As observações precisam ser extraídas de populações com distribuição normal.
3. No caso de análise referente a dois grupos, as populações precisam ter a mesma variância (ou, em alguns casos, a razão entre variâncias deve ser conhecida).
4. As variáveis precisam ter sido medidas *pelo menos* em escala intervalar, de modo a ser possível *interpretar* os resultados.

Todas as condições acima (incluindo a condição 4, a qual estabelece as exigências das mensurações) são elementos de um *modelo estatístico paramétrico* associado com a distribuição normal. Com a possível exceção da condição de variâncias iguais, essas condições não são comumente testadas no decorrer da execução de uma análise estatística. Em vez disso, elas são pressuposições aceitas e sua veracidade ou falsidade determina a precisão e a significância da afirmação probabilística feita em decorrência do teste paramétrico. Deve-se ressaltar que testes paramétricos testam hipóteses sobre *parâmetros* específicos, tal como a média. Assume-se que aquelas hipóteses sobre tais parâmetros são centrais para nossas hipóteses de pesquisa.

Quando temos motivos para acreditar que essas condições são encontradas nos dados que estão sendo analisados, devemos certamente escolher um teste estatístico paramétrico, tal como $t$ ou $F$, para analisar esses dados. Tal escolha é ideal, pois o teste paramétrico será um teste válido e o mais poderoso.

Mas e se essas condições não são encontradas? O que acontece quando a população *não* tem distribuição normal? O que acontece quando a mensuração não é tão forte quanto uma escala intervalar? Se existem múltiplas medidas ou diversos grupos, o que acontece quando as populações não são iguais em relação às variâncias?

Quando as suposições constituindo o modelo estatístico para um teste não são, de fato, encontradas, então o teste pode não ser válido – por exemplo, um valor testado pode cair na região de rejeição com uma probabilidade maior do que $\alpha$. É ainda mais difícil estimar a extensão na qual uma afirmação probabilística varia devido à aplicação inadequada do teste. Apesar de terem sido acumuladas algumas evidências empíricas mostrando que leves desvios na adequação das suposições subjacentes aos testes paramétricos podem não acarretar efeitos radicais sobre os níveis probabilísticos obtidos, não existe um acordo geral sobre o que constitui um "leve" desvio. Além disso, leves desvios em mais de um fator ou suposição podem acarretar conseqüências sérias.

## 3.2 EFICIÊNCIA

Temos destacado que quanto menos ou mais fracas forem as suposições que constituem um particular modelo, menos poderosos são os testes disponíveis. Essa afirmação é válida em geral para qualquer tamanho da amostra dado. Mas ela pode não ser verdadeira quando se compara dois testes estatísticos que são aplicados a duas amostras de tamanhos diferentes; isto é, se $N = 30$ em ambos os exemplos, o teste $A$ pode ser mais poderoso do que o teste $B$. Mas o mesmo teste $B$ pode ser mais poderoso com $N = 30$ do que o teste $A$ com $N = 20$. Lembre que o poder de um teste cresce quando $N$ cresce. Então, poderíamos usar um teste menos poderoso com um tamanho da amostra maior. Em outras palavras, podemos evitar o dilema de ter que escolher entre poder e generalidade selecionando um teste estatístico que tenha uma generalidade mais ampla e então aumentar seu poder até o do teste mais poderoso disponível aumentando o tamanho da amostra.

O conceito de *poder-eficiência* está relacionado com o aumento do tamanho da amostra necessário para tornar o teste $B$ tão poderoso quanto o teste $A$ quando o nível de significância é mantido constante e o tamanho da amostra do teste $A$ é mantido constante. Se o teste $A$ é o teste mais poderoso conhecido de seu tipo (quando usado com dados que se ajustam às suas condições) e se o teste $B$ é outro teste para o mesmo projeto de pesquisa, o qual é exatamente tão poderoso com $N_B$ elementos na amostra quanto o teste $A$ com $N_A$ elementos na amostra, então

$$\text{Poder-eficiência do teste } B = \frac{100 N_A}{N_B} \%$$

Por exemplo, se o teste $B$ requer uma amostra de $N = 25$ elementos para ter o mesmo poder que o teste $A$ com $N = 20$ elementos quando o nível de significância é $\alpha$, então o teste $B$ tem poder-eficiência de $(100)(\frac{20}{25}) = 80\%$. Um poder-eficiência de 80% significa que, a fim de igualar o poder do teste $A$ e do teste $B$ (quando todas as condições de ambos os testes são encontradas, e quando o teste $A$ é o mais poderoso), precisamos extrair 10 elementos para o teste $B$ para cada 8 elementos extraídos para o teste A.

Os estatísticos também comparam modelos calculando a *eficiência assintótica relativa* de uma estatística. Assim como o poder-eficiência, a eficiência assintótica relativa é uma maneira de determinar o tamanho necessário da amostra para o teste $B$ ter o mesmo poder que o teste $A$. Entretanto, diferentemente do poder-eficiência, esta razão é expressa independentemente do tamanho da amostra no teste $A$. A razão é assintótica no sentido de que é a razão dos tamanhos das amostras necessários para $\alpha$

fixado quando o tamanho da amostra do teste $A$ cresce sem limite ($N_A \to \infty$). Isso pode ser expresso como segue:

$$\text{Eficiência assintótica relativa do teste } B = 100 \lim_{N_A \to \infty} \frac{N_A}{N_B} \%$$

A eficiência assintótica relativa tem algumas vantagens sobre o poder-eficiência. Uma é que o limite freqüentemente vem a ser independente de $\alpha$. Por outro lado, uma desvantagem da eficiência assintótica relativa é que ela é um limite baseado em grandes amostras e muitos dos testes de interesse neste livro são aplicados para amostras pequenas. Felizmente para alguns dos testes, a eficiência assintótica relativa é alcançada com pequenas amostras favoráveis. Poder-eficiência e eficiência assintótica relativa são características importantes dos testes estatísticos. Em certo sentido, eles são conceitos complementares, pois eles nos dão informação sobre quão bom é o desempenho de um teste válido relativamente a outro.

Resumindo, podemos evitar perda de poder simplesmente escolhendo um teste diferente e extraindo uma amostra grande. Em outras palavras, escolhendo outro teste estatístico com menos suposições em seu modelo – e, então, com maior generalidade que os testes $t$ e $F$ – e aumentando $N$, podemos evitar ter que satisfazer as condições 2 e 3 dadas na Seção 3.1 e ainda manter poder equivalente para rejeitar $H_0$. Isso é especialmente importante quando acreditamos que as suposições do modelo estatístico são inapropriadas. O pesquisador tem a responsabilidade de estudar apropriadamente a situação e fazer suposições razoáveis.

As duas outras condições, 1 e 4, da Seção 3.1 descrevem o uso e a interpretação dos testes estatísticos paramétricos baseados na distribuição normal. A condição 1, de que os escores são extraídos da população independentemente, é uma suposição subjacente a todos testes estatísticos. Mas a condição 4, a qual se refere à força das mensurações requeridas para *interpretação* apropriada dos testes paramétricos baseados na distribuição normal, não é partilhada por todos os testes estatísticos. Testes diferentes assumem mensurações de diferentes forças. Para entender as exigências das mensurações necessárias para a interpretação adequada de vários testes estatísticos, o leitor deve conhecer algumas das noções básicas na teoria da mensuração. A discussão na próxima seção dá uma visão geral sobre aspectos importantes das mensurações.

## 3.3 MENSURAÇÕES

Quando um físico fala sobre mensurações, ele geralmente refere-se à atribuição de números a observações de tal modo que os números sejam simples de manipular ou operar de acordo com certas regras. O propósito dessa análise por manipulação é revelar novas informações sobre os objetos que estão sendo medidos. Em outras palavras, a relação entre os objetos que estão sendo observados e os números atribuídos às observações é tão direta que, manipulando os números, o físico obtém nova informação sobre os objetos. Por exemplo, ele pode determinar quanto uma massa homogênea de material pesaria se partida ao meio simplesmente dividindo seu peso por 2.

O cientista social ou do comportamento, tomando a física como um modelo, freqüentemente tenta fazer o mesmo na atribuição de escores ou mensurações de variáveis sociais ou do comportamento. Mas ao tentar escolher escalas para tais dados, o cientista freqüentemente percebe um fato fundamental em teoria da mensuração. Ele percebe o fato de que, a fim de executar certas operações com números que tenham sido atribuídos a observações, a estrutura do método de atribuição de números (atribuição de escores) precisa ser *isomórfico* a alguma estrutura numérica que inclua essas operações. Se dois sistemas são isomórficos, suas estruturas são as mesmas nas relações e operações que eles permitem.

Por exemplo, se um pesquisador coleta dados compostos de escores numéricos e então manipula esses escores, digamos, adicionando e extraindo a raiz quadrada (as quais são operações necessárias para encontrar médias e desvios padrão), ele assume que a estrutura da mensuração é isomórfica à estrutura numérica conhecida como aritmética; isto é, é assumido que foi atingido um alto nível de mensuração.

A teoria da mensuração consiste de um conjunto de teorias separadas ou distintas, cada uma referente a um *nível* distinto de mensuração. As operações sobre um dado conjunto de escores que são passíveis de interpretação são dependentes do nível de mensuração atingido. Aqui discutiremos quatro níveis ou tipos de mensuração – nominal, ordinal, intervalar e de razão – e as implicações de cada um para a interpretação de testes estatísticos.[1]

### 3.3.1 Escala nominal ou categórica

**DEFINIÇÃO:** Existe mensuração no seu nível mais fraco quando números ou outros símbolos são usados simplesmente para classificar um objeto, pessoa ou característica. Quando números ou outros símbolos são usados para identificar os grupos aos quais pertencem diversos objetos, esses números ou símbolos constituem uma escala nominal ou categórica. Essa escala também é conhecida como uma *escala classificatória*.

**EXEMPLOS:** Um sistema psiquiátrico de grupos de diagnósticos constitui uma escala nominal. Quando o psiquiatra identifica uma pessoa como "esquizofrênica", "paranóica", "maníaco-depressiva" ou "neurótica", ele está usando um símbolo para representar a classe de pessoas a qual aquela pessoa pertence e, então, uma escala nominal ou categórica está sendo usada.

Os números nas placas de licença de automóveis constituem uma escala nominal. Se a atribuição dos números das placas é puramente arbitrária, então cada carro emplacado é um membro de uma única subclasse. Mas se, como é comum em alguns estados, um certo número ou conjunto de letras na placa indicar a região na qual o carro está registrado, então cada subclasse na escala nominal consiste de várias unidades – carros registrados em uma determinada região. Aqui a atribuição de números precisa ser tal que o mesmo código do número (ou código de letras) seja dado a todos os automóveis registrados na mesma região e números (ou letras) diferentes sejam atribuídos a automóveis registrados em regiões diferentes. Isto é, o número ou a letra no código sobre a placa de licença deve indicar claramente a qual conjunto de subclasses mutuamente exclusivas pertence o carro.

Números em camisetas de futebol e números em carteiras de identidade são outros exemplos do uso de números em escalas nominais ou categóricas.

---

[1] Há muitas maneiras de descrever e classificar medidas. Muitas escalas, subescalas e generalizações de escalas têm sido propostas. Os níveis de mensuração aqui são aqueles que têm implicações mais práticas para a maioria dos pesquisadores.

**PROPRIEDADES FORMAIS.** Todas as escalas têm certas propriedades formais. Essas propriedades fornecem definições exatas das características das escalas, definições estas mais exatas do que poderiam ser se fossem dadas em termos verbais. Essas propriedades podem ser formuladas mais abstratamente do que fizemos aqui por um conjunto de axiomas especificando as operações de escalonamento e as relações entre os objetos que foram escalonados. Em uma escala nominal, as operações de escalonamento efetuam uma partição de uma dada classe em um conjunto de subclasses mutuamente exclusivas. A única relação envolvida é a de *equivalência*, isto é, os membros de uma subclasse qualquer devem ser equivalentes na propriedade que está sendo escalonada. Essa relação é simbolizada pelo familiar sinal de igualdade ( = ). A relação de equivalência é reflexiva, simétrica e transitiva.[2]

Considere um conjunto de objetos, $x_1, x_2, ..., x_N$. Suponha que o objeto $x_i$ tenha algum atributo *verdadeiro*, $A(x_i)$. Então, para qualquer par de atributos no conjunto,

$$A(x_i) = A(x_j) \quad \text{se } x_i \text{ e } x_j \text{ estão na mesma classe}$$
e
$$A(x_i) \neq A(x_j) \quad \text{se } x_i \text{ e } x_j \text{ estão em classes diferentes}$$

Uma *escala nominal* é um sistema de *identificação*, $L(x)$, dos objetos tais que

$$L(x_i) = L(x_j) \quad \text{se e somente se } A(x_i) = A(x_j)$$
e
$$L(x_i) \neq L(x_j) \quad \text{se e somente se } A(x_i) \neq A(x_j)$$

**OPERAÇÕES ADMISSÍVEIS.** Como em cada escala nominal a classificação pode ser igualmente bem representada por qualquer conjunto de símbolos, a escala nominal é dita ser "a única capaz de uma transformação um para um". Os símbolos designando as diversas subclasses na escala podem ser trocados entre si, se isto for feito consistentemente e integralmente. Por exemplo, quando novas placas licenciadas são liberadas, o código da licença que anteriormente era usado para uma região pode ser trocado por aquele usado para outra região. O escalonamento nominal seria preservado se esta troca fosse executada consistentemente e integralmente na liberação de todas as placas licenciadas.

Visto que os símbolos que designam os diversos grupos em uma escala nominal podem ser trocados entre si sem alterar a informação essencial na escala, os únicos tipos de estatísticas descritivas admissíveis são aqueles que não seriam alterados por uma tal transformação – a moda, a contagem da freqüência, etc. Sob certas condições, podemos testar hipóteses a respeito da distribuição de elementos entre categorias, usando testes não-paramétricos tais como o teste qui-quadrado ou usando um teste baseado na distribuição binomial. Esses testes são apropriados para dados escalonados nominalmente porque eles focalizam sobre freqüências em categorias, isto é, sobre dados enumerados. Em síntese, quando os dados são dispostos sobre uma escala nominal, podemos identificar as categorias "1", "2", "3", ..., em *qualquer ordem que escolhamos*. Em uma amostra, podemos contar o número de "1"s, o número de "2"s, etc. (Essas são as contagens das freqüências.) Podemos calcular a porcentagem de "1"s na

---

[2] Reflexiva: $x = x$ para todos os valores de $x$. Simétrica: se $x = y$, então $y = x$. Transitiva: se $x = y$ e $y = z$, então $x = z$.

amostra, a porcentagem de "2"s, etc. (Isso é a distribuição das freqüências relativas.) E podemos relatar qual categoria tem a maior freqüência. (Isso é a moda.) Mas em geral não podemos "adicionar" as categorias "1" e "2" para formar a categoria "3" pois isso violaria as suposições do sistema nominal de identificação. Em capítulos subseqüentes, deveremos discutir várias técnicas estatísticas apropriadas para dados categóricos ou nominalmente escalonados.

### 3.3.2 Escala ordinal ou escala por postos

**DEFINIÇÃO.** Pode acontecer que os objetos em uma categoria de uma escala não sejam somente diferentes dos objetos em outra categoria da mesma escala, mas também se posicionem em algum tipo de *relação* com eles. As relações típicas entre classes são: mais alta que, mais preferida que, mais difícil que, mais desordenado que, mais maduro que, etc. Tais relações podem ser designadas pelo símbolo >, o qual, em geral, significa "maior do que". Em relação a escalas particulares, > pode ser usado para designar *é preferido a, é mais alto que, é mais difícil que*, etc. Seu significado específico depende da natureza da relação que define a escala.

Dado um grupo de classes de equivalência (isto é, dada uma escala nominal), se a relação > vale entre alguns mas não entre todos os pares de classes, temos uma *escala parcialmente ordenada*. Se a relação > vale para todos os pares de classes tal que uma completa ordenação de postos é possível, temos uma *escala ordinal*.

**EXEMPLOS.** O *status* socioeconômico, como geralmente concebido, constitui uma escala ordinal. Em prestígio ou aceitabilidade social, todos os membros da classe média-alta são mais altos que (>) todos os membros da classe média-baixa. Os da classe média-baixa, por sua vez, são mais altos que os da classe baixa-alta. A relação = vale entre membros da mesma classe, e a relação > vale entre membros de classes diferentes.

O sistema de posições em serviços militares é outro exemplo de uma escala ordinal – sargento > cabo > soldado.

Muitas características da personalidade e testes de habilidades ou atitudes resultam em escores que têm a força de postos. Apesar de parecer que escores são mais precisos do que postos, geralmente essas escalas não satisfazem às exigências de qualquer nível mais alto de mensuração e deveriam, apropriadamente, serem vistas como ordinais.

Um exemplo final de uma escala ordinal seriam os graus atribuídos em um curso. Os graus atribuídos por meio de letras são usualmente $A$, $B$, $C$, $D$ e $F$. Eles constituem uma ordenação do desempenho: $A > B > C > D > F$. Por várias razões, números podem ser associados a esses graus; usualmente, $A = 4$, $B = 3$, $C = 2$, $D = 1$, $F = 0$. Essas atribuições numéricas são arbitrárias – qualquer outra atribuição numérica poderia ser feita desde que preserve a ordem desejada (por exemplo, $A = 10$, $B = 7$, $C = 5$, $D = 3$, $F = 0$).

**PROPRIEDADES FORMAIS.** Axiomaticamente, a diferença fundamental entre a escala nominal e a ordinal é que a escala ordinal incorpora não somente a relação de equivalência (=) mas também a relação "maior do que" (>). A última relação é irreflexiva, assimétrica e transitiva.[3]

---

[3] Irreflexiva: não é verdade que, para qualquer $x$, se tenha $x > x$. Assimétrica: se $x > y$, então $y \not> x$. Transitiva: se $x > y$ e $y > z$, então $x > z$.

Considere o conjunto de objetos, $x_1, x_2, ..., x_N$. Suponha que existam atributos verdadeiros dos objetos que estabeleçam alguma relação entre eles além de sua equivalência dentro das categorias. Isto é,

$A(x_i) = A(x_j)$ se $x_i$ e $x_j$ estão na mesma classe
$A(x_i) \neq A(x_j)$ se $x_i$ e $x_j$ estão em classes diferentes
e $A(x_i) > A(x_j)$ se $x_i$ excede $x_j$ na "quantidade" de atributos que ele tem

Então uma escala ordinal é um sistema de identificação, $L(x)$, dos objetos tais que

$L(x_i) = L(x_j)$ se e somente se $A(x_i) = A(x_j)$
e $L(x_i) \neq L(x_j)$ se e somente se $A(x_i) \neq A(x_j)$

Além do mais,

$L(x_i) > L(x_j)$ se e somente se $A(x_i) > A(x_j)$

Isto é, a função identificação ordena os objetos da mesma maneira que os atributos estão de fato ordenados.

**OPERAÇÕES ADMISSÍVEIS.** Como qualquer transformação que preserva a ordem não modifica a informação contida em uma escala ordinal, a transformação é considerada a "única capaz de uma transformação monotônica". Uma transformação monotônica é aquela que preserva a ordem dos objetos. Isto é, não importa quais números nós damos a um par de classes ou aos membros destas classes, desde que atribuamos o número mais alto aos membros da classe que é "maior" ou "mais preferida". (É claro, pode-se usar os números mais baixos para as classes "mais preferidas". Então geralmente nos referimos ao excelente desempenho como de "primeira classe" e aos desempenhos progressivamente inferiores como de "segunda classe" e "de terceira classe". Enquanto formos consistentes, não importa se são usados os números mais altos ou mais baixos para denotar "maior" ou "mais preferido".)

Por exemplo, um cabo no exército usa duas listas na manga da túnica e um sargento usa três. Essas insígnias denotam que sargento > cabo e que o símbolo > denota "posto mais alto do que". Essa relação seria igualmente bem representada se o cabo usasse quatro fitas e o sargento usasse sete. Isto é, uma transformação que não muda a ordem das classes é completamente admissível pois ela *não envolve qualquer perda de informação*. Qualquer ou todos os números aplicados a classes em uma escala ordinal podem ser trocados de qualquer maneira que não altere a ordenação (postos) dos objetos. Qualquer transformação monotônica pode ser aplicada e ainda preservar as propriedades da escala, isto é, preservar a relação entre os objetos.

A estatística mais apropriada para descrever a tendência central dos escores em uma escala ordinal é a mediana, pois, relativamente à distribuição dos escores, a mediana não é afetada por mudanças em quaisquer escores que estão acima ou abaixo dela, desde que o número de escores acima e abaixo permaneça o mesmo.[4] Com

---

[4] Deve-se ressaltar que, se as atribuições numéricas aos escores são trocadas, a mediana mudará de acordo com a mudança nas atribuições numéricas, mas ainda estará no meio da distribuição. Uma afirmação similar não pode ser feita sobre a média.

escalonamento ordinal, hipóteses podem ser testadas usando um grande grupo de testes estatísticos não-paramétricos algumas vezes chamados de *estatísticas de postos* ou *estatísticas de ordem*.

Além da suposição de independência, a única suposição feita por alguns testes de postos é que os escores que observamos são extraídos de uma distribuição contínua subjacente. Testes paramétricos também fazem essas suposições, mas, além disso, fazem suposições específicas sobre a forma da distribuição contínua, por exemplo, que é normal. Uma variável contínua subjacente é aquela que pode ter qualquer valor em um determinado intervalo, por exemplo, qualquer valor entre 0 e 100. Uma variável distinta, por outro lado, é aquela que pode assumir apenas um número (contável) de valores, por exemplo, 0, 10, 20, ..., 100. Além disso, uma variável contínua é aquela que pode assumir um número infinito (incontável) de valores diferentes assim como valores entre dois valores quaisquer.

Para algumas técnicas estatísticas que requerem mensurações ordinais, a exigência é que haja um *continuum* subjacente aos escores observados, enquanto que os escores que verdadeiramente observamos podem cair em categorias discretas. Por exemplo, em um teste em sala de aula, os escores verdadeiramente registrados podem ser "foi aprovado" ou "foi reprovado" em um item particular. Podemos muito bem assumir que, por trás de tal dicotomia, existe um *continuum* de possíveis resultados. Isto é, alguns indivíduos que foram classificados como reprovados podem ter estado mais perto de passar do que outros que também foram classificados como reprovados. Similarmente, alguns são aprovados com um desempenho mínimo enquanto outros são aprovados folgadamente ou sem restrições. A suposição é que "foi aprovado" ou "foi reprovado" representa um *continuum* dividido em dois intervalos. Por exemplo, os escores verdadeiros podem ter sido 0, 1, 2, ..., 100, e o que indica "aprovado" é qualquer escore $\geq 70$ e "reprovado" inclui qualquer escore $< 70$.

Da mesma forma, em questões de opinião, aqueles que são classificados como "de acordo", "ambivalentes" e "contra" podem ser pensados como inclusos em um *continuum* refletindo força de concordância/discordância. Alguns que são classificados como "de acordo" podem não estar muito convictos desta posição enquanto que outros podem estar fortemente convencidos de sua posição. Aqueles que são "contra" inclui tanto os que estão somente medianamente em discordância como os oponentes ferrenhos.

Freqüentemente a precariedade de nossos instrumentos de mensuração obscurece a continuidade subjacente que pode existir. Se uma variável é de fato distribuída continuamente, então a probabilidade de um empate é zero. Entretanto, freqüentemente ocorrem escores empatados. Escores empatados quase invariavelmente são um reflexo da falta de sensibilidade de nossos instrumentos de medida, isto é, nossos instrumentos são inábeis para distinguir pequenas diferenças que de fato existem entre as observações que consequentemente são registradas como empates. Portanto, mesmo quando empates são observados é possível que uma distribuição contínua esteja por trás de nossas medidas não-refinadas.

### 3.3.3 Escala intervalar

**DEFINIÇÃO.** Quando uma escala tem todas as características de uma escala ordinal e quando, além disso, as *distâncias* ou *diferenças* entre quaisquer dois números na escala têm significado, então medidas consideravelmente mais fortes que a ordinal são obtidas. Em tal caso são obtidas medidas no sentido de uma escala intervalar. Isto é, se nossa aplicação em várias classes de objetos é tão precisa que se saiba exatamente quão grande são os intervalos (distâncias) entre todos os objetos naquela escala, e se estes intervalos têm significado substancial, então obtivemos uma mensuração intervalar. Uma escala intervalar é caracterizada por uma unidade de medida comum e constante que atribui um número a todos os pares de objetos no conjunto ordenado. Nessa espécie de mensuração, a razão entre dois intervalos quaisquer é independente da unidade de medida e do ponto zero. Em uma escala intervalar, o ponto zero e a unidade de medida são arbitrários.

**EXEMPLOS.** Medimos temperatura em uma escala intervalar. De fato, duas escalas diferentes – Celsius e Fahrenheit – são comumente usadas. A unidade de medida e o ponto zero na mensuração de temperatura são arbitrários; eles são diferentes para as duas escalas. Entretanto, ambas contêm a mesma quantidade e o mesmo tipo de informação. Isso acontece porque elas estão relacionadas linearmente. Isto é, uma leitura em uma escala pode ser transformada em uma leitura equivalente na outra, por uma transformação linear[5]

$$°F = \frac{9}{5}°C + 32$$

onde  °F = número de graus na escala Fahrenheit
°C = número de graus na escala Celsius

Pode-se mostrar que as razões de diferenças (intervalos) de temperaturas são independentes da unidade de medida e do ponto zero. Por exemplo, "congelamento" ocorre a 0° na escala Celsius e "ebulição" ocorre a 100°. Na escala Fahrenheit, "congelamento" ocorre a 32° e "ebulição" a 212°. Algumas outras leituras da mesma temperatura nas duas escalas são:

| Celsius | -18 | 0 | 10 | 30 | 100 |
|---|---|---|---|---|---|
| Fahrenheit | 0 | 32 | 50 | 86 | 212 |

Note que a razão das diferenças entre leituras de temperaturas em uma escala é igual à razão entre as diferenças equivalentes na outra escala. Por exemplo, na escala Celsius a razão das diferenças entre 30 e 10, e 10 e 0, é (30 - 10)/(10 - 0) = 2. Para as leituras correspondentes na escala Fahrenheit, a razão é (86 - 50)/(50 - 32) = 2. As razões em ambos os casos vêm a ser as mesmas, ou seja, 2. Em outras palavras, em uma escala intervalar, a razão de dois intervalos quaisquer é independente da unidade e do ponto zero, sendo ambos arbitrários.

Muitos cientistas do comportamento aspiram criar escalas intervalares e em raras ocasiões eles têm sucesso. Usualmente, no entanto, o sucesso provém de suposições feitas pelo criador da escala e que não são testadas. Uma suposição freqüente é que a variável que está sendo escalonada tenha distribuição normal nos indivíduos que estão sendo testados. Tendo feito esta suposição, o criador da escala manipula as unidades da escala até que a distribuição normal *assumida* seja recuperada dos esco-

---

[5] Matematicamente, tais transformações são ditas *afins*; no entanto, na literatura de estatística aplicada, é mais comum a expressão *transformação linear*.

res individuais. Esse procedimento, é claro, é somente tão bom quanto a intuição do investigador na escolha da distribuição a assumir.

Outra suposição que é feita freqüentemente para criar uma aparente escala intervalar é a de que a resposta "sim" de uma pessoa em qualquer item é exatamente equivalente a responder afirmativamente a qualquer outro item. Essa suposição é feita para satisfazer à exigência de que uma escala intervalar tenha uma unidade de medida constante e comum. Em escalas de habilidade ou de atitudes, a suposição equivalente é que a resposta correta para qualquer um dos itens seja exatamente equivalente (na quantidade de habilidade apresentada) à resposta correta em qualquer outro item.

**PROPRIEDADES FORMAIS.** Axiomaticamente, pode-se mostrar que as operações e relações que dão origem à estrutura de uma escala intervalar são tais que as *diferenças* na escala são isomórficas à estrutura aritmética. Números podem ser associados com as posições dos objetos na escala intervalar de modo que as operações aritméticas possam ser executadas com significado sobre as *diferenças* entre esses números.

Ao construir uma escala intervalar, é preciso não só ser capaz de especificar equivalências – como em uma escala nominal – e relações de maior do que – como em uma escala ordinal –, mas é preciso também ser capaz de especificar a razão de dois intervalos quaisquer.

Considere um conjunto de objetos $x_1, x_2, ..., x_N$. Suponha que os objetos tenham atributos *verdadeiros* relacionados uns com os outros, além de serem equivalentes dentro das categorias. Isto é,

$$A(x_i) = A(x_j) \quad \text{se } x_i \text{ e } x_j \text{ estão na mesma classe}$$
$$A(x_i) \neq A(x_j) \quad \text{se } x_i \text{ e } x_j \text{ estão em classes diferentes}$$
e
$$A(x_i) > A(x_j) \quad \text{se } x_i \text{ excede } x_j \text{ na "quantidade" de atributo que ele tem}$$

Então uma escala *intervalar* é um sistema de *identificação* $L(x)$ de objetos tendo as propriedades de uma escala ordinal e, mais ainda,

$$L(x) = cA(x) + b \qquad c > 0$$

Note que neste caso, a diferença entre os atributos de dois objetos é proporcional à diferença entre as identificações atribuídas:

$$L(x_i) - L(x_j) = c[A(x_i) - A(x_j)]$$

O leitor deve ser capaz de verificar que a razão das diferenças entre os atributos verdadeiros será igual à razão das diferenças entre as identificações feitas nos objetos.

**OPERAÇÕES ADMISSÍVEIS.** Qualquer troca nos números associados com as posições dos objetos medidos em uma escala intervalar precisa preservar não somente a ordem dos objetos mas também as diferenças relativas entre os objetos. Isto é, a escala intervalar é a "única capaz de uma transformação linear". Assim, como observado, a informação dada pela escala não é afetada se qualquer número é multiplicado por uma constante positiva e depois uma constante é adicionada a este produto, isto é, $f(x) = cx + b$. (No exemplo da temperatura, $c = \frac{9}{5}$ e $b = 32$.)

Temos já observado que o ponto zero em uma escala intervalar é arbitrário. Isso é inerente ao fato de que a escala está sujeita a transformações que consistem em adicionar uma constante aos números que compõem a escala.

A escala intervalar é a primeira verdadeiramente *quantitativa* que encontramos. Todas as estatísticas paramétricas comuns (médias, desvios-padrão, correlações produto-momento, etc.) são aplicáveis aos dados em uma escala intervalar. Se, de fato, mensurações no sentido de uma escala intervalar foram obtidas, e se todas as suposições do modelo estatístico paramétrico (dado na Seção 3.1) são apropriadamente verificadas, então o pesquisador deve utilizar testes estatísticos paramétricos tais como o teste $t$ e o teste $F$. Em tal caso, métodos não-paramétricos não aproveitam todas as informações contidas nos dados da pesquisa. Deve-se ressaltar que uma escala intervalar é necessária, mas não suficiente para o uso de um teste paramétrico envolvendo a distribuição normal.

### 3.3.4 Escala de razão

**DEFINIÇÃO.** Quando uma escala tem todas as características de uma escala intervalar e, além do mais, tem um ponto zero verdadeiro como sua origem, ela é chamada de escala de razão. Em uma escala de razão, a razão de quaisquer dois pontos da escala é independente da unidade de medida.

**EXEMPLO.** Medimos a massa ou o peso em uma escala de razão. A escala de onças e libras tem um ponto zero verdadeiro; assim também a escala de gramas. A razão entre dois pesos quaisquer é independente da unidade de medida. Por exemplo, se determinamos os pesos de dois objetos diferentes não somente em libras, mas também em gramas, devemos encontrar a razão dos dois pesos em libras idêntica à razão dos dois pesos em gramas.

Apesar de exemplos significantes das ciências sociais e do comportamento serem difíceis de serem encontrados, contra-exemplos são abundantes. Vamos considerar dois. Observamos anteriormente que graus são medidos em uma escala ordinal. Considere dois estudantes, um que recebe um A e outro que recebe um C, e suponha que as atribuições numéricas tenham sido 4 e 2, respectivamente. Enquanto a razão dos dois graus é dois ($\frac{4}{2} = 2$), pode não fazer sentido que o estudante com A tenha o dobro de "alguma coisa" que o estudante que recebeu C. ( O estudante tem duas vezes mais pontos, mas não está claro se isto tem qualquer significado substancial no conhecimento, na habilidade ou na perseverança.) Finalmente, no caso da temperatura, considere uma mudança na temperatura de 10° para 30°C. Não podemos dizer que o crescimento representa um crescimento triplo no calor. Para ver isso, note que a mudança na temperatura é equivalente a uma mudança de 50° para 86°F. Pelo fato das razões das temperaturas nas duas escalas serem claramente diferentes, a razão não faz sentido passível de interpretação.

**PROPRIEDADES FORMAIS.** As operações e relações que dão origem a valores numéricos em uma escala de razão são tais que a escala é isomórfica à estrutura da aritmética. Portanto, as operações da aritmética são permitidas sobre os valores numéricos atribuídos aos objetos, assim como sobre os intervalos entre números, como no caso de uma escala intervalar.

As escalas de razão, mais comumente encontradas em ciências físicas, são obtidas somente quando todas as quatro destas relações são operacionalmente possíveis de serem encontradas:

1. equivalência;
2. maior do que;
3. razão conhecida entre dois intervalos quaisquer;
4. razão conhecida de dois valores escalonados quaisquer.

Considere um conjunto de objetos, $x_1, x_2, ..., x_N$. Suponha que existam atributos *verdadeiros* dos objetos com alguma relação entre si, além de sua equivalência dentro das categorias. Isto é,

$A(x_i) = A(x_j)$     se $x_i$ e $x_j$ estão na mesma classe;
$A(x_i) \neq A(x_j)$     se $x_i$ e $x_j$ estão em classes diferentes;
e    $A(x_i) > A(x_j)$     se $x_i$ excede $x_j$ na "quantidade" de atributo que ele tem.

Então uma escala de *razão* é um sistema de identificação $L(x)$ dos objetos se

$$L(x_i) = cA(x_i) \qquad c > 0$$

Assim,

$$\frac{L(x_i)}{L(x_j)} = \frac{A(x_i)}{A(x_j)}$$

e a razão das identificações atribuídas é igual à razão dos atributos verdadeiros.

**OPERAÇÕES ADMISSÍVEIS.** Os números associados com os valores da escala de razão são números "verdadeiros" com um zero verdadeiro; somente a unidade de medida é arbitrária. Assim, a escala de razão é a única capaz de multiplicação por uma constante positiva. Isto é, as razões entre dois números quaisquer são preservadas quando todos os valores da escala são multiplicados por uma constante positiva, e, então, tal transformação não altera a informação contida na escala.

Qualquer teste estatístico paramétrico pode ser usado quando a medida da razão é obtida e as suposições adicionais concernentes à distribuição são verificadas. Além disso, existem algumas estatísticas que se aplicam somente a dados que se enquadram em uma escala de razão. Devido às fortes suposições subjacentes à escala, a maior parte deles são testes paramétricos.

## 3.3.5 Resumo

Mensuração é o processo de aplicar ou atribuir números a objetos ou observações. O tipo de mensuração obtido é uma função das regras sob as quais os números são atribuídos aos objetos. As operações e relações empregadas na obtenção de escores definem e limitam as manipulações e operações que são permitidas no manuseio dos escores; as manipulações e operações precisam ser aquelas da estrutura numérica à qual a particular mensuração é isomórfica.

Quatro das escalas mais gerais foram discutidas: escalas nominal, ordinal, intervalar e de razão; a Tabela 3.1 sintetiza estas escalas de mensuração. Mensurações nominais e ordinais são os tipos mais comuns encontrados nas ciências sociais e do comportamento. Dados medidos em escalas nominal ou ordinal devem ser analisados por métodos não-paramétricos. Dados medidos em escalas intervalar ou de razão podem ser analisados por métodos paramétricos se o modelo estatístico for válido para os dados. Se os testes paramétricos podem ser usados ou não, depende das suposições do modelo estatístico paramétrico particular serem mantidas. Como observado anteriormente, essas suposições nunca se verificam a menos que se tenha dados em escala intervalar ou de razão.

Com o risco de sermos excessivamente repetitivos, gostaríamos de enfatizar que alguns testes estatísticos paramétricos que assumem os escores como tendo uma distribuição normal subjacente e que utilizam médias e desvios-padrão (isto é, que requerem as operações da aritmética nos escores originais), certamente não podem ser usados com dados que não estejam em uma escala intervalar. As propriedades de uma escala ordinal *não* são isomórficas ao sistema numérico conhecido como aritmético. Quando somente a ordem dos postos dos escores é conhecida, médias e desvios-padrão encontrados sobre os próprios escores estão *com erro* ou *equivocados* no sentido de que os intervalos sucessivos (distâncias entre classes) sobre a escala não são iguais e não tem significado substancial. Quando técnicas paramétricas da inferência estatística são usadas com tais dados, quaisquer decisões sobre hipóteses são problemáticas. Afirmações probabilísticas derivadas de aplicações de testes estatísticos paramétricos a dados ordinais podem estar com erro quando as variáveis não satisfazem as suposições paramétricas. Como a maior parte das mensurações feitas por cientistas comportamentais culminam em escalas nominais ou ordinais, este ponto merece uma forte ênfase.

Deve ser enfatizado que estamos falando sobre atribuições numéricas usadas em nossa pesquisa. Deve ser óbvio que a média e o desvio padrão podem ser calculados para qualquer conjunto de números. Entretanto, estatísticas calculadas desses números somente "fazem sentido" se o procedimento original de atribuição garante interpretações "aritméticas" às atribuições. Este é um ponto delicado e crítico ao qual deveremos retornar mais tarde.

### Tabela 3.1
Quatro níveis de medidas

| Escala | Relações de definição |
|---|---|
| Nominal | 1. Equivalência |
| Ordinal | 1. Equivalência<br>2. Maior do que |
| Intervalar | 1. Equivalência<br>2. Maior do que<br>3. Razão conhecida de dois intervalos quaisquer |
| Razão | 1. Equivalência<br>2. Maior do que<br>3. Razão conhecida de dois intervalos quaisquer<br>4. Razão conhecida de dois valores escalonados quaisquer |

Como este livro é dirigido a cientistas sociais e do comportamento e como as escalas usadas por eles são não tipicamente, na melhor das hipóteses, mais fortes que a ordinal, a maior parte deste livro é devotada a métodos apropriados para testar hipóteses com dados medidos em uma escala ordinal. Esses métodos, os quais são baseados em suposições menos circunscritas ou restritivas em seus modelos estatísticos do que os testes paramétricos, constituem a parte principal dos testes não-paramétricos.

### 3.3.6 Referências

O leitor pode encontrar outras discussões sobre mensurações em Bailey (1971), Hays (1981), Davidson, Siegel e Suppes (1955) e, em especial, uma descrição de fácil leitura em Townsend e Ashby (1984).

## 3.4 TESTES ESTATÍSTICOS PARAMÉTRICOS E NÃO-PARAMÉTRICOS

Um teste estatístico paramétrico especifica certas condições sobre a distribuição das respostas na população da qual a amostra da pesquisa foi retirada. Como essas condições não são testadas ordinariamente, elas são assumidas como válidas. A significação dos resultados de um teste paramétrico depende da validade destas suposições. A interpretação apropriada de testes paramétricos baseados na distribuição normal também supõe que os escores a serem analisados resultem de medidas em pelo menos uma escala intervalar.

Um teste estatístico não-paramétrico é baseado em um modelo que especifica somente condições muito gerais e nenhuma a respeito da forma específica da distribuição da qual a amostra foi extraída. Certas suposições são associadas à maioria dos testes estatísticos não-paramétricos, a saber: que as observações são independentes e que talvez a variável sob estudo tenha continuidade subjacente. Porém, essas suposições são em menor quantidade e mais fracas do que aquelas associadas aos testes paramétricos. Além do mais, como veremos, procedimentos não-paramétricos freqüentemente testam hipóteses sobre a população diferentes das que são testadas pelos procedimentos paramétricos. Para finalizar, ao contrário dos testes paramétricos, existem testes não-paramétricos que podem ser utilizados apropriadamente a dados medidos em uma escala nominal ou categórica.

Neste capítulo discutimos os vários critérios que devem ser considerados na escolha de um teste estatístico a ser usado na tomada de uma decisão sobre a hipótese de pesquisa. Esses critérios são (1) aplicabilidade ou validade do teste (o que inclui o nível de mensuração e as outras suposições do teste) e (2) o poder e a eficiência do teste. Foi estabelecido que um teste estatístico paramétrico é mais poderoso quando todas as suposições de seu modelo estatístico se verificam. Entretanto, mesmo quando todas as suposições do teste paramétrico sobre a população e as exigências sobre a força da mensuração são satisfeitas, sabemos do conceito de eficiência (poder-eficiência ou eficiência assintótica relativa): que podemos aumentar o tamanho da amostra por uma quantidade apropriada, usar um teste não-paramétrico e ainda manter o mesmo poder de rejeitar $H_0$.

Como o poder de qualquer teste pode ser aumentado simplesmente aumentando $N$ e como os cientistas do comportamento raramente possuem dados satisfazendo as suposições dos testes paramétricos, as quais incluem a obtenção do tipo de mensuração que permita a interpretação significante dos testes paramétricos, testes estatísticos não-paramétricos têm um papel proeminente nas ciências sociais e do comportamento. Este livro apresenta uma grande variedade de testes não-paramétricos. O uso em pesquisa de testes paramétricos baseados na distribuição normal tem sido apresentado em diversas fontes[6] e por isso não vamos revisá-los.

Em muitos dos testes estatísticos não-paramétricos a serem apresentados neste livro, os dados são transformados de escores para postos ou mesmo para sinais. Tais métodos podem provocar a crítica de que eles "não usam todas as informações da amostra" ou de que eles "jogam fora informações". A resposta a esta objeção está nas respostas às seguintes questões:

1. Dos métodos disponíveis, paramétrico e não-paramétrico, qual usa apropriadamente a informação na amostra? Isto é, qual teste é válido?
2. As suposições subjacentes a um teste ou modelo estatístico particular são satisfeitas?
3. As hipóteses testadas pelo modelo estatístico são apropriadas para a situação?

A resposta à primeira questão depende do nível de mensuração obtido na pesquisa e do conhecimento do pesquisador sobre a população. Se a mensuração é mais fraca do que uma escala intervalar, usando um teste paramétrico, o pesquisador "adicionaria informação" e, conseqüentemente, criaria distorções que poderiam ser tão grandes e tão prejudiciais como aquelas introduzidas por "jogando fora informação" que ocorre quando escores são convertidos em postos. Além disso, suposições que precisam ser feitas para justificar o uso de testes paramétricos usualmente apóiam-se na conjetura ou expectativa, pois conhecimento sobre os parâmetros populacionais quase invariavelmente está faltando. Por fim, para algumas distribuições populacionais, um teste estatístico não-paramétrico é claramente superior em poder a um paramétrico.

A resposta à segunda e à terceira questões só pode ser dada pelo pesquisador ao considerar os aspectos substanciais do problema da pesquisa e examinar os dados.

A relevância da discussão deste capítulo na escolha entre testes estatísticos paramétricos e não-paramétricos, é enfatizada pelos resumos nas Seções 3.4.1 e 3.4.2, as quais listam as vantagens e as desvantagens dos testes estatísticos não-paramétricos.

### 3.4.1 Vantagens dos testes estatísticos não-paramétricos

1. Se o tamanho da amostra é muito pequeno, pode não haver a opção de usar um teste estatístico não-paramétrico, a não ser que a natureza da distribuição populacional seja *exatamente conhecida*.
2. Testes não-paramétricos tipicamente fazem menos suposições sobre os dados e podem ser mais relevantes para uma situação particular. Além do mais, a hipótese testada pelo teste não-paramétrico pode ser mais apropriada para a investigação da pesquisa.
3. Testes estatísticos não-paramétricos podem ser utilizados para analisar dados que estejam inerentemente classificados em postos, bem como aqueles

---

[6] Entre as muitas fontes em testes estatísticos paramétricos, estas são especialmente úteis: Hays (1981), Bailey (1971), Edwards (1967).

escores aparentemente numéricos mas que tenham a força de postos. Isto é, o pesquisador pode ser capaz de dizer, sobre seus dados ou objetos, somente que um deles tem mais ou menos quantidade de uma certa característica do que um outro, sem ser capaz de dizer *quanto* mais ou menos. Por exemplo, estudando uma variável tal como ansiedade, podemos ser capazes de estabelecer que o sujeito *A* é mais ansioso que o sujeito *B* sem saber, de forma alguma, exatamente o quanto *A* é mais ansioso. Se os dados estão inerentemente em postos, ou mesmo se eles podem ser categorizados somente com o sinal mais ou o sinal menos (mais ou menos, melhor ou pior), eles podem ser tratados por métodos não-paramétricos, mas eles não podem ser tratados por métodos paramétricos, a menos que suposições precárias, e talvez não-realísticas, sejam feitas sobre as distribuições subjacentes.
4. Métodos não-paramétricos podem ser utilizados para tratar dados que são simplesmente classificatórios ou categóricos, isto é, são medidos em uma escala nominal. Nenhuma técnica paramétrica é aplicável a tais dados.
5. Existem testes estatísticos não-paramétricos apropriados para tratar amostras obtidas de várias populações *diferentes*. Testes paramétricos, em geral, não podem tratar tais dados sem que tenhamos que fazer suposições visivelmente não realísticas ou sem exigir cálculos tortuosos.
6. Testes estatísticos não-paramétricos são tipicamente mais fáceis de aprender e de aplicar do que testes paramétricos. Além do mais, sua interpretação é, em geral, mais direta do que a interpretação de testes paramétricos.

## 3.4.2 Supostas desvantagens de testes estatísticos não-paramétricos

Se todas as suposições de um modelo estatístico paramétrico são, de fato, encontradas nos dados e a hipótese de pesquisa pode ser testada com um teste paramétrico, então o uso de testes estatísticos não-paramétricos seria desperdício. O grau de desperdício é expresso pelo poder-eficiência do teste não-paramétrico. (Será relembrado que, se um teste estatístico não-paramétrico tem poder-eficiência de, digamos, 90%, isto significa que *quando todas as condições do teste estatístico paramétrico são satisfeitas*, o teste paramétrico apropriado teria exatamente a mesma eficiência com uma amostra 10% menor do que a usada na análise não-paramétrica.)

Outra objeção aos testes estatísticos não-paramétricos é que eles não são sistemáticos, enquanto que testes estatísticos paramétricos têm sido sistematizados de modo que testes diferentes são simplesmente variações de um tema central. Apesar disso ser parcialmente verdadeiro, não nos parece que o valor de uma abordagem sistemática justifique o custo. Além disso, exames cuidadosos de testes não-paramétricos revelam temas comuns – os testes para dados categorizados *são* sistemáticos, assim como o são muitos dos testes aplicados a dados ordenados. As diferenças são superficiais, por exemplo, as fórmulas computacionais às vezes obscurecem as relações subjacentes entre os testes.

Outra objeção aos testes estatísticos não-paramétricos tem a ver com a conveniência. Tabelas necessárias para implementar testes não-paramétricos estão bastante dispersas e aparecem em formatos diferentes. (O mesmo é verdadeiro para muitos testes paramétricos.) Neste livro, tentamos reunir convenientemente muitas das tabelas para testar hipóteses usando testes estatísticos não-paramétricos e apresentá-las em um formato sistemático.

Neste livro tentamos apresentar muitas das técnicas não-paramétricas de inferência estatística e medidas de associação que os cientistas sociais e do comportamento provavelmente necessitam, fornecendo as tabelas necessárias para aplicar essas técnicas. Apesar deste texto não exaurir a cobertura de testes não-paramétricos – não o poderia ser sem ser excessivamente redundante e extremamente volumoso – um número suficiente de testes são apresentados nos capítulos seguintes para dar aos cientistas do comportamento ampla liberdade na escolha de uma técnica não-paramétrica apropriada para o planejamento de sua pesquisa e útil para testar suas hipóteses.

# 4
## O CASO DE UMA AMOSTRA

Neste capítulo apresentamos diversos testes estatísticos não-paramétricos que podem ser usados para testar uma hipótese que necessite a extração de apenas uma amostra. Os testes nos dizem se uma amostra particular pode ter vindo de uma população especificada. Esses testes contrastam com testes de duas amostras, os quais comparam duas amostras e testam se é provável que as duas tenham vindo de uma mesma população. O teste de duas amostras pode ser mais familiar a alguns leitores.

O teste de uma amostra é, em geral, uma prova de aderência. No caso típico, extraímos uma amostra aleatória de alguma população e então testamos a hipótese de que a amostra tenha sido extraída de uma população com uma distribuição ou com características específicas. Os testes de uma amostra podem responder questões como estas:

1. Há diferença significante entre a posição (tendência central) da amostra e da população?
2. Há diferença significante entre as freqüências observadas e as freqüências que esperaríamos com base na mesma teoria?
3. Há diferença significante entre proporções observadas e esperadas em uma seqüência de observações dicotômicas?
4. É razoável acreditar que a amostra tenha sido extraída de uma população com uma aparência ou forma específica (por exemplo, normal ou uniforme)?
5. É razoável acreditar que a amostra seja uma amostra aleatória de alguma população conhecida?
6. Em uma série de observações, há uma mudança no modelo teórico subjacente assumido para gerar os dados?

No caso de uma amostra, uma técnica paramétrica comum é aplicar um teste $t$ para a diferença entre a média (amostra) observada e a média esperada (população). O teste $t$, estritamente falando, assume que as observações ou escores na amostra tenham vindo de uma população normalmente distribuída. A interpretação adequada do teste $t$ assume que as variáveis são medidas em pelo menos uma escala intervalar.

Existem muitas espécies de dados para os quais o teste *t* pode ser inapropriado. O pesquisador pode se defrontar com os fatos:

1. As suposições e as exigências para interpretação adequada do teste *t* não são realísticas para os dados.
2. É preferível evitar fazer as suposições do teste *t* e então ganhar maior generalidade para conclusões.
3. Os dados estão inerentemente em postos (por exemplo, ordinal) e, portanto, testes paramétricos padrão podem ser inapropriados.
4. Os dados podem ser categóricos ou classificatórios.
5. Não há teste paramétrico útil para a hipótese particular a ser testada.

Em tais exemplos, o pesquisador pode escolher um dos testes estatísticos não-paramétricos de uma amostra apresentados neste capítulo.

Vários testes para o caso de uma amostra serão apresentados neste capítulo. O próximo capítulo contém testes adicionais de uma amostra, baseados em observações múltiplas ou repetidas. O capítulo é concluído com uma comparação e um contraste dos testes, o que deverá ajudar o pesquisador na escolha do teste que melhor se adapte a uma hipótese particular.

## 4.1 O TESTE BINOMIAL

### 4.1.1 Função e fundamentos lógicos

Existem muitas populações que são concebidas como consistindo de somente duas classes. Exemplos de tais classes são: macho e fêmea, letrado e iletrado, membro e não-membro, casado e solteiro, estável e instável. Para tais casos, todas as observações possíveis da população cairão em uma de duas categorias discretas. Tal população é chamada usualmente de *população binária* ou de população dicotômica.

Suponha uma população consistindo de somente duas categorias ou classes. Então cada observação ($X$) amostrada da população pode tomar um dos dois valores, dependendo da categoria amostrada. Podemos denotar os valores possíveis da variável aleatória usando um par de valores, mas é mais conveniente denotar cada resultado por 1 ou 0. Além disso, devemos assumir que a probabilidade de selecionar um elemento da primeira categoria é $p$ e a probabilidade de selecionar um objeto da outra categoria é $q = 1 - p$. Isto é,

$$P[X = 1] = p \quad \text{e} \quad P[X = 0] = 1 - p = q$$

É também assumido que cada probabilidade é constante independentemente do número de objetos amostrados ou observados.

Apesar do valor de $p$ poder variar de população para população, ele é fixo em cada população. Entretanto, mesmo se conhecemos (ou assumimos) o valor de $p$ para alguma população, não podemos esperar que uma amostra aleatória de observações da população contenha exatamente a proporção $p$ e $1 - p$ para cada uma das duas categorias. A amostragem aleatória usualmente impedirá que a amostra repita precisamente os valores populacionais $p$ e $q$. Por exemplo, podemos saber por meio de registros oficiais que os eleitores de uma certa região são igualmente divididos no registro entre os partidos Republicano e Democrata. Mas uma amostra aleatória dos eleitores registrados naquela região pode conter 47% Democratas e 53% Republicanos, ou ainda 56% Democratas e 44% Republicanos. Tais diferenças entre valores observados e populacionais surgem devido ao "acaso" ou a flutuações aleatórias nas observações. Não deveríamos estar surpresos pelos pequenos desvios dos valores populacionais; entretanto grandes desvios – apesar de possíveis – são improváveis.

A *distribuição binomial* é usada para determinar as probabilidades dos resultados possíveis de serem observados se obtemos uma amostra de uma população binomial. Se nossa hipótese é $H_0: p = p_0$, podemos calcular as probabilidades dos diversos resultados quando assumimos que $H_0$ é verdadeira. O teste nos dirá se é razoável acreditar que as proporções (ou freqüências) das duas categorias em nossa amostra poderiam ter sido extraídas de uma população com os valores $p_0$ e $1 - p_0$ da hipótese. Por conveniência, ao discutir a distribuição binomial, deveremos denotar o resultado $X = 1$ como "sucesso" e o resultado $X = 0$ como "fracasso". Além do mais, em uma seqüência de $N$ observações,

$$Y = \sum_{i=1}^{N} X_i$$

é o número de "sucessos" ou o número de resultados do tipo $X = 1$.

## 4.1.2 Método

Em uma amostra de tamanho $N$, a probabilidade de obter $k$ objetos em uma categoria e $N - k$ objetos na outra categoria é dada por

$$P[Y = k] = \binom{N}{k} p^k q^{N-k} \qquad k = 0, 1, \ldots, N \tag{4.1}$$

onde $p$ = proporção esperada de observações onde $X = 1$
$q$ = proporção esperada de observações onde $X = 0$

$$\binom{N}{k} = \frac{N!}{k!(N-k)!} \quad \text{(ver nota de rodapé)}$$

A Tabela E do Apêndice tem os valores de $P[Y = k]$ para vários valores de $N$ e $p$.

---

[1] $N!$ é "fatorial de $N$," o qual é definido como

$$N! = N(N-1)(N-2)\ldots(2)(1)$$

Por exemplo, $4! = (4)(3)(2)(1) = 24$ e $5! = 120$. Por definição, $0! = 1$.
A Tabela W do Apêndice dá fatoriais para valores de $N$ até 20.
A Tabela X do Apêndice dá os coeficientes binomiais

$$\binom{N}{x!} = \frac{N!}{x!(N-x)!}$$

para valores de $N$ até 20.

Uma ilustração simples esclarecerá a Equação (4.1). Suponha que um dado honesto é lançado cinco vezes. Qual é a probabilidade de que exatamente dois dos lançamentos mostrem "seis"? Nesse caso $Y$ é a variável aleatória (o resultado de cinco lançamentos do dado), $N$ = o número de lançamentos (5), $k$ = o número observado de seis (2), $p$ = a proporção esperada de seis ($\frac{1}{6}$) e $q = \frac{5}{6}$. A probabilidade de que exatamente dois dos cinco lançamentos venham a mostrar a face seis é dada pela Equação (4.1):

$$P[Y = k] = \binom{N}{k} p^k (1-p)^{N-k}$$

$$P[Y = 2] = \frac{5!}{2!3!} \left(\frac{1}{6}\right)^2 \left(\frac{5}{6}\right)^3 = 0{,}16$$

A aplicação da fórmula ao problema nos mostra que a probabilidade de obter exatamente dois "seis" quando um dado honesto é lançado cinco vezes é $p = 0{,}16$.

Agora, quando testamos hipóteses, a questão *não* é usualmente, "Qual é a probabilidade de se obter *exatamente* os valores que foram observados?". Em geral, perguntamos "Qual é a probabilidade de se obter valores *tão ou mais extremos do que* o valor observado quando assumimos que os dados são gerados por um processo particular?". Para responder questões desse tipo, a probabilidade desejada é

$$P[Y \geq k] = \sum_{i=k}^{N} \binom{N}{i} p^i q^{N-i} \quad (4.2)$$

Em outras palavras, somamos as probabilidades do valor observado com as probabilidades dos valores que são ainda mais extremos.

Suponha agora que queiramos saber a probabilidade de obter dois *ou menos* "seis" quando um dado honesto é lançado cinco vezes. Aqui novamente $N = 5$, $k = 2$, $p = \frac{1}{6}$ e $q = \frac{5}{6}$. Agora a probabilidade de obter, no máximo, dois "seis" é denotada por $P[Y \leq 2]$. Da Equação (4.1) a probabilidade de obter 0 "seis" é $P[Y = 0]$, a probabilidade de obter um "seis" é $P[Y = 1]$, etc. Usando a Equação (4.2) temos

$$P[Y \leq 2] = P[Y = 0] + P[Y = 1] + P[Y = 2]$$

Isto é, a probabilidade de se obter no máximo dois "seis" é a soma de três probabilidades. Se usarmos a Equação (4.1) para determinar as três probabilidades, teremos

$$P[Y = 0] = \frac{5!}{0!5!} \left(\frac{1}{6}\right)^0 \left(\frac{5}{6}\right)^5 = 0{,}40$$

$$P[Y = 1] = \frac{5!}{1!4!} \left(\frac{1}{6}\right)^1 \left(\frac{5}{6}\right)^4 = 0{,}40$$

$$P[Y = 2] = \frac{5!}{2!3!} \left(\frac{1}{6}\right)^2 \left(\frac{5}{6}\right)^3 = 0{,}16$$

e então

$$P[Y \leq 2] = P[Y = 0] + P[Y = 1] + P[Y = 2]$$
$$= 0{,}40 + 0{,}40 + {,}016$$
$$= 0{,}96$$

Foi determinado que a probabilidade sob $H_0$ (a suposição de um dado honesto) de obter no máximo dois "seis" quando um dado é lançado cinco vezes é $p = 0{,}96$.

**PEQUENAS AMOSTRAS.** No caso de uma amostra, quando categorias binárias são usadas, uma hipótese comum é $H_0: p = \frac{1}{2}$. A Tabela D do Apêndice dá as probabilidades unilaterais associadas com a ocorrência de vários valores tão extremos quanto $k$ sob a hipótese nula $H_0: p = \frac{1}{2}$. Quando consultada a Tabela D do Apêndice, seja $k$ igual à menor das freqüências observadas. Essa tabela é útil quando $N \leq 35$. Apesar da Equação (4.2) poder ser usada, a tabela é mais conveniente. A Tabela D dá as probabilidades associadas com a ocorrência de vários valores tão pequenos quanto $k$ para vários $N$'s. Por exemplo, suponha que tenhamos observado sete sucessos e três fracassos. Aqui $N = 10$ e $k = 7$. A Tabela D mostra que a probabilidade unilateral da ocorrência sob $H_0: p = \frac{1}{2}$ para $Y \leq 3$ quando $N = 10$ é 0,172. Devido a simetria da distribuição binomial quando $p = \frac{1}{2}$, $P[Y \geq k] = P[Y \leq N - k]$. Assim, neste exemplo, $P[Y \leq 3] = P[Y \geq 7] = 0{,}172$.

As probabilidades dadas na Tabela D são unilaterais. Um teste unilateral é usado quando predizemos de antemão qual das duas categorias deve conter o menor número de casos. Quando a predição é simplesmente de que as duas freqüências irão diferir, um teste bilateral será usado. Para um teste bilateral, os valores das probabilidades na Tabela D do Apêndice seriam dobrados. Assim, para $N = 10$ e $k = 7$, a probabilidade bilateral associada com a ocorrência sob $H_0$ é 0,344.

O seguinte exemplo ilustra o uso do teste binomial em um estudo no qual $H_0: p = \frac{1}{2}$.

**EXEMPLO 4.1.** Em um estudo sobre efeitos do estresse,[2] um pesquisador ensinou a 18 estudantes universitários dois métodos diferentes de dar o mesmo nó. Metade dos estudantes (aleatoriamente selecionados de um grupo de 18) aprendeu primeiro o método A, e metade aprendeu primeiro o método B. Mais tarde – à meia-noite, depois de um exame final de 4 horas – cada sujeito foi solicitado a dar o nó. A predição era que o estresse induziria uma regressão, isto é, que os sujeitos retornariam ao primeiro método de dar o nó. Cada sujeito foi categorizado de acordo com o método escolhido, o primeiro método aprendido de dar o nó ou o segundo aprendido, quando solicitado a dar o nó sob estresse.

1. *Hipótese nula.* $H_0: p = q = \frac{1}{2}$, isto é, não existe diferença entre a probabilidade de usar, sob estresse, o primeiro método aprendido ($p$) e a probabilidade de usar, sob estresse, o segundo método aprendido ($q$). Qualquer diferença que possa ser observada entre as freqüências é de tal magnitude que ela pode ser esperada em uma amostra de uma população de resultados possíveis sob $H_0$. $H_1: p > q$, isto é, quando sob estresse, a probabilidade de usar o

---

[2] Barthol, R. P., e Ku, N. D. (1953). Specific regression under a non-related stress. *American Psychologist*, **10**, 482.

**TABELA 4.1**
Método escolhido para dar o nó sob estresse

|  | Método escolhido | | Total |
|---|---|---|---|
|  | Primeiro aprendido | Segundo aprendido |  |
| Freqüência | 16 | 2 | 18 |

primeiro método aprendido é maior do que a probabilidade de usar o segundo método aprendido.

2. *Teste estatístico.* O teste binomial é escolhido porque os dados estão em duas categorias discretas e o esquema é do tipo de uma amostra. Como os métodos $A$ e $B$ foram classificados aleatoriamente como sendo primeiro aprendido e segundo aprendido, não há razão para pensar que o método primeiro aprendido fosse preferido ao segundo aprendido sob $H_0$, e assim $p = q = \frac{1}{2}$.
3. *Nível de significância.* Seja $\alpha = 0,01$ e $N$ o número de casos = 18.
4. *Distribuição amostral.* A distribuição amostral é dada na Equação (4.2) supracitada. No entanto, quando $N \leq 35$ e quando $q = \frac{1}{2}$, a Tabela D dá as probabilidades associadas com a ocorrência sob $H_0$ de um valor observado tão pequeno quanto $k$, e assim não é necessário calcular a distribuição amostral neste exemplo.
5. *Região de rejeição.* A região de rejeição consiste de todos os valores de Y (onde Y é o número de sujeitos que usaram, sob estresse, o segundo método aprendido), que são tão pequenos que a probabilidade associada com suas ocorrências sob $H_0$ é igual ou menor do que $\alpha = 0,01$. Como a direção da diferença foi previamente predita, a região de rejeição é unilateral.
6. *Decisão.* No experimento, todos menos dois dos sujeitos usaram o primeiro método aprendido quando solicitados a dar o nó sob estresse (tarde da noite, depois de um longo exame final). Estes dados são mostrados na Tabela 4.1. Neste caso, $N$ é o número de observações independentes = 18. $k$ é a menor freqüência = 2. A Tabela D do Apêndice mostra que para $N = 18$, a probabilidade associada com $k \leq 2$ é 0,001. Como essa probabilidade é menor do que $\alpha = 0,01$, a decisão é rejeitar $H_0$ em favor de $H_1$. Assim, concluímos que $p > q$, isto é, que uma pessoa sob estresse reverte para o primeiro dos dois métodos aprendidos.

**GRANDES AMOSTRAS.** A Tabela D do Apêndice não pode ser usada quando $N$ é maior do que 35. No entanto, pode ser mostrado que, quando $N$ cresce, a distribuição binomial tende para a distribuição normal. Mais precisamente, quando $N$ cresce, a distribuição da variável Y aproxima-se da distribuição normal. A tendência é rápida quando $p$ está próximo de $\frac{1}{2}$, mas é mais lenta quando $p$ está próximo de 0 ou de 1. Isto é, quanto maior a disparidade entre $p$ e $q$, maior precisa ser $N$ para a distribuição estar satisfatoriamente próxima da distribuição normal. Quando $p$ está perto de $\frac{1}{2}$, a aproximação pode ser usada por um teste estatístico quando $N > 25$. Quando $p$ está perto de 0 ou de 1, uma regra empírica é que $Npq$ deve ser maior do que 9 para que o teste estatístico baseado na aproximação normal seja suficientemente preciso para ser usado. Dentro dessas limitações, a distribuição amostral de $Y$ é aproximadamente normal, com média $Np$ e variância $Npq$ e, portanto, $H_0$ pode ser testado por

$$z = \frac{x - \mu_x}{\sigma_x} = \frac{Y - Np}{\sqrt{Npq}} \qquad (4.3)$$

onde $z$ tem distribuição aproximadamente normal com média 0 e desvio padrão 1.

A aproximação à distribuição normal torna-se melhor se uma correção de "continuidade" é usada. A correção é necessária porque a distribuição normal é contínua enquanto que a distribuição binomial envolve variáveis discretas. Para corrigir por continuidade, olhamos a freqüência observada $Y$ da Equação (4.3) como ocupando um intervalo cujo limite inferior é meia unidade abaixo da freqüência observada enquanto que o limite superior é meia unidade acima da freqüência observada. A correção de continuidade consiste em reduzir em 0,5 a diferença entre o valor observado de $Y$ e seu valor observado $\mu_y = Np$. Portanto, quando $Y < \mu_y$ adicionamos 0,5 a $Y$ e quando $Y > \mu_y$ subtraímos 0,5 de $Y$. Isto é, a diferença observada é reduzida por 0,5. Assim, $z$ transforma-se em

$$z = \frac{(y \pm 0,5) - Np}{\sqrt{Npq}} \qquad (4.4)$$

onde é usado $Y + 0,5$ quando $Y < Np$, e é usado $Y - 0,5$ quando $Y > Np$. O valor de $z$ obtido pela aplicação da Equação (4.4) tem distribuição normal assintótica com média 0 e variância 1. Portanto, a significância de um $z$ observado pode ser obtida pela Tabela A do Apêndice. A Tabela A dá a probabilidade unilateral associada com a ocorrência sob $H_0$ de valores tão extremos quanto um $z$ observado. (Se um teste bilateral é exigido, a probabilidade dada pela Tabela A do Apêndice precisa ser dobrada.)

Para mostrar quão boa é esta aproximação quando $p = \frac{1}{2}$ mesmo para $N < 25$, podemos aplicá-la aos dados de "dar o nó" discutidos anteriormente. Naquele caso, $N = 18$, $Y = 2$, e $p = q = \frac{1}{2}$. Para estes dados, $Y < Np$, isto é, $2 < 9$, e pela Equação (4.4),

$$z = \frac{(2 + 0,5) - (18)(1/2)}{\sqrt{(18)(1/2)(1/2)}}$$

$$= -3,06$$

A Tabela A do Apêndice mostra que um valor de $z$ tão extremo quanto $-3,06$ tem uma probabilidade unilateral associada com sua ocorrência sob $H_0$ de 0,0011. Essa é essencialmente a mesma probabilidade que encontramos pela outra análise, que utiliza uma tabela de probabilidades exatas. Entretanto, lembre que neste exemplo $p = \frac{1}{2}$, então a aproximação deve funcionar bem.

### 4.1.3 Resumo do procedimento

Em resumo, estes são os passos no uso do teste binomial de $H_0: p = \frac{1}{2}$:

1. Determine $N$ = número total de casos observados.
2. Determine as freqüências das ocorrências observadas em cada uma das duas categorias.
3. O método para encontrar a probabilidade de ocorrência sob $H_0$ dos valores observados, ou de valores ainda mais extremos, depende do tamanho da amostra:
   a) Se $N \leq 35$, a Tabela D do Apêndice dá as probabilidades unilaterais sob $H_0$ de vários valores tão pequenos quanto um valor observado $Y$. Especifique $H_1$ e determine se o teste deve ser unilateral ou bilateral.
   b) Se $N > 35$, teste $H_0$ usando a Equação (4.4). A Tabela A do Apêndice dá a probabilidade associada com a ocorrência sob $H_0$ dos valores tão grandes quanto um $z$ observado. A Tabela A dá as probabilidades unilaterais; para um teste bilateral, dobre a probabilidade obtida.
4. Se a probabilidade associada com o valor observado de $Y$ ou um valor ainda mais extremo é igual ou menor do que $\alpha$, rejeite $H_0$. Caso contrário, não rejeite $H_0$.

### 4.1.4 Poder-eficiência

Como não existe técnica paramétrica aplicável a dados medidos como uma variável dicotômica, não faz sentido perguntar sobre o poder-eficiência do teste binomial quando usado com tais dados.

Se uma variável contínua é dicotomizada o teste binomial é usado nos dados resultantes, dados podem estar sendo desperdiçados. Em tais casos, o teste binomial tem poder-eficiência (no sentido definido no Capítulo 3) de 95% para $N = 6$, decrescendo a uma eficiência assintótica de $2/\pi = 63\%$ quando $N$ cresce. No entanto, se os dados são basicamente dicotômicos, mesmo que a variável tenha uma distribuição subjacente contínua, o teste binomial pode não mais ser comparável com nenhum teste alternativo prático e poderoso.

### 4.1.5 Referências

Para outras discussões da distribuição binomial e suas aplicações, ver Hays (1981) ou Bailey (1971).

## 4.2 O TESTE QUI-QUADRADO DE ADERÊNCIA

### 4.2.1 Função e fundamentos lógicos

Freqüentemente a pesquisa baseia-se no fato de que o pesquisador está interessado no número de sujeitos, de objetos ou de respostas que se enquadram em diversas categorias.

Por exemplo, um grupo de pacientes pode ser classificado de acordo com seu tipo preponderante de reação no Teste de Rorschach, e o investigador pode predizer que certos tipos serão mais freqüentes que outros. Ou crianças podem ser categorizadas de acordo com seus modos mais freqüentes de brincar, sendo a hipótese que esses modos diferirão em freqüência de uma maneira prescrita. Ou pessoas podem ser categorizadas de acordo com o fato delas serem "a favor de", "indiferentes a" ou "contra" uma opinião para que o pesquisador possa testar a hipótese de que essas respostas diferirão em freqüência.

O teste qui-quadrado é apropriado para testar dados como esses. O número de categorias pode ser de duas ou mais. A técnica é a do tipo aderência no sentido de que ela pode ser usada para testar se existe uma diferença significante entre um número *observado* de objetos ou respostas ocorrendo em cada categoria e um número *esperado* baseado na hipótese nula. Isto é, o teste qui-quadrado estabelece o grau de correspondência entre as observações observadas e as esperadas em cada categoria.

### 4.2.2 Método

Para comparar um grupo de freqüências observadas e esperadas, precisamos ser capazes de saber quais freqüências seriam esperadas. A hipótese $H_0$ estabelece a proporção de objetos que ocorrem em cada uma das categorias na população considerada. Isto é, da hipótese nula podemos deduzir quais são as freqüências esperadas. A técnica qui-quadrado oferece a probabilidade de que as freqüências observadas poderiam ter sido amostradas de uma população com os valores esperados dados.

A hipótese nula $H_0$ pode ser testada usando a seguinte estatística:

$$X^2 = \sum_{i=k}^{k} \frac{(O_i - E_i)^2}{E_i} \tag{4.5}$$

onde $O_i$ = número de casos observados na *i-ésima* categoria
$E_i$ = número de casos esperado na *i-ésima* categoria quando $H_0$ é verdadeira
$k$ = número de categorias

Assim, a Equação (4.5) orienta a somar sobre $k$ categorias os quadrados das diferenças entre cada freqüência observada e esperada dividida pela freqüência esperada correspondente.

Se a concordância entre as freqüências observadas e esperadas é boa, as diferenças $(O_i - E_i)$ serão pequenas e, conseqüentemente, $X^2$ será pequena. Entretanto, se a divergência é grande, o valor de $X^2$ como calculado na Equação (4.5) também será grande. Falando não tão precisamente, quanto maior o valor de $X^2$, menos provável será que as freqüências observadas tenham vindo da população na qual a hipótese $H_0$ e as freqüências observadas estão baseadas.

Apesar da Equação (4.5) ser útil para a compreensão da estatística $X^2$, ela é em geral trabalhosa de calcular devido à quantidade de subtrações envolvidas. Após alguma manipulação, uma fórmula de cálculo um pouco mais conveniente pode ser encontrada:

$$X^2 = \sum_{i=k}^{k} \frac{(O_i - E_i)^2}{E_i} \tag{4.5}$$

$$= \sum_{i=k}^{k} = \frac{O_i^2}{E_i} - N \qquad (4.5a)$$

onde $N$ é o número total de observações.

Pode ser mostrado que a distribuição amostral de $X^2$ sob $H_0$, como calculada a partir da Equação (4.5), segue a distribuição qui-quadrado[3] com graus de liberdade $gl = k - 1$. A noção de graus de liberdade é discutida a seguir em mais detalhes. A Tabela C do Apêndice contém a distribuição amostral do qui-quadrado e indica a probabilidade associada com certos valores. No topo de cada coluna na Tabela C do Apêndice estão selecionadas as probabilidades de ocorrência dos valores de qui-quadrado quando $H_0$ é verdadeira. Os valores em qualquer coluna são os valores de qui-quadrado que tem as probabilidades de ocorrência associadas sob $H_0$ dadas no topo de cada coluna. Existe um valor diferente do qui-quadrado para cada $gl$. Por exemplo, quando $gl = 1$ e $H_0$ é verdadeira, a probabilidade de observar um valor de qui-quadrado tão grande quanto 3,84 (ou maior) é 0,05. Isto é, $P[\chi^2 \geq 3{,}84] = 0{,}05$.

Existem diversas distribuições amostrais diferentes para o qui-quadrado, uma para cada valor de $gl$, os graus de liberdade. O tamanho de $gl$ reflete o número de "observações" que estão livres para variar após certas restrições terem sido colocadas sobre os dados. Por exemplo, se os dados para 50 casos são classificados em duas categorias, então tão logo soubermos que, digamos, 35 casos ocorreram em uma categoria, saberemos também que 15 precisam ocorrer na outra. Para este exemplo, $gl = 1$, porque, com duas categorias e um valor fixo qualquer para $N$, tão logo o número de casos em uma categoria está estabelecido, o número de casos na outra categoria fica determinado.

Em geral, para testes de aderência de uma amostra, quando $H_0$ especifica completamente os $Ei$'s, $gl = k - 1$, , onde $k$ é o número de categorias na classificação.

Para usar qui-quadrado ao testar uma hipótese na situação de aderência de uma amostra, distribua cada observação em uma das $k$ células. O número total de tais observações deve ser $N$, o número de casos na amostra. Isto é, cada observação deve ser independente de cada uma das outras; assim não podemos fazer várias observações sobre a mesma pessoa e considerá-las como independentes. Isso produz um $N$ "inflado". Para cada uma das $k$ células, a freqüência esperada também precisa ser colocada. Se $H_0$ é a hipótese de que existe uma proporção igual de casos em cada categoria na população, então $E_i = N/k$. Com os vários valores de $Ei$ e $O_i$ conhecidos, podemos calcular os valores de $X^2$ pela aplicação da Equação (4.5). A significância deste valor obtido de $X^2$ pode ser determinada consultando a Tabela C do Apêndice. Se a probabilidade associada com a ocorrência sob $H_0$ do $X^2$ obtido para $gl = k - 1$ é igual ou menor que o valor de $\alpha$ determinado previamente, então $H_0$ pode ser rejeitada. Caso contrário, $H_0$ não pode ser rejeitada.

**Exemplo 4.2a** Fãs de corridas de cavalos freqüentemente sustentam que uma corrida em torno de uma pista circular proporciona significante vantagem inicial para os cavalos colocados em certas posições dos postos. Cada posição do cavalo corresponde ao posto

---

[3] Alguns textos usam o símbolo grego $\chi^2$ para designar tanto a distribuição qui-quadrado quanto a estatística $X^2$. No entanto, existe uma diferença. A estatística $X^2$ tem uma distribuição qui-quadrado assintótica ou $\chi^2$. Devemos manter uma distinção entre a estatística e sua distribuição amostral.

atribuído no começo do alinhamento. Em uma corrida de oito cavalos, a posição 1 é a mais próxima da raia no lado interno da pista; a posição 8 está no lado externo, mais distante da raia. Podemos testar o efeito da posição do posto analisando os resultados da corrida, dados de acordo com a posição do posto, durante o primeiro mês de corridas na estação em uma pista circular particular.[4]

1. *Hipótese nula.* $H_0$: não há diferença no número esperado de vencedores começando de cada uma das posições dos postos, e quaisquer diferenças são meras variações devidas ao acaso, esperadas em uma amostra aleatória de uma distribuição uniforme. $H_1$: as freqüências teóricas não são todas iguais.
2. *Teste estatístico.* Como estamos comparando dados de uma amostra de uma determinada população, o teste qui-quadrado de aderência é adequado. O teste qui-quadrado é escolhido porque a hipótese sob teste refere-se à comparação de freqüências observadas e esperadas em categorias discretas. Neste exemplo, as oito posições dos postos formam as categorias.
3. *Nível de significância.* Seja $\alpha = 0{,}01$ e $N = 144$ o número total de vencedores em 18 dias de corridas.
4. *Distribuição amostral.* A distribuição amostral da estatística $X^2$ como calculada a partir da Equação (4.5) segue a distribuição qui-quadrado com $gl = k - 1 = 8 - 1 = 7$.
5. *Região de rejeição.* $H_0$ será rejeitada se o valor observado de $X^2$ é tal que a probabilidade associada com o valor calculado sob $H_0$ para $gl = 7$ é $\leq 0{,}01$.
6. *Decisão.* A amostra de 144 vencedores forneceu os dados apresentados na Tabela 4.2. As freqüências observadas de vitórias são dadas no centro de cada célula; as freqüências esperadas são dadas em itálico no canto de cada célula. Por exemplo, 29 vitórias foram para os cavalos da posição 1, enquanto sob $H_0$ somente 18 vitórias teriam sido esperadas. Somente 11 vitórias foram para os cavalos da posição 8, enquanto sob $H_0$ 18 teriam sido esperadas.

**TABELA 4.2**
Vitórias obtidas em uma pista circular para cavalos em 8 posições

| | Posições dos postos | | | | | | | | |
|---|---|---|---|---|---|---|---|---|---|
| | 1 | 2 | 3 | 4 | 5 | 6 | 7 | 8 | Total |
| Nº de vitórias | 29 | 19 | 18 | 25 | 17 | 10 | 15 | 11 | 144 |
| Vitórias esperadas | *18* | *18* | *18* | *18* | *18* | *18* | *18* | *18* | |

---

[4] Estes dados foram publicados no *New York Post*, 30 de agosto de 1955, p. 42.

Os cálculos de $X^2$ são diretos:

$$X^2 = \sum_{i=1}^{8} \frac{(O_i - E_i)^2}{E_i}$$

$$= \frac{(29-18)^2}{18} + \frac{(19-18)^2}{18} + \frac{(18-18)^2}{18}$$

$$+ \frac{(25-18)^2}{18} + \frac{(17-18)^2}{18} + \frac{(10-18)^2}{18}$$

$$+ \frac{(15-18)^2}{18} + \frac{(11-18)^2}{18}$$

$$= \frac{121}{18} + \frac{1}{18} + 0 + \frac{49}{18} + \frac{1}{18} + \frac{64}{18} + \frac{9}{18} + \frac{49}{18}$$

$$= 16,3$$

A Tabela C do Apêndice mostra que $P[X^2 \geq 16,3]$ para $gl = 7$ tem probabilidade de ocorrência entre $p = 0,05$ e $p = 0,02$. Isto é, $0,05 > p > 0,02$. Apesar de essa probabilidade ser maior do que o nível de significância previamente escolhido, $\alpha = 0,01$, não podemos rejeitar $H_0$ neste nível de significância. Observamos que a hipótese nula poderia ter sido rejeitada se tivéssemos escolhido $\alpha = 0,05$. Veríamos que mais dados são necessários antes de que qualquer conclusão definitiva concernente a $H_1$ pudesse ser obtida.

**Exemplo 4.2b** Um pesquisador aplica um teste de vocabulário para um grupo de $N = 103$ crianças. Com base em pesquisa anterior e na teoria subjacente ao teste, a distribuição de escores deve seguir uma distribuição normal. A média da amostra foi 108 e o desvio-padrão 12,8. A fim de aplicar o teste qui-quadrado de aderência, categorias precisam ser definidas e freqüências esperadas precisam ser determinadas. Vamos escolher $k = 10$ intervalos para as freqüências. Os valores de corte (denotado $X_{cut}$) corresponderão aos decis da distribuição normal com média e desvio padrão fornecidos pelos dados. Os decis de uma distribuição normal (denotados $Z_{cut}$) podem ser obtidos da Tabela A do Apêndice:

| Categoria | $z_{cut}$ | p Acumulado | $X_{cut}$ |
|---|---|---|---|
| 1 | −1,2816 | 0,10 | 91,60 |
| 2 | −0,8416 | 0,20 | 97,23 |
| 3 | −0,5244 | 0,30 | 101,29 |
| 4 | −0,2534 | 0,40 | 104,76 |
| 5 | 0,0000 | 0,50 | 108,00 |
| 6 | 0,2534 | 0,60 | 111,24 |
| 7 | 0,5244 | 0,70 | 114,71 |
| 8 | 0,8418 | 0,80 | 118,77 |
| 9 | 1,2816 | 0,90 | 124,40 |
| 10 | ∞ | 1,00 | Sem limite |

Esses valores precisam então ser transformados nos pontos de corte na distribuição observada. Isso pode ser feito com a seguinte fórmula geral:

e
$$X_{cut} = \bar{X} + s_x z_{cut} \quad \text{em geral}$$
$$X_{cut} = 108 + 12{,}8 z_{cut} \quad \text{para este exemplo}$$

Para o problema dado, esses valores estão resumidos na tabela anterior. Então, se um dado observado é menor do que 91,60, ele pode ser contado na categoria 1, enquanto se o dado observado fosse 103, ele seria contado na categoria 4. O pesquisador classificou todos os escores em categorias e obteve as seguintes freqüências: 8, 10, 13, 15, 10, 14, 12, 8, 7, 6. A freqüência esperada em cada categoria é $N/k = \frac{103}{10} = 10{,}3$. O investigador deseja testar a hipótese usando $\alpha = 0{,}05$. O valor obtido de $X^2$ é

$$X^2 = \frac{(8-10{,}3)^2}{10{,}3} + \frac{(10-10{,}3)^2}{10{,}3} + \frac{(13-10{,}3)^2}{10{,}3}$$
$$+ \frac{(15-10{,}3)^2}{10{,}3} + \frac{(10-10{,}3)^2}{10{,}3} + \frac{(14-10{,}3)^2}{10{,}3}$$
$$+ \frac{(12-10{,}3)^2}{10{,}3} + \frac{(8-10{,}3)^2}{10{,}3} + \frac{(7-10{,}3)^2}{10{,}3} + \frac{(6-10{,}3)^2}{10{,}3}$$
$$= 8{,}36$$

Ao calcular os valores esperados, usamos duas partes de informação da amostra. Isso porque não podemos especificar probabilidades associadas com a distribuição normal sem estimar a média e o desvio padrão (ou variância) populacional usando os dados amostrais. Para cada parâmetro estimado dos dados nós "perdemos" um grau de liberdade. Para este exemplo, o número de parâmetros estimado foi $n_p = 2$. Assim, o gl para a distribuição qui-quadrado é $gl = k - n_p - 1 = 10 - 2 - 1 = 7$. Agora, ao testar $H_0$ ao nível 0,05, o valor crítico de $X^2$ é 14,07. Como o valor obtido para $X^2$ foi 8,36, não podemos rejeitar a hipótese $H_0$ de que os dados foram extraídos de uma distribuição normal.

**FREQÜÊNCIAS ESPERADAS PEQUENAS.** Quando $gl = 1$, isto é, quando $k = 2$, cada freqüência *esperada* deve ser pelo menos 5. Quando $gl > 1$, isto é, quando $k > 2$, o teste qui-quadrado para o teste de aderência com uma amostra não deve ser usado se mais do que 20% das freqüências esperadas são menores do que 5 ou se qualquer freqüência é menor do que 1. Isso porque a distribuição amostral de $X^2$ é somente assintoticamente qui-quadrado, isto é, a distribuição amostral de $X^2$ é a mesma que a distribuição qui-quadrado quando as freqüências esperadas tornam-se grandes (tendem ao infinito). Para fins práticos, a aproximação é boa quando as freqüências esperadas são maiores do que 5. Quando as freqüências esperadas são pequenas, as probabilidades associadas com a distribuição qui-quadrado podem não ser suficientemente próximas das probabilidades na distribuição amostral de $X^2$ para serem feitas inferências apropriadas. Algumas vezes, as freqüências esperadas podem ser aumentadas combinando categorias adjacentes em uma única categoria mais ampla. Isto é conveniente somente se as combinações de categorias apresentam significado (e, é claro, se existem mais do que duas categorias para começar).

Por exemplo, uma amostra de pessoas pode ser categorizada de acordo com a resposta a uma declaração de opinião ser "fortemente a favor", "a favor", "indiferente", "contra" ou "fortemente contra". Para aumentar os $E_i$'s, categorias adjacentes podem ser combinadas, e as pessoas categorizadas como "a favor", "indiferente", "contra" ou possivelmente como "a favor", "indiferente" e "fortemente contra". No entanto, se categorias são combinadas, deve-se observar que os significados dos rótulos das categorias resultantes podem ser diferentes dos significados originais.

Se iniciamos com somente duas categorias e temos uma freqüência esperada menor do que 5, ou se depois de combinarmos categorias adjacentes terminamos com somente duas categorias e ainda temos uma freqüência esperada menor do que 5, então poderia ser usado o teste binomial (Seção 4.1) em vez do teste qui-quadrado, para determinar a probabilidade associada com a ocorrência das freqüências observadas sob $H_0$.

### 4.2.3 Resumo do procedimento

Nesta discussão do método para o uso do teste qui-quadrado no caso de aderência de uma amostra, mostramos que o procedimento para usar o teste segue os passos seguintes:

1. Distribua as freqüências observadas nas $k$ categorias. A soma das freqüências deve ser $N$, o número de observações independentes.
2. De $H_0$, determine as freqüências esperadas (os $E_i$'s) para cada uma das $k$ células. Quando $k > 2$ e mais do que 20% dos $E_i$'s são menores do que 5, combine categorias adjacentes quando for razoável, com isso reduzindo o valor de $k$ e aumentando os valores de alguns dos $E_i$'s. Quando $k = 2$, o teste qui-quadrado para o teste de aderência de uma amostra tem precisão somente se cada freqüência esperada é maior ou igual a 5.
3. Use a Equação (4.5) para calcular o valor de $X^2$.
4. Determine os graus de liberdade, $gl = k - n_p - 1$, onde $n_p$ é o número de parâmetros estimados dos dados e usados no cálculo das freqüências esperadas.
5. Com a Tabela C do Apêndice, determine a probabilidade associada com a ocorrência de $X^2$ sob $H_0$ de um valor tão grande quanto o valor observado de $X^2$ para os graus de liberdade $gl$ apropriados para os dados. Se essa probabilidade é menor ou igual a $\alpha$, rejeite $H_0$.

### 4.2.4 Poder

Mesmo sendo este teste o mais comumente usado quando não temos uma alternativa clara disponível, não estamos geralmente em posição de calcular o poder exato do teste. Quando uma medida nominal ou categorizada é usada ou quando os dados consistem em freqüências em categorias inerentemente discretas, então a noção de poder-eficiência não tem significado, pois em tais casos não existe teste paramétrico que seja adequado.

Nos casos em que o poder do teste qui-quadrado de aderência tem sido estudado, não há interação entre o número de categorias $k$ e o número de observações $N$. Apesar de específicas recomendações dependerem da distribuição teórica a ser ajustada, as seguintes regras são apropriadas:

1. Escolha limites de intervalos e categorias de modo que as freqüências esperadas sejam iguais a $N/k$.
2. O número de categorias deve ser escolhido de modo que as freqüências esperadas estejam aproximadamente entre 6 e 10, com o valor menor apropriado para $N$ grande (maior do que 200).

Deve-se observar que quando $gl > 1$, o teste qui-quadrado é insensível aos efeitos de ordenação das categorias, e, assim, quando uma hipótese leva em consideração a ordem, o teste qui-quadrado pode não ser o melhor teste. Para métodos que fortalecem os testes qui-quadrado comuns quando $H_0$ é testada contra alternativas específicas, ver Cochran (1954) ou Everitt (1977). Mais informações sobre o teste qui-quadrado de aderência são dadas na Seção 4.3.4.

## 4.2.5 Referências

Discussões úteis sobre o teste qui-quadrado de aderência estão contidas em Cochran (1954), Dixon e Massey (1983), McNemar (1969) e Everitt (1977).

## 4.3 TESTE DE KOLMOGOROV-SMIRNOV DE UMA AMOSTRA

### 4.3.1 Função e fundamentos lógicos

O teste de Kolmogorov-Smirnov de uma amostra é outro teste de aderência. Isto é, ele é concernente com o grau de concordância entre a distribuição de um conjunto de valores da amostra (escores observados) e alguma distribuição teórica especificada. Ele determina se os escores em uma amostra podem ser pensados razoavelmente como tendo vindo de uma população tendo essa distribuição teórica.

Em poucas palavras, o teste envolve especificar a distribuição de freqüência *acumulada* que ocorreria dada a distribuição teórica e compará-la com a distribuição de freqüência acumulada observada. A distribuição teórica representa o que seria esperado sob $H_0$. O ponto no qual essas duas distribuições, teórica e observada, mostram a maior divergência é determinado. A distribuição amostral indica se uma tão grande divergência é provável de ocorrer com base no acaso. Isto é, a distribuição amostral indica a possibilidade de que ocorresse uma divergência da magnitude observada se as observações fossem realmente uma amostra aleatória de uma distribuição teórica. O teste de Kolmogorov-Smirnov admite que a distribuição da variável subjacente que está sendo testada é contínua, como especificado pela distribuição de freqüências acumuladas. Assim, o teste é apropriado para testar a aderência para variáveis que são medidas pelo menos em uma escala ordinal.

## 4.3.2 Método

Seja $F_0(X)$ uma função completamente especificada de distribuição de freqüências relativas acumuladas – a distribuição teórica sob $H_0$. Isto é, para qualquer valor de $X$, o valor de $F_0(X)$ é a proporção de casos esperados com escores iguais ou menores do que $X$.

Seja $S_N(X)$ a distribuição de freqüências relativas acumuladas observada de uma amostra aleatória de $N$ observações. Se $X_i$ é um escore qualquer possível, então $S_N(X_i) = F_i/N$, onde $F_i$ é o número de observações menores ou iguais a $X_i$. $F_0(X_i)$ é a proporção esperada de observações menores ou iguais a $X_i$.

Agora, sob a hipótese nula de que a amostra tenha sido extraída de uma distribuição teórica especificada, é esperado que para qualquer valor de $X_i$, $S_N(X_i)$ esteja bastante próximo de $F_0(X_i)$. Isto é, quando $H_0$ é verdadeira, esperaríamos que as diferenças entre $S_N(X_i)$ e $F_0(X_i)$ fossem pequenas e dentro dos limites de erros aleatórios. O teste de Kolmogorov-Smirnov focaliza sobre o maior dos desvios. O maior valor absoluto de $F_0(X_i) - S_N(X_i)$ é chamado de *desvio máximo D*:

$$D = \max|F_0(X_i) - S_N(X_i)| \qquad i = 1, 2, ..., N \qquad (4.6)$$

A distribuição amostral de $D$ sob $H_0$ é conhecida. A Tabela F do Apêndice fornece certos valores críticos da distribuição amostral. Note que a significância de um dado valor de $D$ depende de $N$.

Por exemplo, suponha que se encontre $D = 0,325$ quando $N = 15$ na aplicação da Equação (4.6). A Tabela F do Apêndice mostra que a probabilidade de $D \geq 0,325$ está entre 0,05 e 0,10.

Se $N$ é maior que 35, o valor crítico de $D$ pode ser determinado pela última linha na Tabela F do Apêndice. Por exemplo, suponha que um pesquisador tenha uma amostra de tamanho $N = 43$ e escolha $\alpha = 0,05$. A Tabela F do Apêndice mostra que qualquer $D \geq 1,36/\sqrt{N}$ será significante. Isto é, qualquer $D$, como definido pela Equação (4.6), que seja maior ou igual a $1,36/\sqrt{43} = 0,207$ será significante no nível 0,05 (teste bilateral).

**Exemplo 4.3.** Durante vários anos os pesquisadores têm estudado a duração de uma variedade de eventos tais como empregos, greves e guerras. Como uma parte de tal pesquisa, suposições precisas concernentes a ações individuais e ao curso dos eventos têm levado a modelos matemáticos para os eventos, os quais fazem predições sobre suas distribuições.[5] Enquanto detalhes dos modelos matemáticos não são de interesse especial aqui, o conhecimento sobre a concordância entre os dados e as predições do modelo proporciona uma boa ilustração do teste de Kolmogorov-Smirnov de aderência de uma amostra. Os dados concernentes à duração das greves que começaram em 1965 no Reino Unido foram coletados, analisados, e predições foram feitas com o uso do modelo matemático. A Tabela 4.3 contém a distribuição de freqüências acumuladas das durações de $N = 840$ greves. Também estão dadas na tabela as freqüências acumuladas preditas pelo modelo matemático.

---

[5] Morrison, D.G. e Schmittlein, D.C. (1980). Jobs, strikes and wars: Probability models for duration. *Organizational Behavior and Human Performance*, **25**, 224-251.

1. *Hipótese nula.* $H_0$: a distribuição das durações das greves segue o modelo matemático de predições. Isto é, a diferença entre as durações observada e predita não excede as diferenças que seriam esperadas que ocorressem devido ao acaso. $H_1$: as durações observadas das greves não coincidem com as preditas pelo modelo matemático.
2. *Teste estatístico.* O teste de Kolmogorov-Smirnov de uma amostra é escolhido porque o pesquisador deseja comparar uma distribuição observada de escores de uma escala ordinal com a distribuição teórica de escores.
3. *Nível de significância.* Seja $\alpha = 0{,}05$ e $N$ o número de greves que começaram no Reino Unido em 1965 = 840.
4. *Distribuição amostral.* O valores críticos de $D$ e o desvio absoluto máximo entre as distribuições acumuladas observada e predita são apresentados na Tabela F do Apêndice, junto com suas probabilidades associadas de ocorrência quando $H_0$ é verdadeira.
5. *Região de rejeição.* A região de rejeição consiste de todos os valores de $D$ [calculados a partir da Equação (4.6)], que sejam tão grandes que a probabilidade associada com suas ocorrências quando $H_0$ é verdadeira seja menor ou igual a $\alpha = 0{,}05$.

**TABELA 4.3**
Dados sobre greves no Reino Unido (N=840)

| Duração máxima (dias) | Freqüência acumulada | | Freqüência relativa acumulada | | $|F_0(X) - S_N(X)|$ |
|---|---|---|---|---|---|
| | Observada | Predita | Observada | Predita | |
| 1 – 2  | 203 | 212,81 | 0,242 | 0,253 | 0,011 |
| 2 – 3  | 352 | 348,26 | 0,419 | 0,415 | 0,004 |
| 3 – 4  | 452 | 442,06 | 0,538 | 0,526 | 0,012 |
| 4 – 5  | 523 | 510,45 | 0,623 | 0,608 | 0,015 |
| 5 – 6  | 572 | 562,15 | 0,681 | 0,669 | 0,012 |
| 6 – 7  | 605 | 602,34 | 0,720 | 0,717 | 0,003 |
| 7 – 8  | 634 | 634,27 | 0,755 | 0,755 | 0,000 |
| 8 – 9  | 660 | 660,10 | 0,786 | 0,786 | 0,000 |
| 9 – 10 | 683 | 681,32 | 0,813 | 0,811 | 0,002 |
| 10 – 11 | 697 | 698,97 | 0,830 | 0,832 | 0,002 |
| 11 – 12 | 709 | 713,82 | 0,844 | 0,850 | 0,006 |
| 12 – 13 | 718 | 726,44 | 0,855 | 0,865 | 0,010 |
| 13 – 14 | 729 | 737,26 | 0,868 | 0,878 | 0,010 |
| 14 – 15 | 744 | 746,61 | 0,886 | 0,889 | 0,003 |
| 15 – 16 | 750 | 754,74 | 0,893 | 0,899 | 0,003 |
| 16 – 17 | 757 | 761,86 | 0,901 | 0,907 | 0,006 |
| 17 – 18 | 763 | 768,13 | 0,908 | 0,914 | 0,006 |
| 18 – 19 | 767 | 773,68 | 0,913 | 0,921 | 0,008 |
| 19 – 20 | 771 | 778,62 | 0,918 | 0,927 | 0,009 |
| 20 – 25 | 788 | 796,68 | 0,938 | 0,948 | 0,010 |
| 25 – 30 | 804 | 807,86 | 0,957 | 0,962 | 0,005 |
| 30 – 35 | 812 | 815,25 | 0,967 | 0,971 | 0,004 |
| 35 – 40 | 820 | 820,39 | 0,976 | 0,977 | 0,001 |
| 40 – 50 | 832 | 826,86 | 0,990 | 0,984 | 0,006 |
| > 50 | 840 | 840,01 | 1,000 | 1,000 | 0,000 |

6. *Decisão*. Neste estudo, a diferença entre a distribuição de freqüência relativa acumulada $S_N(X)$ e a distribuição de freqüência relativa acumulada predita $F_0(X)$ é calculada. Essas diferenças estão resumidas na Tabela 4.3. O valor de $D$, a diferença máxima entre as freqüências acumuladas é $|F_0(X) - S_N(X)| = |510{,}45/840 - 523/840| = 0{,}015$. Como $N > 35$, devemos usar aproximações para amostras grandes. Com $N = 840$ o valor crítico de $D$ é $1{,}36/\sqrt{840} = 0{,}047$. Como o valor observado de $D$, $0{,}015$, é menor do que o valor crítico, não podemos rejeitar $H_0$, a hipótese de que os dados observados são de uma população especificada pelo modelo teórico resumido na Tabela 4.3.

### 4.3.3 Resumo do procedimento

Na aplicação do teste de Kolmogorov-Smirnov, os passos são os seguintes:

1. Especifique a distribuição acumulada teórica, isto é, a distribuição acumulada esperada sob $H_0$.
2. Organize os escores observados em uma distribuição acumulada e converta as freqüências acumuladas em freqüências relativas acumuladas $[S_N(X_i)]$. Para cada intervalo encontre a freqüência relativa acumulada esperada $F_0(X_i)$.
3. Com o uso da Equação (4.6), encontre $D$.
4. Consulte a tabela F do Apêndice para encontrar a probabilidade (bilateral) associada com a ocorrência sob $H_0$ de valores tão grandes quanto o valor observado de $D$. Se essa probabilidade é igual ou menor que $\alpha$, rejeite $H_0$.

### 4.3.4 Poder

O teste de Kolmogorov-Smirnov de aderência de uma amostra trata observações individuais separadamente e, assim, diferentemente do teste qui-quadrado discutido na Seção 4.2, não é preciso perder informação na combinação de categorias, apesar de poder ser conveniente usar agrupamento de variáveis. Quando amostras são pequenas e categorias adjacentes precisam ser combinadas para o uso apropriado da estatística $X^2$, o teste qui-quadrado é definitivamente menos poderoso do que o teste de Kolmogorov-Smirnov. Além disso, para qualquer amostra pequena, o teste qui-quadrado não pode ser usado, mas o teste de Kolmogorov-Smirnov pode. Esses fatos sugerem que o teste de Kolmogorov-Smirnov pode, em todos os casos, ser mais poderoso que seu alternativo, o teste qui-quadrado.

No entanto, é possível que os testes forneçam resultados similares, particularmente quando o tamanho da amostra é grande. Se aplicarmos o teste de Kolmogorov-Smirnov para os dados da corrida da Seção 4.2, encontraremos que $D = \max|F_0(X) - S_N(X)| = |\frac{91}{144} - \frac{72}{144}| = 0{,}132$. Se testarmos com $\alpha = 0{,}05$, então poderemos rejeitar $H_0$ se $D > 1{,}36/\sqrt{144} = 0{,}113$. Assim como com o teste qui-quadrado, poderemos rejeitar $H_0$.

O teste qui-quadrado assume que as distribuições são nominais, enquanto o teste de Kolmogorov-Smirnov assume uma distribuição subjacente contínua. Em princípio, ambos os testes poderiam ser aplicados a dados ordinais; entretanto, o agrupamento necessário para a aplicação do teste qui-quadrado torna-o menos preciso do que o teste de Kolmogorov-Smirnov.

A escolha entre eles é difícil. É difícil comparar o poder dos dois testes pois cada um depende de diferentes quantidades. Quando ambos os testes podem ser aplicados, a escolha pode depender da facilidade dos cálculos ou de outra preferência. Entretanto, com amostras pequenas, o teste de Kolmogorov-Smirnov é exato, enquanto o teste qui-quadrado de aderência é somente aproximadamente (assintoticamente) exato. Em tais casos a preferência deve ser dada ao teste de Kolmogorov-Smirnov.

### 4.3.5 Referências

Discussões sobre o teste de Kolmogorov-Smirnov e sobre outros testes de aderência podem ser encontradas em Gibbons (1976) e Hays (1981).

## 4.4 TESTE PARA INFERÊNCIA DE SIMETRIAS DE DISTRIBUIÇÕES

### 4.4.1 Função e fundamentos lógicos

Os testes discutidos até agora neste capítulo trataram de dois aspectos de uma distribuição. O teste binomial trata da possibilidade de dados dicotômicos poderem ser razoavelmente pensados como gerados por uma distribuição binomial hipotética. Os próximos dois testes consideram o ajuste de uma distribuição empírica a uma distribuição hipotética. Outra espécie de hipótese sobre um conjunto de dados pode ser sobre a *forma* de uma distribuição. O teste descrito nesta seção é um teste para simetria distribucional. Isto é, podemos inferir que um conjunto de dados foi gerado por uma distribuição desconhecida mas *simétrica*? A hipótese $H_0$ é que as observações são de uma mesma distribuição simétrica com uma mediana desconhecida. A hipótese alternativa é que a distribuição não é simétrica.

O teste envolve o exame de subconjuntos de três variáveis (ou triplas) para determinar se é provável que a distribuição seja enviesada para a esquerda ou para a direita. O teste envolve uma boa quantidade de cálculos, mas é relativamente direto.

### 4.4.2 Método

Para aplicar o teste, cada subconjunto de tamanho 3 da amostra precisa ser examinado e codificado. Cada tripla $X_i, X_j, X_k$, é codificada como uma tripla direita ou tripla esquerda (ou como nenhuma). Apesar de ser possível classificar as triplas por inspeção, uma especificação mais formal será dada. A seguinte tabela dá os códigos para as triplas:

| | | |
|---|---|---|
| Tripla direita | $X\text{--}X\text{------}X$ | $(X_i + X_j + X_k)/3 > \text{med}(X_i, X_j, X_k)$ |
| Tripla esquerda | $X\text{------}X\text{--}X$ | $(X_i + X_j + X_k)/3 < \text{med}(X_i, X_j, X_k)$ |
| Nenhuma | $X\text{----}X\text{----}X$ | $(X_i + X_j + X_k)/3 = \text{med}(X_i, X_j, X_k)$ |

Cada uma das $N(N-1)(N-2)/6$ triplas possíveis precisa ser codificada como esquerda, direita ou nenhuma. A estatística de interesse é

$$T = \#\text{ triplas direitas} - \#\text{ triplas esquerdas} \qquad (4.7)$$

Agora, quando $H_0$ é verdadeira, $\mu_T = 0$, isto é, os $X$'s são simétricos em torno da mediana. Para completar o teste precisamos definir as seguintes estatísticas:

$B_i = \#$ triplas direitas envolvendo $X_i - \#$triplas esquerdas envolvendo $X_i$
$B_{jk} = \#$ triplas direitas envolvendo $X_j$ e $X_k$
$- \#$ triplas esquerdas envolvendo $X_j$ e $X_k$

Então $H_0$ pode ser testada usando a estatística $Z = T/\sigma_T$, onde

$$\sigma_T^2 = \frac{(N-3)(N-4)}{(N-1)(N-2)} \sum_{i=1}^{N} B_i^2 + \frac{(N-3)}{(N-4)} \sum_{1 \leq j < k \leq N} B_{jk}^2 + \frac{N(N-1)(N-2)}{6}$$

$$- \left[1 - \frac{(N-3)(N-4)(N-5)}{N(N-1)(N-2)}\right] T^2 \quad (4.8)$$

A estatística $z$ tem distribuição assintoticamente normal com média 0 e variância 1. A significância de $z$ pode ser determinada usando a Tabela A do Apêndice e o valor crítico determinado para um teste bilateral usando $\alpha/2$. Comparado com procedimentos alternativos, este teste é satisfatório para $N$ maior do que um número em torno de 20; isto é, ele mantém o nível de significância escolhido e ao mesmo tempo mantém bom poder para detectar distribuições assimétricas.

**Exemplo 4.4** Em um estudo de supressão de sensação de salgado,[6] sujeitos testam uma mistura de sal e sacarose com o propósito de escalonar julgamentos de sensação de salgado como uma função da concentração de sal na solução. Havia diferenças individuais substanciais no julgamento de sensação de salgado. O pesquisador estava interessado na distribuição dos julgamentos de sensação de salgado. Quatro concentrações diferentes foram usadas e os sujeitos experimentaram, separadamente, cada uma delas. Os dados estão resumidos na Tabela 4.4. Para fins de ilustrar o teste de distribuição simétrica, os dados para a taxa de 0,5 de concentração de sal serão analisados.

1. *Hipótese nula*. $H_0$: a distribuição dos julgamentos de sensação de salgado é simétrica. A hipótese alternativa é que a distribuição dos julgamentos é assimétrica. Isto é, a hipótese nula é que os desvios da simetria são aqueles que se esperaria que ocorressem devido ao acaso.
2. *Teste estatístico*. O número de observações é $N = 9$. (Estritamente falando, nosso exemplo viola a recomendação de que o teste é apropriado quando $N > 20$. Um exemplo com amostra pequena foi escolhido para ilustrar o procedimento.) O primeiro passo envolve o cálculo das triplas e a determinação sobre elas serem triplas direitas, triplas esquerdas ou nenhuma das duas. O número total de triplas para $N = 9$ é $N(N-1)(N-2)/6 = 84$. Para os primeiros três pontos (13,53; 28,42; 48,11), a mediana é 28,42 e a média é 30,03. Como a média é maior do que a mediana, a tripla $(X_1, X_2, X_3)$ é classificada como uma tripla direita. A tripla $(X_1, X_3, X_4)$, é uma tripla esquerda, pois a mediana é 48,11 e é maior do que a média (13,53 + 48,11 +

---

[6] Kroeze, J. H.A. (1982). The influence of relative frequencies of pure and mixed stimuli on mixture suppression in taste. *Perception & Psychophysics,* **31**, 276-278.

**TABELA 4.4**
Julgamentos sobre a sensação de salgado para um nível de concentração de sal

| |
|---|
| 13,53 |
| 28,42 |
| 48,11 |
| 48,64 |
| 51,40 |
| 59,91 |
| 67,98 |
| 79,13 |
| 103,05 |

48,64)/3 = 36,76. O número de triplas direitas é 44 e o número de triplas esquerdas é 40. Então o valor de $T$ é 44 − 40 = 4.

A seguir a variância de $T$ precisa ser encontrada. Para isso, as quantidades intermediárias $B_i$ e $B_{jk}$ precisam ser calculadas. Então essas quantidades são usadas na Equação (4.8) para determinar a variância. (As duas somas dos quadrados de $B_i$ e $B_{jk}$ são 320 e 364, respectivamente.) A variância é então 680,04. Finalmente, a estatística $z = T/\sigma_T = 4/\sqrt{680,04} = 0,154$ é calculada.

3. *Nível de significância e decisão.* Seja $\alpha = 0,05$. O nível de significância para $z$ pode ser determinado consultando a Tabela A do Apêndice, a tabela da distribuição normal padrão. Não podemos rejeitar a hipótese de simetria no nível 0,05 (ou ainda maior) de significância.

Deve ser relembrado que o teste é razoavelmente bom para $N \geq 20$. Como os tamanhos da amostra tornam-se grandes, o cálculo das triplas, mesmo sendo direto, é relativamente demorado. Portanto essa técnica é talvez melhor utilizada quando um algoritmo computacional está disponível. O Programa 1 (ver Apêndice II) fornece a codificação para um programa geral para calcular $T$ e $\sigma_T$ para qualquer tamanho da amostra. Para esta estatística, o uso do programa é recomendado.

### 4.4.3 Resumo do procedimento

Estes são os passos na aplicação do teste de simetria para uma seqüência de observações:

1. Para cada subconjunto de tamanho 3 na seqüência de observações, determine se ela é uma tripla direita ou esquerda (ou nenhuma).
2. Calcule as quantidades $B_i$ e $B_{jk}$ para cada variável $X_i$ e o par de variáveis $X_j$ e $X_k$.
3. Calcule $T$, o número de triplas direitas menos o número de triplas esquerdas, e a variância de $T$ usando a Equação (4.8).
4. Teste $H_0$ usando a estatística $z = T/\sigma_T$, a qual tem distribuição assintoticamente normal com média 0 e desvio padrão 1. A significância de $T$ pode ser encontrada usando a Tabela A do Apêndice. Como a hipótese alternativa é bilateral, o valor crítico de $T$ é determinado usando $\alpha/2$. Devido ao número relativamente grande de cálculos envolvidos, o uso de um programa computacional como o Programa 1 do Apêndice II é aconselhado.

### 4.4.4 Poder

O poder do teste de simetria tem sido estudado por meio dos procedimentos de Monte Carlo com o uso de um grande número de amostras simuladas de várias distribuições. Com base em tais estudos, o teste tem um poder razoável para amostras maiores do que 20. Outros testes têm sido propostos, mas a maioria tem poder muito baixo.

### 4.4.5 Referências

Existem vários testes para simetria distribucional. O que foi apresentado aqui é devido a Randles, Fligner, Policello e Wolfe (1980).

## 4.5 TESTE DAS SÉRIES DE UMA AMOSTRA PARA ALEATORIEDADE

### 4.5.1 Função e fundamentos lógicos

Se um investigador deseja chegar a alguma conclusão sobre uma população usando a informação contida em uma amostra dessa população, então a amostra precisa ser aleatória. Isto é, as sucessivas observações precisam ser independentes. Várias técnicas têm sido desenvolvidas para comprovar a hipótese de que uma amostra é aleatória. Essas técnicas são baseadas na *ordem* ou *seqüência* na qual os escores ou observações individuais foram obtidos originalmente.

As técnicas a serem apresentadas aqui são baseadas no número de séries que uma amostra exibe. Uma *série* é definida como uma sucessão de símbolos idênticos, os quais são precedidos e seguidos por símbolos diferentes daqueles ou por nenhum símbolo.

Por exemplo, suponha uma série de eventos binários (indicados por mais e menos) ocorridos nesta ordem:

$$+ \ + \ - \ - \ - \ + \ - \ - \ - \ - \ + \ + \ - \ +$$

Esta amostra de escores começa com uma série de dois mais. Segue uma série de três menos. Então vem outra série que consiste de um mais. Ela é seguida por uma série de quatro menos, depois da qual vem uma série de dois mais, etc. Podemos agrupar estes escores em séries sublinhando e numerando cada sucessão de símbolos idênticos:

$$\underbrace{+\ +}_{1}\ \underbrace{-\ -\ -}_{2}\ \underbrace{+}_{3}\ \underbrace{-\ -\ -\ -}_{4}\ \underbrace{+\ +}_{5}\ \underbrace{-}_{6}\ \underbrace{+}_{7}$$

Observamos sete séries no total: $r$ é o número de séries $= 7$.

O número total de séries em uma amostra de qualquer tamanho dado fornece uma indicação sobre a amostra ser aleatória ou não. Se muito poucas séries ocorrem, uma tendência temporal ou alguma tendência a aglomerados, provocando a falta de independência, é aconselhável. Se um grande número de séries ocorre, sistemáticas flutuações cíclicas de curto período parecem estar influenciando os escores.

Por exemplo, suponha que uma moeda fosse lançada 20 vezes e a seguinte seqüência de caras (H) e coroas (T) fosse observada:

$$H\ H\ H\ H\ H\ H\ H\ H\ H\ H\ T\ T\ T\ T\ T\ T\ T\ T\ T\ T$$

Somente duas séries ocorreram em 20 lançamentos. Isso pareceria ser muito pouco para uma moeda "honesta" (ou para um lançador honesto!). Alguma falta de independência nos eventos é sugerida. Por outro lado, suponha que ocorreu a seguinte seqüência:

H T H T H T H T H T H T H T H T H T H T

Aqui um número excessivo de séries é observado. Nesse caso, com $r = 20$, quando $N = 20$, também pareceria razoável rejeitar a hipótese de que a moeda é "honesta". Nenhuma das seqüências acima parece ser uma seqüência aleatória de H's e T's. Isto é, as observações sucessivas não parecem ser independentes.

Note que nossa análise, a qual é baseada na *ordem* dos eventos, nos dá informação que não é fornecida pela *freqüência* dos eventos. Em ambos os casos acima ocorreram 10 caras e 10 coroas. Se os escores fossem analisados de acordo com suas freqüências, por exemplo, pelo uso do teste qui-quadrado ou do teste binomial, não teríamos motivo para suspeitar da "honestidade" da moeda. Somente o teste das séries, focalizando sobre a ordem dos eventos, revela significativas faltas de aleatoriedade dos escores e, então, a possível falta de "honestidade" da moeda.

A distribuição amostral dos valores de $r$ que poderíamos esperar de repetidas amostras aleatórias é conhecida. Usando essa distribuição amostral, podemos decidir se uma dada amostra observada tem mais ou menos séries do que seria esperado ocorrer devido ao acaso em uma amostra aleatória.

### 4.5.2 Método

Seja $m$ o número de elementos de um tipo, e $n$ o número de elementos de outro tipo em uma seqüência de $N = m + n$ eventos binários. Isto é, $m$ pode ser o número de caras e $n$ o número de coroas em uma seqüência de lançamentos da moeda; ou $m$ pode ser o número de mais e $n$ o número de menos em uma seqüência de respostas a um questionário.

Para usar o teste das séries de uma amostra, primeiro observe os $m$ e $n$ eventos na seqüência na qual eles ocorreram e determine o valor de $r$, o número de séries.

**PEQUENAS AMOSTRAS.** Se ambos $m$ e $n$ são menores ou iguais a 20, então a Tabela G do Apêndice dá os valores críticos de $r$ sob $H_0$ para $\alpha = 0,05$. Estes são valores críticos da distribuição amostral de $r$ sob $H_0$ quando é assumido que a seqüência é aleatória. Se o valor observado de $r$ ocorre entre os valores críticos, não podemos rejeitar $H_0$. Se o valor observado de $r$ é igual ou mais extremo do que um dos valores críticos, rejeitamos $H_0$.

Há duas entradas para cada valor de $m$ e $n$ na Tabela G do Apêndice. A primeira entrada dá o máximo entre os valores de $r$ que são tão *pequenos* que a probabilidade associada com sua ocorrência sob $H_0$ é $p = 0,025$ ou menos. A segunda entrada dá o mínimo entre os valores de $r$ que são tão *grandes* que a probabilidade associada com sua ocorrência sob $H_0$ é $p = 0,025$ ou menos.

Qualquer valor observado de $r$ que é *igual ou menor* do que o valor no topo mostrado na Tabela G ou é *igual ou maior* do que o valor na base mostrado na Tabela G está na região de rejeição para $\alpha = 0,05$.

Por exemplo, no primeiro experimento de lançamento da moeda discutido anteriormente, observamos duas séries; uma série de 10 caras seguida de uma série de 10 coroas. Aqui $m = 10$, $n = 10$ e $r = 2$. A Tabela G do Apêndice mostra que, para esses valores de $m$ e $n$, uma amostra aleatória conteria entre 7 e 15 séries 95% das vezes. Qualquer $r$ observado menor ou igual a 6 ou maior ou igual a 16 está na região de rejeição para $\alpha = 0{,}05$. O $r = 2$ observado é menor do que 6, então no nível 0,05 de significância podemos rejeitar a hipótese nula de que a moeda está produzindo uma seqüência aleatória de caras e coroas.

Se um teste unilateral é preferível, por exemplo, se a direção do desvio da aleatoriedade é predita *a priori*, então somente uma das duas entradas precisa ser usada. Se a predição é que muito poucas séries serão observadas, a Tabela G do Apêndice dá os valores críticos de $r$. Se o $r$ observado sob um tal teste unilateral é menor ou igual do que o valor mais alto mostrado na Tabela G, $H_0$ pode ser rejeitado no nível $\alpha = 0{,}025$. Se a predição é que muitas séries serão observadas, os valores mais baixos na Tabela G são os valores críticos de $r$ que são significantes no nível 0,025.

Por exemplo, tome o caso da segunda seqüência de lançamentos da moeda registrada anteriormente. Suponha que tivéssemos predito *a priori*, por alguma razão, que a moeda produziria um número excessivo de séries. Observamos que $r = 20$ para $m = 10$ e $n = 10$. Como nosso valor observado de $r$ é maior ou igual ao menor valor mostrado na Tabela G do Apêndice, podemos rejeitar $H_0$ no nível $\alpha = 0{,}025$ e concluímos que a moeda é "desonesta" na direção predita.

Ao desenvolver a hipótese alternativa para o teste das séries, um pesquisador pode concluir que os dados estão agrupados ou aglomerados. Nesse caso, a hipótese alternativa seria que haveria menos séries do que o esperado se os dados fossem aleatórios. Por outro lado, o pesquisador pode fazer a hipótese de que os dados devam ser mais variáveis do que se pode esperar com base em resultados aleatórios. Neste caso, a hipótese alternativa seria que haveria mais séries do que o esperado se os dados fossem aleatórios. Em cada um desses casos o teste de $H_0$ seria um teste unilateral.

**Exemplo 4.5a. Para pequenas amostras.** No estudo da dinâmica de agressão em crianças pequenas, um investigador observou pares de crianças em uma situação de brincadeiras sob controle.[7] A maioria das 24 crianças que serviram como sujeitos no estudo vieram da mesma creche e, assim, brincavam juntas diariamente. Como o investigador conseguia observar somente duas crianças por dia, ele estava consciente de que podiam ser introduzidos vícios no estudo por meio das interações entre aquelas crianças que já tinham servido como sujeitos e aquelas que ainda viriam a servir mais tarde. Se tais interações tivessem qualquer efeito sobre o nível de agressão nas sessões de brincadeiras, este efeito poderia mostrar uma falta de aleatoriedade nos escores de agressão na ordem em que foram coletados. Depois do estudo ser completado, a aleatoriedade da seqüência de escores foi testada convertendo cada escore de agressão infantil para um mais ou um menos, dependendo do escore ocorrer acima ou abaixo do grupo mediano, e então era aplicado o teste das séries de uma amostra à seqüência observada de mais e menos.

1. *Hipótese nula.* $H_0$: Os mais e os menos ocorrem em ordem aleatória. Isto é, a hipótese nula é que os escores de agressão ocorrem aleatoriamente acima e abaixo da mediana durante o experimento. $H_1$: a ordem dos mais e dos menos desvia-se da aleatoriedade.

---

[7] Siegel, Alberta E. (1955). The effect of film-mediated fantasy aggression on strength of aggressive drive in young children. Dissertação de doutorado não-publicada, Universidade de Stanford.

2. *Teste estatístico.* Como as hipóteses referem-se à aleatoriedade de uma única seqüência de observações, é escolhido o teste das séries de uma amostra.
3. *Nível de significância.* Seja $\alpha = 0{,}05$ e $N$ o número de sujeitos $= 24$. Visto que os escores serão caracterizados como mais ou menos dependendo deles ocorrerem acima ou abaixo do escore mais central no grupo, $m = n = 12$.
4. *Distribuição amostral.* A Tabela G do Apêndice dá os valores críticos de $r$ da distribuição amostral.
5. *Região de rejeição.* Como $H_1$ não prediz a direção do desvio da aleatoriedade, um teste bilateral é usado. Como $m = n = 12$, a consulta à Tabela G mostra que $H_0$ deve ser rejeitada no nível 0,05 de significância se o valor observado de $r$ é menor ou igual a 7 ou maior ou igual a 19.
6. *Decisão.* A Tabela 4.5 mostra os escores de agressão para cada criança na ordem na qual os escores foram obtidos. A mediana do conjunto de escores é 25. Todos os escores abaixo da mediana são designados como menos na Tabela 4.5; todos os escores acima da mediana são designadas como mais. Da coluna mostrando a seqüência de + e – é facilmente visto que ocorreram 10 séries na seqüência de observações, isto é, $r = 10$.

**TABELA 4.5**
Escores de agressão na ordem de ocorrência

| Criança | Escore | Posição do escore com relação à mediana |
|---|---|---|
| 1 | 31 | + |
| 2 | 23 | – |
| 3 | 36 | + |
| 4 | 43 | + |
| 5 | 51 | + |
| 6 | 44 | + |
| 7 | 12 | – |
| 8 | 26 | + |
| 9 | 43 | + |
| 10 | 75 | + |
| 11 | 2 | – |
| 12 | 3 | – |
| 13 | 15 | – |
| 14 | 18 | – |
| 15 | 78 | + |
| 16 | 24 | – |
| 17 | 13 | – |
| 18 | 27 | + |
| 19 | 86 | + |
| 20 | 61 | + |
| 21 | 13 | – |
| 22 | 7 | – |
| 23 | 6 | – |
| 24 | 8 | – |

Uma consulta à Tabela G do Apêndice revela que $r = 10$ para $m = n = 12$ não ocorre na região de rejeição. Então não podemos rejeitar a hipótese de que a seqüência de observações ocorreu em ordem aleatória.

**GRANDES AMOSTRAS.** Se $m$ ou $n$ é maior do que 20, a Tabela G do Apêndice não pode ser usada. Para tais amostras grandes, uma boa aproximação para a distribuição amostral de $r$ é a distribuição normal com

$$\text{Média} = \mu_r = \frac{2mn}{N} + 1$$

e

$$\text{Desvio padrão} = \sigma_r = \sqrt{\frac{2mn(2mn - N)}{N^2(N - 1)}}$$

Portanto, quando $m$ ou $n$ é maior do que 20, $H_0$ precisa ser testada por

$$z = \frac{r - \mu_r}{\sigma_r} = \frac{r + h - 2mn/N - 1}{\sqrt{[2mn(2mn - N)]/[N^2(N - 1)]}} \qquad (4.9)$$

onde $h = +0{,}5$ se $r < 2mn/N + 1$, e $h = -0{,}5$ se $r > 2mn/N + 1$. Como os valores de $z$ obtidos usando a Equação (4.9) são distribuídos de acordo com uma distribuição aproximadamente normal com média 0 e desvio padrão 1 quando $H_0$ é verdadeira, a significância de qualquer valor observado de $z$ calculado usando a equação pode ser determinada de uma tabela de distribuição normal tal como a Tabela A do Apêndice. Isto é, a Tabela A dá as probabilidades unilaterais associadas com a ocorrência sob $H_0$ de valores tão extremos quanto o valor observado $z$.

O exemplo de amostra grande a seguir usa esta aproximação da distribuição normal para a distribuição amostral de $r$.

**Exemplo 4.5b Para grandes amostras.** Um pesquisador estava interessado em determinar se a ordenação de homens e mulheres na fila diante do guichê de um teatro era uma ordenação aleatória. Os dados foram obtidos marcando o sexo de cada um de uma sucessão de 50 pessoas à medida que elas se aproximavam do guichê.

1. *Hipótese nula.* $H_0$: a ordem de homens e mulheres na fila é aleatória. $H_1$: a ordem de homens e mulheres na fila não é aleatória.
2. *Teste estatístico.* O teste das séries de uma amostra é escolhido porque as hipóteses são concernentes à aleatoriedade em uma seqüência de observações. Como o tamanho da amostra é grande, o teste para grandes amostras será usado.
3. *Nível de significância.* Seja $\alpha = 0{,}05$ e $N$ o número de pessoas observadas, que é = 50. Os valores de $m$ e $n$ podem ser determinados somente depois dos dados serem coletados.
4. *Distribuição amostral.* Para amostras grandes, os valores de $z$ calculados a partir da Equação (4.9) quando $H_0$ é verdadeira são distribuídos com distri-

buição aproximadamente normal com média 0 e desvio padrão 1. A Tabela A do Apêndice dá a probabilidade unilateral associada com a ocorrência quando $H_0$ é verdadeira com valores tão extremos quanto um valor observado $z$.

> **TABELA 4.6**
> Ordem de 30 homens (H) e 20 Mulheres (M) em fila diante de um guichê de teatro
>
> H M H M HHH MM H M H M
> H M H HHH M H M H M HH
> MMM H M H M H M HH M
> HH M HHHH M H M HH
>
> *Séries estão sublinhadas

5. *Região de rejeição.* Como $H_1$ não prediz a direção do desvio da aleatoriedade, uma região de rejeição bilateral é usada. Ela consiste de todos os valores de $z$, calculados a partir da Equação (4.9), os quais são tão extremos que a probabilidade associada com suas ocorrências quando $H_0$ é verdadeira é menor ou igual a $\alpha = 0{,}05$. Então a região de rejeição inclui todos os valores de $z$ mais extremos que $\pm 1{,}96$.
6. *Decisão.* Os homens (H) e mulheres (M) estavam enfileirados em frente ao guichê na ordem mostrada na Tabela 4.6. O leitor pode verificar que havia $m = 30$ homens e $n = 20$ mulheres na amostra. A contagem do número de séries fornece $r = 35$.

Para determinar se $r \geq 35$ pode ocorrer prontamente sob $H_0$, calculamos o valor de $z$ usando a Equação (4.9):

$$z = \frac{r - \mu_r}{\sigma_r} = \frac{r + h - 2mn/N - 1}{\sqrt{[2mn(2mn - N)]/[N^2(N-1)]}}$$

$$z = \frac{r - \mu_r}{\sigma_r} = \frac{35 - 0{,}5 - 2(30)(20)/50 - 1}{\sqrt{\{2(30)(20)[2(30)(20) - 50]\}/[50^2(50-1)]}}$$

$$= 2{.}83$$

Como 2,83 é maior do que o valor crítico de $z$ (1,96), podemos rejeitar a hipótese de aleatoriedade. De fato, a probabilidade de obter um valor de $z \geq 2{,}83$ quando $H_0$ é verdadeira é $p = 2(0{,}0023) = 0{,}0046$. (A probabilidade obtida da Tabela A é dobrada porque estamos usando um teste bilateral.) Como um resultado do teste, podemos concluir que a ordem de homens e mulheres na fila do guichê não é aleatória.

### 4.5.3 Resumo do procedimento

O que segue são os passos no uso do teste das séries de uma amostra:

1. Coloque as $m$ e $n$ observações em sua ordem de ocorrência.
2. Conte o número de séries $r$.
3. Determine a probabilidade $p$ sob $H_0$ associada com um valor tão extremo quanto o valor observado de $r$. Se essa probabilidade é menor ou igual a $\alpha$, rejeite $H_0$. A técnica para determinar o valor de $p$ depende do número de observações, $m$ e $n$, nos dois grupos:
   a) Se $m$ e $n$ são menores ou iguais a 20, consulte a Tabela G do Apêndice. Para um teste bilateral com $\alpha = 0,05$, se o número observado de séries é menor ou igual à entrada mais alta ou maior ou igual à entrada mais baixa, rejeite $H_0$. Para um teste unilateral com $\alpha = 0,025$, rejeite $H_0$ se o número de séries é menor ou igual (ou maior ou igual) à entrada da tabela.
   b) Se $m$ ou $n$ é maior do que 20, determine o valor de $z$ usando a Equação (4.9). A Tabela A do Apêndice dá a probabilidade unilateral associada com a ocorrência sob $H_0$ de valores tão extremos quanto um valor observado $z$. Para um teste bilateral, dobre a probabilidade obtida da tabela.

Se a probabilidade associada com o valor observado de $r$ é menor ou igual a $\alpha$, rejeite $H_0$.

### 4.5.4 Poder-eficiência

Como não existem testes paramétricos para a aleatoriedade de uma seqüência de eventos em uma amostra, o conceito de poder-eficiência não tem significado no caso do teste das séries de uma amostra. O teste das séries é usado para testar a hipótese nula de que a seqüência de observações é aleatória. Ao contrário das técnicas a serem discutidas nos próximos dois capítulos, esta forma do teste das séries não é útil para estimar diferenças entre grupos. No entanto, para a hipótese particular de interesse o teste é útil e direto.

## 4.6 O TESTE PONTO-MUDANÇA

### 4.6.1 Função e fundamentos lógicos

Existem muitas situações experimentais nas quais um investigador observa uma seqüência de eventos e, como uma das hipóteses de pesquisa, quer determinar se houve uma mudança no processo subjacente que gerou a seqüência de eventos. Entretanto, por qualquer uma de inúmeras razões, o pesquisador não conhece o ponto onde uma mudança realmente ocorreu. Apesar do pesquisador poder ter induzido uma mudança na situação experimental em um instante particular, ele pode não ter certeza de quando uma mudança correspondente de fato ocorreu no comportamento observado. Outro exemplo poderia ser uma tarefa de aprendizado por percepção sensorial na qual um sujeito tem um nível de desempenho até que alguma espécie de consolidação cognitiva acontece e depois da qual há uma mudança no nível de desempenho. Em tais casos, uma variação amostral normal na tarefa pode obscurecer o verdadeiro ponto de mudança.

Os testes a serem descritos nesta seção assumem que as observações formam uma seqüência ordenada, que, inicialmente, a distribuição de respostas tem uma mediana e que, em algum ponto, há uma mudança na mediana da distribuição. A hipótese alternativa poderia ser unilateral – por exemplo, há uma mudança para cima na distribuição – ou bilateral – por exemplo, houve uma mudança na distribuição –, mas nenhuma predição é feita sobre a direção da mudança. Isto é, $H_0$ é a hipótese de que não há uma mudança no parâmetro de localização, isto é, a mediana, da seqüência de observações, e $H_1$ é a hipótese de que existe uma mudança no parâmetro de localização da seqüência.

Dois testes serão apresentados. Um é apropriado quando os dados são binários e são observações de algum processo binomial. O segundo teste assume que os dados são contínuos. A lógica dos testes é similar, apesar das fórmulas computacionais serem diferentes.

## 4.6.2 Método para variáveis binomiais

Em uma série de $N$ observações binárias, $X_1, X_2, ..., X_N$, os dados para cada observação $X_i$ são codificados como $X_i = 1$ para um valor da variável (um sucesso) e $X_i = 0$ para o outro valor (um fracasso). Das $N$ observações, seja $m$ o número de sucessos (ou eventos de um tipo) e $n$ o número de fracassos (ou eventos do outro tipo). Então

$$m = \sum_{i=1}^{N} X_i \quad \text{e} \quad n = N - m$$

O número acumulado de sucessos ($X_i = 1$) a cada ponto na seqüência é então determinado. Esta freqüência será então designada como

$$S_j = \sum_{i=1}^{j} X_i \quad j = 1, 2, ..., N$$

A estatística para testar a hipótese de mudança é

$$D_{m,n} = \max \left| \frac{N}{mn} \left( S_j - \frac{jm}{N} \right) \right| \tag{4.10}$$

A expressão é calculada para todos os valores de $j$, de 1 até $N - 1$. $D_{m,n}$ é a maior diferença absoluta observada na seqüência. A distribuição amostral de $D_{m,n}$ tem sido tabelada e alguns valores são dados na Tabela $L_{II}$ do Apêndice, sendo uma forma do teste de Kolmogorov-Smirnov. Se $D_{m,n}$ iguala ou excede o valor tabelado, podemos rejeitar $H_0$ no nível de significância especificado e concluir que aconteceu uma mudança na distribuição.

Se o tamanho da amostra é grande, os valores críticos devem ser determinados a partir da Tabela $L_{III}$ do Apêndice. Por exemplo, se $N = 60$ e $m = 45$, $n = 15$, podemos rejeitar $H_0$ no nível 0,05 se $D_{m,n} \geq 1,36 \sqrt{N/mn} = 1,36(0,298) = 0,41$.

**Exemplo 4.6a** Em um estudo sobre o efeito da mudança de pagamento observado em indivíduos submetidos a uma tarefa de aprendizagem de probabilidade com duas escolhas,[8] a recompensa dada a um sujeito era mudada (ou não mudada) depois que o desempenho do indivíduo estivesse estabilizado em uma assíntota (ou nível estável de desempenho). A hipótese era que a mudança no pagamento pelas respostas corretas afetaria o nível das respostas dadas pelo sujeito. O experimento consistiu de 300 ensaios e sobre cada um deles o sujeito dava uma resposta binária. Como o padrão das respostas de um sujeito não pode ser considerado estabilizado até que aconteça alguma aprendizagem, somente os últimos 240 ensaios são analisados aqui. No ensaio 120 (ensaio 180 na seqüência original) metade dos sujeitos teve uma mudança no pagamento. O investigador desejava determinar se houve uma mudança no parâmetro da seqüência de respostas binárias sobre os últimos 240 ensaios. Se houve uma mudança para aqueles sujeitos que tiveram uma mudança no pagamento, então pode ser concluído que a mudança no pagamento induziu uma mudança no nível das respostas.

Para ilustrar o teste, as seqüências de respostas para os dois sujeitos serão analisadas. O sujeito A recebeu 10 centavos por resposta correta dada durante o experimento. O sujeito B recebeu 10 centavos até o ensaio 120, depois do qual o pagamento foi reduzido para 1 centavo para cada resposta correta. Os dados estão resumidos na Tabela 4.7.

1. *Hipótese nula.* $H_0$: não há mudança em $p$, a probabilidade que $X_i = 1$ ao longo da seqüência de ensaios. $H_1$: há uma mudança em $p$ ao longo da seqüência de ensaios.
2. *Teste estatístico.* O teste ponto-mudança para variáveis binomiais será usado porque o pesquisador deseja determinar se ocorreu uma mudança na distribuição observada das respostas binárias durante os últimos 240 ensaios.
3. *Nível de significância.* Seja $\alpha = 0,05$ e $N$ o número de observações = 240.
4. *Distribuição amostral.* Os valores críticos de $D_{m,n}$ da distribuição amostral são apresentados nas Tabelas $L_{II}$ e $L_{III}$ do Apêndice, junto com suas probabilidades associadas de ocorrência quando $H_0$ é verdadeira.
5. *Região de rejeição.* A região de rejeição consiste de todos os valores de $D_{m,n}$ calculados a partir da Equação (4.10) que sejam tão grandes que a probabilidade associada com suas ocorrências quando $H_0$ é verdadeira seja menor ou igual a $\alpha = 0,05$.
6. *Decisão.* Como as hipóteses neste exemplo referem-se a sujeitos individuais, cada um deles será analisado separadamente. Para o sujeito A as diferenças

$$\left| \frac{N}{mn} \left( S_j - \frac{jm}{N} \right) \right|$$

---

[8] Castellan, N. J., Jr. (1969). Effect of change of payoff in probability learning. *Journal of Experimental Psychology*, **79**, 178-182.

### TABELA 4.7
Dados para dois sujeitos em experimento de aprendizagem de probabilidade

Seqüência de respostas para o sujeito A — sem mudança no pagamento

111100111100111111111110110011100111101111001111110111001101111100101111011100111111110000111101111110111100001111011011011110011111111111011011111111111100111100111001111011010011110101111111001111111000111111111110111100111111110011

Seqüência de respostas para o sujeito B — com mudança no pagamento

001101111111111111111111111111111111111111111111111110111110110110011110000111110111100101111100111101101110011110000010111011011100000011110111111011111111011111100110011110011110000111101101100001110001111111000011110110100100000111001

---

foram calculadas para cada ensaio $j$. $S_j$ é o número de respostas $X_i = 1$ até o ensaio $j$ inclusive, $m$ é o número de respostas $X_i = 1$ ao longo de todos os $N$ ensaios, e $n = N - m$ é o número de respostas $X_i = 0$. Para este sujeito, $N = 240$, $m = 178$ e $n = 62$. A diferença máxima foi $D_{178,62} = 0{,}096$.

Como $m$ e $n$ são grandes, precisamos usar os valores para amostras grandes da Tabela $L_{III}$ do Apêndice. O valor crítico de $D_{m,n}$ para $\alpha = 0{,}05$, $m = 178$ e $n = 62$ é $1{,}36 \sqrt{N/mn} = 1{,}36 \sqrt{240/(178)(62)} = 0{,}201$. Como o valor observado de $D$ (0,096) é menor do que o valor crítico (0,201), não rejeitamos $H_0$ e, assim, concluímos que não houve ponto de mudança na seqüência de respostas ao longo dos últimos 240 ensaios para o sujeito A.

Para o sujeito B as diferenças

$$\left| \frac{N}{mn}\left( S_j - \frac{jm}{N}\right) \right|$$

foram calculadas para cada ensaio $j$. Para este sujeito, $N = 240$, $m = 167$ e $n = 73$. A diferença máxima foi $D_{167,73} = 0{,}275$.

Como $m$ e $n$ são grandes, precisamos usar valores para amostras grandes da Tabela $L_{III}$ do Apêndice. O valor crítico de $D_{m,n}$ para $\alpha = 0{,}05$, $m = 167$, $n = 73$ é $1{,}36 \sqrt{N/mn} = 1{,}36 \sqrt{240/(167)(73)} = 0{,}191$. Como o valor observado de $D$ (0,275) é maior do que o valor crítico (0,191) podemos rejeitar $H_0$ e concluir que houve um ponto de mudança na seqüência de respostas ao longo dos 240 ensaios para o sujeito B.

Assim, para o sujeito que não teve mudança no nível de pagamento durante o experimento, podemos concluir que não houve mudança no nível de desempenho, enquanto para o sujeito que experimentou um decréscimo no pagamento, podemos concluir que houve uma mudança no nível de desempenho.

**Resumo do procedimento** Estes são os passos na aplicação do teste ponto-mudança para uma seqüência de variáveis binomiais:

1. Codifique cada uma das N observações como 1 ou 0 para "sucesso" e "fracasso" respectivamente.
2. Calcule o número total de sucessos, $m$, nas $N$ observações. Seja $n = N - m$.
3. Calcule a estatística $D_{m,n}$ usando a Equação (4.10), a qual é a diferença máxima entre os sucessos acumulados observados e "preditos" a cada ponto na seqüência.
4. Consulte a Tabela $L_{II}$ do Apêndice (para amostras pequenas) ou a Tabela $L_{III}$ do Apêndice (para amostras grandes) para determinar se $H_0$: (não há mudança na seqüência) deve ser rejeitada em favor de $H_1$: (há uma mudança na seqüência).

### 4.6.3 Método para variáveis contínuas

Primeiro, a cada uma das observações $X_1, X_2, ..., X_N$ é atribuído um posto de 1 a $N$. Seja $r_i$ o posto associado com o valor $X_i$. Então, a cada posição $j$ na seqüência, calculamos

$$W_j = \sum_{i=1}^{j} r_i \quad j = 1, 2, ..., N-1$$

o qual é a soma dos postos das variáveis até o ponto $j$. A seguir, para cada ponto na seqüência, calcule $2W_j - j(N+1)$. Então faça

$$K_{m,n} = \max |2W_j - j(N+1)| \quad j = 1, 2, ..., N-1 \quad (4.11)$$

O valor de $j$ onde o máximo da Equação (4.11) ocorre é o ponto de mudança estimado na seqüência e é denotado por $m$. $N - m = n$ é o número de observações depois do ponto de mudança. Então, $K_{m,n}$ é a estatística que divide a seqüência em $m$ e $n$ observações ocorrendo antes e depois da mudança, respectivamente.

Para testar se este valor de $K_{m,n}$ é maior do que esperaríamos quando não existe mudança na seqüência, consulta-se uma tabela com a distribuição amostral de $W_j$, a soma dos postos. A distribuição amostral de $W$ está resumida na Tabela J do Apêndice para vários valores de $m$ e $n$. Se $W$ excede o valor tabelado de $W$ em um nível de significância apropriado, podemos rejeitar $H_0$, pois não há mudança na distribuição.

**EMPATES** O teste assume que os escores são de uma população com uma distribuição contínua subjacente. Se as medidas são precisas, a probabilidade de um empate é zero. No entanto, com as medidas comumente usadas nas ciências do comportamento, escores empatados podem ocorrer. Quando postos empatados ocorrem, atribua a cada uma das observações empatadas a média dos postos que elas teriam se não tivesse ocorrido empate. Assim, se duas observações são iguais e há empate para os postos 3 e 4, a cada uma deve ser atribuído o posto médio $(3 + 4)/2 = 3,5$.

**GRANDES AMOSTRAS.** Sob a suposição de nenhuma mudança na distribuição, a média de $W$ é $m(N+1)/2$ e sua variância é

$$\text{Variância de } W = \sigma_W^2 = \frac{mn(N+1)}{12}$$

e, quando $N$ se torna grande, $W$ tem distribuição aproximadamente normal com média e variância dadas acima. Então, quando a seqüência é longa, o teste para mudança pode ser feito e testado usando a Tabela A do Apêndice transformando $W$ em um $z$:

$$z = \frac{W + h - m(N + 1)/2}{\sqrt{mn(N + 1)/12}} \qquad (4.12)$$

onde $h = -\frac{1}{2}$ se $W > m(N + 1)/2$ e $h = +\frac{1}{2}$ se $W < m(N + 1)/2$. Se existem empates, a variância deve ser ajustada usando a Equação (6.12) do Capítulo 6.

**Exemplo 4.6b** Em um estudo dos efeitos da anfetamina sobre a atividade neural,[9] dois pesquisadores mediram o impulso elétrico dos neurônios na cauda do núcleo como uma função do tempo após a injeção de vários isômeros de anfetamina. Os dados na Tabela 4.8 resumem o impulso elétrico dos neurônios como uma porcentagem de taxa base em função do tempo desde a injeção em uma certa condição. Os pesquisadores queriam saber se houve uma mudança no impulso elétrico durante o tempo em que as medidas foram feitas. Se uma mudança ocorreu, seria uma evidência da ação da droga no local onde as medições foram feitas.

1. *Hipótese nula.* $H_0$: não há mudança no impulso elétrico dos neurônios como uma função do tempo. $H_1$: há uma mudança no impulso elétrico.
2. *Teste estatístico.* O teste ponto-mudança para variáveis contínuas será usado porque os pesquisadores desejam detectar uma mudança na distribuição amostral dos impulsos elétricos dos neurônios durante os 25 períodos de tempo.
3. *Nível de significância.* Seja $\alpha = 0{,}01$ e $N$ é o número de observações ou de períodos de tempo $= 25$.
4. *Distribuição amostral.* Valores críticos da distribuição amostral de $W$ são apresentados na Tabela J do Apêndice para níveis de significância selecionados e valores de $m$ e $n$ selecionados. No entanto, como para este experimento $m > 10$, a Tabela J do Apêndice não pode ser usada, e a aproximação para amostras grandes (e, portanto, Tabela A do Apêndice) deve ser usada.
5. *Região de rejeição.* A região de rejeição consiste de todos os valores de $W$ calculados a partir da Equação (4.11) que sejam tão grandes que a probabilidade associada com suas ocorrências quando $H_0$ é verdadeira é menor ou igual a 0,01.
6. *Decisão.* Inicialmente foram atribuídos postos de 1 a 25 aos impulsos elétricos. Estes postos estão resumidos na Tabela 4.8, junto com $W_j$, a soma acumulada dos postos até o período de tempo $j$. A seguir foram calculados os valores $|2W_j - j(N + 1)|$ para cada período de tempo. O exame desses valores (também listados na Tabela 4.8) mostra que o máximo é $K_{8,17} = 101$. Isto é, o máximo ocorreu no tempo 8. A estatística do teste é $W$, a soma dos postos onde a função $K$ é maximizada, $W = 154{,}5$. Como a distribuição de $W$ para

---

[9] Rebec, G. V. and Groves, P. M. (1975). Differential effects for the optical isomers of amphetamine on neuronal activity in the reticular formation and caudate nucleus of the rat. *Brain Research*, **83**, 301-318.

### TABELA 4.8
Impulso elétrico de neurônios como uma porcentagem de linha de base para 25 períodos de tempo após a injeção de anfetamina

| Período de tempo | Taxa de impulso | Posto | $W_j$ | $\lvert 2W_j - j(N+1) \rvert$ |
|---|---|---|---|---|
| 1 | 112 | 23,5 | 23,5 | 21 |
| 2 | 102 | 14,5 | 38,0 | 24 |
| 3 | 112 | 23,5 | 61,5 | 45 |
| 4 | 120 | 25 | 86,5 | 69 |
| 5 | 105 | 19 | 105,5 | 81 |
| 6 | 105 | 19 | 124,5 | 93 |
| 7 | 100 | 11 | 135,5 | 89 |
| 8 | 105 | 19 | 154,5 | 101 |
| 9 | 97 | 6 | 160,5 | 87 |
| 10 | 102 | 14,5 | 175,0 | 90 |
| 11 | 91 | 4 | 179,0 | 72 |
| 12 | 97 | 6 | 185,0 | 58 |
| 13 | 89 | 3 | 188,0 | 38 |
| 14 | 85 | 1 | 189,0 | 14 |
| 15 | 101 | 12 | 201,0 | 12 |
| 16 | 98 | 8,5 | 209,5 | 3 |
| 17 | 102 | 14,5 | 224,0 | 6 |
| 18 | 99 | 10 | 234,0 | 0 |
| 19 | 102 | 14,5 | 248,5 | 3 |
| 20 | 110 | 22 | 270,5 | 21 |
| 21 | 97 | 6 | 276,5 | 7 |
| 22 | 88 | 2 | 278,5 | 15 |
| 23 | 107 | 21 | 299,5 | 1 |
| 24 | 98 | 8,5 | 308,0 | 8 |
| 25 | 104 | 17 | 325,0 | 0 |

$m = 8$, $n = 17$ não é dada na Tabela J do Apêndice, a aproximação normal precisa ser encontrada usando a Equação (4.12):

$$z = \frac{W + h - m(N+1)/2}{\sqrt{mn(N+1)/12}} \tag{4.12}$$

$$= \frac{154,5 - 0,5 - 8(25+1)/2}{\sqrt{8(17)(25+1)/12}}$$

$$= 50/17,166$$

$$= 2,91$$

Usando a Tabela A do Apêndice e $\alpha = 0,01$, encontramos que o valor crítico de $z$ é 2,58. Como o valor observado é maior que o valor crítico, podemos rejeitar $H_0$ e concluir que houve uma mudança no impulso elétrico dos neurônios durante o período de medição.

**Resumo do procedimento** Na aplicação do teste ponto-mudança para variáveis contínuas, os passos seguintes são dados:

1. Ordene as observações com postos na seqüência de $N$ observações.
2. Calcule a soma $W_j$ dos postos para cada ponto $j$ na seqüência de observações.
3. Para cada ponto na seqüência use a Equação (4.11) para calcular a diferença entre a soma dos postos observados e os "preditos". $K_{m,n}$ é o máximo e divide a seqüência em $m$ observações antes da mudança e em $n$ observações depois da mudança.
4. Dependendo dos valores de $m$ e $n$, o método para testar varia.

    a) *Pequenas amostras.* No ponto $m$ no qual o máximo ocorre, use os valores $W_m$, $m$ e $n$ para entrar na Tabela J do Apêndice para determinar se rejeita a hipótese nula $H_0$, de que não há mudança na seqüência, em favor de $H_1$, onde há uma mudança na seqüência de observações.

    b) *Grandes amostras* ($m > 10$ ou $n > 10$). Use o valor observado de $W_m$, $m$ e $n$ para calcular o valor de $z$ usando a Equação (4.12). Se o valor observado de $z$ excede o valor crítico de $z$ encontrado na Tabela A do Apêndice, rejeite a hipótese nula $H_0$ de que não há mudança na seqüência.

### 4.6.4 Poder-Eficiência

Para o teste binomial ponto-mudança, o conceito de eficiência não é significante quando a variável é binomial. No entanto, os comentários concernentes ao teste de Kolmogorov-Smirnov de aderência (Seção 4.3.4 e Capítulo 6) são relevantes para este teste quando uma variável contínua é transformada para formar uma variável binária a fim de aplicar o teste.

Para o teste ponto-mudança para variáveis contínuas, os procedimentos de Monte Carlo sugerem que o teste é rigoroso com relação a mudanças na forma da distribuição. A eficiência do procedimento não tem sido analisada explicitamente. Entretanto, a relação entre este teste e o teste de Mann-Whitney-Wilcoxon (Capítulo 6) sugere que o teste pode ser altamente eficiente.

### 4.6.5 Referências

Os testes apresentados aqui têm sido apresentados por Pettitt (1979). Um teste mais antigo para seqüências binomiais devido a Page (1955) tem sido bastante usado, mas é feita uma suposição adicional sobre os parâmetros da distribuição binomial.

## 4.7 DISCUSSÃO

Neste capítulo apresentamos seis testes estatísticos não-paramétricos para uso em um projeto de uma amostra. Três desses testes são do tipo aderência, um deles é um teste para simetria *versus* assimetria de uma distribuição, um é um teste de aleatoriedade da seqüência de eventos em uma amostra e um último é um teste para mudança na distribuição. Esta discussão, que compara e contrasta brevemente esses testes, pode ajudar o leitor na escolha daquele que melhor manipula os dados de um certo estudo.

Ao testar hipóteses sobre se uma amostra foi extraída de uma população com uma distribuição especificada, o investigador pode usar um dos três testes de aderência: o teste binomial, o teste qui-quadrado de uma amostra ou o teste de Kolmogorov-Smirnov de uma amostra. A escolha entre esses três testes deve ser determinada por (1) o número de categorias nas medidas, (2) o nível de mensuração usado, (3) o tamanho da amostra e (4) o poder do teste estatístico.

O teste binomial é apropriado quando há somente duas categorias na classificação dos dados. Ele é útil exclusivamente quando o tamanho da amostra é tão pequeno que o teste qui-quadrado torna-se inapropriado.

O teste qui-quadrado deve ser usado quando os dados estão em categorias discretas e quando as freqüências esperadas são suficientemente grandes. Quando $k = 2$, cada $E_i$ deve ser maior ou igual a 5. Quando $k > 2$, não mais do que em torno de 20% dos $E_i$'s devem ser menores do que 5 e nenhum deve ser menor do que 1.

O teste binomial e o teste qui-quadrado podem ser usados com dados medidos em uma escala nominal ou ordinal.

O teste qui-quadrado discutido neste capítulo é insensível aos efeitos da ordem quando $gl > 1$; sendo assim, pode não ser o melhor teste quando uma hipótese assume que as variáveis estão ordenadas.

O teste de Kolmogorov-Smirnov deve ser usado quando se pode assumir que a variável em consideração tem uma distribuição contínua. No entanto, se o teste é usado quando a distribuição populacional $F_0(X)$ é descontínua, o erro que ocorre na afirmação probabilística resultante está na direção "segura" (Goodman, 1954). Isto é, se as tabelas que assumem que $F_0(X)$ é contínua são usadas para testar uma hipótese sobre uma variável descontínua, o teste é conservativo; se $H_0$ é rejeitada por aquele teste podemos ter real confiança nessa decisão.

Já foi mencionado que o teste de Kolmogorov-Smirnov trata observações individuais separadamente e assim não perde informação devido a agrupamentos, como acontece algumas vezes com o teste qui-quadrado. Com uma variável contínua, se a amostra é pequena e, portanto, categorias adjacentes precisam ser combinadas no teste qui-quadrado, este teste é definitivamente menos poderoso do que o teste de Kolmogorov-Smirnov. Está visto que em todos os casos em que ele é aplicável, o teste de Kolmogorov-Smirnov é o teste de aderência mais poderoso entre aqueles apresentados.

Nos casos em que parâmetros precisam ser estimados da amostra, o teste qui-quadrado de aderência pode ser facilmente modificado para poder ser usado, diminuindo o número de graus de liberdade. Entretanto, para o teste de Kolmogorov-Smirnov, a distribuição de $D$ não é conhecida quando certos parâmetros são estimados da amostra. Existe alguma evidência sugerindo que, se o teste de Kolmogorov-Smirnov é aplicado em tais casos (por exemplo, para testar aderência a uma distribuição normal com média e desvio padrão estimados da amostra), o uso da Tabela F do Apêndice levará a um teste conservativo. Isto é, se o valor crítico de $D$ (como mostrado na Tabela F) é excedido pelo valor observado nestas circunstâncias, podemos com considerável confiança rejeitar $H_0$.

O teste para simetria distribucional é útil para determinar a forma de uma distribuição. A forma (ou grau de assimetria) de uma distribuição é de especial interesse quando se suspeita, devido a algumas observações serem "extremas", que a distribuição não é simétrica em torno da mediana.

O teste das séries de uma amostra refere-se à aleatoriedade da ocorrência temporal ou seqüência de escores em uma amostra. Então ele também poderia ser usado para testar hipóteses concernentes a aglomerações ou dispersões de observações dicotômicas. Nenhuma afirmação geral sobre a eficiência dos testes de aleatoriedade baseados em séries pode ser significativa; neste caso, a questão de eficiência tem significado somente no contexto de um problema específico.

O teste ponto-mudança é útil quando se deseja testar a hipótese de ter havido uma mudança na distribuição de uma seqüência de eventos. Para se usar o teste apropriadamente, não é necessário conhecer *a priori* quando a mudança ocorreu. O teste estabelece uma taxa de verossimilhança de que uma mudança de fato tenha ocorrido na seqüência de observações e se tal mudança excede as flutuações esperadas devido ao acaso. Dois testes ponto-mudança foram descritos: um para observações baseadas em um processo binomial ou binário e o outro para amostras de uma distribuição contínua.

# 5

## O CASO DE UMA AMOSTRA, DUAS MEDIDAS OU REPLICAÇÕES EMPARELHADAS

Testes estatísticos de uma amostra envolvendo duas medidas ou replicações emparelhadas são usados quando o pesquisador deseja estabelecer se dois tratamentos são diferentes ou se um tratamento é "melhor" do que outro. O "tratamento" pode ser qualquer ocorrência de uma ampla variedade de condições: injeção de uma droga, educação, aculturação, separação da família, alteração cirúrgica, introdução de um novo elemento na economia, etc. Em cada caso, o grupo que tenha recebido o tratamento é comparado com um que não o tenha recebido ou que tenha recebido um outro tratamento.

Em tais comparações de dois grupos, algumas vezes são observadas diferenças significantes as quais não são resultantes do tratamento. Por exemplo, um pesquisador pode tentar comparar dois métodos de ensino tendo um grupo de estudantes ensinados por um método e um grupo diferente ensinado por um outro método. Se um dos grupos tem estudantes mais capazes ou mais motivados, o desempenho dos dois grupos após as diferentes experiências de aprendizagem não reflete com precisão a eficácia relativa dos dois métodos de ensino, pois outras variáveis estão produzindo as diferenças observadas no desempenho.

Uma maneira de superar a dificuldade imposta por diferenças entre os grupos estranhas ao experimento é usar na pesquisa duas amostras relacionadas. Isto é, pode-se "combinar" ou ainda relacionar as duas amostras estudadas. Essa combinação pode ser obtida usando cada sujeito como seu próprio controle ou então formando pares de sujeitos e atribuindo as duas condições aos dois membros de cada par. O sujeito que "serve como seu próprio controle" é exposto a ambos os tratamentos em momentos diferentes. Quando o método de emparelhamento é usado, o objetivo é selecionar pares de sujeitos que sejam tão parecidos quanto possível com relação a qualquer variável estranha que possa influenciar o resultado da pesquisa. No exemplo mencionado, o método de emparelhamento requereria que um número de pares de estudantes fosse selecionado, cada par composto de dois estudantes com habilidades e motivações substancialmente iguais. Um membro de cada par, escolhido entre os dois por algum procedimento aleatório, seria colocado na turma ensinada por um dos métodos e o seu "parceiro" seria colocado na turma ensinada pelo outro método.

Sempre que for exeqüível, o método de usar cada sujeito como seu próprio controle (e contrabalançando a ordem em que os tratamentos são aplicados) é preferível ao método de emparelhamento. A razão para isso é que nossa habilidade de combinar pessoas é limitada por nosso desconhecimento das variáveis relevantes que estão por trás do comportamento que está sendo estudado. Além disso, mesmo quando conhecemos quais variáveis são importantes, e, portanto, quais devem ser controladas pelo processo de emparelhamento, nossas ferramentas para medir essas variáveis são bastante grosseiras ou inexatas e, assim, nosso emparelhamento baseado em tais medidas pode ser falso. Um método de combinação é no máximo tão bom quanto a habilidade do pesquisador em estabelecer a maneira de combinar os pares e esta habilidade é freqüentemente muito limitada. Este problema é contornado quando cada sujeito é usado como seu próprio controle; não é possível nenhuma combinação mais precisa do que aquela obtida pela identidade.

A técnica paramétrica usual para analisar dados de duas amostras relacionadas é aplicar o teste $t$ aos escores-diferença. Um escore-diferença pode ser obtido a partir dos dois escores dos dois membros de cada par combinado ou de dois escores de cada sujeito submetido às duas condições. O teste $t$ assume que os escores-diferença são extraídos independentemente de uma distribuição normal, o que implica que as variáveis são medidas pelo menos em uma escala intervalar.

Algumas vezes o teste $t$ não é apropriado. O pesquisador pode se deparar com fatos como:

1. As suposições e as exigências do teste $t$ são irreais para os dados.
2. É desejável evitar fazer as suposições ou testar as exigências do teste $t$ e, assim, dar maior generalidade para suas conclusões.
3. As diferenças entre pares combinados não são representadas como escores e sim como "sinais" (por exemplo, podemos dizer qual membro de cada par é "maior do que" o outro mas não podemos dizer *quanto* maior).
4. Os escores são simplesmente classificatórios — os dois membros do par combinado podem responder da mesma maneira ou de maneiras completamente diferentes as quais não apresentam qualquer ordem ou relação quantitativa umas com as outras.

Em tais exemplos, o investigador pode escolher um dos testes estatísticos não-paramétricos para duas medidas de uma amostra, ou replicações emparelhadas, os quais são apresentados neste capítulo. Além de serem convenientes para os casos mencionados acima, esses testes tem a vantagem adicional de que eles não requerem que todos os pares sejam extraídos da mesma população. Quatro testes são apresentados; a discussão no final do capítulo indica as características especiais e os usos de cada um. Essa discussão ajudará o leitor a selecionar a técnica mais apropriada para uma situação particular.

## 5.1 O TESTE DE MUDANÇA DE McNEMAR

### 5.1.1 Função

O teste de McNemar para a significância de mudanças é particularmente aplicável a modelos "antes e depois", em que cada sujeito é usado como seu próprio controle e nos quais as medidas são feitas em uma escala nominal ou ordinal. Assim ele pode ser usado para testar a eficácia de um tratamento particular (reunião, editorial de jornal, campanha verbal, visita pessoal, etc.) sobre as preferências de eleitores entre candidatos para um cargo eletivo. Ou ele pode ser usado para testar o efeito de movimentos rural-urbanos sobre pessoas com afiliações políticas. Note que esses são estudos nos quais as pessoas podem servir como seus próprios controles e nos quais medidas nominais ou categóricas seriam apropriadas para determinar a mudança "antes e depois".

### 5.1.2 Fundamentos lógicos e método

Para testar a significância de qualquer mudança observada por este método, é usada uma tabela de freqüências de quatro partes para representar o primeiro e o segundo conjunto de respostas de alguns indivíduos. As características gerais de tal tabela estão ilustradas na Tabela 5.1, na qual + e – são usados para denotar respostas diferentes. Note que aqueles casos que mostram mudanças entre a primeira e a segunda resposta aparecem nas células esquerda superior (+ para –) e na direita inferior (– para +) da tabela. As entradas na tabela são as freqüências de ocorrência dos resultados associados. Assim, $A$ denota o número de indivíduos cujas respostas foram + na primeira medida e – na segunda medida. Similarmente, $D$ é o número de indivíduos que mudaram de – para +. $B$ é a freqüência de indivíduos que responderam a mesma (+) em cada ocasião e $C$ é o número de indivíduos que responderam a mesma (–) antes e depois.

Assim, $A + D$ é o número total de pessoas cujas respostas mudaram. A hipótese nula é que o número de mudanças em cada direção é igualmente provável. Isto é, dos $A + D$ indivíduos que mudaram, esperaríamos $(A + D)/2$ indivíduos mudando de + para – e $(A + D)/2$ indivíduos mudando de – para +. Em outras palavras, quando $H_0$ é verdadeira, a freqüência esperada em cada uma das duas células é $(A + D)/2$.

**TABELA 5.1**
Tabela com quatro partes usada para testar significância de mudanças

|  |  | Depois | |
|---|---|---|---|
|  |  | – | + |
| Antes | + | A | B |
|  | – | C | D |

Será relembrado do Capítulo 4 que

$$X^2 = \sum_{i=1}^{k} \frac{(O_i - E_i)^2}{E_i} \qquad (4.5)$$

onde $O_i$ = número observado de casos na $i$-ésima categoria
 $E_i$ = número esperado de casos na $i$-ésima categoria quando $H_0$ é verdadeira
 $k$ = número de categorias

No teste de McNemar para a significância de mudanças, estamos interessados somente nas células em que podem ocorrer mudanças. Portanto, se $A$ é o número observado de casos para os quais as respostas mudam de + para –, $D$ é o número observado de casos que mudam de – para + e $(A + D)/2$ é o número esperado de casos em cada célula $A$ e $D$, então

$$X^2 = \sum_{i=1}^{2} \frac{(O_i - E_i)^2}{E_i}$$

$$= \frac{[A - (A + D)/2]^2}{(A + D)/2} + \frac{[D - (A + D)/2]^2}{(A + D)/2}$$

Desenvolvendo e efetuando termos, temos

$$X^2 = \frac{(A - D)^2}{A + D} \qquad \text{com } gl = 1 \qquad (5.1)$$

A distribuição amostral de $X^2$ calculada a partir da Equação 5.1 quando $H_0$ é verdadeira é distribuída assintoticamente como um qui-quadrado com $gl = 1$.

**CORREÇÃO PARA CONTINUIDADE.** A aproximação pela distribuição qui-quadrado da distribuição amostral de $X^2$ torna-se mais precisa se uma correção para continuidade for feita. A correção é necessária porque uma distribuição contínua (qui-quadrado) é usada para aproximar uma distribuição discreta ($X^2$). Quando todas as freqüências esperadas são pequenas, a aproximação pode ser pobre. O objetivo da correção para continuidade (Yates, 1934) é remover esta fonte de imprecisão.

Com a correção para continuidade incluída,

$$X^2 = \frac{(|A - D| - 1)^2}{A + D} \qquad \text{com } gl = 1 \qquad (5.2)$$

A expressão do numerador na Equação (5.2) manda subtrair 1 do valor absoluto da diferença entre $A$ e $D$ (isto é, a diferença entre $A$ e $D$ independente do sinal) antes de elevar ao quadrado. A significância de qualquer valor observado de $X^2$, calculado a partir da Equação (5.2), é determinada consultando a Tabela C do Apêndice, a qual fornece vários valores críticos da distribuição qui-quadrado para $gl$'s de 1 a 30. Isto é, se o valor observado de $X^2$ é maior ou igual ao valor crítico dado na Tabela C do Apêndice para um nível de significância particular e $gl = 1$, podemos rejeitar a hipótese de que os dois tipos de mudanças eram igualmente prováveis.

**Exemplo 5.1** Durante campanhas presidenciais (e algumas outras campanhas para cargos eletivos) aconteceram debates pela televisão entre dois ou mais candidatos. Um pesquisador em técnicas de comunicação – assim como os candidatos – estava interessado em determinar se um particular debate entre dois candidatos na eleição presidencial de 1980 foi eficaz em mudar as preferências dos telespectadores pelos candidatos. Foi previsto que, se os candidatos (Jimmy Carter e Ronald Reagan) fossem igualmente convincentes, haveria mudanças comparáveis nas preferências dos

> **TABELA 5.2**
> Forma de tabela de quatro partes para mostrar mudanças na preferência para candidatos presidenciais
>
> | Preferência antes do debate na TV | Preferência após debate na TV | |
> |---|---|---|
> | | Reagan | Carter |
> | Carter | A | B |
> | Reagan | C | D |

telespectadores do debate pelos candidatos. No entanto, se um candidato fosse mais convincente ou persuasivo do que o outro, haveria uma troca diferencial na preferência de um candidato para outro. Para estabelecer a eficácia do debate, o pesquisador selecionou 75 adultos aleatoriamente antes do debate e pediu a eles para indicarem suas preferências pelos dois candidatos. Após a conclusão do debate, ele perguntou às *mesmas* pessoas por suas preferências pelos dois candidatos. Assim, em cada caso, ele sabia a preferência de cada pessoa antes e depois do debate. Ele pôde colocar os dados na forma mostrada na Tabela 5.2.

1. *Hipótese nula.* $H_0$: entre aqueles espectadores que mudaram suas preferências, a probabilidade de que um espectador troque de Reagan para Carter será igual à probabilidade de que o espectador troque de Carter para Reagan.[1] A hipótese alternativa é $H_1$: existe uma mudança diferenciada na preferência. As hipóteses podem ser resumidas como seguem:

    $H_0$: $P[\text{Reagan} \rightarrow \text{Carter}] = P[\text{Carter} \rightarrow \text{Reagan}]$
    $H_1$: $P[\text{Reagan} \rightarrow \text{Carter}] \neq P[\text{Carter} \rightarrow \text{Reagan}]$

2. *Teste estatístico.* O teste de McNemar para a significância de mudanças é escolhido porque o estudo usa duas amostras relacionadas (os mesmos sujeitos são medidos duas vezes); o teste é do tipo "antes e depois" e usa medidas nominais (categóricas).
3. *Nível de significância.* Seja $\alpha = 0,05$ e $N$ o número de pessoas inquiridas antes e depois de assistir ao debate = 75.
4. *Distribuição amostral.* A Tabela C do Apêndice dá os valores críticos da distribuição qui-quadrado para vários níveis de significância. A distribuição amostral de $X^2$ calculada a partir da Equação (5.2) é distribuída assintoticamente como um qui-quadrado com $gl = 1$.
5. *Região de rejeição.* Como $H_1$ não especifica a direção da diferença na preferência, a região de rejeição é não-direcional. A região de rejeição consiste de todos os valores de $X^2$ que sejam tão grandes que tenham uma probabilidade não-direcional associada com sua ocorrência de 0,05 ou menos quando $H_0$ é verdadeira.

---

[1] Esta descrição de $H_0$ sugere uma aplicação direta do teste binomial (Seção 4.1). A relação entre o teste de McNemar e o teste binomial está sintetizada na discussão sobre freqüências esperadas pequenas (a seguir).

**TABELA 5.3**
Preferência de pessoas pelos candidatos presidenciais antes e depois do debate na TV

| Preferência antes do debate na TV | Preferência após debate na TV | |
|---|---|---|
| | Reagan | Carter |
| Carter | 13 | 28 |
| Reagan | 27 | 7 |

6. *Decisão*. Os dados deste estudo são mostrados na Tabela 5.3. Ela mostra que $A = 13$ = número de espectadores que trocaram suas preferências de Carter para Reagan, e $D = 7$ = número de espectadores que trocaram suas preferências de Reagan para Carter. $B = 28$ e $C = 27$ são os números de espectadores que não trocaram suas preferências. Estamos interessados nos espectadores que trocaram suas preferências; eles estão representados em $A$ e $D$.

Para estes dados,

$$X^2 = \frac{(|A-D|-1)^2}{A+D} \quad \text{com } gl = 1 \quad (5.2)$$

$$= \frac{(|13-7|-1)^2}{13+7}$$

$$= 5^2/20$$

$$= 1,25$$

A Tabela C do Apêndice revela que, quando $H_0$ é verdadeira e $gl = 1$, a probabilidade de que $X^2 \geq 3,84$ é 0,05.

Como o valor observado de $X^2$ (1,25) é menor do que o valor crítico do qui-quadrado (3,84), não podemos rejeitar a hipótese de que os candidatos eram igualmente eficientes em mudar as preferências dos espectadores.

*Nota*. No exemplo, o pesquisador estava interessado em saber se houve ou não uma mudança na preferência. Os candidatos podem estar interessados nesta mesma questão; no entanto, para eles, a hipótese alternativa apropriada seria que o debate seria eficiente em mudar preferências em uma particular direção. Isto é, $H_1$ seria unilateral. Neste caso, a Tabela C do Apêndice seria usada com os valores das probabilidades tomadas pela metade pois as entradas da tabela são baseadas em um teste bilateral ou não-direcional.

**FREQÜÊNCIAS ESPERADAS PEQUENAS.** Foi observado anteriormente que a distribuição amostral de $X^2$ no teste qui-quadrado (e, portanto, no teste de mudança de McNemar) é bem aproximada pela distribuição qui-quadrado somente quando o tamanho da amostra é grande. Para amostras pequenas, a aproximação é pobre. No entanto, existe um procedimento alternativo quando $N$ é pequeno. Se a freqüência esperada para o teste de McNemar, $(A + D)/2$, é muito pequena — menor do que 5 —, deve ser usado o teste binomial (Seção 4.1) no lugar do teste de McNemar. Para usar o teste binomial, considere $N = A + D$ e $x$ a menor entre as duas freqüências observadas, $A$ ou $D$, e use a Tabela D do Apêndice para testar a significância de $x$.

Deve-se ressaltar que poderíamos ter analisado os dados na Tabela 5.3 usando o teste binomial. Neste caso, a hipótese nula seria que a amostra de $N = A + D$ casos veio de uma população binomial onde $p = q = \frac{1}{2}$. Para os dados acima, $N = 20$ e $x = 7$, a menor entre as duas freqüências observadas. A Tabela D do Apêndice fornece a probabilidade sob $H_0$ de observar sete ou menos mudanças em uma direção (unilateral). Essa probabilidade é 0,132, a qual, quando dobrada, dá a probabilidade associada com o teste de mudança bilateral, a qual, para este exemplo, é 0,264. Assim, o resultado é essencialmente o mesmo que o obtido usando o teste de mudança de McNemar. A diferença entre os dois é devida principalmente ao fato de que a tabela qui-quadrado não inclui valores de probabilidades entre 0,20 e 0,30. Se a Tabela da distribuição qui-quadrado (Tabela C do Apêndice) fosse mais completa, ainda assim seria improvável que pudéssemos ter obtido uma probabilidade igual àquela do teste binomial; a razão é que a distribuição amostral de $X^2$ é somente assintoticamente igual à distribuição qui-quadrado. É claro, com amostras pequenas, não esperamos valores correspondentes próximos das probabilidades quando os dois testes são usados.

### 5.1.3 Resumo do procedimento

Estes são os passos no cálculo do teste de mudança de McNemar:

1. Coloque as freqüências observadas em uma tabela com quatro células da forma ilustrada na Tabela 5.1.
2. Determine o número total de "mudanças", $A + D$. Se o número total de mudanças é menor do que 10, use o teste binomial (Seção 4.1) em vez do teste de McNemar.
3. Se a freqüência total de mudanças excede 10, calcule o valor de $X^2$ usando a Equação (5.2).
4. Determine a probabilidade associada com um valor tão grande quanto o valor observado de $X^2$ obtido pela Tabela C do Apêndice. Se um teste unilateral é utilizado, tome a metade da probabilidade mostrada na tabela. Se a probabilidade mostrada pela Tabela C do Apêndice para o valor observado de $X^2$ com $gl = 1$ é menor ou igual a $\alpha$, rejeite $H_0$ em favor de $H_1$.

### 5.1.4 Poder-eficiência

Quando o teste de McNemar é usado com medidas nominais, o conceito de poder-eficiência não tem significado, pois não há teste alternativo com o qual compará-lo. No entanto, quando as mensurações e outros aspectos dos dados são tais que é possível aplicar o teste paramétrico $t$, o teste de McNemar, assim como o teste binomial, tem poder-eficiência em torno de 95% para $A + D = 6$, e o poder-eficiência diminui quando $A + D$ aumenta para uma eficiência assintótica em torno de 63%.

## 5.1.5 Referências

Discussões sobre este teste são apresentadas em McNemar (1969) e Everitt (1977).

## 5.2 O TESTE DO SINAL

### 5.2.1 Função

O teste dos sinais recebeu esse nome devido ao fato de utilizar como dados os sinais "mais" e "menos" em vez de medidas quantitativas. Ele é particularmente útil para uma pesquisa na qual a mensuração quantitativa é impossível ou inexeqüível, mas na qual é possível determinar, para cada par de observações, qual é a "maior" (em algum sentido).

O teste do sinal é aplicável no caso de duas amostras relacionadas quando o pesquisador deseja estabelecer se duas condições são diferentes. A única suposição subjacente a este teste é que a variável sob consideração tem uma distribuição contínua. O teste não faz qualquer suposição sobre a forma da distribuição das diferenças nem assume que todos os sujeitos são extraídos da mesma população. Os diferentes pares podem provir de diferentes populações com relação a idade, sexo, inteligência, etc.; a única exigência é que dentro de cada par o experimentador tenha feito a combinação de acordo com as variáveis estranhas relevantes. Como foi observado inicialmente, neste capítulo, talvez a melhor maneira de conseguir isso seja usar cada sujeito como seu próprio controle.

### 5.2.2 Método

A hipótese nula testada pelo teste do sinal é que

$P[X_i > Y_i] = P[X_i < Y_i] = \frac{1}{2}$

onde $X_i$ é o julgamento ou escore sob uma condição (ou antes do tratamento) e $Y_i$ é o julgamento ou escore sob a outra condição (ou depois do tratamento). Isto é, $X_i$ e $Y_i$ são os dois "escores" para o par combinado. Outra maneira de estabelecer $H_0$ é a diferença mediana entre $X$ e $Y$ ser zero.

Na aplicação do teste do sinal, focalizamos na direção da diferença entre cada $X_i$ e $Y_i$, observando se o *sinal* da diferença é positivo ou negativo (+ ou –). Quando $H_0$ é verdadeira, esperaríamos que o número de pares satisfazendo $X_i > Y_i$ fosse igual ao número de pares satisfazendo $X_i < Y_i$. Isto é, se a hipótese nula fosse verdadeira, esperaríamos que cerca de metade das diferenças fossem negativas e metade fossem positivas. $H_0$ é rejeitada se ocorrem muito poucas diferenças de um tipo de sinal.

### 5.2.3 Pequenas amostras

A probabilidade associada com a ocorrência de um particular número de +'s e –'s pode ser determinada por meio da distribuição binomial com $p = q = \frac{1}{2}$, onde $N$ é o número de pares. Se um par combinado não mostra diferença (isto é, a diferença é zero e não tem sinal), ele é retirado da análise e $N$ é reduzido de acordo com esta retirada. A Tabela D do Apêndice fornece as probabilidades associadas com a ocorrência sob $H_0$ de valores tão pequenos quanto $x$ para $N \leq 35$. Para usar essa tabela, considere $x$ a quantidade menor de sinais.

Por exemplo, suponha que 20 pares são observados. Dezesseis mostram diferenças em uma direção (+) e os outros quatro mostram diferenças na outra direção (–). Neste caso, $N = 20$ e $x = 4$. A Tabela D do Apêndice revela que a probabilidade de ocorrer esta quantidade menor de –'s quando $H_0$ é verdadeira (isto é, quando $p = \frac{1}{2}$) é 0,006 (unilateral).

O teste do sinal pode ser unilateral ou bilateral. Em um teste unilateral, a hipótese alternativa estabelece qual sinal (+ ou –) ocorrerá mais freqüentemente. Em um teste bilateral, a predição é simplesmente que as freqüências dos dois sinais serão significativamente diferentes. Para um teste bilateral, os valores das probabilidades na Tabela D do Apêndice devem ser dobrados.

**Exemplo 5.2a Para pequenas amostras.** Um pesquisador estava estudando o processo de tomada de decisões na relação marido-mulher.[2] Uma amostra de pares de marido-mulher foi intensamente estudada para determinar o papel de cada um na decisão sobre uma compra grande — neste caso, uma casa. Em um certo momento, eles completaram um questionário individualmente a respeito da influência que cada um deveria ter (em seu casamento) sobre vários aspectos da decisão de compra. A resposta à questão variou sobre uma escala de marido-dominante – igualdade – esposa-dominante. Para cada par marido-mulher, a diferença entre suas taxas de respostas foi determinada e codificada como + se o marido julgou que deveria ter mais influência do que a influência que a esposa concordou que ele tivesse. A diferença foi codificada como – se a taxa do marido concordando com maior influência para a esposa é maior do que aquela obtida pela esposa. A diferença foi codificada como 0 se o par estivesse em total concordância sobre o grau de influência apropriada na decisão.

1. *Hipótese nula.* $H_0$: maridos e esposas concordam com o grau de influência que cada um deve ter em um aspecto da decisão de comprar uma casa. $H_1$ maridos julgam que eles devem ter uma influência maior na decisão de compra do que suas esposas julgam que eles devam ter.
2. *Teste estatístico.* A escala das taxas usada neste estudo constitui, no máximo, uma escala parcialmente ordenada. A informação contida nas taxas é preservada se a diferença entre as taxas de cada casal é expressa por um sinal (+ ou –). Cada casal nesse estudo constitui um par combinado; eles são combinados no sentido de que cada um respondeu a mesma questão concernente à influência do companheiro na decisão de compra e cada um é um membro da mesma família. O teste do sinal é apropriado para medidas do tipo descrito e, é claro, é apropriado para o caso de duas amostras relacionadas ou combinadas.
3. *Nível de significância.* Seja $\alpha = 0,05$ e $N$ o número de casais em uma das condições = 17. ($N$ poderá ser reduzido no caso de empates.)

---

[2] Este exemplo é motivado por Qualls, W. J. (1982). A study of joint decision making between husbands and wives in a housing purchase decision. Dissertação DBA não-publicada, Universidade de Indiana.

**TABELA 5.4**
Julgamento de influência em tomada de decisão

| Casal | Taxa de influência | | Direção da diferença | Sinal |
|-------|--------|--------|----------------------|-------|
|       | Marido | Esposa |                      |       |
| A | 5 | 3 | $X_M > X_E$ | + |
| B | 4 | 3 | $X_M > X_E$ | + |
| C | 6 | 4 | $X_M > X_E$ | + |
| D | 6 | 5 | $X_M > X_E$ | + |
| E | 3 | 3 | $X_M = X_E$ | 0 |
| F | 2 | 3 | $X_M < X_E$ | − |
| G | 5 | 2 | $X_M > X_E$ | + |
| H | 3 | 3 | $X_M = X_E$ | 0 |
| I | 1 | 2 | $X_M < X_E$ | − |
| J | 4 | 3 | $X_M > X_E$ | + |
| K | 5 | 2 | $X_M > X_E$ | + |
| L | 4 | 2 | $X_M > X_E$ | + |
| M | 4 | 5 | $X_M < X_E$ | − |
| N | 7 | 2 | $X_M > X_E$ | + |
| O | 5 | 5 | $X_M = X_E$ | 0 |
| P | 5 | 3 | $X_M > X_E$ | + |
| Q | 5 | 1 | $X_M > X_E$ | + |

4. *Distribuição amostral.* A probabilidade associada à ocorrência de valores tão grandes quanto $x$ é dada pela distribuição binomial para $p = q = \frac{1}{2}$. A distribuição binomial está tabelada para valores selecionados de $N$ na Tabela D do Apêndice.
5. *Região de rejeição.* Como $H_1$ prediz a direção das diferenças, a região de rejeição é unilateral. Ela consiste de todos os valores de $x$ (onde $x$ é o número de "mais", pois a predição por $H_1$ é que as diferenças positivas predominarão) para os quais a probabilidade unilateral de ocorrência quando $H_0$ é verdadeira é menor ou igual a $\alpha = 0{,}05$.
6. *Decisão.* Os julgamentos de influência de cada membro do casal foram classificados por meio de taxas em uma escala de sete pontos. Nessa escala, uma taxa de 1 representa um julgamento de que a esposa deveria ter total autoridade para a decisão, uma taxa de 7 representa um julgamento de que o marido deveria ter total autoridade para a decisão e valores intermediários indicam graus intermediários de influência. A Tabela 5.4 mostra as taxas de influência atribuídas pelo marido ($M$) e pela esposa ($E$) entre os 17 casais. Os sinais das diferenças entre as taxas de cada casal são mostrados na coluna final. Note que 3 casais mostraram diferenças opostas à diferença predita; estas estão codificadas com um sinal menos. Outros 3 casais estavam em completa concordância sobre a influência e, então, não havia diferença; estas são codificadas com um zero e o tamanho da amostra é reduzido de $N = 17$ para $N = 17 - 3 = 14$. Os casais restantes mostraram diferenças na direção predita.

Para os dados na Tabela 5.4, $x$ é o número de sinais positivos = 11 e $N$ é o número de pares combinados = 14. A Tabela D do Apêndice mostra que para $N$ = 14 a probabilidade de observar $x \geq 11$ quando $H_0$ é verdadeira é unilateral e igual a 0,029. Como este valor está na região de rejeição para $\alpha$ = 0,05, nossa decisão é rejeitar $H_0$ em favor de $H_1$. Assim, concluímos que os maridos acreditam que eles devem ter maior influência na compra da casa do que suas esposas acreditam que eles devam.

**EMPATES.** Para o teste do sinal, um "empate" ocorre quando não é possível discriminar os valores de um par combinado ou quando os dois valores são iguais. No caso dos casais ocorreram três empates; o pesquisador julgou que três casais concordaram sobre o grau de influência que cada membro do casal deveria ter na decisão da compra da casa.

Todos os casos empatados são retirados da análise para o teste do sinal e $N$ é correspondentemente reduzido. Então $N$ é o número de pares combinados cujas diferenças de escores tem um *sinal*. No exemplo, 14 dos 17 casais têm diferenças de escores com um sinal, logo para esse estudo $N$ = 14.

**RELAÇÃO COM A EXPANSÃO BINOMIAL.** No estudo que acabamos de discutir, deveríamos esperar que, quando $H_0$ fosse verdadeira, as freqüências de "mais" e de "menos" seriam iguais às freqüências de caras e de coroas em um lançamento de 14 moedas não-viciadas. (Mais precisamente, a analogia é com o lançamento de 17 moedas não-viciadas, 3 das quais rolaram para fora de vista e, assim, não poderiam ser incluídas na análise.) A probabilidade de uma ocorrência de 11 caras e 3 coroas em um lançamento de 14 moedas é dada pela distribuição binomial como

$$\sum_{i=x}^{N} \binom{N}{i} p^i q^{N-i}$$

onde $N$ = é o número total de moedas lançadas = 14
$x$ = é o número observado de caras = 11

e

$$\binom{N}{i} = \frac{N!}{i!(N-i)!}$$

No caso de 11 ou mais caras quando 14 moedas são lançadas temos

$$P[x \geq 11] = \frac{\binom{14}{11}+\binom{14}{12}+\binom{14}{13}+\binom{14}{14}}{2^{14}}$$

$$= \frac{364 + 91 + 14 + 1}{16{,}384}$$

$$= 0{,}029$$

A probabilidade encontrada por esse método é, é claro, idêntica à encontrada pelo método usado no exemplo.

### 5.2.4 Grandes amostras

Se $N$ é maior do que 35, a aproximação normal à distribuição binomial pode ser usada. Essa distribuição tem

$$\text{Média} = \mu_x = Np = \frac{N}{2}$$

e
$$\text{Variância} = \sigma_x^2 = Npq = \frac{N}{4}$$

Isto é, o valor de $z$ é dado por

$$z = \frac{x - \mu_x}{\sigma_x} = \frac{x - N/2}{0,5\sqrt{N}} \quad (5.3)$$

$$= \frac{2x - N}{\sqrt{N}} \quad (5.3a)$$

Essa expressão tem distribuição aproximadamente normal com média 0 e variância 1. A Equação (5.3a) é mais conveniente computacionalmente; entretanto, ela torna a forma do teste um tanto obscura.

A aproximação torna-se melhor quando uma *correção para continuidade* é utilizada. A correção é efetivada reduzindo em 0,5 a diferença entre o número observado e o número esperado (por exemplo, a média) de "mais" (ou de "menos") quando $H_0$ é verdadeira. (Ver p. 47 para uma discussão mais completa deste ponto.) Assim, com a correção para continuidade,

$$z = \frac{(x \pm 0,5) - N/2}{0,5\sqrt{N}} \quad (5.4)$$

onde $x + 0,5$ é usado quando $x < N/2$ e $x - 0,5$ é usado quando $x > N/2$. Uma forma da Equação (5.4) computacionalmente mais simples é a seguinte:

$$z = \frac{2x \pm 1 - N}{\sqrt{N}} \quad (5.4a)$$

Aqui usamos $+1$ quando $x < N/2$ e $-1$ quando $x > N/2$. O valor de $z$ obtido pela aplicação da Equação (5.4) pode ser considerado como tendo distribuição normal com média 0 e variância 1. Portanto, a significância de um $z$ calculado pode ser obtida consultando a Tabela A do Apêndice. Isto é, a Tabela A do Apêndice dá a probabilidade unilateral associada com a ocorrência, quando $H_0$ é verdadeira, de valores tão extremos quanto um $x$ observado. Se for exigido um teste bilateral, a probabilidade obtida na Tabela A deve ser dobrada.

**Exemplo 5.2b Para grandes amostras.** Suponha que um pesquisador estivesse interessado em determinar se um certo filme sobre delinquência juvenil mudaria as opiniões dos membros de uma certa comunidade sobre quão severamente os delinquentes juvenis devem ser punidos. Ele extrai uma amostra de 100 adultos da comunidade e executa um estudo do tipo "antes e depois", tendo cada sujeito servido como seu próprio controle. Ele solicita que cada sujeito se posicione sobre a quantidade ou grau de ações punitivas que deveriam ser tomadas contra os delinquentes juvenis. Ele, então, mostra o filme para os 100 adultos e depois repete a pergunta.

1. *Hipótese nula.* $H_0$: o filme não provoca efeito sistemático sobre atitudes. Isto é, entre aqueles cujas opiniões mudaram após assistir o filme, o número dos que aumentaram é igual ao número dos que diminuíram a quantidade de punições que eles acreditam ser apropriada, e qualquer diferença observada é de uma magnitude que poderia ser esperada em uma amostra aleatória de uma população sobre a qual o filme não teria nenhum efeito sistemático. $H_1$: o filme provoca um efeito sistemático sobre atitudes.

**TABELA 5.5**
Opiniões de adultos com relação ao grau de severidade de punição para delinquentes juvenis

| Atitude julgada | Número |
|---|---|
| Aumento em severidade | 26 |
| Diminuição em severidade | 59 |
| Nenhuma mudança | 15 |

2. *Teste estatístico.* O teste do sinal é escolhido para este estudo de dois grupos relacionados porque o estudo usa medidas ordinais dentro das replicações emparelhadas e, portanto, as diferenças podem ser apropriadamente representadas pelos sinais "mais" e "menos".
3. *Nível de significância.* Sejam $\alpha = 0,01$ e $N$ o número de adultos (entre os 100) que mostram uma diferença em suas atitudes.
4. *Distribuição amostral.* Quando $H_0$ é verdadeira, o $z$ calculado da Equação (5.4a) [ou Equação (5.4)] tem distribuição aproximadamente normal para $N > 35$. A Tabela A do Apêndice dá a probabilidade associada com a ocorrência de valores tão extremos quanto um $z$ obtido.
5. *Região de rejeição.* Como $H_1$ não estabelece a direção das diferenças preditas, a região de rejeição é bilateral. Ela consiste de todos os valores de $z$ que são tão extremos que sua probabilidade associada de ocorrência quando $H_0$ é verdadeira é menor ou igual a $\alpha = 0,01$.
6. *Decisão.* Os resultados deste estudo a respeito do efeito de um filme sobre opiniões estão resumidos na Tabela 5.5. O filme provocou algum efeito? Os dados mostram que houve 15 adultos que não mudaram e 85 que mudaram. A análise é baseada somente naqueles sujeitos que mudaram. Se o filme não tem efeito sistemático, esperaríamos que em torno de metade daqueles cujas atitudes mudaram depois de assistirem ao filme tivessem aumentado seu julgamento e em torno de metade tivessem diminuído seu julgamento. Isto é, de 85 pessoas cujas atitudes mudaram, esperaríamos que em torno de 42,5

mostrassem um tipo de mudança e 42,5 mostrassem o outro tipo de mudança. Agora, observamos que 59 *diminuíram* e 26 *aumentaram*. Podemos determinar a probabilidade de que, quando $H_0$ é verdadeira, um corte tão ou mais extremo poderia ocorrer devido ao acaso. Usando a Equação (5.4) e observando que $x > N/2$ (isto é, $59 > 42,5$), temos

$$z = \frac{2x \pm 1 - N}{\sqrt{N}} \tag{5.4a}$$

$$z = \frac{118 - 1 - 85}{\sqrt{85}}$$

$$= 3,47$$

Uma consulta à Tabela A do Apêndice revela que a probabilidade $|z| \geq 3,47$ quando $H_0$ é verdadeira é $2(0,0003) = 0,0006$. (A probabilidade mostrada na tabela é dobrada porque os valores tabelados são para um teste unilateral, enquanto que a região de rejeição neste caso é bilateral). Como 0,0006 é menor do que $\alpha = 0,01$, a decisão é rejeitar a hipótese nula em favor da hipótese alternativa. Concluímos com esses dados que o filme teve um efeito sistemático significativo sobre atitudes de adultos com relação à severidade de punições necessárias para delinqüentes juvenis.

Este exemplo foi incluído não somente porque ele apresenta uma aplicação útil do teste do sinal, mas também porque os dados deste tipo são freqüentemente analisados de forma incorreta. Os dados na Tabela 5.5 são colocados em termos das variáveis de interesse. Uma tabela com quatro células poderia ser construída contendo a mesma informação, mas exigiria o conhecimento das freqüências separadas B e C.[3] Não é muito incomum para pesquisadores analisar tais dados usando os totais das colunas e linhas como se eles representassem amostras independentes. Aqui este não é o caso: os totais das linhas e colunas são separados, mas não são representações independentes dos mesmos dados.

Este exemplo poderia também ter sido analisado pelo teste de McNemar para a significância de mudanças (Seção 5.1). Com o uso dos dados na Tabela 5.5,

$$X^2 = \frac{(|A - D| - 1)^2}{A + D} \quad \text{com } gl = 1 \tag{5.2}$$

$$= \frac{(|59 - 26| - 1)^2}{59 + 26}$$

$$= 12,05$$

A Tabela C do Apêndice mostra que $X^2 \geq 12,05$ com $gl = 1$ tem uma probabilidade de ocorrência, quando $H_0$ é verdadeira, de menos que 0,001. Este resultado não está em conflito com aquele dado pelo teste do sinal. A leve diferença entre os dois resultados é devida às limitações da tabela da distribuição qui-quadrado usada. Deve ser observado que, se $z$ é calculado pela Equação (5.3) e se $X^2$ é calculada pela Equação (5.1) (isto é, nenhuma correção para continuidade é feita em nenhum dos casos),

---

[3] Recomendamos que o leitor, como exercício, construa uma tabela de quatro partes, usando B = 7 e C = 8.

então $z^2$ será idêntico a $X^2$ para qualquer conjunto de dados. O mesmo é verdadeiro se os cálculos são feitos usando a correção para continuidade [Equações (5.2) e (5.4)].

### 5.2.5 Resumo do procedimento

Estes são os passos no uso do teste do sinal:

1. Determine o sinal da diferença entre os dois membros de cada par.
2. Por contagem, determine o valor de $N$ como o valor igual ao número de pares cujas diferenças mostram um sinal (empates são ignorados).
3. O método para determinar a probabilidade de ocorrência de dados tão ou mais extremos quando $H_0$ é verdadeira depende do tamanho de $N$:

   a) Se $N$ é 35 ou menos, a Tabela D do Apêndice mostra a probabilidade unilateral associada com um valor tão pequeno quanto o valor observado de $x$ = número menor de sinais. Para um teste bilateral, dobre o valor da probabilidade obtida da Tabela D do Apêndice.

   b) Se $N$ é maior do que 35, calcule o valor de $z$ usando a Equação (5.4 a). A Tabela A do Apêndice fornece probabilidades unilaterais associadas com valores tão extremos quanto vários valores de $z$. Para um teste bilateral, dobre os valores das probabilidades mostradas na Tabela A do Apêndice.

4. Se a probabilidade dada pelo teste é menor ou igual a α, rejeite $H_0$.

### 5.2.6 Poder-eficiência

O poder-eficiência do teste do sinal está em torno de 95% para $N = 6$, mas ele diminui, quando o tamanho da amostra cresce, para uma eventual (assintótica) eficiência de 63%. Discussões sobre o poder-eficiência do teste do sinal para grandes amostras podem ser encontradas em Lehmann (1975).

### 5.2.7 Referências

Para outras discussões sobre o teste do sinal, o leitor deve consultar Dixon e Massey (1983), Lehmann (1975), Moses (1952) e Randles e Wolfe (1979).

## 5.3 O TESTE DE POSTOS COM SINAL DE WILCOXON

O teste do sinal discutido na seção anterior utiliza informação somente sobre a *direção* das diferenças dentro dos pares. Se a magnitude relativa e a direção das diferenças são consideradas, um teste mais poderoso pode ser usado. O teste de postos com sinal de Wilcoxon dá mais peso a um par que mostra uma diferença grande entre as duas condições do que a um par que mostra uma diferença pequena.

O teste de postos com sinal de Wilcoxon é um teste muito útil para o cientista do comportamento. Com dados comportamentais, não é incomum que o pesquisador possa (1) dizer qual membro de um par é "maior do que", isto é, dizer o sinal da diferença em cada par, e (2) ordenar as diferenças de acordo com seus tamanhos absolutos. Isto é, o pesquisador pode fazer o julgamento de "maior do que" entre os dois valores de cada par, bem como entre quaisquer dois escores surgindo de dois pares quaisquer. Com tal informação, o pesquisador pode usar o teste de postos com sinal de Wilcoxon.

### 5.3.1 Fundamentos Lógicos e Método

Seja $d_i$ o escore-diferença para qualquer par combinado, representando a diferença entre os escores dos pares sob dois tratamentos $X$ e $Y$. Isto é, $d_i = X_i - Y_i$. Para usar o teste de postos com sinal de Wilcoxon, ordene todos os $d_i$'s sem considerar o sinal: dê o posto 1 ao menor $|d_i|$, o posto 2 ao segundo menor, etc. Quando são atribuídos postos aos escores sem considerar o sinal, a um $d_i$ igual a $-1$ é atribuído um posto menor do que a um $d_i$ igual a $+2$ ou a $-2$.

Então a cada posto afixe o sinal da diferença. Isto é, indique quais postos surgiram de $d_i$'s negativos e quais postos surgiram de $d_i$'s positivos.

A hipótese nula é que os tratamentos $X$ e $Y$ são equivalentes, isto é, eles são amostras de populações com a mesma mediana e a mesma distribuição contínua. Se $H_0$ é verdadeira, devemos esperar encontrar alguns dos maiores $d_i$'s favorecendo o tratamento $X$ e alguns favorecendo o tratamento $Y$. Isto é, quando não existe diferença entre $X$ e $Y$, alguns dos maiores postos devem vir de $d_i$'s positivos enquanto outros devem vir de $d_i$'s negativos. Então, se somássemos os postos com sinal "mais" e somássemos aqueles com sinal "menos", esperaríamos que as duas somas fossem quase iguais quando $H_0$ é verdadeira. Mas se a soma dos postos positivos é muito diferente da soma dos postos negativos, inferiríamos que o tratamento $X$ é diferente do tratamento $Y$, e, assim, rejeitaríamos $H_0$. Isto é, rejeitamos $H_0$ se a soma dos postos para os $d_i$'s negativos *ou* a soma dos postos para os $d_i$'s positivos é muito pequena.

Para desenvolver um teste, devemos definir duas estatísticas:

$$T^+ = \text{a soma dos postos dos } d_i\text{'s positivos}$$

e

$$T^- = \text{a soma dos postos dos } d_i\text{'s negativos}$$

Como a soma de todos os postos é $N(N+1)/2$, $T^- = N(N+1)/2 - T^+$.

**EMPATES.** Ocasionalmente os dois escores de algum par são iguais. Isto é, nenhuma diferença entre os dois tratamentos é observada naquele par, de modo que $X_i - Y_i = d_i = 0$. Tais pares são retirados da análise e o tamanho da amostra é reduzido. Esta prática é a mesma que seguimos para o teste do sinal. Assim, $N$ é o número de pares combinados menos o número de pares para os quais $X = Y$.

Outra espécie de empate pode ocorrer. Dois ou mais $d$'s podem ser de mesma magnitude. Atribuímos a tais casos de empate o mesmo posto. O posto atribuído é a média dos postos que teriam sido atribuídos se os $d$'s tivessem diferido levemente. Assim três pares poderiam dar $d$'s de $-1$, $-1$ e $+1$. A cada par seria atribuído o posto 2 pois $(1 + 2 + 3)/3 = 2$. Então o próximo $d$ na ordem receberia o posto 4 porque os postos 1, 2 e 3 já teriam sido atribuídos. Se dois pares tivessem dado $d$'s iguais a 1, ambos receberiam o posto 1,5 pois $(1 + 2)/2 = 1,5$, e o próximo maior $d$ receberia o posto 3. A prática de atribuir às observações empatadas a média dos postos que elas teriam caso não apresentassem empate tem um efeito desprezível sobre $T^+$, a estatística sobre a qual é baseado o teste de postos com sinal de Wilcoxon, mas é essencial para a utilização apropriada do teste.

Para aplicações desses princípios na manipulação de empates, ver o exemplo para grandes amostras na Seção 5.3.3.

## 5.3.2 Pequenas amostras

Seja $T^+$ a soma dos postos para os quais as diferenças $d_i$ são positivas. A Tabela H do Apêndice dá vários valores de $T^+$ e suas probabilidades associadas de ocorrência sob a suposição de não haver diferença entre $X$ e $Y$. Isto é, se um $T^+$ observado é igual ao valor dado na Tabela H do Apêndice para um particular tamanho $N$ da amostra, a probabilidade de um $T^+$ tão grande ou maior que o observado é tabulada. Se esta probabilidade é menor ou igual ao nível de significância escolhido, a hipótese nula pode então ser rejeitada nesse nível de significância.

A Tabela H do Apêndice pode ser usada com os testes unilateral e bilateral. Um teste unilateral é apropriado quando o pesquisador prediz antecipadamente a direção das diferenças. Em um teste bilateral, dobre os valores tabelados.

Por exemplo, se $T^+ = 42$ fosse a soma dos postos positivos quando $N = 9$, $H_0$ poderia ser rejeitada no nível $\alpha = 0,02$ se $H_1$ estabelecesse que as duas variáveis diferem, e $H_0$ poderia ser rejeitada no nível 0,01 se $H_1$ estabelecesse que a mediana de $X$ é maior do que a mediana de $Y$.

**Exemplo 5.3a Para pequenas amostras.** Há uma evidência considerável de que adultos são capazes de usar sinais visuais no processamento de informações auditivas. Em uma conversação normal, as pessoas são capazes de utilizar movimentos dos lábios no processamento da fala. A congruência entre movimentos dos lábios e sons da fala é particularmente benéfica em ambientes barulhentos. Pesquisa adicional tem mostrado que o processamento da fala é falho quando os sinais auditivos e visuais não são congruentes. Em crianças, a habilidade de discriminar e localizar a origem de estímulos visuais e auditivos complexos é estabelecida, mais ou menos, na idade de 6 meses.

Um experimento foi criado para determinar se crianças entre 10 e 16 semanas de idade percebem a sincronia entre movimentos dos lábios e sons de fala em conversas normais.[4] Bebês foram colocados em uma sala à prova de som com uma janela através da qual eles poderiam ver uma pessoa falando. Esta pessoa falou em um microfone e o som foi transmitido diretamente para a sala (em sincronia) ou depois de um atraso de 400 milésimos de segundo (fora de sincronia). A quantidade de tempo durante o qual o bebê olhou a face na janela foi medida em cada situação. Foi argumentado que, se um bebê é capaz de discriminar as duas condições, as quantidades de tempo utilizadas olhando para o rosto na janela seriam diferentes, apesar de não haver nenhuma hipótese *a priori* concernente com a condição que justificaria uma maior atenção – à sincronia por ser consistente com a experiência ou à falta de sincronia por ser uma novidade.

Há diferenças individuais substanciais entre os bebês na quantidade de tempo necessária para que eles sejam capazes de atender a qualquer estímulo. Entretanto, a *diferença* entre o tempo gasto olhando na condição em sincronia e o tempo gasto olhando na condição fora de sincronia deveria ser um indicador realista da habilidade em discriminar. Se o bebê usa mais tempo olhando a apresentação em sincronia, a diferença seria positiva. Se o bebê usa mais tempo olhando a apresentação fora de sincronia, a diferença seria negativa. Se o bebê pode discriminar, a diferença deve tender a uma direção. Além disso, quaisquer diferenças na direção oposta devem ser relativamente pequenas.

---

[4] Dodd, B. (1979). Lip reading in infants: Attention to speech presented in- and out-of-synchrony. *Cognitive Psychology*, **11**, 478-484.

Apesar de a pesquisadora estar confiante de que diferenças na porcentagem do tempo gasto olhando indicam diferenças na atenção, ela não está segura de que os escores sejam suficientemente exatos para serem tratados de outra maneira que não seja a ordinal. Isto é, ela não pode estabelecer conclusões além da afirmação de que aquelas diferenças grandes no tempo gasto olhando refletem aumento de atenção; por exemplo, uma diferença de 30 no tempo despendido olhando indica uma diferença maior em atenção do que uma diferença de 20. Assim, apesar da interpretação das magnitudes numéricas das diferenças nos tempos gastos olhando não refletir diretamente as magnitudes numéricas das diferenças em atenção, a *ordenação em postos* das diferenças nos tempos gastos olhando refletem, sim, a ordem das diferenças em atenção.

1. *Hipótese nula*. $H_0$: a quantidade de tempo que o bebê gasta olhando para a janela não depende do tipo de apresentação. Em termos do teste de postos com sinal de Wilcoxon, a soma dos postos positivos não difere da soma dos postos negativos. A hipótese alternativa é $H_1$: a quantidade de tempo que o bebê gasta olhando depende do tipo de apresentação, isto é, a soma dos postos positivos difere da soma dos postos negativos.
2. *Teste estatístico*. O teste de postos com sinal de Wilcoxon é escolhido porque o estudo utiliza duas amostras relacionadas e elas fornecem escores-diferença que podem ser ordenados em postos de magnitude absoluta.
3. *Nível de significância*. Sejam $\alpha = 0{,}01$ e $N$ o número de pares (12) menos o número de pares com $d_i = 0$.
4. *Distribuição amostral*. A Tabela H do Apêndice dá valores de probabilidades da cauda superior da distribuição amostral de $T^+$ para $N \leq 15$.
5. *Região de rejeição*. Como a direção da diferença não é previamente predita, uma região de rejeição bilateral é apropriada. A região de rejeição consiste de todos os valores de $T^+$ (a soma dos postos positivos) que sejam tão grandes que a probabilidade associada com sua ocorrência quando $H_0$ é verdadeira seja menor ou igual a $\alpha = 0{,}01$ para um teste bilateral.
6. *Decisão*. Neste estudo, 12 bebês serviram como sujeitos. A porcentagem de tempo gasto olhando em cada apresentação é dada na Tabela 5.6. A tabela mostra que somente dois bebês (*RH* e *CW*) mostraram diferenças na direção de maior atenção prestada à apresentação em sincronia. Estes escores-diferença estão entre os menores; seus postos são 1 e 4.
A soma dos postos positivos é $T^+ = 10 + 12 + 6 + 3 + 8 + 5 + 11 + 9 + 2 + 7 = 73$. A Tabela H do Apêndice mostra que quando $N = 12$ e $T^+ = 73$, rejeitamos a hipótese nula no nível $\alpha = 0{,}01$ para um teste bilateral pois a probabilidade tabelada (0,0024) corresponde a 0,0048 para um teste bilateral. Portanto, neste estudo, rejeitamos $H_0$ em favor de $H_1$ e concluímos que os bebês são capazes de discriminar entre fala e movimento dos lábios em sincronia e fora de sincronia.

Vale a pena observar que os dados na Tabela 5.6 poderiam ser analisados com o teste do sinal (Seção 5.2), um teste menos poderoso. Para aquele teste, $x = 2$ e $N = 12$. A Tabela D do Apêndice dá a probabilidade associada com uma tal ocorrência quando $H_0$ é verdadeira como sendo $2(0{,}019) = 0{,}038$ para um teste bilateral. Portanto, usando o teste do sinal, nossa decisão seria *não rejeitar* $H_0$ quando $\alpha = 0{,}01$, enquanto o teste de postos com sinal de Wilcoxon nos levou a *rejeitar* $H_0$ neste nível. Esta diferença não é surpreendente pois o teste de postos com sinal de Wilcoxon leva em conta que os dois $d$'s negativos estão entre os menores $d$'s observados, enquanto o teste do sinal não é afetado pela magnitude relativa dos $d_i$'s.

**TABELA 5.6**
Porcentagem de desatenção para apresentação em sincronia e fora de sincronia

| Sujeito | Em sincronia | Fora de sincronia | d | Posto de d |
|---------|--------------|-------------------|------|------------|
| DC | 20,3 | 50,4 | 30,1 | 10 |
| MK | 17,0 | 87,0 | 70,0 | 12 |
| VH | 6,5 | 25,1 | 18,6 | 6 |
| JM | 25,0 | 28,5 | 3,5 | 3 |
| SB | 5,4 | 26,9 | 21,5 | 8 |
| MM | 29,2 | 36,6 | 7,4 | 5 |
| RH | 2,9 | 1,0 | −1,9 | −1 |
| DJ | 6,6 | 43,8 | 37,2 | 11 |
| JD | 15,8 | 44,2 | 28,4 | 9 |
| ZC | 8,3 | 10,4 | 2,1 | 2 |
| CW | 34,0 | 29,9 | −4,1 | −4 |
| AF | 8,0 | 27,7 | 19,7 | 7 |

$N = 12$, $T^+ = 73$, $T^- = 5$.

## 5.3.3 Grandes amostras

Quando $N$ é maior do que 15, a Tabela H do Apêndice não pode ser usada. No entanto, pode ser mostrado que em tais casos a soma dos postos, $T^+$, tem distribuição aproximadamente normal com

$$\text{Média} = \mu_{T^+} = \frac{N(N+1)}{4}$$

e

$$\text{Variância} = \sigma^2_{T^+} = \frac{N(N+1)(2N+1)}{24}$$

Portanto,

$$z = \frac{T^+ - \mu_{T^+}}{\sigma_{T^+}} = \frac{T^+ - N(N+1)/4}{\sqrt{N(N+1)(2N+1)/24}} \tag{5.5}$$

tem distribuição aproximadamente normal com média 0 e variância 1. Assim, a Tabela A do Apêndice pode ser usada para encontrar a probabilidade associada com a ocorrência quando $H_0$ é verdadeira com valores tão extremos quanto um valor observado z calculado a partir da Equação (5.5).

Apesar de testes para grandes amostras parecerem ser boas aproximações mesmo para amostras relativamente pequenas, a correspondência entre probabilidades exatas e aproximadas para um dado tamanho da amostra depende do valor de $T^+$. A aproximação melhora quando o tamanho da amostra torna-se maior.

**Exemplo 5.3b Para grandes amostras.** Detentos em uma prisão federal serviram como sujeitos em um estudo do tipo tomada de decisão.[5] Primeiro, a utilidade dos cigarros (valor subjetivo) para os prisioneiros foi medida individualmente, levando em conta que cigarros têm um valor negociável entre os prisioneiros. Usando a função utilidade de cada sujeito, o investigador então tenta predizer as decisões que o detento tomaria em um jogo no qual ele repetidamente teria que escolher entre duas diferentes (variando) situações de risco e nas quais cigarros podem ser ganhados ou perdidos.

A primeira hipótese testada foi a de que o investigador poderia melhor predizer as decisões dos sujeitos por meio de suas funções de utilidade do que assumindo que a utilidade do cigarro fosse igual ao seu valor objetivo e, portanto, predizendo a escolha *racional* em termos do valor objetivo. Esta hipótese foi confirmada.

Entretanto, como se esperava, algumas respostas não foram preditas com sucesso por esta hipótese de maximização da utilidade esperada. Antecipando este resultado, o pesquisador tinha estabelecido a hipótese de que tais erros de predição seriam devido à indiferença dos sujeitos sobre as duas situações de risco oferecidas. Isto é, um prisioneiro poderia achar as duas situações igualmente atrativas ou igualmente não-atrativas e, portanto, ser indiferente na escolha entre elas. Tais escolhas seriam difíceis de serem preditas. Mas em tais escolhas foi argumentado que o sujeito poderia vacilar consideravelmente antes de tomar uma decisão. Isto é, a demora entre o oferecimento da situação e a tomada de decisão seria longa. A segunda hipótese, então, foi que as demoras ou tempos de resposta para aquelas escolhas que não seriam preditas com sucesso pela maximização da utilidade esperada seriam mais longas do que os tempos gastos para aquelas escolhas que seriam preditas com sucesso.

1. *Hipótese nula.* $H_0$: não há diferença entre as demoras ou tempos de resposta de decisões incorretamente preditas e corretamente preditas. $H_1$: as demoras das decisões incorretamente preditas são maiores do que as demoras de decisões corretamente preditas.
2. *Teste estatístico.* O teste de postos com sinal de Wilcoxon é selecionado porque os dados são escores-diferença de duas amostras relacionadas (escolhas corretamente preditas e escolhas incorretamente preditas feitas pelo mesmo prisioneiro), onde cada sujeito é usado como seu próprio controle.
3. *Nível de significância.* Seja $\alpha = 0{,}01$ e $N$ é o número de prisioneiros que serviram como sujeitos $= 30$. (Este $N$ será reduzido se $d$ de algum prisioneiro for zero.)
4. *Distribuição amostral.* Quando $H_0$ é verdadeira, os valores de $z$ calculados usando a Equação (5.5) têm distribuição assintoticamente normal com média 0 e variância 1. Logo, a Tabela A do Apêndice dá a probabilidade associada com a ocorrência sob $H_0$ de valores tão extremos quanto um $z$ obtido.
5. *Região de rejeição.* Como a direção da diferença é predita, a região de rejeição é unilateral. $T^+$, a soma dos postos positivos, será a soma dos postos daqueles prisioneiros cujos $d$'s estão na direção predita. A região de rejeição consiste de todos os $z$'s (obtidos de $T^+$) que são tão extremos que a probabilidade associada com sua ocorrência quando $H_0$ é verdadeira é menor ou igual a $\alpha = 0{,}01$.
6. *Decisão.* O escore-diferença ($d_i = X_i - Y_i$) foi obtido para cada sujeito subtraindo seu tempo mediano em chegar a decisões preditas corretamente, $Y_i$, de seu tempo mediano em chegar a decisões preditas incorretamente, $X_i$. A

---

[5] Hurst, P. M., e Siegel, S. (1956). Prediction and decisions from a higher ordered metric scale. *Journal of Experimental Psychology*, **52**, 138-144.

Tabela 5.7 dá esses valores de d para 30 prisioneiros, assim como a outra informação necessária para completar o teste de postos com sinal de Wilcoxon. Um $d_i$ negativo indica que o tempo mediano de um prisioneiro para chegar a decisões preditas corretamente foi mais longo que seu tempo mediano para chegar a decisões preditas incorretamente.

Para os dados na Tabela 5.7, $T^+ = 298$. Aplicamos a Equação (5.5):

$$z = \frac{T^+ - \mu_{T^+}}{\sigma_{T^+}} = \frac{T^+ - N(N+1)/4}{\sqrt{N(N+1)(2N+1)/24}} \qquad (5.5)$$

$$= \frac{298 - (26)(27)/4}{\sqrt{(26)(27)(53)/24}}$$

$$= 3,11$$

**TABELA 5.7**
Diferença entre os tempos medianos das decisões de prisioneiros preditas corretamente e incorretamente

| Prisioneiro | d | Posto de d |
|---|---|---|
| 1 | −2 | −11,5 |
| 2 | 0 | − |
| 3 | 0 | − |
| 4 | 1 | 4,5 |
| 5 | 0 | − |
| 6 | 0 | − |
| 7 | 4 | 20,0 |
| 8 | 4 | 20,0 |
| 9 | 1 | 4,5 |
| 10 | 1 | 4,5 |
| 11 | 5 | 23,0 |
| 12 | 3 | 16,5 |
| 13 | 5 | 23,0 |
| 14 | 3 | 16,5 |
| 15 | −1 | −4,5 |
| 16 | 1 | 4,5 |
| 17 | −1 | −4,5 |
| 18 | 5 | 23,0 |
| 19 | 8 | 25,5 |
| 20 | 2 | 11,5 |
| 21 | 2 | 11,5 |
| 22 | 2 | 11,5 |
| 23 | −3 | −16,5 |
| 24 | −2 | −11,5 |
| 25 | 1 | 4,5 |
| 26 | 4 | 20,0 |
| 27 | 8 | 25,5 |
| 28 | 2 | 11,5 |
| 29 | 3 | 16,5 |
| 30 | −1 | −4,5 |

$N = 26$, $T^+ = 298$, $T^- = 53$.

Observe que temos $N = 26$, pois quatro dos tempos medianos dos prisioneiros foram os mesmos para as decisões corretamente e incorretamente preditas e então seus $d$'s foram iguais a zero. Note também que nosso $T^+$ é a soma dos postos daqueles prisioneiros cujos $d$'s estão na direção predita sob $H_1$ e, portanto, o procedimento com um teste unilateral está justificado. A Tabela A do Apêndice mostra que um $z$ tão extremo quanto $+3,11$ tem uma probabilidade unilateral associada com esta ocorrência quando $H_0$ é verdadeira com 0,0009. Visto que esta probabilidade é menor do que $\alpha = 0,01$ e o valor de $z$ está na região de rejeição, nossa decisão é rejeitar $H_0$ em favor de $H_1$. Concluímos que as demoras dos prisioneiros para decisões preditas incorretamente foram significantemente mais longas do que suas demoras para decisões preditas corretamente. Essa conclusão empresta algum suporte à idéia de que as decisões preditas incorretamente eram referentes a situações de risco iguais, ou aproximadamente iguais, na utilidade esperada para seus sujeitos.

**POSTOS EMPATADOS E GRANDES AMOSTRAS.** Se existem postos empatados, então é necessário ajustar a estatística do teste para levar em conta o decréscimo na variabilidade de $T$. A correção envolve a contagem dos empates e a correspondente redução da variância. Se existem postos empatados, então

$$\sigma^2_{T^+} = \frac{N(N+1)(2N+1)}{24} - \frac{1}{2}\sum_{j=1}^{g} t_j(t_j - 1)(t_j + 1) \qquad (5.6)$$

onde $g$ = número de grupos de postos empatados diferentes
$t_j$ = número de postos empatados no grupo $j$

Para os dados no exemplo acima, há um grande número de empates. Existem $g = 6$ grupos de empates; oito empates no posto 4,5, seis empates no posto 11,5, etc. O fator de correção para a variância é 414. Ele foi calculado usando a Equação (5.6) da seguinte maneira:

| Grupos | Postos | $t_j$ |
|--------|--------|-------|
| 1 | 4,5 | 8 |
| 2 | 11,5 | 6 |
| 3 | 16,5 | 4 |
| 4 | 20 | 3 |
| 5 | 23 | 3 |
| 6 | 25,5 | 2 |

A variância não-corrigida é 1550,25, a variância corrigida com o uso da Equação (5.6) é $1550,25 - 414 = 1136,25$. O valor de $z$ corrigido pelos empates é, então, $z = 3,63$. É importante lembrar que o valor de $z$ não ajustado era 3,11. A correção da estatística do teste de postos com sinal de Wilcoxon sempre aumentará o valor de $z$ quando existirem empates; portanto, se $H_0$ é rejeitada sem a correção, ela será rejeitada com a correção. Deve ser também observado que o uso da correção quando não existem empates não produz mudança na variância (todos os grupos seriam "empates" de tamanho 1).

### 5.3.4 Resumo do procedimento

Estes são os passos no uso do teste de postos com sinal de Wilcoxon:

1. Para cada par combinado de observações, $X_i$ e $Y_i$, determine a diferença com sinal $d_i = X_i - Y_i$ entre as duas variáveis.
2. Atribua postos a estes $d_i$'s sem considerar os sinais. Para $d_i$'s empatados, atribua a média dos postos empatados.
3. Afixe em cada posto o sinal (+ ou −) do $d$ que ele representa.
4. Determine $N$, o número de $d_i$'s não-nulos.
5. Determine $T^+$, a soma dos postos que têm um sinal positivo.
6. O procedimento para determinar a significância do valor observado de $T^+$ depende do tamanho de $N$:
    a) Se $N$ é 15 ou menos, a Tabela H do Apêndice dá probabilidades associadas com vários valores de $T^+$. Se a probabilidade associada com o valor observado de $T^+$ é menor ou igual ao nível de significância escolhido, rejeite $H_0$.
    b) Se $N$ é maior do que 15, calcule o valor de $z$ usando a Equação (5.5) e, se existem postos empatados, corrija a variância usando a Equação (5.6). Determine sua probabilidade associada quando $H_0$ é verdadeira consultando a Tabela A do Apêndice.
    Para um teste bilateral, duplique o valor da probabilidade dada. Se a probabilidade assim obtida é menor ou igual a $\alpha$, rejeite $H_0$.

### 5.3.5 Poder-eficiência

Quando as suposições do teste paramétrico $t$ são, de fato, encontradas, a eficiência assintótica próxima de $H_0$ do teste de postos com sinal de Wilcoxon comparado com o teste $t$ é $3/\pi = 95{,}5\%$ (Mood, 1954). Isso significa que $3/\pi$ é a razão limite dos tamanhos das amostras necessárias para que o teste de postos com sinal de Wilcoxon e o teste $t$ atinjam o mesmo poder. Para pequenas amostras, a eficiência é quase 95%.

### 5.3.6 Referências

O leitor pode encontrar outras discussões sobre o teste de postos com sinal de Wilcoxon em Wilcoxon (1945; 1947; 1949), Lehmann (1975) e Randles e Wolfe (1979).

## 5.4 O TESTE DE PERMUTAÇÃO PARA REPLICAÇÕES EMPARELHADAS

### 5.4.1 Função

Testes de permutação são testes não-paramétricos que têm valor prático não somente na análise de dados como também têm valor heurístico no sentido de que, em geral, eles ajudam a expor a natureza subjacente dos testes não-paramétricos. Com um teste de permutação, podemos obter a probabilidade exata quando $H_0$ é verdadeira da ocorrência dos dados observados, e podemos fazer isso sem fazer nenhuma suposição sobre normalidade, homogeneidade de variância ou a forma precisa da distribuição subjacente. Testes de permutação, sob certas condições, são os mais poderosos entre as técnicas não-paramétricas e são apropriados sempre que a mensuração é tão precisa que os valores dos escores têm significado numérico.

### 5.4.2 Fundamentos lógicos e método

O teste de permutação assume que quando fazemos observações emparelhadas para cada sujeito, ou observações para cada replicação emparelhada, os dois escores observados são atribuídos aleatoriamente às duas condições. Isto é, assumimos que o sujeito (ou par) nos forneceria estes dois escores *independentemente da condição*. Isto é o que esperaríamos se a hipótese nula de não-diferença entre as condições fosse verdadeira. Então, se tivéssemos medido os sujeitos em cada uma das duas ocasiões, teríamos assumido que os escores, digamos $X$ e $Y$, poderiam ter sido observados na ordem $X$ depois $Y$, ou na ordem $Y$ depois $X$. Se calculássemos os escores-diferença entre as condições, essas diferenças, sob a suposição de atribuição aleatória, teriam a mesma chance de serem positivas ou negativas. Seja $d_i = X_i - Y_i$ a diferença para o *i-ésimo* sujeito; esta é uma medida da diferença entre condições. Assim, se $H_0$ fosse verdadeira, presumimos que o sinal deste $d_i$ é "mais" em vez de "menos" simplesmente porque aconteceu de observarmos os escores em uma ordem particular. É como se soubéssemos que o sujeito nos daria os escores $X$ e $Y$ e lançaríamos uma moeda para decidir qual escore seria o primeiro. Se aplicamos esta idéia a todos os sujeitos, e se $H_0$ é verdadeira, então toda diferença que observamos poderia ter tido o sinal oposto com a mesma probabilidade.

Suponha que nossa amostra consiste de $N = 8$ pares e que os escores-diferença que observamos são

$$+19 \quad +27 \quad -1 \quad +6 \quad +7 \quad +13 \quad -4 \quad +3$$

Quando $H_0$ é verdadeira, se nossos lançamentos da moeda tivessem sido diferentes, eles teriam sido, com a mesma probabilidade, iguais a

$$-19 \quad -27 \quad +1 \quad -6 \quad -7 \quad -13 \quad +4 \quad -3$$

ou, se a moeda tivesse caído ainda de outra maneira, as observações poderiam ter sido

$$+19 \quad -27 \quad +1 \quad -6 \quad -7 \quad -13 \quad -4 \quad +3$$

Na verdade, se a hipótese nula é verdadeira, existem $2^N = 2^8 = 256$ resultados igualmente prováveis, e aquele que observamos depende inteiramente de como a moeda caiu em cada um dos oito lançamentos quando atribuímos as observações às duas condições. Isso significa que, associadas com a amostra de escores que observamos, existem muitas outras possíveis amostras, sendo o total $2^8 = 256$. Quando $H_0$ é verdadeira, qualquer um desses 256 resultados possíveis tem a mesma chance de ocorrer que aquele que de fato ocorreu.

Para cada um dos resultados possíveis existe uma soma das diferenças – $\Sigma d_i$. Agora, muitos dos possíveis $\Sigma d_i$ estão próximos de zero, o que deveríamos esperar se $H_0$ fosse verdadeira. Poucos $\Sigma d_i$ estão longe de zero. Estes correspondem àquelas combinações que esperaríamos se a mediana da população sob um dos tratamentos excedesse a do outro, isto é, se $H_0$ fosse falsa.

Se desejamos testar $H_0$ contra algum $H_1$, estabelecemos uma região de rejeição consistindo das combinações onde $\Sigma d_i$ é grande. Suponha $\alpha = 0,05$. Então a região de rejeição consistiria daqueles 5% de possíveis combinações que contém os valores mais extremos de $\Sigma d_i$.

No exemplo sob discussão, 256 possíveis resultados são igualmente prováveis quando $H_0$ é verdadeira. A região de rejeição consiste então dos 12 mais extremos resultados possíveis, pois $(0,05)(256) = 12,8$. Quando a hipótese nula é verdadeira, a probabilidade de se observar um destes 12 resultados extremos é $12/256 = 0,047$. Se de fato observamos um daqueles resultados extremos incluídos na região de rejeição, podemos rejeitar $H_0$ em favor de $H_1$. Basicamente, se um daqueles resultados extremos de fato ocorre, rejeitamos $H_0$, argumentando que a probabilidade do resultado observado (ou um mais extremo) é tão pequena que a hipótese precisa ter sido incorreta.

Quando um teste bilateral é apropriado, como no caso do exemplo seguinte, a região de rejeição consiste dos resultados possíveis mais extremos em ambos os finais, positivo e negativo, da distribuição dos $\Sigma d_i$'s. Isto é, no exemplo, os 12 resultados na região de rejeição incluiriam os 6 que dão o maior $\Sigma d_i$ *positivo* e os 6 que dão o maior $\Sigma d_i$ *negativo* (ou a menor soma).

**Exemplo 5.4** Suponha que um psicólogo de crianças desejasse testar se o atendimento de crianças em creches teria qualquer efeito sobre a percepção social das crianças. Ele obtém escores para a perceptividade social calculando as taxas de respostas das crianças a um grupo de gravuras que descrevem uma variedade de situações sociais, fazendo perguntas sobre um grupo-padrão de questões sobre cada gravura. Dessa maneira, ele obtém um escore entre 0 e 100 para cada criança.

Por meio de procedimentos cuidadosamente padronizados, o pesquisador está razoavelmente confiante de que o índice de perceptividade social está em uma escala intervalar. Isto é, o pesquisador é capaz de interpretar as magnitudes numéricas das diferenças observadas.

Para testar o efeito de atendimento de crianças em creches sobre os escores de perceptividade social das crianças, o psicólogo obtém oito pares de gêmeos idênticos para servir como sujeitos. Aleatoriamente, um gêmeo de cada par é escolhido para freqüentar uma creche por um tempo. No final desse tempo, é feito um teste de perceptividade social em cada uma das 16 crianças.

1. *Hipótese nula.* $H_0$: os dois tratamentos são equivalentes. Isto é, não há diferença na perceptividade social sob as duas condições (atendimento em uma creche ou ficando em casa). Em perceptividade social, todas as 16 observações (8 pares) são de uma população comum. $H_1$: os dois tratamentos não são equivalentes.
2. *Teste estatístico.* O teste de permutação para replicações emparelhadas é escolhido porque ele é adequado a este modelo (duas amostras combinadas ou replicações emparelhadas) e porque, para estes dados, podemos considerar que a exigência de uma escala intervalar de mensuração é satisfeita.
3. *Nível de significância.* Seja $\alpha = 0,05$ e $N$ é o número de pares = 8.
4. *Distribuição amostral.* A distribuição amostral consiste da permutação dos sinais das diferenças para incluir todas as $(2^N)$ ocorrências de $\Sigma d_i$. Neste caso, $2^N = 2^8 = 256$.

5. *Região de rejeição.* Como $H_1$ não prediz a direção das diferenças, um teste bilateral é usado. A região de rejeição consiste daqueles 12 resultados que fornecem os $\Sigma d_i$'s mais extremos, os 6 maiores e os 6 menores.
6. *Decisão.* Os dados deste estudo são mostrados na Tabela 5.8. Os $d$'s observados, em ordem de magnitude absoluta, foram

$$+27 \quad +19 \quad +13 \quad +7 \quad +6 \quad -4 \quad +3 \quad -1$$

Para esses $d$'s a soma é $+70$. Para facilitar o cálculo da distribuição de permutação, os $d$'s estão listados na Tabela 5.9 em ordem decrescente de magnitude. A primeira linha da tabela mostra cada $d$ com um valor positivo, resultando no maior $\Sigma d_i$. Iniciando pelo lado direito da lista (com o menor valor), começamos a alternar os sinais. Então os sinais na última *coluna* para sucessivas linhas seriam $+ - + - + - \ldots$

**TABELA 5.8**
Escores de perceptividade social de crianças de "creche" e de "casa"

| Par | Perceptividade social de gêmeos em | | d |
|---|---|---|---|
| | Creche | Casa | |
| a | 82 | 63 | 19 |
| b | 69 | 42 | 27 |
| c | 73 | 74 | −1 |
| d | 43 | 37 | 6 |
| e | 58 | 51 | 7 |
| f | 56 | 43 | 13 |
| g | 76 | 80 | −4 |
| h | 85 | 82 | 3 |

**TABELA 5.9**
Os seis resultados positivos possíveis mais extremos para os $d$'s mostrados na Tabela 5.8

| | Resultado | | | | | | | | $\Sigma d_i$ |
|---|---|---|---|---|---|---|---|---|---|
| (1) | +27 | +19 | +13 | +7 | +6 | +4 | +3 | +1 | 80 |
| (2) | +27 | +19 | +13 | +7 | +6 | +4 | +3 | −1 | 78 |
| (3) | +27 | +19 | +13 | +7 | +6 | +4 | −3 | +1 | 74 |
| (4) | +27 | +19 | +13 | +7 | +6 | +4 | −3 | −1 | 72 |
| (5) | +27 | +19 | +13 | +7 | +6 | −4 | +3 | +1 | 72 |
| (6)* | +27 | +19 | +13 | +7 | +6 | −4 | +3 | −1 | 70 |

*Resultado observado

Para a *coluna* seguinte, o padrão dos sinais seria + + − − + + − − + + ... A seguinte *coluna* alternaria + + + + − − − − + ... O padrão continuaria. Se então somamos as diferenças para cada padrão, verificamos que elas estão em ordem decrescente de magnitude de $\Sigma d_i$. Neste exemplo, as seis primeiras somas estão na região de rejeição no nível 0,05 (bilateral). Como os $\Sigma d_i$ observados estão na região de rejeição, podemos rejeitar a hipótese $H_0$ de que não existe diferença entre os grupos. (Note que o resultado 6 é de fato o resultado observado.) A probabilidade de sua ocorrência ou da ocorrência de um $\Sigma d_i$ tão ou mais extremo quando $H_0$ é verdadeira é 0,047. Como a probabilidade é menor do que 0,05, podemos rejeitar $H_0$.

Para aplicar o teste de permutação, uma apresentação ordenada dos dados como na Tabela 5.9 facilita os cálculos. Com essa espécie de apresentação, é fácil obter a soma crítica sem enumerar todas elas. Conhecendo o número de permutações ($2^N$) e o nível de significância escolhido, o pesquisador é capaz de saber qual soma (mas não seu valor) está no nível crítico. Logo que a entrada do resultado é especificada, a soma associada pode então ser calculada como o valor crítico.[6]

**GRANDES AMOSTRAS.** Se o número de pares excede um valor em torno de 12, o teste de permutação é cansativo se calculado manualmente. Por exemplo, se $N = 13$, o número de possíveis resultados é $2^{13} = 8192$. A região de rejeição para $\alpha = 0,05$ consistiria de $(0,05)(8192) = 410$ resultados extremos possíveis. Mesmo que somente as somas extremas precisem ser calculadas, o procedimento pode ser cansativo. O programa computacional no Apêndice II pode facilitar o uso do teste de permutação.

Devido às dificuldades computacionais do teste de permutação quando $N$ é grande, é sugerido que o teste de postos com sinal de Wilcoxon seja usado em tais casos. No teste de postos com sinal de Wilcoxon, os postos são substituídos por números. Ele proporciona uma alternativa muito eficiente para o teste de permutação — de fato, ele é *exatamente* o teste de permutação baseado nos postos.[7]

### 5.4.3 Resumo do procedimento

Quando $N$ é pequeno e quando a mensuração é feita, pelo menos, sobre uma escala intervalar, o teste de permutação para replicações emparelhadas ou pares combinados pode ser usado. Estes são os passos:

---

[6] Devido a valores de $\Sigma d_i$ poderem estar duplicados para diferentes resultados próximos da fronteira da região de rejeição, o valor de $\Sigma d_i$ deve ser calculado para sucessivas entradas *fora* da região crítica para assegurar que não há duplicações que atravessem a fronteira. Se existirem, a região de rejeição deve ser ajustada convenientemente.

[7] No teste de permutação sobre postos, são consideradas todas as $2^N$ permutações dos sinais dos postos, e os valores possíveis mais extremos constituem a região de rejeição. Para os dados mostrados na Tabela 5.6, existem $2^{12} = 4096$ combinações possíveis e igualmente prováveis de postos com sinal quando $H_0$ é verdadeira. O leitor interessado deve ser capaz de determinar que a amostra de postos com sinal está entre os $(0,05)(4096) = 204$ resultados possíveis mais extremos e então nos leva a rejeitar $H_0$ no nível $\alpha = 0,05$, a qual foi nossa decisão baseada na tabela H do Apêndice. De fato, por este método de permutação usando a Tabela H do Apêndice, a tabela da distribuição amostral de $T^+$ pode ser reconstruída.

1. Observe os valores dos vários $d_i$'s e seus sinais.
2. Disponha os $d_i$'s observados em ordem decrescente de magnitude.
3. Determine o número de resultados possíveis quando $H_0$ é verdadeira, $2^N$.
4. Determine o número de resultados possíveis na região de rejeição, $(\alpha)(2^N)$.
5. Identifique aqueles resultados possíveis que estão na região de rejeição escolhendo entre os possíveis resultados aqueles com os maiores $\Sigma d_i$, usando o método descrito no exemplo ou um programa computacional. Para um teste unilateral, os resultados na região de rejeição estão em uma das caudas da distribuição. Para um teste bilateral, metade dos resultados na região de rejeição são aqueles com os maiores $\Sigma d_i$'s positivos e metade são aqueles com os menores $\Sigma d_i$'s.
6. Determine se o resultado observado é um daqueles na região de rejeição. Se for, rejeite $H_0$ em favor de $H_1$.

Quando $N$ é grande, o teste de postos com sinal de Wilcoxon é recomendado para ser usado no lugar do teste de permutação.

### 5.4.4 Poder-eficiência

O teste de permutação para pares combinados ou replicações emparelhadas, pelo fato de utilizar toda a informação contida na amostra, tem poder-eficiência de 100%. Ele está entre os testes estatísticos mais poderosos.

### 5.4.5 Referências

Discussões sobre o método de permutação estão contidas em Fisher (1973), Moses (1952), Pitman (1937a, 1937b, 1937c) e Scheffé (1943). Moses discute um método alternativo para determinar a significância de $\Sigma d_i$ quando $N$ é grande.

## 5.5 DISCUSSÃO

Neste capítulo, apresentamos quatro testes estatísticos não-paramétricos para o caso de uma amostra com duas medidas — ou pares combinados ou replicações emparelhadas. A comparação e o contraste desses testes descritos a seguir podem ajudar o leitor na escolha de um entre eles, o qual será o mais apropriado para os dados de um experimento particular.

Todos os testes, com exceção do teste de McNemar para a significância de mudanças, assumem que a variável sob consideração tem uma distribuição contínua subjacente às observações. Note que não há exigência de que a mensuração por si mesma seja contínua; a exigência refere-se à variável sobre a qual a mensuração fornece alguma representação grosseira ou aproximada.

O teste de McNemar para significância de mudanças pode ser usado quando uma ou ambas as condições sob estudo forem medidas somente no sentido de uma escala nominal. Para o caso de um par combinado, o teste de McNemar é o único adequado para tais dados. Isto é, este teste deve ser usado quando os dados estão em freqüências que podem ser classificadas em categorias separadas que não tenham relação do tipo "maior do que" umas com as outras. Nenhuma suposição de variável contínua precisa ser feita, pois este teste é equivalente a um teste usando a distribuição binomial com $p = q = \frac{1}{2}$, e $N$ é o número de mudanças.

Se mensurações ordinais dentro dos pares forem possíveis (por exemplo, se o escore de um membro do par pode ser posicionado como "maior do que" o escore do outro membro do mesmo par), então o teste do sinal é aplicável. Isto é, o teste do sinal é útil para dados de uma variável que tenha continuidade subjacente mas que só possam ser medidos de forma imprecisa. Quando o teste do sinal é aplicado a dados que satisfazem as condições do teste paramétrico alternativo (o teste $t$), ele tem poder-eficiência em torno de 95% para $N = 6$, mas seu poder-eficiência diminui quando $N$ cresce para, aproximadamente, 63% para amostras muito grandes.

Quando a mensuração está em escala ordinal *dentro* e *entre* as observações emparelhadas, o teste de postos com sinal de Wilcoxon deve ser usado; isto é, ele é aplicável quando o pesquisador puder atribuir postos, de maneira significativa, às diferenças observadas para os vários pares combinados. Não é incomum que cientistas do comportamento sejam capazes de atribuir postos aos escores-diferença na ordem dos tamanhos absolutos sem que sejam capazes de dar escores numéricos verdadeiros para as observações dentro de cada par. Quando o teste de postos com sinal de Wilcoxon é usado para dados que, de fato, satisfazem as condições do teste $t$, seu poder-eficiência é em torno de 95% para amostras grandes e não muito menos para amostras pequenas.

O teste de permutação deve ser usado sempre que $N$ é suficientemente pequeno para torná-lo executável computacionalmente e quando a mensuração da variável está, pelo menos, sobre uma escala intervalar. O teste de permutação usa toda a informação contida na amostra e, então, é 100% eficiente em dados que podem ser apropriadamente analisados pelo teste $t$. Um programa computacional torna o teste de permutação executável para tamanhos moderados de amostras.

Em síntese, concluímos que o teste de McNemar para significância de mudanças deve ser usado tanto com amostras grandes como com pequenas quando a mensuração de pelo menos uma das variáveis é meramente nominal. Pela crueza das mensurações ordinais, o teste do sinal deve ser usado; para mensurações mais refinadas, o teste de postos com sinal de Wilcoxon pode ser usado em todos os casos. Se for usada mensuração intervalar, o teste de permutação deve ser usado para $N$ pequeno ou moderado.

# 6

## DUAS AMOSTRAS INDEPENDENTES

Ao estudar as diferenças entre dois grupos, primeiro precisamos determinar se eles são grupos relacionados ou independentes. O Capítulo 5 contém testes para uso em planejamentos com dois grupos relacionados ou replicações emparelhadas. Este capítulo apresenta testes estatísticos para uso em planejamentos com dois grupos independentes. Tal como aqueles apresentados no Capítulo 5, os testes aqui apresentados determinam se diferenças nas amostras constituem evidência convincente de uma diferença nos processos aplicados a elas.

Apesar do uso de duas amostras relacionadas ou replicações emparelhadas em um planejamento de pesquisa ter méritos indiscutíveis, fazer isto é freqüentemente impraticável. Muitas vezes a natureza da variável dependente pede o uso dos sujeitos como seus próprios controles, como é o caso quando a variável dependente é o tempo gasto resolvendo um problema desconhecido. Um problema pode ser desconhecido somente uma vez. Também pode ser impossível planejar um estudo que utilize pares combinados, talvez devido à inabilidade do pesquisador em descobrir variáveis combinadas úteis, ou devido à inabilidade para obter medidas adequadas (para usar na seleção dos pares combinados) de alguma variável reconhecidamente relevante ou, finalmente, porque boas "combinações" são simplesmente inexistentes.

Quando o uso de duas amostras relacionadas é impraticável ou inapropriada, duas amostras independentes podem ser usadas. Neste modelo, as duas amostras podem ser obtidas por dois métodos: (1) cada uma pode ser extraída aleatoriamente de duas populações ou (2) elas podem surgir da aplicação aleatória de dois tratamentos aos membros de alguma amostra cuja origem é arbitrária. Em ambos os casos, não é necessário que as duas amostras sejam do mesmo tamanho.

Um exemplo de amostragem aleatória de duas populações seria a extração de cada 10º democrata e de cada 10º republicano escolhidos de uma lista alfabética de eleitores registrados.[1] Isso resultaria em uma amostra aleatória de democratas e republicanos registrados na área eleitoral coberta pela lista, e o número de democratas

---

[1] Tecnicamente, para a amostra ser considerada verdadeiramente *aleatória*, devemos tomar cada grupo sucessivo de 10 democratas (ou republicanos) e selecionar aleatoriamente uma pessoa de cada grupo.

seria igual ao número de republicanos somente se os registros dos dois partidos fossem substancialmente iguais naquela área. Outro exemplo seria selecionar cada 8º calouro e cada 12º veterano de uma lista de estudantes em uma universidade.

Um exemplo de método de atribuição aleatória pode ocorrer em um estudo sobre a eficiência de dois professores em ensinar a mesma disciplina. Um cartão de registro pode ser confeccionado para cada estudante inscrito no curso, a metade desses cartões seria escolhida aleatoriamente e designada para um professor e a outra metade para outro professor.

A técnica paramétrica usual para analisar dados de duas amostras independentes é aplicar um teste $t$ para as médias dos dois grupos. O teste $t$ assume que os escores (os quais são somados no cálculo das médias) nas amostras são observações independentes de populações com distribuição normal com (usualmente) variâncias iguais. O teste $t$ assume que as observações são medidas em pelo menos uma escala intervalar.

Para uma certa parte da pesquisa, o teste $t$ pode não ser aplicável por uma variedade de razões. O pesquisador pode se defrontar com fatos tais como: (1) as suposições do teste $t$ são irreais para os dados; (2) ele prefere evitar fazer suposições e assim dar maior generalidade às conclusões; ou (3) os "escores" podem não ser verdadeiramente *numéricos* e, portanto, não satisfazer às exigências de mensuração do teste $t$. Em exemplos como estes, o pesquisador pode analisar os dados com um dos testes estatísticos não-paramétricos para duas amostras independentes que são apresentados neste capítulo. A comparação e o contraste destes testes na discussão apresentada na conclusão deste capítulo podem ajudar o pesquisador na escolha, entre os testes apresentados neste capítulo, daquele que melhor se ajusta aos dados em mãos.

## 6.1 O TESTE EXATO DE FISHER PARA TABELAS 2 X 2

### 6.1.1 Função

O teste *de probabilidade exata de Fisher* para tabelas 2 x 2 é uma técnica extremamente útil para analisar dados discretos (nominal ou ordinal) quando as duas amostras independentes são pequenas. Ele é usado quando todos os escores de duas amostras aleatórias independentes caem em uma ou em outra classe entre duas classes mutuamente exclusivas. Em outras palavras, todo sujeito em cada grupo obtém um entre dois escores possíveis. Os escores são representados por freqüências em uma tabela de contingência 2 x 2, como a Tabela 6.1. Os Grupos I e II podem ser dois grupos independentes quaisquer, tais como experimentais e controles, homens e mulheres, em-

**TABELA 6.1**
Tabela de contingência 2x2

| Variável | Grupo I | Grupo II | Combinada |
|---|---|---|---|
| + | A | B | A + B |
| − | C | D | C + D |
| Total | A + C | B + D | N |

pregados e desempregados, democratas e republicanos, pais e mães, etc. Os nomes das linhas, aqui arbitrariamente indicados como mais (+) e menos (−) podem ser duas classificações quaisquer: acima e abaixo da mediana, aprovado e reprovado, especializado em ciências e especializado em artes, concorda e discorda, etc. O teste determina se os dois grupos diferem na proporção com a qual eles caem nas duas classificações. Para os dados na Tabela 6.1 (onde $A$, $B$, $C$ e $D$ denotam freqüências) ele determinaria se o grupo I e o grupo II diferem significativamente na proporção de "mais" e "menos" atribuídos a eles.

### 6.1.2 Método

A probabilidade exata de observar um conjunto particular de freqüências em uma tabela 2 x 2, quando os totais marginais são considerados como fixos, é dada pela distribuição hipergeométrica:

$$p = \frac{\binom{A+C}{A}\binom{B+D}{B}}{\binom{N}{A+B}}$$

$$= \frac{[(A+C)!/A!\,C!][(B+D)!/B!\,D!]}{N!/[(A+B)!(C+D)!]}$$

e então,

$$p = \frac{(A+B)!(C+D)!(A+C)!(B+D)!}{N!\,A!\,B!\,C!\,D!} \tag{6.1}$$

A Tabela W do Apêndice pode ser útil para calcular os fatoriais.

Para ilustrar o uso da Equação (6.1), suponha que tenhamos observado os dados mostrados na Tabela 6.2. Naquela tabela, $A = 5$, $B = 4$, $C = 0$, e $D = 10$. Os totais marginais são $A + B = 9$, $C + D = 10$, $A + C = 5$, e $B + D = 14$. $N$, o número total de observações independentes, é 19. A probabilidade exata de que estes 19 casos distri-

| TABELA 6.2 | | | |
|---|---|---|---|
| | Grupo | | |
| Variável | I | II | Combinada |
| + | 5 | 4 | 9 |
| − | 0 | 10 | 10 |
| Total | 5 | 14 | 19 |

buam-se nas quatro células supondo que as escolhas são aleatórias, pode ser determinada substituindo os valores observados na Equação (6.1):

$$p = \frac{9!\ 10!\ 5!\ 14!}{19!\ 5!\ 4!\ 0!\ 10!}$$

$$= 0{,}0108$$

Determinamos que a probabilidade de um tal resultado quando $H_0$ é verdadeira (a escolha é aleatória) é $p = 0{,}0108$.

O exemplo acima foi comparativamente simples de se calcular porque uma das células (a inferior esquerda) tinha uma freqüência 0. Mas se nenhuma das freqüências nas células é 0, precisamos lembrar que poderiam ocorrer desvios mais extremos da distribuição assumida sob $H_0$ com os mesmos totais marginais e precisamos levar em consideração estes possíveis desvios mais extremos, pois um teste estatístico de hipótese nula faz a pergunta: "Qual é a probabilidade quando $H_0$ é verdadeira da ocorrência do resultado observado *ou um mais extremo?*"

Por exemplo, suponha que os dados de um particular estudo foram aqueles dados na Tabela 6.3a. Com os totais marginais inalterados, uma ocorrência mais extrema seria aquela na Tabela 6.3b. Assim, se desejamos aplicar um teste estatístico de hipótese nula para os dados mostrados na Tabela 6.3a, precisamos somar a probabilidade de sua ocorrência com a probabilidade do resultado possível mais extremo mostrado na Tabela 6.3b. Calculamos cada $p$ usando a Equação (6.1). Assim temos

$$p = \frac{5!\ 7!\ 5!\ 7!}{12!\ 4!\ 1!\ 1!\ 6!}$$

$$= 0{,}04419$$

e

$$p = \frac{5!\ 7!\ 5!\ 7!}{12!\ 5!\ 0!\ 0!\ 7!}$$

$$= 0{,}00126$$

para as Tabelas 6.3a e 6.3b, respectivamente. Então a probabilidade de ocorrência da Tabela 6.3a ou de uma ainda mais extrema (Tabela 6.3b) é

$$p = 0{,}04419 + 0{,}00126$$

$$= 0{,}04545$$

Isto é, $p = 0{,}04545$ é a probabilidade que usaríamos para decidir se os dados na Tabela 6.3a nos permite rejeitar $H_0$.

O leitor pode imediatamente ver que, se o menor valor das células na tabela de contingência é ainda moderadamente grande, o teste exato de Fisher torna-se computacionalmente muito cansativo. Por exemplo, quando a hipótese alternativa $H_1$ é unilateral, se o menor valor das células é 2, então três probabilidades exatas precisam ser determinadas usando a Equação (6.1) e adicionadas; se a menor célula é 3, então quatro probabilidades exatas precisam ser encontradas e adicionadas, etc.

**TABELA 6.3**

| Grupo | | | | Grupo | | |
|---|---|---|---|---|---|---|
| I | II | | | I | II | |
| 4 | 1 | 5 | | 5 | 0 | 5 |
| 1 | 6 | 7 | | 0 | 7 | 7 |
| 5 | 7 | 12 | | 5 | 7 | 12 |
| (a) | | | | (b) | | |

Para facilitar os cálculos das probabilidades associadas com tabelas de contingência 2 x 2, pode ser usada a Tabela I do Apêndice. A Tabela I é aplicável a tabelas de contingência 2 x 2 para as quais $N \leq 15$. Devido ao seu tamanho e à sua organização, devemos discutir o uso da Tabela I em detalhes.

Estes são os passos para o uso da Tabela I:

1. Determine os totais das linhas e das colunas. Denote o menor total das linhas ou colunas por $S_1$. Denote o segundo menor total das linhas ou colunas por $S_2$. A Tabela 6.4 pode ajudar na visualização do procedimento. O leitor deve observar que, se $S_1$ é um total de linha, $S_2$ será um total de coluna.
2. $X$ é a freqüência observada na célula de interseção da linha e da coluna que contém a menor e a segunda menor freqüência marginal.
3. Localize a linha ($N$, $S_1$, $S_2$, $X$) na Tabela I. Existem três entradas. A primeira entrada "Obs." é a probabilidade unilateral de obter uma diferença igual ou mais extrema do que a observada. A segunda entrada é a probabilidade de obter uma diferença tão grande ou maior na direção *oposta*. Finalmente, a terceira entrada "Total" é a probabilidade bilateral de obter uma diferença tão grande ou maior do que aquela observada, em qualquer direção.
4. Oriente e identifique a tabela observada para assegurar que as entradas da tabela são consistentes com as hipóteses.

Apesar dos cálculos das probabilidades unilaterais e bilaterais associadas com o teste exato de Fisher serem grandemente facilitados pelo uso da Tabela I, é importante

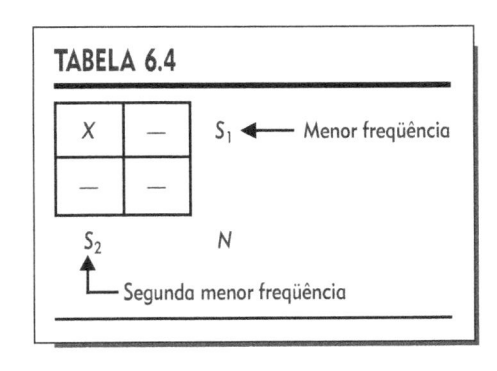

**TABELA 6.4**

| X | — | $S_1$ ← Menor freqüência |
|---|---|---|
| — | — | |
| $S_2$ | N | |

↑ Segunda menor freqüência

que o usuário entenda os fundamentos lógicos do teste para poder usar a tabela eficientemente. Usaremos a Tabela 6.5 para ilustrar sua aplicação.

Suponha que um pesquisador tenha obtido amostras de dois grupos e tenha a hipótese nula de que não há diferenças entre os dois grupos com relação às medidas de uma variável dicotômica, a qual é codificada, por conveniência, + e −. A hipótese alternativa é que o grupo 1 excede o grupo 2 na proporção de respostas +. Se $p_1$ é a probabilidade de que um sujeito escolhido aleatoriamente do grupo 1 responderá + e $p_2$ é a probabilidade de que um sujeito selecionado aleatoriamente do grupo 2 responderá +, então as hipóteses nula e alternativa podem ser escritas:

$$H_0: p_1 = p_2$$
$$H_1: p_1 > p_2$$

Suponha que $N = 15$ sujeitos foram amostrados, sete do grupo 1 e oito do grupo 2, e cinco sujeitos no grupo 1 responderam + enquanto um sujeito no grupo 2 respondeu +. Os dados podem ser representados como na disposição dos resultados II na Tabela 6.5. Então, na *amostra* $P_1 = \frac{5}{7} = 0{,}714$ e $P_2 = \frac{1}{8} = 0{,}125$. Para testar a hipótese $H_0$, é preciso determinar a probabilidade de observar uma tabela de contingência 2 x 2 tão ou mais extrema. Na Tabela 6.5 todos os possíveis resultados tendo os mesmos totais marginais são listados. Para cada um destes sete resultados possíveis, $P_1$ e $P_2$ são dados junto com a probabilidade de obter aquela disposição de resultados quando $H_0$ é verdadeira [usando a Equação (6.1)]. Note que a probabilidade de obter o resultado verdadeiramente observado é $P[\text{II}] = 0{,}0336$. Uma inspeção da Tabela 6.5 mostra somente uma outra disposição dos resultados com um resultado mais extremo (isto é, $P_1 - P_2 > 0{,}714 - 0{,}125 = 0{,}589$), isto é, o resultado I, o qual tem probabilidade 0,0014. Então, a probabilidade do resultado observado ou um mais extremo é:

$$p = P[\text{II}] + P[\text{I}]$$
$$= 0{,}0336 + 0{,}0014$$
$$= 0{,}035$$

Note que este valor é a entrada Obs. na Tabela 6.5 e na Tabela I do Apêndice para o resultado II.

Suponha que a hipótese alternativa tivesse sido bilateral, isto é,

$$H_1: p_1 \neq p_2$$

Então, as disposições dos resultados que exibem diferenças em possíveis $p$'s maiores do que o resultado observado II são os resultados I e VII. O resultado VII é mais extremo do que o resultado observado, mas na "outra" direção. A probabilidade daquele resultado é $P[\text{VII}] = 0{,}0056$. É este valor (arredondado) que está tabelado na entrada "Outra" na Tabela 6.5 e na Tabela I do Apêndice associado com o resultado II. Então a probabilidade de observar um resultado tão extremo quanto o resultado II em *qualquer* direção é

$$P[\text{II}] + P[\text{I}] + P[\text{VII}] = 0{,}0336 + 0{,}0014 + 0{,}0056$$
$$= 0{,}041$$

## TABELA 6.5
Exemplo do cálculo das probabilidades unilaterais e bilaterais para o teste exato de Fisher

|  |  | Tabela |  |  | $P_1$ | $P_2$ | $P_1 - P_2$ | P(tabela) | Obs. | Outra | Total |
|---|---|---|---|---|---|---|---|---|---|---|---|
| I: |  | 1 | 2 |  | 0,857 | 0 | 0,857 | 0,0014 | 0,001 | 0,000 | 0,001 |
|  | + | 6 | 0 | 6 |  |  |  |  |  |  |  |
|  | − | 1 | 8 | 9 |  |  |  |  |  |  |  |
|  |  | 7 | 8 | 15 |  |  |  |  |  |  |  |
| II: |  | 1 | 2 |  | 0,714 | 0,125 | 0,589 | 0,0336 | 0,035 | 0,006 | 0,041 |
|  | + | 5 | 1 | 6 |  |  |  |  |  |  |  |
|  | − | 2 | 7 | 9 |  |  |  |  |  |  |  |
|  |  | 7 | 8 | 15 |  |  |  |  |  |  |  |
| III: |  | 1 | 2 |  | 0,571 | 0,250 | 0,321 | 0,1958 | 0,231 | 0,084 | 0,315 |
|  | + | 4 | 2 | 6 |  |  |  |  |  |  |  |
|  | − | 3 | 6 | 9 |  |  |  |  |  |  |  |
|  |  | 7 | 8 | 15 |  |  |  |  |  |  |  |
| IV: |  | 1 | 2 |  | 0,429 | 0,375 | 0,054 | 0,3916 | 0,622 | 0,378 | 1.000 |
|  | + | 3 | 3 | 6 |  |  |  |  |  |  |  |
|  | − | 4 | 5 | 9 |  |  |  |  |  |  |  |
|  |  | 7 | 8 | 15 |  |  |  |  |  |  |  |
| V: |  | 1 | 2 |  | 0,286 | 0,500 | −0,214 | 0,2937 | 0,378 | 0,231 | 0,608 |
|  | + | 2 | 4 | 6 |  |  |  |  |  |  |  |
|  | − | 5 | 4 | 9 |  |  |  |  |  |  |  |
|  |  | 7 | 8 | 15 |  |  |  |  |  |  |  |
| VI: |  | 1 | 2 |  | 0,143 | 0,625 | −0,482 | 0,0783 | 0,084 | 0,035 | 0,119 |
|  | + | 1 | 5 | 6 |  |  |  |  |  |  |  |
|  | − | 6 | 3 | 9 |  |  |  |  |  |  |  |
|  |  | 7 | 8 | 15 |  |  |  |  |  |  |  |
| VII: |  | 1 | 2 |  | 0 | 0,750 | −0,750 | 0,0056 | 0,006 | 0,001 | 0,007 |
|  | + | 0 | 6 | 6 |  |  |  |  |  |  |  |
|  | − | 7 | 2 | 9 |  |  |  |  |  |  |  |
|  |  | 7 | 8 | 15 |  |  |  |  |  |  |  |

Este valor é a entrada "Total" na Tabela 6.5 e na Tabela I do Apêndice. Se utilizamos um teste bilateral sobre os dados observados no nível $\alpha = 0{,}05$, rejeitaríamos $H_0$, pois a probabilidade observada é 0,041.

Suponha que o resultado III tenha sido observado. Então as proporções observadas seriam $P_1 = \frac{4}{7} = 0{,}571$ e $P_2 = \frac{2}{8} = 0{,}250$. A diferença é $P_1 - P_2 = 0{,}321$. Os resultados mais extremos (na mesma direção) são I e II. Portanto, a probabilidade associada com o teste unilateral é

$$P[\text{III}] + P[\text{I}] + P[\text{II}] = 0{,}1958 + 0{,}0014 + 0{,}0336 = 0{,}231$$

Para o teste bilateral, os resultados VI e VII são mais extremos na direção oposta. Neste caso, a probabilidade de um resultado tão ou mais extremo em qualquer direção é

$$P[\text{III}] + P[\text{I}] + P[\text{II}] + P[\text{VI}] + P[\text{VII}]$$
$$= 0{,}1958 + 0{,}0014 + 0{,}0366 + 0{,}0783 + 0{,}0056$$
$$= 0{,}315$$

O leitor deve testar sua compreensão sobre o uso da tabela para calcular as entradas nas últimas três colunas da Tabela 6.5 (as quais correspondem àquelas na Tabela I do Apêndice).

**Exemplo 6.1** Em um estudo de situações nas quais pessoas ameaçam suicídio saltando de um edifício, ponte ou torre, foi observado que ocorrem vaias ou provocações por uma turba de espectadores em alguns casos e em outros não. Várias teorias propõem que um estado psicológico de baixa auto-estima e baixa autopercepção, conhecido como *deindividuation,* pode contribuir para o fenômeno de provocação. Alguns fatores conhecidos como causadores de reações em multidões são temperatura, barulho e fadiga. Em um esforço para testar várias hipóteses concernentes a provocações por multidões, Mann[2] examinou 21 relatos publicados de suicídios e investigou a relação entre provocações por multidões e o mês do ano, sendo o último um índice grosseiro de temperatura. A hipótese é de que haveria um aumento nas provocações por multidões quando fizesse calor.

1. *Hipótese nula.* $H_0$: provocação e não-provocação por multidões não variam como função da temperatura medida pela época do ano. $H_1$: há um aumento nas provocações por multidões durante os meses mais quentes.
2. *Teste estatístico.* Este estudo pede um teste para determinar a significância da diferença entre duas amostras independentes – multidões que provocam vítimas e multidões que não provocam. A variável dependente, época do ano, é dicotômica. Como $N$ é pequeno, o teste exato de Fisher é apropriado.
3. *Nível de significância.* Sejam $\alpha = 0{,}10$ e $N = 21$.

---

[2] Mann, L. (1981). The baiting crowd in episode of threatened suicide. *Journal of Personality and Social Psychology*, **41**, 703-709.

### TABELA 6.6
Incidência de provocações por multidões em episódios de ameaça de suicídio

| Mês | Multidão | | Combinado |
|---|---|---|---|
| | Provocação | Não-provocação | |
| Junho-Setembro | 8 | 4 | 12 |
| Outubro-Maio | 2 | 7 | 9 |
| Total | 10 | 11 | 21 |

4. *Distribuição amostral.* A probabilidade de ocorrência quando $H_0$ é verdadeira de um conjunto de valores observados na tabela 2 x 2 pode ser encontrada usando a Equação (6.1). Como $N > 15$, a Tabela I do Apêndice não pode ser usada.
5. *Região de rejeição.* Como $H_1$ prediz a direção da diferença entre os grupos, a região de rejeição é unilateral. $H_0$ será rejeitada se os valores observados das células diferem na direção predita e se eles são de tal magnitude que a probabilidade associada com sua ocorrência (ou ocorrência de tabelas mais extremas) quando $H_0$ é verdadeira é menor ou igual a $\alpha = 0,10$.
6. *Decisão.* A informação dos relatos dos jornais está sintetizada na Tabela 6.6. Neste estudo houve 10 multidões que provocaram as vítimas e 11 multidões que não provocaram as vítimas. Um exame da tabela mostra que existem duas tabelas adicionais que produziriam um resultado (unilateral) mais extremo. Então a probabilidade de observar um conjunto de freqüências nas células tão ou mais extremo do que aquele de fato observado é determinada pela Equação (6.1):

$$p = \frac{(A+B)!(C+D)!(A+C)!(B+D)!}{N!\,A!\,B!\,C!\,D!}$$

para cada tabela possível. Então

$$p = \frac{12!\,9!\,10!\,11!}{21!\,8!\,4!\,2!\,7!} + \frac{12!\,9!\,10!\,11!}{21!\,9!\,3!\,1!\,8!} + \frac{12!\,9!\,10!\,11!}{21!\,10!\,2!\,0!\,9!}$$

$$= 0,0505 + 0,0056 + 0,0002$$

$$= 0,0563$$

Como a probabilidade obtida 0,0563 é menor do que o nível de significância escolhido $\alpha = 0,10$, podemos rejeitar $H_0$ em favor de $H_1$. Concluímos que a provocação por multidões em tentativas de suicídio é afetada pela temperatura (medida pelo mês do ano).

### 6.1.3 Resumo do procedimento

Estes são os passos no uso do teste exato de Fisher:

1. Coloque as freqüências observadas em uma tabela 2 x 2.
2. Determine os totais marginais. Sejam $N$ o número total de observações, $S_1$ o menor total de linha ou de coluna, $S_2$ o segundo menor total de linha ou de coluna, e $X$ a freqüência da célula na interseção da linha e da coluna com totais $S_1$ e $S_2$.
3. Usando os valores $N, S_1, S_2, X$, determine, da Tabela I do Apêndice, a probabilidade unilateral de observar dados tão ou mais extremos que aquele observado (entrada "Obs."), ou para um teste bilateral, determine a probabilidade usando a entrada "Total".
4. Se $N > 15$, use a Equação (6.1) recursivamente para determinar a probabilidade ou use o teste qui-quadrado aproximado (Seção 6.2.3).

### 6.1.4 Poder

O teste exato de Fisher é um dos mais poderosos testes unilaterais para dados do tipo para os quais ele é apropriado – de variáveis dicotômicas e em escala nominal.

### 6.1.5 Referências

Outras discussões do teste exato de Fisher podem ser encontradas em Cochran (1952) e McNemar (1969).

## 6.2 O TESTE QUI-QUADRADO PARA DUAS AMOSTRAS INDEPENDENTES

### 6.2.1 Função

Quando os dados consistem de freqüências em categorias discretas, o *teste qui-quadrado* pode ser usado para determinar a significância de diferenças entre dois grupos independentes. A mensuração envolvida pode ser tão fraca quanto a escala nominal ou categórica.

A hipótese sendo testada é usualmente a de que dois grupos diferem com relação a alguma característica e, portanto, com relação à freqüência relativa com que componentes dos grupos caem nas diversas categorias; isto é, existe um grupo com interação variável. Para testar essa hipótese, contamos o número de casos de cada grupo que caem nas várias categorias e comparamos a proporção de casos de um grupo nas várias categorias com a proporção de casos do outro grupo. Se as proporções são iguais, então não existe interação; se as proporções diferem, existe uma interação. O foco do teste é sobre se as diferenças nas proporções excedem aquelas esperadas como desvios da proporcionalidade devido ao acaso ou aleatórios. Por exemplo, podemos testar se dois grupos políticos diferem em sua concordância ou discordância com alguma opinião, ou podemos testar se os sexos diferem na freqüência com que eles escolhem certas atividades de lazer.

## 6.2.2 Método

Primeiro, os dados são dispostos em uma tabela de *contingência* ou de freqüências na qual as colunas representam grupos e cada linha representa uma categoria da variável medida. A Tabela 6.7 representa uma tal tabela. Nesta tabela, existe uma coluna para cada grupo e a variável medida pode tomar três valores. A freqüência observada de ocorrência do $i$-ésimo valor ou categoria para o $j$-ésimo grupo é denotada por $n_{ij}$.

**TABELA 6.7**
Tabela de contingência 3 x 2

| Variável | Grupo 1 | Grupo 2 | Combinada |
|---|---|---|---|
| 1 | $n_{11}$ | $n_{12}$ | $R_1$ |
| 2 | $n_{21}$ | $n_{22}$ | $R_2$ |
| 3 | $n_{31}$ | $n_{32}$ | $R_3$ |
| Total | $C_1$ | $C_2$ | $N$ |

A hipótese nula de que os grupos são amostrados de uma mesma população pode ser testada por

$$X^2 = \sum_{i=1}^{r} \sum_{j=1}^{c} \frac{(n_{ij} - E_{ij})^2}{E_{ij}} \quad (6.2)$$

ou

$$X^2 = \sum_{i=1}^{r} \sum_{j=1}^{c} \frac{n_{ij}^2}{E_{ij}} - N \quad (6.2a)$$

onde $n_{ij}$ = número observado de casos categorizados na $i$-ésima linha e $j$-ésima coluna
$E_{ij}$ = número de casos esperados na $i$-ésima linha e $j$-ésima coluna quando $H_0$ é verdadeira

e o duplo somatório estende-se sobre todas as linhas e colunas da tabela (isto é, somatório sobre todas as células). Os valores de $X^2$ dados pela Equação (6.2) são distribuídos assintoticamente (quando $N$ cresce) como um qui-quadrado com $gl = (r-1)(c-1)$, onde $r$ é o número de linhas e $c$ é o número de colunas na tabela de contingência. Apesar da estatística $X^2$ ser fácil de calcular usando a Equação (6.2a), usualmente neste livro usaremos a Equação (6.2), pois ela reflete mais naturalmente os aspectos intuitivos da estatística.

Sob a suposição de independência, a freqüência esperada de observações em cada célula deveria ser proporcional à distribuição dos totais por linhas e colunas. Esta freqüência esperada é estimada como o produto dos totais correspondentes das linhas e colunas, dividido pelo número total de observações. A freqüência total na $i$-ésima linha é

$$R_i = \sum_{j=1}^{c} n_{ij}$$

Similarmente, a freqüência total na $j$-ésima coluna é

$$C_j = \sum_{i=1}^{r} n_{ij}$$

**TABELA 6.8**
Altura e liderança

|  | Baixo | Alto | Combinado |
|---|---|---|---|
| Seguidor | 22 | 14 | 36 |
| Não-classificável | 9 | 6 | 15 |
| Líder | 12 | 32 | 44 |
| Total | 43 | 52 | 95 |

Então, na Tabela 6.7, $R_1 = n_{11} + n_{12}$, e $C_1 = n_{11} + n_{21} + n_{31}$. Para encontrar a freqüência esperada em cada célula ($E_{ij}$), multiplique os dois totais marginais comuns a uma célula particular e depois divida este produto pelo número total de casos $N$. Assim,

$$E_{ij} = \frac{R_i C_j}{N}$$

Podemos ilustrar este método para encontrar valores esperados por meio de um exemplo simples com o uso de dados artificiais. Suponha que quiséssemos testar se pessoas altas e baixas diferem com relação a qualidades de liderança. A Tabela 6.8 mostra as freqüências com as quais 43 pessoas de estatura baixa e 52 de estatura alta são classificadas como "líder", "seguidor" e "não-classificável". Agora a hipótese nula é que altura é independente da posição líder-seguidor, isto é, que a proporção de pessoas altas que são líderes é a mesma que a proporção de pessoas baixas que são líderes, que a proporção de pessoas altas que são seguidores é a mesma que a proporção de pessoas baixas que são seguidores, etc. Com uma tal hipótese, podemos determinar a freqüência esperada para cada célula pelo método delineado anteriormente. Em cada caso multiplicamos os dois totais marginais comuns a uma célula particular e, então, dividimos este produto por $N$ para obter a freqüência esperada. Então, por exemplo, a freqüência esperada para a célula inferior do lado direito na Tabela 6.8 é $E_{32} = (44)(52)/95 = 24,1$. A Tabela 6.9 mostra as freqüências esperadas para cada uma das seis células para os dados mostrados na Tabela 6.8. Em cada célula a freqüência esperada é apresentada em itálico, junto com a freqüência observada.

**TABELA 6.9**
Altura e liderança: freqüências observadas e esperadas

|  | Baixo | Alto | Combinado |
|---|---|---|---|
| Seguidor | 22<br>16,3 | 14<br>19,7 | 36 |
| Não-classificável | 9<br>6,8 | 6<br>8,2 | 15 |
| Líder | 12<br>19,9 | 32<br>24,1 | 44 |
| Total | 43 | 52 | 95 |

Agora, se as freqüências observadas estão bastante próximas das freqüências esperadas, as diferenças ($n_{ij} - E_{ij}$) serão, é claro, pequenas e, conseqüentemente, o valor de $X^2$ será pequeno. Com um valor pequeno de $X^2$ podemos não rejeitar a hipótese nula de que as duas variáveis são independentes. Entretanto, se algumas ou muitas das diferenças são grandes, então o valor de $X^2$ também será grande. Quanto maior o valor de $X^2$ mais provável é que os dois grupos difiram quanto às classificações.

A distribuição amostral de $X^2$ como definida pela Equação (6.2) é aproximadamente distribuída como o qui-quadrado[3] com graus de liberdade

$$gl = (r-1)(c-1)$$

As probabilidades associadas a vários valores de qui-quadrado são apresentadas na Tabela C do Apêndice. Se um valor observado de $X^2$ é maior ou igual ao valor dado na Tabela C do Apêndice para um particular nível de significância, com um particular $gl$, então $H_0$ pode ser rejeitada neste nível de significância.

Observe que existe uma distribuição amostral diferente de $X^2$ para cada valor de $gl$. Isto é, a significância de qualquer valor particular de $X^2$ depende do número de $gl$ nos dados a partir dos quais ele foi calculado. O tamanho de $gl$ reflete o número de observações que estão livres para variar depois de certas restrições terem sido colocadas nos dados. (Graus de liberdade são discutidos no Capítulo 4.)

O $gl$ para uma tabela de contingência $r \times c$ pode ser encontrado por meio de

$$gl = (r-1)(c-1)$$

onde $r$ = número de classificações (linhas)
$c$ = número de grupos (colunas)

---

[3] Neste livro, distinguimos entre uma variável que assintoticamente tem uma distribuição qui-quadrado de uma com a própria distribuição qui-quadrado. Assim, a estatística $X^2$ tem uma distribuição amostral a qual é assintoticamente a distribuição qui-quadrado.

Para os dados na Tabela 6.9, $r = 3$ e $c = 2$, temos três classificações (seguidor, não-classificável e líder) e dois grupos (alto e baixo). Então $gl = (3 - 1)(2 - 1) = 2$.

O cálculo de $X^2$ para os dados na Tabela 6.9 é direto:

$$X^2 = \sum_{i=1}^{r} \sum_{j=1}^{c} \frac{(n_{ij} - E_{ij})^2}{E_{ij}} \quad (6.2)$$

$$= \frac{(22 - 16,3)^2}{16,3} + \frac{(14 - 19,7)^2}{19,7} + \frac{(9 - 6,8)^2}{6,8} + \frac{(6 - 8,2)^2}{8,2}$$

$$+ \frac{(12 - 19,9)^2}{19,9} + \frac{(32 - 24,1)^2}{24,1}$$

$$= 1,99 + 1,65 + 0,71 + 0,59 + 3,14 + 2,59$$

$$= 10,67$$

Usando a Equação (6.2a), calcularíamos o seguinte:

$$X^2 = \sum_{i=1}^{r} \sum_{j=1}^{c} \frac{n_{ij}^2}{E_{ij}} - N \quad (6.2a)$$

$$= \frac{22^2}{16,3} + \frac{14^2}{19,7} + \frac{9^2}{6,8} + \frac{6^2}{8,2} + \frac{12^2}{19,9} + \frac{32^2}{24,1} - 95$$

$$= 10,67$$

Para determinar a significância de $X^2 = 10,67$ quando $gl = 2$, retornamos à Tabela C do Apêndice. A tabela mostra que este valor de $X^2$ é significante além do nível 0,01. Portanto, podemos rejeitar a hipótese nula de não haver diferença entre os grupos com $\alpha = 0,01$.

**Exemplo 6.2a.** Em um estudo de ex-fumantes, Shiffman coletou dados durante crises de recaídas.[4] Crises de recaídas incluem períodos de retorno ao vício e situações nas quais uma interrupção na abstinência era iminente, porém foi evitada com sucesso. Esses episódios de crises foram coletados de fumantes que utilizaram linha telefônica emergencial para atendimento de crises de recaídas. Vários dados foram coletados incluindo a estratégia usada na tentativa de evitar uma recaída. As estratégias foram classificadas como comportamentais (por exemplo, abandonando a situação) ou cognitivas (por exemplo, revendo mentalmente as razões que levaram a pessoa a decidir parar de fumar). Alguns sujeitos relataram o uso de um tipo de estratégia, alguns relataram o uso de ambos e outros relataram o uso de nenhum deles. A hipótese foi de que os tipos de estratégias utilizadas iriam diferir entre aqueles que tivessem sucesso e aqueles que não tivessem sucesso em evitar uma recaída.

---

[4] Shiffman, S. (1982). Relapse following smoking cessation: A situational analysis. *Journal of Counseling and Clinical Psychology*, **50**, 71-86.

1. *Hipótese nula*. $H_0$: não existe diferença nas estratégias empregadas por aqueles que evitaram com sucesso uma interrupção na abstinência e naqueles que não tiveram sucesso. $H_1$: os dois grupos diferem nas estratégias empregadas durante as crises.
2. *Teste estatístico*. Como os comportamentos relatados (comportamental e/ou cognitivo, e ausente) são variáveis categóricas, como haviam dois grupos (aqueles que interromperam e aqueles que não interromperam) e como as categorias são mutuamente exclusivas e exaustivas, o teste qui-quadrado para grupos independentes é apropriado para testar $H_0$.
3. *Nível de significância*. Seja $\alpha = 0{,}01$ e $N$ é o número de sujeitos para os quais os dados foram relatados $= 159$.
4. *Distribuição amostral*. A distribuição amostral de $X^2$ é aproximada pelo qui-quadrado com 3 $gl$. Os $gl$ são determinados por $gl = (r - 1)(c - 1)$, onde $r$ é o número de categorias (4) e $c$ é o número de grupos (2). Então $(4-1)(2-1) = 3$.
5. *Região de rejeição*. Como $H_1$ simplesmente prediz a diferença entre os dois grupos, a região de rejeição consiste daqueles valores de $X^2$ que excedem o valor crítico da distribuição qui-quadrado para $gl = 3$. A Tabela C do Apêndice indica que o valor crítico de $X^2$ é 11,34 quando $\alpha = 0{,}01$.
6. *Decisão*. A Tabela 6.10 resume os dados obtidos sobre atendimentos a crises em linha telefônica emergencial. Ela mostra que 65 pessoas interromperam e 94 pessoas mantiveram a abstinência durante uma crise. Os valores esperados para cada célula foram obtidos usando a fórmula $E_{ij} = R_i C_j / N$. Assim, $E_{11} = (39)(65)/159 = 15{,}94$, $E_{21} = 14{,}72$, etc. Usando a Equação (6.2), o valor obtido para $X^2$ foi 23,78.

$$X^2 = \sum_{i=1}^{4} \sum_{j=1}^{2} \frac{(n_{ij} - E_{ij})^2}{E_{ij}} \qquad (6.2)$$

$$= \frac{(15 - 15{,}94)^2}{15{,}94} + \frac{(24 - 23{,}06)^2}{23{,}06} + \ldots + \frac{(6 - 16{,}55)^2}{16{,}55}$$

$$= 23{,}78$$

**TABELA 6.10**
Efeito de estratégias sobre crises de recaídas durante o processo de abandono do cigarro

| Estratégia | Grupo resultante | | |
|---|---|---|---|
| | Fumou | Não fumou | Combinado |
| Comportamental | 15 | 24 | 39 |
| Cognitiva | 15 | 21 | 36 |
| Comportamental e cognitiva | 13 | 43 | 56 |
| Nenhuma | 22 | 6 | 28 |
| Total | 65 | 94 | 159 |

Como o valor observado de $X^2$ excede o valor crítico, rejeitamos a hipótese de que o tipo de estratégia escolhido é independente da pessoa ter interrompido ou não a abstinência durante uma crise.

### 6.2.3 Tabelas de contingência 2 x 2

Talvez o uso mais comum do teste qui-quadrado seja testar se um conjunto observado de freqüências em uma tabela de contingência 2 x 2 poderia ter ocorrido quando $H_0$ é verdadeira. A forma de uma tal tabela nos é familiar; um exemplo é dado na Tabela 6.1. Quando aplicamos o teste $X^2$ para dados onde ambos, $r$ e $c$, são iguais a 2, a seguinte equação deve ser usada:

$$X^2 = \frac{N(|AD - BC| - N/2)^2}{(A + B)(C + D)(A + C)(B + D)} \qquad gl = 1 \qquad (6.3)$$

Esta equação é um pouco mais fácil de aplicar do que a Equação (6.2), já que somente uma divisão é necessária no cálculo. Ela tem a vantagem adicional de incorporar uma correção para continuidade, o que melhora bastante a aproximação da distribuição amostral do $X^2$ calculada pela distribuição qui-quadrado.

**Exemplo 6.2b** Outra variável registrada no estudo sobre parar de fumar relatado na Seção 6.2.2, foi se o consumo de álcool era ou não era um fator de influência durante a crise de recaída. Sujeitos foram questionados sobre se eles eram consumidores de álcool antes ou durante a crise. A hipótese era que o consumo de álcool está relacionado com a interrupção ou não da abstinência durante a crise.

1. *Hipótese nula.* $H_0$: o consumo de álcool não está relacionado com o resultado da crise. $H_1$: o consumo de álcool está relacionado ao sucesso ou ao fracasso na abstinência durante a crise.
2. *Teste estatístico.* Como ambas as variáveis (grupo e consumo de álcool) são categóricas e como as medidas são mutuamente exclusivas e completas, o teste qui-quadrado é apropriado. Além do mais, como ambas as variáveis são dicotômicas, o teste qui-quadrado para tabelas 2 x 2 será utilizado.
3. *Nível de significância.* Seja $\alpha = 0{,}01$ e $N$ é o número de sujeitos que responderam à pergunta $= 177$.
4. *Distribuição amostral.* A distribuição amostral de $X^2$ determinada por meio da Equação (6.3) é distribuída assintoticamente como o qui-quadrado com $gl = 1$.
5. *Região de rejeição.* A região de rejeição para este teste consiste de todos os valores de $X^2$ para os quais a probabilidade de observar um valor tão grande ou maior quando $H_0$ é verdadeira é menor do que $\alpha = 0{,}01$.
6. *Decisão.* A Tabela 6.11 resume os dados observados. Vinte das 68 pessoas que interromperam (29%) consumiram álcool durante a crise e 13 de 109 (12%) daquelas que não interromperam, consumiram álcool durante a crise. O valor de $X^2$ foi calculado usando a Equação (6.3):

$$X^2 = \frac{N(|AD - BC| - N/2)^2}{(A + B)(C + D)(A + C)(B + D)} \qquad gl = 1 \qquad (6.3)$$

$$= \frac{177(|(20)(96) - (13)(48)| - \frac{177}{2})^2}{(33)(144)(68)(109)}$$

$$= 7{,}33$$

Uma consulta à Tabela C do Apêndice mostra que $X^2 \geq 7{,}33$ com $gl = 1$ tem probabilidade de ocorrência quando $H_0$ é verdadeira para números menores do que 0,01. Como o valor observado de $X^2$ excede o valor crítico 6,64, rejeitamos a hipótese de que o consumo de álcool não tem efeito sobre a recaída ou a abstinência durante uma crise no decorrer do processo de parar de fumar.

**TABELA 6.11**
Efeito do consumo de álcool sobre crises de recaídas no processo de parar de fumar

| Consumo de álcool | Grupo de resultados | | |
|---|---|---|---|
| | Fumou | Não fumou | Combinado |
| Sim | 20 | 13 | 33 |
| Não | 48 | 96 | 144 |
| Total | 68 | 109 | 177 |

## 6.2.4 Dividindo os graus de liberdade em tabelas r x 2

Uma vez que um pesquisador determina que o valor de $X^2$ para uma particular tabela de contingência é significante, ele sabe que existe uma diferença entre os dois grupos com relação à variável medida. No entanto, ele não sabe *onde* estão as diferenças. Como as variáveis medidas tomam vários valores, é possível que a diferença encontrada possa ser refletida por alguns valores, porém não por outros. A questão de onde estão as diferenças na tabela de contingência pode ser respondida por meio de uma *partição* da tabela de contingência em subtabelas e da análise de cada uma delas. Pode-se considerar a construção de uma quantidade de subtabelas que pudessem ser analisadas por meio do teste exato de Fisher; entretanto, tais tabelas não seriam independentes e a interpretação delas seria difícil. Felizmente, é possível obter subtabelas 2 x 2 independentes e que são interpretáveis, construindo-as usando os métodos descritos a seguir. Qualquer tabela de contingência pode ser dividida em tantas subtabelas 2 x 2 quantos forem os graus de liberdade na tabela original. O método de construção das tabelas é relativamente direto e é mais bem compreendido por meio de exemplos. Para a tabela 3 x 2 na Tabela 6.7, existem duas partições; elas estão ilustradas na Tabela 6.12.

Cada uma destas tabelas tem 1 *gl*. Para testar a independência entre os dois grupos em tais tabelas, o teste $X^2$ precisa ser modificado para refletir o fato de que elas são *subtabelas* obtidas de uma tabela maior e, assim, refletem características da amostra inteira. As fórmulas para as partições na Tabela 6.12 são as seguintes:

$$X_1^2 = \frac{N^2(n_{22}n_{11} - n_{21}n_{12})^2}{C_1 C_2 R_2 R_1 (R_1 + R_2)} \tag{6.4a}$$

$$X_2^2 = \frac{N[n_{32}(n_{11} + n_{21}) - n_{31}(n_{12} + n_{22})]^2}{C_1 C_2 R_3 (R_1 + R_2)} \tag{6.4b}$$

**TABELA 6.12**
Partições aditivas de uma tabela de contingência 3 x 2

| $n_{11}$ | $n_{12}$ | $R_1$ |
| $n_{21}$ | $n_{22}$ | $R_2$ |
| $C_1$ | $C_2$ | $N$ |

(1)

| $n_{11}$ + $n_{21}$ | $n_{12}$ + $n_{22}$ | $R_1$ + $R_2$ |
| $n_{31}$ | $n_{32}$ | $R_3$ |
| $C_1$ | $C_2$ | $N$ |

(2)

Cada uma dessas estatísticas $X^2$ é distribuída assintoticamente como o qui-quadrado com 1 *gl*. O leitor pode observar que estas fórmulas são similares àquelas para tabelas de contingência 2 x 2. Uma diferença importante é que as distribuições marginais refletem as distribuições marginais para a amostra *inteira*, não somente para a particular subtabela 2 x 2. Também, a primeira subtabela parece estar "contraída" dentro da segunda tabela.

Para tabelas gerais $r$ x 2 discutidas nesta seção, podem ser formadas $r - 1$ partições. A equação geral para a *t*-ésima partição de uma tabela $r$ x 2 é a seguinte:

$$X_t^2 = \frac{N^2 \left( n_{t+1,2} \sum_{i=1}^{t} n_{i1} - n_{t+1,1} \sum_{i=1}^{t} n_{i2} \right)^2}{C_1 C_2 R_{t+1} \left( \sum_{i=1}^{t} R_i \right) \left( \sum_{i=1}^{t+1} R_i \right)} \qquad t = 1, 2, ..., r-1 \tag{6.5}$$

A fórmula para realizar as partições faz com que cada tabela seja contraída para formar a tabela seguinte. O procedimento acontece do topo para a base. Isto é feito meramente por conveniência para escrever a equação. O pesquisador precisa organizar a tabela de modo que faça sentido a contração e a combinação de categorias. Para o exemplo na Tabela 6.8, o foco está sobre líderes *versus* não-líderes. Portanto, pode-se primeiro comparar as pessoas baixas e altas que são seguidores ou não-classificáveis; então estas duas variáveis seriam contraídas para formar a segunda partição, a qual compararia líderes e não-líderes. Essas partições estão resumidas na Tabela 6.13.

**TABELA 6.13**
Partições aditivas para o exemplo de tabela de contingência 3 x 2 (Tabela 6.8)

|  | Estatura | | |
| --- | --- | --- | --- |
|  | Baixo | Alto | Combinado |
| Seguidores | 22 | 14 | 36 |
| Não-classificável | 9 | 6 | 15 |
| Total | 43 | 52 | 95 |

(1)

|  | Estatura | | |
| --- | --- | --- | --- |
|  | Baixo | Alto | Combinado |
| Seguidor ou não-classificável | 31 | 20 | 51 |
| Líder | 12 | 32 | 44 |
| Total | 43 | 52 | 95 |

(2)

Para a primeira partição na Tabela 6.13 calculamos $X^2$ usando a Equação (6.4a):

$$X_1^2 = \frac{N^2(n_{22}n_{11} - n_{21}n_{12})^2}{C_1 C_2 R_2 R_1 (R_1 + R_2)} \quad (6.4a)$$

$$= \frac{95^2[(6)(22) - (9)(14)]^2}{(43)(52)(15)(36)(51)}$$

$$= 0,005$$

O valor acima é distribuído como o qui-quadrado com $gl = 1$ e é claramente não significante. O pesquisador pode então, com segurança, concluir que não existe relação entre estatura e pessoas que são seguidores ou não-classificáveis em termos de liderança. Então, é razoável combinar estas duas categorias para formar a primeira linha da segunda tabela. Estas duas categorias são contraídas para formar a segunda partição na Tabela 6.13. O valor de $X^2$, dividida, é obtida usando a Equação (6.4b):

$$X_2^2 = \frac{N[n_{32}(n_{11} + n_{21}) - n_{31}(n_{12} + n_{22})]^2}{C_1 C_2 R_2 (R_1 + R_2)} \quad (6.4b)$$

$$= \frac{95[32(22 + 9) - 12(14 + 6)]^2}{(43)(52)(44)(51)}$$

$$= 10{,}707$$

Como este valor excede o valor crítico da distribuição qui-quadrado para $\alpha = 0{,}05$, o pesquisador pode concluir que a distribuição de líderes e não-líderes difere como uma função da estatura. O leitor observará que este resultado é similar àquele encontrado quando analisamos as tabelas 3 x 2. No entanto, ele é mais forte no sentido de que fomos capazes de dizer que as pessoas categorizadas como seguidores e não-classificáveis são essencialmente similares. Deve-se observar que os dois valores de $X^2$ nas partições somam, aproximadamente, o valor do qui-quadrado geral: $10{,}707 + 0{,}05 = 10{,}71$ para as partições *versus* $10{,}67$ para a tabela geral. Os valores de $X^2$ divididos assintoticamente somam a $X^2$ geral. Assim, na amostra a soma dos $X^2$'s das partições deve ser aproximadamente igual ao valor geral, e isto serve como uma verificação grosseira dos cálculos feitos.

**Exemplo 6.2c** No estudo dos ex-fumantes descrito na p. 122 e resumido na Tabela 6.10, foi verificado que havia diferenças significantes em comportamentos estratégicos entre aqueles que fumavam e não fumavam como resultado de crises de recaídas. Naquela seção foi encontrado que $X^2 = 23{,}78$ com $gl = 3$. Seria desejável determinar quais dos comportamentos foram efetivos durante as crises de recaídas. Para determinar isso, devemos dividir o $X^2$ obtido. É necessário determinar *a priori* em qual ordem se deve dividir a tabela. Como $gl = 3$, existem três partições que podem ser construídas. Um exame dos níveis das variáveis sugere as partições mais úteis. A primeira partição contrasta os dois tipos de comportamentos estratégicos quando empregados isoladamente, isto é, estratégia comportamental *versus* cognitiva. A segunda partição compara a utilização de um único comportamento estratégico com a utilização de *dois* comportamentos estratégicos. A terceira partição compara o uso de *qualquer* comportamento estratégico com a não-utilização de comportamentos estratégicos. As tabelas resultantes das partições estão resumidas na Tabela 6.14.

Para cada uma dessas partições, o valor de $X^2$ associado é determinado usando a Equação 6.5. Para a primeira partição ($t = 1$) encontramos:

$$X_t^2 = \frac{N^2 \left( n_{t+1,2} \sum_{i=1}^{t} n_{i1} - n_{t+1,1} \sum_{i=1}^{t} n_{i2} \right)^2}{C_1 C_2 R_{t+1} \left( \sum_{i=1}^{t} R_i \right) \left( \sum_{i=1}^{t+1} R_i \right)} \quad (6.5)$$

$$X_1^2 = \frac{159^2 [(21)(15) - (15)(24)]^2}{(65)(94)(36)(39)(75)}$$

$$= 0{,}08$$

**TABELA 6.14**
Partições aditivas de tabela de contingência para o exemplo do processo de parar de fumar (Tabela 6.10)

| Estratégia | Grupo resultante | | Combinado |
|---|---|---|---|
| | Fumou | Não fumou | |
| Comportamental | 15 | 24 | 39 |
| Cognitiva | 15 | 21 | 36 |
| Total | 65 | 94 | 159 |

(1)

| Estratégia | Grupo resultante | | Combinado |
|---|---|---|---|
| | Fumou | Não fumou | |
| Comportamental ou cognitiva | 30 | 45 | 75 |
| Comportamental e cognitiva | 13 | 43 | 56 |
| Total | 65 | 94 | 159 |

(2)

| Estratégia | Grupo resultante | | Combinado |
|---|---|---|---|
| | Fumou | Não fumou | |
| Comportamental e/ou cognitiva | 43 | 88 | 131 |
| Nenhuma | 22 | 6 | 28 |
| Total | 65 | 94 | 159 |

(3)

Em seguida, encontramos o valor de $X^2$ para a segunda partição:

$$X_2^2 = \frac{159^2[(43)(30) - (13)(45)]^2}{(65)(94)(56)(75)(131)}$$

$$= 3,74$$

Finalmente, para a terceira partição,

$$X_3^2 = \frac{159^2[(6)(43) - (22)(88)]^2}{(65)(94)(28)(131)(159)}$$

$$= 19,98$$

Cada um destes valores de $X^2$ é distribuído assintoticamente como o qui-quadrado com 1 gl. No teste geral foi escolhido o nível de significância $\alpha = 0,01$. Usando o mesmo nível, o valor crítico de $X^2$ é 6,64. Então, somente a terceira partição é significante. O pesquisador pode concluir que não há diferenças na eficiência entre os comportamentos estratégicos, e que a diferença entre os dois grupos depende somente de algum comportamento estratégico ter sido utilizado ou não. Isto é, os comportamentos estratégicos são igualmente eficientes e são significativamente mais eficientes do que não usar comportamentos estratégicos durante crises de recaídas.

Ao fazer partições em uma tabela, o pesquisador precisa examinar *a priori* a variável medida para então determinar quais variáveis podem ser combinadas apropriadamente como parte do esquema de partição. Uma vez que estas combinações estão determinadas, a tabela pode ser organizada de modo que a Equação (6.5) pode ser aplicada a cada partição. Se a variável original estava em escala nominal ou categórica, as linhas podem ser facilmente organizadas na ordem própria para a partição. Se a variável representa categorias ordenadas, tal organização pode não fazer sentido para a variável sob estudo; no entanto, podemos ainda organizar a tabela a fim de começar a partição no "final" da tabela. No entanto, é importante para o pesquisador usar partições que resultem em tabelas 2 x 2 que sejam interpretáveis no contexto da particular pesquisa.

### 6.2.5 Resumo do Procedimento

Estes são os passos no uso do teste qui-quadrado para duas amostras independentes:

1. Coloque as freqüências observadas em uma tabela de contingência $r \times c$, usando $c$ colunas para os grupos e $r$ linhas para as condições. Assim, para este teste, $c = 2$.
2. Calcule os totais $R_i$ por linhas e os totais $C_j$ por colunas.
3. Determine a freqüência esperada para cada célula encontrando o produto dos totais marginais comuns a ela e dividindo-o por $N$ (onde $N$ representa o número total de observações *independentes*); então $E_{ij} = R_i C_j / N$. Note que $N$'s inflados invalidam o teste. Os passos 2 e 3 são desnecessários se os dados estão em uma tabela 2 x 2 para a qual pode ser usada a Tabela I do Apêndice se $N \leq 15$, ou a Equação (6.3) se $N > 15$. Se $r$ ou $c$ são maiores do que 2, use a Equação (6.2).
4. Determine a significância do $X^2$ observado por meio da Tabela C do Apêndice. Se a probabilidade dada pela Tabela C é menor ou igual a $\alpha$, rejeite $H_0$ em favor de $H_1$.
5. Se a tabela é maior do que 2 x 2 e se $H_0$ é rejeitada, a tabela de contingência pode ser partida em subtabelas independentes somente para determinar onde estão as diferenças na tabela original. Use a Equação (6.5) [ou Equações (6.4a) e (6.4b) se a tabela é 3 x 2] para calcular o valor de $X^2$ para cada partição. Teste a significância de cada $X^2$ por meio da distribuição qui-quadrado com $gl = 1$ na Tabela C do Apêndice. O uso do programa computacional no Apêndice II pode acelerar os cálculos.

### 6.2.6 Quando Usar o Teste Qui-Quadrado

Como já observamos anteriormente, o teste qui-quadrado requer que as freqüências esperadas $E_{ij}$ em cada célula não devem ser muito pequenas. Quando elas são muito pequenas, o teste pode não ser usado apropriadamente ou significantemente. Cochran (1954) e outros fazem as seguintes recomendações:

**O CASO 2 X 2.** Se as freqüências estão em uma tabela de contingência 2 x 2, a decisão concernente ao uso do qui-quadrado deve ser orientada por estas considerações:

1. Quando $N \leq 20$, sempre use o teste exato de Fisher.
2. Quando $N$ está entre 20 e 40, o teste $X^2$ [Equação (6.3)] pode ser usado *se* todas as freqüências esperadas são maiores ou iguais a 5. Se a menor freqüência esperada é menor do que 5, use o teste exato de Fisher (Seção 6.1).
3. Quando $N > 40$, use $X^2$ corrigido para continuidade, isto é, use a Equação (6.3).

**TABELAS DE CONTINGÊNCIA COM *gl* MAIOR DO QUE 1.** Quando $r$ é maior do que 2 (e então $gl > 1$), o teste $X^2$ pode ser usado se menos do que 20% das células têm uma freqüência esperada menor do que 5 e se nenhuma célula tem uma freqüência esperada menor do que 1. Se estas condições não são verificadas nos dados na forma original como foram coletados, o pesquisador deve combinar categorias adjacentes para aumentar as freqüências esperadas nas várias células. Somente após combinar categorias para satisfazer às exigências acima é que os valores de significância tabelados para a distribuição qui-quadrado estarão suficientemente próximos da verdadeira distribuição amostral de $X^2$.

Quando $gl > 1$, testes qui-quadrado são insensíveis aos efeitos de ordem e, assim, quando uma hipótese leva a ordem em consideração, o teste qui-quadrado pode não ser o melhor teste. Testes que podem ser usados são discutidos mais tarde neste capítulo e no Capítulo 9.

**VALORES ESPERADOS PEQUENOS.** O teste qui-quadrado é aplicável aos dados em uma tabela de contingência somente se as freqüências esperadas são suficientemente grandes. As exigências de tamanhos para as freqüências esperadas foram discutidas anteriormente. Quando as freqüências esperadas não satisfazem às exigências, é possível aumentar seus valores por meio de combinação de células, isto é, combinando classificações adjacentes e, assim, reduzindo o número de células. Isto pode ser feito apropriadamente somente se tais combinações não tiram o significado dos dados. Em nosso exemplo de altura e liderança, é claro, qualquer combinação de categorias teria ocasionado a inutilidade dos dados para testar nossas hipóteses. O pesquisador pode freqüentemente evitar esse problema planejando com antecedência coletar um número suficiente de casos relativos ao número de classificações usadas na análise.

### 6.2.7 Poder

Quando o teste qui-quadrado é usado não há, usualmente, uma alternativa clara e, então, o poder exato do teste é difícil de ser calculado. Entretanto, Cochran (1952) mostrou que o poder limite da distribuição $X^2$ tende a 1 quando $N$ cresce.

## 6.2.8 Referências

Para outras discussões do teste qui-quadrado, o leitor pode consultar Cochran (1952, 1954), Everitt (1977), McNemar (1969), um artigo clássico sobre o uso e "uso equivocado" do qui-quadrado por Lewis e Burke (1949) e um conseqüente artigo de Delucchi (1983).

Discussões extensivas sobre procedimentos de partições podem ser encontradas em Castellan (1966).

## 6.3 O TESTE DA MEDIANA

### 6.3.1 Função

O *teste da mediana* é um procedimento para testar se dois grupos independentes diferem nas tendências centrais. Mais precisamente, o teste da mediana dará informação sobre se é provável que dois grupos independentes (não necessariamente do mesmo tamanho) tenham sido extraídos de populações com a mesma mediana. A hipótese nula é de que os dois grupos provêm de populações com a mesma mediana; a alternativa pode ser de que a mediana de uma população é *diferente* daquela da outra população (teste bilateral) ou que a mediana de uma população é *mais alta* do que a da outra população (teste unilateral). O teste pode ser usado sempre que os escores para os dois grupos são medidos pelo menos em uma escala ordinal. Deve-se notar que pode não haver alternativa para o teste da mediana, mesmo para dados em escala intervalar. Isso ocorreria quando uma ou mais observações estão "fora de escala" e são truncadas no máximo (ou mínimo) previamente atribuído às observações.

### 6.3.2 Fundamentos lógicos e método

Para executar o teste da mediana, primeiro determinamos o escore mediano para o grupo combinado (isto é, a mediana para todos os escores em ambas as amostras). Então, fazemos uma dicotomia em ambos os conjuntos de escores com relação à mediana combinada e colocamos os dados em uma tabela 2 x 2, como a Tabela 6.15.

Agora, se ambos, grupo I e grupo II, são amostras de populações com a mesma mediana, esperaríamos que em torno da metade dos escores de cada grupo estivessem acima da mediana combinada e em torno da metade estivessem abaixo. Isto é, esperaríamos que as freqüências $A$ e $C$ fossem quase iguais e $B$ e $D$ também fossem quase iguais.

Pode ser mostrado (Mood, 1950) que se A é o número entre os $m$ casos no grupo I que ocorrem acima da mediana combinada e se $B$ é o número entre os $n$ casos no grupo II que ocorrem acima da mediana combinada, então a distribuição amostral de $A$ e $B$ sob a hipótese nula ($H_0$ é aquela em que as medianas são iguais) é a distribuição hipergeométrica

$$P[A, B] = \frac{\binom{m}{A}\binom{n}{B}}{\binom{m+n}{A+B}} \qquad (6.6)$$

**TABELA 6.15**
Teste da mediana: forma para os dados

|  | Grupo I | Grupo II | Combinado |
|---|---|---|---|
| Nº de escores acima da mediana combinada | A | B | A + B |
| Nº de escores abaixo da mediana combinada | C | D | C + D |
| Total | m | n | N = m + n |

Portanto, se o número total de casos em ambos os grupos ($m + n$) é pequeno, pode-se usar o teste exato de Fisher (Seção 6.1) para testar $H_0$. Se o número total de casos é suficientemente grande, o teste qui-quadrado com $gl = 1$ [Equação (6.3)] pode ser usado para testar $H_0$.

Quando o pesquisador analisa dados separados pela mediana, ele deve orientar-se pelas seguintes considerações na escolha entre o teste exato de Fisher e o teste qui-quadrado para tabelas 2 x 2:

1. Quando $N = m + n$ é maior do que 20, use o $X^2$ corrigido para continuidade [Equação (6.3)].
2. Quando $N = m + n = 20$ ou menos, use o teste exato de Fisher.

Pode surgir uma dificuldade no cálculo do teste da mediana; vários escores podem coincidir exatamente com a mediana combinada. Se isso ocorrer, o pesquisador tem duas alternativas:

1. Os grupos podem ser dicotomizados de acordo com os escores que *excedem* a mediana e com os que não excedem.
2. Se $m + n$ é grande, e se somente poucos casos ocorrem na mediana combinada, estes poucos casos podem ser retirados da análise.

A primeira alternativa é preferível.

**Exemplo 6.3** Em um teste tipo comparação cultural de alguma hipótese da teoria comportamental adaptado da teoria psicanalítica,[5] Whiting e Child estudaram a relação entre práticas de audição infantil e costumes relacionados com doença em várias culturas não-letradas. Uma hipótese de seu estudo, derivada da noção de fixação negativa, foi sobre explanações orais de doença: doença resulta de ingerir veneno, de beber certos líquidos ou de cantilenas ou encantamentos feitos por outros. Os julgamentos da ansiedade típica de socialização da oralidade em qualquer sociedade foram baseados na rapidez de socialização da oralidade, na severidade de socialização da oralidade, na freqüência de punições típicas na socialização da oralidade e na severidade de conflitos emocionais tipicamente evidenciados pelas crianças durante o período de socialização da oralidade.

---

[5] Whiting, J. W. M.; Child, I. L. (1953). *Child training and personality*. New Haven: Yale University Press.

Excertos de registros etnológicos de culturas não-letradas foram usados na coleta de dados. Usando somente excertos concernentes aos costumes relacionados a doenças, os juízes classificaram as sociedades em dois grupos – aquelas com presença de explanações orais de doenças e aquelas com explanações orais ausentes. Outros juízes, usando excertos concernentes às práticas de audição infantil, atribuíram taxas a cada sociedade de acordo com o grau de ansiedade típica de socialização da oralidade em suas crianças. Para as 39 sociedades nas quais foi possível fazer julgamentos da presença ou ausência de explanações, estas taxas variaram de 6 a 17.

1. *Hipótese nula.* $H_0$: não há diferença entre a mediana da ansiedade de socialização da oralidade em sociedades que dão explanações orais de doença e a mediana da ansiedade de socialização da oralidade em sociedades que não dão explanações orais de doença. $H_1$: a mediana da ansiedade de socialização da oralidade em sociedades com explanações orais presentes é mais alta que a mediana em sociedades com explanações orais ausentes.
2. *Teste estatístico.* As taxas constituem, no máximo, medidas ordinais; então um teste não-paramétrico é apropriado. Para os dados dos dois grupos independentes de sociedades, o teste da mediana pode ser usado para testar $H_0$.
3. *Nível de significância.* Seja $\alpha = 0{,}01$ e $N$ é o número de sociedades para as quais havia informação etnológica sobre ambas as variáveis = 39; $m$ é o número de sociedades com ausência de explanação oral = 16; $n$ é o número de sociedades com explanação oral presente = 23.
4. *Distribuição amostral.* Como o tamanho da amostra é grande, será usada a aproximação $X^2$ ao teste exato de Fisher [Equação (6.3)]. A distribuição amostral de $X^2$ é assintoticamente qui-quadrado com 1 gl.
5. *Região de rejeição.* Como $H_1$ prediz a direção da diferença, a região de rejeição é unilateral. Ela consiste de todos os resultados na tabela da separação pela mediana que estão na direção predita e são tão extremos que a probabilidade associada com sua ocorrência quando $H_0$ é verdadeira (como determinado pelo teste apropriado) é menor ou igual a $\alpha = 0{,}01$.
6. *Decisão.* A Tabela 6.16 mostra as taxas atribuídas a cada uma das 39 sociedades. Elas estão separadas pela mediana combinada para as $m + n$ taxas. (Seguimos Whiting e Child tomando 10,5 como a mediana das 39 taxas.) A Tabela 6.17 mostra estes dados colocados na forma adequada para o teste da mediana. Como nenhuma das freqüências esperadas é menor do que 5 e como $m + n > 20$, podemos usar o teste $X^2$ para testar $H_0$:

$$X^2 = \frac{N(|AD - BC| - N/2)^2}{(A + B)(C + D)(A + C)(B + D)} \qquad (6.3)$$

$$= \frac{N(|AD - BC| - N/2)^2}{(A + B)(C + D)(m)(n)}$$

$$= \frac{39(|(3)(6) - (17)(13)| - \frac{39}{2})^2}{(20)(19)(16)(23)}$$

$$= 9{,}39$$

## TABELA 6.16
Ansiedade de socialização da oralidade e explanações orais de doença[a, b]

|  | Sociedades com explanações orais ausentes | Sociedades com explanações orais presentes |
|---|---|---|
|  |  | 17 Marquesans |
|  |  | 16 Dobuans |
|  |  | 15 Baiga |
|  |  | 15 Kwoma |
|  |  | 15 Thonga |
|  |  | 14 Alorese |
|  |  | 14 Chagga |
|  |  | 14 Navaho |
| Sociedades acima da mediana em ansiedade de socialização da oralidade | 13 Lapp | 13 Dahomeans |
|  |  | 13 Lesu |
|  |  | 13 Masai |
|  | 12 Chamorro | 12 Lepcha |
|  | 12 Samoans | 12 Maori |
|  |  | 12 Pukapukans |
|  |  | 12 Trobrianders |
|  |  | 11 Kwakiutl |
|  |  | 11 Manus |
|  | 10 Arapesh | 10 Chiricahua |
|  | 10 Balinese | 10 Comanche |
|  | 10 Hopi | 10 Siriono |
|  | 10 Tanala |  |
|  | 9 Paiute |  |
|  | 8 Chenchu | 8 Bena |
| Sociedades abaixo da mediana em ansiedade de socialização da oralidade | 8 Teton | 8 Slave |
|  | 7 Flathead |  |
|  | 7 Papago |  |
|  | 7 Venda |  |
|  | 7 Warrau |  |
|  | 7 Wogeo |  |
|  | 6 Ontong-Javanese | 6 Kurtatchi |

[a] Reproduzida da Tabela 4 de Whiting, J. W. M., e Child, I. L. (1953). *Child training and personality*. New Haven: Yale University Press, p. 156, com a gentil permissão dos autores e do editor.
[b] O nome de cada sociedade é precedido por sua taxa em ansiedade de socialização da oralidade.

Uma consulta à Tabela C do Apêndice mostra que $X^2 > 9,39$ com $gl = 1$ tem probabilidade de ocorrência quando $H_0$ é verdadeira de $p < 0,5(0,01) = 0,005$ para um teste unilateral. Então nossa decisão é rejeitar $H_0$ para $\alpha = 0,01$. Concluímos que a mediana da ansiedade de socialização da oralidade é mais alta em sociedades com presença de explanações orais de doenças do que em sociedades onde tais explanações são ausentes.

**TABELA 6.17**
Ansiedade de socialização da oralidade e explanações orais de doença

|  | Sociedades com explanação oral ausente | Sociedades com explanação oral presente | Combinado |
|---|---|---|---|
| Sociedades acima da mediana em ansiedade de socialização da oralidade | 3 | 17 | 20 |
| Sociedades abaixo da mediana em ansiedade de socialização da oralidade | 13 | 6 | 19 |
| Total | 16 | 23 | 39 |

### 6.3.3 Resumo do procedimento

Estes são os passos no uso do teste da mediana:

1. Determine a mediana combinada dos $m + n$ escores.
2. Divida cada grupo de escores na mediana combinada. Entre com as freqüências resultantes em uma tabela 2 x 2 como a Tabela 6.15. Se muitos escores ocorrem exatamente na mediana combinada, separe os escores em duas categorias – aqueles que excedem a mediana e aqueles que não excedem a mediana.
3. Encontre a probabilidade dos valores observados pelo teste exato de Fisher se $m + n \leq 20$ ou por sua aproximação qui-quadrado [Equação (6.3)] se $m + n > 20$.
4. Se a probabilidade dada por aquele teste é menor ou igual a $\alpha$, rejeite $H_0$.

### 6.3.4 Poder-eficiência

Mood (1954) mostrou que, quando o teste da mediana é aplicado para dados medidos pelo menos em uma escala intervalar de distribuições normais com mesma variância (isto é, os dados podem ser apropriadamente analisados pelo teste $t$), ele tem o mesmo poder-eficiência que o teste do sinal. Isto é, seu poder-eficiência é em torno de 95% para $m + n$ tão pequeno quanto 6. Esse poder-eficiência decresce à medida que o tamanho da amostra cresce, atingindo uma eficiência assintótica de $2/\pi = 63\%$.

### 6.3.5 Referências

Discussões sobre o teste da mediana são encontradas nas mesmas fontes mencionadas na Seção 6.1 sobre o teste exato de Fisher. Outras discussões são encontradas em Mood (1950).

## 6.4 O TESTE DE WILCOXON-MANN-WHITNEY

### 6.4.1 Função

Quando são obtidas pelo menos mensurações ordinais para as variáveis estudadas, o *teste de Wilcoxon-Mann-Whitney*[6] pode ser usado para testar se dois grupos independentes foram extraídos de uma mesma população. Este é um dos testes não-paramétricos mais poderosos, sendo uma alternativa muito útil para o teste paramétrico $t$ quando o pesquisador deseja evitar as suposições do teste $t$ ou quando a mensuração na pesquisa é mais fraca do que a dada em escala intervalar.

Suponha que tenhamos amostras de duas populações, $X$ e $Y$. A hipótese nula é que $X$ e $Y$ têm a mesma distribuição. A hipótese alternativa $H_1$ contra a qual testamos $H_0$ é que $X$ é estocasticamente maior do que $Y$ – uma hipótese direcional. Podemos aceitar $H_1$ se a probabilidade de que um escore de $X$ seja maior do que um escore de $Y$ é maior do que um meio. Isto é, se $X$ é uma observação da população $X$ e se $Y$ é uma observação da população $Y$ então $H_1$ é $P[X > Y] > \frac{1}{2}$. Se a evidência dá suporte a $H_1$, isto implica que a "parte essencial" dos elementos da população $X$ é maior do que a parte essencial dos elementos da população $Y$. Usando esta abordagem, a hipótese nula é $H_0$: $P[X > Y] = \frac{1}{2}$.

É claro, nossa hipótese pode, ao contrário, ser que $Y$ é estocasticamente maior do que $X$. Neste caso, a hipótese alternativa $H_1$ seria que $P[X > Y] < \frac{1}{2}$. A confirmação dessa afirmação implicaria que a parte essencial de $Y$ é maior do que a parte essencial de $X$.

Para um teste bilateral, isto é, para uma predição de diferenças que não estabelece a direção das diferenças, $H_1$ seria $P[X > Y] \neq \frac{1}{2}$.

Outra forma de estabelecer a hipótese alternativa é que a mediana de $X$ é maior que a mediana de $Y$, isto é, $H_1$: $\theta_x > \theta_y$. De uma forma similar, a outra hipótese pode ser estabelecida em termos de medianas.

### 6.4.2 Método

Seja $m$ o número de casos na amostra do grupo $X$ e $n$ o número de casos na amostra do grupo $Y$. Assumimos que as duas amostras são independentes. Para aplicar o teste de Wilcoxon, primeiro combinamos as observações ou escores de ambos os grupos e os dispomos em postos em ordem crescente de tamanho. Neste processo, o tamanho algébrico é considerado, isto é, os menores postos são atribuídos aos valores maiores negativos, se existir algum.

Agora focamos sobre um dos grupos, digamos, o grupo $X$ com $m$ casos. O valor de $W_x$ (a estatística usada neste teste) é a soma dos postos no primeiro grupo.

---

[6] Mann, Whitney e Wilcoxon (entre outros) propuseram, independentemente, testes não-paramétricos, os quais são essencialmente iguais ao apresentado nesta seção. A primeira edição apresentou o teste na forma proposta por Mann e Whitney. A forma usada nesta edição segue a de Wilcoxon. Por conveniência, muitas vezes nos referiremos ao teste como o teste de Wilcoxon.

Por exemplo, suponha que tivéssemos um grupo experimental de 3 casos e um grupo-controle de 4 casos. Aqui $m = 3$ e $n = 4$. Suponha que os escores fossem:

Escores experimentais $X$: 9 11 15
Escores-controle $Y$: 6 8 10 13

Para encontrar $W_x$, primeiro colocamos nos postos estes escores em ordem crescente de tamanho, tendo cuidado para reter a identidade de cada escore como um escore $X$ ou $Y$:

Escore: 6 8 9 10 11 13 15
Grupo: Y Y X Y X Y X
Posto: 1 2 3 4 5 6 7

Agora considere o grupo experimental e calcule a soma dos postos para tal grupo. Então

$$W_x = 3 + 5 + 7 = 15$$

De uma forma similar,

$$W_y = 1 + 2 + 4 + 6 = 13$$

O leitor deve lembrar que a soma dos primeiros $N$ números naturais é

$$1 + 2 + 3 + ... + N = \frac{N(N + 1)}{2} \quad (6.7)$$

Portanto, para nosso exemplo de tamanho $N = m + n = 7$, a soma dos postos é $7(7 + 1)/2 = 28$. Também a soma dos postos para os dois grupos deve ser igual à soma dos postos para o grupo combinado. Isto é,

$$W_x + W_y = \frac{N(N + 1)}{2} \quad (6.8)$$

Se $H_0$ é verdadeira, esperaríamos que a média dos postos em cada um dos dois grupos fosse quase a mesma. Se a soma dos postos para um grupo é muito grande (ou muito pequena), então podemos ter razão para suspeitar que as amostras não foram extraídas da mesma população. A distribuição amostral de $W_x$ quando $H_0$ é verdadeira é conhecida, e com este conhecimento podemos determinar a probabilidade associada com a ocorrência sob $H_0$ de qualquer $W_x$ tão extremo quanto o valor observado.

### 6.4.3 Pequenas amostras

Quando $m$ e $n$ são menores ou iguais a 10, a Tabela J do Apêndice pode ser usada para determinar a probabilidade exata associada com a ocorrência, quando $H_0$ é verdadeira, de qualquer $W_x$ tão extremo quanto um valor observado de $W_x$. O leitor observará que a Tabela J do Apêndice é formada de subtabelas separadas, uma para cada valor de $m$ de 1 a 10, e cada uma destas subtabelas tem entradas para $n = m$ até 10. (De fato, $n = m$ até 12 para $m = 3$ ou 4.) Para determinar a probabilidade sob $H_0$ associada com os dados, o pesquisador precisa conhecer $m$ (o tamanho do menor grupo), $n$ (o tamanho do maior grupo) e $W_x$. Com esta informação, a probabilidade associada com $W_x$ pode ser lida da subtabela apropriada à hipótese $H_1$.

Em nosso exemplo, $m = 3$, $n = 4$ e $W_x = 15$. A subtabela para $m = 3$ na Tabela J do Apêndice mostra que para $n = 4$ a probabilidade de observar um valor de $W_x \geq 15$ quando $H_0$ é verdadeira é 0,200. Este valor é encontrado escolhendo o limite superior crítico ($c_U$) como sendo 15 e localizando a entrada correspondente na coluna para $n = 4$. O valor à esquerda de $c_U = 15$ é a probabilidade procurada. Se queremos a probabilidade que $W_x \leq c_L$ ($c_L$ é o limite inferior crítico), procuramos na tabela a entrada correspondente na primeira coluna.

Por conveniência e economia, a Tabela J do Apêndice é organizada para $m \leq n$, isto é, o grupo associado com os escores $X$ é o menor. Esta restrição não traz problemas no uso do teste de Wilcoxon, pois os rótulos que identificam os grupos podem ser trocados entre si e a tabela pode ser usada para os grupos transformados. No entanto, o pesquisador precisa lembrar de assegurar que a hipótese alternativa está estabelecida corretamente se os rótulos das variáveis são trocados entre si.

**Exemplo 6.4a Para pequenas amostras.** Solomon e Coles[7] estudaram ratos para saber se eles generalizariam a aprendizagem por meio de imitação quando colocados sob um novo desafio em uma nova situação. Cinco ratos foram treinados para imitar ratos líderes em um labirinto. Eles foram treinados a seguir os líderes quando estivessem com fome a fim de obter alimento como recompensa. Depois, os 5 ratos foram transferidos para uma nova situação na qual a imitação dos ratos líderes os tornaria capazes de evitar choques elétricos. Seus comportamentos na situação de evitar choques foram comparados com os de 4 controles que não tiveram prévio treinamento para seguir líderes. A hipótese foi de que os 5 ratos que já tinham recebido treinamento para imitar transfeririam este treinamento para a nova situação e, assim, atingiriam os critérios de aprendizagem na situação de evitar choques mais cedo do que o fariam os 4 ratos-controle. A comparação é feita em termos de quantos ensaios cada rato executou para chegar ao critério de 10 respostas corretas em 10 ensaios.

1. *Hipótese nula.* $H_0$: o número de ensaios necessários para alcançar o critério na situação de evitar choques é o mesmo tanto para ratos previamente treinados para seguir um líder por uma recompensa alimentar como para ratos não-treinados previamente. $H_1$: ratos treinados para seguir um líder por uma recompensa alimentar atingirão o critério na situação de evitar choques em menos ensaios do que o farão os ratos não-treinados previamente.
2. *Teste estatístico.* O teste de Wilcoxon é escolhido porque este exemplo emprega duas amostras independentes, usa amostras pequenas e usa mensuração (número de ensaios até atingir o critério como um índice de velocidade de aprendizagem) a qual está provavelmente, no máximo, em uma escala ordinal.

---

[7] Solomon, R. L., e Coles, M. R. (1953). A case of failure of generalization of imitation across drives and across situations. *Journal of Abnormal and Social Psychology,* **49**, 7-13. Somente dois dos grupos estudados estão incluídos neste exemplo.

3. *Nível de significância*. Sejam $\alpha = 0{,}05$, $m = 4$ (ratos-controle) e $n = 5$ (ratos experimentais).
4. *Distribuição amostral*. As probabilidades associadas com a ocorrência sob $H_0$ de valores tão grandes quanto um valor observado $W_x$, para $m$ e $n$ pequenos, são dados na Tabela J do Apêndice.
5. *Região de rejeição*. Como $H_1$ estabelece a direção da diferença predita, a região de rejeição é unilateral. Ela consiste de todos os valores de $W_x$ que sejam tão grandes que a probabilidade associada com sua ocorrência, quando $H_0$ é verdadeira, é menor ou igual a $\alpha = 0{,}05$. (Como o grupo-controle é denotado $X$, a hipótese alternativa é $H_1$: $\theta_x > \theta_y$, isto é, a mediana do grupo controle é maior do que a mediana do grupo experimental.)
6. *Decisão*. O número de ensaios até atingir o critério requerido pelos ratos experimentais e de controle foram:

| Ratos-controle: | 110 | 70 | 53 | 51 | |
|---|---|---|---|---|---|
| Ratos experimentais: | 78 | 64 | 75 | 45 | 82 |

Organizamos estes escores em ordem de magnitude, retendo a identidade de cada um:

| Escore: | 45 | 51 | 53 | 64 | 70 | 75 | 78 | 82 | 110 |
|---|---|---|---|---|---|---|---|---|---|
| Grupo: | Y | X | X | Y | X | Y | Y | Y | X |
| Posto: | 1 | 2 | 3 | 4 | 5 | 6 | 7 | 8 | 9 |

Desses dados, podemos verificar que a soma dos postos para o grupo-controle é $W_x = 2 + 3 + 5 + 9 = 19$. Na Tabela J do Apêndice, localizamos a subtabela para $m = 4$. Como a hipótese alternativa é que $W_x$ deve ser grande, usamos a cauda (superior) direita da distribuição. Quando $H_0$ é verdadeira, vemos que $P[W_x \geq 19] = 0{,}6349$. Nossa decisão é que os dados não fornecem evidência que justifique rejeitar $H_0$ no nível de significância previamente estabelecido.

A conclusão é que esses dados não dão suporte à hipótese de que treinamento prévio para imitação será generalizado para outras situações ou desafios.[8]

## 6.4.4 Grandes amostras

A Tabela J do Apêndice não pode ser usada se $m > 10$ ou $n > 10$ ($n > 12$ se $m = 3$ ou 4). Entretanto, foi mostrado que quando $m$ e $n$ crescem em tamanho, a distribuição amostral de $W_x$ aproxima-se rapidamente da distribuição normal com

$$\text{Média} = \mu_{W_x} = \frac{m(N+1)}{2} \quad (6.9)$$

e

$$\text{Variância} = \sigma^2_{W_x} = \frac{mn(N+1)}{12} \quad (6.10)$$

---
[8] Solomon e Coles relatam a mesma conclusão. O teste usado em seu relatório não foi apresentado.

Isto é, quando $m > 10$ ou $n > 10$, podemos determinar a significância de um valor observado de $W_x$ por

$$z = \frac{W_x \pm 0,5 - \mu_{W_x}}{\sigma_{W_x}} = \frac{W_x \pm 0,5 - m(N + 1)/2}{\sqrt{mn(N + 1)/12}} \quad (6.11)$$

o qual tem, assintoticamente, distribuição normal com média 1 e variância unitária. Isto é, a probabilidade associada com a ocorrência quando $H_0$ é verdadeira de valores tão extremos quanto um $z$ observado, pode ser determinada pela Tabela A do Apêndice. É adicionado o valor $+0,5$ se desejamos encontrar probabilidades na cauda *esquerda* da distribuição e é adicionado $-0,5$ se desejamos encontrar probabilidades na cauda *direita* da distribuição.

**Exemplo 6.4b Para grandes amostras.** Para nosso exemplo, vamos reexaminar os dados de Whiting e Child que já foram analisados pelo teste da mediana (p. 133-136).

1. *Hipótese nula.* $H_0$: ansiedade de socialização oral é igualmente severa em ambas as sociedades, com presença de explanações orais de doenças e com ausência de explanações orais. $H_1$: sociedades com presença de explanações orais de doenças são (estocasticamente) mais altas em ansiedade de socialização da oralidade do que as que não tem explanação oral de doenças.
2. *Teste estatístico.* Os dois grupos de sociedades constituem dois grupos independentes, e a medida da ansiedade de socialização da oralidade (escala das taxas) constitui, no máximo, uma medida ordinal. Por essas razões o teste de Wilcoxon é apropriado para analisar esses dados.
3. *Nível de significância.* Seja $\alpha = 0,01$, $m$ é o número de sociedades com ausência de explanações orais = 16, e $n$ é o número de sociedades com presença de explanações orais = 23.
4. *Distribuição amostral.* Para $n > 10$, a Equação (6.11) dá valores de $z$. A probabilidade associada com a ocorrência sob $H_0$ de valores tão extremos quanto um $z$ observado pode ser determinada por meio da Tabela A do Apêndice.
5. *Região de rejeição.* Como $H_1$ prediz a direção da diferença, a região de rejeição é unilateral. Ela consiste de todos os valores de $z$ que são tão extremos (na direção predita) que a probabilidade associada sob $H_0$ é menor ou igual a $\alpha = 0,01$.
6. *Decisão.* As taxas atribuídas a cada uma das 39 sociedades são mostradas na Tabela 6.18 junto com o posto de cada uma no grupo combinado. Note que os postos empatados são substituídos pela média dos postos empatados. Para estes dados $W_x = 200,0$ e $W_y = 580,0$. Podemos encontrar o valor de $z$ substituindo estes valores na Equação (6.11):

$$z = \frac{W_x \pm 0,5 - m(N + 1)/2}{\sqrt{mn(N + 1)/12}} \quad (6.11)$$

$$= \frac{200 + 0,5 - 16(39 + 1)/2}{\sqrt{(16)(23)(39 + 1)/12}}$$

$$= -3,41$$

## TABELA 6.18
Ansiedade de socialização da oralidade e explanação oral de doença

| Sociedades com explanações orais ausentes | Taxas sobre ansiedade de socialização da oralidade | Posto | Sociedades com explanações orais presentes | Taxas sobre ansiedade de socialização da oralidade | Posto |
|---|---|---|---|---|---|
| Lapp | 13 | 29,5 | Marquesans | 17 | 39 |
| Chamorro | 12 | 24,5 | Dobuans | 16 | 38 |
| Samoans | 12 | 24,5 | Baiga | 15 | 36 |
| Arapesh | 10 | 16 | Kwoma | 15 | 36 |
| Balinese | 10 | 16 | Thonga | 15 | 36 |
| Hopi | 10 | 16 | Alorese | 14 | 33 |
| Tanala | 10 | 16 | Chagga | 14 | 33 |
| Paiute | 9 | 12 | Navaho | 14 | 33 |
| Chenchu | 8 | 9,5 | Dahomeans | 13 | 29,5 |
| Teton | 8 | 9,5 | Lesu | 13 | 29,5 |
| Flathead | 7 | 5 | Masai | 13 | 29,5 |
| Papago | 7 | 5 | Lepcha | 12 | 24,5 |
| Venda | 7 | 5 | Maori | 12 | 24,5 |
| Warrau | 7 | 5 | Pukapukans | 12 | 24,5 |
| Wogeo | 7 | 5 | Trobrianders | 12 | 24,5 |
| Ontong-Javanese | 6 | 1,5 | Kwakiutl | 11 | 20,5 |
| | | $W_x = 200,0$ | Manus | 11 | 20,5 |
| | | | Chiricahua | 10 | 16 |
| | | | Comanche | 10 | 16 |
| | | | Siriono | 10 | 16 |
| | | | Bena | 8 | 9,5 |
| | | | Slave | 8 | 9,5 |
| | | | Kurtatchi | 6 | 1,5 |
| | | | | | $W_y = 580,0$ |

Uma consulta à Tabela A do Apêndice revela que $z \leq -3,41$ tem uma probabilidade unilateral, quando $H_0$ é verdadeira, de $p < 0,0003$. Como este $p$ é menor do que $\alpha = 0,01$, nossa decisão é rejeitar $H_0$ em favor de $H_1$. Concluímos que sociedades com presença de explanações orais de doenças possuem (estocasticamente) maior ansiedade de socialização da oralidade do que sociedades com ausência de explanações orais.

É importante observar que, para esses dados, o teste de Wilcoxon exibe maior poder para rejeitar $H_0$ do que o teste da mediana. Testando uma hipótese similar para esses dados, o teste da mediana dá um valor que permite a rejeição de $H_0$ no nível $p < 0,005$ (teste unilateral), enquanto que o teste de Wilcoxon dá um valor que permite a rejeição de $H_0$ no nível $p < 0,0003$ (teste unilateral). O fato de o teste de Wilcoxon ser mais poderoso do que o teste da mediana não é surpreendente, na medida em que ele considera o valor do posto de cada observação no lugar de simplesmente sua localização com relação à mediana combinada e, assim, usa mais da informação contida nos dados. O uso de um teste mais poderoso é justificado se suas suposições são satisfeitas.

**EMPATES.** O teste de Wilcoxon assume que os escores são amostrados de uma distribuição contínua. Com mensuração muito precisa de uma variável contínua, a probabilidade de um empate é zero. No entanto, com medidas relativamente rudimentares, as quais são tipicamente empregadas na pesquisa em ciência comportamental, empates podem muito bem ocorrer. Assumimos que duas (ou mais) observações que resultam em escores empatados são realmente diferentes, mas que esta diferença é muito refinada ou minúscula para ser detectada por nossas mensurações.

Quando ocorrem escores empatados, atribuímos a cada uma das observações empatadas a média dos postos que elas teriam se não tivessem ocorrido empates.[9]

Se ocorrem empates entre duas ou mais observações no mesmo grupo, o valor de $W_x$ não é afetado. Mas se ocorrem empates entre duas ou mais observações envolvendo ambos os grupos, o valor de $W_x$ (e $W_y$) é afetado. Apesar do efeito ser usualmente desprezível, uma correção para empates é possível e deve ser usada sempre que utilizamos aproximação de grandes amostras para a distribuição amostral de $W_x$.

O efeito de postos empatados é a alteração da variabilidade do conjunto de postos. Então, a correção para empates precisa ser aplicada na variância da distribuição amostral de $W_x$. Corrigida para empates, a variância transforma-se em

$$\sigma^2_{W_x} = \frac{mn}{N(N-1)} \left( \frac{N^3 - N}{12} - \sum_{j=1}^{g} \frac{t_j^3 - t_j}{12} \right) \qquad (6.12)$$

onde $N = m + n$, $g$ é o número de agrupamentos de postos empatados diferentes e $t_j$ é o número de postos empatados no $j$-ésimo agrupamento. Usando essa correção para empates, o valor de $z$ transforma-se em

$$z = \frac{W_x \pm 0{,}5 - m(N+1)/2}{\sqrt{[mn/N(N-1)]\left[(N^3 - N)/12 - \sum_{j=1}^{g}(t_j^3 - t_j)/12\right]}} \qquad (6.13)$$

Pode ser visto que, se não existem empates, a expressão acima se reduz diretamente àquela dada originalmente na Equação (6.11).

O uso da correção para empates no teste de Wilcoxon pode ser ilustrado aplicando a correção aos dados na Tabela 6.18. Para aqueles dados,

$$m + n = 16 + 23 = 39 = N$$

---

[9] Se dois ou mais escores estão empatados no mesmo posto, o posto atribuído é *a média dos postos empatados*, os quais seriam atribuídos se os escores tivessem diferido suavemente. Então, se três escores estão empatados para a primeira posição (a mais baixa posição), a cada um deles será atribuído o posto 2 pois $(1 + 2 + 3)/3 = 2$. Ao próximo escore seria então atribuído o posto 4, porque os postos 1, 2 e 3 já teriam sido atribuídos. Se dois escores estivessem empatados para a primeira posição, ambos receberiam o posto 1,5 pois $(1 + 2)/2 = 1{,}5$, e o seguinte maior escore receberia o posto 3.

Observamos os seguintes grupos de empates:

| Agrupamento | Valor | Posto | $t_j$ |
|---|---|---|---|
| 1 | 6 | 1,5 | 2 |
| 2 | 7 | 5 | 5 |
| 3 | 8 | 9,5 | 4 |
| 4 | 10 | 16 | 7 |
| 5 | 11 | 20,5 | 2 |
| 6 | 12 | 24,5 | 6 |
| 7 | 13 | 29,5 | 4 |
| 8 | 14 | 33 | 3 |
| 9 | 15 | 36 | 3 |

Para encontrar a variância, precisamos calcular o fator de correção para $g = 9$ agrupamentos de empates:

$$\sum_{j=1}^{9} \frac{t_j^3 - t_j}{12} = \frac{2^3 - 2}{12} + \frac{5^3 - 5}{12} + \frac{4^3 - 4}{12} + \ldots + \frac{3^3 - 3}{12}$$

$$= 0{,}5 + 10{,}0 + 5{,}0 + 28{,}0 + \ldots + 2{,}0$$

$$= 70{,}5$$

Usando este fator de correção e $m = 16$, $n = 23$, $N = 39$, temos

$$z = \frac{W_x \pm 0{,}5 - m(N+1)/2}{\sqrt{[mn/N(N-1)]\left[(N^3 - N)/12 - \sum_{j=1}^{g}(t_j^3 - t_j)/12\right]}} \quad (6.13)$$

$$= \frac{200 + 0{,}5 - 16(39+1)/2}{\sqrt{[(16)(23)]/[39(39-1)][(39^3 - 39)/12 - 70{,}5]}} \quad (6.13)$$

$$= -3{,}44$$

O valor de $z$ quando corrigido para empates é um pouco maior do que o encontrado anteriormente quando a correção não foi usada. A diferença entre $z \leq -3{,}41$ e $z \leq -3{,}44$, entretanto, é desprezível no que concerne à probabilidade dada pela tabela A do Apêndice. Ambos os $z$'s resultam em $p < 0{,}0003$ (teste unilateral).

Como este exemplo demonstra, os empates provocam somente um leve efeito. Mesmo quando muitos dos escores estão empatados (este exemplo teve mais do que 90% das observações envolvidas em empates) o efeito é muito pequeno. Observe, entretanto, que a magnitude do fator de correção depende fortemente do *número de empates* em cada agrupamento de empates. Assim um empate de "tamanho" 4 contribui com 5,0 ao fator de correção, enquanto dois empates de tamanho 2 contribuem juntos somente com 1,0 (isto é, 0,5 + 0,5); e um empate de tamanho 6 contribui com 17,5, enquanto que dois de tamanho 3 contribuem juntos somente com 2,0 + 2,0 = 4,0.

Quando a correção é empregada, a magnitude de $z$ sempre *cresce* levemente, tornando-o mais significante. Portanto, quando não usamos a correção para empates, nosso teste é "conservativo" no sentido de que a probabilidade associada será levemente inflada comparada com aquela para o $z$ corrigido. Isto é, o valor da probabilidade associada com os dados observados, quando $H_0$ é verdadeira, será levemente maior do que aquela que seria encontrada se a correção fosse empregada. Nossa recomendação é que a correção para empates deve ser utilizada somente se a proporção de empates é bastante grande, se os $t$'s são grandes ou se a probabilidade obtida sem a correção está muito próxima do valor de $\alpha$ previamente escolhido.

### 6.4.5 Resumo do procedimento

Estes são os passos no uso do teste de Wilcoxon:

1. Determine o valor de $m$ e de $n$. O número de casos no grupo menor (denotado por $X$) é $m$; o número de casos no grupo maior (denotado por $Y$) é $n$.
2. Atribua postos aos escores em conjunto para ambos os grupos, atribuindo o posto 1 ao escore que é o menor, algebricamente. Os postos irão variar de 1 a $m + n = N$. Às observações empatadas, atribua a média dos postos empatados.
3. Determine o valor de $W_x$ somando os postos no grupo $X$.
4. O método para determinar a significância de $W_x$ depende do tamanho de $m$ e de $n$:
   a) Se $m \leq 10$ e $n \leq 10$ (ou $n \leq 12$ para $m = 3$ ou 4), a probabilidade exata associada com um valor tão grande (ou tão pequeno) quanto um $W_x$ observado é dada na Tabela J do Apêndice. Os valores tabelados são probabilidades unilaterais. Para um teste bilateral, os valores tabelados são dobrados.[10]
   b) Se $m > 10$ ou $n > 10$, a probabilidade associada com um valor tão extremo quanto o valor observado de $W_x$ pode ser determinada calculando a aproximação normal pela Equação (6.11) e acessando a significância de $z$ por meio da Tabela A do Apêndice. Para um teste bilateral, a probabilidade apresentada na tabela deve ser dobrada. Se o número de empates é grande ou se a probabilidade encontrada é muito próxima do nível de significância ($\alpha$) escolhido, aplique a correção para empates, isto é, use a Equação (6.13).
5. Se o valor observado de $W_x$ tem uma probabilidade associada menor ou igual a $\alpha$, rejeite $H_0$ em favor de $H_1$.

---

[10] Pode não ser possível encontrar um nível de probabilidade exato com um teste bilateral devido à natureza discreta da distribuição amostral. Para atingir uma maior precisão, a região de rejeição pode ser escolhida com dois valores críticos diferentes para cada cauda de modo que $\alpha_1 + \alpha_2 = \alpha$.

### 6.4.6 Poder-Eficiência

Se o teste de Wilcoxon é aplicado a dados que podem ser apropriadamente analisados pelo teste paramétrico mais poderoso, o teste $t$, seu poder-eficiência aproxima-se de $3/\pi = 95,5\ \%$ quando $N$ cresce e está próximo de 95% mesmo para amostras com tamanho moderado. Ele é, portanto, uma excelente alternativa para o teste $t$ e, é claro, não tem todas as suposições restritivas e exigências associadas com este teste.

Em alguns casos, foi mostrado que o teste de Wilcoxon tem poder maior do que 1, isto é, ele é mais poderoso do que o teste $t$.

### 6.4.7 Referências

Para discussões úteis do teste de Wilcoxon-Mann-Whitney, o leitor deve consultar Mann e Whitney (1947), Whitney (1948), Wilcoxon (1945) e Lehmann (1975).

## 6.5 TESTE POSTO-ORDEM ROBUSTO

### 6.5.1 Função

O teste de Wilcoxon-Mann-Whitney, descrito na seção precedente, foi usado para testar a hipótese de que dois grupos independentes foram amostrados da mesma população. Aquele teste assumiu que as variáveis $X$ e $Y$ eram amostradas da mesma distribuição contínua. Então as variáveis eram medidas pelo menos na escala ordinal. Uma maneira de estabelecer a hipótese nula é $H_0$: $\theta_x = \theta_y$. Isto é, a mediana da distribuição de $X$ é igual à mediana da distribuição de $Y$. Deve ser lembrado que, quando assumimos que as distribuições são as mesmas, estamos, como conseqüência, considerando que as variabilidades ou *variâncias* das distribuições são iguais. A hipótese alternativa especifica somente que existe uma diferença nas medianas e, assim como na hipótese nula, assume que as variabilidades das distribuições são as *mesmas*.

Algumas vezes desejamos testar a hipótese $H_0$: $\theta_x = \theta_y$ sem assumir que as distribuições subjacentes são iguais. Talvez porque algumas diferenças entre os grupos sejam conhecidas, uma restrição na amplitude ou algum outro fator, o pesquisador tem motivos para acreditar que as distribuições subjacentes de $X$ e $Y$ não são iguais, mas ainda assim deseja testar $H_0$. Este tipo de problema é conhecido pelos estatísticos como o problema de *Behrens-Fisher*. Em tais casos, o teste de Wilcoxon não é adequado. O *teste posto-ordem robusto* discutido nesta seção é uma alternativa útil para o teste de Wilcoxon.

### 6.5.2 Método

Seja $m$ o número de casos na amostra do grupo $X$ e seja $n$ o número de casos na amostra do grupo $Y$. Assumimos que as duas amostras são independentes. Para aplicar o teste posto-ordem robusto, primeiro combinamos as observações ou escores de ambos os grupos e atribuímos postos a eles em ordem crescente de tamanho. Neste processo de classificação é considerado o tamanho algébrico, isto é, os menores postos são atribuídos aos maiores valores negativos, se existir algum.

Agora focalizamos sobre um dos grupos, digamos, o grupo $X$ com $m$ casos. Para facilitar os cálculos, devemos calcular uma estatística que seja diferente da classificação, chamada $\grave{U}$. Para comparação com o teste de Wilcoxon, devemos usar os mesmos dados para ilustrar o cálculo da estatística. Naquele exemplo, havia um grupo experimental de $m = 3$ casos e um grupo-controle de $n = 4$ casos. Os escores foram os seguintes:

Escores experimentais $X$:   9   11   15
    Escores-controle $Y$:   6   8   10   13

Apesar de não usar a estatística posto-ordem, ainda é necessário atribuir postos aos dados, retendo a identidade de cada escore como um escore $X$ ou $Y$:

Escore:   6   8   9   10   11   13   15
Grupo:    Y   Y   X   Y    X    Y    X

Para cada $X_i$ contamos o número de observações de $Y$ com um posto mais baixo. Esse número representa a *posição* dos escores $X$ e será denotado por $U(YX_i)$. Para este exemplo temos

| $X_i$ | $U(YX_i)$ |
|---|---|
| 9 | 2 |
| 11 | 3 |
| 15 | 4 |

Em seguida encontramos a média dos $U(YX_i)$:

$$U(YX) = \sum_{i=1}^{m} \frac{U(YX_i)}{m} \qquad (6.14a)$$

$$= \frac{2 + 3 + 4}{3}$$

$$= 3$$

Similarmente, encontramos a *posição* de cada $Y$. Isto é, encontramos $U(XY_j)$, o número de observações de $X$ que precedem cada $Y_j$.

| $Y_j$ | $U(XY_j)$ |
|---|---|
| 6 | 0 |
| 8 | 0 |
| 10 | 1 |
| 13 | 2 |

Depois encontramos a média:

$$U(XY) = \sum_{j=1}^{n} \frac{U(XY_j)}{n} \qquad (6.14b)$$

$$= \frac{0 + 0 + 1 + 2}{4}$$

$$= 0,75$$

A seguir, precisamos encontrar um índice de variabilidade de $U(YX_i)$ e de $U(XY_j)$. Defina os dois índices como sendo

$$V_x = \sum_{i=1}^{m} [U(YX_i) - U(YX)]^2 \qquad (6.15a)$$

e

$$V_y = \sum_{j=1}^{n} [U(XY_j) - U(XY)]^2 \qquad (6.15b)$$

Para os dados deste exemplo,

$$V_x = (2-3)^2 + (3-3)^2 + (4-3)^2$$

$$= 1 + 0 + 1$$

$$= 2$$

e

$$V_y = (0-0,75)^2 + (0-0,75)^2 + (1-0,75)^2 + (2-0,75)^2$$

$$= 2,75$$

Finalmente, calculamos a estatística do teste $\grave{U}$:

$$\grave{U} = \frac{mU(YX) - nU(XY)}{2\sqrt{V_x + V_y + U(XY)U(YX)}} \qquad (6.16)$$

$$= \frac{3(3) - 4(0,75)}{2\sqrt{2 + 2,75 + (0,75)(3)}}$$

$$= 1,13$$

A distribuição amostral de $\grave{U}$ foi tabelada e é encontrada na Tabela K do Apêndice para pequenas amostras ($m \leq n \leq 12$). Quando o tamanho da amostra cresce, a distribuição de $\grave{U}$ aproxima-se da distribuição normal padrão, de modo que a Tabela A do Apêndice pode ser usada para determinar a significância dos valores da estatística $\grave{U}$ calculada por meio da Equação (6.16).

Para os dados no exemplo anterior, $m = 3$, $n = 4$ e $\grave{U} = 1,13$. A Tabela K do Apêndice mostra que a probabilidade de obter um valor amostral de $\grave{U}$ tão grande quanto 1,13, quando $H_0$ é verdadeira, excede 0,10. Como os tamanhos das amostras são pequenos, a distribuição amostral de $\dot{U}$ é tal que não é possível atingir precisamente os níveis de significância tradicionais, 0,05 e 0,01. Portanto, a tabela consiste daqueles valores de $\dot{U}$ que estão mais próximos do nível de significância desejado. Se a hipótese alternativa é bilateral, as probabilidades na Tabela K do Apêndice devem ser dobradas.

**Exemplo 6.5** Muitas hipóteses contemporâneas concernentes à etiologia da esquizofrenia têm sugerido um papel para a dopamina. Existem evidências que indicam crescimento da atividade da dopamina em algumas partes do sistema nervoso central em pacientes esquizofrênicos, comparados a pacientes não-esquizofrênicos. Algumas drogas antipsicóticas parecem bloquear receptores de dopamina e algumas drogas que aumentam a função central da dopamina agravam os sintomas da esquizofrenia. Uma hipótese é que medicamentos neurolépticos agem diminuindo a transmissão central de dopamina, resultando em uma diminuição na atividade esquizofrênica.

Em um estudo envolvendo 25 esquizofrênicos hospitalizados,[11] cada um foi tratado com medicamentos antipsicóticos (neurolépticos), observados durante um período de tempo e classificados como não-psicóticos ou psicóticos pela equipe de profissionais atendentes do hospital. Durante o tratamento, 15 foram considerados não-psicóticos e 10 permaneceram psicóticos. De cada paciente, foram extraídas amostras de fluido cerebrospinal e analisadas quanto à atividade de dopamina $b$-hidroxilase (DBH). Os resultados são mostrados na Tabela 6.19. Os pesquisadores queriam determinar se a diferença em atividade de DBH entre os dois grupos era significante.

1. *Hipótese nula.* $H_0$: a atividade DBH no fluido cerebrospinal de pacientes esquizofrênicos que se tornaram não-psicóticos durante o tratamento é a mesma que a atividade DBH em pacientes que permaneceram esquizofrênicos. $H_1$: os níveis de atividade DBH nos dois grupos são diferentes.
2. *Teste estatístico.* O teste posto-ordem robusto é escolhido porque este estudo envolve duas amostras independentes e usa mensuração (atividade DBH no fluido cerebrospinal como um índice da atividade em locais do sistema nervoso central) a qual está, provavelmente, no máximo em uma escala ordinal. Além disso, pelo fato dos grupos poderem diferir em termos de variabilidade, o teste posto-ordem robusto é apropriado.
3. *Nível de significância.* Seja $\alpha = 0,05$, $m$ é o número de pacientes considerados não-psicóticos = 15, e $n$ é o número de pacientes que permaneceram psicóticos = 10.
4. *Distribuição amostral.* As probabilidades associadas com a ocorrência, quando $H_0$ é verdadeira, de valores tão grandes quanto $\dot{U}$ podem ser determinadas pela distribuição normal (Tabela A do Apêndice).
5. *Região de rejeição.* Como $H_1$ não estabelece a direção da diferença, um teste bilateral é apropriado. Portanto, como $\alpha = 0,05$, a região de rejeição consiste de todos os valores de $\dot{U}$ que são maiores que 1,96 ou menores que $-1,96$, usando a distribuição normal como aproximação à distribuição amostral de $\dot{U}$.

---

[11] Sternberg, D. E., Van Kammen, D. P. e Bunney, W. E. (1982). Schizophrenia: Dopamine b-hydroxylase activity and treatment response. *Science*, **216**, 1423-1425.

**TABELA 6.19**
Atividade da dopamina b-hidroxilase no fluido cerebrospinal de pacientes esquizofrênicos depois de tratamento com medicação antipsicótica

| Considerados não-psicóticos | Permaneceram psicóticos |
|---|---|
| m = 15 | n = 10 |
| 0,0252 | 0,0320 |
| 0,0230 | 0,0306 |
| 0,0210 | 0,0275 |
| 0,0200 | 0,0270 |
| 0,0200 | 0,0245 |
| 0,0180 | 0,0226 |
| 0,0170 | 0,0222 |
| 0,0156 | 0,0208 |
| 0,0154 | 0,0204 |
| 0,0145 | 0,0150 |
| 0,0130 | |
| 0,0116 | |
| 0,0112 | |
| 0,0105 | |
| 0,0104 | |

Nota: Medidas são em nmol/(ml)(hr)/(mg) de proteína.

6. *Decisão*. Para calcular a estatística $\grave{U}$, precisamos calcular as posições dos escores $X$ e $Y$. A Tabela 6.20 resume os cálculos de $U(YX_i)$ e $U(XY_j)$. Com os valores encontrados na Tabela 6.20 e usando as duas Equações (6.14a) e (6.14b), encontramos

$$U(YX) = \sum_{i=1}^{m} \frac{U(YX_i)}{m} \qquad (6.14a)$$

$$= \frac{20}{15}$$

$$= 1,33$$

e

$$U(XY) = \sum_{j=1}^{n} \frac{U(XY_j)}{n} \qquad (6.14b)$$

$$= \frac{130}{10}$$

$$= 13$$

A seguir, usando a Equação (6.15), precisamos encontrar o índice de variabilidade para $U(YX_i)$ e $U(XY_j)$.

$$V_x = \sum_{i=1}^{m} [U(YX_i) - U(YX)]^2 \qquad (6.15a)$$

$$= 49{,}33$$

**TABELA 6.20**
Posições para observações na Tabela 6.19

| $X_i$ | $U(YX_i)$ | $U(YX_i) - U(YX)$ | $Y_j$ | $U(XY_j)$ | $U(XY_j) - U(XY)$ |
|---|---|---|---|---|---|
| 0,0104 | 0 | $\frac{4}{3}$ | | | |
| 0,0105 | 0 | $\frac{4}{3}$ | | | |
| 0,0112 | 0 | $\frac{4}{3}$ | | | |
| 0,0116 | 0 | $\frac{4}{3}$ | | | |
| 0,0130 | 0 | $\frac{4}{3}$ | | | |
| 0,0145 | 0 | $\frac{4}{3}$ | | | |
| | | | 0,0150 | 6 | 7 |
| 0,0154 | 1 | $\frac{1}{3}$ | | | |
| 0,0156 | 1 | $\frac{1}{3}$ | | | |
| 0,0170 | 1 | $\frac{1}{3}$ | | | |
| 0,0180 | 1 | $\frac{1}{3}$ | | | |
| 0,0200 | 1 | $\frac{1}{3}$ | | | |
| 0,0200 | 1 | $\frac{1}{3}$ | | | |
| | | | 0,0204 | 12 | 1 |
| | | | 0,0208 | 12 | 1 |
| 0,0210 | 3 | $\frac{5}{3}$ | | | |
| | | | 0,0222 | 13 | 0 |
| | | | 0,0226 | 13 | 0 |
| 0,0230 | 5 | $\frac{11}{3}$ | | | |
| | | | 0,0245 | 14 | 1 |
| 0,0252 | 6 | $\frac{14}{3}$ | | | |
| | | | 0,0270 | 15 | 2 |
| | | | 0,0275 | 15 | 2 |
| | | | 0,0306 | 15 | 2 |
| | | | 0,0320 | 15 | 2 |
| | $\overline{20}$ | | | $\overline{130}$ | |
| | $U(YX) = \frac{20}{15} = \frac{4}{3} = 1{,}33$ | | | $U(XY) = \frac{130}{10} = 13$ | |

e
$$V_y = \sum_{j=1}^{n} [U(XY_j) - U(XY)]^2 \quad (6.15b)$$

$$= 68$$

Finalmente, calculamos a estatística do teste $\dot{U}$.

$$\dot{U} = \frac{mU(YX) - nU(XY)}{2\sqrt{V_x + V_y + U(XY)U(YX)}} \quad (6.16)$$

$$= \frac{15(1,33) - 10(13)}{2\sqrt{49,33 + 68 + (1,33)(13)}}$$

$$= -4,74$$

Como o valor observado $\dot{U}$ excede o valor crítico (− 1,96), podemos rejeitar a hipótese $H_0$ de que não há diferença entre os dois grupos com relação à atividade DBH.

**EMPATES.** Como é algumas vezes o caso com dados observados, observações empatadas podem ocorrer. No cálculo da estatística do teste posto-ordem robusto, o ajuste para empates é direto. O ajuste é feito ao calcular as posições:

$U(YX_i)$ = número de observações $Y$ na amostra que são menores que $X_i + \frac{1}{2}$ do número de observações $Y$ na amostra que são iguais a $X_i$.

$U(XY_j)$ = número de observações $X$ na amostra que são menores que $Y_j + \frac{1}{2}$ do número de observações $X$ na amostra que são iguais a $Y_j$.

Os cálculos de $U(YX)$, $U(XY)$, $V_x$, $V_y$ e $\dot{U}$ são então completados usando as posições ajustadas.

### 6.5.3 Resumo do procedimento

Estes são os passos no uso do teste posto-ordem robusto:

1. Ordene os escores nos grupos $X$ e $Y$ combinados. Para cada escore em cada grupo, calcule as posições $U(YX_i)$ e $U(XY_j)$. Se necessário, faça ajustes para observações empatadas.
2. Calcule as posições médias $U(YX)$ e $U(XY)$, os índices de variabilidade $V_x$ e $V_y$ e a estatística $\dot{U}$ usando a Equação (6.16).
3. O método para determinar a significância de $\dot{U}$ depende do tamanho de $m$ e de $n$:
    a) Se $m$ e $n$ são menores do que 12, as probabilidades de significância associadas com os valores grandes de $\dot{U}$ são dadas na Tabela K do Apêndice. Os valores tabelados são probabilidades unilaterais. Para um teste bilateral, as probabilidades devem ser dobradas.
    b) Se $m$ ou $n$ são maiores que 12, a probabilidade associada com um valor tão extremo quanto o valor observado de $\dot{U}$ pode ser determinada pela

Tabela A do Apêndice já que, para $m$ e $n$ grandes, a distribuição amostral de $\dot{U}$ é aproximadamente normal.

4. Se o valor observado de $\dot{U}$ tem uma probabilidade associada menor ou igual a $\alpha$, rejeite $H_0$ em favor de $H_1$.

### 6.5.4 Poder-Eficiência

O teste tem nível de significância exato $\alpha$ para testar a hipótese de que $X$ e $Y$ têm distribuições idênticas. O nível de significância é aproximado quando testamos a hipótese $H_0$: $\theta_x = \theta_y$ sem exigir variâncias iguais para as duas populações. Em geral, o teste tem essencialmente o mesmo poder que o teste de Wilcoxon (quando as suposições daquele teste são satisfeitas); entretanto, a estatística do teste parece aproximar-se da distribuição normal um pouco mais rápido quando $m$ e $n$ crescem.

### 6.5.5 Referências

O problema de Behrens-Fisher (comparação de dois grupos com variâncias desiguais) tem uma longa história em estatística. Testes não-paramétricos para esta situação são relativamente novos, e alguns que têm sido propostos são difíceis de serem calculados. Para discussão adicional, ver Lehmann (1975) e Randles e Wolfe (1979). O teste descrito neste capítulo é atribuído a Fligner e Policello (1981).

## 6.6 O TESTE DE DUAS AMOSTRAS DE KOLMOGOROV-SMIRNOV

### 6.6.1 Função e fundamentos lógicos

O *teste de duas amostras de Kolmogorov-Smirnov* é um teste para testar se duas amostras independentes foram extraídas de uma mesma população (ou de populações com uma mesma distribuição). O teste bilateral é sensível a qualquer tipo de diferença nas distribuições das quais as duas amostras foram extraídas – diferenças em localização (tendência central), em dispersão, em assimetria, etc. O teste unilateral é usado para decidir se os valores da população da qual uma das amostras foi extraída são estocasticamente maiores ou não do que os valores da população da qual a outra amostra foi extraída, por exemplo, para testar a predição de que os escores de um grupo experimental será maior do que aqueles do grupo controle.

Assim como no teste de uma amostra de Kolmogorov-Smirnov (Seção 4.3), o teste de duas amostras é concernente com a concordância entre duas distribuições acumuladas. O teste de uma amostra refere-se à concordância entre a distribuição de um conjunto de valores amostrais e alguma distribuição teórica especificada. O teste de duas amostras refere-se à concordância entre dois conjuntos de valores amostrais.

Se duas amostras foram, de fato, extraídas da mesma distribuição populacional, então pode-se esperar que as distribuições acumuladas de ambas as amostras estejam bastante próximas uma da outra, visto que ambas devem apresentar somente desvios aleatórios da distribuição populacional comum. Se as distribuições acumuladas das duas amostras estão "muito distantes" em um ponto qualquer, isto sugere que as amostras provêm de populações diferentes. Então um desvio suficientemente grande entre as distribuições acumuladas das duas amostras é uma evidência para rejeitar $H_0$.

### 6.6.2 Método

Para aplicar o teste de duas amostras de Kolmogorov-Smirnov, determinamos a distribuição de freqüência acumulada[12] para cada amostra de observações usando o mesmo intervalo para ambas as distribuições. Então, para cada intervalo subtraímos uma função degrau da outra. O teste focaliza sobre o maior destes desvios observados.

Seja $S_m(X)$ a distribuição acumulada observada para uma amostra (de tamanho $m$), isto é, $S_m(X) = K/m$, onde $K$ é o número de dados menores ou iguais a $X$. E seja $S_n(X)$ a distribuição acumulada observada da outra amostra, isto é, $S_n(X) = K/n$. Agora, a estatística do teste de duas amostras de Kolmogorov-Smirnov é

$$D_{m,n} = \max[S_m(X) - S_n(X)] \tag{6.17}$$

para um teste unilateral, e

$$D_{m,n} = \max|S_m(X) - S_n(X)| \tag{6.18}$$

para um teste bilateral.

Em cada caso, a distribuição amostral de $D_{m,n}$ é conhecida. As probabilidades associadas com a ocorrência de valores tão grandes quanto um valor observado de $D_{m,n}$ sob a hipótese nula (de que as duas amostras tenham vindo da mesma distribuição) estão tabeladas. De fato, existem *duas* distribuições amostrais, dependendo de o teste ser unilateral ou bilateral. Note que para um teste unilateral, encontramos o $D_{m,n}$ *na direção predita* [usando a Equação (6.17)], e para um teste bilateral, encontramos a diferença *absoluta* máxima $D_{m,n}$ [usando a Equação (6.18)] independentemente de direção. Isto porque no teste unilateral, $H_1$ significa que os valores da população da qual uma amostra foi extraída são estocasticamente maiores do que os valores da população da qual a outra amostra foi extraída, enquanto no teste bilateral, $H_1$ significa simplesmente que as duas amostras provêm de populações diferentes.

No uso do teste de Kolmogorov-Smirnov em dados para os quais o tamanho e o número de intervalos são arbitrários, é conveniente usar tantos intervalos quanto forem possíveis. Quando muito poucos intervalos são usados, informação pode ser perdida. Isto é, o desvio vertical máximo $D_{m,n}$ das duas distribuições acumuladas pode ser obscurecido quando os dados são distribuídos em muito poucos intervalos.

Por exemplo, na situação apresentada a seguir para o caso de pequenas amostras, somente oito intervalos foram usados para simplificar a exposição. Como acontece, oito intervalos foram suficientes para obter um $D_{m,n}$ que nos permitiu rejeitar $H_0$ no nível de significância predeterminado. Se tivesse acontecido que, com estes oito intervalos, o $D_{m,n}$ observado não tivesse sido grande o suficiente para nos permitir rejeitar $H_0$, então,

---

[12] Nesta seção usamos o termo *distribuição de freqüência acumulada* para nos referirmos à função de distribuição empírica, a qual é a *proporção* de observações que são menores ou iguais a um valor particular. Em alguns textos esta função é chamada de *distribuição de freqüência relativa acumulada*.

antes que pudéssemos aceitar $H_0$, seria necessário aumentar o número de intervalos a fim de termos segurança de que o desvio máximo $D_{m,n}$ foi ou não obscurecido pelo uso de muito poucos intervalos. É recomendado então começar com tantos intervalos quanto forem possíveis, e assim não perder informações inerentes aos dados.

### 6.6.3 Pequenas amostras

Quando ambos, $m$ e $n$, são iguais a 25 ou menos, a Tabela $L_I$ do Apêndice pode ser usada para testar a hipótese nula contra uma alternativa unilateral, e a Tabela $L_{II}$ pode ser usada para testar a hipótese nula contra uma alternativa bilateral. O corpo dessas tabelas fornece valores de $mnD_{m,n}$, os quais são significantes em vários níveis de significância. Conhecendo os valores $m$, $n$, $mnD_{m,n}$ e se o teste é unilateral ou bilateral, é possível encontrar valores críticos da estatística. Por exemplo, em um teste unilateral onde $m = 6$ e $n = 8$, rejeita-se $H_0$ no nível $\alpha = 0,01$ quando $mnD_{m,n} \geq 38$.

**TABELA 6.21**
Porcentagem do total de erros na primeira metade da série

| Sujeitos da 2ª série do ensino médio | Sujeitos da 7ª série do ensino fundamental |
|---|---|
| 35,2 | 39,1 |
| 39,2 | 41,2 |
| 40,9 | 45,2 |
| 38,1 | 46,2 |
| 34,4 | 48,4 |
| 29,1 | 48,7 |
| 41,8 | 55,0 |
| 24,3 | 40,6 |
| 32,4 | 52,1 |
| — | 47,2 |

**Exemplo 6.6a** Lepley comparou a aprendizagem de 10 estudantes da 7ª série do ensino fundamental com a aprendizagem de 9 estudantes da 2ª série do ensino médio.[13] Sua hipótese foi de que o efeito inicial deveria ser menos proeminente na aprendizagem dos sujeitos mais jovens. Efeito inicial é a tendência de que o que é aprendido mais cedo em cada série é lembrado mais eficientemente do que o que é aprendido mais tarde. Ele testou esta hipótese comparando a porcentagem de erros feitos pelos dois grupos nos assuntos estudados na primeira metade das séries, predizendo que o grupo mais velho (os da 2ª série do ensino médio) cometeriam, relativamente, menos erros repetindo a primeira metade da série do que o grupo mais novo.

1. *Hipótese nula.* $H_0$: não há diferença na proporção de erros cometidos ao relembrar a primeira metade do que foi ensinado entre os estudantes da 2ª

---

[13] Lepley, W. M. (1934). Serial reactions considered as conditioned reactions. *Psychological Monographs,* **46**, edição integral, 205 p.

série do ensino médio e os estudantes da 7ª série do ensino fundamental. $H_1$: alunos da 2ª série do ensino médio cometem proporcionalmente menos erros do que os da 7ª série do ensino fundamental, ao recordar a primeira metade da série estudada.
2. *Teste estatístico.* Como duas amostras independentes pequenas são comparadas e a hipótese alternativa é unilateral, o teste de duas amostras de Kolmogorov-Smirnov será aplicado para os dados.
3. *Nível de significância.* Sejam $\alpha = 0{,}01$, $m = 9$ e $n = 10$.
4. *Distribuição amostral.* A Tabela $L_I$ do Apêndice fornece os valores críticos para a distribuição amostral de $mnD_{m,n}$ para $m$ e $n$ menores do que 25.
5. *Região de rejeição.* Como $H_1$ prediz a direção da diferença, a região de rejeição é unilateral. $H_0$ será rejeitada se o valor de $D_{m,n}$ (o maior desvio na direção predita) for tão grande que a probabilidade associada com sua ocorrência, quando $H_0$ é verdadeira, seja menor ou igual a $\alpha = 0{,}01$.
6. *Decisão.* A Tabela 6.21 dá a porcentagem de erros de cada estudante que foram cometidos na revisão da primeira metade dos assuntos aprendidos nas séries. Para a análise pelo teste de Kolmogorov-Smirnov, estes dados foram organizados em duas distribuições de freqüências acumuladas mostradas na Tabela 6.22. Nesta tabela $m = 9$ estudantes da 2ª série do ensino médio e $n = 10$ estudantes da 7ª série do ensino fundamental.

**TABELA 6.22**
Dados na Tabela 6.21 organizados para o teste de Kolmogorov-Smirnov

| | Porcentagens dos totais de erros na primeira metade das séries | | | | | | | |
|---|---|---|---|---|---|---|---|---|
| | 24 – 27 | 28 – 31 | 32 – 35 | 36 – 39 | 40 – 43 | 44 – 47 | 48 – 51 | 52 – 55 |
| $S_m(X)$ | $\frac{1}{9}$ | $\frac{2}{9}$ | $\frac{5}{9}$ | $\frac{7}{9}$ | $\frac{9}{9}$ | $\frac{9}{9}$ | $\frac{9}{9}$ | $\frac{9}{9}$ |
| $S_n(X)$ | $\frac{0}{10}$ | $\frac{0}{10}$ | $\frac{0}{10}$ | $\frac{1}{10}$ | $\frac{3}{10}$ | $\frac{6}{10}$ | $\frac{8}{10}$ | $\frac{10}{10}$ |
| $S_m(X) - S_n(X)$ | 0,111 | 0,222 | 0,556 | 0,678 | 0,700 | 0,400 | 0,200 | 0 |

Observe que a maior discrepância entre as duas distribuições cumulativas é $D_{m,n} = 0{,}70$. Assim, $mnD_{m,n} = (9)(10)(0{,}70) = 63$. Uma consulta à Tabela $L_I$ revela que o valor crítico para $\alpha = 0{,}01$ é 61; portanto, como o valor observado excede o valor crítico, rejeitamos $H_0$ em favor de $H_1$. Concluímos que os estudantes da 2ª série do ensino médio cometem, proporcionalmente, menos erros do que os estudantes da 7ª série do ensino fundamental, na revisão da primeira metade dos assuntos estudados em cada série.

### 6.6.4 Grandes amostras: teste bilateral

Quando ambos $m$ ou $n$ são maiores do que 25, a Tabela $L_{III}$ do Apêndice pode ser usada para o teste de duas amostras de Kolmogorov-Smirnov. Para usar esta tabela, determine o valor de $D_{m,n}$ para os dados observados usando a Equação (6.18). Então compare o valor observado com o valor crítico o qual é obtido entrando com os valores observados de $m$ e $n$ na expressão dada na Tabela $L_{III}$. Se o $D_{m,n}$ observado é igual ou maior do que o calculado da expressão na tabela, $H_0$ pode ser rejeitada no nível de significância (bilateral) associado com aquela expressão.

Por exemplo, suponha que $m = 55$ e $n = 60$ e que um pesquisador deseja aplicar um teste bilateral com $\alpha = 0{,}05$. Na linha para $\alpha = 0{,}05$ na tabela $L_{III}$, o pesquisador encontra o valor de $D_{m,n}$ que precisa ser igualado ou excedido a fim de rejeitar $H_0$. Fazendo os cálculos, o pesquisador conclui que $D_{m,n}$ precisa ser pelo menos igual a 0,254 a fim de rejeitar $H_0$, pois

$$1{,}36\sqrt{\frac{m+n}{mn}} = 1{,}36\sqrt{\frac{55+60}{(55)(60)}} = 0{,}254$$

### 6.6.5 Grandes amostras: teste unilateral

Quando $m$ e $n$ são grandes, podemos fazer um teste unilateral usando

$$D_{m,n} = \max[S_m(X) - S_n(X)] \tag{6.17}$$

Testamos a hipótese nula de que duas amostras tenham sido extraídas de uma mesma população contra a hipótese alternativa de que os valores da população da qual uma das amostras foi extraída são estocasticamente maiores do que os valores da outra população da qual a outra amostra foi extraída. Por exemplo, podemos querer testar não simplesmente se um grupo experimental é diferente de um grupo-controle mas se o grupo experimental é "maior" do que o grupo-controle.

Foi mostrado (Goodman, 1954) que

$$X^2 = 4D_{m,n}^2 \frac{mn}{m+n} \tag{6.19}$$

é aproximado por uma distribuição qui-quadrado com $gl = 2$ quando os tamanhos das amostras ($m$ e $n$) crescem. Isto é, podemos determinar a significância de um $D_{m,n}$ observado, calculado pela Equação (6.17), usando a Equação (6.19) e consultando a distribuição qui-quadrado com $gl = 2$ (Tabela C do Apêndice).

**Exemplo 6.6b Para grandes amostras.** Em um estudo de correlação de estrutura de personalidade autoritária,[14] uma hipótese era de que pessoas muito autoritárias mostrariam uma tendência maior de possuir estereótipos sobre membros de vários grupos nacionais e étnicos do que aquelas pouco autoritárias. Esta hipótese foi testada com um grupo de 98 mulheres, estudantes universitárias, selecionadas aleatoriamente. A cada uma foram dadas 20 fotografias, sendo elas solicitadas a "identificar" (por meio de comparação) quantas fossem possíveis. Como, sem conhecimento dos sujeitos, todas

---

[14] Siegel, S. (1954). Certain determinants and correlates of authoritarianism. *Genetic and Psychological Monographs,* **49**, 187-229.

as fotografias eram de nacionalidade mexicana – ou candidatos para eleições mexicanas ou vencedores de um concurso mexicano de beleza – e como a lista de comparação de 20 nacionalidades e grupos étnicos diferentes não incluía "mexicano", o número de fotografias que cada sujeito "identificou" constitui um índice da tendência do sujeito ao estereótipo.

O autoritarismo foi medido pela escala $F$ de autoritarismo e os sujeitos foram classificados como escore "alto" ou "baixo". Escores altos foram aqueles na mediana ou acima dela na escala $F$; escores baixos foram aqueles abaixo da mediana. A predição foi de que estes dois grupos diferiam no número de fotografias que eles identificaram.

1. *Hipótese nula.* $H_0$: as mulheres dessa universidade que tiveram escore baixo em autoritarismo, estereotipam tanto quanto (identificam o mesmo número de fotografias) as mulheres com escore alto em autoritarismo. $H_1$: mulheres com escore alto em autoritarismo estereotipam mais (identificam mais fotografias) do que mulheres com escore baixo em autoritarismo.
2. *Teste estatístico.* Como os escores baixos e os escores altos constituem dois grupos independentes, foi escolhido um teste para duas amostras independentes. Como o número de fotografias identificadas por um sujeito não pode ser considerado mais do que uma medida ordinal da tendência daquele sujeito a estereotipar, um teste não-paramétrico é requerido. O teste de duas amostras de Kolmogorov-Smirnov compara as distribuições de freqüências acumuladas das duas amostras e determina se o $D_{m,n}$ observado indica que elas foram extraídas de duas populações, uma das quais é estocasticamente maior do que a outra.
3. *Nível de significância.* Seja $\alpha = 0,01$. Os tamanhos $m$ e $n$ das amostras podem ser determinados somente após os dados terem sido coletados, porque os sujeitos serão agrupados de acordo com os respectivos escores estarem acima ou na mediana na escala $F$ ou abaixo da mediana na escala $F$.
4. *Distribuição amostral.* A distribuição amostral de

$$X^2 = 4D_{m,n}^2 \frac{mn}{m+n}$$

onde $D_{m,n}$ é calculado a partir da Equação (6.17), é aproximada pela distribuição qui-quadrado com $gl = 2$. A probabilidade associada a um valor observado de $D_{m,n}$ quando $H_0$ é verdadeira pode ser determinada consultando a Tabela C do Apêndice.
5. *Região de rejeição.* Como $H_1$ prediz a direção da diferença entre escores $F$ baixos e altos, um teste unilateral é usado. A região de rejeição consiste de todos os valores de $X^2$, calculados a partir da Equação (6.19), os quais são tão grandes que a probabilidade associada com sua ocorrência, quando $H_0$ é verdadeira, é menor ou igual a $\alpha = 0,01$.
6. *Decisão.* Das 98 mulheres universitárias, 44 obtiveram escores $F$ abaixo da mediana; assim $m = 44$. As 54 mulheres remanescentes obtiveram escores na mediana ou acima dela; assim $n = 54$. O número de fotografias identificadas por sujeito em cada um dos dois grupos é dado na Tabela 6.23. Para aplicar o teste de Kolmogorov-Smirnov, reorganizamos estes dados em duas distribuições de freqüências acumuladas, como na Tabela 6.24. Por

### TABELA 6.23
Números baixos e altos de autoritários "identificando" várias fotografias

| Número de fotografias "identificadas" | Escores baixos | Escores altos |
|---|---|---|
| 0 – 2 | 11 | 1 |
| 3 – 5 | 7 | 3 |
| 6 – 8 | 8 | 6 |
| 9 – 11 | 3 | 12 |
| 12 – 14 | 5 | 12 |
| 15 – 17 | 5 | 14 |
| 18 – 20 | 5 | 6 |

meio de subtração, encontramos as diferenças entre as duas distribuições amostrais nos vários intervalos. A maior destas diferenças na direção predita é 0,406. Isto é,

$$D_{m,n} = \max[S_m(X) - S_n(X)]$$

$$D_{44,54} = \max[S_{44}(X) - S_{54}(X)]$$

$$= 0,406$$

Com $D_{44,54} = 0,406$, calculamos o valor de $X^2$ como definido na Equação (6.19):

$$X^2 = 4D_{m,n}^2 \frac{mn}{m+n} \qquad (6.19)$$

$$= \frac{4(0,406)^2(44)(54)}{44 + 54}$$

$$= 15,99$$

### TABELA 6.24
Dados na Tabela 6.23 organizados para o teste de Kolmogorov-Smirnov

| | Número de fotografias "identificadas" | | | | | | |
|---|---|---|---|---|---|---|---|
| | 0 – 2 | 3 – 5 | 6 – 8 | 9 – 11 | 12 – 14 | 15 – 17 | 18 – 20 |
| $S_{44}(X)$ | $\frac{11}{44}$ | $\frac{18}{44}$ | $\frac{26}{44}$ | $\frac{29}{44}$ | $\frac{34}{44}$ | $\frac{39}{44}$ | $\frac{44}{44}$ |
| $S_{54}(X)$ | $\frac{1}{54}$ | $\frac{4}{54}$ | $\frac{10}{54}$ | $\frac{22}{54}$ | $\frac{34}{54}$ | $\frac{38}{54}$ | $\frac{54}{54}$ |
| $S_{44}(X) - S_{54}(X)$ | 0,232 | 0,355 | 0,406 | 0,252 | 0,143 | 0,182 | 0,0 |

Uma consulta à Tabela C do Apêndice revela que a probabilidade associada com $X^2 = 15,99$ para $gl = 2$ é $p < 0,001$ (teste unilateral). Como este valor é menor que $\alpha = 0,01$, podemos rejeitar $H_0$ em favor de $H_1$.[15] Concluímos que mulheres que tiveram escore alto na escala do autoritarismo, estereotipam mais (identificam mais fotografias) do que as mulheres com escore baixo na escala.

É interessante notar que a aproximação qui-quadrado também pode ser usada com pequenas amostras, mas neste caso ela leva a um teste conservativo. Isto é, o erro no uso da aproximação qui-quadrado com pequenas amostras ocorre sempre na direção "segura" (Goodman, 1954 p. 168). Em outras palavras, se $H_0$ é rejeitada com o uso da aproximação qui-quadrado com amostras pequenas, podemos seguramente ter confiança na decisão. Assim, a aproximação qui-quadrado pode ser usada para amostras pequenas, mas o teste é conservativo e o uso da Tabela $L_I$ do Apêndice é preferido.

### 6.6.6 Resumo do procedimento

Estes são os passos no uso do teste de duas amostras de Kolmogorov-Smirnov:

1. Organize cada um dos dois grupos de escores em uma distribuição de freqüências acumuladas usando os mesmos intervalos (ou classificações) para ambas as distribuições. Use tantos intervalos quanto possível.
2. Por meio de subtração, determine a diferença entre as distribuições acumuladas das duas amostras a cada ponto da lista.
3. Determine a maior destas diferenças, $D_{m,n}$. Para um teste unilateral, $D_{m,n}$ é a maior diferença na direção predita. Para um teste bilateral, $D_{m,n}$ é a maior diferença em qualquer direção.
4. O método para determinar a significância do $D_{m,n}$ observado depende dos tamanhos das amostras e da natureza de $H_1$:
    a) Quando $m$ e $n$ são ambos $\leq 25$, a Tabela $L_I$ do Apêndice é usada para um teste unilateral e a Tabela $L_{II}$ do Apêndice é usada para um teste bilateral. Em ambas as tabelas é usada a entrada $mnD_{m,n}$.
    b) Para um teste bilateral quando $m$ ou $n$ são maiores do que 25, a Tabela $L_{III}$ é usada. Valores críticos de $D_{m,n}$ para valores dados grandes de $m$ ou $n$ podem ser calculados usando as fórmulas daquela tabela.
    c) Para um teste unilateral quando $m$ ou $n$ são maiores do que 25, o valor de $X^2$ calculado pela Equação (6.19) é distribuído como um qui-quadrado com $gl = 2$. Sua significância pode ser determinada com o uso da Tabela C do Apêndice. (A aproximação qui-quadrado pode também ser empregada para $m$ e $n$ pequenos, mas ele é conservativo e o uso da Tabela $L_I$ é preferido.)
5. Se o valor observado é maior ou igual àquele dado na tabela apropriada para um particular nível de significância, $H_0$ pode ser rejeitada em favor de $H_1$.

---

[15] Com o uso de um teste paramétrico, Siegel tomou a mesma decisão; ele encontrou $t = 3,55$, $p < 0,001$ (teste unilateral).

### 6.6.7 Poder-eficiência

Quando comparado com o teste $t$, o teste de Kolmogorov-Smirnov tem poder-eficiência alto (em torno de 95%) para amostras pequenas. Quando o tamanho da amostra cresce, o poder-eficiência decresce levemente.

O teste de Kolmogorov-Smirnov é mais poderoso que os testes qui-quadrado e da mediana.

A evidência parece indicar que, enquanto para amostras muito pequenas o teste de Kolmogorov-Smirnov é levemente mais eficiente do que o teste de Wilcoxon-Mann-Whitney, para amostras grandes acontece o contrário.

### 6.6.8 Referências

Para outras discussões sobre o teste de duas amostras de Kolmogorov-Smirnov, o leitor pode consultar Goodman (1954), Kolmogorov (1941) e Smirnov (1948).

## 6.7 O TESTE DA PERMUTAÇÃO PARA DUAS AMOSTRAS INDEPENDENTES

### 6.7.1 Função

O teste da permutação para duas amostras independentes é uma técnica não-paramétrica útil e potente para testar a significância da diferença entre as médias de duas amostras independentes quando os tamanhos $m$ e $n$ das amostras são pequenos. O teste utiliza valores numéricos dos escores e, portanto, requer pelo menos mensuração intervalar da variável estudada. Com o teste da permutação podemos determinar a probabilidade exata associada com nossas observações sob a suposição de que $H_0$ é verdadeira, e isto pode ser feito sem qualquer suposição especial sobre as distribuições subjacentes das populações envolvidas.

### 6.7.2 Fundamentos lógicos e método

Considere o caso de duas amostras independentes pequenas, ambas extraídas aleatoriamente de duas populações ou resultados de atribuições aleatórias de dois tratamentos aos membros de um grupo cujas origens são arbitrárias. O grupo $X$ inclui cinco objetos; $m = 5$. O grupo $Y$ inclui quatro sujeitos; $n = 4$. Observamos os seguintes escores:

Escores para o grupo $X$:    16    19    22    24    29
Escores para o grupo $Y$:     0    11    12    20

Com esses escores,[16] queremos testar a hipótese nula de não-diferença entre as médias contra a hipótese alternativa de que a média da população da qual foi extraído o grupo

---

[16] Este exemplo é tirado de Pitman, E. J. G. (1937a). Significance tests which may be applied to samples from any population. *Journal of the Royal Statistical Society*, **4**, 122.

$X$ é maior do que a média da população da qual o grupo $Y$ foi extraído. Isto é, $H_0$: $\mu_x = \mu_y$ e $H_1$: $\mu_x > \mu_y$.

Agora, sob a hipótese nula, todas as $m + n$ observações podem ser consideradas como sendo da mesma população. Ou seja, é meramente uma questão de sorte que certas observações sejam rotuladas $X$ e outras sejam rotuladas $Y$. A atribuição dos rótulos $X$ e $Y$ aos escores na maneira particular observada, pode ser concebida como um dos muitos resultados igualmente prováveis, se $H_0$ é verdadeira. Quando $H_0$ é verdadeira, os rótulos poderiam ter sido atribuídos aos escores em qualquer uma das 126 maneiras igualmente prováveis:

$$\binom{m+n}{n} = \binom{5+4}{4} = 126$$

Quando $H_0$ é verdadeira, somente uma vez em 126 "experimentos" aconteceria que os cinco maiores escores dos $N = m + n = 9$ receberiam o rótulo $X$, enquanto os quatro menores receberiam o rótulo $Y$.

Agora, se justamente um tal resultado ocorresse em um experimento real de um único ensaio, rejeitaríamos $H_0$ no nível $p = \frac{1}{126} = 0{,}008$ de significância, aplicando a argumentação de que, se os dois grupos são realmente de uma população comum, isto é, se $H_0$ é realmente verdadeira, não há uma boa razão para pensar que o mais extremo entre os possíveis 126 resultados deva ocorrer justamente sobre o ensaio que constitui nosso experimento. Isto é, decidiríamos que a probabilidade de que o evento observado ocorra, quando $H_0$ é verdadeira, é muito pequena e, portanto, rejeitaríamos $H_0$. Isso é parte da lógica familiar da inferência estatística.

O teste da permutação especifica um conjunto de resultados possíveis mais extremos, os quais poderiam ocorrer com $N = m + n$ escores, e os designa como a região de rejeição. Quando temos $\binom{m+n}{n}$ ocorrências igualmente prováveis sob $H_0$, para algumas destas a diferença entre $\sum X$ (a soma dos escores do grupo $X$) e $\sum Y$ (a soma dos escores do grupo $Y$) será extrema. Os casos para os quais estas diferenças são as maiores constituem a região de rejeição.

Se $\alpha$ é o nível de significância, então a região de rejeição consiste de $\alpha \binom{m+n}{n}$ mais extrema entre as ocorrências possíveis. Isto é, o *número* de resultados possíveis constituindo a região de rejeição é $\alpha \binom{m+n}{n}$. Os resultados particulares escolhidos para constituir este número são aqueles para os quais a diferença entre a média dos $X$'s e a média dos $Y$'s é a maior. Há ocorrências nas quais a diferença entre $\sum X$ e $\sum Y$ é maior. Agora, se a amostra que obtivemos está entre aqueles casos incluídos na região de rejeição, rejeitamos $H_0$ no nível de significância $\alpha$.

No exemplo acima de $N = 9$ escores, existem $\binom{5+4}{4} = 126$ diferenças possíveis entre $\sum X$ e $\sum Y$. Se $\alpha = 0{,}05$, então a região de rejeição consiste de $\alpha \binom{m+n}{n} = 0{,}05$ (126) = 6,3 resultados extremos. Como a hipótese alternativa é direcional, a região de rejeição consiste de seis resultados possíveis mais extremos na direção especificada.

Como a hipótese alternativa é $H_1$: $\mu_x > \mu_y$, os seis resultados possíveis mais extremos constituindo a região de rejeição com $\alpha = 0{,}05$ (teste unilateral) são aqueles dados na Tabela 6.25. O terceiro destes resultados extremos possíveis, aquele marcado com dois asteriscos, vem da amostra que obtivemos. Como nosso conjunto de escores observados está na região de rejeição, podemos rejeitar $H_0$ com $\alpha = 0,05$. A probabilidade exata (unilateral) de ocorrência dos escores observados de um conjunto mais extremo quando $H_0$ é verdadeira é $p = \frac{3}{126} = 0,024$.

Agora, se a hipótese alternativa não tivesse predito a direção da diferença, então, é claro, um teste bilateral de $H_0$ teria sido apropriado. Neste caso, os seis conjuntos de resultados possíveis na região de rejeição consistiriam dos três resultados possíveis mais extremos em uma direção e dos três resultados possíveis mais extremos na outra direção. Assim, ela incluiria os seis resultados possíveis onde a diferença entre $\sum X$ e $\sum Y$ fosse a maior em valor absoluto. Para ilustrar, os seis resultados possíveis mais extremos para um teste bilateral com $\alpha = 0,05$ para os nove escores apresentados anteriormente são dados na Tabela 6.26. Com nossos escores observados, $H_0$ teria sido rejeitada em favor da hipótese alternativa $H_1: \mu_x = \backslash \mu_y$, porque a amostra obtida (marcada com dois asteriscos na Tabela 6.26) é um dos seis mais extremos entre os resultados

### TABELA 6.25
Os seis resultados possíveis mais extremos na direção predita*

| Escores possíveis para cinco casos X | Escores possíveis para quatro casos Y | $\sum X - \sum Y$ |
|---|---|---|
| 29  24  22  20  19 | 16  12  11  0 | 114 – 39 = 75 |
| 29  24  22  20  16 | 19  12  11  0 | 111 – 42 = 69 |
| 29  24  22  19  16 | 20  12  11  0 | 110 – 43 = 67** |
| 29  24  20  19  16 | 22  12  11  0 | 108 – 45 = 63 |
| 29  24  22  20  12 | 19  16  11  0 | 107 – 46 = 61 |
| 29  22  20  19  16 | 24  12  11  0 | 106 – 47 = 59 |

*Estes constituem a região de rejeição para o teste da permutação quando $\alpha = 0,05$.
**A amostra observada.

### TABELA 6.26
Os seis resultados possíveis mais extremos em ambas as direções*

| Escores possíveis para cinco casos X | Escores possíveis para quatro casos Y | $|\sum X - \sum Y|$ |
|---|---|---|
| 29  24  22  20  19 | 16  12  11  0 | \|114 – 39\| = 75 |
| 29  24  22  20  16 | 19  12  11  0 | \|111 – 42\| = 69 |
| 29  24  22  19  16 | 20  12  11  0 | \|110 – 43\| = 67** |
| 22  16  12  11  0 | 29  24  20  19 | \|61 – 92\| = 31 |
| 20  16  12  11  0 | 29  24  22  19 | \|59 – 94\| = 35 |
| 19  16  12  11  0 | 29  24  22  20 | \|58 – 95\| = 37 |

*Estes formam a região de rejeição bilateral para o teste da permutação quando $\alpha = 0,05$.
**A amostra observada.

possíveis em ambas as direções. A probabilidade exata (bilateral) associada com a ocorrência, quando $H_0$ é verdadeira, de um conjunto tão extremo (ou mais extremo) quanto o observado é $p = \frac{6}{126} = 0{,}048$.

### 6.7.3 Grandes amostras

Quando $m$ e $n$ são grandes, os cálculos necessários para o teste da permutação podem tornar-se extremamente cansativos. É possível escrever um programa computacional simples para calcular os resultados possíveis. Entretanto, quando $N = m + n$ torna-se grande, os cálculos consomem muito tempo, mesmo para o computador. No entanto, os cálculos podem ser evitados porque pode ser mostrado que, se $m$ e $n$ são grandes e a curtose das amostras combinadas é pequena, então a distribuição da permutação de $\binom{m+n}{n}$ possíveis resultados é muito bem aproximada pela distribuição $t$. Isto é, se as condições anteriores são satisfeitas, então o teste $t$ para diferenças entre duas médias pode ser usado para testar a hipótese

$$t = \frac{\bar{X} - \bar{Y}}{\sqrt{\sum(X_i - \bar{X})^2/m(m-1) + \sum(Y_i - \bar{Y})^2/n(n-1)}} \qquad (6.20)$$

a qual tem aproximadamente a distribuição $t$ de Student. A expressão para os graus de liberdade é complicada,[17] mas um teste aproximado teria $gl = m + n - 2$. Portanto, a probabilidade associada com a ocorrência, quando $H_0$ é verdadeira, de quaisquer valores tão extremos quanto um $t$ observado, pode ser determinada por meio da Tabela B do Apêndice.

O leitor deve notar que, mesmo sendo a Equação (6.20) uma forma do teste $t$, o teste não é usado neste caso como um teste estatístico paramétrico, pois baseia-se no teorema do limite central para que a distribuição amostral das médias amostrais tenha, assintoticamente, a distribuição normal quando as observações individuais não a têm. Entretanto, seu uso assume não somente que as duas condições mencionadas acima sejam satisfeitas como também que os escores representem mensurações pelo menos em escala intervalar.

Quando $m$ e $n$ são grandes, outra alternativa para o teste da permutação é o teste de Wilcoxon, o qual pode ser pensado como um teste da permutação aplicado aos *postos* das observações e, então, constitui uma boa aproximação para o teste da permutação. Pode ser mostrado que existem situações para as quais o teste de Wilcoxon é mais poderoso do que o teste $t$ e, assim, é a melhor alternativa.

---

[17] No caso de variâncias populacionais desiguais, os graus de liberdade para o teste $t$ são uma função de ambos os tamanhos das amostras e das variâncias amostrais. O valor correto para os graus de liberdade encontra-se entre o menor tamanho da amostra menos 1 e $m + n - 2$. Então, usando $gl = \min(m, n) - 1$ o teste é conservativo, pois, se $H_0$ é rejeitada com o mínimo possível de graus de liberdade, ela será rejeitada com um valor maior.

### 6.7.4 Resumo do procedimento

Estes são os passos no uso do teste da permutação para duas amostras independentes:

1. Determine o número de resultados possíveis na região de rejeição: $\alpha \binom{m+n}{n}$.
2. Especifique como pertencentes à região de rejeição aquele número dos resultados possíveis mais extremos. Os extremos são aqueles que dão as maiores diferenças entre $\sum X$ e $\sum Y$. Para um teste unilateral, todos estão na direção predita. Para um teste bilateral, metade deles são os resultados possíveis mais extremos em uma direção e metade são os resultados possíveis mais extremos na outra direção.
3. Se os escores observados contêm um dos resultados listados na região de rejeição, rejeite $H_0$ no nível $\alpha$ de significância.

Para amostras tão grandes que a enumeração dos resultados possíveis na região de rejeição se torne muito cansativa, um programa computacional (ver Apêndice II) ou a Equação (6.20) podem ser usados como uma aproximação, desde que as condições para seu uso sejam satisfeitas pelos dados. Alternativas que não precisam satisfazer tais condições e, assim, podem ser mais satisfatórias são o teste de Wilcoxon ou o teste posto-ordem robusto.

### 6.7.5 Poder-eficiência

Devido ao fato de ele usar toda a informação contida nas amostras, o teste da permutação para duas amostras independentes tem poder-eficiência (no sentido definido no Capítulo 3) de 100%.

### 6.7.6 Referências

Discussões sobre o teste da permutação para duas amostras independentes podem ser encontradas em Moses (1952a), Pitman (1937a, 1937b, 1937c) e Lehmann (1975).

## 6.8 O TESTE DE SIEGEL-TUKEY PARA DIFERENÇAS DE ESCALAS

### 6.8.1 Função e fundamentos lógicos

Em ciências do comportamento, algumas vezes esperamos que uma condição experimental cause, em alguns sujeitos, um comportamento extremo em uma direção e que, em outros, cause um comportamento extremo na direção oposta. Assim, podemos pensar que depressão econômica e a instabilidade política tornarão algumas pessoas extremamente reacionárias e outras extremamente "esquerdistas" em suas opiniões políticas. Ou podemos esperar que desequilíbrios no meio ambiente criem excitamentos extremos em algumas pessoas mentalmente doentes, enquanto, em outras pessoas, criam extremo isolamento. Em pesquisa psicológica utilizando uma abordagem perceptual para a personalidade, existem razões teóricas para predizer que "defesa perceptual" pode manifestar-se em uma extremamente rápida "vigilante" resposta perceptual ou em uma extremamente vagarosa "repressiva" resposta perceptual.

O *teste de Siegel-Tukey* é especificamente indicado para ser usado com dados medidos pelo menos em uma escala ordinal, coletados para testar tais hipóteses. Ele deve ser usado quando se espera que um grupo venha a ter mais variabilidade do que outro, porém as medianas (ou médias) dos dois grupos são as mesmas (ou conhecidas). Em estudos de defesa perceptual, por exemplo, esperamos que sujeitos do grupo-controle apresentem respostas médias ou normais, enquanto esperamos que sujeitos experimentais dêem respostas vigilantes ou repressivas, recebendo assim escores altos ou baixos comparados aos sujeitos do grupo-controle.

Em tais estudos, testes estatísticos dirigidos às diferenças na tendência central irão mais esconder do que revelar diferenças nos grupos. Eles levam à aceitação da hipótese nula quando ela deveria ser rejeitada, porque quando alguns dos sujeitos experimentais apresentam respostas vigilantes e, assim, obtêm escores muito baixos e outros apresentam respostas repressivas e, então, obtêm escores muito altos, a média dos escores do grupo experimental pode estar bastante próxima do escore médio do grupo controle (cada membro deste grupo pode ter obtido escores médios).

O teste de Siegel-Tukey é especificamente designado para o tipo de situação descrita anteriormente. Ele é válido somente quando existem fundamentos *a priori* para acreditar que a condição experimental levará a escores extremos em ambas as direções enquanto é mantida a mesma mediana. Então, se $\sigma^2$ é a variância das variáveis e se $X$ denota o grupo experimental e $Y$ denota o grupo controle, podemos escrever as hipóteses como

$$H_0: \sigma_x^2 = \sigma_y^2$$

e

$$H_1: \sigma_x^2 > \sigma_y^2$$

O teste de Siegel-Tukey focaliza sobre a *amplitude* ou dispersão de um grupo comparado com o outro, e é freqüentemente chamado de um teste para diferenças de escalas entre dois grupos. Isto é, se há $m$ casos no grupo $X$ e $n$ casos no grupo $Y$, e os $N = m + n$ escores são organizados em ordem crescente de tamanho, e se a hipótese nula (os escores $X$ e os escores $Y$ são da mesma população) é verdadeira, então devemos esperar que os $X$'s e os $Y$'s estarão bem misturados na série ordenada. Devemos esperar, sob $H_0$, que alguns dos escores extremamente altos serão $X$'s e alguns serão $Y$'s e que o centro do domínio incluirá uma mistura de $X$'s e de $Y$'s. Entretanto, se a hipótese alternativa é verdadeira (os escores $X$ representam respostas extremas), então esperaríamos que uma proporção considerável de $X$'s seriam altos ou baixos enquanto haveria relativamente poucos $X$'s no centro da distribuição combinada. Isto é, os $Y$'s estariam relativamente congestionados e sua amplitude ou variabilidade seria pequena em relação aos escores $X$. O teste de Siegel-Tukey determina se os escores $Y$ são tão compactados ou congestionados relativamente a todos os $N = m + n$ escores, de modo que nos leve a rejeitar a hipótese nula de que ambos $X$ e $Y$ vêm da mesma distribuição.

### 6.8.2 Método

Para calcular o teste de Siegel-Tukey, combine os escores dos grupos $X$ e $Y$ e coloque estes escores em uma única série ordenada, mantendo a identidade do grupo em cada escore. Então atribua postos ordenados aos escores na seqüência, *atribuindo postos alternadamente dos extremos da seqüência*. Assim, no teste de Siegel-Tukey, a classificação é executada dos escores extremos (ou atípicos) para os escores centrais (ou típicos). O leitor deve notar que, de acordo com a lógica do teste, este procedimento separaria o grupo "escore-extremo" do grupo "normal". Por exemplo, suponha que um conjunto de escores $X$ e $Y$ fosse observado com $m = 7$ e $n = 6$, e então ordenado do menor ao maior:

| Grupo: | X | X | Y | X | Y | X | Y | Y | Y | X | Y | X | X |
|---|---|---|---|---|---|---|---|---|---|---|---|---|---|
| Posto: | 1 | 4 | 5 | 8 | 9 | 12 | 13 | 11 | 10 | 7 | 6 | 3 | 2 |

Então calculamos a soma dos postos dos grupos $X$ e $Y$.

$$W_x = 1 + 4 + 8 + 12 + 7 + 3 + 2 = 37$$

e

$$W_y = 5 + 9 + 13 + 11 + 10 + 6 = 54$$

Agora, se a hipótese nula de que a dispersão dos dois grupos é a mesma é verdadeira, esperaríamos que a soma dos postos (ajustados por tamanho da amostra) seria quase a mesma para ambos os grupos. Entretanto, se é verdadeira a hipótese alternativa de que os escores $X$ são mais variáveis do que os escores $Y$, então esperaríamos que $W_x$ fosse pequeno e $W_y$ fosse grande, refletindo o fato de que números com os menores postos estariam nas caudas. O leitor notará que essa é precisamente a lógica do teste de Wilcoxon (Seção 6.4). Portanto, para testar a hipótese nula, determinamos a probabilidade associada com a observação da soma dos postos tão grande quanto ou maior do que o $W_y$ obtido para nossos tamanhos das amostras, usando a Tabela J do Apêndice. (Alternativamente, poderíamos calcular a probabilidade de observar somas de postos tão pequenas quanto ou menores que o $W_x$ obtido.) Para esses dados, a probabilidade de observar um $W_y$ tão grande quanto ou maior do que 54 é $p = 0{,}051$. Portanto, se $\alpha = 0{,}05$, podemos rejeitar a hipótese de mesma dispersão ou variâncias iguais para os dois grupos.

**Exemplo 6.8** Em um estudo sobre duração de discriminação, Eisler[18] examinou várias formas de funções poder relacionando durações objetivas e subjetivas. Estas funções foram usadas para testar um modelo relógio-paralelo para duração de discriminação. Foram usados dois grupos de sujeitos. Uma tarefa de um grupo envolveu (entre outras coisas) a estimativa de durações curtas e a do outro envolveu durações longas. Foi argumentado que, apesar de certos parâmetros poderem variar como uma função da condição, o expoente das funções poder não deveria ser uma função da duração. No entanto, alguns pesquisadores argumentaram que diferenças individuais devem variar como uma função da duração e que deve haver uma variabilidade maior nos expoentes associados com durações longas. Havia 8 sujeitos no grupo que apresentaram longas durações (0,9 a 1,2 s) e 9 sujeitos no grupo que apresentaram curtas durações (0,07 a 0,16 s).

A hipótese foi de que, para os modelos testados, o expoente da função poder não seria uma função da duração e a variabilidade do expoente não seria alterada.

---

[18] Eisler, H. (1981). Applicability of the parallel-clock model to duration discrimination. *Perception and Psychophysics*, **29**, 225-233.

1. *Hipótese nula.* $H_0$: a variabilidade da estimativa dos expoentes da função poder em duração de julgamento não é afetada pelos conjuntos de duração usados. $H_1$: a variabilidade dos expoentes da função poder varia com as durações usadas.
2. *Teste estatístico.* Como as hipóteses referem-se a parâmetros de escala (variâncias) das distribuições e como as medianas das distribuições são assumidas como sendo iguais, o teste de Siegel-Tukey é apropriado.
3. *Nível de significância.* Sejam $\alpha = 0{,}05$, $m = 8$ e $n = 9$.
4. *Distribuição amostral.* A distribuição amostral do teste de Siegel-Tukey é a mesma do teste de Wilcoxon. Assim, a lógica daquele teste pode ser aplicada às ordens dos postos atribuídos por este procedimento.
5. *Região de rejeição.* Como a hipótese alternativa estabelece a direção da diferença, um teste unilateral é usado. A região de rejeição consiste de todos os valores das somas dos postos tão grandes quanto (ou maiores do que) aquelas observadas nos dados.
6. *Decisão.* Os valores do expoente estimado estão resumidos na Tabela 6.27. Na parte inferior da tabela, os dados dos dois grupos estão juntos com os respectivos postos ordenados. Da tabela, $W_x = 72$ e $W_y = 81$. Uma consulta à Tabela J do Apêndice mostra que a probabilidade (unilateral) de observar um valor de $W_x$ tão pequeno quanto ou menor do que o valor observado 72 é $p = 0{,}519$. Então, não podemos rejeitar a hipótese de que a distribuição dos expoentes da função poder é a mesma sob as duas condições.

**ATRIBUINDO ORDENS AOS POSTOS.** Apesar de termos atribuído ordens aos postos de "fora" da distribuição para a mediana, existem muitos outros procedimentos alternativos. Para ilustrar o método, considere uma situação na qual existem sete escores que já estão ordenados. Então os postos podem ser atribuídos como:

$$1 \quad 4 \quad 5 \quad 7 \quad 6 \quad 3 \quad 2$$

Ao atribuir postos a lados alternados, não podemos ter os mesmos postos atribuídos a escores sobre cada lado da mediana. Entretanto, o método empregado tem a vantagem de que a *soma dos postos* para quaisquer dois escores adjacentes em um lado da mediana é igual à soma dos postos para os dois escores que estão à mesma distância da mediana, no outro lado. Então, no exemplo acima, $1 + 4 = 3 + 2$, $4 + 5 = 6 + 3$, etc. Se, em vez de atribuir ordens aos postos do menor escore para o maior, atribuímos ordens aos postos do maior escore para o menor, então os valores de $W_x$ e $W_y$ serão diferentes. Apesar de que os valores resultantes de $W_x$ e $W_y$ não devam ser muito diferentes para tamanhos moderados de amostras, o pesquisador deve decidir qual ordenação usar, *antes* de examinar os dados. Para os dados na Tabela 6.27, se atribuíssemos postos a eles começando com o maior escore, obteríamos $W_x = 76$ e $W_y = 77$, para os quais a probabilidade (unilateral) associada é 0,336. A mudança não afetaria nossa conclusão.

Deve também ser destacado que alguns pesquisadores atribuem ordens aos postos de dentro para fora. Assim, para os dados acima, as ordens dos postos poderiam ser

$$7 \quad 4 \quad 3 \quad 1 \quad 2 \quad 5 \quad 6$$
ou
$$6 \quad 5 \quad 2 \quad 1 \quad 3 \quad 4 \quad 7$$

Qualquer um dos métodos pode ser usado. No entanto, no último método, esperaríamos que os postos extremos fossem maiores do que os postos do centro e, então, o teste precisa ser ajustado de acordo.

### TABELA 6.27
Valores dos expoentes para modelos relógio-paralelo de duração de discriminação

Grupo X: Longas durações    (m = 8)
         0,62    1,10    0,82    0,68    0,78    0,75    0,76    0,47
Grupo Y: Curtas durações    (n = 9)
         0,89    0,70    0,80    0,74    0,85    0,67    0,69    0,89    0,77

|        | Dados combinados |        |                |
|--------|------------------|--------|----------------|
| Escore | Grupo            | Postos | Postos ajustados |
| 0,47   | X                | 1      | 1              |
| 0,62   | X                | 4      | 4              |
| 0,67   | Y                | 5      | 5              |
| 0,68   | X                | 8      | 8              |
| 0,69   | Y                | 9      | 9              |
| 0,70   | Y                | 12     | 12             |
| 0,74   | Y                | 13     | 13             |
| 0,75   | X                | 16     | 16             |
| 0,76   | X                | 17     | 17             |
| 0,77   | Y                | 15     | 15             |
| 0,78   | X                | 14     | 14             |
| 0,80   | Y                | 11     | 11             |
| 0,82   | X                | 10     | 10             |
| 0,85   | Y                | 7      | 7              |
| 0,89   | Y                | 6      | 4,5            |
| 0,89   | Y                | 3      | 4,5            |
| 1,10   | X                | 2      | 2              |

$W_x = 72, W_y = 81$.

**MEDIANAS CONHECIDAS.** Se as medianas das duas distribuições são conhecidas, o teste pode ser aplicado subtraindo a mediana dos escores em cada grupo, antes de obter os postos combinados. O efeito disso é tornar as medianas iguais de modo que o teste possa ser adequadamente aplicado. Entretanto, esta correção é apropriada quando as medianas *populacionais* são *conhecidas,* pois não é adequado utilizar as medianas amostrais para forçar as distribuições a serem similares na tendência central.

### 6.8.3 Resumo do procedimento

Estes são os passos no uso do teste de Siegel-Tukey:

1. Antes da coleta dos dados, determine a ordem na qual os postos serão atribuídos.
2. Depois dos escores serem coletados, coloque-os com seus postos em uma única seqüência, mantendo a identidade do grupo de cada escore. Se as medianas populacionais são conhecidas e desiguais, subtraia a mediana de cada escore antes de colocar os dados em um grupo ordenado. Atribua or-

dens de postos aos escores na seqüência, atribuindo postos alternadamente a partir dos extremos da seqüência, como descrito inicialmente.
3. Determine os valores de $W_x$ e $W_y$.
4. Para amostras pequenas, determine a significância do valor observado $W_x$ usando a Tabela J do Apêndice. Se o tamanho da amostra é grande, determine a significância de $W_x$ usando a Equação (6.11) [ou a Equação (6.13) se existem postos empatados].
5. Se a probabilidade determinada no passo 4 é menor do que α, rejeite $H_0$.

### 6.8.4 Poder

O poder do teste de Siegel-Tukey é relativamente baixo. Quando usado em dados que têm distribuição normal, o poder é 0,61 para $N$ pequeno. É preciso ressaltar que, a menos que a suposição de medianas iguais seja satisfeita, o teste de Siegel-Tukey não pode ser interpretado, pois um valor significante pode ser obtido simplesmente como conseqüência de uma diferença nas medianas.

### 6.8.5 Referências

Boas discussões sobre este teste podem ser encontradas em Siegel e Tukey (1960, 1961), Moses (1963) e Lehmann (1975).

## 6.9 O TESTE POSTO-SIMILARIDADE DE MOSES PARA DIFERENÇAS DE ESCALAS

### 6.9.1 Função e fundamentos lógicos

Como foi observado na última seção, em ciências sociais e do comportamento há freqüentemente interesse em testar diferenças na dispersão entre dois grupos. Apesar de os pesquisadores desejarem saber sobre diferenças na tendência central, diferenças na escala podem ser de importância teórica e de valor prático. Por exemplo, determinar que um grupo particular é mais homogêneo do que outro pode ter valor no desenvolvimento de materiais instrucionais especiais para aquele grupo. Diferenças na heterogeneidade de grupos podem ser de interesse para psicólogos sociais ao estudar os fatores envolvidos na adaptação a novos ambientes. O teste de Siegel-Tukey é um teste útil para comparar diferenças na escala ou na variabilidade. Entretanto, o apropriado uso do teste exige que as medianas dos dois grupos sejam iguais ou conhecidas. Isto é, o teste de Siegel-Tukey assume que as duas medianas são iguais ou, se elas são conhecidas, que as medianas populacionais podem ser subtraídas de cada escore para tornar iguais as medianas "ajustadas". Como muitos leitores podem suspeitar, existem muitas situações nas quais estas suposições não podem ser justificadas. O *teste posto-similaridade de Moses* é útil nos casos em que as medianas são desconhecidas ou não podem ser assumidas como iguais. Ao contrário do teste de Siegel-Tukey, o teste posto-similaridade de Moses assume que as observações são medidas pelo menos em uma escala intervalar.

As hipóteses a serem testadas podem ser escritas como

$$H_0: \sigma_x^2 = \sigma_y^2$$

e
$$H_1: \sigma_x^2 \neq \sigma_y^2$$

se uma alternativa bilateral está para ser testada, ou

$$H_1: \sigma_x^2 > \sigma_y^2$$

se desejamos testar a alternativa unilateral de que a variabilidade da variável $X$ é maior do que a variabilidade da variável $Y$. É claro, a hipótese alternativa poderia ser

$$H_1: \sigma_x^2 < \sigma_y^2$$

## 6.9.2 Método

Para executar o teste posto-similaridade de Moses, é necessário dividir as observações nos dois grupos em subconjuntos de tamanhos iguais. Cada subconjunto precisa conter pelo menos duas observações. Se a divisão é tal que existem observações sobrando, elas são desconsideradas na análise. É importante dividir os dados aleatoriamente em subconjuntos; a melhor maneira de conseguir isto é usando uma tabela de números aleatórios. Por exemplo, se existem $m = 25$ observações no conjunto $X$, e $n = 21$ observações no conjunto $Y$, então subconjuntos de tamanho 5 poderiam ser usados, o que resultaria em $m' = 5$ subconjuntos de $X$ e $n' = 4$ subconjuntos de $Y$, com um dos escores $Y$ descartado. Ou os dados poderiam ser divididos em subconjuntos de tamanho 4, com $m' = 6$ subconjuntos de $X$ e $n' = 5$ subconjuntos de $Y$, com um escore descartado em cada grupo. É claro, podem ser usados outros tamanhos de subconjuntos.

Para cada subconjunto, calcule a soma dos quadrados das diferenças entre cada dado observado e a média do subconjunto. O procedimento é bastante direto, mas são requeridos muitos cálculos. Para termos a notação adequada, vamos utilizar subscritos duplos de modo que cada subconjunto possa ser identificado. Primeiro, seja $k$ o número de observações em cada subconjunto, $m'$ o número de subconjuntos de $X$ e $n'$ o número de subconjuntos de $Y$. Então os dados para o $j$-ésimo subconjunto de $X$ podem ser listados como

$$X_{j1}, X_{j2}, ..., X_{jk} \quad j = 1, 2, ..., m'$$

e os dados para o $j$-ésimo subconjunto de $Y$ podem ser listados como

$$Y_{j1}, Y_{j2}, ..., Y_{jk} \quad j = 1, 2, ..., n'$$

Para os subconjuntos de $X$, calculamos um índice de dispersão $D(X_j)$:

$$D(X_j) = \sum_{i=1}^{k} (X_{ji} - \bar{X}_j)^2 \quad j = 1, 2, ..., m' \qquad (6.21)$$

onde
$$\bar{X}_j = \frac{\sum_{i=1}^{k} X_{ji}}{k}$$

é a média das observações no $j$-ésimo subconjunto de $X$. De uma maneira similar, para cada um dos subconjuntos de $Y$, calculamos um índice de dispersão $D(Y_j)$:

$$D(Y_j) = \sum_{i=1}^{k} (Y_{ji} - \bar{Y}_j)^2 \qquad j = 1, 2, ..., n' \qquad (6.22)$$

onde
$$\bar{Y}_j = \frac{\sum_{i=1}^{k} Y_{ji}}{k}$$

é a média das observações no $j$-ésimo subconjunto de $Y$.

Agora, se a hipótese nula de igual variabilidade para os grupos $X$ e $Y$ for verdadeira, esperaríamos que os valores de $D(X_j)$ e $D(Y_j)$ estivessem bem misturados já que as medidas de dispersão para os subconjuntos seriam similares. No entanto, se a hipótese alternativa for verdadeira, então esperaríamos que os valores de $D(X_j)$ tendessem a ser menores do que os de $D(Y_j)$ se os dados $X$ são menos variáveis do que os dados $Y$ [ou que os valores de $D(X_j)$ tendessem a ser maiores do que os valores de $D(Y_j)$ se os dados $X$ são mais variáveis do que os dados $Y$.] Para testar a hipótese de dispersões iguais, aplicamos o teste de Wilcoxon aos índices de dispersão calculados para cada um dos subconjuntos. Ao aplicar o teste nesta situação, os tamanhos das amostras são $m'$ e $n'$. Isto é, uma vez calculados os $D$'s, a lógica do teste de Wilcoxon pode ser usada. Se rejeitarmos a hipótese de $D$'s iguais, então rejeitaremos a hipótese de dispersões iguais para as variáveis $X$ e $Y$.

**Exemplo 6.9** Foi determinado pela pesquisa que receptores de insulina variam como uma função da variação nas mudanças induzidas psicológica ou farmacologicamente no metabolismo de glicose. No entanto, não é conhecido se mudanças nos receptores de insulina induzem mudanças no metabolismo de glicose. Em um esforço para examinar esta questão, pesquisadores analisaram situações nas quais o metabolismo de glicose poderia ser medido como uma função da modificação dos receptores de insulina.[19] Pessoas que têm distrofia muscular Duchenne (DMD) possuem destacados defeitos na membrana, os quais se esperaria que resultassem na modificação dos receptores de insulina. Entretanto, tais pessoas geralmente têm metabolismo de carboidratos normal, o que sugere que não há alteração nos receptores de insulina. A literatura científica não registra defeitos nos receptores de insulina na ausência de claras mudanças no metabolismo de carboidratos.

Um grupo de 17 sujeitos normais e um grupo de 17 sujeitos DMD foi selecionado para o estudo. Todos os sujeitos receberam uma mesma dieta. Como parte do estudo,

---

[19] De Pirro, R., Lauro, R., Testa, I., Ferretti, G., De Martinis, C., e Dellantonio, R., (1982). Decreased insulin receptors but normal glucose metabolism in Duchenne muscular dystrophy. *Science*, **216**, 311-313.

### TABELA 6.28
Aderência de insulina a monócitos

| Sujeitos normais | Sujeitos DMD |
|---|---|
| 2,50 | 2,10 |
| 2,48 | 2,00 |
| 2,45 | 1,80 |
| 2,32 | 1,70 |
| 2,32 | 1,60 |
| 2,31 | 1,55 |
| 2,28 | 1,40 |
| 2,27 | 1,40 |
| 2,25 | 1,30 |
| 2,22 | 1,25 |
| 2,22 | 1,10 |
| 2,18 | 1,03 |
| 2,16 | 0,98 |
| 2,12 | 0,86 |
| 2,12 | 0,85 |
| 2,05 | 0,70 |
| 1,90 | 0,65 |

foram medidas aderências de insulina a monócitos para cada sujeito. Os resultados estão resumidos na Tabela 6.28. Apesar de alterações na aderência de insulina serem esperadas, a variabilidade na aderência deveria ser diferente no grupo DMD comparado com o grupo-controle. Isto é, se esperaria que o grupo de sujeitos normais seria mais homogêneo na aderência de insulina do que os sujeitos DMD, os quais se esperaria que mostrassem uma variação em uma amplitude relativamente grande.

1. *Hipótese nula*. $H_0$: sujeitos normais e DMD mostram igual variação na aderência de insulina. $H_1$: sujeitos DMD mostram maior variabilidade na aderência de insulina do que os sujeitos normais.
2. *Teste estatístico*. Como as hipóteses são concernentes a diferenças nos parâmetros de escala (variâncias) de distribuições, como as medianas das distribuições não são assumidas iguais e como a distribuição subjacente não pode ser assumida como sendo a distribuição normal, o teste posto-similaridade de Moses é apropriado.
3. *Nível de significância*. Sejam $\alpha = 0,05$, $m = 17$ e $n = 17$.
4. *Distribuição amostral*. A distribuição amostral da estatística associada com o teste posto-similaridade de Moses é a mesma que a do teste de Wilcoxon. Portanto, a lógica do teste de Wilcoxon pode ser aplicada para a estatística obtida.
5. *Região de rejeição*. Como a hipótese alternativa especifica a direção da diferença nos parâmetros de escala, um teste unilateral será usado. A região de rejeição consiste de todos os valores das somas dos postos tão grandes ou maiores do que o valor observado.

6. *Decisão*. Foi decidido usar subconjuntos de tamanho $k = 4$. Isto foi feito porque somente uma observação de cada grupo teria que ser descartada. (Se usássemos $k = 3$ ou 5, duas observações teriam que ser descartadas de cada grupo.) Usando uma tabela de números aleatórios, a 16ª e a 15ª observações dos grupos normal e DMD foram eliminadas, respectivamente. Usando novamente a tabela de números aleatórios, os dados em cada grupo foram divididos em quatro subconjuntos. A Tabela 6.29 dá a lista das observações escolhidas para cada subgrupo. Usando a Equação (6.21), os índices $D(X_j)$ foram calculados para cada um dos subconjuntos de sujeitos normais, e a Equação (6.22) foi usada para calcular os índices $D(Y_j)$ para os subconjuntos DMD. Estes valores estão também resumidos na Tabela 6.29.

Agora o teste de Wilcoxon é aplicado aos oito índices de dispersão. Isto é, $m' = n' = 4$. Para aplicar o teste, os $D$'s são ordenados do menor para o maior:

| Escore $D$: | 0,0145 | 0,0261 | 0,0563 | 0,1646 | 0,3275 | 0,3857 | 0,4212 | 1,1706 |
|---|---|---|---|---|---|---|---|---|
| Posto: | 1 | 2 | 3 | 4 | 5 | 6 | 7 | 8 |
| Grupo: | X | X | X | X | Y | Y | Y | Y |

Com o uso destes postos, calculamos as somas dos postos:

$$W_x = 1 + 2 + 3 + 4 = 10$$

e

$$W_y = 5 + 6 + 7 + 8 = 26$$

Como a hipótese alternativa afirma que os sujeitos DMD (o grupo Y) devem mostrar maior variabilidade, ela pode ser escrita como

$$H_1: \sigma_x^2 < \sigma_y^2$$

**TABELA 6.29**
Dados da Tabela 6.28 organizados em subconjuntos para o cálculo do teste posto-similaridade de Moses

Dados de sujeitos normais organizados em subconjuntos

| Conjunto | Escores | | | | $D(X_j)$ |
|---|---|---|---|---|---|
| 1 | 2,18 | 2,31 | 1,90 | 2,45 | 0,1646 |
| 2 | 2,28 | 2,25 | 2,12 | 2,22 | 0,0145 |
| 3 | 2,22 | 2,48 | 2,50 | 2,30 | 0,0563 |
| 4 | 2,16 | 2,12 | 2,27 | 2,32 | 0,0261 |

Dados de sujeitos DMD organizados em subconjuntos

| Conjunto | Escores | | | | $D(Y_j)$ |
|---|---|---|---|---|---|
| 1 | 1,55 | 1,25 | 1,03 | 0,70 | 0,3857 |
| 2 | 2,10 | 0,98 | 1,10 | 0,65 | 1,1706 |
| 3 | 1,30 | 2,00 | 1,40 | 1,80 | 0,3275 |
| 4 | 1,40 | 1,60 | 0,86 | 1,70 | 0,4212 |

Portanto, devemos rejeitar $H_0$ se a probabilidade associada com um $W_x$ tão pequeno quanto 10 (ou, alternativamente, a probabilidade associada com um $W_y$ tão grande quanto 26) é menor do que 0,05. Consultando a Tabela J do Apêndice, encontramos que a probabilidade associada é 0,014; portanto, podemos rejeitar $H_0$ e concluir que a variabilidade nos sujeitos DMD é maior do que a variabilidade nos sujeitos normais.

**EMPATES.** Apesar de empates nos dados originais não trazerem problemas na aplicação do teste posto-similaridade de Moses, ajustes para empates precisam ser feitos se eles ocorrerem nos $D(X_j)$ e $D(Y_j)$. A correção usual para empates associados com o teste de Wilcoxon deve ser aplicada (ver Seção 6.4.4).

**GRANDES AMOSTRAS.** Quando os tamanhos das amostras são grandes, a aproximação para grandes amostras para o teste de Wilcoxon deve ser usada (Seção 6.4.4).

### 6.9.3 Resumo do procedimento

Estes são os passos na aplicação do teste posto-similaridade de Moses para diferenças de escala:

1. Dependendo dos tamanhos das amostras em cada grupo de dados, divida os dados de cada grupo em amostras aleatórias de tamanho $k \geq 2$ com o uso de uma tabela de números aleatórios. Descarte qualquer dado que esteja sobrando. Os tamanhos dos subconjuntos devem ser escolhidos de modo a minimizar os dados descartados. Sejam $m'$ o número de subconjuntos de $X$ e $n'$ o número de subconjuntos de $Y$.
2. Use as Equações (6.21) e (6.22) para calcular os índices de dispersão $D(X_j)$ e $D(Y_j)$ para cada subconjunto.
3. Organize os $D$'s em ordem e atribua ordens aos postos. Calcule as somas dos postos $W_x$ e $W_y$.
4. Use os tamanhos $m'$ e $n'$ dos subconjuntos das amostras e consulte a Tabela J para determinar a significância de $W_x$. Se a probabilidade associada é menor do que $\alpha$, rejeite $H_0$. Se os tamanhos das amostras $m'$ e $n'$ são grandes, use a aproximação para grandes amostras [Equação (6.11) ou Equação (6.13)].

### 6.9.4 Poder-eficiência

A eficiência do teste posto-similaridade de Moses é uma função do tamanho dos subconjuntos utilizados. A eficiência cresce quando o tamanho da amostra cresce. Se a distribuição subjacente é normal, a eficiência relativa é 0,61 para subconjuntos de tamanho 4, é 0,80 para subconjuntos de tamanho 9 e é assintoticamente 0,95 (quando os subconjuntos tornam-se infinitamente grandes). É claro, há uma contrapartida, visto que crescendo o tamanho da amostra, decresce o número de amostras usadas no teste de Wilcoxon. Deve ser observado que o teste paramétrico $F$ para igualdade de variâncias é extremamente sensível à violação de suposições de normalidade.

### 6.9.5 Referências

Mais discussões sobre o teste posto-similaridade de Moses podem ser encontradas em Moses (1963) e Hollander e Wolfe (1971). Discussões sobre poder e eficiência do teste, podem ser encontradas no artigo de Moses e Schorak (1969).

## 6.10 DISCUSSÃO

Neste capítulo, apresentamos nove testes estatísticos que são úteis para testar "significância da diferença" entre duas amostras independentes. Ao escolher entre estes testes, o pesquisador pode ser auxiliado pela discussão a seguir, na qual algumas vantagens dos testes são destacadas e contrastes entre eles são observados.

Todos os testes não-paramétricos para duas amostras independentes testam a hipótese de que as duas amostras independentes vêm da mesma população. Mas os diversos testes que apresentamos são mais ou menos sensíveis para diferentes tipos de diferenças entre amostras. Por exemplo, se alguém deseja testar se duas amostras representam populações que diferem na localização (tendência central), os seguintes testes são mais sensíveis para tais diferenças e, portanto, devem ser escolhidos: o teste da mediana (ou o teste exato de Fisher quando $N$ é pequeno), o teste de Wilcoxon, o teste posto-ordem robusto, o teste de duas amostras de Kolmogorov-Smirnov (unilateral) e o teste de permutação. Por outro lado, se o pesquisador está interessado em determinar se as duas amostras vêm de populações que diferem em qualquer aspecto, isto é, na localização, *ou* na dispersão, *ou* na assimetria, etc., um dos seguintes testes é apropriado: o teste qui-quadrado ou o teste de Kolmogorov-Smirnov (bilateral). As técnicas remanescentes – o teste de Siegel-Tukey e o teste de dispersão posto-similaridade de Moses – são adequadas para testar se um grupo está exibindo respostas extremas em comparação com as respostas exibidas por um grupo independente.

A escolha entre os testes que são sensíveis a diferenças na localização é determinada pelo tipo de mensuração obtida na pesquisa e pelos tamanhos das amostras. O teste mais poderoso de localização é o teste de permutação. Entretanto, este teste pode ser usado somente quando temos alguma confiança na natureza *numérica* da mensuração obtida e é exeqüível somente quando os tamanhos das amostras são pequenos. Com amostras grandes ou mensurações fracas (mensuração ordinal), a alternativa sugerida é o teste de Wilcoxon, o qual é quase tão poderoso quanto o teste de permutação se a dispersão entre os dois grupos é a mesma, ou o teste posto-ordem robusto se não for possível assumir igual dispersão (ou variância) para os dois grupos. Se as amostras são muito pequenas, o teste de Kolmogorov-Smirnov é um pouco mais eficiente do que o teste de Wilcoxon. Se a mensuração é tal que ela tem sentido somente para tornar as observações dicotômicas, classificando-as como estando acima ou abaixo da mediana combinada, então o teste da mediana é aplicável. Este teste não é tão poderoso quanto o teste de Wilcoxon em resguardar contra diferenças na localização, mas ele é mais apropriado do que o teste de Wilcoxon ou do que o teste posto-ordem robusto quando os dados são observações que não podem ser totalmente classificadas. Se os tamanhos das amostras combinadas são muito pequenas, o pesquisador, ao aplicar o teste da mediana, deve fazer a análise usando o teste exato de Fisher. Deve ser observado que o teste da mediana pode, algumas vezes, ser a única alternativa viável, mesmo para dados em escala intervalar. Por exemplo, se as observações são suprimidas ou truncadas de modo que a amplitude total dos valores não seja observada, então o teste $t$ não é apropriado, enquanto o teste da mediana é apropriado, pois ele conta somente aqueles escores que estão acima (ou abaixo) da mediana.

A escolha entre os testes que são mais sensíveis a todos os tipos de diferenças (o segundo grupo mencionado acima) é baseada na força da mensuração obtida, no tamanho das duas amostras e no poder relativo dos testes disponíveis. O teste qui-quadrado é adequado para dados que estão pelo menos em escala nominal. Se o teste qui-quadrado é aplicado e $H_0$ é rejeitada, então a tabela de contingência e os graus de liberdade podem ser divididos em componentes aditivos para determinar exatamente onde aparecem as diferenças na tabela. Quando $N$ é pequeno e os dados estão em uma tabela de contingência 2 x 2, o teste exato de Fisher deve ser usado no lugar do teste qui-quadrado. Em muitos casos, o teste qui-quadrado pode não utilizar eficientemente toda a informação contida nos dados. Se as populações de escores são distribuídas continuamente, podemos escolher o teste de Kolmogorov-Smirnov (bilateral) em vez do teste qui-quadrado. De todos os testes para qualquer tipo de diferença, o teste de Kolmogorov-Smirnov é o mais poderoso. Se ele é usado com dados que não satisfazem a suposição de continuidade, ele ainda é adequado, mas é mais conservativo, isto é, o valor obtido de $p$ em tais casos será levemente mais alto do que deveria ser e, portanto, a probabilidade de um erro do Tipo II aumentará um pouco. Se $H_0$ é rejeitada com tais dados, podemos certamente ter confiança na decisão.

Dois pontos devem ser enfatizados sobre o uso do segundo grupo de testes. Primeiro, se alguém está interessado na hipótese alternativa de que os grupos diferem em tendência central, isto é, que uma população tem uma mediana maior do que a outra, então ele deve usar um teste designado especificamente para se resguardar contra diferenças na localização – um dos testes no primeiro grupo listado acima. Segundo, quando alguém rejeita $H_0$ com base em um teste que se resguarda contra qualquer tipo de diferença (um dos testes no segundo grupo), ele pode então afirmar que os dois grupos vêm de diferentes populações, mas ele não pode dizer *de que maneira(s) específica(s)* as populações diferem.

Finalmente, ao testar diferenças na dispersão ou variância, o teste de Siegel-Tukey admite que as medianas para os dois grupos são as mesmas (ou conhecidas). Se as medianas dos dois grupos são diferentes, o teste de dispersão posto-similaridade de Moses é apropriado; no entanto, em adição à suposição de que os dados estão em escala intervalar, ele requer cálculos adicionais além da subdivisão de cada grupo em subgrupos aleatórios.

Tomados conjuntamente, os testes apresentados neste capítulo formam um conjunto útil de procedimentos para a análise de diferenças entre dois grupos independentes.

# 7

## O CASO DE *K* AMOSTRAS RELACIONADAS

Nos capítulos anteriores apresentamos testes estatísticos para testar diferenças entre uma única amostra e alguma população específica e para testar diferenças entre duas amostras relacionadas ou independentes. Neste e nos seguintes capítulos, serão apresentados procedimentos para testar diferenças entre três grupos ou mais. Isto é, serão apresentados testes estatísticos para testar a hipótese nula de que $k$ (três ou mais) amostras tenham sido extraídas de uma mesma população ou de populações idênticas. Este capítulo apresentará testes para o caso de $k$ amostras *relacionadas*; o capítulo seguinte apresentará testes para o caso de $k$ amostras *independentes*.

Certas circunstâncias, algumas vezes, requerem que planejemos um experimento de modo que mais de duas amostras ou condições possam ser estudadas simultaneamente. Quando três ou mais amostras ou condições vão ser comparadas em um experimento, é necessário usar um teste estatístico, o qual indicará se há uma diferença *global* entre as $k$ amostras ou condições antes de se escolher qualquer par de amostras para testar a significância da diferença entre elas.

Se desejarmos usar um teste estatístico de duas amostras para testar a diferença entre, digamos, cinco grupos, precisaríamos calcular, a fim de comparar cada par de amostras, dez testes estatísticos. [Cinco amostras tomadas duas a duas = $\binom{5}{2}$ = 5!/2! 3! = 10.] Tal procedimento não somente é trabalhoso, mas também pode levar a conclusões falaciosas por se basear muito no acaso. Isto é, suponha que desejemos usar um nível de significância de, digamos, $\alpha = 0,05$. Nossa hipótese é que existe uma diferença entre $k = 5$ amostras. Se testamos esta hipótese comparando cada uma das cinco amostras com todas as outras, usando um teste de duas amostras (o que exigiria dez comparações ao todo), estaríamos dando a nós mesmos dez chances em vez de uma chance de rejeitar $H_0$. Agora, quando escolhemos 0,05 como nosso nível de significância, estamos correndo o risco de rejeitar $H_0$ equivocadamente (cometendo um erro do Tipo I) 5% das vezes. Mas se fazemos dez testes estatísticos da mesma hipótese, aumentamos para 0,40 a probabilidade de que um teste estatístico de duas amostras encontre uma ou mais diferenças significantes – ainda que $\alpha = 0,05$ para cada teste individual. Isto é, o nível de significância *verdadeiro* em um tal procedimento transforma-se em $\alpha = 0,40$.

Casos têm sido relatados na literatura científica nos quais um teste global de cinco amostras dá resultados não-significantes (leva à aceitação de $H_0$), mas testes de duas amostras de diferenças grandes entre cinco amostras dão resultados significantes. Tal seleção *a posteriori* tende a tomar vantagem sobre o acaso e, portanto, não podemos ter confiança na decisão envolvendo $k$ amostras na qual a análise consistiu em testar somente duas amostras de cada vez.

Somente quando um teste global (um teste de $k$ amostras) nos permite rejeitar a hipótese nula é que podemos empregar um procedimento para testar diferenças entre duas quaisquer das $k$ amostras.

A técnica paramétrica para testar se várias amostras provêm de populações idênticas é a *análise de variância* e a estatística $F$ associada. As suposições associadas com o modo estatístico subjacente à análise de variância são:

1. Os escores ou as observações são independentemente extraídos de populações com distribuição normal.
2. Todas as populações têm a mesma variância.
3. As médias das populações normalmente distribuídas são combinações lineares de "efeitos" devido às linhas e às colunas, isto é, os efeitos são aditivos.

Além disso, o teste $F$ assume pelo menos mensuração intervalar das variáveis envolvidas.

Se um pesquisador acha que tais suposições são irreais, que os escores não satisfazem as exigências de mensuração, ou deseja evitar fazer as suposições a fim de aumentar a generalidade dos resultados obtidos, um dos testes não-paramétricos apresentados neste e no próximo capítulo seria apropriado. Além de evitar as suposições e exigências mencionadas, estes testes não-paramétricos de $k$ amostras têm a vantagem adicional de permitir que a análise seja feita sobre dados de natureza somente categórica ou ordinal.

Existem dois modelos básicos para comparar $k$ grupos. No primeiro modelo, $k$ amostras de mesmo tamanho são *combinadas* de acordo com algum critério ou critérios que podem afetar os valores das observações. Em alguns casos, a combinação é obtida comparando os mesmos indivíduos ou casos sob todas as $k$ condições. Ou cada $N$ individual pode ser mensurado sobre todas as $K$ condições. Para tais métodos, os testes estatísticos para $k$ amostras relacionadas (apresentadas neste capítulo) devem ser usados. O segundo modelo envolve $k$ amostras aleatórias *independentes*, não necessariamente do mesmo tamanho, e uma amostra de cada população. Para este modelo, os testes estatísticos para $k$ amostras independentes (apresentados no Capítulo 8) devem ser utilizados.

A distinção supracitada é, é claro, exatamente aquela feita no caso paramétrico. O primeiro modelo é conhecido como *análise de variância de dois fatores* ou análise de variância de *medidas repetidas*, algumas vezes chamado de planejamento de *blocos randomizados*.[1] O segundo modelo é conhecido como a *análise de variância de um fator*.

Esta distinção é similar àquela que fizemos entre o caso de duas amostras relacionadas discutidas no Capítulo 5 e o caso de duas amostras independentes discutidas no Capítulo 6.

Neste capítulo apresentaremos testes estatísticos não-paramétricos que são análogos à análise de variância de dois fatores ou de medidas repetidas. Devemos come-

---

[1] O termo *blocos randomizados* provém dos experimentos em agricultura em que se utilizam lotes de terra como unidades experimentais. Um bloco consiste de lotes adjacentes, e se supõe que eles sejam mais semelhantes entre si (isto é, correspondam-se melhor) do que lotes distantes um dos outros. Os $K$ tratamentos (por exemplo, $K$ tipos de fertilizantes ou $K$ espécies de sementes) são atribuídos, aleatoriamente, a cada um dos $K$ lotes de um bloco; tudo isso é processado mediante a atribuição aleatória independente de cada bloco.

çar com um teste apropriado para dados categóricos (em escala nominal). O segundo teste é apropriado para dados medidos pelo menos em escala ordinal. O terceiro teste permite que seja testada uma hipótese sobre a ordem dos efeitos para variáveis ordinais. Na conclusão deste capítulo vamos comparar e contrastar estes testes para $k$ amostras relacionadas e oferecer orientação adicional ao pesquisador na seleção do teste que melhor se ajusta aos dados que tem em mãos.

## 7.1 O TESTE Q DE COCHRAN

### 7.1.1 Função

O teste de McNemar para duas amostras relacionadas, apresentado no Capítulo 5, pode ser estendido para o uso em estudos envolvendo mais do que duas amostras. Sua extensão, o *teste Q de Cochran* para $k$ amostras relacionadas, fornece um método para testar se três ou mais conjuntos combinados de freqüências ou proporções diferem significativamente entre eles. A combinação pode ser baseada em características relevantes de diferentes sujeitos ou no fato de que os mesmos sujeitos são usados sob diferentes condições. O teste $Q$ de Cochran é particularmente apropriado quando os dados são categóricos (medidos em uma escala nominal) ou quando são observações dicotômicas ordinais (ou intervalares).

Pode-se imaginar uma ampla variedade de hipóteses de pesquisa para as quais os dados podem ser analisados pelo teste $Q$ de Cochran. Por exemplo, pode-se testar se os vários itens de um exame diferem em dificuldade, analisando os dados consistindo de informações certo-errado nos $k$ itens para $N$ indivíduos. Neste modelo, os $k$ grupos são considerados "combinados" porque cada pessoa responde a todos os $k$ itens.

Por outro lado, podemos ter somente um item para ser analisado e desejamos comparar as respostas dos $N$ sujeitos sob $k$ condições diferentes. Aqui novamente a combinação é obtida por se ter os mesmos sujeitos em todos os grupos, mas agora os "grupos" diferem no aspecto de que cada um é observado sob uma diferente condição. Este testaria a existência de uma diferença nas respostas dos sujeitos em cada uma das $k$ condições. Por exemplo, podemos perguntar a cada membro de um painel de eleitores qual dos dois candidatos eles preferem em $k = 5$ vezes durante o período das eleições – antes da campanha, no pico da campanha de Smith, no pico da campanha de Miller, imediatamente antes do processo de votação e imediatamente após serem anunciados os resultados da eleição. O teste $Q$ de Cochran determinaria se estas condições têm um efeito sobre as preferências dos eleitores pelos candidatos.

Novamente, podemos comparar as respostas a um item de $N$ conjuntos tendo $k$ pessoas combinadas em cada conjunto. Isto é, teríamos respostas de $k$ grupos combinados.

### 7.1.2 Método

Se os dados de estudos como aqueles descritos acima são organizados em uma tabela de duas entradas consistindo de $N$ linhas e $k$ colunas, é possível testar a hipótese nula de que a proporção (ou freqüência) de respostas de um tipo particular é a mesma em cada coluna, exceto por diferenças devidas ao acaso. Cochran (1950) mostrou que, se a hipótese nula é verdadeira, isto é, se não existe diferença na probabilidade, digamos, de "sucesso" sob cada condição (o que é o mesmo que dizer que os "sucessos" e "fracassos" estão distribuídos aleatoriamente nas linhas e colunas de uma tabela de duas entradas) e se o número de linhas não é muito pequeno, a estatística

$$Q = \frac{k(k-1)\sum_{j=1}^{k}(G_j - \bar{G})^2}{k\sum_{i=1}^{N}L_i - \sum_{i=1}^{N}L_i^2} \qquad (7.1)$$

é distribuída aproximadamente como uma $\chi^2$ com $gl = k - 1$,
onde $G_j$ = número total de "sucessos" na $j$-ésima coluna
$\bar{G}$ = média dos $G_j$
$L_i$ = número total de "sucessos" na $i$-ésima linha

Uma equação equivalente a esta e facilmente obtida a partir da Equação (7.1), mas com cálculos simplificados, é

$$Q = \frac{(k-1)\left[k\sum_{j=1}^{k}G_j^2 - \left(\sum_{j=1}^{k}G_j\right)^2\right]}{k\sum_{i=1}^{N}L_i - \sum_{i=1}^{N}L_i^2} \qquad (7.2)$$

Como a distribuição amostral de $Q$ é aproximada pela distribuição $\chi^2$ com $gl = k - 1$, a probabilidade associada com a ocorrência, sob $H_0$, de valores tão grandes quanto um $Q$ observado pode ser determinada por meio da Tabela C do Apêndice para um particular nível de significância e um particular valor de $gl = k - 1$. A conseqüência é que a proporção (ou freqüência) de sucessos difere significativamente entre as várias amostras. Isto é, $H_0$ pode ser rejeitada no nível de significância escolhido.

**Exemplo 7.1** Suponha que estivéssemos interessados na influência da cordialidade do entrevistador sobre as respostas de donas-de-casa em uma pesquisa de opinião. Podemos treinar um entrevistador para conduzir três espécies de entrevistas: entrevista 1, mostrando interesse, cordialidade e entusiasmo; entrevista 2, mostrando formalidade, reserva e cortesia; e entrevista 3, mostrando desinteresse, modos abruptos e formalidade rude. O entrevistador teria a incumbência de visitar três grupos de 18 casas e usar a entrevista 1 com um grupo, a entrevista 2 com outro e a entrevista 3 com o terceiro. Isto é, obteríamos 18 conjuntos de donas-de-casa com três donas-de-casa combinadas (igualadas em variáveis relevantes) em cada conjunto. Para cada conjunto, os três membros seriam atribuídos aleatoriamente às três condições (tipos de entrevistas). Assim teríamos três amostras combinadas ($k = 3$) com 18 membros em cada uma ($N = 18$). Poderíamos então testar se as diferenças entre os três estilos de entrevista influenciaram o número de respostas "sim" dadas a um item particular pelos três grupos combinados. Com o uso de dados artificiais, apresentamos a seguir um teste para esta hipótese.

1. *Hipótese nula.* $H_0$: a probabilidade de uma resposta "sim" é a mesma para os três tipos de entrevistas. $H_1$: as probabilidades de uma resposta "sim" diferem de acordo com o estilo da entrevista.
2. *Teste estatístico.* O teste Q de Cochran é escolhido porque os dados provêm de mais do que dois grupos relacionados ($k = 3$) e são dicotômicos com os valores "sim" e "não".
3. *Nível de significância.* Seja $\alpha = 0,01$. $N$ é o número de casos em cada um dos $k$ conjuntos combinados ou grupos = 18.
4. *Distribuição amostral.* Quando a hipótese nula é verdadeira, $Q$ [como determinado a partir da Equação (7.1) ou da Equação (7.2)] é distribuída aproximadamente como $\chi^2$ com $gl = k - 1$. Isto é, a probabilidade associada com a ocorrência sob $H_0$ de quaisquer valores tão grandes quanto um valor de $Q$ observado pode ser determinada consultando a Tabela C do Apêndice.
5. *Região de rejeição.* A região de rejeição consiste de todos os valores de $Q$, os quais são tão grandes que a probabilidade associada com a sua ocorrência, quando $H_0$ é verdadeira, é igual ou menor do que $\alpha = 0,01$.
6. *Decisão.* Para este exemplo, representaremos respostas "sim" por 1 (uns) e respostas "não" por 0 (zeros). Os dados neste estudo são apresentados na Tabela 7.1. Como é a prática, os escores foram organizados em $N = 18$ linhas e $k = 3$ colunas. Também são mostrados naquela tabela os valores de $L_i$ (número total de respostas "sim" para cada linha) e os valores de $L_i^2$. Por exemplo, no primeiro conjunto combinado, todas as donas-de-casa responderam negativamente, independentemente do estilo de entrevista. Então, $L_1 = 0 + 0 + 0 = 0$ e $L_1^2 = 0^2 = 0$. No segundo conjunto combinado de três donas-de-casa, as respostas às entrevistas 1 e 2 foram afirmativas, mas a resposta à entrevista 3 foi negativa, de modo que $L_2 = 1 + 1 + 0 = 2$, e então $L_2^2 = 2^2 = 4$.

Observamos que $G_1 = 13$ é o número total de respostas "sim" à entrevista 1, $G_2 = 13$ é o número total de respostas "sim" à entrevista 2 e $G_3 = 3$ é o número total de respostas "sim" à entrevista 3.

O número total de respostas "sim" em todas as três entrevistas é

$$\sum_{j=1}^{3} G_j = 13 + 13 + 3 = 29$$

Observe que

$$\sum_{i=1}^{18} L_i = 29$$

(Os totais por colunas e linhas são iguais.) A soma dos quadrados dos totais por linhas é

$$\sum_{i=1}^{18} L_i^2 = 63$$

a soma na coluna final.

**TABELA 7.1**
Respostas "sim" (1) e "não" (0) pelas donas-de-casa submetidas a três tipos de entrevistas (dados artificiais)

| Conjunto | Resposta à entrevista 1 | Resposta à entrevista 2 | Resposta à entrevista 3 | $L_i$ | $L_i^2$ |
|---|---|---|---|---|---|
| 1 | 0 | 0 | 0 | 0 | 0 |
| 2 | 1 | 1 | 0 | 2 | 4 |
| 3 | 0 | 1 | 0 | 1 | 1 |
| 4 | 0 | 0 | 0 | 0 | 0 |
| 5 | 1 | 0 | 0 | 1 | 1 |
| 6 | 1 | 1 | 0 | 2 | 4 |
| 7 | 1 | 1 | 0 | 2 | 4 |
| 8 | 0 | 1 | 0 | 1 | 1 |
| 9 | 1 | 0 | 0 | 1 | 1 |
| 10 | 0 | 0 | 0 | 0 | 0 |
| 11 | 1 | 1 | 1 | 3 | 9 |
| 12 | 1 | 1 | 1 | 3 | 9 |
| 13 | 1 | 1 | 0 | 2 | 4 |
| 14 | 1 | 1 | 0 | 2 | 4 |
| 15 | 1 | 1 | 0 | 2 | 4 |
| 16 | 1 | 1 | 1 | 3 | 9 |
| 17 | 1 | 1 | 0 | 2 | 4 |
| 18 | 1 | 1 | 0 | 2 | 4 |
| Total | $G_1 = 13$ | $G_2 = 13$ | $G_3 = 3$ | $\sum_{i=1}^{18} L_i = 29$ | $\sum_{i=1}^{18} L_i^2 = 63$ |

Substituindo esses valores na Equação (7.2) temos

$$Q = \frac{(k-1)\left[k\sum_{j=1}^{k} G_j^2 - \left(\sum_{j=1}^{k} G_j\right)^2\right]}{k\sum_{i=1}^{N} L_i - \sum_{i=1}^{N} L_i^2} \qquad (7.2)$$

$$= \frac{(3-1)[3(13^2 + 13^2 + 3^2) - 29^2]}{(3)(29) - 63}$$

$$= 16,7$$

A Tabela C do Apêndice revela que $Q \geq 16,7$ tem probabilidade de ocorrência, quando $H_0$ é verdadeira, de $p < 0,001$ quando $gl = k - 1 = 3 - 1 = 2$. Esta probabilidade é menor do que o nível de significância α = 0,01. Então o valor de Q está na região de rejeição e, portanto, nossa decisão é rejeitar $H_0$ em favor de $H_1$. Com base nestes dados, concluímos que as probabilidades de respostas "sim" são diferentes sob as entrevistas 1, 2 e 3.

Deve ser observado que Q é distribuído como $\chi^2$ com $gl = k - 1$ se o número de linhas (o tamanho N da amostra) não é muito pequeno – em geral $N \geq 4$ – e se o produto $Nk$ é maior do que um valor em torno de 24. De fato, como as linhas que consistem somente de 0 ou somente de 1 não afetam o valor de Q, o tamanho "efetivo" da amostra para a aproximação da distribuição $\chi^2$ é $N'$, o número de linhas que não são todas constituídas de 0 ou de 1. Para amostras muito pequenas, a distribuição amostral exata de Q pode ser construída por meio de permutações. Entretanto, como os cálculos relevantes são especialmente cansativos e a distribuição é aproximada de forma relativamente rápida pela distribuição $\chi^2$, detalhes não serão dados aqui.

### 7.1.3 Resumo do procedimento

Estes são os passos no uso do teste Q de Cochran:

1. Para os dados dicotômicos, atribua o escore 1 a cada "sucesso" e o escore 0 a cada "fracasso".
2. Coloque os escores em uma tabela $N \times k$ usando N linhas e k colunas. N é o número de casos em cada um dos k grupos ou condições.
3. Determine o valor de Q usando a Equação (7.1) ou a Equação (7.2).
4. A significância do valor observado de Q pode ser determinada consultando a Tabela C do Apêndice, pois Q é distribuída aproximadamente como uma $\chi^2$ com $gl = k - 1$. Se a probabilidade associada com a ocorrência, quando $H_0$ é verdadeira, de um valor tão grande quanto o valor observado de Q for menor ou igual a α, rejeite $H_0$.

### 7.1.4 Poder e poder-eficiência

A noção de poder-eficiência não tem significado quando o teste Q de Cochran é usado para dados categóricos ou para dados naturalmente dicotômicos, porque testes paramétricos não são aplicáveis a tais dados. Quando o teste Q de Cochran é usado com dados que não são categóricos nem naturalmente dicotômicos, pode haver uma perda de informação. Como observado anteriormente, a distribuição $\chi^2$ aproxima bem a distribuição amostral exata de Q quando $N \geq 4$ e $Nk > 24$.

### 7.1.5 Referências

O leitor pode encontrar discussões sobre o teste Q de Cochran em Cochran (1950) e em Marascuilo e McSweeney (1977). Tabelas da distribuição amostral exata para N e k pequenos podem ser encontradas em Patil (1975).

## 7.2 A ANÁLISE DE VARIÂNCIA DE DOIS FATORES DE FRIEDMAN POR POSTOS

### 7.2.1 Função

Quando os dados de $k$ amostras combinadas estão pelo menos em uma escala ordinal, a *análise de variância de dois fatores de Friedman por postos* é usada para testar a hipótese nula de que as $k$ amostras tenham sido extraídas da mesma população.

Como as $k$ amostras estão combinadas, o número $N$ de casos é o mesmo em cada uma das amostras. A combinação pode ter sido obtida estudando o mesmo grupo de sujeitos sob cada uma das $k$ condições. Ou o pesquisador pode obter $N$ conjuntos, cada um consistindo de $k$ sujeitos combinados, e então atribuir aleatoriamente um sujeito de cada conjunto à primeira condição, um sujeito de cada conjunto à segunda condição, etc. Por exemplo, se alguém deseja estudar as diferenças na aprendizagem utilizando quatro métodos de ensino, poderia obter $N$ conjuntos de $k = 4$ alunos, cada conjunto consistindo de crianças que são combinadas por meio de variáveis relevantes (idade, aprendizagem prévia, inteligência, *status* econômico, motivação, etc.), e então escolher, aleatoriamente, uma criança de cada um dos $N$ conjuntos para aprender pelo método $A$, outra de cada conjunto para aprender pelo método $B$, outra de cada conjunto para aprender pelo método $C$ e a quarta criança de cada conjunto para aprender pelo método $D$.

A análise de variância de dois fatores de Friedman por postos testa a hipótese nula de que $k$ medidas repetidas ou grupos combinados provêm da mesma população ou de populações com a mesma mediana. Para especificar a hipótese nula mais explicitamente, seja $\theta_j$ a mediana populacional na $j$-ésima condição ou grupo. Então podemos escrever a hipótese nula de que as medianas são iguais como $H_0: \theta_1 = \theta_2 = ... = \theta_k$. A hipótese alternativa é então $H_1: \theta_i \neq \theta_j$ para pelo menos duas condições ou grupos $i$ e $j$. Isto é, se a hipótese alternativa é verdadeira, pelo menos um par de condições tem medianas diferentes. Sob a hipótese nula, o teste admite que as variáveis têm a mesma distribuição contínua subjacente; assim é requerida uma mensuração ao menos ordinal da variável.

### 7.2.2 Fundamentos lógicos e método

Para o teste de Friedman, os dados são colocados em uma tabela de duas entradas tendo $N$ linhas e $k$ colunas. As linhas representam os sujeitos ou conjuntos combinados de sujeitos e as colunas representam as várias condições. Se os escores dos sujeitos atuando sob todas as condições estão sob estudo, então cada linha dá os escores de um sujeito sob cada uma das $k$ condições.

Os dados do teste são postos. Os escores em cada *linha* são postados separadamente. Isto é, com $k$ condições sendo estudadas, os postos em qualquer linha variam de 1 a $k$. O teste de Friedman determina a probabilidade de que diferentes *colunas* de postos (amostras) provêm da mesma população, isto é, que as $k$ variáveis tenham a mesma mediana.

Por exemplo, suponha que desejemos estudar os escores de três grupos sob quatro condições. Aqui $N = 3$ e $k = 4$. Cada grupo contém quatro sujeitos combinados, cada um tendo sido associado a uma das quatro condições. Suponha que nossos escores para este estudo fossem aqueles dados na Tabela 7.2. Para executar o teste de Friedman sobre aqueles dados, primeiro atribuímos postos aos escores *em cada linha*.

Podemos dar ao menor escore de cada linha o posto 1, ao segundo escore mais baixo de cada linha o posto 2, etc. Fazendo isso, obtemos os dados mostrados na Tabela 7.3. Observe que os postos em cada linha da Tabela 7.3 variam de 1 a $k = 4$.

Sendo assim, se a hipótese nula (que todas as amostras – colunas – vêm da mesma população) é de fato verdadeira, então a distribuição dos postos *em cada coluna* seria resultado do acaso e, então, esperaríamos que os postos 1, 2, 3 e 4 apareceriam em cada coluna com aproximadamente a mesma freqüência. Isto é, se os dados fossem aleatórios, esperaríamos que a soma dos postos em cada coluna fosse $N(k + 1)/2$. Para os dados na Tabela 7.3, a soma esperada por coluna seria $3(4 + 1)/2 = 7,5$. Isso indica que, para qualquer grupo, sob qual condição ocorre o mais alto escore e sob qual condição ocorre o mais baixo é um resultado do acaso – o que seria real se as condições realmente não diferissem.

Se os escores dos sujeitos fossem independentes da condição, o conjunto de postos em cada coluna representaria uma amostra aleatória de uma distribuição retangular discreta dos números dos postos 1, 2, 3 e 4, e os totais dos postos para as várias colunas seriam quase iguais. Se os escores dos sujeitos fossem dependentes das condições (isto é, se $H_0$ fosse falsa), então os totais dos postos variariam de uma coluna para a outra. Como todas as colunas contêm um número igual de casos, uma afirmação equivalente seria que, sob $H_0$, a média dos postos nas várias colunas seriam aproximadamente iguais.

**TABELA 7.2**
Escores de três grupos combinados sob quatro condições

| Grupos | Condições | | | |
|---|---|---|---|---|
| | I | II | III | IV |
| A | 9 | 4 | 1 | 7 |
| B | 6 | 5 | 2 | 8 |
| C | 9 | 1 | 2 | 6 |

**TABELA 7.3**
Postos de três grupos combinados sob quatro condições

| Grupos | Condições | | | |
|---|---|---|---|---|
| | I | II | III | IV |
| A | 4 | 2 | 1 | 3 |
| B | 3 | 2 | 1 | 4 |
| C | 4 | 1 | 2 | 3 |
| $R_j$ | 11 | 5 | 4 | 10 |

O teste de Friedman determina se os totais dos postos (indicados por $R_j$) para cada condição ou variável diferem significativamente dos valores que seriam esperados devido ao acaso. Para fazer este teste, calculamos o valor da estatística, a qual denotaremos por $F_r$,

$$F_r = \left[ \frac{12}{Nk(k+1)} \sum_{j=1}^{k} R_j^2 \right] - 3N(k+1) \tag{7.3}$$

onde $N$ = número de linhas (sujeitos)
$k$ = número de colunas (variáveis ou condições)
$R_j$ = soma dos postos na $j$-ésima coluna
(isto é, a soma dos postos para a $j$-ésima variável)

e $\sum_{j=1}^{k}$ leva a somar os quadrados das somas dos postos sobre todas as condições.

Probabilidades associadas com diversos valores de $F_r$ quando $H_0$ é verdadeira têm sido tabuladas para vários tamanhos da amostra e para várias quantidades de variáveis. A Tabela M do Apêndice dá as probabilidades associadas com valores de $F_r$ tão grandes ou maiores do que os valores tabelados para vários valores de $N$ e $k$. Se o valor observado de $F_r$ é maior do que o valor tabelado de $F_r$ no nível de significância escolhido, então $H_0$ pode ser rejeitada em favor de $H_1$.

Se o número $k$ de variáveis excede cinco ou o tamanho $N$ da amostra excede aquele para as entradas tabeladas na Tabela M do Apêndice, então uma aproximação para amostras grandes pode ser usada. Quando o número de linhas e/ou colunas é grande, pode ser mostrado que a estatística $F_r$, como dada na Equação (7.3), é distribuída aproximadamente como $\chi^2$ com $gl = k - 1$. Então, a Tabela C do Apêndice pode ser usada para determinar a significância da probabilidade.

Se o valor de $F_r$, calculado a partir da Equação (7.3), é igual ou maior do que aquele dado na Tabela M do Apêndice ou na Tabela C do Apêndice para um particular nível de significância, então a implicação é que as somas dos postos (ou, equivalentemente, o posto médio $R_j/N$) para as várias colunas diferem significativamente (o que é o mesmo que dizer que o tamanho dos escores depende das condições sob as quais os escores foram obtidos) e, então, $H_0$ pode ser rejeitada naquele nível de significância.

Para ilustrar os cálculos de $F_r$ e o uso da Tabela M do Apêndice, podemos testar a significância de diferenças nos dados mostrados na Tabela 7.3. Consultando aquela tabela, o leitor pode ver que o número de condições é $k = 4$ e o número de linhas é $N = 3$. As sucessivas somas $R_j$ dos postos são 11, 5, 4 e 10, respectivamente. Podemos calcular o valor de $F_r$ para os dados na Tabela 7.3, substituindo estes valores na Equação (7.3):

$$F_r = \left[ \frac{12}{Nk(k+1)} \sum_{j=1}^{k} R_j^2 \right] - 3N(k+1) \tag{7.3}$$

$$= \frac{12}{(3)(4)(4+1)} (11^2 + 5^2 + 4^2 + 10^2) - (3)(3)(4+1)$$

$$= 7{,}4$$

Podemos determinar a probabilidade de ocorrência, quando $H_0$ é verdadeira, de $F_r \geq 7{,}4$ voltando à Tabela M do Apêndice, a qual fornece os valores críticos selecionados do $F_r$ observados para $k = 4$. Uma consulta àquela tabela mostra que a probabilidade associada com $F_r \geq 7{,}4$ quando $N = 3$ e $k = 4$ é $p \leq 0{,}05$. Logo, para estes dados, podemos rejeitar a hipótese nula de que as quatro amostras foram extraídas de populações com a mesma mediana no nível 0,05 de significância, pois o valor observado de $F_r$ excede o valor crítico.

**Exemplo 7.2a Para N e k grandes.** Em um estudo sobre o efeito de três diferentes padrões de reforço sobre a extensão de aprendizagem por discriminação, em ratos,[2] três amostras combinadas ($k = 3$) de 18 ratos ($N = 18$) foram treinados sob três padrões de reforço. Estabeleceu-se a correspondência utilizando-se 18 conjuntos de ratos da mesma ninhada, três em cada conjunto. Apesar de todos os 54 ratos terem recebido a mesma quantidade de reforço (recompensa), o padrão da administração do reforço foi diferente para cada um dos grupos. Um grupo foi treinado com 100% de reforço (RR), um segundo grupo combinado foi treinado com reforço parcial, no qual cada seqüência de ensaios terminou com um ensaio sem reforço (RU), e o terceiro grupo combinado foi treinado com reforço parcial, no qual cada seqüência de ensaios terminou com um ensaio de reforço (UR).

Depois deste treinamento, a extensão da aprendizagem foi medida pela velocidade com a qual os vários ratos aprenderam um comportamento "oposto" – mesmo tendo sido treinados para correr para o branco, os ratos agora foram recompensados por correr para o preto. Quanto melhor a aprendizagem inicial, mais vagarosa deveria ser esta transferência de aprendizagem. A predição foi de que os diferentes padrões de reforço usados resultariam em um diferencial na aprendizagem mostrado pela habilidade de transferir.

1. *Hipótese nula.* $H_0$: os diferentes padrões de reforço não têm efeito diferencial sobre o comportamento observado. $H_1$: os diferentes padrões de reforço têm um efeito diferencial.
2. *Teste estatístico.* Como o número de erros na transferência de aprendizagem não é, provavelmente, uma medida intervalar da força da aprendizagem inicial, a análise de variância de dois fatores de Friedman por postos foi escolhida. Além disso, o uso de análise de variância paramétrica é impossível, pois um exame da situação experimental sugeriu que uma das suposições básicas do teste $F$ provavelmente não foi mantida.
3. *Nível de significância.* Seja $\alpha = 0{,}05$ e $N$ o número de ratos em cada um dos $k = 3$ grupos combinados $= 18$.
4. *Distribuição amostral.* Como $F$ é calculado pela Equação (7.3) e como o tamanho da amostra é grande, a distribuição amostral de $F$ é aproximadamente como a $\chi^2$ com $gl = k - 1$. Assim, a probabilidade associada com a ocorrência, sob $H_0$, de um valor tão grande quanto o valor observado de $F_r$ pode ser determinada por meio da Tabela C do Apêndice.
5. *Região de rejeição.* A região de rejeição consiste de todos os valores de $F_r$ os quais são tão grandes que a probabilidade associada com sua ocorrência, quando $H_0$ é verdadeira, é menor ou igual a $\alpha = 0{,}05$.

---

[2] Grosslight, J. H. e Radlow, R. (1956). Patterning effect of the nonreiforcement-reinforcement sequence in a discrimination situation. *Journal of Comparative and Physiological Psychology*, **49**, 542-546.

6. *Decisão.* O número de erros cometidos por rato, na situação de transferência de aprendizagem, foi determinado e foram atribuídos postos para estes escores, para cada um dos 18 conjuntos de 3 ratos combinados. Estes postos são dados na Tabela 7.4.

Observe que a soma dos postos para os grupos RR é 39,5, a soma dos postos para o grupo RU é 42,5 e a soma dos postos para os grupos UR é 26,0. Um posto baixo significa um alto número de erros na transferência, por exemplo, forte aprendizagem inicial. Podemos calcular o valor de $F_r$ substituindo nossos valores observados na Equação (7.3):

$$F_r = \left[\frac{12}{Nk(k+1)} \sum_{j=1}^{k} R_j^2\right] - 3N(k+1) \qquad (7.3)$$

$$= \frac{12}{(18)(3)(3+1)} (39{,}5^2 + 42{,}5^2 + 26^2) - (3)(18)(3+1)$$

$$= 8{,}58$$

Uma consulta à Tabela C do Apêndice indica que $F_r = 8{,}58$ quando $gl = k - 1 = 3 - 1 = 2$ é significante entre os níveis 0,02 e 0,01. Portanto, como p < 0,02 é menor do que nosso nível de significância previamente escolhido de α = 0,05, a decisão é rejeitar $H_0$. A conclusão é que os escores dos ratos na transferência de aprendizagem dependem do padrão de reforço nos ensaios de aprendizagem originais.

**EMPATES.** Quando há empates entre os postos para qualquer grupo (ou linha) dado, a estatística $F_r$ precisa ser corrigida para levar em consideração as mudanças na distribuição amostral. A Equação (7.4) dá o valor de $F_r$ apropriado quando ocorrem empates. Apesar de poder ser usada em geral, isto é, tanto quando não existem empates como quando existem, o cálculo é relativamente mais trabalhoso.

$$F_r = \frac{12 \sum_{j=1}^{k} R_j^2 - 3N^2 k(k+1)^2}{Nk(k+1) + \dfrac{\left(Nk - \sum_{i=1}^{N}\sum_{j=1}^{gi} t_{i.j}^3\right)}{(k-1)}} \qquad (7.4)$$

onde $g_i$ é o número de conjuntos de postos empatados no $i$-ésimo grupo e $t_{i.j}$ é o tamanho do $j$-ésimo conjunto de postos empatados no $i$-ésimo grupo. Incluímos os conjuntos de tamanho 1 na contagem. Como é o caso de outras correções para dados empatados, o efeito de postos empatados é aumentar o tamanho da estatística $F_r$ de Friedman. Se a correção para empates é feita no exemplo dado acima, notamos que existem dois postos empatados no 15º grupo. Notamos também que existem 52 empates de tamanho 1 e um empate de tamanho 2. Portanto,

$$\sum_{i=1}^{N}\sum_{j=1}^{gi} t_{i.j}^3 = 1 + 1 + 1 + \ldots + 1 + 8 + 1 + \ldots + 1$$

$$= 60$$

**TABELA 7.4**
Postos de 18 grupos combinados na transferência após treinamento sob três condições de reforço

| Grupo | Tipo de reforço | | |
|---|---|---|---|
| | RR | RU | UR |
| 1 | 1 | 3 | 2 |
| 2 | 2 | 3 | 1 |
| 3 | 1 | 3 | 2 |
| 4 | 1 | 2 | 3 |
| 5 | 3 | 1 | 2 |
| 6 | 2 | 3 | 1 |
| 7 | 3 | 2 | 1 |
| 8 | 1 | 3 | 2 |
| 9 | 3 | 1 | 2 |
| 10 | 3 | 1 | 2 |
| 11 | 2 | 3 | 1 |
| 12 | 2 | 3 | 1 |
| 13 | 3 | 2 | 1 |
| 14 | 2 | 3 | 1 |
| 15 | 2,5 | 2,5 | 1 |
| 16 | 3 | 2 | 1 |
| 17 | 3 | 2 | 1 |
| 18 | 2 | 3 | 1 |
| $R_j$ | 39,5 | 42,5 | 26,0 |

Usando a Equação (7.4), obtemos $F_r = 8{,}70$, o qual é maior do que o valor (8,58) obtido sem a correção. Obviamente, como $H_0$ foi rejeitada sem a correção, ela também seria rejeitada com a correção. Deve ser ressaltado que, neste exemplo, o efeito dos empates foi muito pequeno; no entanto, quando o número de empates cresce, maior é o efeito sobre $F_r$.

### 7.2.3 Comparações múltiplas entre grupos e condições

Quando o valor obtido de $F_r$ é significante, ele indica que *pelo menos uma* das condições difere de *pelo menos uma* outra condição. Ele não informa ao pesquisador qual delas é diferente, nem diz ao pesquisador quantos grupos são diferentes uns dos outros. Isto é, quando o valor obtido de $F_r$ é significante, gostaríamos de testar a hipótese $H_0$: $\theta_u = \theta_v$ contra a hipótese $H_1$: $\theta_u \neq \theta_v$ para algumas condições $u$ e $v$. Existe um procedimento simples para determinar qual condição (ou condições) difere. Começamos por determinar as diferenças $|R_u - R_v|$ para todos os pares de condições ou grupos. Quando o tamanho da amostra é grande, estas diferenças têm distribuição aproximadamente normal. Entretanto, como existe um grande número de diferenças e como as diferenças não são independentes, o procedimento de comparação precisa ser ajustado apropriadamente. Suponha que a hipótese de não-diferença entre as $k$

condições ou grupos combinados fosse testada e rejeitada no nível α de significância. Então poderíamos testar a significância de pares individuais de diferenças usando a desigualdade a seguir. Isto é, se

$$|R_u - R_v| \geq z_{\alpha/k(k-1)} \sqrt{\frac{Nk(k+1)}{6}} \qquad (7.5a)$$

ou se os dados são expressos em termos dos postos médios dentro de cada condição, e se

$$|\bar{R}_u - \bar{R}_v| \geq z_{\alpha/k(k-1)} \sqrt{\frac{k(k+1)}{6N}} \qquad (7.5b)$$

então podemos rejeitar a hipótese $H_0$: $\theta_u = \theta_v$ e concluir que $\theta_u \neq \theta_v$. Assim, se a diferença entre as somas dos postos (ou média dos postos) excede o valor crítico correspondente dado na Equação (7.5a) ou na Equação (7.5b), então podemos concluir que as duas condições são diferentes. O valor de $z_{\alpha/k(k-1)}$ é o valor da abscissa da distribuição normal padrão que corresponde a $\alpha/k(k-1)$ por cento da distribuição. Os valores de $z$ podem ser obtidos a partir da Tabela A do Apêndice.

Devido ao fato de que é freqüentemente necessário obter valores baseados em probabilidades extremamente pequenas, especialmente quando $k$ é grande, a Tabela $A_{II}$ do Apêndice pode ser usada no lugar da Tabela A do Apêndice. Ela é uma tabela da distribuição normal padrão, a qual foi organizada de modo que valores usados em comparações múltiplas possam ser obtidos facilmente. A tabela foi organizada com base no número de comparações (# c) que podem ser feitas. Os valores tabelados são as probabilidades da *cauda superior* associadas com os vários valores de α. Quando existem $k$ grupos, há $k(k-1)/2$ comparações possíveis.[3]

**Exemplo 7.2b** No exemplo acima, que analisou as diferenças entre padrões de reforço, a hipótese nula de que não havia diferença entre os três métodos de treinamento foi rejeitada, e concluímos que havia uma diferença entre os métodos de treinamento. No entanto, mesmo podendo concluir que havia uma diferença, não sabemos se havia uma diferença entre uma condição e as outras ou se os três grupos eram diferentes entre si. Para saber onde ocorrem as diferenças, devemos determinar as comparações múltiplas para os três grupos.

Uma vez que foi usado o nível de significância α = 0,05 na análise inicial, devemos usar o mesmo nível aqui. Primeiro, determinamos as diferenças entre as condições. Por conveniência, devemos usar os subscritos RR, RU e UR para nos refe-

---

[3] Alguns leitores observarão uma evidente discrepância entre o subscrito para $z$, o qual é $\alpha/k(k-1)$, e o número de comparações # c, o qual é $k(k-1)/2$. Note que estamos testando diferenças absolutas e, portanto, usamos somente a *cauda superior* da distribuição tabelada. Assim, a probabilidade da cauda superior, $\alpha/2$, é dividida pelo número de comparações $k(k-1)/2$ o que resulta em $\alpha/k(k-1)$.

rirmos aos três grupos. Então, como $R_{RR} = 39,5$, $R_{RU} = 42,5$ e $R_{UR} = 26,0$, temos as seguintes diferenças:

$$|R_{RR} - R_{RU}| = |39,5 - 42,5| = 3,0$$
$$|R_{RR} - R_{UR}| = |39,5 - 26,0| = 13,5$$
$$|R_{RU} - R_{UR}| = |42,5 - 26,0| = 16,5$$

Encontramos, então, as diferenças críticas usando a Equação (7.5$a$). Como $\alpha = 0,05$ e $k = 3$, o número de comparações # c é igual a $k(k-1)/2 = (3)(2)/2 = 3$. Consultando a Tabela $A_{II}$ do Apêndice, vemos que o valor de $z$ é 2,394. [Alternativamente, poderíamos obter o valor de $z$ a partir da Tabela A do Apêndice. Para usar essa tabela, primeiro calculamos $\alpha/k(k-1) = 0,05/(3)(2) = 0,00833$. Consultando a Tabela A do Apêndice, novamente encontramos (após interpolação) que $z_{0,00833} = 2,394$.] A diferença crítica então é

$$z_{\alpha/k(k-1)}\sqrt{\frac{Nk(k+1)}{6}} = 2,394\sqrt{\frac{(18)(3)(3+1)}{6}}$$
$$= 2,394\sqrt{36}$$
$$= 14,36$$

Como somente a terceira diferença (16,5) excede a diferença crítica, concluímos que somente a diferença entre as condições RU e UR é significante. Note que a segunda diferença, apesar de grande, não é de uma magnitude grande o suficiente para nos permitir concluir que RR e UR são diferentes quando usamos o nível de significância que escolhemos.

### 7.2.4 Comparação de grupos ou condições com um controle

Algumas vezes, um pesquisador pode ter uma comparação mais específica em mente do que o conjunto de comparações múltiplas descrito anteriormente. Por exemplo, suponha que uma condição ou grupo representasse uma *linha de base* ou condição de controle diante da qual todas as outras condições deveriam ser comparadas. Após aplicar o teste de análise de variância de dois fatores de Friedman por postos e notar que ele é significativo, o pesquisador pode desejar comparar todas as condições contra uma. Por conveniência, indicaremos a condição controle como condição 1. Então a hipótese que o pesquisador gostaria de testar é

$H_0$: $\theta_1 = \theta_u$     para $u = 2, 3, ..., k$
contra    $H_1$: $\theta_1 \neq \theta_u$     para *algum* $u = 2, 3, ..., k$

O procedimento a seguir permite ao pesquisador testar um conjunto de condições contra uma condição-controle.

Assim como no procedimento de múltipla comparação descrito na seção anterior, calculamos as diferenças $|R_1 - R_u|$ entre a condição tratamento e cada uma das outras condições. Quando os tamanhos das amostras são moderados ou grandes, estas diferenças têm distribuição aproximadamente normal. No entanto, as comparações não são independentes e os valores críticos precisam ser obtidos usando uma tabela especial (Tabela $A_{III}$ do Apêndice). Então podemos testar a significância das diferenças entre a condição tratamento e as outras condições, usando a desigualdade a seguir. Sendo assim, se

$$|R_1 - R_u| \geq q(\alpha, \# c)\sqrt{\frac{Nk(k+1)}{6}} \qquad (7.6a)$$

ou se os dados são expressos em termos das médias dos postos dentro de cada condição, e se

$$|\bar{R}_1 - \bar{R}_u| \geq q(\alpha, \# c)\sqrt{\frac{k(k+1)}{6N}} \qquad (7.6b)$$

então podemos rejeitar a hipótese $H_0$: $\theta_1 = \theta_u$ em favor de $H_1$: $\theta_1 \neq \theta_u$. Valores de $q(\alpha, \#c)$ são dados na Tabela $A_{III}$ do Apêndice para valores selecionados de $\alpha$ e # c, onde # c = $k - 1$, o qual é o número de comparações.

**Exemplo 7.2c** Como um exemplo, suponha que tivéssemos um conjunto de $N = 12$ sujeitos medidos em alguma linha de base e em quatro outras condições; então $k = 5$. Suponha que $R_1 = 33$, $R_2 = 30$, $R_3 = 43$, $R_4 = 14$ e $R_5 = 60$. Usando a Equação (7.3), o valor de $F_r = 38,47$, o qual é significante além do nível $\alpha = 0,05$.[4] Suponha então que desejemos testar a diferença entre cada condição e a linha de base. Os valores sucessivos de $|R_1 - R_u|$ são 3, 10, 19 e 27, respectivamente. Usando a Equação (7.6a) podemos encontrar os limites para as diferenças. Primeiro, da Tabela $A_{III}$ do Apêndice, encontramos que $q(\alpha, \#c) = 2,44$ para $\alpha = 0,05$ e #c = $k - 1 = 4$. Então,

$$|R_1 - R_u| \geq q(\alpha, \# c)\sqrt{\frac{Nk(k+1)}{6}} \qquad (7.6a)$$

$$\geq 2,44 \sqrt{\frac{(12)(5)(5+1)}{6}}$$

$$\geq 18,9$$

Qualquer diferença que exceda 18,9 indicará uma diferença significante entre aquela condição e a condição-controle. Somente duas das diferenças excedem aquele limite. Portanto, podemos concluir que as condições 4 e 5 são significativamente diferentes da condição-controle 1.

---

[4] O leitor é encorajado a calcular o valor de $F_r$ neste exemplo para assegurar uma compreensão de seu cálculo com os dados fornecidos.

## 7.2.5 Resumo do procedimento

Estes são os passos no uso da análise de variância de dois fatores de Friedman por postos:

1. Coloque os escores em uma tabela de dupla entrada tendo $N$ linhas (sujeitos) e $k$ colunas (condições ou variáveis).
2. Atribua postos aos dados de cada linha de 1 a $k$.
3. Determine a soma dos postos em cada coluna ($R_j$).
4. Calcule o valor de $F_r$ com a Equação (7.3) se não há empates, ou com a Equação (7.4) se há observações empatadas em qualquer linha.
5. O método para determinar a probabilidade de ocorrência, quando $H_0$ é verdadeira, de um valor observado de $F_r$, depende dos tamanhos de $N$ e $k$:

   a) A Tabela M do Apêndice fornece valores críticos selecionados de $F_r$ para $N$ e $k$ pequenos.
   
   b) Para $N$ e/ou $k$ maiores do que aqueles usados na Tabela M do Apêndice, a probabilidade associada pode ser determinada por meio da distribuição $\chi^2$ (Tabela C do Apêndice) com $gl = k - 1$.

6. Se a probabilidade fornecida pelo método apropriado no passo 5 é menor ou igual a $\alpha$, rejeite $H_0$.
7. Se $H_0$ é rejeitada, use comparações múltiplas [Equação (7.5)] para determinar quais diferenças entre as condições são significantes. Se as diferenças entre as várias condições e uma condição-controle estão sendo testadas, use a Equação (7.6).

## 7.2.6 Eficiência relativa

O poder-eficiência do teste de análise de variância de dois fatores de Friedman para dados normalmente distribuídos quando comparados com sua contraparte normal (o teste $F$) é $2/\pi = 0,64$ quando $k = 2$ e cresce com $k$ para 0,80 quando $k = 5$, para 0,87 quando $k = 10$ e para 0,91 quando $k = 20$. Quando comparados com amostras de distribuições uniforme e exponencial, a eficiência é maior.

## 7.2.7 Referências

Discussões mais antigas sobre a análise de variância de dois fatores por postos podem ser encontradas em Friedman (1937, 1940). Discussões mais recentes incluem Lehmann (1975) e Randles e Wolfe (1979). A análise de variância de dois fatores de Friedman por postos é relacionada funcionalmente a outro teste não-paramétrico, o coeficiente de Kendall de concordância ($W$), o qual é discutido no Capítulo 9.

## 7.3 O TESTE DE PAGE PARA ALTERNATIVAS ORDENADAS

### 7.3.1 Função

A análise de variância de dois fatores de Friedman por postos testa a hipótese de que $k$ grupos combinados ou $k$ medidas repetidas são iguais *versus* a hipótese alternativa de que um ou mais grupos são diferentes. Algumas vezes um pesquisador pode desejar considerar uma hipótese alternativa mais específica. Por exemplo, em um experimento de aprendizagem, o pesquisador pode desejar testar a hipótese de "nenhuma aprendizagem" contra a hipótese de que sujeitos irão relembrar mais sobre o ensaio 2 do que sobre o ensaio 1, relembrar mais sobre o ensaio 3 do que sobre o ensaio 2, etc. Neste caso, a hipótese alternativa associada com a análise de variância de dois fatores de Friedman por postos é muito geral. O *teste de Page para alternativas ordenadas*, descrito nesta seção, testa a hipótese de que os grupos (ou medidas) são iguais *versus* a hipótese alternativa de que os grupos (ou medidas) são ordenados em uma seqüência específica. Para especificar a hipótese nula e sua alternativa mais explicitamente, seja $\theta_j$ a mediana populacional para o $j$-ésimo grupo ou medida. Então, podemos escrever a hipótese nula de que as medianas são a mesma como

$$H_0: \theta_1 = \theta_2 = ... = \theta_k$$

e a hipótese alternativa pode ser escrita como

$$H_1: \theta_1 \leq \theta_2 \leq ... \leq \theta_k$$

isto é, as medianas são ordenadas por magnitude. Se a hipótese alternativa é verdadeira, pelo menos uma das diferenças é uma desigualdade estrita (<). É importante notar que, para assegurar o uso apropriado do teste, o pesquisador precisa ser capaz de especificar a ordem dos grupos (medidas ou condições) *a priori*.

Para aplicar o teste de Page, os dados das $k$ amostras ou medidas combinadas precisam estar pelo menos em uma escala ordinal. Assumiremos que existem $N$ casos ou conjuntos de observações. Assim como na análise de variância de dois fatores de Friedman por postos, se as $k$ amostras são combinadas, a combinação é feita obtendo $N$ conjuntos de $k$ sujeitos combinados e, então, associando aleatoriamente um sujeito em cada conjunto a uma das $k$ condições.

### 7.3.2 Fundamentos lógicos e método

Para aplicar o teste de Page para alternativas ordenadas, o pesquisador precisa primeiro especificar a ordenação *a priori* dos grupos. Os dados, então, são colocados em uma tabela de dupla entrada com $N$ linhas e $k$ colunas. Assim como no teste da análise de variância de dois fatores de Friedman por postos, as linhas representam os sujeitos ou conjuntos combinados de sujeitos e as colunas representam as $k$ condições (grupos ou medidas).

Os dados do teste são postos. Aos dados em cada linha são atribuídos postos separadamente, variando de 1 a $k$. A hipótese nula é que a média dos postos em cada uma das colunas é a mesma. A hipótese alternativa é que a média dos postos cresce através dos grupos de 1 a $k$. Em vez de usar postos médios nos cálculos, o teste estatístico usa os totais $R_j$ dos postos para o $j$-ésimo grupo. Para fazer o teste, calculamos a estatística $L$:

$$L = \sum_{j=1}^{k} jR_j = R_1 + 2R_2 + ... + kR_k \qquad (7.7)$$

onde $R_j$ é a soma dos postos na $j$-ésima coluna.

As probabilidades associadas com vários valores de $L$, quando $H_0$ é verdadeira, foram tabuladas para vários tamanhos $N$ da amostra e vários números $k$ de variáveis. A Tabela N do Apêndice dá as probabilidades associadas com valores de $L$ tão grandes ou maiores do que o valor tabelado para o nível de significância escolhido, então a hipótese $H_0$ pode ser rejeitada em favor da hipótese alternativa $H_1$. Por exemplo, considere um experimento no qual existem $N = 9$ conjuntos de observações sobre $k = 4$ medidas. Um nível de significância de $\alpha = 0{,}01$ é escolhido. Consultando a Tabela N do Apêndice vemos que, se $L \geq 246$, rejeitaríamos $H_0$ em favor de $H_1$.

**GRANDES AMOSTRAS.** Valores críticos de $L$ estão tabelados na Tabela N do Apêndice para $N \leq 20$ e $k = 3$, e $N \leq 12$ para $k = 4, 5, 6, 7, 8, 9$ e $10$. Para valores grandes de $N$ ou $k$, uma aproximação para grandes amostras é usada para testar hipóteses concernentes à estatística $L$ do teste de Page. Para valores grandes de $N$ e $k$, a distribuição amostral de $L$ é aproximadamente normal com

$$\mu_L = \frac{Nk(k+1)^2}{4} \tag{7.8}$$

$$\sigma_L^2 = \frac{Nk^2(k^2-1)^2}{144(k-1)}$$

Então, para testar a hipótese $H_0$ de que as medianas são iguais contra a hipótese alternativa de que elas são ordenadas, calculamos a estatística $z_L$:

$$Z_L = \frac{12L - 3Nk(k+1)^2}{k(k^2-1)}\sqrt{\frac{k-1}{N}} \tag{7.10}$$

Para $N$ grande, a estatística $Z_L$ tem distribuição aproximadamente normal com média 0 e desvio padrão 1. Portanto, a significância de $Z_L$ e, então, de $L$, pode ser determinada consultando uma tabela da distribuição normal padrão (Tabela A do Apêndice). Como as alternativas são ordenadas, o teste de Page é um teste unilateral.

**Exemplo 7.3 Para N e k pequenos.** Nos últimos anos, tem havido um crescente interesse na habilidade de pessoas para perceber padrões através do tato. Instrumentos têm sido desenvolvidos para converter caracteres escritos em padrões táteis vibrantes, sendo que um dos objetivos é tornar pessoas com deficiências de visão capazes de "ler" textos apresentados em padrões táteis. Um instrumento que tem sido utilizado para fazer isto, o Optacon, contém uma grade de pequenos pinos, cada um dos quais pode vibrar independentemente. Letras do alfabeto produzem diferentes padrões de vibração dos pinos. Em investigações experimentais envolvendo integração temporal de tais padrões táteis vibrantes, Craig[5] examinou a quantidade de interação entre elementos de padrões táteis vibrantes como uma função do tempo entre os inícios de elementos individuais. Em um estudo subseqüente, o pesquisador manipulou o "início de estímu-

---

[5] Craig, J. C. (1984). Vibratory temporal integration as a function of pattern discriminability. *Perception & Psychophysics*, **35,** 579-582.

### TABELA 7.5
Proporção de respostas corretas como uma função do início de estímulos sem sincronia (SOA)

| Sujeito | Estímulos iniciados sem sincronia (ms) | | | | | |
|---|---|---|---|---|---|---|
| | 204 | 104 | 56 | 30 | 13 | 0 |
| A | 0,797 | 0,876 | 0,888 | 0,923 | 0,942 | 0,956 |
| B | 0,794 | 0,772 | 0,908 | 0,982 | 0,976 | 0,913 |
| C | 0,838 | 0,801 | 0,853 | 0,951 | 0,883 | 0,837 |
| D | 0,815 | 0,801 | 0,747 | 0,859 | 0,887 | 0,902 |

los sem sincronia" (SOA – *stimulus onset asynchrony*) de partes do padrão e os espaços ou falhas entre linhas de pinos vibrantes que estavam em contato com o dedo do sujeito. A tarefa do sujeito foi indicar se uma falha estava presente ou não.

Quatro sujeitos treinados foram testados em um grande número de ensaios nos quais os estímulos variaram no início sem sincronia e no espaçamento entre os estímulos. Para avaliar a precisão dos sujeitos em detectar a presença de uma falha, foi necessário ver o quanto os sujeitos foram precisos em relatar a ausência de uma falha quando não havia falha ou espaçamento entre os sucessivos estímulos mas o SOA variava. Para cada sujeito, seis diferentes SOAs foram usados. A Tabela 7.5 resume a proporção de respostas corretas de cada sujeito para cada um dos SOAs. O pesquisador desejava testar a hipótese de que a precisão era inversamente relacionada ao SOA.

1. *Hipótese nula*. $H_0$: diferentes SOAs não têm efeito sobre a precisão dos sujeitos quando não há falha espacial no padrão tátil vibrante. $H_1$: a precisão dos sujeitos é inversamente relacionada ao SOA. Isto é, quando a falta de sincronia decresce, a proporção de respostas corretas cresce.
2. *Teste estatístico*. Como o pesquisador faz hipóteses sobre uma ordenação para a precisão da resposta como uma função do SOA, o teste de Page para alternativas ordenadas é apropriado. Além disso, o uso da análise de variância paramétrica não é permitido porque os dados exibem falta de homogeneidade de variância e a distribuição parece ser assimétrica. Logo, algumas das suposições básicas do teste $F$ não são satisfeitas. Isto, junto com tamanho da amostra pequeno, sugere que um teste não-paramétrico é apropriado.
3. *Nível de significância*. Seja $\alpha = 0,01$, $N$ é o número de sujeitos = 4 e $k$ é o número de medidas feitas em cada sujeito = 6.
4. *Distribuição amostral*. Como os valores de $N$ e $k$ são pequenos, a distribuição amostral de $L$ como calculada a partir da Equação (7.7) é tabelada na Tabela N do Apêndice.
5. *Região de rejeição*. A região de rejeição consiste de todos os valores de $L$ que excedem o valor tabelado de $L$ associado com os valores apropriados de $\alpha$, $N$ e $k$.
6. *Decisão*. A proporção de respostas corretas para cada sujeito em cada condição está resumida na Tabela 7.5. Para aplicar o teste de Page, é necessário atribuir postos aos dados em cada linha de 1 a 6. Estas postagens estão

### TABELA 7.6
Postos ordenados das proporções de respostas corretas para os dados na Tabela 7.5

| Sujeito | Estímulos com inícios fora de sincronia (ms) | | | | | |
|---|---|---|---|---|---|---|
| | 204 | 104 | 56 | 30 | 13 | 0 |
| A | 1 | 2 | 3 | 4 | 5 | 6 |
| B | 2 | 1 | 3 | 6 | 5 | 4 |
| C | 3 | 1 | 4 | 6 | 5 | 2 |
| D | 3 | 2 | 1 | 4 | 5 | 6 |
| Rj | 9 | 6 | 11 | 20 | 20 | 18 |

resumidas na Tabela 7.6. Destas postagens, foram calculadas as somas $R_j$ dos postos por colunas.

Com o uso desses valores, o valor de $L$ é calculado com a Equação (7.7):

$$L = \sum_{j=1}^{k} jR_j = R_1 + 2R_2 + \ldots + kR_k \qquad (7.7)$$

$$= 9 + 2(6) + 3(11) + 4(20) + 5(20 + 6(18)$$

$$= 9 + 12 + 33 + 80 + 100 + 108$$

$$= 342$$

A Tabela N do Apêndice mostra que o valor crítico de $L$ para $\alpha = 0,01$, $N = 4$ e $k = 6$ é 331. Uma vez que o valor observado (342) excede o valor tabelado (331) para o nível de significância escolhido, o pesquisador pode rejeitar $H_0$ e concluir que a precisão na resposta é inversamente relacionada ao SOA. (Deve ser observado que $H_0$ poderia, de fato, ter sido rejeitada no nível $\alpha = 0,001$.)

### 7.3.3 Resumo do procedimento

Estes são os passos no uso do teste de Page para alternativas ordenadas:

1. Organize os dados em uma tabela de dupla entrada tendo $N$ linhas (sujeitos) e $k$ colunas (condições ou variáveis). A ordenação das condições precisa ser especificada *a priori*.
2. Atribua postos de 1 a $k$ aos dados em cada linha.
3. Determine a soma dos postos em cada coluna ($R_j$).
4. Calcule o valor de $L$ com a Equação (7.7).
5. O método para determinar a probabilidade associada com $L$, quando $H_0$ é verdadeira, depende dos tamanhos de $N$ e $k$:

a) A Tabela N do Apêndice fornece valores críticos selecionados de $L$ para $N \leq 20$ quando $k = 3$, e para $N \leq 12$ quando $4 \leq k \leq 10$.
b) Se o número de observações e/ou variáveis impede o uso da Tabela N do Apêndice, a aproximação normal deve ser usada. O valor de $z_L$ deve ser calculado usando a Equação (7.10) e a Tabela A do Apêndice deve ser usada para determinar se $z_L$, e portanto $L$, está na região de rejeição. Como $H_1$ especifica uma hipótese alternativa ordenada, um teste unilateral deve ser usado. Se $H_0$ é rejeitada, procedimentos de comparação múltipla como aqueles apresentados na Seção 7.2.3 poderiam ser usados. No entanto, ao fazer comparações, é preciso observar que os testes são unilaterais e que os valores de $z$ precisam ser ajustados de acordo.

### 7.3.4 Eficiência relativa

A eficiência do teste de Page para alternativas ordenadas, quando comparado com sua distribuição normal alternativa(o teste $t$), é a mesma que a do teste da análise de variância de dois fatores de Friedman por postos (ver Seção 7.2.6). Entretanto, comparado ao teste de Friedman, o teste de Page é mais poderoso em sua habilidade para detectar alternativas ordenadas.

### 7.3.5 Referências

O teste de Page foi proposto por Page (1963). Ele é relacionado com o coeficiente de correlação posto-ordem de Spearman (ver Capítulo 9). O poder do teste tem sido considerado por Hollander (1967).

## 7.4 DISCUSSÃO

Três testes estatísticos não-paramétricos para testar $H_0$ no caso de $k$ amostras relacionadas ou grupos combinados foram apresentados neste capítulo. O primeiro, o teste $Q$ de Cochran, é útil quando a mensuração das variáveis sob estudo é categórica (em uma escala nominal com dois níveis ou escala ordinal dicotômica). Este teste torna o pesquisador capaz de determinar se é provável que as $k$ amostras relacionadas poderiam vir da mesma população com relação à proporção ou freqüência de "sucessos" nas várias amostras ou condições. Isto é, é um teste global para testar se $k$ amostras exibem freqüências de "sucessos" significativamente diferentes do que as que seriam esperadas devido ao acaso.

O segundo teste estatístico não-paramétrico apresentado, a análise de variância de dois fatores de Friedman por postos, $F_r$, é apropriado quando as mensurações das variáveis são pelo menos ordinais. Ele testa a probabilidade de que $k$ amostras relacionadas possam ter vindo de uma mesma população com relação às médias dos postos. Isto é, é um teste global para testar se os valores dos dados variam como uma função das condições sob as quais eles foram observados.

O teste de Friedman deve ser usado preferencialmente ao teste $Q$ de Cochran sempre que os dados são apropriados para seu uso (isto é, sempre que as variáveis são, pelo menos, ordenadas). O teste de Friedman tem a vantagem de ter tabelas com probabilidades exatas para amostras muito pequenas, enquanto o teste $Q$ de Cochran não deve ser usado quando $N$ (o número de linhas ou conjuntos de observações) é muito pequeno.

Se, ao usar o teste de Friedman, a hipótese $H_0$ de que não há diferença entre as medianas é rejeitada, comparações múltiplas precisam ser feitas para determinar quais condições são diferentes de cada uma das outras. Se o pesquisador tem uma hipótese mais precisa concernente com a diferença entre uma condição (digamos, uma condição-controle) e as outras condições, então estas comparações específicas também podem ser testadas.

O último teste, o teste de Page para alternativas ordenadas, assim como o teste de Friedman, assume que os dados estão em escala ordinal. Entretanto, para a análise de variância de dois fatores de Friedman por postos, a hipótese alternativa é que os grupos ou medidas são diferentes. Em contraste, a alternativa para o teste de Page é que os grupos são ordenados *a priori* com relação às suas medianas. Como a hipótese alternativa é mais precisa, o teste de Page deve ser preferido quando esta hipótese for apropriada para a particular investigação experimental. Finalmente, deve ser destacado que a hipótese alternativa especificada pelo teste de Page é freqüentemente encontrada em estudos experimentais em ciências sociais e do comportamento.

# 8

## O CASO DE K AMOSTRAS INDEPENDENTES

Na análise de dados de pesquisa, o pesquisador muitas vezes necessita decidir se várias amostras independentes podem ser consideradas como tendo vindo de uma mesma população. A hipótese de pesquisa é que as $k$ populações são diferentes e a hipótese estatística a ser testada é $H_0$: pop 1 = pop 2 = ... = pop $k$. O pesquisador extrai uma amostra de cada população. Os valores amostrais quase sempre diferem um pouco entre si, e o problema é determinar se as diferenças amostrais observadas significam diferenças reais entre as populações ou se elas são meramente o tipo de diferenças que estão sendo esperadas entre amostras aleatórias de uma mesma população.

Neste capítulo, procedimentos serão apresentados para testar a significância de diferenças entre três ou mais grupos ou amostras independentes. Isto é, serão apresentadas técnicas estatísticas para testar a hipótese nula de que $k$ amostras independentes tenham sido extraídas de uma mesma população ou de $k$ populações idênticas.

Na introdução do Capítulo 7, tentamos distinguir entre dois tipos de testes de $k$ amostras. O primeiro tipo de teste é usado para analisar dados de $k$ amostras combinadas ou de $k$ observações repetidas de uma única amostra, e testes não-paramétricos deste tipo foram apresentados no Capítulo 7. O segundo tipo de teste de $k$ amostras é apropriado para analisar dados de $k$ amostras independentes. Tais testes serão apresentados neste capítulo.

A técnica paramétrica usual para testar se várias amostras independentes vieram da mesma população é a análise de variância de um fator ou o teste $F$. As suposições associadas com o modelo estatístico subjacente ao teste $F$ são que as observações são independentemente extraídas de populações normalmente distribuídas, todas elas tendo a mesma variância. Para ser possível uma interpretação dos resultados do teste $F$, a exigência de mensuração é que as variáveis sejam medidas pelo menos em uma escala intervalar.

Se um pesquisador verifica que tais suposições são irreais ou inapropriadas para os dados derivados do problema sob investigação, um dos testes estatísticos não-paramétricos para $k$ amostras independentes apresentados neste capítulo pode ser usado. A escolha de um teste particular depende da natureza dos dados e das suposições que o pesquisador precisa fazer. Alguns dos testes descritos neste capítulo tratam de dados que são inerentemente categóricos (em uma escala nominal), e outros tratam com dados que estão em postos (em uma escala ordinal).

Apresentaremos quatro testes não-paramétricos para o caso de $k$ amostras independentes e encerraremos o capítulo com uma discussão comparativa sobre o uso destes testes.

## 8.1 O TESTE QUI-QUADRADO PARA $K$ AMOSTRAS INDEPENDENTES

### 8.1.1 Função

Quando os dados experimentais consistem de freqüências em categorias discretas (nominal ou categórica ou, algumas vezes, ordinal), o *teste qui-quadrado* pode ser usado para se chegar à significância de diferenças entre $k$ grupos independentes. O teste qui-quadrado para $k$ amostras ou grupos independentes é uma extensão direta do teste qui-quadrado para duas amostras independentes apresentado no Capítulo 6. Em geral, o teste é similar tanto para dois quanto para $k$ grupos ou amostras independentes.

### 8.1.2 Método

O método para o cálculo da estatística no teste qui-quadrado para amostras independentes será brevemente delineado aqui, juntamente com um exemplo de aplicação do teste. O leitor encontrará discussão mais completa sobre este teste no Capítulo 6.

Para aplicar o teste qui-quadrado, primeiro organizamos as freqüências em uma tabela $r \times k$ onde os dados em cada coluna são as freqüências de cada uma das $r$ respostas categóricas para cada uma das $k$ diferentes amostras ou grupos. A hipótese nula é que as $k$ amostras de freqüências tenham vindo de uma mesma população ou de populações idênticas. Esta hipótese, de que as $k$ populações não diferem entre si, pode ser testada aplicando a Equação (6.2) ou a Equação (6.2a):

$$X^2 = \sum_{i=1}^{r} \sum_{j=1}^{c} \frac{(n_{ij} - E_{ij})^2}{E_{ij}} \quad (6.2)$$

ou

$$X^2 = \sum_{i=1}^{r} \sum_{j=1}^{c} \frac{n_{ij}^2}{E_{ij}} - N \quad (6.2a)$$

onde $n_{ij}$ = número observado de casos categorizados na $i$-ésima linha da $j$-ésima coluna
 $E_{ij}$ = número de casos esperados na $i$-ésima linha da $j$-ésima coluna quando $H_0$ é verdadeira

e o somatório duplo se estende sobre todas as linhas e colunas da tabela (isto é, somatório sobre todas as células). O leitor irá relembrar do Capítulo 6 que os valores esperados podem ser determinados calculando $E_{ij} = R_i C_j / N$ para cada célula da tabela. Os valores de $X^2$ obtidos usando a Equação (6.2) ou a Equação (6.2a) são distribuídos assintoticamente (quando $N$ torna-se grande) como a $\chi^2$ com $gl = (r-1)(k-1)$, onde $r$ é o número de linhas e $k$ é o número de colunas (ou grupos independentes) na tabela de contingência. Então, a probabilidade associada com a ocorrência de valores tão grandes quanto um $X^2$ observado é dada na Tabela C do Apêndice. Se um valor observado de $X^2$ é igual ou maior do que aquele dado na Tabela C do Apêndice para um particular nível de significância e para $gl = (r-1)(k-1)$, então $H_0$ pode ser rejeitada naquele nível de significância. Como veremos nos exemplos e na Seção 8.1.5, é importante que os valores esperados (os $E_{ij}$) não sejam muito pequenos a fim de que possa ser feita uma interpretação adequada da estatística.

**Exemplo 8.1a** Em um amplo projeto para determinar a eficiência de vários tratamentos para depressão clínica em pacientes não-internos, dois pesquisadores deram a 178 pacientes, moderadamente deprimidos clinicamente, 10 semanas de um entre quatro modos de terapia – psicoterapia, terapia comportamental, terapia através de medicamentos ou terapia de relaxamento.[1] Os pesquisadores examinaram cuidadosamente os pacientes para assegurar que cada um satisfazia o critério de seleção para o estudo. Este critério incluía um escore dentro ou além do intervalo moderado em testes psicométricos para depressão. Após atribuir sujeitos aleatoriamente a uma das quatro condições de tratamento, cada um foi tratado por um terapeuta. Os terapeutas eram psicólogos, médicos ou psiquiatras licenciados que foram selecionados de acordo com a força de suas reputações no tratamento particular que eles ofereciam.

Em um tempo fixado após o período de 10 semanas, sujeitos pacientes completaram um questionário que incluía o Beck Depression Inventory (BDI), que é um instrumento comum para medir depressão. Os escores obtidos no inventário foram reduzidos a três categorias: normal (escore $\leq 7$), leve ($7 <$ escore $< 23$) e moderado a grave (escore $\geq 23$). (Um escore de 23 ou mais no BDI foi um dos critérios de seleção originais para o programa.)

1. *Hipótese nula.* $H_0$: a proporção de sujeitos em cada uma das categorias de escores do BDI é a mesma em cada um dos grupos de tratamento. $H_1$: a proporção de sujeitos em cada uma das categorias de escores do BDI difere através dos grupos de tratamentos.
2. *Teste estatístico.* Como os grupos em estudo são independentes e em número maior do que dois, um teste estatístico para $k$ grupos independentes é apropriado. Como os dados estão em categorias discretas, o teste qui-quadrado é apropriado.
3. *Nível de significância.* Seja $\alpha = 0,05$ e $N$ é o número de sujeitos que participaram do estudo = 178.
4. *Distribuição amostral.* Sob a hipótese nula, $X^2$ como calculada a partir da Equação (6.2) é distribuída aproximadamente como uma $\chi^2$ com $gl = (r-1)(k-1)$. Quando $H_0$ é verdadeira, a probabilidade associada com a ocorrência de valores tão grandes quanto ou maiores do que um $X^2$ observado está tabelada na Tabela C do Apêndice.
5. *Região de rejeição.* A região de rejeição consiste de todos os valores de $X^2$ que sejam tão grandes que a probabilidade associada com sua ocorrência quando $H_0$ é verdadeira é menor ou igual a $\alpha = 0,05$.
6. *Decisão.* A Tabela 8.1 resume a freqüência de ocorrência de escores dentro de cada categoria para cada um dos grupos de tratamento. Esta Tabela também

---

[1] McLean, P. D.; Hakstian, A. R. (1979). Clinical depression: Comparative efficacy of outpatient treatments. *Journal of Consulting and Clinical Psychology*, **47**, 818-836.

## TABELA 8.1
Freqüências do nível de respostas ao tratamento

| Intervalo dos escores sob BDI (pós-tratamento) | Psicoterapia | Terapia de relaxamento | Terapia com medicamentos | Terapia comportamental | Total |
|---|---|---|---|---|---|
| Moderado a grave (escore $\geq 23$) | 13  *8,40* | 8  *8,21* | 10  *9,36* | 3  *8,02* | 34 |
| Leve ($7 <$ escore $< 23$) | 20  *21,75* | 23  *21,26* | 27  *24,22* | 18  *20,76* | 88 |
| Normal (escore $\leq 7$) | 11  *13,84* | 12  *13,53* | 12  *15,42* | 21  *13,21* | 56 |
| Total | 44 | 43 | 49 | 42 | 178 |

mostra, em itálico, o número de sujeitos que se poderia esperar ter escores em cada uma das categorias do BDI quando $H_0$ é verdadeira, isto é, os números esperados de escores em cada categoria se realmente não houvesse diferenças na eficácia dos tratamentos como uma função do tipo de terapia. (Os valores esperados foram determinados a partir dos totais marginais pelo método descrito na Seção 6.2.) Por exemplo, enquanto 11 dos sujeitos recebendo tratamento de psicoterapia tiveram escores 7 ou menos no BDI, quando $H_0$ é verdadeira esperaríamos que $(56 \times 44)/178 = 13,84$ sujeitos tivessem recebido escores de 7 ou menos. E enquanto 21 dos sujeitos no grupo de tratamento por terapia comportamental tiveram escores 7 ou menos no BDI, se $H_0$ fosse verdadeira, esperaríamos que $(56 \times 42)/178 = 13,21$ tivessem escores tão baixos quanto estes. Dos 42 sujeitos no grupo de terapia comportamental, somente 3 receberam escores de 23 ou acima no BDI, enquanto que sob $H_0$, esperaríamos encontrar 8,02 com escores de 23 ou acima. O tamanho de $X^2$ reflete a magnitude da discrepância entre os valores observados e esperados em cada uma das células. Podemos calcular $X^2$ para os valores na Tabela 8.1 pela aplicação da Equação (6.2$a$):

$$X^2 = \sum_{i=1}^{r} \sum_{j=1}^{k} \frac{n_{ij}^2}{E_{ij}} - N \qquad (6.2a)$$

$$= \frac{13^2}{8,40} + \frac{8^2}{8,21} + \frac{10^2}{9,36} + \frac{3^2}{8,02} + \frac{20^2}{21,75} + \frac{23^2}{21,26} + \frac{27^2}{24,22}$$

$$+ \frac{18^2}{20,76} + \frac{11^2}{13,84} + \frac{12^2}{13,53} + \frac{12^2}{15,42} + \frac{21^2}{13,21} - 178$$

$$= 20,12 + 7,80 + 10,68 + 1,12 + 18,39 + 24,88 + 30,10 + 15,61 + 8,74 + 10,64 + 9,34 + 33,38 - 178$$

$$= 12,80$$

Observamos que para os dados na Tabela 8.1, $X^2 = 12,80$ com

$$gl = (r-1)(k-1) = (3-1)(4-1) = 6$$

Uma consulta à Tabela C do Apêndice revela que um tal valor de $X^2$ é significante além do nível 0,05. (O valor crítico para $\alpha = 0,05$ e $gl = 6$ é 12,59.) Portanto, nossa decisão é rejeitar $H_0$. Concluímos que os escores pós-tratamento no BDI variam como uma função das categorias de tratamentos.

### 8.1.3 Partição dos graus de liberdade em tabelas de contingência *r* × *k*

Se, ao analisar uma tabela de contingência $r \times k$, $H_0$ é rejeitada, então o pesquisador pode concluir com segurança que os $k$ grupos diferem sobre a variável (linha) medida. Entretanto, apesar de se poder concluir com segurança que os $k$ grupos são diferentes, o resultado do teste qui-quadrado por si só não informa ao pesquisador quais são as diferenças. Isto é, um $X^2$ significante somente diz que *em algum lugar* na tabela as freqüências observadas não estão desviadas das freqüências esperadas ou teóricas simplesmente devido ao acaso. A maior parte dos pesquisadores gostaria de saber *exatamente onde*, em uma tabela de contingência, estão as discrepâncias importantes. O procedimento de partições delineado nesta seção permite ao pesquisador fazer uma análise posterior de uma tabela de contingência para a qual o $X^2$ obtido é significante. No Capítulo 6, procedimentos de partições para tabelas de contingência $r \times 2$ foram apresentados. Os procedimentos para fazer partições em uma tabela $r \times k$ são similares.

Para fazer partições em uma tabela de contingência, uma série de subtabelas $2 \times 2$ são construídas – uma para cada grau de liberdade. Por conveniência de exposição, a partição começa no canto superior esquerdo da tabela, e sucessivas partições são construídas combinando linhas e/ou colunas apropriadamente. Como a variável medida é nominal e os $k$ grupos podem ser listados em qualquer ordem sem mudar o valor global $X^2$, a tabela deve ser organizada *a priori* de modo que as partições tenham significado em termos de um problema particular sob estudo.

Para ilustrar o método, listamos as partições para uma tabela de contingência $3 \times 3$. A primeira partição consiste de quatro freqüências no canto esquerdo superior da tabela:

| $n_{11}$ | $n_{12}$ |
|---|---|
| $n_{21}$ | $n_{22}$ |

(1)

A segunda partição é formada juntando as colunas da primeira partição $2 \times 2$ para formar a primeira linha da segunda partição:

| $n_{11}$ + $n_{21}$ | $n_{12}$ + $n_{22}$ |
|---|---|
| $n_{31}$ | $n_{32}$ |

(2)

As partições restantes para a tabela 3 × 3 são as seguintes:

| $n_{11} + n_{12}$ | $n_{13}$ |
|---|---|
| $n_{21} + n_{22}$ | $n_{23}$ |

(3)

| $n_{11} + n_{12}$ $+$ $n_{21} + n_{22}$ | $n_{13}$ $+$ $n_{23}$ |
|---|---|
| $n_{31} + n_{32}$ | $n_{33}$ |

(4)

Apesar dos arranjos parecerem complicados, o sistema é realmente direto. A célula direita inferior de uma partição associada com a célula de ordem *ij* consiste de uma única freqüência ($n_{ij}$), a célula superior esquerda é a soma de todas as freqüências "acima" e à "esquerda" da *ij*-ésima célula. A freqüência inferior esquerda é a soma das freqüências à esquerda da *ij*-ésima célula, e a célula superior direita é a soma das freqüências acima da *ij*-ésima célula.

Como foi observado no Capítulo 6, cada partição é testada usando uma estatística qui-quadrado. No entanto, não é apropriado usar a fórmula "usual" para $X^2$ pois as freqüências esperadas precisam ser ajustadas para cada tabela 2 × 2 para refletir a tabela inteira (e a população), e não somente o subconjunto representado na partição.

O valor de $X^2$ para a *t*-ésima partição é dado pela seguinte equação:

$$X_t^2 = \frac{N\left[C_j\left(R_i \sum_{h=1}^{i-1}\sum_{m=1}^{j-1} n_{hm} - \sum_{h=1}^{i-1} R_h \sum_{m=1}^{j-1} n_{im}\right) - \sum_{m=1}^{j-1} C_m\left(R_i \sum_{h=1}^{i-1} n_{hj} - n_{ij}\sum_{h=1}^{i-1} R_h\right)\right]^2}{C_j R_i \sum_{m=1}^{j-1} C_m \sum_{m=1}^{j} C_m \sum_{h=1}^{i-1} R_h \sum_{h=1}^{i} R_h}$$

(8.1)

onde $t = i + (r-1)(j-2) - 1$. Isto é, $X_t^2$ é o teste para a *t*-ésima partição associado com a *ij*-ésima célula. Cada uma das estatísticas $X_t^2$ é distribuída como $\chi^2$ com $gl = 1$. A soma dos valores de $X_t^2$ para todas as partições é igual ao valor de $X^2$ para a tabela inteira. O cálculo de $X_t^2$ com Equação (8.1) é direto, mas muito trabalhoso. Portanto, o programa no Apêndice deve ser usado para fazer os cálculos. (Este programa também pode ser usado para aplicar os procedimentos para fazer partições descritos no Capítulo 6.)

**Exemplo 8.1b** No exemplo concernente à eficiência de vários tratamentos em pacientes não-internos para depressão clínica foi verificado que escores pós-tratamento sobre o BDI diferiram através das condições de tratamento. ($X^2 = 12,80$ com 6 *gl* para os dados na Tabela 8.1.) Apesar de o pesquisador poder concluir com segurança que de fato há diferenças entre os tratamentos, é desejável determinar se o diferencial na eficiência do tratamento variou através de todos os tratamentos ou se a dependência está concentrada em um ou dois tratamentos.

Para determinar onde as diferenças nos efeitos dos tratamentos ocorrem dentro da Tabela 8.1, foram feitas partições nesta tabela. As partições sucessivas estão listadas na Tabela 8.2. Na base da tabela estão resumidos os $X^2$'s das partições. As duas primeiras partições comparam psicoterapia e terapia de relaxamento. A primeira partição compara escores do BDI de moderados a graves contra escores do BDI leves para estes dois grupos. Com o uso da Equação (8.1) (ou do programa computacional), o valor é

## TABELA 8.2
Partições derivadas da tabela de contingência na Tabela 8.1

| BDI | Psicoterapia | Terapia de relaxamento | BDI | Psicoterapia | Terapia de relaxamento |
|---|---|---|---|---|---|
| Moderado a grave | 13 | 8 | Moderado a grave + leve | 33 | 31 |
| Leve | 20 | 23 | Normal | 11 | 12 |
| (1) | | | (2) | | |

| BDI | Psicoterapia + Terapia de relaxamento | Terapia por medicamentos | BDI | Psicoterapia + Terapia de relaxamento | Terapia por medicamentos |
|---|---|---|---|---|---|
| Moderado a grave | 21 | 10 | Moderado a grave + leve | 64 | 37 |
| Leve | 43 | 27 | Normal | 23 | 12 |
| (3) | | | (4) | | |

| BDI | Psicoterapia + relaxamento + terapia por medicamentos | Terapia comportamental | BDI | Psicoterapia + relaxamento + Terapia por medicamentos | Terapia comportamental |
|---|---|---|---|---|---|
| Moderado a grave | 31 | 3 | Moderado a grave + ameno | 101 | 21 |
| Leve | 70 | 18 | Normal | 35 | 21 |
| (5) | | | (6) | | |

| Resumo dos $X^2$ das partições | |
|---|---|
| Partição | $X^2$ |
| 1 | 1,62 |
| 2 | 0,09 |
| 3 | 0,42 |
| 4 | 0,06 |
| 5 | 1,84 |
| 6 | 8,76 |
| Global | 12,80 |

$X_1^2 = 1{,}62$. $X_1^2$ é distribuída como uma $\chi^2$ com $gl = 1$, o que claramente não é significante. A seguir, sujeitos com escores no BDI moderado a grave ou leve foram combinados e o grupo em tratamento combinado foi testado contra sujeitos com escores BDI normal. Para isto, na segunda partição $X_2^2 = 0{,}09$; novamente, este valor não é significante. Podemos agora concluir que não há diferenças entre psicoterapia e terapia de relaxamento medidas pelo BDI.

Estes dois grupos de tratamentos foram então agregados e comparados com a terapia por medicamentos, com relação aos escores no BDI pós-tratamento. Estas partições resultaram em $X_3^2 = 0{,}42$ e $X_4^2 = 0{,}06$. Os resultados destas partições permitem ao pesquisador concluir que não houve diferenças entre os três tratamentos: psicoterapia, terapia de relaxamento e terapia por medicamentos.

O que ainda falta é comparar a terapia comportamental em relação às outras três terapias. Os primeiros três grupos de terapias são combinados e a distribuição dos escores no BDI deste grupo combinado é comparada com a distribuição dos escores no BDI para o grupo de terapia comportamental. As partições relevantes são (5) e (6) na Tabela 8.2. Os valores de $X^2$ resultantes são 1,84 e 8,76, respectivamente. Então, $X_6^2 = 8{,}76$ é o único $X^2$ significante associado com as partições. Seria apropriado, portanto, que o pesquisador concluísse que, para este estudo, psicoterapia, terapia de relaxamento e terapia por medicamentos produzem resultados similares. Entretanto, a terapia comportamental é diferente das outras três. Um exame da Tabela 8.1 e dos valores de $X^2$ das partições mostra a localização da diferença – significativamente mais sujeitos no grupo da terapia comportamental tiveram escores no intervalo normal sobre o BDI.

Deve ser observado que a seqüência de partições pode ter um efeito sobre os $X^2$'s resultantes. Se a tabela de contingência é separada em partições em uma ordem diferente, isto é, linhas e/ou colunas são reorganizadas, os valores das partições irão quase certamente variar. É importante para uso e interpretação apropriados da análise por partições, que o pesquisador seja capaz de especificar uma ordem *a priori* nas partições que tenha sentido para o problema particular sob estudo.

Se alguém deseja construir a partição *a posteriori*, os procedimentos de partições delineados neste capítulo podem ser usados. Entretanto, o valor crítico para a significância de cada partição precisa ser mudado. A probabilidade caudal precisa ser alterada de $\alpha$ para $\alpha/p$ onde $p$ = número de partições. Assim, se alguém quisesse construir as seis partições *a posteriori* no exemplo acima, o valor crítico de $\chi^2$ seria baseado em $\alpha/p = 0{,}05/6 = 0{,}0083$.

**ANÁLISE DOS RESÍDUOS.** Quando o valor obtido de $X^2$ para uma tabela de contingência $r \times k$ é significante, o método de partições pode ajudar o pesquisador a determinar onde estão localizadas as diferenças dentro da tabela. O método exposto acima freqüentemente será suficiente para delinear as diferenças. No entanto, para algumas tabelas, após aplicar o método das partições, o pesquisador pode ainda desejar analisar mais os dados em um esforço para entender melhor exatamente onde se encontram as diferenças. É possível complementar o método das partições analisando os resíduos (as discrepâncias entre os valores observados e esperados) a fim de determinar quais são maiores do que se poderia esperar se ocorressem devido ao acaso. O resíduo, $e_{ij}$ para a $ij$-ésima célula em uma tabela $r \times k$, é

$$e_{ij} = \frac{n_{ij} - E_{ij}}{\sqrt{E_{ij}}}$$

onde $E_{ij} = R_iC_j/N$. A variância deste resíduo pode ser estimada por

$$v_{ij} = \frac{1 - R_i/N}{1 - C_j/N} = \frac{N - R_i}{N - C_j}$$

O resíduo *ajustado* ou resíduo *padronizado* para a *ij*-ésima célula pode ser calculado como

$$d_{ij} = \frac{n_{ij} - E_{ij}}{\sqrt{E_{ij}}} \sqrt{\frac{N - C_j}{N - R_i}} \tag{8.2}$$

Quando o tamanho $N$ da amostra torna-se grande, o $d_{ij}$ tem uma distribuição aproximadamente normal com média 0 e variância 1. Então, a significância de $d_{ij}$ pode ser determinada por meio da Tabela A do Apêndice. O pesquisador que analisa os resíduos deve levar em conta que os $d_{ij}$ não são independentes. Portanto, a interpretação dos resultados deve ser cautelosa. Um procedimento prudente é combinar a análise dos resíduos com a análise das partições.

Para o exemplo acima, o resíduo ajustado $d_{11}$ para a célula superior esquerda pode ser calculado, usando a Equação (8.2), como

$$d_{11} = \frac{13 - 8{,}4}{\sqrt{8{,}4}} \sqrt{\frac{178 - 44}{178 - 34}}$$
$$= 1{,}53$$

Os $d_{ij}$ remanescentes na primeira linha são – 0,07, 0,20, – 1,72. Os $d_{ij}$ para a segunda e terceira linhas são – 0,46, 0,46, 0,67, – 0,75, – 0,80, – 0,44, – 0,89, e 2,26 respectivamente. A única diferença significante no nível α = 0,05 (bilateral) é a diferença na célula inferior direita da Tabela 8.1 ($d_{34}$). Este resultado acrescenta força adicional ao argumento de que é a diferença entre a terapia comportamental e as outras terapias que tem produzido o efeito encontrado na tabela – a terapia comportamental resulta significativamente em mais escores sobre o BDI no intervalo normal do que as outras terapias utilizadas.

## 8.1.4 Resumo do procedimento

Estes são os passos no uso do teste qui-quadrado para $k$ amostras ou grupos independentes:

1. Organize as freqüências observadas em uma tabela de contingência $r \times k$, usando as $k$ colunas para os grupos ou amostras.
2. Determine a freqüência esperada sob $H_0$ para cada célula, encontrando o produto dos totais marginais comuns à célula e dividindo este produto por $N$. Isto é, encontre as freqüências esperadas $E_{ij} = R_iC_j/N$. ($N$ é a soma de cada um dos totais marginais e representa o número total de observações *independentes*. Valores inflados de $N$ devido a observações múltiplas de cada sujeito invalidam o teste.) Se as freqüências esperadas são pequenas, combine categorias como discutido na seção seguinte.

3. Calcule $X^2$ usando a Equação (6.2) ou (6.2a). Determine os graus de liberdade $gl = (r - 1)(k - 1)$.
4. Determine a significância de $X^2$ observada por meio da Tabela C do Apêndice. Se a probabilidade dada para o valor observado de $X^2$ para o valor particular de $gl$ é menor ou igual a $\alpha$, rejeite a hipótese nula $H_0$ em favor de $H_1$.
5. Se $H_0$ é rejeitada, o valor global de $X^2$ pode ser dividido através de partições com o uso da Equação (8.1) para determinar onde estão localizadas as diferenças entre os grupos com relação às variáveis medidas na tabela de contingência. Cada um dos $X^2$'s das partições tem distribuição como $\chi^2$ com $gl = 1$ quando $N$ torna-se grande. Após serem feitas as partições da tabela, os resíduos (diferenças entre valores observados e esperados) podem ser analisados usando a Equação (8.2).

## 8.1.5 Quando usar o teste qui-quadrado

A aplicação apropriada do teste qui-quadrado requer que as freqüências esperadas (os $E_{ij}$'s) em cada célula não sejam muito pequenas. Quando esta exigência é violada, os resultados do teste não podem ser interpretados porque a distribuição amostral de $X^2$ não é bem aproximada pela distribuição $\chi^2$ na Tabela C do Apêndice. Cochran (1954) recomenda que em testes qui-quadrado para os quais os graus de liberdade são maiores do que 1 (isto é, quando $r$ ou $k$ são maiores do que 2), não mais do que 20% das células devem ter uma freqüência esperada menor do que 5 e nenhuma célula deve ter uma freqüência esperada menor do que 1.[2]

Se estas exigências não são satisfeitas pelos dados na forma pela qual eles foram originalmente coletados e uma amostra maior não pode ser obtida, o pesquisador deve combinar categorias para aumentar os $E_{ij}$'s nas diversas células. Somente após combinar categorias de modo que menos de 20% das células tenham freqüências esperadas de menos que 5 e nenhuma célula tenha freqüência esperada menor do que 1, o pesquisador pode interpretar apropriadamente os resultados do teste qui-quadrado. A combinação das categorias precisa ser feita judiciosamente. Isto é, os resultados do teste estatístico podem não ter interpretação se a combinação de categorias tiver sido arbitrária. As categorias que são combinadas precisam ter alguma propriedade comum ou identidade mútua se a interpretação do resultado do teste após a combinação de linhas e colunas é para ter sentido. O pesquisador pode se preservar contra a necessidade de combinar categorias se uma amostra suficientemente grande for usada.

O teste qui-quadrado é insensível aos efeitos da ordem. Assim, quando as categorias de respostas ou os grupos (ou ambos) são ordenados, o teste qui-quadrado pode não ser o melhor teste. Cochran (1954) apresentou métodos que fortalecem os testes qui-quadrado comuns quando $H_0$ é testada contra alternativas específicas.

---

[2] O leitor notará que a "regra prática" concernente às freqüências esperadas pequenas parece ser um tanto quanto arbitrária. Isto porque as autoridades diferem sobre "quão próxima" a verdadeira distribuição amostral de $X^2$ deve estar da distribuição $\chi^2$ para que a aproximação seja boa. Pode-se ver que quanto maior o número de linhas e colunas na tabela de contingência, menores poderão ser os valores esperados para que a aproximação permaneça boa. (Um pesquisador verificou que para uma tabela com 50 células e todos os valores esperados menores do que 1, a aproximação foi muito boa; entretanto, não esperaríamos usar tais tabelas na prática verdadeira.)

Finalmente, deve ser observado que o teste qui-quadrado é executado sobre *freqüências*. Então, é importante usar a Eq. (6.2) ou (6.2*a*) sobre as freqüências dos dados. Não é correto usar porcentagens ou alguma outra transformação dos dados na aplicação do teste.

### 8.1.6 Poder

Não existe, freqüentemente, uma alternativa clara para o teste qui-quadrado quando ele é usado para dados categóricos; assim, o poder exato do teste qui-quadrado não pode, em geral, ser calculado. No entanto, Cochran (1952) mostrou que o poder da distribuição limite do teste qui-quadrado tende para 1 quando o tamanho $N$ da amostra torna-se grande.

### 8.1.7 Referências

Para outras discussões sobre o teste qui-quadrado, o leitor deve consultar Cochran (1952, 1954), Delucchi (1983), Everitt (1977), Lewis e Burke (1949) e McNemar (1969). Procedimentos de partições são discutidos em detalhes por Castellan (1965). Lienert e Netter (1987) descrevem ajustes ao procedimento de partições quando a ordem das partições não é determinada *a priori*. Uma alternativa às partições é discutida por Shaffer (1973). O método para analisar resíduos tem sido discutido por Haberman (1973).

## 8.2 EXTENSÃO DO TESTE DA MEDIANA

### 8.2.1 Função

A *extensão do teste da mediana* determina se $k$ grupos independentes (não necessariamente de mesmo tamanho) foram extraídos de uma mesma população ou de populações com medianas iguais. Ela é útil e apropriada quando a variável sob estudo tenha sido medida pelo menos em escala ordinal. Ela é particularmente apropriada quando, por alguma razão, não foi possível observar o valor exato dos escores extremos, por exemplo, quando alguns dos dados observados estão acima de algum ponto de corte.

### 8.2.2 Método

Para aplicar a extensão do teste da mediana, primeiro determinamos o escore mediano para as $k$ amostras combinadas de escores, isto é, encontramos a mediana *comum* a todos os escores dos $k$ grupos. Então, substituímos cada escore por um (+) se o escore é maior do que a mediana comum e por um (–) se é menor do que a mediana comum. (Deve acontecer que um ou mais escores caiam sobre a mediana, então os escores podem ser dicotomizados atribuindo um "mais" àqueles escores que excedem a mediana comum e um "menos" àqueles escores que caem sobre ou abaixo da mediana comum.)

Podemos organizar os conjuntos de escores dicotômicos resultantes em uma tabela de contingência 2 × k, com os números no corpo da tabela representando as freqüências de "mais" (escores acima da mediana) e de "menos" (escores abaixo da mediana) em cada um dos k grupos. Um exemplo de uma tal tabela é o seguinte:

|  | Grupo | | | |
|---|---|---|---|---|
|  | 1 | 2 | ... | k |
| Observações acima da mediana | $n_{11}$ | $n_{12}$ | ... | $n_{1k}$ |
| Observações abaixo da mediana | $n_{21}$ | $n_{22}$ | ... | $n_{2k}$ |

Para testar a hipótese nula de que as k amostras tenham vindo da mesma população com relação às medianas, calculamos o valor da estatística $X^2$ usando a Equação (6.2) ou a (6.2a):

$$X^2 = \sum_{i=1}^{2} \sum_{j=1}^{c} \frac{(n_{ij} - E_{ij})^2}{E_{ij}} \quad (6.2)$$

ou

$$X^2 = \sum_{i=1}^{2} \sum_{j=1}^{c} \frac{n_{ij}^2}{E_{ij}} - N \quad (6.2a)$$

onde $n_{ij}$ = número observado de casos categorizados na i-ésima linha da j-ésima coluna
$E_{ij}$ = número de casos esperados na i-ésima linha da j-ésima coluna quando $H_0$ é verdadeira

e o somatório duplo estende-se sobre todas as linhas e todas as colunas da tabela (isto é, somatório sobre todas as células). Os valores de $X^2$ obtidos pelo uso da Equação (6.2) são distribuídos (para N grande) como uma $\chi^2$ com $gl = (r-1)(k-1)$, onde r é o número de linhas e k é o número de colunas (grupos) na tabela de contingência. Para o teste da mediana $r = 2$, então

$$gl = (r-1)(k-1) = (2-1)(k-1) = k-1$$

Quando $H_0$ é verdadeira, a probabilidade associada com a ocorrência de valores tão grandes quanto um $X^2$ observado, são dadas na Tabela C do Apêndice. Se o $X^2$ observado for igual ou maior do que aquele dado na Tabela C do Apêndice para o nível de significância previamente determinado e para o valor observado de $gl = k-1$, então $H_0$ pode ser rejeitada naquele nível de significância.

Se for possível tornar os escores dicotômicos exatamente na mediana comum, então cada $E_{ij}$ é a metade da marginal total de sua coluna. Quando os escores são dicotômicos como aqueles que excedem ou não excedem a mediana comum, o método para encontrar as freqüências esperadas apresentado na Seção 6.2.2 precisa ser usado.

Uma vez que os dados tenham sido categorizados como "mais" e "menos" com relação à mediana comum, e as freqüências resultantes tenham sido organizadas em uma tabela de contingência 2 × k, os procedimentos de cálculo para este teste são exatamente os mesmos que aqueles para o teste qui-quadrado para $k$ amostras independentes dados na Seção 8.1. Eles serão ilustrados no exemplo seguinte.

**Exemplo 8.2** Suponha que um pesquisador educacional deseje estudar a influência do grau de escolaridade das mães sobre o grau de interesse na educação escolar de seus filhos. Como uma medida do grau de escolaridade, o pesquisador usa o mais alto grau completado pela mãe; como uma medida do grau de interesse na educação escolar da criança, ele usa o número de visitas voluntárias que a mãe faz à escola durante o período letivo, por exemplo, na apresentação de jogos da turma, nas reuniões dos pais, em reuniões com professores e direção, etc. Ele extrai uma amostra aleatória de 10% de 440 crianças matriculadas na escola; a partir disso, os nomes de 44 mães são obtidos, os quais, então, compõem a amostra. A hipótese é que o número de visitas à escola por uma mãe irá variar de acordo com o tempo de escolaridade que a mãe completou.

1. *Hipótese nula*. $H_0$: não há diferença na freqüência de visitas à escola entre as mães com graus diferentes de escolaridade; isto é, a freqüência de visitas maternais à escola é independente da quantidade de educação da mãe. $H_1$: a freqüência de visitas à escola pelas mães difere para quantidades variáveis de escolaridade delas.
2. *Teste estatístico*. Como os grupos de mães de vários níveis educacionais são independentes entre si e como serão usados vários grupos, um teste de significância para $k$ grupos independentes de amostras é adequado. Como o número de anos de escolaridade constitui uma medida pelo menos ordinal do grau de educação, e como o número de visitas à escola constitui uma medida pelo menos ordenada do grau de interesse de alguém na educação escolar da criança, a extensão do teste da mediana é apropriada para testar a hipótese concernente às diferenças nas medianas para cada grupo.
3. *Nível de significância*. Seja $\alpha = 0,05$ e $N$ é o número de mães na amostra = 44.
4. *Distribuição amostral*. Sob a hipótese nula, a estatística $X^2$, calculada a partir da Equação (6.2), é distribuída aproximadamente como uma $\chi^2$ com $gl = k - 1$ quando $r = 2$. (No teste da mediana, o número $r$ de linhas na tabela de contingência associada é sempre 2.) A probabilidade associada com a ocorrência de valores tão grandes quanto um $X^2$ observado, quando $H_0$ é verdadeira, é dada na Tabela C do Apêndice.
5. *Região de rejeição*. A região de rejeição consiste de todos os valores de $X^2$ que são tão grandes que a probabilidade associada com sua ocorrência, quando $H_0$ é verdadeira, é menor ou igual a $\alpha = 0,05$.
6. *Decisão*. Neste exemplo (fictício), o pesquisador coletou os dados apresentados na Tabela 8.3. A mediana combinada para estes 44 dados é 2,5. Isto é, metade das mães visitou a escola duas vezes ou menos, durante o ano letivo, e metade visitou três vezes ou mais. Estes dados são separados pela mediana combinada para obter os dados da Tabela 8.4, a qual fornece o número de mães em cada nível educacional que caem acima ou abaixo da mediana combinada do número de visitas à escola. Por exemplo, daquelas mães cuja educação estava limitada em oito anos, cinco visitaram a escola três vezes ou mais durante o ano e cinco visitaram a escola duas vezes ou menos durante o ano. Daquelas mães que freqüentaram alguns anos de curso superior, três visitaram a escola três vezes ou mais e uma visitou duas vezes ou menos.

## TABELA 8.3
Número de visitas à escola por mães de diversos níveis de escolaridade (dados artificiais)

| Educação completada pela mãe | | | | | |
|---|---|---|---|---|---|
| Ensino fundamental (8ª série) | Ensino médio incompleto | Ensino médio completo | Ensino superior incompleto | Ensino superior completo | Pós-graduação |
| 4 | 2 | 2 | 9 | 2 | 2 |
| 3 | 4 | 0 | 4 | 4 | 6 |
| 0 | 1 | 4 | 2 | 5 | |
| 7 | 6 | 3 | 3 | 2 | |
| 1 | 3 | 8 | | | |
| 2 | 0 | 0 | | | |
| 0 | 2 | 5 | | | |
| 3 | 5 | 2 | | | |
| 5 | 1 | 1 | | | |
| 1 | 2 | 7 | | | |
|   | 1 | 6 | | | |
|   |   | 5 | | | |
|   |   | 1 | | | |

Os dados em itálico na Tabela 8.4 representam o número esperado de visitas de cada grupo sob a suposição de que $H_0$ é verdadeira. Observe que, sendo a dicotomia dos escores feita exatamente na mediana, a freqüência esperada em cada coluna é exatamente metade da soma das freqüências para a coluna na qual a célula está localizada. O pesquisador observou que metade das freqüências esperadas na tabela de contingência é menor do que 5. A distribuição amostral da estatística $X^2$ não é bem aproximada pela distribuição $\chi^2$ quando mais do que 20% das células têm freqüências menores do que 5. (Ver a discussão sobre quando usar o teste qui-quadrado, na Seção 8.1.5.) Portanto, o pesquisador decidiu combinar categorias a fim de ter valores esperados suficientemente grandes. Como todas as categorias com freqüências esperadas pequenas envolveram mulheres com variadas quantidades de educação superior, o pesquisador decidiu concentrar estas três categorias em uma única categoria – Curso superior (um ou mais anos).[3,4] Fazendo isso, foram obtidos os dados apresentados na Tabela 8.5. Observe que nesta tabela concentrada, todas as freqüências esperadas excedem 5.

---

[3] Deve ser ressaltado que para este exemplo, em particular, o valor esperado *a priori* em cada célula da tabela original é 44/12 = 3,67 < 5. Existem várias maneiras por meio das quais o problema de "valores esperados pequenos" poderia ter sido resolvido: poderia ter sido selecionada uma amostra grande, o número de categorias de experiência educacional poderia ter sido reduzida ou as categorias poderiam ter sido combinadas depois dos dados estarem em mãos. O pesquisador escolheu a última. O uso de uma amostra grande não é somente mais cara como também não assegura que todos os valores esperados serão suficientemente grandes. O uso *a priori* de menos categorias ou grupos não somente sacrifica informação como também não assegura que os valores esperados serão suficientemente grandes. A escolha feita pelo pesquisador parece ser a melhor.
[4] A escolha particular para combinar grupos tem a vantagem adicional de tornar as freqüências esperadas em cada grupo quase iguais. O poder do teste qui-quadrado é maior quando as freqüências esperadas em cada célula são iguais.

## TABELA 8.4
Visitas à escola por mães com diversos níveis de escolaridade (dados artificiais)

| | Escolaridade completada pela mãe | | | | | | |
|---|---|---|---|---|---|---|---|
| | Ensino fundamental (8ª série) | Ensino médio incompleto | Ensino médio completo | Ensino superior incompleto | Ensino superior completo | Pós-graduação | Total |
| Nº de mães cujas visitas foram mais freqüentes do que a mediana comum do nº de visitas | 5  5 | 4  5,5 | 7  6,5 | 3  2 | 2  2 | 1  1 | 22 |
| Nº de mães cujas visitas foram menos freqüentes do que a mediana comum do nº de visitas | 5  5 | 7  5,5 | 6  6,5 | 1  2 | 2  2 | 1  1 | 22 |
| Total | 10 | 11 | 13 | 4 | 4 | 2 | 44 |

## TABELA 8.5
Visitas à escola por mães com diversos níveis de escolaridade (dados artificiais)

| | Escolaridade completada pela mãe | | | | |
|---|---|---|---|---|---|
| | Ensino fundamental (8ª série) | Ensino médio incompleto | Ensino médio completo | Curso superior (um ou mais anos) | Total |
| Nº de mães cujas visitas foram mais freqüentes do que a mediana comum do nº de visitas | 5  5 | 4  5,5 | 7  6,5 | 6  5 | 22 |
| Nº de mães cujas visitas foram menos freqüentes do que a mediana comum do nº de visitas | 5  5 | 7  5,5 | 6  6,5 | 4  5 | 22 |
| Total | 10 | 11 | 13 | 10 | 44 |

Podemos, então, calcular o valor de estatística $X^2$ substituindo os dados da Tabela 8.5 na Equação (6.2):

$$X^2 = \sum_{i=1}^{2} \sum_{j=1}^{k} \frac{(n_{ij} - E_{ij})^2}{E_{ij}} \qquad (6.2)$$

$$= \frac{(5-5)^2}{5} + \frac{(4-5,5)^2}{5,5} + \frac{(7-6,5)^2}{6,5} + \frac{(6-5)^2}{5}$$

$$+ \frac{(5-5)^2}{5} + \frac{(7-5,5)^2}{5,5} + \frac{(6-6,5)^2}{6,5} + \frac{(4-5)^2}{5}$$

$$= 0 + 0,409 + 0,0385 + 0,2 + 0 + 0,409 + 0,0385 + 0,2$$

$$= 1,295$$

Por este cálculo, determinamos que $X^2 = 1,295$ e $gl = k - 1 = 4 - 1 = 3$. Uma consulta à Tabela C do Apêndice revela que um valor de $X^2$ maior ou igual a 1,295 para $gl = 3$ tem uma probabilidade de ocorrência entre 0,80 e 0,70 quando $H_0$ é verdadeira. Como a probabilidade é maior do que nosso nível de significância previamente estabelecido, $\alpha = 0,05$, nossa decisão é que, com base nesses dados (fictícios), não podemos rejeitar a hipótese nula de que o interesse na educação de seus filhos (medido pelo número de visitas à escola feitas pelas mães) é independente do grau de escolaridade das mães.

### 8.2.3 Resumo do procedimento

Estes são os passos no uso da extensão do teste da mediana:

1. Determine a mediana comum dos escores nos $k$ grupos.
2. Atribua "mais" (+) a todos os escores acima da mediana comum e "menos" (–) a todos os escores abaixo da mediana comum, separando, assim, cada um dos $k$ grupos de escores em duas categorias. Coloque as freqüências resultantes em uma tabela de contingência $2 \times k$.
3. Usando os dados naquela tabela, calcule os valores de $X^2$ com a Equação (6.2) ou (6.2a). Determine $gl = k - 1$.
4. Determine a significância do valor observado de $X^2$ por meio da Tabela C do Apêndice. Se a probabilidade associada dada para os valores tão grandes quanto o valor observado de $X^2$ é igual ou menor do que $\alpha$, rejeite $H_0$ em favor de $H_1$.

Como mencionamos, a extensão do teste da mediana é, de fato, um teste qui-quadrado para $k$ grupos ou amostras independentes. Se existem vários grupos, o pesquisador pode desejar fazer partições na tabela de contingência para determinar onde se encontram as diferenças. Para informação concernente às condições sob as quais o teste pode ser apropriadamente usado e sobre o poder do teste, o leitor é aconselhado a consultar a discussão do tópico na Seção 8.1. Na próxima seção discutiremos um teste que é a alternativa mais poderosa que pode ser usada quando os dados podem ser completamente ordenados sobre a variável medida.

## 8.2.4 Referências

Discussões relevantes sobre este teste podem ser encontradas nas referências no final da Seção 8.1.

## 8.3 ANÁLISE DE VARIÂNCIA DE UM FATOR DE KRUSKAL-WALLIS POR POSTOS

### 8.3.1 Função

A *análise de variância de um fator de Kruskal-Wallis por postos* é um teste extremamente útil para decidir se $k$ amostras independentes provêm de populações diferentes. Valores amostrais quase sempre diferem um pouco, e a questão é se as diferenças entre as amostras significam genuínas diferenças entre as populações ou se elas representam meramente o tipo de variações que seriam esperadas entre amostras aleatórias de uma mesma população. A técnica de Kruskal-Wallis testa a hipótese nula de que as $k$ amostras provêm da mesma população ou de populações idênticas com a mesma mediana. Para especificar a hipótese nula e sua alternativa mais explicitamente, seja $\theta_j$ a mediana para o $j$-ésimo grupo ou amostra. Então podemos escrever a hipótese nula de que as medianas são as mesmas como $H_0: \theta_1 = \theta_2 = ... = \theta_k$; e a hipótese alternativa pode ser escrita como $H_1: \theta_i \neq \theta_j$ para alguns grupos $i$ e $j$. Isto é, se a hipótese alternativa é verdadeira, pelo menos um par de grupos tem medianas diferentes. Sob a hipótese nula, o teste admite que as variáveis sob estudo têm a mesma distribuição contínua subjacente; assim, ele requer pelo menos mensuração ordinal da variável.

### 8.3.2 Fundamentos lógicos e método

Ao aplicar a análise de variância de um fator de Kruskal-Wallis por postos, os dados são colocados em uma tabela de duas entradas com cada coluna representando cada amostra ou grupo sucessivo. Então os dados seriam organizados da seguinte maneira:

| Grupo | | | |
|---|---|---|---|
| 1 | 2 | ... | k |
| $X_{11}$ | $X_{12}$ | ... | $X_{1k}$ |
| $X_{21}$ | $X_{22}$ | ... | $X_{2k}$ |
| ⋮ | | | ⋮ |
| $X_{n_1 1}$ | ⋮ | | |
| | | ... | $X_{n_k k}$ |
| | $X_{n_2 2}$ | | |

onde $X_{ij}$ é o dado para a $i$-ésima observação no $j$-ésimo grupo e $n_j$ é o número de observações no $j$-ésimo grupo.

No cálculo do teste de Kruskal-Wallis, cada uma das $N$ observações é substituída por postos. Isto é, todos os escores de todas as $k$ amostras são colocados juntos e organizados através de postos em uma *única* série. O menor escore é substituído pelo posto 1, o seguinte menor escore é substituído pelo posto 2 e o maior escore é substituído pelo posto $N$, onde $N$ é o número total de observações independentes nas $k$ amostras.

Quando isso é feito, a soma dos postos em cada amostra (coluna) é encontrada. Destas somas, podemos calcular o posto médio para cada amostra ou grupo. Assim sendo, se as amostras são da mesma população ou de populações idênticas, os postos médios devem ser quase os mesmos, enquanto que se as amostras viessem de populações com medianas diferentes, os postos médios deveriam diferir. O teste de Kruskal-Wallis trabalha com as diferenças entre os postos médios para determinar se elas são tão discrepantes que provavelmente não tenham vindo de amostras que tenham sido extraídas de uma mesma população.

Daremos duas formas para o teste de Kruskal-Wallis e os termos necessários para calcular a estatística de Kruskal-Wallis:

$$KW = \frac{12}{N(N+1)} \sum_{j=1}^{k} n_j(\overline{R}_j - \overline{R})^2$$

ou 

$$KW = \left[ \frac{12}{N(N+1)} \sum_{j=1}^{k} n_j \overline{R}_j^2 \right] - 3(N+1) \qquad (8.3)$$

onde $k$ = número de amostras ou grupos
$n_j$ = número de casos na $j$-ésima amostra
$N$ = número de casos na amostra combinada (a soma dos $n_j$'s)
$R_j$ = soma dos postos na $j$-ésima amostra ou grupo
$\overline{R}_j$ = média dos postos na $j$-ésima amostra ou grupo
$\overline{R} = (N+1)/2$ = média dos postos na amostra combinada (a grande média)

e o somatório estende-se através das $k$ amostras.

Se as $k$ amostras são de fato extraídas da mesma população ou de populações idênticas, isto é, se $H_0$ é verdadeira, então a distribuição amostral da estatística $KW$ pode ser calculada e a probabilidade de observar diferentes valores de $KW$ pode ser tabelada. No entanto, quando há mais do que $k = 3$ grupos e quando o número de observações em cada grupo excede cinco, a distribuição amostral de $KW$ é bem aproximada pela distribuição $\chi^2$ com $gl = k - 1$. A aproximação torna-se melhor quando ambos, o número de grupos, $k$, e o número de observações dentro de cada grupo, $n_j$, crescem. Então, quando há mais do que cinco casos nos vários grupos, isto é, quando todo $n_j > 5$, e quando $H_0$ é verdadeira, a probabilidade associada com valores tão grandes quanto um observado $KW$, pode ser determinada pela Tabela C do Apêndice. Se o valor observado de $KW$ é maior ou igual ao valor tabelado de $\chi^2$ na Tabela C do Apêndice para o nível de significância previamente determinado e para o observado $gl = k - 1$, então $H_0$ pode ser rejeitada neste nível de significância.

Quando $k = 3$ e o número de casos em cada uma das três amostras é 5 ou menos, a probabilidade associada com cada $KW$ pode ser obtida da Tabela O do Apêndice. Essa tabela fornece valores significantes selecionados de $KW$ para valores pequenos de $n_1$, $n_2$ e $n_3$, isto é, para amostras com tamanho até 5. Estas probabilidades significantes são aquelas associadas com a ocorrência de valores tão grandes ou maiores do que um valor tabelado de $KW$ quando $H_0$ é verdadeira.

**Exemplo 8.3a Para pequenas amostras.** Em estudos experimentais de tomada de decisão, pesquisadores têm dedicado esforço teórico e empírico na compreensão de tarefas de decisão que são aprendidas passo a passo. Em uma série de estudos nos quais foi exigido que os sujeitos aprendessem a relação de duas informações com um resultado probabilístico, uma tarefa exigida foi que os sujeitos aprendessem relações funcionais da forma $X + Y + c = Z$, na qual $X$ e $Y$ foram relacionadas probabilisticamente ao critério $Z$ e $c$ era uma constante arbitrária. Sujeitos aprendem a tarefa facilmente quando ambas as informações $X$ e $Y$ são dadas. Entretanto, pesquisas anteriores sugeriram que se a tarefa é dividida em duas partes, isto é, aprendendo a relação entre *uma* informação e o resultado e então aprendendo a relação de *ambas* as informações com o resultado, sujeitos devem ter dificuldade considerável em aprender a tarefa composta. Em um certo estudo,[5] uma informação era um preditor válido (mas imperfeito) do resultado, enquanto que a outra informação, $Y$, não estava relacionada com o resultado e não era útil a menos que a informação $X$ fosse apresentada ao mesmo tempo. Para se entender a habilidade de pessoas em fazer predições neste tipo de tarefa e aprender tarefas complexas de inferência, sujeitos foram divididos em três grupos – a um são dadas *ambas as informações*, a outro é dada *primeiro a informação válida* e ao terceiro é dada *primeiro a informação irrelevante*. Para este exemplo, os dados são o desempenho de sujeitos na predição no estágio final do experimento, no qual ambas as informações são apresentadas. O índice de desempenho é uma estatística que dá a precisão de julgamento do sujeito. A hipótese de pesquisa foi de que os três grupos difeririam em seu desempenho final na tarefa de predição.

1. *Hipótese nula.* $H_0$: não há diferença no desempenho mediano de sujeitos nas três tarefas de predição. $H_1$: os grupos diferem com relação ao desempenho na tarefa de predição.
2. *Teste estatístico.* Como três grupos independentes estão sob estudo, é requerido um teste para $k$ amostras independentes. Além disso, como o índice de precisão de julgamento é medido em uma escala ordinal, o teste de Kruskal-Wallis é apropriado.
3. *Nível de significância.* Seja $\alpha = 0,05$, $N$ é o número total de sujeitos em estudo = 12, $n_1$ é o número de sujeitos na condição "primeiro a informação irrelevante" = 3, $n_2$ é o número de sujeitos na condição "primeiro a informação válida" = 4 e $n_3$ é o número de sujeitos que aprenderam usando ambas as informações = 5.
4. *Distribuição amostral.* Para $k = 3$ e $n_j$ sendo pequeno, a distribuição amostral de $KW$ é dada na Tabela O do Apêndice.
5. *Região de rejeição.* A região da rejeição consiste de todos os valores de $KW$ que sejam tão grandes que a probabilidade associada com sua ocorrência, quando $H_0$ é verdadeira, seja menor ou igual a $\alpha = 0,05$.
6. *Decisão.* O índice de precisão de julgamento para cada sujeito em cada condição do estudo está resumido na Tabela 8.6. Se atribuirmos postos a estes 12 dados, do menor ao maior, obtemos os postos mostrados na Tabela 8.7. Estes postos são adicionados para os três grupos para obter $R_1 = 17$, $R_2 = 21$ e $R_3 = 40$, como mostrado na Tabela 8.7. Também são apresentados nesta tabela os postos médios para cada grupo, 5,67, 5,25 e 8,00, respectivamente.

---

[5] Castellan, N. J., Jr.; Jenkins, R. Deprivation conditions in multiple-cue probability learning (*relatório em andamento*).

Agora, com estes dados, podemos calcular o valor de *KW* usando a Equação (8.3):

$$KW = \left[\frac{12}{N(N+1)} \sum_{j=1}^{k} n_j \bar{R}_j^2\right] - 3(N+1) \tag{8.3}$$

$$= \frac{12}{12(12+1)} [3(5{,}67)^2 + 4(5{,}25)^2 + 5(8{,}00)^2] - 3(12+1)$$

$$= 1{,}51$$

**TABELA 8.6**
Índices de precisão de julgamento para sujeitos aprendendo a relação $X + Y + c$

| | Treinamento | |
|---|---|---|
| Primeiro a informação irrelevante | Primeiro a informação válida | Ambas as informações |
| 0,994 | 0,795 | 0,940 |
| 0,872 | 0,884 | 0,979 |
| 0,349 | 0,816 | 0,949 |
| | 0,981 | 0,890 |
| | | 0,978 |

**TABELA 8.7**
Índices de precisão de julgamento para sujeitos aprendendo a relação $X + Y + c$ (dados em postos)

| | | Treinamento | |
|---|---|---|---|
| | Primeiro a informação irrelevante | Primeiro a informação válida | Ambas as informações |
| | 12 | 2 | 7 |
| | 4 | 5 | 10 |
| | 1 | 3 | 8 |
| | | 11 | 6 |
| | | | 9 |
| $R_j$ | 17 | 21 | 40 |
| $\bar{R}_j$ | 5,67 | 5,25 | 8 |

Uma consulta à Tabela O do Apêndice revela que, quando os $n_j$'s são 3, 4 e 5, $KW \geq$ 1,51 tem probabilidade de ocorrência sob hipótese nula de nenhuma diferença entre os grupos maior do que 0,10. Então, não podemos rejeitar $H_0$ para estes dados.[6]

**OBSERVAÇÕES EMPATADAS.** Quando ocorrem empates entre dois ou mais escores (independentemente do grupo), a cada um deles é atribuída a média dos postos empatados.

Como a variância da distribuição amostral de $KW$ é influenciada por empates, pode-se desejar fazer uma correção para empates no cálculo de $KW$. Para corrigir o efeito dos empates, $KW$ é calculado usando a Equação (8.3) e então dividido por

$$1 - \frac{\sum_{i=1}^{g}(t_i^3 - t_i)}{N^3 - N} \qquad (8.4)$$

onde $g$ = número de agrupamentos de postos diferentes empatados
$t_i$ = número de postos empatados no $i$-ésimo agrupamento
$N$ = número de observações através de todas as amostras

Como é usual, a magnitude do fator de correção depende dos tamanhos dos grupos de empates, isto é, dos valores de $t_i$ bem como das porcentagens de observações envolvidas. Este ponto foi discutido na Seção 6.6.4.

Então uma expressão geral para $KW$ corrigida para empates é

$$KW = \frac{\left[\dfrac{12}{N(N+1)}\sum_{j=1}^{k} n_j \bar{R}_j^2\right] - 3(N+1)}{1 - \left[\sum_{i=1}^{g}(t_i^3 - t_i)\right] \Big/ (N^3 - N)} \qquad (8.5)$$

O efeito da correção para empates é aumentar o valor de $KW$ e assim tornar o resultado mais significante do que ele teria sido se nenhuma correção tivesse sido feita. Portanto, se é possível rejeitar $H_0$ sem fazer a correção [isto é, usando a Equação (8.3) para calcular $KW$], será possível rejeitar $H_0$ a um nível de significância ainda mais restringente, se a correção for usada.

---

[6] O leitor deve precaver-se com relação ao fato de não encontrar uma diferença significante neste exemplo (e em outros exemplos). Fracasso em rejeitar $H_0$ *não implica* que $H_0$ possa ser aceita e que não haja diferenças entre os grupos. Quando os tamanhos das amostras são pequenos, somente diferenças relativamente grandes são detectadas pelos nossos procedimentos estatísticos que levem à rejeição de $H_0$. Isto porque, quando o tamanho da amostra é pequeno e $H_0$ é de fato verdadeira, a probabilidade de uma grande variação nos resultados também é grande. Como uma consequência, é difícil distinguir entre resultados refletindo meramente desvios devido ao acaso (quando $H_0$ é verdadeira) e diferenças verdadeiras (quando $H_1$ é verdadeira). Se $H_0$ não for rejeitada, então pode de fato não haver diferenças entre os grupos – ou os tamanhos das amostras podem ser tão pequenos e/ou a variabilidade na amostra tão grande e/ou as diferenças verdadeiras tão pequenas que diferenças verdadeiras não possam ser detectadas. Antes de *aceitar* $H_0$ em tais casos, o pesquisador deve procurar corroborar evidências ou obter dados adicionais. Como uma observação final, esta precaução não implica que não devamos ter confiança nas diferenças entre os grupos se podemos rejeitar $H_0$ em um dado nível de significância. Esses argumentos aplicam-se com igual força para ambos, testes paramétricos e não-paramétricos.

Freqüentemente, o efeito da correção pode ser desprezado. Se não mais do que em torno de 25% das observações estão envolvidas nos empates, a probabilidade associada com um *KW* calculado sem a correção para empates, isto é, pelo uso da Equação (8.3), raramente varia em mais do que 20% quando é feita a correção, isto é, se *KW* é calculado com a Equação (8.5).

No seguinte exemplo há empates nas observações, e o valor de *KW* é calculado com e sem a correção para ilustrar o efeito dos empates sobre a estatística neste caso.

**Exemplo 8.3b Para grandes amostras.** Como parte da pesquisa programática descrita no exemplo para amostras pequenas nesta seção, outro experimento focalizou sobre aprendizado de relações funcionais da forma $aX + bY = Z$. Como no experimento descrito anteriormente, a informação $X$ era parcialmente válida, a informação $Y$ era irrelevante e $a$ e $b$ eram constantes. Se um sujeito resolveu o problema, uma resposta correta poderia ser dada em cada ensaio. A cada sujeito foi atribuída uma das três condições – as mesmas condições apresentadas no exemplo anterior. Os sujeitos inicialmente aprenderam com ambos os preditores ou com um deles a informação parcialmente válida ou a informação irrelevante e, então, fizeram predições usando ambos os preditores para o equilíbrio da sessão experimental. A hipótese experimental foi de que a modalidade de treinamento inicial teria um efeito sobre o desempenho final na tarefa de predição.

1. *Hipótese nula.* $H_0$: Não há diferença entre os três grupos nos níveis finais de precisão na tarefa de predição. $H_1$: os grupos diferem nos níveis finais de desempenho na tarefa de predição.
2. *Teste estatístico.* Como os três grupos são independentes, um teste estatístico para *k* amostras independentes é apropriado. Como o índice de precisão de julgamento é contínuo e se apresenta em escala ordenada, as suposições para o teste de Kruskal-Wallis são satisfeitas.
3. *Nível de significância.* Seja $\alpha = 0{,}05$ e *N* o número total de sujeitos no experimento = 18.
4. *Distribuição amostral.* Como os tamanhos das amostras excedem cinco, a distribuição amostral de *KW* é distribuída aproximadamente como $\chi^2$ com $gl = k - 1$. Então a probabilidade associada com a ocorrência, quando $H_0$ é verdadeira, de valores tão grandes como um *KW* observado pode ser determinada consultando a Tabela C do Apêndice.
5. *Região de rejeição.* A região de rejeição consiste de todos os valores de *KW* que são tão grandes que a probabilidade associada com sua ocorrência, quando $H_0$ é verdadeira e $gl = k - 1 = 2$, é igual ou menor do que $\alpha = 0{,}05$.
6. *Decisão.* Os valores finais do índice de precisão estão resumidos na Tabela 8.8 para cada sujeito em cada condição. Se os $N = 18$ dados são postados do menor ao maior, obtemos os postos apresentados na Tabela 8.9. Observe que os dados foram postados em uma única seqüência, como é requerido por este teste. O menor escore é 0,21 e lhe é atribuído o posto 1. Existe um empate de tamanho três para o maior escore 0,80; então o maior posto é 17, [(16 + 17 + 18)/3 = 17]. São também apresentadas na Tabela 8.9 as somas dos postos (os $R_j$'s) para cada grupo e a média dos postos dentro de cada grupo (os $\bar{R}_j$'s).

Com os dados na Tabela 8.9, podemos calcular o valor de *KW*, não corrigido para empates, usando a Equação (8.3):

$$KW = \left[\frac{12}{N(N+1)} \sum_{j=1}^{k} n_j \bar{R}_j^2\right] - 3(N+1) \qquad (8.3)$$

$$= \frac{12}{18(18+1)} [6(4{,}17)^2 + 6(10{,}83)^2 + 6(13{,}50)^2] - 3(18+1)$$

$$= 66{,}72 - 57$$

$$= 9{,}72$$

**TABELA 8.8**
Índices de precisão de julgamento para sujeitos aprendendo a relação $aX + bY$

| | Treinamento | |
|---|---|---|
| Primeiro a informação irrelevante | Primeiro a informação válida | Ambas as informações |
| 0,44 | 0,70 | 0,80 |
| 0,44 | 0,77 | 0,76 |
| 0,54 | 0,48 | 0,34 |
| 0,32 | 0,64 | 0,80 |
| 0,21 | 0,71 | 0,73 |
| 0,28 | 0,75 | 0,80 |

**TABELA 8.9**
Índices de precisão de julgamento para sujeitos aprendendo a relação $aX + bY$ (dados postados)

| | Treinamento | |
|---|---|---|
| Primeiro a informação irrelevante | Primeiro a informação válida | Ambas as informações |
| 5,5 | 10 | 17 |
| 5,5 | 15 | 14 |
| 8 | 7 | 4 |
| 3 | 9 | 17 |
| 1 | 11 | 12 |
| 2 | 13 | 17 |
| $R_j$   25 | 65 | 81 |
| $\bar{R}_j$   4,17 | 10,83 | 13,50 |

Uma consulta à Tabela C do Apêndice indica que um $KW \geq 5{,}99$ com $gl = 3 - 1 = 2$ tem probabilidade de ocorrência, quando $H_0$ é verdadeira, de $p < 0{,}5$. Então, como o valor observado de $KW$ (9,72) excede 5,99, a hipótese de nenhuma diferença na precisão de julgamento é rejeitada, e concluímos que há diferenças entre os grupos treinados de maneiras diferentes. Na verdade, uma inspeção da Tabela 8.9 mostra que sujeitos na condição "primeiro a informação irrelevante" tiveram um desempenho muito pior do que os sujeitos de cada um dos outros dois grupos.

**CORREÇÃO PARA EMPATES.** Para corrigir empates, precisamos determinar quantos grupos de empates ocorreram e quantos escores estavam empatados em cada grupo. Para estes dados, existem dois grupos de empates – dois escores estão empatados em 0,44 (com um posto de 5,5) e três escores estão empatados em 0,80 (com um posto de 17). Assim, aplicando a correção como dada pela Equação (8.4), temos que $g = 2$ é o número de grupos de empates, $t_1 = 2$ é o número de empates no primeiro grupo de empates e $t_2 = 3$ é o número de empates no segundo grupo de empates. Então, a correção é

$$1 - \frac{\sum_{i=1}^{g}(t_i^3 - t_i)}{N^3 - N} = 1 - \frac{(2^3 - 2) + (3^3 - 3)}{18^3 - 18} \qquad (8.4)$$

$$= 1 - \frac{(8 - 2) + (27 - 3)}{5832 - 18}$$

$$= 1 - 0{,}005$$

$$= 0{,}995$$

Quando a correção para empates é aplicada ao valor de $KW$ obtido anteriormente, o valor corrigido é $KW = 9{,}72/0{,}995 = 9{,}77$. É claro que, como $H_0$ foi rejeitada com o primeiro valor obtido, ela também será rejeitada com o valor corrigido. Deve ser observado que mesmo com 5 das 18 observações envolvidas em empates, a correção produziu uma mudança muito pequena em $KW$.

### 8.3.3 Comparações múltiplas entre tratamentos

Quando o valor obtido de $KW$ é significante, ele indica que pelo menos um dos grupos é diferente de pelo menos um dos outros grupos. Mas ele não informa ao pesquisador quais deles são diferentes, nem quantos grupos são diferentes de cada um dos outros. O que é necessário é um procedimento que torne possível determinar quais grupos são diferentes. Isto é, gostaríamos de testar a hipótese $H_0$: $\theta_u = \theta_v$ contra a hipótese $H_1$: $\theta_u \neq \theta_v$ para alguns grupos $u$ e $v$. Existe um procedimento simples para determinar quais pares de grupos são diferentes. Começamos obtendo as diferenças $|\bar{R}_u - \bar{R}_v|$ para todos pares de grupos. Quando o tamanho da amostra é grande, estas diferenças têm distribuição aproximadamente normal. No entanto, como há um grande número de diferenças e porque as diferenças não são independentes, o procedimento de comparação precisa ser ajustado apropriadamente. Suponha que a hipótese de "não diferença" entre $k$ grupos fosse testada e rejeitada no nível $\alpha$ de significância. Podemos testar a significância de pares individuais de diferenças usando a desigualdade a seguir. Se

$$|\bar{R}_u - \bar{R}_v| \geq z_{\alpha/k(k-1)} \sqrt{\frac{N(N+1)}{12}\left(\frac{1}{n_u} + \frac{1}{n_v}\right)} \qquad (8.6)$$

então podemos rejeitar a hipótese $H_0$: $\theta_u = \theta_v$ e concluir que $\theta_u \neq \theta_v$. O valor de $z_{\alpha/k(k-1)}$ é o valor da abscissa da distribuição normal padrão acima da qual está $\alpha/k(k-1)$ % da distribuição. Os valores de $z$ podem ser obtidos da Tabela A do Apêndice.

Como muitas vezes é necessário obter valores baseados em probabilidades extremamente pequenas, especialmente quando $k$ é grande, a Tabela $A_{II}$ do Apêndice pode ser usada no lugar da Tabela A do Apêndice. Essa é uma tabela da distribuição normal padrão que foi organizada de modo que os valores usados em comparações múltiplas fossem obtidos facilmente. A tabela é organizada com base no número de comparações que podem ser feitas. Os valores tabelados são os valores de $z$ associados com vários valores de $\alpha$. O número de linhas (# $c$) é o número de comparações. Quando houver $k$ grupos, haverá $k(k-1)/2$ comparações possíveis.

**Exemplo 8.3c** No exemplo de grande amostra nesta seção, rejeitamos $H_0$ e concluímos que as medianas não eram iguais. Como há $k = 3$ grupos, há $3(3-1)/2 = 3$ comparações possíveis. Se tomarmos as diferenças entre os postos médios, teremos

$$|\bar{R}_1 - \bar{R}_2| = |4{,}17 - 10{,}83| = 6{,}66$$
$$|\bar{R}_1 - \bar{R}_3| = |4{,}17 - 13{,}50| = 9{,}33$$
$$|\bar{R}_2 - \bar{R}_3| = |10{,}83 - 13{,}50| = 2{,}67$$

Para saber qual dessas comparações é significante, podemos aplicar o teste da comparação múltipla descrito nesta seção. É necessário encontrar o valor crítico de $z$. Como escolhemos $\alpha = 0{,}05$ na análise original, o mesmo nível deve ser usado aqui, e como o número de comparações é #$c = k(k-1)/2 = 3(3-1)/2 = 3$, podemos encontrar o valor crítico de $z$ pela Tabela $A_{II}$ do Apêndice; o valor é $z = 2{,}394$. [Este é o mesmo valor que obteríamos da Tabela A do Apêndice: $z_{\alpha/k(k-1)} = z_{0{,}05/3(3-1)} = z_{0{,}0083} \approx 2{,}39$.] A diferença crítica é então encontrada usando a Equação (8.6):

$$z_{\alpha/k(k-1)}\sqrt{\frac{N(N+1)}{12}\left(\frac{1}{n_u}+\frac{1}{n_v}\right)} = 2{,}394\sqrt{\frac{18(18+1)}{12}\left(\frac{1}{6}+\frac{1}{6}\right)} \qquad (8.6)$$
$$= 2{,}394\sqrt{9{,}5}$$
$$= 7{,}38$$

Uma vez que somente a diferença entre os grupos 1 e 3 (primeiro a informação irrelevante *versus* ambas as informações) excede o valor crítico 7,38, apenas esta comparação foi significante e pode ser concluído que estas medianas são diferentes.

Deve ser cuidadosamente observado que, na aplicação da Equação (8.6) às múltiplas comparações no exemplo acima, uma única diferença crítica foi calculada. Isto foi possível porque cada um dos $k$ grupos tinha o mesmo tamanho. Se os tamanhos das amostras tivessem sido desiguais, cada uma das diferenças observadas teria que ser comparada com diferenças críticas diferentes.

**COMPARAÇÕES DE TRATAMENTOS VERSUS CONTROLE.** Algumas vezes um pesquisador inclui um grupo-controle ou grupo-padrão como um dos $k$ grupos. Um exemplo seria quando um pesquisador deseja conhecer os efeitos de várias drogas sobre o comportamento. Apesar de que o maior interesse possa ser o de determinar se os grupos são diferentes com relação à variável medida, a principal preocupação pode ser se existe uma diferença entre o comportamento sob administração de *qualquer* uma das drogas e o comportamento quando nenhuma droga (ou um placebo) é administrada. Neste caso, o pesquisador ainda aplicaria a análise de variância de um fator de Kruskal-Wallis por postos se as suposições para seu uso forem apropriadas. Entretanto, se $H_0$ é rejeitada, o pesquisador quer saber se qualquer dos grupos drogados difere do grupo-controle. Isto é, se $\theta_c$ é a mediana para o grupo controle, e $\theta_u$ é a mediana para o $u$-ésimo grupo, o pesquisador gostaria de testar $H_0$: $\theta_c = \theta_u$ contra $H_1$: $\theta_c \neq \theta_u$ (ou talvez $H_1$: $\theta_c > \theta_u$). Como não estamos interessados em comparar todos os grupos, o método de comparação múltipla dado pela Equação (8.6) precisa ser ajustado para poder considerar o menor número de comparações. Quando há $k$ grupos no teste global, haverá $k - 1$ comparações com um controle; assim $\#c = k - 1$. As relações apropriadas para as comparações múltiplas neste caso são as seguintes:

Para testar $H_1$: $\theta_c \neq \theta_u$,

$$|\bar{R}_c - \bar{R}_u| \geq z_{\alpha/2(k-1)} \sqrt{\frac{N(N+1)}{12}\left(\frac{1}{n_c} + \frac{1}{n_u}\right)} \tag{8.7}$$

Para testar $H_1$: $\theta_c > \theta_u$,

$$\bar{R}_c - \bar{R}_u > z_{\alpha/(k-1)} \sqrt{\frac{N(N+1)}{12}\left(\frac{1}{n_c} + \frac{1}{n_u}\right)} \tag{8.8}$$

Os valores críticos de $z$ podem ser encontrados usando a Tabela A do Apêndice ou Tabela $A_{II}$ do Apêndice com $\#c = k - 1$. [*Nota*: se os tamanhos das amostras para todos os grupos são iguais, uma melhor aproximação é obtida se os valores de $z$ nas Equações (8.7) e (8.8) são substituídos por $q(\alpha, \#c)$ e a Tabela $A_{III}$ do Apêndice é usada. (Ver Seção 7.2.4 sobre o uso desta tabela.)]

### 8.3.4 Resumo do procedimento

Estes são os passos no uso da análise de variância de um fator de Kruskal-Wallis por postos:

1. Atribua postos a todas as observações para os $k$ grupos em uma única seqüência, com postos de 1 a $N$. (Às observações empatadas é atribuído o valor da média dos postos empatados.)
2. Determine os valores $R_j$ (a soma dos postos) e $\bar{R}_j$ (a média dos postos) para cada um dos $k$ grupos de postos.
3. Se uma grande proporção de observações estão empatadas, calcule o valor de $KW$ usando a Equação (8.5); caso contrário, use a Equação (8.3).
4. O método para determinar a significância do valor observado de $KW$ depende do número de grupos ($k$) e dos tamanhos dos grupos ($n_j$):

a) Se $k = 3$ e se $n_1, n_2, n_3 \leq 5$, a Tabela O do Apêndice deve ser usada para determinar, sob a suposição de que $H_0$ é verdadeira, a probabilidade associada de um *KW* tão grande quanto aquele observado.
b) Em outros casos, a significância de um valor tão grande quanto o valor observado de *KW* pode ser conhecida consultando a Tabela C do Apêndice, com $gl = k - 1$.

5. Se a probabilidade associada com o valor observado de *KW* é igual ou menor do que o nível de significância $\alpha$ previamente estabelecido, rejeite $H_0$ em favor de $H_1$.
6. Se $H_0$ é rejeitada, o método de múltiplas comparações [Equação (8.6)] pode ser usado para determinar quais diferenças são significantes. Se o teste envolve uma comparação tratamento *versus* controle, o método de comparação dado pela Equação (8.7) ou (8.8) deve ser usado.

## 8.3.5 Poder-eficiência

Comparado com o teste paramétrico mais poderoso, o teste *F*, e sob condições nas quais as suposições associadas com o modelo estatístico de análise de variância paramétrica são satisfeitas, o teste de Kruskal-Wallis tem eficiência assintótica de $3/\pi = 95,5\%$.

O teste de Kruskal-Wallis é mais eficiente do que a extensão do teste da mediana porque ele utiliza mais das informações contidas nas observações, convertendo os escores em postos ao invés de simplesmente torná-los dicotômicos, acima ou abaixo da mediana.

## 8.3.6 Referências

O leitor encontrará discussões sobre análise de variância de um fator por postos em Kruskal e Wallis (1952) e em Kruskal (1952). Outras discussões úteis podem ser encontradas em Lehmann (1975) e Hettmansperger (1984).

## 8.4 O TESTE DE JONCKHEERE PARA ALTERNATIVAS ORDENADAS

### 8.4.1 Função

A análise de variância de um fator de Kruskal-Wallis por postos testa a hipótese de que *k* grupos ou amostras independentes são as mesmas, contra a hipótese alternativa de que um ou mais grupos diferem dos outros. No entanto, em algumas situações experimentais, o pesquisador pode desejar considerar uma hipótese alternativa mais específica. Por exemplo, em um experimento sobre o efeito de várias dosagens de drogas no desempenho em tarefas de aprendizagem, o pesquisador pode desejar testar a hipótese de "não diferença" contra a hipótese de que aumento de dosagem resultará no aumento de diferenças no desempenho. Neste caso, a hipótese alternativa associada com a análise de variância de um fator de Kruskal-Wallis por postos, apesar de válida, é muito geral. O *teste de Jonckheere para alternativas ordenadas*, o qual é apresentado nesta seção, testa a hipótese de que amostras (ou grupos) estão ordenadas *a priori* em uma específica seqüência. Para especificar a hipótese nula e sua alternativa mais explicitamente, seja $\theta_j$ a mediana populacional para o $j$-ésimo grupo ou amostra. Então podemos escrever a hipótese nula de que as medianas são as mesmas como $H_0$: $\theta_1 = \theta_2 = ... = \theta_k$; e a hipótese alternativa pode ser escrita como $H_1$: $\theta_1 \leq \theta_2 \leq ... \leq \theta_k$, isto é, as medianas estão ordenadas pela magnitude. Se a hipótese alternativa é verdadeira, pelo menos uma das desigualdades é estrita (<). É importante notar que a fim de assegurar o uso apropriado do teste, o pesquisador precisa ser capaz de especificar *a priori* a ordem dos grupos ou medidas. Isto quer dizer que não se pode olhar para as $k$ medianas e, com base nessa observação, especificar a hipótese alternativa. A ordem precisa ser especificada *antes* dos dados serem coletados.

Para aplicar o teste de Jonckheere, os dados das $k$ amostras ou grupos independentes precisam estar pelo menos em escala ordinal, e sob a hipótese nula é admitido que cada amostra vem da mesma população. Vamos admitir que existem $N$ casos ou observações dos quais $n_j$ estão no $j$-ésimo grupo.

## 8.4.2 Fundamentos lógicos e método

Para aplicar o teste de Jonckheere para alternativas ordenadas, o pesquisador precisa primeiro especificar a ordenação *a priori* dos grupos. Os dados são então colocados em uma tabela de dupla entrada, com cada coluna representando cada amostra ou grupo sucessivo, organizados de acordo com a ordem das medianas estabelecida na hipótese. Isto é, os grupos estão ordenados sendo o primeiro grupo aquele com a menor mediana da hipótese alternativa e o grupo $k$ sendo aquele com a maior mediana da hipótese alternativa. Assim, os dados seriam organizados da seguinte maneira:

| Grupo | | | |
|---|---|---|---|
| 1 | 2 | ... | k |
| $X_{11}$ | $X_{12}$ | ... | $X_{1k}$ |
| $X_{21}$ | $X_{22}$ | ... | $X_{2k}$ |
| ⋮ | ⋮ | | ⋮ |
| $X_{n_1 1}$ | | | |
| | | ... | $X_{n_k k}$ |
| | $X_{n_2 2}$ | | |

O teste de Jonckheere envolve a contagem do número de vezes que uma observação no $i$-ésimo grupo ou amostra é precedida por uma observação no $j$-ésimo grupo ou amostra. Apesar de o procedimento de contagem parecer bastante cansativo, ele é de fato bem direto se os procedimentos de cálculo são executados sistematicamente.

Primeiro, definimos a estatística, algumas vezes chamada de conta de Mann-Whitney,

$$U_{ij} = \sum_{h=1}^{n_i} \#(X_{hi}, j) \tag{8.9}$$

onde $\#(X_{hi}, j)$ é o número de vezes que o dado $X_{hi}$ precede (é menor do que) um dado na amostra $j$, onde $i < j$. A estatística $J$ do teste de Jonckheere é então o número total destas contas:

$$J = \sum_{i<j}^{k} U_{ij} = \sum_{i=1}^{k-1} \sum_{j=i+1}^{k} U_{ij} \tag{8.10}$$

A distribuição amostral de $J$ tem sido tabelada para tamanhos pequenos de amostra e é dada na Tabela P do Apêndice. As entradas nesta tabela dão as probabilidades associadas com os valores de $J$ tão grandes ou maiores do que os valores tabelados para vários valores de $J$, os $n_j$'s e a probabilidade de significância $\alpha$. O leitor deve notar que a tabela tem duas partes distintas. Na primeira parte estão tabelados a distribuição de $J$ para $k = 3$ e os $n_j$'s menores do que 9, e na segunda parte estão tabelados a distribuição de $J$ para $k = 4, 5, 6$ com $n_j$'s iguais ou maiores do que 6. Se o valor observado de $J$ é maior do que o valor tabelado para o nível de significância escolhido, então a hipótese $H_0$ pode ser rejeitada em favor da hipótese alternativa $H_1$. Por exemplo, considere um exemplo no qual há $k = 3$ grupos e $n_1 = 3$, $n_2 = 4$, e $n_3 = 4$. Um nível de significância de $\alpha = 0,05$ foi escolhido. O valor calculado da estatística de Jonckheere foi $J = 26$. Uma consulta à Tabela P do Apêndice mostra que a probabilidade de observar um valor de $J \geq 26$ excede 0,10; portanto, podemos não rejeitar a hipótese $H_0$ de que as medianas para os três grupos são iguais.

Quando o tamanho da amostra torna-se grande, a distribuição amostral de $J$ é aproximadamente normal, com média

$$\mu_j = \frac{N^2 - \sum_{j=1}^{k} n_j^2}{4} \tag{8.11}$$

e variância

$$\sigma_j^2 = \frac{1}{72}\left[N^2(2N+3) - \sum_{j=1}^{k} n_j^2(2n_j + 3)\right] \tag{8.12}$$

Então a estatística

$$J^* = \frac{J - \mu_j}{\sigma_J} \tag{8.13}$$

tem distribuição aproximadamente normal com média zero e desvio padrão 1. Portanto, a Tabela A do Apêndice pode ser usada para testar hipóteses sobre $J^*$ e, portanto, $J$. É claro que, como as alternativas são ordenadas, o teste é considerado um teste unilateral.

**Exemplo 8.4** Quando sacarose e NaCl (sal) são misturados, tem sido relatado que o julgamento "doce" e "salgado" das misturas fica mascarado. Existem vários fatores que afetam o quanto os julgamentos ficam mascarados. Um é o tipo de composto usado para mascarar (por exemplo, quinina) e outro é a concentração do componente usado. Um terceiro fator é a proporção relativa de estímulo neutro ou subjacente no teste de estímulo. Experimentos envolvendo julgamentos de sabor são freqüentemente tarefas psicofísicas envolvendo muitos ensaios, alguns com estímulo relevante (ensaio com sinal) e o resto com estímulos e a mistura (ensaios com sinal mais ruído). Em um experimento com o objetivo de conhecer o efeito da proporção relativa de estímulo puro ou misturado nos julgamentos, Kroeze[7] variou os números relativos de estímulo puro e misturado em um experimento de sabor. Tais efeitos de freqüência em outras áreas comportamentais têm sido relatados e têm sido consistentes com uma explanação derivada da teoria de nível de adaptação de Helson.[8] Em uma série de quatro amostras independentes, a intensidade física (= concentração) de NaCl foi mantida constante em 0,32 mol/l; no teste de estímulo, a concentração de sacarose foi também mantida constante em 0,32 mol/l. Através dos grupos, a freqüência relativa [NaCl/(NaCl + sacarose)] dos ensaios de teste foi variada. Os julgamentos individuais de salgado para as várias razões são dados na Tabela 8.10. Kroeze colocou como hipótese de que o julgamento salgado cresceria quando a proporção relativa de NaCl nos ensaios de teste decrescesse.

1. *Hipótese nula*. $H_0$: as misturas relativas de ensaios de NaCl e ensaios NaCl + sacarose não têm efeito no julgamento de salinidade. $H_1$: julgamentos de sujeitos sobre o sabor salgado são inversamente relacionados à proporção de ensaios de teste de NaCl no experimento.

### TABELA 8.10
Julgamentos individuais de sabor de salgado do estímulo mistura como uma função da porcentagem de salinidade pura-NaCl

| Porcentagem de estímulo puro-NaCl | | | |
|---|---|---|---|
| 80 | 50 | 17 | 10 |
| 8,82 | 13,53 | 19,23 | 73,51 |
| 11,27 | 28,42 | 67,83 | 85,25 |
| 15,78 | 48,11 | 73,68 | 85,82 |
| 17,39 | 48,64 | 75,22 | 88,88 |
| 24,99 | 51,40 | 77,71 | 90,33 |
| 39,05 | 59,91 | 83,67 | 118,11 |
| 47,54 | 67,98 | 86,83 | |
| 48,85 | 79,13 | 93,25 | |
| 71,66 | 103,05 | | |
| 72,77 | | | |
| 90,38 | | | |
| 103,13 | | | |

Nota: Cada coluna representa uma amostra separada e independente de observações. Os dados foram organizados em ordem crescente dentro de cada grupo para facilitar o cálculo de $U_{ij}$. Se a rotina de cálculos é usada, a ordenação de dados dentro de cada amostra não é necessária.

---

[7] Kroeze, J. H.A. (1982). The influence of relative frequencies of pure and mixed stimuli on mixture suppression in taste. *Perception & Psychophysics*, **31**, 276-278.
[8] Helson, H. (1964). *Adaptation-level theory*. New York: Harper & Row.

2. *Teste estatístico.* Como o pesquisador tem como hipótese uma ordenação para os julgamentos do sabor salgado, um teste para alternativas ordenadas é apropriado. Como o teste envolve grupos independentes (um grupo diferente de sujeitos foi usado para cada mistura relativa), o teste de Jonckheere para alternativas ordenadas é apropriado.
3. *Nível de significância.* Seja $\alpha = 0{,}05$. O número de sujeitos é $n_1 = 12$, $n_2 = 9$, $n_3 = 8$, $n_4 = 6$ nos quatro grupos.
4. *Distribuição amostral.* Como as amostras são de tamanhos desiguais e o número de grupos é maior do que três, a aproximação para grandes amostras será usada para a distribuição amostral da estatística de Jonckheere; isto é, a estatística $J^*$ definida na Equação (8.13) será calculada e sua probabilidade de significância determinada usando a Tabela A do Apêndice.
5. *Região de rejeição.* A região de rejeição consiste de todos os valores de $J^*$ que são maiores do que 1,645, o valor da distribuição normal padrão associada com $\alpha = 0{,}05$.
6. *Decisão.* As estatísticas $U_{ij}$ foram calculadas com o uso dos dados na Tabela 8.10 e estão resumidas na Tabela 8.11. Por exemplo, considere o dado 47,54 no grupo 1. Ele precede sete dados no grupo 2 (48,11; 48,64; 51,40; 59,91; 79,13; 67,98; 103,05), sete dados no grupo 3 (67,83; 73,68; 75,22; 77,71; 83,67; 86,83; 93,25), e todos os seis dados no grupo 4. Os $U_{ij}$ são as somas por colunas das contagens de precedentes na Tabela 8.11. Assim, o valor da estatística de Jonckheere para estes dados é

$$J = 66 + 73 + 62 + 52 + 48 + 36$$
$$= 337$$

**TABELA 8.11**
Contagens de precedentes # $(X_{hi}, j)$ para dados na Tabela 8.10

| | | | | | | | | | | |
|---|---|---|---|---|---|---|---|---|---|---|
| | \multicolumn{10}{c|}{Porcentagem de estímulo puro-NaCl} |
| | \multicolumn{3}{c|}{80} | | \multicolumn{2}{c|}{50} | | \multicolumn{2}{c|}{17} | 10 |
| $i$ | 1 | 1 | 1 | | 2 | 2 | | 3 | | |
| $j$ | 2 | 3 | 4 | | 3 | 4 | | 4 | | |
| | 9 | 8 | 6 | 8,82 | 8 | 6 | 13,53 | 6 | 19,23 | 73,51 |
| | 9 | 8 | 6 | 11,27 | 7 | 6 | 28,42 | 6 | 67,83 | 85,25 |
| | 8 | 8 | 6 | 15,78 | 7 | 6 | 48,11 | 5 | 73,68 | 85,82 |
| | 8 | 8 | 6 | 17,39 | 7 | 6 | 48,64 | 5 | 75,22 | 88,88 |
| | 8 | 7 | 6 | 24,99 | 7 | 6 | 51,40 | 5 | 77,71 | 90,33 |
| | 7 | 7 | 6 | 39,05 | 7 | 6 | 59,91 | 5 | 83,67 | 118,11 |
| | 7 | 7 | 6 | 47,54 | 6 | 6 | 67,98 | 3 | 86,83 | |
| | 5 | 7 | 6 | 48,85 | 3 | 5 | 79,13 | 1 | 93,25 | |
| | 2 | 6 | 6 | 71,66 | 0 | 1 | 103,05 | | | |
| | 2 | 6 | 6 | 72,77 | | | | | | |
| | 1 | 1 | 1 | 90,38 | | | | | | |
| | 0 | 0 | 1 | 103,13 | | | | | | |
| $U_{ij}$ | 66 | 73 | 62 | | 52 | 48 | | 36 | | |

É necessário calcular a média e a variância da estatística $J$ com as Equações (8.11) e (8.12):

$$\mu_j = \frac{N^2 - \sum_{j=1}^{k} n_j^2}{4} \qquad (8.11)$$

$$= \frac{35^2 - 12^2 - 9^2 - 8^2 - 6^2}{4}$$

$$= 225$$

e
$$\sigma_J^2 = \frac{1}{72}\left[N^2(2N+3) - \sum_{j=1}^{k} n_j^2(2n_j+3)\right] \qquad (8.12)$$

$$= \frac{1}{72}\{35^2(70+3) - [12^2(24+3)$$
$$+ 9^2(18+3) + 8^2(16+3) + 6^2(12+3)]\}$$

$$= 1140$$

Com estes valores podemos calcular $J^*$:

$$J^* = \frac{J - \mu_j}{\sigma_J} \qquad (8.13)$$

$$= \frac{337 - 225}{33,76}$$

$$= 3,32$$

Como o valor observado de $J^*$ excede o valor crítico de 1,645, podemos rejeitar a hipótese de medianas iguais para os quatro grupos e concluir que elas estão em ordem crescente de magnitude. (Deve ser notado que a rejeição de $H_0$ implica que pelo menos uma mediana é maior do que a anterior na seqüência.)

**OBSERVAÇÕES EMPATADAS.** Quando ocorrem empates entre dois ou mais escores ao determinar as contagens de precedentes [Equação (8.9)], a contagem deve ser aumentada em ½ (no lugar de 1) para cada empate. Assim como no teste de Kruskal-Wallis, a variância de $J$ [Equação (8.12)] é afetada pelos empates, mas, a menos que o número de empates seja grande ou que haja muitos dados empatados em um único valor, o efeito sobre a distribuição amostral de $J^*$ é desprezível.

### 8.4.3 Resumo do procedimento

Estes são os passos no uso do teste de Jonckheere para alternativas ordenadas:

1. Coloque os escores em uma tabela de dupla entrada na qual as $k$ colunas representam as amostras ou grupos organizados em sua ordem, *a priori*, da menor à maior mediana hipotetizadas.

2. Calcule as contagens de precedentes e as contagens de Mann-Whitney (os $U_{ij}$) usando a Equação (8.9).
3. Determine a estatística $J$ do teste de Jonckheere a qual é a soma das contagens determinadas no passo 2.
4. O método para determinar a significância do valor observado de $J$ depende do número de grupos ($k$) e dos tamanhos dos grupos ou amostras ($n_j$):

   a) Se $k = 3$ e se $n_1$, $n_2$ e $n_3 \leq 8$, a Tabela P do Apêndice pode ser usada para determinar, sob a suposição de que $H_0$ é verdadeira, a probabilidade associada de $J$ ser tão grande quanto o valor observado.
   
   b) Se $k = 4$, 5 ou 6 e os tamanhos das amostras ($n_j$'s) são iguais ou menores do que sete, a Tabela P do Apêndice pode ser usada para determinar, sob a suposição de que $H_0$ é verdadeira, a probabilidade associada de $J$ ser tão grande quanto foi observado.
   
   c) Se o número de grupos ou o número de observações em um grupo é muito grande para usar a tabela P do Apêndice, a estatística $J^*$ deve ser calculada com a Equação (8.13), e a probabilidade associada com o seu valor deve ser determinado com o uso da Tabela A do Apêndice.
   Se o valor de $J$ (ou $J^*$) é grande o suficiente para que se possa rejeitar $H_0$, o pesquisador pode aplicar as técnicas de comparação múltpla da Seção 8.3.3. Entretanto, neste caso, as comparações são unilaterais e o valor de $z$ precisa ser ajustado convenientemente.

5. Para facilitar o cálculo de $J$ e $J^*$, o leitor pode desejar usar um programa computacional tal como aquele do Apêndice. No exemplo desta seção, os cálculos foram feitos em detalhes. Os resultados podem ser verificados usando o programa apresentado, o qual inclui os dados como um exemplo.

### 8.4.4 Poder-eficiência

A eficiência assintótica do teste de Jonckheere é $3/\pi = 95{,}5\,\%$ quando comparado com um teste $t$ (ou $F$) apropriado para alternativas ordenadas. Assim, quando o teste é comparado com o teste paramétrico apropriado para dados com distribuição normal, a eficiência do teste de Jonckheere é a mesma do teste de Kruskal-Wallis.

### 8.4.5 Referências

O teste de Jonckheere para alternativas ordenadas é discutido por Jonckheere (1954), Lehmann (1975) e Terpstra (1952). Discussão sobre a eficiência relativa do teste de Jonckheere pode ser encontrada em Puri (1975). Potter e Strum (1981) discutiram a rapidez com a qual o poder do teste de Jonckheere aumenta. Fórmulas para a correção da variância quando há empates podem ser encontradas em Lehmann (1975).

## 8.5 DISCUSSÃO

Quatro testes estatísticos não-paramétricos para analisar dados de $k$ grupos ou amostras independentes foram apresentados neste capítulo.

O primeiro deles, o teste qui-quadrado para $k$ amostras independentes, é útil quando os dados são apresentados em freqüências e quando a mensuração das variáveis sob estudo está em uma escala nominal ou categórica. O teste qui-quadrado também poderia ser usado quando os dados estão dispostos em categorias discretas em uma escala ordinal; no entanto, algum dos outros métodos discutidos neste capítulo pode ser mais apropriado em tais casos. O teste qui-quadrado testa se as proporções ou freqüências nas várias categorias são independentes da condição (amostra ou grupo) sob a qual elas foram observadas, isto é, ele testa a hipótese nula de que as $k$ amostras vêm de uma mesma população ou de populações idênticas com relação à proporção de observações nas diversas categorias.

O segundo teste apresentado, a extensão do teste da mediana, requer pelo menos mensuração ordinal da variável sob estudo a fim de que possa ser feita interpretação adequada dos resultados da análise. Ele testa se $k$ grupos ou amostras independentes poderiam ter sido extraídas de populações tendo medianas idênticas.

A análise de variância de um fator de Kruskal-Wallis por postos, o terceiro teste discutido, requer pelo menos mensuração ordinal da variável. Ele testa se $k$ grupos ou amostras independentes poderiam ter sido extraídos de uma mesma população ou de populações idênticas com distribuição (porém, desconhecida) contínua de respostas.

O quarto teste discutido, o teste de Jonckheere para alternativas ordenadas, requer que as variáveis sejam medidas em uma escala ordinal. Ele testa a hipótese de que $k$ amostras ou grupos independentes poderiam ter sido extraídos de uma mesma população ou de populações idênticas com a mesma distribuição (porém, desconhecida) contínua contra a hipótese alternativa de que as medianas das distribuições estão ordenadas em magnitude de acordo com alguma hipótese *a priori*.

Não temos escolha possível entre esses três últimos testes se os dados estão em freqüências em vez de escores, isto é, se temos dados enumerados ou se a mensuração não é mais forte do que a nominal ou categórica. O teste qui-quadrado para $k$ amostras independentes é o melhor teste entre aqueles apresentados neste capítulo para tais dados.

A extensão do teste da mediana, o teste de Kruskal-Wallis e o teste de Jonckheere podem ser aplicados aos mesmos dados, isto é, cada um faz suposições similares sob $H_0$: que as variáveis provêm de populações que têm distribuições contínuas idênticas. Quando os dados são tais que o teste da mediana ou o de Kruskal-Wallis podem ser usados, o teste de Kruskal-Wallis é o mais eficiente porque ele usa mais da informação contida nas observações. Ele converte os escores em postos, enquanto a extensão do teste da mediana converte os escores simplesmente em mais (+) ou menos (−) dependendo de se os dados estão acima ou abaixo da mediana. Assim o teste de Kruskal-Wallis preserva a magnitude dos dados observados mais integralmente do que a extensão do teste da mediana. Por esta razão ele é geralmente mais sensível a diferenças entre as $k$ amostras ou grupos. No entanto, como observado na discussão do teste da mediana no Capítulo 6, pode haver situações envolvendo dados ordenados para os quais este teste é a única alternativa. Isto ocorreria quando alguns dos valores da variável medida são muito extremos para serem codificados ou postados com precisão. Em tal caso, o teste da mediana poderia ser aplicado, mas os postos não podem ser determinados de modo a se poder aplicar os testes de Kruskal-Wallis ou o de Jonckheere.

Se existe uma ordem *a priori* para as medianas populacionais dos grupos, o teste de Jonckheere será mais poderoso do que o teste de Kruskal-Wallis. Isto porque ele é mais específico para a hipótese sendo testada do que o teste de Kruskal-Wallis.

Uma característica dos quatro testes apresentados neste capítulo é que o teste estatístico, se significante, nos permite concluir que existem diferenças entre os $k$ grupos. No entanto, nenhum dos testes nos diz quais são as diferenças. Felizmente, existem procedimentos que podem ajudar o pesquisador a localizar as diferenças. Para o teste qui-quadrado e a extensão do teste da mediana, os graus de liberdade podem ser divididos para ajudar a localizar as diferenças; além disso, uma análise de resíduos pode fornecer mais detalhes sobre exatamente onde, na tabela, estão as diferenças significantes. No caso dos testes de Kruskal-Wallis e de Jonckheere, podemos usar técnicas de múltipla comparação para ajudar a determinar quais diferenças entre grupos são significantes. Apesar das técnicas de partição e comparação múltipla serem ferramentas poderosas para isolar efeitos, o pesquisador precisa ser cuidadoso e aplicar estes procedimentos somente em dados para os quais o teste global seja significante.

Existem vários outros testes não-paramétricos para diferenças entre $k$ grupos ou amostras independentes. Um deles é o teste $k$-amostra de deslizamento (Mosteller, 1948; Mosteller e Tukey, 1950). Chacko (1963) e Puri (1965) propuseram testes que são generalizações do teste de Jonckheere. Talvez o mais útil de todos esses testes seja o teste do *guarda-chuva* (Mack e Wolfe, 1981), o qual testa a hipótese de que as medianas, de acordo com algumas suposições *a priori*, primeiro crescem até um máximo e, então, decrescem. Isto é, ele testa a hipótese $H_0$: $\theta_1 = \theta_2 = ... = \theta_k$ contra a hipótese $H_1$: $\theta_1 \leq \theta_2 \leq ... \leq \theta_h \geq ... \geq \theta_{k-1} \geq \theta_k$ para algum $h$ predeterminado. Este teste é relativamente simples no sentido de que ele corresponde a aplicar *dois* testes de Jonckheere – um para um conjunto de desigualdades e outro para o outro conjunto de desigualdades.

# 9

# MEDIDAS DE ASSOCIAÇÃO
# E SEUS TESTES DE SIGNIFICÂNCIA

Na pesquisa em ciências comportamentais, freqüentemente desejamos saber se dois conjuntos de escores estão relacionados e, caso estejam, qual o grau desta relação. Estabelecer a existência de uma correlação entre duas variáveis pode ser o principal objetivo de uma pesquisa, como ocorre em alguns estudos de dinâmica da personalidade, percepção de pessoas, similaridade dentro de grupos, etc. Ou estabelecer uma correlação pode ser nada mais do que um passo em um estudo tendo outros objetivos finais, como no caso em que usamos medidas de correlação para testar a confiabilidade de nossas observações.

Este capítulo é dedicado à apresentação de medidas de correlação e de testes estatísticos não-paramétricos que determinam a probabilidade associada com a ocorrência de uma correlação tão grande quanto a observada na amostra, sob a hipótese nula de que as variáveis são independentes ou não-relacionadas na população. Isto é, além de apresentar medidas de associação, vamos apresentar testes estatísticos que determinam a "significância" da associação observada. O problema de medir o *grau* de associação entre dois conjuntos de escores é de caráter mais geral do que o de testar a *existência* de algum grau de associação em alguma população. É de algum interesse, é claro, ser capaz de estabelecer o grau de associação entre dois conjuntos de escores obtidos de um mesmo grupo de sujeitos. Mas é talvez de maior interesse ser capaz de dizer se alguma associação observada na amostra de escores indica ou não que as variáveis sob estudo estão associadas na *população* da qual a amostra foi extraída. A correlação observada em si mesma representa uma estimativa do grau de associação. Testes de significância deste coeficiente determinam, em um nível de confiança estabelecido, a probabilidade de que amostras aleatórias de uma população onde não há associação entre as variáveis, apresentariam uma correlação tão grande quanto (ou maior do que) aquela obtida nas observações.

No caso paramétrico, a medida usual de correlação é o coeficiente $r$ de correlação momento-produto de Pearson. Esta estatística requer variáveis que representem mensurações pelo menos em escalas intervalares iguais para que possa ser feita a interpretação apropriada da estatística. Se desejarmos testar a significância de um valor observado de $r$, precisamos não só que as exigências relativas à mensuração sejam satisfeitas, como também admitir que as observações provêm de uma distribuição normal bivariada. Além disso, o coeficiente de correlação momento-produto mede o grau de relação funcional linear existente entre as variáveis.

Se, para um certo conjunto de dados, as suposições associadas com o coeficiente $r$ de correlação momento-produto não são verificadas ou não são realísticas, então podem ser usados um dos coeficientes de correlação e correspondentes testes de significância apresentados neste capítulo. Medidas não-paramétricas de correlação são fornecidas para ambos, dados categóricos ou ordinais. Os testes fazem nenhuma ou poucas suposições sobre a distribuição populacional da qual os escores foram extraídos. Alguns admitem que as variáveis têm continuidade subjacente, enquanto outros não fazem nem mesmo esta suposição. Alguns testam relações monótonas (mas não necessariamente lineares) entre as variáveis, enquanto outros medem associações de qualquer tipo. Além do mais, o pesquisador se dará conta que, especialmente com amostras pequenas, o cálculo de medidas de associação e testes de significância não-paramétricos não é difícil e muitas vezes é mais fácil que o cálculo do $r$ de Pearson.

Os usos e limitações de cada medida serão discutidos quando a medida for apresentada. Uma discussão comparando os méritos e usos das várias medidas será oferecida no final do capítulo.

## 9.1 O COEFICIENTE C DE CRAMÉR

### 9.1.1 Função

O *coeficiente C de Cramér* é uma medida do grau de associação ou relação entre dois atributos ou duas variáveis. Ele é útil unicamente quando temos informações somente categóricas (escala nominal) sobre um ou mais conjuntos de atributos ou de variáveis. Isto é, ele pode ser usado quando a informação sobre os atributos consiste de uma seqüência não-ordenada de categorias.

Para usar o coeficiente de Cramér, não é necessário admitir continuidade subjacente para as várias categorias utilizadas para medir um ou ambos conjuntos de atributos. Na verdade, nem mesmo precisamos ser capazes de ordenar as categorias em qualquer maneira particular. O coeficiente de Cramér, calculado de uma tabela de contingência, terá o mesmo valor, independentemente de como as categorias estão dispostas em linhas e colunas.

### 9.1.2 Método

Começamos admitindo que temos dados em dois conjuntos de variáveis categóricas não-ordenadas. Por conveniência, vamos denotar estas variáveis como $A$ e $B$. Para calcular o coeficiente de Cramér entre escores de dois conjuntos, um de variáveis categóricas $A$, com categorias $A_1, A_2, ..., A_k$, e o outro, $B$, com categorias $B_1, B_2, ..., B_r$, dispomos as freqüências na tabela de contingência a seguir.

|       | $A_1$   | $A_2$   | ... | $A_k$   | Total |
|-------|---------|---------|-----|---------|-------|
| $B_1$ | $n_{11}$ | $n_{12}$ | ... | $n_{1k}$ | $R_1$ |
| $B_2$ | $n_{21}$ | $n_{22}$ | ... | $n_{2k}$ | $R_2$ |
| ⋮     | ⋮       | ⋮       |     | ⋮       | ⋮     |
| $B_r$ | $n_{r1}$ | $n_{r2}$ | ... | $n_{rk}$ | $R_r$ |
| Total | $C_1$   | $C_2$   | ... | $C_k$   | $N$   |

Os dados podem consistir de um número qualquer de categorias. Isto é, o coeficiente de Cramér pode ser calculado para dados de uma tabela 2 × 2, uma tabela 2 × 5, uma tabela 4 × 4, uma tabela 3 × 7 ou qualquer tabela $r \times k$.

Em tal tabela, podemos inserir as freqüências esperadas para cada célula (os $E_{ij}$'s) determinando quais freqüências se esperaria que ocorressem se não houvesse associação entre as duas variáveis, isto é, as freqüências esperadas em cada célula se as variáveis fossem independentes ou não-relacionadas. Quanto maior a discrepância entre estes valores esperados e os valores observados em cada célula, mais alto é o grau de associação entre as duas variáveis e, então, maior é o valor do coeficiente de Cramér.

O grau de associação entre dois conjuntos de atributos medido pelo coeficiente de Cramér, se ordenáveis ou não, e independentemente da natureza da variável (ela pode ser contínua ou discreta) ou da distribuição subjacente do atributo (a distribuição populacional pode ser normal ou de qualquer outra forma), pode ser encontrado a partir de uma tabela de contingência com as freqüências das observações dadas por

$$C = \sqrt{\frac{X^2}{N(L-1)}} \qquad (9.1)$$

onde
$$X^2 = \sum_{i=1}^{r} \sum_{j=1}^{k} \frac{(n_{ij} - E_{ij})^2}{E_{ij}} \qquad (6.2)$$

ou
$$X^2 = \sum_{i=1}^{r} \sum_{j=1}^{k} \frac{n_{ij}^2}{E_{ij}} - N \qquad (6.2a)$$

é calculado pelo método apresentado anteriormente (na Seção 6.2) e $L$ é o número *mínimo* de linhas ou colunas na tabela de contingência. Em outras palavras, a fim de calcular $C$, primeiro calculamos o valor de $X^2$ com a Equação (6.2) e então inserimos este valor na Equação (9.1) para obter $C$. Deve ser observado que, assim como o coeficiente momento-produto de Pearson, o coeficiente de Cramér tem um valor máximo de 1, e $C$ será igual a 0 quando as variáveis ou atributos forem independentes. Ao contrário da correlação momento-produto de Pearson, o coeficiente de Cramér não pode ser negativo. Isto era de se esperar, pois a estatística mede a relação entre variáveis categóricas, as quais não têm ordem inerente a elas.

**Exemplo 9.1a**[1] Como parte de um estudo concernente ao processo pelo qual padrões de contas financeiras são modificados, Hussein[2] desenvolveu uma pesquisa por questionário, o qual era para ser enviado aos membros do conselho regulador do Financial Accounting Standards Board (FASB) e aos membros de vários comitês especializados em padrões de contas financeiras em organizações mantenedoras do FASB. FASB é a organização pela qual precisam ser aprovadas mudanças em padrões e procedimentos de contabilidade. A pesquisa, cujos detalhes não são relevantes para este exemplo, foi designada para acessar os fatores de caráter informacional, econômico, organizacional e cognitivo envolvidos no processo de estabelecimento dos padrões. Em pesquisas com questionários, é raro que a taxa de respostas enviadas pelo correio seja grande. Entretanto, para que a pesquisa de vários grupos seja significativa, a taxa de respostas das várias organizações deve ser similar. Se não for, então as respostas (ou não-respostas) de um grupo podem fornecer uma visão distorcida do processo global.

Para determinar se a taxa de resposta inicial estava associada com a organização, isto é, variava entre as inúmeras organizações mantenedoras, dados concernentes com a taxa de resposta foram analisados. Havia seis organizações ou grupos recebendo questionários ($k = 6$) e havia três disposições possíveis para cada questionário – recebido e completado, devolvido sem ser completado e sem resposta ($r = 3$). Estes dados estão resumidos na Tabela 9.1.

Para calcular o coeficiente $C$ de Cramér é necessário primeiro calcular a estatística qui-quadrado $X^2$. Um primeiro passo para calcular $X^2$ é encontrar os valores esperados, os $E_{ij}$'s, para cada célula na tabela.

---

[1] Ao testar uma medida de associação por significância, seguimos os mesmos seis passos que temos seguido para todos os outros testes estatísticos ao longo deste livro. Estes passos são: (1) A hipótese nula $H_0$ é que as duas variáveis são independentes ou não-relacionadas na população, enquanto a hipótese $H_1$ é que elas estão associadas ou relacionadas na população. (2) O teste estatístico é o teste de significância, o qual é apropriado para a medida de associação escolhida. (3) O nível de significância é especificado antecipadamente e pode ser qualquer probabilidade pequena, por exemplo, $\alpha = 0,05$ ou $\alpha = 0,01$, etc., enquanto $N$ é o número de casos para os quais existem escores em ambas as variáveis. (4) A distribuição amostral é a distribuição teórica da estatística usada para testar $H_0$; as probabilidades exatas ou valores críticos são dados em tabelas, usados para testar a significância da estatística. (5) A região de rejeição consiste de todos os valores da medida de associação, os quais são tão extremos que a probabilidade associada com sua ocorrência sob $H_0$ é igual ou menor do que $\alpha$ (e uma região unilateral de rejeição é usada quando o *sinal* da associação é predito em $H_1$). (6) A decisão consiste em determinar o valor observado da medida de associação e então determinar a probabilidade, sob a suposição de que $H_0$ é verdadeira, de um valor tão extremo quanto ele; a decisão é rejeitar $\alpha$ em favor de $H_0$ se e somente se essa probabilidade é igual ou menor do que $H_1$.

Uma vez que os mesmos conjuntos ou conjuntos similares de dados são usados repetidamente como material ilustrativo nas discussões das várias medidas de associação a fim de esclarecer as diferenças e similaridades entre estas medidas, as repetições constantes dos seis passos da inferência estatística, nos exemplos, levariam a uma desnecessária redundância. Portanto, escolhemos não incluir a apresentação desses seis passos na apresentação dos exemplos neste capítulo. Mencionamos aqui que eles poderiam muito bem ter sido incluídos para destacar, para o leitor, que o procedimento de tomada de decisão usado ao testar a significância de uma medida de associação é idêntico ao procedimento de tomada de decisão em outros tipos de testes estatísticos.

[2] Hussein, M. E. (1981). The innovative process in financial accounting standards. *Accounting, Organizations, and Society*, **6**, 27-37.

## TABELA 9.1
Respostas aos questionários da pesquisa

| Disposição da pesquisa | Organização | | | | | | Total |
|---|---|---|---|---|---|---|---|
| | AAA | AICPA | FAF | FASB | FEI | NAA | |
| Completada | 8 *7,49* | 8 *7,15* | 3 *6,46* | 11 *10,89* | 17 *11,91* | 2 *5,10* | 49 |
| Não-aceita | 2 *3,51* | 5 *3,35* | 1 *3,04* | 2 *5,11* | 0 *5,59* | 13 *2,40* | 23 |
| Sem resposta | 12 *11,00* | 8 *10,50* | 15 *9,50* | 19 *16,00* | 18 *17,50* | 0 *7,50* | 72 |
| Total | 22 | 21 | 19 | 32 | 35 | 15 | 144 |

Estes são dados em itálico na Tabela 9.1. Usando a Equação (6.2), encontramos o valor da estatística qui-quadrado:

$$X^2 = \sum_{i=1}^{r} \sum_{j=1}^{k} \frac{(n_{ij} - E_{ij})^2}{E_{ij}} \qquad (6.2)$$

$$= \frac{(8 - 7,49)^2}{7,49} + \frac{(8 - 7,15)^2}{7,15} + \ldots + \frac{(0 - 7,50)^2}{7,50}$$

$$= 75,25$$

A seguir, usamos a Equação (9.1) para calcular $C$:

$$C = \sqrt{\frac{X^2}{N(L-1)}} \qquad (9.1)$$

$$= \sqrt{\frac{75,25}{144(3-1)}}$$

$$= \sqrt{0,2613}$$

$$= 0,51$$

Assim, verificamos que há um grau moderado de associação entre a disposição da resposta à pesquisa e a organização a qual o receptor do questionário pertence.

## 9.1.3 Testando a significância do coeficiente de Cramér

Os escores ou observações com os quais tratamos em pesquisa são freqüentemente de indivíduos em quem estamos interessados, por constituírem uma amostra aleatória de uma população na qual estamos interessados. Quando observamos uma correlação entre dois conjuntos de atributos na amostra, podemos desejar determinar se é plausível concluir que eles estão associados na população que é representada pela amostra.

Se um grupo de sujeitos constitui uma amostra aleatória de alguma população, podemos determinar se a associação que existe entre dois conjuntos de escores desta amostra indica que existe uma associação na população testando a associação por "significância". Ao testar a significância de uma medida de associação, estamos testando a hipótese nula de que não existe correlação na população, isto é, que o valor observado da medida de associação na amostra poderia ter surgido devido ao acaso em uma amostra aleatória de uma população na qual as duas variáveis são independentes, ou seja, não-correlacionadas. A hipótese alternativa é que as variáveis não são independentes.

Para testar a hipótese nula, geralmente estabelecemos a distribuição amostral nula da estatística (neste caso, da medida de associação) sob a suposição de que $H_0$ é verdadeira. Usamos então um teste estatístico apropriado para determinar se o valor observado dessa estatística pode, razoavelmente, ser concebido como tendo surgido sob $H_0$, de acordo com algum nível de significância predeterminado. Se a probabilidade associada com a ocorrência, sob $H_0$, de um valor tão grande quanto o valor observado da estatística é menor ou igual ao nosso nível de significância predeterminado, isto é, se $p \leq \alpha$, então podemos rejeitar $H_0$ e concluir que a associação observada na nossa amostra não é um resultado de desvio, devido ao acaso, da independência na população, mas sim representa uma relação genuína entre as variáveis na população. No entanto, se o teste estatístico revela que é provável que nosso valor observado possa ter surgido sob $H_0$ – isto é, se $p > \alpha$ –, então nossos dados não nos permitem concluir que existe uma relação entre as variáveis na população da qual a amostra foi extraída; isto é, não podemos concluir que as variáveis não são independentes na população. Este método de testar hipóteses deverá, a estas alturas, ser completamente familiar ao leitor. Uma discussão mais completa do método é feita no Capítulo 2, e ilustrações de seu uso ocorrem durante todo este livro.

Agora o leitor sabe que a significância do coeficiente $r$ de correlação momento-produto de Pearson pode ser testada exatamente pelo método anteriormente descrito. Avançando adiante neste capítulo, se descobrirá que a significância de várias medidas de associação não-paramétricas é testada somente por tal método. Entretanto, o coeficiente de Cramér é um caso especial. Uma razão que nos leva a não nos referirmos à distribuição amostral de $C$ a fim de testar um valor observado de $C$ por significância, é que a complexidade matemática de um tal procedimento é considerável. No entanto, uma melhor razão é que, no decurso do cálculo do valor de $C$, calculamos uma estatística que por si só fornece uma indicação simples e adequada da significância de $C$. Esta estatística é, evidentemente, $X^2$, a qual é distribuída como $\chi^2$ quando o tamanho da amostra é grande. Podemos testar se um $C$ observado difere significantemente de zero simplesmente determinando a significância da estatística $X^2$ para a tabela de contingência associada, já que $C^2$ é uma função linear de $X^2$. Como conhecemos a distribuição amostral de $X^2$, conhecemos também a de $C^2$ e, portanto, a de $C$.

Para qualquer tabela de contingência $r \times k$, podemos determinar a significância do grau de associação (a significância de $C$) estabelecendo a probabilidade associada com a ocorrência, quando $H_0$ é verdadeira, de valores tão grandes quanto o valor observado de $X^2$, com $gl = (r-1)(k-1)$. Se essa probabilidade é igual ou menor do que α, a hipótese nula pode ser rejeitada neste nível de significância. A Tabela C do Apêndice dá a probabilidade associada com a ocorrência, sob $H_0$, de valores tão grandes quanto um $X^2$ observado. Se $X^2$ para a estatística amostral é significante, então podemos concluir que, na população, a associação entre os dois conjuntos de atributos não é zero, isto é, que os atributos ou variáveis não são independentes.

**Exemplo 9.1b** Mostramos no último exemplo que a relação entre membros de organizações e disposição da resposta à pesquisa é 0,51 quando medida pelo coeficiente C de Cramér. No decurso do cálculo de C, determinamos que $X^2 = 75,25$. Agora, se considerarmos os indivíduos para os quais os questionários foram enviados como uma amostra aleatória da população dos indivíduos responsáveis pelo processo de estabelecer padrões, isto é, uma população de pessoas satisfazendo os critérios de seleção do estudo, podemos testar se o membro da organização está associado com a disposição de resposta, testando $X^2 = 75,25$ por significância. Consultando a Tabela C do Apêndice, podemos determinar que $X^2 \geq 75,25$, com $gl = (r-1)(k-1) = (3-1)(6-1) = 10$, tem probabilidade de ocorrência, quando $H_0$ é verdadeira, de menos do que 0,001. Então podemos rejeitar $H_0$ no nível de significância α = 0,001 e concluir que a disposição de resposta à pesquisa varia entre as várias organizações pesquisadas. Isto é, concluímos que, uma vez que C é significativamente diferente de zero, a associação na população é maior do que zero.

### 9.1.4 Resumo do procedimento

Estes são os passos no uso de coeficiente de Cramér:

1. Disponha as freqüências observadas em uma tabela de contingência $r \times k$, como a Tabela 9.1, onde $r$ é o número de categorias nas quais uma variável tem seus escores e $k$ é o número de categorias nas quais a outra variável tem seus escores.
2. Determine a freqüência esperada sob $H_0$ para cada célula, multiplicando os dois totais marginais comuns à célula e então dividindo este produto por N, o número total de casos. Isto é, para cada célula na tabela de contingência, calcule $E_{ij} = R_i C_j / N$. Se mais do que 20% das células têm freqüências esperadas menores do que 5 ou se alguma célula tem uma freqüência esperada menor do que 1, combine categorias (linhas ou colunas) para aumentar as freqüências esperadas que são deficientes (ver Seção 6.2.6).
3. Usando a Equação (6.2) ou (6.2a), calcule o valor de $X^2$ para os dados.
4. Use este valor de $X^2$ para calcular o valor de C com a Equação (9.1).
5. Para testar se o valor observado de C indica que há uma associação significativa entre as duas variáveis na população amostrada, determine a probabilidade associada, sob $H_0$, de um valor tão grande quanto o $X^2$ observado, com $gl = (r-1)(k-1)$, consultando a Tabela C do Apêndice. Se essa probabilidade é igual ou menor do que α, rejeite $H_0$ em favor de $H_1$.

### 9.1.5 Limitações do coeficiente de Cramér

A larga aplicabilidade e a relativa facilidade no cálculo de C podem fazer parecer que ele é uma medida ideal de associação. Apesar dele ser extremamente útil, há algumas limitações ou deficiências da estatística com as quais o pesquisador deve ficar familiarizado.

Em geral, podemos dizer que é desejável que um índice de correlação mostre pelo menos as seguintes características: (1) Quando as variáveis são independentes e há uma completa falta de associação entre as variáveis, o valor do índice deve ser zero; e (2) quando as variáveis mostram completa dependência umas com as outras, isto é, quando elas são perfeitamente correlacionadas, a estatística deve ser igual à unidade ou 1. O coeficiente de Cramér tem a primeira característica – ele é igual a zero quando não há associação entre as variáveis na amostra. É claro, quando não há associação entre as variáveis na população, em geral observaremos um valor amostral de $C$ maior (mas não significativamente maior) do que 0. Entretanto, quando ele é igual à unidade, pode não haver correlação "perfeita" entre as variáveis. Esta é a primeira limitação de $C$.

Quando $C = 1$, isto não indica que as variáveis são perfeitamente correlacionadas quando a tabela de contingência associada é quadrada, isto é, quando $r = k$. Neste caso, cada linha e cada coluna terão uma *única* célula na qual a freqüência é diferente de 0. Porém, se a tabela de contingência não é quadrada, é ainda possível que $C$ seja igual à unidade. No entanto, neste caso há associação perfeita entre as variáveis em somente *uma direção*. Para compreender esta situação, suponha que $r < k$. Então, se $C = 1$, haverá somente uma entrada diferente de 0 em cada *coluna*, mas é preciso haver algumas *linhas* com mais de uma entrada diferente de 0. (Na verdade, haverá $k - r$ células "extras" com freqüências diferentes de 0.) Então, nesta situação, há uma associação perfeita da variável *coluna* para a variável *linha*, mas não há associação perfeita da variável *linha* para a variável coluna. A relação recíproca vale quando $C = 1$ e $r > k$. Pode-se considerar $C = 1$ para uma tabela de contingência não-quadrada como representando uma relação "assimétrica" perfeita – sendo perfeita em uma direção, mas não na outra.

Uma segunda limitação de $C$ é que os dados precisam ser amenizados para o uso da estatística $X^2$ de modo que sua significância possa ser interpretada apropriadamente. O leitor lembrará que a significância de um teste qui-quadrado de independência admite que os valores esperados são grandes. De fato, a regra prática concernente aos valores esperados é que o teste pode ser apropriadamente aplicado somente se menos de 20% das células na tabela de contingência têm freqüências esperadas menores do que 5 e nenhuma célula tem freqüência esperada menor do que 1.

Uma terceira limitação é que ele não é diretamente comparável a qualquer outra medida de correlação, por exemplo, ao $r$ de Pearson (exceto quando a tabela de contingência é $2 \times 2$), ao $r_s$ de Spearman ou ao $T$ de Kendall. Estas medidas aplicam-se a variáveis ordenadas enquanto que o coeficiente de Cramér é apropriado para usar com variáveis categóricas (em escala nominal). Apesar do coeficiente de Cramér, em geral, não ser apropriado para usar com variáveis ordenadas, ele pode ser empregado para acessar o grau de associação não-monótona entre duas variáveis ordenadas.

Finalmente, leitores acostumados a pensar em $r^2$ (o quadrado da correlação momento-produto de Pearson) como uma proporção da variância calculada pela relação entre duas variáveis, devem se precaver contra uma interpretação de $C$ ou de $C^2$. Apesar de ser possível interpretar valores grandes de $C$ como indicando um maior grau de relação do que o indicado por valores pequenos, diferenças na magnitude não têm interpretação direta.

A despeito dessas limitações, o coeficiente de Cramér é uma medida de associação extremamente útil porque ele tem ampla aplicabilidade. O coeficiente de Cramér não faz suposições sobre a forma da distribuição populacional das variáveis a partir das quais ele é calculado, ele não requer continuidade subjacente nas variáveis e requer somente mensuração categórica das variáveis. Devido a esta liberdade nas suposições, C pode, muitas vezes, ser usado para indicar o grau de relação entre dois conjuntos de variáveis para os quais nenhuma das outras medidas de associação que apresentaremos é aplicável.

Outra *vantagem* do coeficiente de Cramér é que ele permite ao pesquisador comparar tabelas de contingência de diferentes tamanhos e, ainda mais importante, tabelas baseadas em tamanhos diferentes de amostras. Apesar da estatística $X^2$ de fato medir a independência de duas variáveis, ela é sensível ao tamanho da amostra. O coeficiente de Cramér faz com que as comparações das relações obtidas em diferentes tabelas de contingência fiquem mais fáceis.

### 9.1.6 Poder

Devido à sua natureza e às suas limitações, não devemos esperar que o coeficiente de Cramér seja muito poderoso para detectar uma relação na população. No entanto, seu cálculo fácil e sua completa liberdade de suposições restritivas recomendam seu uso onde outras medidas de correlação podem ser inaplicáveis. Como C é uma função da estatística qui-quadrado $X^2$, sua distribuição de poder limite, assim como a de $X^2$, tende a 1 quando N torna-se grande (Cochran, 1952).

### 9.1.7 Referências

Para outras discussões sobre o coeficiente de Cramér, o leitor deve consultar Kendall (1970) e McNemar (1969).

## 9.2 O COEFICIENTE PHI PARA TABELAS 2 × 2: $r_\phi$

### 9.2.1 Função

O *coeficiente phi* $r_\phi$ é uma medida da extensão de associação ou relação entre dois conjuntos de atributos medidos em escala nominal, cada um dos quais pode tomar somente dois valores. Ele é, de fato, idêntico em valor ao coeficiente de Cramér apresentado na Seção 9.1.[3] Será suposto que o leitor tenha lido esta seção; assim, a apresentação aqui será breve.

### 9.2.2 Método

Para calcular o coeficiente phi, é conveniente organizar os dados em uma tabela 2 × 2. Como os dados são dicotômicos, admitimos que eles estão codificados como 0 e 1 para cada variável, apesar de que qualquer atribuição binária poderia ser usada.

---

[3] Em algumas outras referências, o coeficiente phi $r_\phi$ é definido para *todas* as tabelas de contingência. Ele é discutido aqui no contexto somente de tabelas 2 × 2 devido à superioridade do coeficiente C de Cramér para outras tabelas. Uma desvantagem de $r_\phi$ como um índice de associação para tabelas grandes é que ele não é igual à unidade quando há perfeita associação em tabelas de freqüência não-quadradas (ver Seção 9.1.5).

|  | Variável X | | |
|---|---|---|---|
| Variável Y | 0 | 1 | Total |
| 1 | A | B | A + B |
| 0 | C | D | C + D |
| Total | A + C | B + D | N |

Como esta tabela de contingência é muito mais simples do que a tabela de contingência geral descrita na seção precedente, substituímos as freqüências $n_{ij}$ das células por A, B, C e D. O coeficiente phi para uma tabela 2 × 2 é definido como

$$r_\phi = \frac{|AD - BC|}{\sqrt{(A + B)(C + D)(A + C)(B + D)}} \tag{9.2}$$

o qual pode variar de 0 a 1. O coeficiente phi é relacionado com a estatística $X^2$, a qual é usada para testar a independência de variáveis categóricas (em escala nominal). Portanto, a significância do coeficiente phi pode ser testada usando a estatística $X^2$ apresentada na Seção 6.2:

$$X^2 = \frac{N(|AD - BC| - N/2)^2}{(A + B)(C + D)(A + C)(B + D)} \tag{6.3}$$

a qual, como vimos nessa seção, é distribuída como $\chi^2$ com $gl = 1$. Esta estatística testa a hipótese $H_0$ de que o coeficiente phi na população da qual as variáveis foram amostradas é 0 (isto é, que as variáveis são independentes) contra a hipótese $H_1$ de que as variáveis estão relacionadas.

Deve ser observado que se o tamanho da amostra é pequeno, a significância de $r_\phi$ pode ser testada com o teste exato de Fisher (Seção 6.1).

**Exemplo 9.2** Em um experimento envolvendo os efeitos de comportamento transmitido pela mídia sobre preferências individuais, foi planejado um experimento no qual uma audiência mostraria aprovação (aplausos) a uma apresentação de um conferencista em um debate de um grande grupo.[4] O tópico da discussão foi se membros de um partido político radical devem ou não recusar emprego público. Havia dois conferencistas, um de cada lado da questão. Havia duas condições – em uma, a audiência mostrou forte aprovação a um argumento (pró), e na outra, a audiência mostrou forte aprovação ao outro argumento (contra). Foi solicitado aos sujeitos que viram o debate e as reações da audiência que indicassem sua própria preferência por um dos dois

---

[4] Stocker-Kreichgauer, G. e von Rosenstiel, L. (1982). Attitude change as a function of the observation of vicarious reinforcement and friendliness/hostility in a debate. *In* B. Brandstatter, J. H. Davis e G. Stocker-Kreichgauer (eds.), *Group decision making*. New York: Academic Press, p. 241-255.

conferencistas. Os pesquisadores fizeram a hipótese de que a aprovação da audiência afetaria a preferência do sujeito; especificamente, o conferencista aplaudido seria mais apoiado e o conferencista menos aplaudido seria menos apoiado. Os sujeitos avaliaram suas próprias posições sobre a questão antes e depois do debate. Os dados consistiram de mudanças nessas avaliações. A magnitude da mudança foi ignorada e somente a *direção* da mudança foi codificada. Os dados para o experimento estão resumidos na Tabela 9.2.

**TABELA 9.2**
Número de pessoas mudando a preferência para o conferencista (pró) ou para o conferencista (con)

| Audiência do conferencista | Mudança na preferência para | | |
|---|---|---|---|
| | Pró | Con | Total |
| Con | 21 | 37 | 58 |
| Pró | 26 | 14 | 40 |
| Total | 47 | 51 | 98 |

Os pesquisadores desejavam determinar a força da relação entre o comportamento da audiência e a mudança na preferência pelos observadores. Como os dados são dicotômicos e somente categóricos, o coeficiente phi é o índice apropriado. Usando os dados na Tabela 9.2, o valor de $r_\phi$ pode ser determinado com a Equação (9.2):

$$r_\phi = \frac{|AD - BC|}{\sqrt{(A + B)(C + D)(A + C)(B + D)}} \quad (9.2)$$

$$= \frac{|(21)(14) - (37)(26)|}{\sqrt{(21 + 37)(26 + 14)(21 + 26)(37 + 14)}}$$

$$= 0,28$$

Então existe uma relação moderada entre as mudanças de preferência dos sujeitos e a aprovação da audiência. Para determinar se esta relação é significativa, o teste $X^2$ para tabelas de contingência 2 × 2 [Equação (6.3)] é usado:

$$X^2 = \frac{N(|AD - BC| - N/2)^2}{(A + B)(C + D)(A + C)(B + D)} \quad (6.3)$$

$$= \frac{98[|(21)(14) - (37)(26)| - 98/2]^2}{(21 + 37)(26 + 14)(21 + 26)(37 + 14)}$$

$$= 6,75$$

Como a estatística $X^2$ é distribuída como $\chi^2$ com $gl = 1$, podemos determinar sua significância e, portanto, a significância de $r_\phi$, consultando a Tabela C do Apêndice. Essa tabela mostra que $X^2 \geq 6{,}75$ com $gl = 1$ tem uma probabilidade de ocorrência, quando $H_0$ é verdadeira, de menos que 0,01. Então podemos rejeitar $H_0$ no nível $\alpha = 0{,}01$ de significância e concluir que a reação da audiência tem um efeito sobre a preferência pelos conferencistas (e argumentos) nos debates e que a relação entre mudança de preferência e aprovação da audiência não é 0.

### 9.2.3 Resumo do procedimento

Estes são os passos no uso do coeficiente phi:

1. Organize as freqüências observadas em uma tabela de contingência 2 × 2.
2. Use as freqüências na tabela 2 × 2 para calcular o coeficiente phi, $r_\phi$, com a Equação (9.2).
3. Para testar se o valor observado de $r_\phi$ indica que há uma associação significante entre as duas variáveis na população amostrada, determine a estatística qui-quadrado $X^2$ associada usando a Equação (6.3). Então determine a probabilidade, sob $H_0$, de obter um valor tão grande quanto o observado $X^2$ com $gl = 1$, consultando a Tabela C do Apêndice. Se a probabilidade é igual ou menor do que $\alpha$, rejeite $H_0$ em favor de $H_1$.

### 9.2.4 Poder-eficiência

Como o teste para o coeficiente phi é similar ao teste para o coeficiente de Cramér (ambos são baseados na distribuição $\chi^2$), o leitor deve consultar a discussão sobre poder na Seção 9.1.6. No entanto, o leitor deve estar ciente de que, se as variáveis são ordenadas, a perda de informação para formar a tabela 2 × 2 e calcular o coeficiente phi é bastante grande. Para variáveis ordenadas, o pesquisador deve usar um dos métodos discutidos nas seções subseqüentes deste capítulo.

### 9.2.5 Referências

O leitor deve dirigir-se às referências da seção anterior e da Seção 6.2.

## 9.3 O COEFICIENTE DE CORRELAÇÃO POSTO-ORDEM DE SPEARMAN $r_s$

### 9.3.1 Função

De todas as estatísticas baseadas em postos, *o coeficiente de correlação posto-ordem $r_s$ de Spearman* foi o primeiro a ser desenvolvido e talvez o mais conhecido em nossos dias. Ele é uma medida de associação entre duas variáveis que requer que ambas as variáveis sejam medidas pelo menos em uma escala ordinal, de modo que os objetos ou indivíduos em estudo possam ser dispostos em postos em duas séries ordenadas.

## 9.3.2 Fundamentos lógicos

Suponha que $N$ indivíduos sejam dispostos em postos em cada uma de duas variáveis. Por exemplo, podemos organizar um grupo de estudantes na ordem de seus escores em um teste de vestibular e novamente na ordem de suas pontuações médias no final do primeiro ano escolar. Se os *postos* dos estudantes no teste de entrada são denotados por $X_1, X_2, ..., X_N$ e os *postos* sobre as pontuações médias são representados por $Y_1, Y_2, ..., Y_N$, podemos usar uma medida de correlação posto-ordem para determinar a relação entre os $X$'s e os $Y$'s.

Podemos ver que a correlação entre os postos sobre o exame vestibular e os postos sobre as pontuações médias seria perfeita se e somente se $X_i = Y_i$ para todos os $i$'s, isto é, se cada pessoa tivesse o mesmo posto em ambas as variáveis. Portanto, pareceria lógico usar as várias diferenças

$$d_i = X_i - Y_i$$

como uma indicação da disparidade entre os dois conjuntos de postos. Suponha que Mary McCord tenha recebido o maior escore no exame vestibular, mas foi colocada em 5º lugar em sua classe com relação à sua pontuação média. Aqui $d$ seria $1 - 5 = -4$. John Stanislowski, por outro lado, estava colocado no 10º lugar no exame vestibular, mas liderou a classe na pontuação média; para ele, $d = 10 - 1 = 9$. A magnitude desses vários $d_i$'s dá uma idéia de quão próxima é a relação entre escores do vestibular e da situação acadêmica. Se a relação entre os dois conjuntos de escores fosse perfeita, todo $d$ seria 0. Quanto maior os $d_i$'s, menos perfeita é a associação entre as duas variáveis.

Ao calcular um coeficiente de correlação, seria estranho ou inconveniente usar os $d_i$'s diretamente. Uma dificuldade é que os $d_i$'s negativos cancelariam os positivos quando tentássemos determinar a magnitude total da discrepância entre os postos, mesmo sendo a *magnitude* e não o sinal da discrepância que representa um índice da disparidade dos postos. No entanto, se $d_i^2$ é utilizado no lugar de $d_i$, esta dificuldade é contornada. É claro que, quanto maiores os vários $d_i$'s, maior será o valor de $\Sigma d_i^2$, o qual é a soma dos quadrados das diferenças para os $N$ pares de dados.

A dedução da fórmula de cálculo de $r_s$ é bastante simples. Ela é feita simplificando a fórmula para o coeficiente $r$ de correlação momento-produto de Pearson, quando os dados são formados de postos. Daremos duas expressões alternativas para $r_s$. Uma dessas formas alternativas é útil no cálculo do coeficiente e a outra será usada mais tarde ao ser necessário corrigir o coeficiente quando escores empatados estiverem presentes nos dados. Se $x = X - \bar{X}$, onde $\bar{X}$ é a média dos *escores* da variável $X$, e se $y = Y - \bar{Y}$, onde $\bar{Y}$ é a média dos *escores* da variável $Y$, então uma expressão geral para o coeficiente de correlação momento-produto de Pearson é

$$r = \frac{\Sigma xy}{\sqrt{\Sigma x^2 \Sigma y^2}} \qquad (9.3)$$

na qual as somas estendem-se sobre todos os $N$ valores na amostra.[5] Assim, quando os $X$'s e os $Y$'s são *postos*, $r = r_s$. Sabendo que os dados são postos, podemos simplificar a

---
[5] Nesta seção, devemos usar a forma abreviada do operador somatório $\Sigma$, do qual omitimos o índice, assim como o subscrito da variável indexada. O contexto deve deixar claro que variável e que dimensão da soma estão sendo considerados. Neste caso, o somatório é realizado sobre todas as $N$ variáveis.

Equação (9.3) para obter as seguintes expressões para o coeficiente de correlação posto-ordem de Spearman:

$$r_s = \frac{\sum x^2 + \sum y^2 - \sum d^2}{2\sqrt{\sum x^2 \sum y^2}} \tag{9.4}$$

e

$$r_s = 1 - \frac{6\sum_{i=1}^{N} d_i^2}{N^3 - N} \tag{9.5}$$

Relembre que $d_i = X_i - Y_i$ é a diferença nos postos sobre as duas variáveis. A simplificação da Equação (9.4) para a forma dada na Equação (9.5) é possível observando que, quando os dados estão em postos e não há empates nos dados, $\sum x^2 = \sum y^2 = (N^3 - N)/12$. Deve ser notado que se existem empates, o uso da Equação (9.3) ou da (9.4) dará o valor correto de $r_s$; uma correção para empates para a Equação (9.5) será dada mais tarde.

### 9.3.3 Método

Para calcular $r_s$, faça uma lista dos $N$ sujeitos ou observações. Próximo de cada entrada dos sujeitos, coloque o posto para a variável $X$ e o posto para a variável $Y$. Atribua um posto 1 ao menor $X$ e um posto $N$ ao maior $X$, etc. Determine a seguir os valores de $d_i$, o qual é a diferença entre os postos de $X$ e de $Y$ para a $i$-ésima observação. Eleve ao quadrado cada $d_i$, e então some todos os valores de $d_i^2$ para obter $\sum d_i^2$. Então insira este valor e o valor de $N$ (o número de observações ou sujeitos) diretamente na Equação (9.5).

**Exemplo 9.3a** Como parte de um estudo do efeito de pressões grupais sobre um indivíduo para atitudes conformistas em uma situação envolvendo risco monetário, dois pesquisadores[6] utilizaram a escala $F$, uma medida de autoritarismo, e uma escala designada para medir aspiração por *status* social[7] para 12 estudantes. Desejava-se uma informação sobre a correlação entre os escores sobre autoritarismo e aqueles sobre aspiração por *status* social. (Aspiração por *status* social era indicada quando havia concordância com afirmações tais como, "Pessoas não devem casar com alguém que esteja abaixo de seu nível social", "Para um encontro, ir a um *show* eqüestre é melhor do que ir a um jogo de futebol" e "Vale a pena traçar a árvore genealógica de sua família".) A Tabela 9.3 dá os escores de cada um dos 12 estudantes sobre as duas escalas.

Para calcular a correlação posto-ordem de Spearman entre esses dois conjuntos de escores, é necessário atribuir posto-ordem a eles, em duas séries. Os postos dos escores dados na Tabela 9.3 são mostrados na Tabela 9.4, a qual também mostra os vários valores de $d_i$ e de $d_i^2$. Então, por exemplo, a Tabela 9.4 mostra que o estudante (sujeito *J*) que mostrou mais autoritarismo (na escala *F*) também mostrou a mais

---

[6] Siegel, S., e Fagan, J. The Asch effect under conditions of risk. (Estudo não-publicado.) Os dados registrados aqui são de um estudo piloto.

[7] Siegel, A. E., e Siegel, S. An experimental test of some hypotheses in reference group theory. (Estudo não-publicado.)

extrema procura por *status* social, então lhe foi atribuído um posto 12 em ambas as variáveis. O leitor observará que nenhum posto de nenhum sujeito, sobre uma variável, estava distante mais do que três posições do posto sobre a outra variável, isto é, o maior $d_i$ é 3.

**TABELA 9.3**
Escores sobre autoritarismo e aspiração por *status* social

| Sujeito | Escore Autoritarismo | Aspiração por *status* social |
|---|---|---|
| A | 82 | 42 |
| B | 98 | 46 |
| C | 87 | 39 |
| D | 40 | 37 |
| E | 116 | 65 |
| F | 113 | 88 |
| G | 111 | 86 |
| H | 83 | 56 |
| I | 85 | 62 |
| J | 126 | 92 |
| K | 106 | 54 |
| L | 117 | 81 |

**TABELA 9.4**
Postos sobre autoritarismo e aspiração por *status* social

| Sujeito | Posto Autoritarismo | Aspiração por *status* social | $d_i$ | $d_i^2$ |
|---|---|---|---|---|
| A | 2 | 3 | −1 | 1 |
| B | 6 | 4 | 2 | 4 |
| C | 5 | 2 | 3 | 9 |
| D | 1 | 1 | 0 | 0 |
| E | 10 | 8 | 2 | 4 |
| F | 9 | 11 | −2 | 4 |
| G | 8 | 10 | −2 | 4 |
| H | 3 | 6 | −3 | 9 |
| I | 4 | 7 | −3 | 9 |
| J | 12 | 12 | 0 | 0 |
| K | 7 | 5 | 2 | 4 |
| L | 11 | 9 | 2 | 4 |

$\Sigma d_i^2 = 52$

Dos dados mostrados na Tabela 9.4, podemos calcular o valor de $r_s$ aplicando a Equação (9.5) a estes dados:

$$r_s = 1 - \frac{6 \sum_{i=1}^{N} d_i^2}{N^3 - N} \quad (9.5)$$

$$= 1 - \frac{6(52)}{(12)^3 - 12}$$

$$= 0{,}82$$

Observamos que para esses 12 estudantes a correlação entre autoritarismo e *status* social é $r_s = 0{,}82$.

### 9.3.4 Observações empatadas

Ocasionalmente dois ou mais sujeitos receberão o mesmo escore sobre a mesma variável. Quando ocorrem escores empatados, a cada um deles é atribuída a média dos postos que eles teriam recebido se não tivessem ocorrido empates, o qual é nosso procedimento usual para a atribuição de postos às observações empatadas.

Se a proporção de observações empatadas não é grande, seu efeito sobre $r_s$ é desprezível e a Equação (9.5) pode ainda ser usada para o cálculo. Entretanto, se a proporção de empates é grande, então um fator de correção precisa ser incorporado no cálculo de $r_s$.

O efeito de postos empatados na variável $X$ é reduzir a soma dos quadrados ($\Sigma x^2$) abaixo do valor de $(N^3 - N)/12$, isto é, quando há empates,

$$\Sigma x^2 < \frac{N^3 - N}{12}$$

Portanto, é necessário corrigir a soma dos quadrados levando os empates em consideração. (Postos empatados não têm efeito sobre a média ou $\Sigma x$, o qual é sempre = 0.) O fator de correção é

$$T_x = \sum_{i=1}^{g} (t_i^3 - t_i) \quad (9.6)$$

onde $g$ é o número de agrupamentos de diferentes postos empatados e $t_i$ é o número de postos empatados no $i$-ésimo agrupamento. Quando a soma dos quadrados é corrigida para empates, ela se torna

$$\Sigma x^2 = \frac{N^3 - N - T_x}{12}$$

A ocorrência de empates na variável $Y$ requer correção da mesma maneira, e o fator de correção é denotado por $T_y$. Quando um número considerável de empates está presente, uma das seguintes equações pode ser usada para calcular $r_s$:

$$r_s = \frac{\sum x^2 + \sum y^2 - \sum d^2}{2\sqrt{\sum x^2 \sum y^2}} \quad (9.4)$$

ou

$$r_s = \frac{(N^3 - N) - 6\sum d^2 - (T_x + T_y)/2}{\sqrt{(N^3 - N)^2 - (T_x + T_y)(N^3 - N) + T_x T_y}} \quad (9.7)$$

**Exemplo 9.3b Com empates.** No estudo citado no exemplo prévio, cada estudante foi observado individualmente na situação de pressão grupal desenvolvida por Asch.[8] Nesta situação, um grupo de sujeitos são questionados individualmente e solicitados a estabelecer qual dentre um conjunto de retas alternativas é do mesmo comprimento de uma reta padrão. Todos, menos um dos sujeitos, são colaboradores da pesquisa e, em certos ensaios, eles escolhem unanimemente uma combinação incorreta. O indivíduo especial, o qual está sentado de maneira a ser a última pessoa solicitada a relatar seu julgamento, pode escolher entre ficar sozinho para fazer a escolha correta (a qual é infalível para pessoas em situações nas quais não estão envolvidas pressões de grupos contraditórios) ou "ceder" às pressões do grupo, estabelecendo que uma reta incorreta é a opção certa.

A modificação que Siegel e Fagan introduziram neste experimento foi a de concordar em pagar 50 centavos para cada sujeito por julgamento correto e penalizar o sujeito em 50 centavos por julgamento incorreto. Foram dados 2 dólares aos sujeitos, no começo do experimento, e eles estavam cientes de que poderiam manter todo o dinheiro em seu poder no final da sessão. Tanto quanto o sujeito especial estava a par, este acordo tinha sido feito com todos os membros do grupo que estavam fazendo o julgamento. Cada sujeito especial participou de 12 ensaios "definitivos", isto é, em 12 ensaios nos quais os sujeitos do grupo escolheram unanimemente a reta errada como a que combina. Assim cada sujeito especial poderia "ceder" no máximo 12 vezes.

Como parte do estudo, os pesquisadores queriam saber se o fato de ceder nesta situação está correlacionado com aspiração por *status* social, medida pela escala descrita no exemplo prévio. Isto foi determinado calculando a correlação posto-ordem de Spearman entre os escores de cada um dos 12 sujeitos especiais sobre a escala de aspiração por *status* social e o número de vezes que cada um cedeu a pressões do grupo. Os dados sobre estas duas variáveis estão apresentados na Tabela 9.5. Observe que dois ou mais dos sujeitos especiais nunca cederam (sujeitos $A$ e $B$), enquanto somente um (sujeito $L$) cedeu em todos os ensaios definitivos. Os postos para os escores originais listados na Tabela 9.5 são apresentados em colunas separadas nesta tabela. Observe que, para estes dados, há três grupos de observações empatadas sobre a

---

[8] Asch, S. E. (1952), *Social psychology*. New York: Prentice-Hall, p. 451-476.

## TABELA 9.5
Escores originais e postos sobre cessão à pressão e aspiração por *status* social

| Sujeito | Cessão à pressão grupal | | Aspiração por *status* social | | $d_i$ | $d_i^2$ |
|---|---|---|---|---|---|---|
| | Dados | Postos | Dados | Postos | | |
| A | 0  | 1,5  | 42 | 3  | −1,5 | 2,25  |
| B | 0  | 1,5  | 46 | 4  | −2,5 | 6,25  |
| C | 1  | 3,5  | 39 | 2  | 1,5  | 2,25  |
| D | 1  | 3,5  | 37 | 1  | 2,5  | 6,25  |
| E | 3  | 5    | 65 | 8  | −3,0 | 9,00  |
| F | 4  | 6    | 88 | 11 | −5,0 | 25,00 |
| G | 5  | 7    | 86 | 10 | −3,0 | 9,00  |
| H | 6  | 8    | 56 | 6  | 2,0  | 4,00  |
| I | 7  | 9    | 62 | 7  | 2,0  | 4,00  |
| J | 8  | 10,5 | 92 | 12 | −1,5 | 2,25  |
| K | 8  | 10,5 | 54 | 5  | −5,5 | 30,25 |
| L | 12 | 12   | 81 | 9  | 3,0  | 9,00  |

$$\Sigma d_i^2 = 109{,}50$$

variável $X$ (número de vezes em que cedeu). Quando há empates, o posto atribuído é *a média dos postos* que teriam sido atribuídos se os valores tivessem sido levemente diferentes.[9] Dois sujeitos empataram em 0; a ambos foram dados postos de 1,5. Dois empataram em 1; a ambos foram atribuídos postos de 3,5. Dois empataram em 8; a ambos foram atribuídos postos de 10,5.

Devido à relativamente grande proporção de observações empatadas na variável $X$, a Equação (9.7) deve ser usada para calcular o valor de $r_s$. Para usar essa equação, precisamos primeiro determinar o valor de $\Sigma x^2$ e de $\Sigma y^2$ corrigidos para empates, isto é, precisamos encontrar $T_x$ e $T_y$.

Assim, com $g = 3$ grupos de observações empatadas sobre a variável $X$, onde $t_i = 2$ em cada conjunto, temos

$$T_x = (2^3 - 2) + (2^3 - 2) + (2^3 - 2)$$
$$= 18$$

e

$$\Sigma x^2 = \frac{N^3 - N - T_x}{12}$$
$$= \frac{12^3 - 12 - 18}{12}$$
$$= 141{,}5$$

---

[9] Nesta seção, é admitido que o leitor sabe como atribuir postos aos dados quando há empates nas observações. O procedimento para enumerar postos empatados é discutido em detalhes na Seção 5.3.2.

Isto é, corrigido para empates, $\Sigma x^2 = 141{,}5$. Encontramos $\Sigma y^2$ por um método análogo. No entanto, como não há empates nos escores $Y$ (os escores sobre aspiração por *status* social) nestes dados, $T_y = 0$ e

$$\Sigma y^2 = \frac{N^3 - N - T_y}{12}$$

$$= \frac{12^3 - 12 - 0}{12}$$

$$= 143$$

Então, corrigido por empates, $\Sigma x^2 = 141{,}5$ e $\Sigma y^2 = 143$. Da adição mostrada na Tabela 9.5, sabemos que $\Sigma d^2 = 109{,}5$. Substituindo estes valores na Equação (9.7), temos

$$r_s = \frac{(N^3 - N) - 6\Sigma d^2 - (T_x + T_y)/2}{\sqrt{(N^3 - N)^2 - (T_x + T_y)(N^3 - N) + T_x T_y}} \qquad (9.7)$$

$$= \frac{1716 - 6(109{,}5) - 18/2}{\sqrt{1716^2 - (18)(1716) + 0}}$$

$$= \frac{1050}{1706{,}976}$$

$$= 0{,}615$$

Corrigida por empates, a correlação entre o número de vezes em que cede à pressão e o grau de aspiração por *status* social é $r_s = 0{,}615$. Se tivéssemos calculado $r_s$ com a Equação (9.5), isto é, se não tivéssemos feito a correção para empates, teríamos encontrado $r_s = 0{,}617$. Isto ilustra o relativamente pequeno efeito dos empates sobre o valor do coeficiente de correlação posto-ordem de Spearman, quando há poucos grupos de empates ou o número de empates dentro de um grupo de empates é pequeno. Note, entretanto, que o efeito de empates nos postos é inflar o valor da (não-corrigida) correlação $r_s$. Por esta razão, a correção deve ser usada onde existe uma grande proporção de empates em cada uma ou em ambas as variáveis $X$ e $Y$ ou o número de empates em um agrupamento de empates é grande.

### 9.3.5 Testando a significância de $r_s$

Se os sujeitos cujos escores são usados no cálculo de $r_s$ são extraídos aleatoriamente de uma mesma população, podemos usar esses escores para determinar se as duas variáveis estão associadas na população. Isto é, podemos testar a hipótese nula de que as duas variáveis sob estudo não estão associadas (isto é, são independentes) na população e o valor observado de $r_s$ difere de zero somente devido ao acaso. Então, podemos testar a hipótese $H_0$: não há associação entre $X$ e $Y$, contra a hipótese $H_1$: existe associação entre $X$ e $Y$ (um teste bilateral). Ou $H_1$: existe associação positiva (ou negativa) entre $X$ e $Y$ (um teste unilateral). Deve ser observado que não especificamos as duas hipóteses como $H_0$: $\rho_s = 0$ contra $H_1$: $\rho_s \neq 0$ porque, ao contrário do caso em que as variáveis são distribuídas normalmente, $\rho_s = 0$ não significa necessariamente que as variáveis sejam independentes, enquanto se elas forem independentes, então $\rho_s = 0$. Conseqüentemente, devemos ser cuidadosos ao interpretar a significância de $r_s$.

**PEQUENAS AMOSTRAS.** Suponha que a hipótese nula seja verdadeira. Isto é, suponha que não há relação, na população, entre as variáveis $X$ e $Y$. Assim, se uma amostra de escores de $X$ e $Y$ é extraída aleatoriamente dessa população, para uma dada ordem de postos dos escores $Y$, qualquer ordem de postos dos escores de $X$ é exatamente tão provável quanto qualquer outra ordem de postos dos escores de $X$; e para qualquer ordem dada dos escores de $X$, todas as possíveis ordens dos escores de $Y$ são igualmente prováveis. Para os $N$ sujeitos, há $N!$ possíveis ordens dos escores de $X$ que podem ocorrer em associação com qualquer ordem dada dos escores de $Y$. Uma vez que estas ordenações são igualmente prováveis, a probabilidade de ocorrência de qualquer particular ordem dos escores de $X$ e uma dada ordem dos escores de $Y$ é $1/N!$.

Para cada uma das possíveis postagens de $Y$ haverá um valor associado de $r_s$. Quando $H_0$ é verdadeira, a probabilidade de ocorrência de qualquer $r_s$ particular é então proporcional ao número de permutações que dão origem a tal valor.

Usando a Equação 9.5 como a fórmula para calcular $r_s$, encontramos que, para $N = 2$, somente dois valores de $r_s$ são possíveis: $+1$ e $-1$. Cada um deles tem probabilidade de ocorrência, sob $H_0$, de $\frac{1}{2}$.

Para $N = 3$, os valores possíveis de $r_s$ são $-1$, $-\frac{1}{2}$, $+\frac{1}{2}$ e $+1$. Quando $H_0$ é verdadeira, as probabilidades respectivas são $\frac{1}{6}$, $\frac{1}{3}$, $\frac{1}{3}$ e $\frac{1}{6}$.

A Tabela Q do Apêndice fornece valores críticos de $r_s$ que foram obtidos por um método similar de geração de todas possíveis postagens. Para $N$ de 4 a 50, a tabela dá valores críticos da correlação posto-ordem $r_s$ de Spearman sob $H_0$ para vários valores de $\alpha$ entre 0,25 e 0,0005. A tabela é unilateral, isto é, as probabilidades estabelecidas são usadas quando o valor observado de $r_s$ está na direção predita, ou positiva ou negativa. Se um valor observado de $r_s$ é igual ou excede um valor tabelado particular, esse valor observado é significante (para um teste unilateral) no nível indicado. Para um teste bilateral no qual a hipótese alternativa $H_1$ é que as duas variáveis estão relacionadas, mas não fazemos nenhuma suposição sobre a direção da relação entre elas, as probabilidades na Tabela Q do Apêndice devem ser dobradas. Por conveniência, as probabilidades bilaterais estão escritas na tabela.

**Exemplo 9.3c** Já vimos que para $N = 12$, a correlação posto-ordem de Spearman entre autoritarismo e aspiração por *status* social é $r_s = 0,82$. A Tabela Q do Apêndice mostra que um valor tão grande quanto este é significante no nível $p < 0,001$ (teste unilateral). Assim, poderíamos rejeitar $H_0$ no nível $\alpha = 0,001$, concluindo que, na população de estudantes da qual a amostra foi extraída, autoritarismo e aspiração por *status* social não são independentes.

Também vimos que a relação entre aspiração por *status* social e quantidade de cessões à pressões de grupos é $r_s = 0,62$ em nosso grupo de 12 sujeitos. Consultando a Tabela Q do Apêndice, podemos determinar que $r_s \geq 0,62$ tem probabilidade de ocorrência, quando $H_0$ é verdadeira, entre $p = 0,025$ e $p = 0,01$ (teste unilateral). Então poderíamos concluir, no nível $\alpha = 0,025$, que estas duas variáveis não são independentes na população da qual a amostra foi extraída.

**GRANDES AMOSTRAS.** Quando $N$ é maior do que um valor em torno de 20 à 25, a significância de um $r_s$ obtido sob a hipótese nula também pode ser testada pela estatística

$$z = r_s\sqrt{N-1} \qquad (9.8)^{10}$$

Para $N$ grande, o valor definido pela Equação (9.8) tem distribuição aproximadamente normal com média 0 e desvio padrão 1. Então a probabilidade associada, quando $H_0$ é verdadeira, de qualquer valor tão extremo quanto um valor observado de $r_s$ pode ser determinada calculando o $z$ associado com esse valor usando a Equação (9.8) e, então, determinando a significância de $z$ consultando a Tabela A do Apêndice. Apesar do teste para grandes amostras poder ser empregado quando $N$ é tão pequeno quanto 20, o uso da Tabela Q do Apêndice é preferível para $N \le 50$.

**Exemplo 9.3d** Já determinamos que a relação entre aspiração por *status* social e quantidade de cessão à pressão de grupos é $r_s = 0{,}62$ para $N = 12$. Apesar de $N$ ser pequeno, usaremos uma aproximação para amostras grandes para testar este $r_s$ por significância, apenas para exemplificar:

$$z = r_s\sqrt{N-1} \qquad (9.8)$$
$$= 0{,}62\sqrt{12-1}$$
$$= 2{,}05$$

A Tabela A do Apêndice mostra que um $z$ tão grande quanto 2,05 é significante no nível 0,05, mas não o é no nível 0,01 para um teste unilateral. Este é essencialmente o mesmo resultado que obtivemos previamente, usando a Tabela Q do Apêndice. Nesse caso poderíamos rejeitar $H_0$ em $\alpha = 0{,}025$, concluindo que aspiração por *status* social e quantidade de cessões estão associadas na população da qual os 12 estudantes foram extraídos.

### 9.3.6 Resumo do procedimento

Estes são os passos no uso do coeficiente de correlação posto-ordem de Spearman:

1. Atribua postos aos sujeitos (observações) sobre a variável $X$ de 1 a $N$. Atribua postos às observações sobre a variável $Y$ de 1 a $N$. Para $X$'s (ou $Y$'s) empatados atribua a cada um o valor médio dos postos associados.

---

[10] Alguns estatísticos recomendam uma estatística um pouco melhor

$$t = r_s\sqrt{\frac{N-2}{1-r_s^2}}$$

a qual é distribuída aproximadamente como um $t$ de Student com $gl = N - 2$ (Apêndice B). Por causa da existência da Tabela Q do Apêndice, a qual apresenta as probabilidades exatas da cauda superior da distribuição amostral de $r_s$ para $N \le 50$, optamos pela expressão mais simples na Equação (9.8). Na prática e com $N$ grande, a vantagem de $t$ sobre $z$ é pequena.

2. Liste os $N$ sujeitos. Coloque o posto sobre a variável $X$, e a variável $Y$ de cada sujeito ao lado da correspondente entrada.
3. Determine o valor de $d_i$ para cada sujeito subtraindo o posto de $Y$ do correspondente posto de $X$. Eleve ao quadrado este valor para determinar $d_i^2$. Some os $d_i^2$'s para os $N$ casos para determinar $\Sigma d_i^2$.
4. Se a proporção de empates nas observações $X$ ou $Y$ é grande, use a Equação (9.7) para calcular $r_s$.[11] Nos outros casos use a Equação (9.5).
5. Se os sujeitos constituem uma amostra aleatória de alguma população, pode-se testar se o valor observado de $r_s$ indica uma associação entre as variáveis $X$ e $Y$ na população. As hipóteses são $H_0$: não há associação entre as variáveis $X$ e $Y$, e $H_1$: há associação entre as variáveis $X$ e $Y$. O método para fazer isso depende do tamanho da amostra $N$:
   a) Para $N$ de 4 a 50, valores críticos de $r_s$ entre os níveis de significância 0,25 a 0,0005 (unilateral) são dados na Tabela Q do Apêndice. Para um teste bilateral, as probabilidades de significância são dobradas.
   b) Para $N > 50$, a probabilidade associada com um valor tão grande quanto o valor observado de $r_s$ pode ser aproximada calculando o $z$ associado com esse valor usando a Equação (9.8) e, então, determinando a significância desse valor de $z$ por meio da Tabela A do Apêndice.
6. Se o valor de $r_s$ (ou $z$) excede o valor crítico, rejeite $H_0$ em favor de $H_1$.

### 9.3.7 Eficiência relativa

A eficiência do coeficiente de correlação posto-ordem de Spearman, quando comparado com a correlação paramétrica mais poderosa – o coeficiente $r$ de correlação momento-produto de Pearson – é em torno de 91%. Isto é, quando $r_s$ é usado com uma amostra para testar a existência de associação na população para a qual as suposições e exigências subjacentes ao $r$ de Pearson são verificadas – isto é, quando a população tem uma distribuição normal bivariada –, então $r_s$ é 91% tão eficiente quanto $r$ em rejeitar $H_0$. Se existe uma correlação entre $X$ e $Y$ nessa população, com 100 casos $r_s$ revelará esta correlação com a mesma significância atingida por $r$ com 91 casos.

### 9.3.8 Referências

Para outras discussões sobre o coeficiente de correlação posto-ordem de Spearman, o leitor deve consultar McNemar (1969) ou Gibbons (1985).

---

[11] A Equação (9.3) pode ser usada para calcular $r_s$ havendo empates ou não, mas seu uso pode ser mais complicado. No entanto, muitas calculadoras facilitam o cálculo (correto) de $r_s$ usando a Equação (9.3) com ou sem empates. A escolha da fórmula fica a critério do usuário.

## 9.4 O COEFICIENTE *T* DE CORRELAÇÃO POSTO-ORDEM DE KENDALL

### 9.4.1 Função

*O coeficiente T de correlação posto-ordem de Kendall* é apropriado como uma medida de correlação com a mesma espécie de dados para os quais $r_s$ é útil.[12] Isto é, se foram obtidas mensurações pelo menos ordinais sobre as variáveis $X$ e $Y$, de modo que a cada sujeito possa ser atribuído um posto tanto sobre $X$ quanto sobre $Y$, então $T_{xy}$ (ou simplesmente $T$ se o contexto está claro) dará uma medida do grau de associação ou correlação entre os dois conjuntos de postos. A distribuição amostral de $T$ sob a hipótese nula de independência é conhecida e, portanto, $T$, assim como $r_s$, pode ser usado em testes de significância.

Uma vantagem de $T$ sobre $r_s$ é que $T$ pode ser generalizado para um coeficiente de correlação parcial. Este coeficiente parcial será apresentado na próxima seção. O coeficiente $T$ também é particularmente apropriado para determinar a concordância entre julgamentos múltiplos, os quais serão discutidos nas Seções 9.6 e 9.7.

### 9.4.2 Fundamentos lógicos

Suponha que um juiz $X$ e um juiz $Y$ sejam solicitados a classificar quatro objetos. Por exemplo, podemos solicitar a eles que atribuam postos a quatro ensaios em ordem de qualidade do estilo de exposição. Representamos os quatro artigos como $a$, $b$, $c$ e $d$. Os postos obtidos são:

| Ensaio: | a | b | c | d |
|---|---|---|---|---|
| Juiz X: | 3 | 4 | 2 | 1 |
| Juiz Y: | 3 | 1 | 4 | 2 |

Se reorganizarmos a ordem dos ensaios de modo que os postos do juiz $X$ apareçam na ordem natural[13] (isto é, 1, 2, ..., $N$), obtemos

| Ensaio: | d | c | a | b |
|---|---|---|---|---|
| Juiz X: | 1 | 2 | 3 | 4 |
| Juiz Y: | 2 | 4 | 3 | 1 |

Estamos agora em posição de determinar o grau de correspondência entre os julgamentos de $X$ e de $Y$. Após os postos do juiz $X$ estarem em sua ordem natural, a

---

[12] Alguns autores referem-se ao coeficiente discutido nesta seção como τ (tau) de Kendall. No entanto, devemos distinguir entre $T$, uma estatística baseada sobre uma amostra, e τ, um parâmetro populacional.

[13] Por *ordem natural* queremos dizer a ordem na qual os valores observados da variável podem ser dispostos. Deve ser notado que é necessário *dispor* uma variável em ordem natural somente para tornar o cálculo da estatística posto-ordem mais fácil. Além do mais, não importa qual variável é colocada na ordem natural – o pesquisador pode colocar qualquer uma delas na ordem natural – o valor da estatística posto-ordem resultante não é afetado.

próxima etapa é determinar quantos pares de postos no conjunto do juiz $Y$ estão em sua ordem correta (natural) com relação àqueles do juiz $X$. Devemos contar o número de concordâncias e o número de discordâncias na ordem observada dos postos.

Considere, em primeiro lugar, todos os possíveis *pares* de postos nos quais o posto 2 do juiz $Y$ (o primeiro posto em seu conjunto) é um dos membros e o outro membro é um posto "posterior" (para a direita). O primeiro par (2 – 4) tem a ordem correta – 2 precede 4. Como a ordem é "natural", atribuímos um escore de + 1 a este par. Os postos 2 e 3 constituem o segundo par (2 – 3). Este par também está na ordem correta, assim também é atribuído um escore + 1. Agora, o terceiro par (2 – 1) consiste dos postos 2 e 1. Estes postos não estão na ordem natural – 2 precede 1. Portanto atribuímos a este par o escore – 1. Para todos os pares que incluem o posto 2, somamos os escores:

$$(+1) + (+1) + (-1) = +1$$

Agora considere todos os possíveis pares de postos que incluem o posto 4 (o qual é o segundo posto da esquerda no conjunto do juiz $Y$). Os pares são (4 – 3) e (4 – 1); como ambos os pares não estão na ordem natural, um escore de – 1 é atribuído a cada um. O total destes escores é

$$(-1) + (-1) = -2$$

Quando consideramos o posto 3 e os postos que o sucedem, existe somente um par (3 – 1). Os dois membros deste par estão na ordem errada; portanto este par recebe um escore de – 1.

O total de todos os escores atribuídos é

$$(+1) + (-2) + (-1) = -2$$

Esta soma é o número de concordâncias entre os postos na ordenação menos o número de discordâncias na ordenação entre os postos.

Assim, qual é o total *máximo possível* que poderíamos ter obtido para os escores atribuídos a todos os pares nos postos do juiz $Y$? O total máximo possível teria ocorrido se as postagens dos juízes $X$ e $Y$ tivessem concordado perfeitamente, para então, quando os postos do juiz $X$ fossem colocados em sua ordem natural, cada par de postos do juiz $Y$ estaria também na ordem correta e, então, todo par teria recebido um escore de + 1. O total máximo possível, aquele que ocorreria no caso de perfeita concordância entre $X$ e $Y$, seria a combinação de quatro objetos tomados dois a dois ou

$$\binom{4}{2} = 6$$

o qual é o número de pares diferentes que podem ser formados com quatro objetos.

O grau de relação entre os dois conjuntos de postos é indicado pela razão entre o total verdadeiro de +1's e de – 1's e o total máximo possível, o qual é o número de pares possíveis. O coeficiente de correlação posto-ordem de Kendall é esta razão:

$$T = \frac{\#\text{ concordâncias} - \#\text{ discordâncias}}{\text{Número total de pares}} = \frac{-2}{6} = -0{,}33$$

Isto é, $T = -0,33$ é uma medida de concordância entre os postos atribuídos aos ensaios pelo juiz $X$ e aqueles atribuídos pelo juiz $Y$.

Pode-se pensar $T$ como uma função do número mínimo de inversões ou trocas entre postos vizinhos, necessárias para transformar uma postagem na outra. Isto é, $T$ é uma espécie de coeficiente de desordem.

### 9.4.3 Método

Vimos que

$$T = \frac{\text{\# concordâncias} - \text{\# discordâncias}}{\text{Número total de pares}}$$

Em geral, o total máximo possível será $\binom{N}{2}$, que pode ser expresso por $N(N-1)/2$. Esta última expressão pode ser o denominador da fórmula para $T$. Para o numerador, vamos denotar a soma observada dos escores $+1$ (concordâncias) e dos escores $-1$ (discordâncias) para todos os pares como $S$. Então

$$T = \frac{2S}{N(N-1)} \tag{9.9}$$

onde $N$ é o número de objetos ou indivíduos postados sobre $X$ e $Y$.

Como veremos, o cálculo de $S$ pode ser reduzido consideravelmente a partir do método descrito acima, quando discutimos a lógica da medida.

Quando os postos do juiz $X$ estavam na ordem natural, os postos correspondentes do juiz $Y$ estavam nesta ordem:

Juiz $Y$:   2   4   3   1

Podemos determinar $S$ começando com o primeiro número à esquerda e contando o número de postos à sua direita que são *maiores* – estas são as concordâncias com a ordem. Subtraímos deste número os postos a sua direita que são *menores* – estas são as discordâncias com a ordem. Se fizermos isto para todos os postos e então somarmos os resultados, obteremos $S$. Este procedimento está esboçado abaixo:

| Juiz $Y$: | 2 | 4 | 3 | 1 | Total |
|---|---|---|---|---|---|
| $2 \rightarrow$ | | $+$ | $+$ | $-$ | $+1$ |
| | $4 \rightarrow$ | | $-$ | $-$ | $-2$ |
| | | $3 \rightarrow$ | | $-$ | $-1$ |
| | | | $1 \rightarrow$ | | $0$ |

Total global $= -2$

Então o número total de concordâncias na ordem menos o número de discordâncias na ordem é $S = -2$. Conhecendo $S$, podemos usar a Equação (9.9) para calcular o valor de $T$ para os postos atribuídos pelos dois juízes:

$$T = \frac{2S}{N(N-1)} \qquad (9.9)$$

$$= \frac{2(-2)}{4(4-1)}$$

$$= -0{,}33$$

**Exemplo 9.4a** Na última seção, calculamos o $r_s$ de Spearman para 12 escores de estudantes sobre autoritarismo e aspiração por *status* social. Os escores dos 12 estudantes são apresentados na Tabela 9.3 e os postos destes escores são apresentados na Tabela 9.4. Podemos calcular o valor $T$ de Kendall para os mesmos dados.

| Sujeito: | A | B | C | D | E | F | G | H | I | J | K | L |
|---|---|---|---|---|---|---|---|---|---|---|---|---|
| Posto de aspiração por *status*: | 3 | 4 | 2 | 1 | 8 | 11 | 10 | 6 | 7 | 12 | 5 | 9 |
| Posto de autoritarismo: | 2 | 6 | 5 | 1 | 10 | 9 | 8 | 3 | 4 | 12 | 7 | 11 |

Para colocar o $T$, devemos rearranjar a ordem dos sujeitos segundo a ordenação da aspiração por *status* social em uma ordem natural:

| Sujeito: | D | C | A | B | K | H | I | E | L | G | F | J | |
|---|---|---|---|---|---|---|---|---|---|---|---|---|---|
| Posto de aspiração por *status*: | 1 | 2 | 3 | 4 | 5 | 6 | 7 | 8 | 9 | 10 | 11 | 12 | |
| Posto de autoritarismo: | 1 | 5 | 2 | 6 | 7 | 3 | 4 | 10 | 11 | 8 | 9 | 12 | Total |
| 1→ | | + | + | + | + | + | + | + | + | + | + | + | +11 |
| 5→ | | | − | + | + | − | − | + | + | + | + | + | +4 |
| 2→ | | | | + | + | + | + | + | + | + | + | + | +9 |
| 6→ | | | | | + | − | − | + | + | + | + | + | +4 |
| 7→ | | | | | | − | − | + | + | + | + | + | +3 |
| 3→ | | | | | | | + | + | + | + | + | + | +6 |
| 4→ | | | | | | | | + | + | + | + | + | +5 |
| 10→ | | | | | | | | | + | − | − | + | 0 |
| 11→ | | | | | | | | | | − | − | + | −1 |
| 8→ | | | | | | | | | | | + | + | +2 |
| 9→ | | | | | | | | | | | | + | +1 |
| 12→ | | | | | | | | | | | | | 0 |

Total global = + 44

Tendo colocado os postos sobre a variável X em sua ordem natural, determinamos o valor de S para a correspondente ordem dos postos sobre a variável Y:

$$S = (11 - 0) + (7 - 3) + (9 - 0) + (6 - 2) + (5 - 2) + (6 - 0)$$
$$+ (5 - 0) + (2 - 2) + (1 - 2) + (2 - 0) + (1 - 0)$$
$$= 44$$

O posto de autoritarismo mais à esquerda é 1. Este posto tem 11 postos que são maiores à sua direita e nenhum posto menor, assim sua contribuição para S é 11 − 0 = 11. O próximo posto é 5. Ele tem 7 postos à sua direita que são maiores e 3, também à sua direita, que são menores, de modo que sua contribuição para S é (7 − 3) = 4. Procedendo desta maneira, obtemos os vários valores mostrados acima, os quais somamos para dar S = 44. Note que as somas individuais são dadas na última coluna acima. Sabendo que S = 44 e N = 12, podemos usar a Equação (9.9) para calcular T:

$$T = \frac{2S}{N(N-1)} \quad (9.9)$$

$$= \frac{2(44)}{(12)(12-1)}$$

$$= 0{,}67$$

O valor T = 0,67 representa o grau de relação entre autoritarismo e aspiração por *status* social mostrado pelos 12 estudantes.

### 9.4.4 Observações empatadas

Quando duas ou mais observações sobre a variável X ou a Y estão empatadas, voltamos ao nosso procedimento usual de atribuição de postos aos escores empatados – são dadas às observações empatadas a média dos postos que elas teriam recebido se não tivessem ocorrido empates.

O efeito dos empates é mudar o denominador de nossa equação para T. No caso de empates, T se transforma em

$$T = \frac{2S}{\sqrt{N(N-1) - T_x} \ \sqrt{N(N-1) - T_y}} \quad (9.10)$$

onde $T_x = \Sigma t(t-1)$, t sendo o número de observações empatadas em cada grupo de empates sobre a variável X
$T_y = \Sigma t(t-1)$, t sendo o número de observações empatadas em cada grupo de empates sobre a variável Y

A determinação dos valores de t foi discutida na Seção 9.3.4. [O leitor deve estar alerta sobre o fato de que $T_x$ e $T_y$ são diferentes das estatísticas aparentemente similares definidas pela Equação (9.6).] Os cálculos requeridos pela Equação (9.10) são ilustrados no seguinte exemplo.

**Exemplo 9.4b Com empates.** Novamente repetimos um exemplo que foi apresentado pela primeira vez na discussão do $r_s$ de Spearman. Correlacionamos os escores de 12 sujeitos sobre uma escala de medida de aspiração por *status* social com o número de vezes que cada um cedeu a pressões grupais no julgamento de comprimento de retas. Os dados para este estudo e os correspondentes postos estão apresentados na Tabela 9.5.

Os dois conjuntos de postos a serem correlacionados (apresentados inicialmente na Tabela 9.5) são:

| Sujeito: | A | B | C | D | E | F | G | H | I | J | K | L |
|---|---|---|---|---|---|---|---|---|---|---|---|---|
| Posto de aspiração por *status*: | 3 | 4 | 2 | 1 | 8 | 11 | 10 | 6 | 7 | 12 | 5 | 9 |
| Posto de cessão: | 1,5 | 1,5 | 3,5 | 3,5 | 5 | 6 | 7 | 8 | 9 | 10,5 | 10,5 | 12 |

Como é usual, primeiro reorganizamos a ordem dos sujeitos, de modo que os postos sobre a variável X ocorram na ordem natural:

| Sujeito: | D | C | A | B | K | H | I | E | L | G | F | J | |
|---|---|---|---|---|---|---|---|---|---|---|---|---|---|
| Posto de aspiração por *status*: | 1 | 2 | 3 | 4 | 5 | 6 | 7 | 8 | 9 | 10 | 11 | 12 | |
| Posto de cessão: | 3,5 | 3,5 | 1,5 | 1,5 | 10,5 | 8 | 9 | 5 | 12 | 7 | 6 | 10,5 | Total |
| | 3,5→ | 0 | − | − | + | + | + | + | + | + | + | + | 6 |
| | | 3,5→ | − | − | + | + | + | + | + | + | + | + | 6 |
| | | | 1,5→ | 0 | + | + | + | + | + | + | + | + | 8 |
| | | | | 1,5→ | + | + | + | + | + | + | + | + | 8 |
| | | | | | 10,5→ | − | − | − | + | − | − | 0 | −4 |
| | | | | | | 8→ | + | − | + | − | − | + | 0 |
| | | | | | | | 9→ | − | + | − | − | + | −1 |
| | | | | | | | | 5→ | + | + | + | + | 4 |
| | | | | | | | | | 12→ | − | − | − | −3 |
| | | | | | | | | | | 7→ | − | + | 0 |
| | | | | | | | | | | | 6→ | + | 1 |
| | | | | | | | | | | | | 10,5→ | 0 |

Total global = 25

Calculamos então o valor de S na forma usual:

$$S = (8-2) + (8-2) + (8-0) + (8-0) + (1-5) + (3-3)$$
$$+ (2-3) + (4-0) + (0-3) + (1-1) + (1-0)$$
$$= 25$$

Deve ser observado que, quando existem observações empatadas, os postos também estarão empatados e nenhum posto em um par sendo comparado precede o outro, de modo que é atribuído o valor 0 no cálculo de S.

Tendo determinado que $S = 25$, determinamos agora os valores de $T_x$ e $T_y$. Não há empates entre os escores sobre aspiração por *status* social, isto é, nos postos de X, e então $T_x = 0$.

Sobre a variável Y (cessão), há três conjuntos de postos empatados. Dois sujeitos estão empatados no posto 1,5, dois estão empatados em 3,5 e dois estão empatados em 10,5. Em cada um destes casos, $T = 2$ é o número de observações empatadas. Então $T_y$ pode ser calculado:

$$T_y = \Sigma t(t - 1)$$
$$= 2(2 - 1) + 2(2 - 1) + 2(2 - 1)$$
$$= 6$$

Com $T_x = 0$, $T_y = 6$, $S = 25$ e $N = 12$, podemos determinar o valor de $T$ usando a Equação (9.10):

$$T = \frac{2S}{\sqrt{N(N-1) - T_x} \; \sqrt{N(N-1) - T_y}} \quad (9.10)$$

$$T = \frac{2(25)}{\sqrt{(12)(12-1) - 0} \; \sqrt{(12)(12-1) - 6}}$$

$$= 0{,}39$$

Se não tivéssemos corrigido o coeficiente acima para empates, isto é, se tivéssemos usado a Equação (9.9) para calcular $T$, teríamos encontrado $T = 0{,}38$. Observe que o efeito da correção para empates é relativamente pequeno, a menos que a proporção de postos empatados seja grande ou o número de empates em um grupo de empates seja grande.

### 9.4.5 Comparação de T e $r_s$

Em dois casos calculamos ambos, $T$ e $r_s$, para os mesmos dados. O leitor terá notado que os valores numéricos de $T$ e $r_s$ não são idênticos quando ambos são calculados dos mesmos pares de postos. Para a relação entre autoritarismo e aspiração por *status* social, $r_s = 0{,}82$ enquanto $T = 0{,}67$. Para a relação entre aspiração por *status* social e número de cessões a pressões grupais, $r_s = 0{,}62$ e $T = 0{,}39$.

Estes exemplos ilustram o fato de que $T$ e $r_s$ têm diferentes escalas subjacentes, e numericamente eles não são diretamente comparáveis um com o outro. Isto é, se medirmos o grau de correlação entre as variáveis A e B usando $r_s$, e então fizermos o mesmo para A e C usando $T$, não poderemos dizer se A está mais relacionado a B ou a C porque usamos medidas de correlação não comparáveis. Deve ser observado, entretanto, que há uma relação entre as duas medidas, a qual é expressa pela seguinte desigualdade:

$$-1 \leq 3T - 2r_s \leq 1$$

Existem também diferenças na interpretação das duas medidas. O coeficiente de correlação posto-ordem $r_s$ de Spearman é o mesmo que um coeficiente de correlação momento-produto de Pearson calculado entre variáveis cujos valores consistem de postos. Por outro lado, o coeficiente de correlação posto-ordem de Kendall tem uma interpretação diferente. É a *diferença* entre a probabilidade de que, nos dados observados, $X$ e $Y$ estejam na mesma ordem e a probabilidade de que os dados de $X$ e $Y$ estejam em ordens diferentes. $T_{xy}$ é a diferença nas freqüências relativas na amostra, e $\tau_{xy}$ é a diferença entre as probabilidades na população.

No entanto, ambos os coeficientes utilizam a mesma quantidade de informação nos dados e, então, ambos têm a mesma sensibilidade para detectar a existência de associação na população. Isto é, as distribuições amostrais de $T$ e $r_s$ são tais que, para um dado conjunto de dados, ambos levarão à rejeição da hipótese nula (que as variáveis não estão relacionadas na população) no mesmo nível de significância. No entanto, deve ser lembrado que as medidas são diferentes e que medem associação de maneiras diferentes. Isso deve tornar-se mais claro após a discussão sobre como testar a significância de $T$.

### 9.4.6 Testando a significância de *T*

Se uma amostra aleatória é extraída de alguma população na qual $X$ e $Y$ não estão relacionados e os membros da amostra são postados sobre $X$ e $Y$, então para qualquer ordem dada dos postos de $X$, todas as possíveis ordens dos postos de $Y$ são igualmente prováveis. Isto é, para uma dada ordem dos postos de $X$, qualquer uma das possíveis ordens dos postos de $Y$ tem exatamente a mesma chance de ocorrer que qualquer outra possível ordem dos postos de $Y$. Suponha que ordenemos os postos de $X$ na ordem natural, isto é, 1, 2, 3, ..., $N$. Para esta ordem dos postos de $X$ todas as $N!$ possíveis ordens dos postos de $Y$ são igualmente prováveis sob $H_0$. Portanto qualquer

**TABELA 9.6**
Probabilidades de $T$ sob $H_0$ para $N = 4$

| Valor de T | Freqüência de ocorrência sob $H_0$ | Probabilidade de ocorrência sob $H_0$ |
|---|---|---|
| −1,0 | 1 | $\frac{1}{24}$ |
| −0,67 | 3 | $\frac{3}{24}$ |
| −0,33 | 5 | $\frac{5}{24}$ |
| 0 | 6 | $\frac{6}{24}$ |
| 0,33 | 5 | $\frac{5}{24}$ |
| 0,67 | 3 | $\frac{3}{24}$ |
| 1,0 | 1 | $\frac{1}{24}$ |

ordem particular dos postos de Y tem probabilidade de ocorrência, quando $H_0$ é verdadeira, de $1/N!$.

Para cada uma das $N!$ possíveis ordenações de Y, estará associado um valor de T. Estes possíveis valores de T terão uma variação de $-1$ a $+1$, e eles podem ser organizados em uma distribuição de freqüências. Por exemplo, para $N = 4$ há $4! = 24$ possíveis disposições dos postos de Y e cada uma tem um valor de T associado. Suas freqüências de ocorrência quando X e Y são independentes são apresentadas na Tabela 9.6. Poderíamos calcular tabelas similares para outros valores de N, mas, é claro, quando N cresce este método torna-se mais e mais cansativo.

Felizmente, para $N > 10$, a distribuição amostral de T pode ser aproximada pela distribuição normal. Portanto, para N grande, podemos usar uma tabela da distribuição normal (Tabela A do Apêndice) para determinar a probabilidade associada com a ocorrência de um valor tão extremo quanto um valor observado de T quando $H_0$ é verdadeira.

No entanto, quando N é 10 ou menos, a Tabela $R_I$ do Apêndice pode ser usada para determinar a probabilidade associada com a ocorrência (unilateral), sob $H_0$, de qualquer valor tão extremo quanto um T observado. Para tais amostras pequenas, a significância de uma relação observada entre duas amostras de postos pode ser determinada simplesmente encontrando o valor de T e, então, consultando a Tabela $R_I$ do Apêndice para determinar a probabilidade (unilateral) associada com este valor. Se o valor tabelado $p \leq \alpha$, $H_0$ pode ser rejeitada. Por exemplo, suponha que $N = 8$ e $T = 0{,}357$. A Tabela $R_I$ do Apêndice mostra que $T \geq 0{,}357$ para $N = 8$ tem probabilidade de ocorrência sob $H_0$ de $p = 0{,}138$.

Quando o tamanho da amostra está entre 11 e 30, a Tabela $R_{II}$ do Apêndice pode ser usada. Esta tabela dá valores críticos do T de Kendall para níveis de significância selecionados. Quando N é maior do que 10, T tem distribuição aproximadamente normal com

$$\text{Média} = \mu_T = 0$$

e

$$\text{Variância} = \sigma_T^2 = \frac{2(2N+5)}{9N(N-1)}$$

Isto é,

$$z = \frac{T - \mu_T}{\sigma_T} = \frac{3T\sqrt{N(N-1)}}{\sqrt{2(2N+5)}} \qquad (9.11)$$

tem distribuição aproximadamente normal com média 0 e variância 1. Assim, a probabilidade associada com a ocorrência, quando $H_0$ é verdadeira, de qualquer valor tão extremo quanto um T observado, pode ser determinada calculando os valores de z como definidos pela Equação (9.11) e, então, determinando a significância daquele z consultando a Tabela A do Apêndice.

**Exemplo 9.4c Para N > 10.** Já determinamos que entre 12 estudantes a correlação entre autoritarismo e aspiração por *status* social é $T = 0{,}67$. Se considerarmos estes 12 estudantes como sendo uma amostra aleatória de alguma população, podemos testar a hipótese de que estas duas variáveis são independentes na população, consultando a Tabela $R_{II}$ do Apêndice. Esta tabela mostra que a probabilidade de obter um valor amostral de $T \geq 0{,}67$, quando $H_0$ é verdadeira, é menor do que $0{,}005$.

Como $N > 10$, poderíamos também usar a aproximação normal para a distribuição amostral de $T$ usando a Equação (9.11):

$$z = \frac{3T\sqrt{N(N-1)}}{\sqrt{2(2N+5)}} \qquad (9.11)$$

$$z = \frac{(3)(0,67)\sqrt{(12)(12-1)}}{\sqrt{2[2(12)+5]}}$$

$$= 3,03$$

Consultando a Tabela A do Apêndice, vemos que $z \geq 3,03$ tem probabilidade de ocorrência, quando $H_0$ é verdadeira, de $p = 0,0012$. Assim, poderíamos rejeitar $H_0$ no nível $\alpha = 0,0012$ de significância e concluir que as duas variáveis não são independentes na população da qual esta amostra foi extraída. Isto, é claro, é coerente com o resultado obtido pelo uso da Tabela $R_{II}$ do Apêndice.

Já mencionamos que $T$ e $r_s$ têm habilidade similar para rejeitar $H_0$. Isto é, mesmo $T$ e $r_s$ sendo numericamente diferentes para o mesmo conjunto de dados, suas distribuições amostrais nulas são tais que, com os mesmos dados, $H_0$ seria rejeitada aproximadamente no mesmo nível de significância pelos testes de significância associados com ambas as medidas. No entanto, no caso não-nulo (quando $H_1$ é verdadeira), eles são sensíveis a aspectos diferentes da dependência entre as variáveis.

No presente caso, $T = 0,67$. Associado com este valor está $z = 3,03$, o que nos permite rejeitar $H_0$ com $\alpha = 0,0012$. Quando o coeficiente de correlação posto-ordem de Spearman foi calculado a partir dos mesmos dados, encontramos $r_s = 0,82$. Quando aplicamos a este valor o teste de significância para $r_s$ [Equação (9.8)], encontramos que $z = 2,72$. A Tabela A do Apêndice mostra que $z \geq 2,72$ tem probabilidade de ocorrência, quando $H_0$ é verdadeira, de um pouco mais do que 0,003. Então $T$ e $r_s$, para o mesmo conjunto de dados, têm testes de significância que rejeitam $H_0$ essencialmente no mesmo nível de significância.

### 9.4.7 Resumo do procedimento

Estes são os passos no uso do coeficiente de correlação posto-ordem $T$ de Kendall:

1. Atribua postos de 1 a $N$ às observações sobre a variável $X$. Atribua postos de 1 a $N$ às observações sobre a variável $Y$.
2. Organize a lista dos $N$ sujeitos de modo que os postos dos sujeitos sobre a variável $X$ estejam em sua ordem natural, isto é, 1, 2, 3, ..., $N$.
3. Observe os postos de $Y$ na ordem em que eles ocorrem quando os postos de $X$ estão em sua ordem natural. Determine o valor de $S$, o número de concordâncias na ordem menos o número de discordâncias na ordem para a ordem observada dos postos de $Y$.
4. Se não há empates entre as observações de $X$ ou as de $Y$, use a Equação (9.9) para calcular o valor de $T$. Se existem empates, use a Equação (9.10).
5. Se os $N$ sujeitos constituem uma amostra aleatória de alguma população, pode-se testar a hipótese de que as variáveis $X$ e $Y$ são independentes nessa população. O método para fazer isso depende do valor de $N$:

*a)* Para $N \leq 10$, a Tabela $R_I$ do Apêndice dá a probabilidade (unilateral) associada de um valor tão grande quanto um $T$ observado.
*b)* Para $N > 10$, mas menor do que 30, a Tabela $R_{II}$ do Apêndice dá a probabilidade (unilateral) associada de um valor tão grande quanto um $T$ observado.
*c)* Para $N > 30$ (ou para níveis de significância intermediários com $10 < N \leq 30$) calcule o valor de $z$ associado com $T$ usando a Equação (9.11). A Tabela A do Apêndice pode então ser usada para determinar a probabilidade associada de um valor tão grande quanto o $z$ observado e, portanto, $T$.

6. Se a probabilidade dada pelo método apropriado é igual ou menor do que $\alpha$, $H_0$ pode ser rejeitada em favor de $H_1$.

### 9.4.8 Eficiência

O $r_s$ de Spearman e o $T$ de Kendall são similares em sua habilidade para rejeitar $H_0$, isto porque eles fazem uso similar da informação contida nos dados.

Quando usados sobre dados para os quais o coeficiente $r$ de correlação momento-produto de Pearson é apropriadamente aplicável, $T$ e $r_s$ têm eficiência de 91%. Isto é, $T$, como um teste de independência de duas variáveis em uma população normal bivariada com uma amostra de 100 casos, é aproximadamente tão sensível quanto o $r$ de Pearson com 91 casos (Moran, 1951).

### 9.4.9 Referências

O leitor encontrará outras discussões úteis sobre o $\tau$ de Kendall em Kendall (1970) e Everitt (1977).

## 9.5 O COEFICIENTE DE CORRELAÇÃO POSTO-ORDEM PARCIAL $T_{xy.z}$ DE KENDALL

### 9.5.1 Função

Quando é observada uma correlação entre duas variáveis, há sempre a possibilidade de que a correlação seja devida à associação entre cada uma das duas variáveis e uma terceira variável. Por exemplo, entre um grupo de crianças da escola elementar de diversas idades, pode-se encontrar uma alta correlação entre tamanho do vocabulário e altura. Esta correlação pode não refletir qualquer relação genuína ou direta entre estas duas variáveis, mas pode resultar do fato de que ambas, tamanho do vocabulário e altura, estejam associados com uma terceira variável, idade.

Estatisticamente, este problema pode ser atacado por métodos de *correlação parcial*. Em correlação parcial, os efeitos de variação em uma terceira variável sobre a relação entre as variáveis $X$ e $Y$, são eliminadas. Em outras palavras, a correlação entre $X$ e $Y$ é encontrada com a terceira variável $Z$ mantida constante.

Ao planejar um experimento, há a alternativa de introduzir controles experimentais para eliminar a influência de uma terceira variável ou então usar métodos estatísticos para eliminar sua influência. Por exemplo, pode-se desejar estudar a relação entre habilidade de memorização e habilidade em resolver certos tipos de problemas. As duas habilidades podem ser relacionadas com inteligência; portanto, para determinar sua relação direta com cada uma das outras, a influência de diferenças na inteligência precisa ser controlada. Para efetivar controle *experimental*, podemos escolher sujeitos com inteligências iguais. Mas se controles experimentais não são possíveis de serem realizados, então controles *estatísticos* podem ser aplicados. Pela técnica de correlação parcial, podemos manter constante o efeito da inteligência sobre a relação entre habilidade de memorização e habilidade para resolver problemas e, assim, determinar a extensão da relação não-contaminada ou direta entre essas duas habilidades.

Nesta seção apresentaremos um método de controle estatístico que pode ser usado com a correlação posto-ordem τ de Kendall. Para usar este método não-paramétrico de correlação parcial, precisamos ter dados que são medidos pelo menos em uma escala ordinal. Nenhuma suposição sobre a forma da distribuição da população de escores precisa ser feita.

### 9.5.2 Fundamentos lógicos

Suponha que tenhamos obtido postos de quatro sujeitos sobre três variáveis $X$, $Y$ e $Z$. Vamos determinar a correlação entre $X$ e $Y$ quando $Z$ está parcialmente fora, isto é, mantida constante. Os postos são

| Sujeito: | a | b | c | d |
|---|---|---|---|---|
| Posto sobre $Z$: | 1 | 2 | 3 | 4 |
| Posto sobre $X$: | 3 | 1 | 2 | 4 |
| Posto sobre $Y$: | 2 | 1 | 3 | 4 |

Assim, se considerarmos os pares possíveis de postos sobre qualquer variável, sabemos que para estes sujeitos existem $\binom{4}{2}$ possíveis pares – quatro objetos tomados dois a dois. Tendo organizado os postos sobre $Z$ na ordem natural, vamos examinar todos os pares possíveis nos postos de $X$, nos postos de $Y$ e nos postos de $Z$. Atribuiremos um + a cada um daqueles pares nos quais a variável com o menor posto precede a variável com o maior posto, e um – a cada par no qual a variável com o maior posto precede o menor:

| Postos | Par | | | | | |
|---|---|---|---|---|---|---|
| | (a, b) | (a, c) | (a, d) | (b, c) | (b, d) | (c, d) |
| Z | + | + | + | + | + | + |
| X | – | – | + | + | + | + |
| Y | – | + | + | + | + | + |

Primeiro note que uma vez que a variável $Z$ está na ordem natural, todos os seus pares precedentes são codificados como +. A seguir, note que para a variável $X$, o escore para o par $(a, b)$ é codificado como um – porque os postos para $a$ e $b$, 3 e 1, respectivamente, ocorrem na ordem "errada" – a variável com o maior posto precede o menor. Para a variável X, o escore para o par $(a, c)$ é também codificado como um – o posto de $a$, 3, é maior do que o posto de $c$, 2. Para a variável Y, o par $(a, c)$ recebe um + porque o posto de $a$, 2, é menor do que o posto de $c$, 3.

Podemos resumir a informação obtida, organizando-a em uma tabela 2 × 2, a Tabela 9.7. Considere primeiro os três sinais sobre $(a, b)$ acima. Para este conjunto de postos emparelhados, a ambos, X e Y, é atribuído um –, enquanto a Z é atribuído um +. Então, podemos dizer que ambos, X e Y, "não concordam" com Z. Resumimos esta informação colocando o par $(a, b)$ na célula D da Tabela 9.7. A seguir considere o par $(a, c)$. Aqui o sinal de Y concorda com o sinal de Z, mas o sinal de X discorda do sinal de Z. Portanto o par $(a, c)$ é colocado na célula C na Tabela 9.7. Em cada um dos pares restantes, os sinais de X e de Y concordam com o sinal de Z; então estes quatro pares são colocados na célula A da Tabela 9.7.

Em geral, para três conjuntos de ordenações de N objetos, podemos usar o método ilustrado acima para obter a espécie de tabela para a qual a Tabela 9.8 é um modelo. O *coeficiente de correlação posto-ordem parcial* $T_{xy \cdot z}$ *de Kendall* (leia: correlação entre X e Y com Z mantida constante) é calculado a partir de tal tabela. Ele é definido como:

$$T_{xy \cdot z} = \frac{AD - BC}{\sqrt{(A + B)(C + D)(A + C)(B + D)}} \tag{9.12}$$

**TABELA 9.7**
Ordens de X e Y comparadas com a ordenação de Z

| Par X \ Par Y | Sinal concorda com o sinal de Z | Sinal não concorda com o sinal de Z | Total |
|---|---|---|---|
| Sinal concorda com o sinal de Z | A<br>4 | B<br>0 | 4 |
| Sinal não concorda com o sinal de Z | C<br>1 | D<br>1 | 2 |
| Total | 5 | 1 | 6 |

**TABELA 9.8**
Forma de disposição dos dados para o cálculo de $T_{xy \cdot z}$ pela Equação (9.12)

| Par X \ Par Y | Sinal concorda com o sinal de Z | Sinal não concorda com o sinal de Z | Total |
|---|---|---|---|
| Sinal concorda com o sinal de Z | A | B | A + B |
| Sinal não concorda com o sinal de Z | C | D | C + D |
| Total | A + C | B + D | $\binom{N}{2}$ |

No caso dos quatro objetos que estamos considerando, isto é, no caso dos dados mostrados na Tabela 9.7,

$$T_{xy.z} = \frac{(4)(1) - (0)(1)}{\sqrt{(4)(2)(5)(1)}}$$

$$= 0{,}63$$

Assim, a correlação entre $X$ e $Y$ com o efeito de $Z$ mantido constante é expressa por $T_{xy.z} = 0{,}63$. Se tivéssemos calculado a correlação entre $X$ e $Y$ sem considerar o efeito de $Z$, teríamos encontrado $T_{xy} = 0{,}67$. Isto sugere que as relações entre $X$ e $Z$ e entre $Y$ e $Z$ estão, apenas levemente, influenciando a relação observada entre $X$ e $Y$. No entanto, este tipo de inferência precisa ser feito com reserva a menos que existam relevantes bases *a priori* para esperar qualquer efeito que seja observado. O leitor notará que a Equação (9.12) é similar ao coeficiente $r_\phi$ apresentado na Seção 9.2. Essa similaridade sugere que $T_{xy.z}$ mede a extensão com a qual $X$ e $Y$ concordam, *independentemente* de sua concordância com $Z$.

### 9.5.3 Método

Apesar do método mostrado para calcular $T_{xy.z}$ ser útil em revelar a natureza do coeficiente de correlação parcial, quando $N$ torna-se grande este método torna-se cansativo devido ao rápido crescimento no valor de $\binom{N}{2}$, o número de pares de $N$ observações. Felizmente, uma forma de cálculo simples para $T_{xy.z}$ foi desenvolvida.

Kendall mostrou que

$$T_{xy.z} = \frac{T_{xy} - T_{xz}T_{yz}}{\sqrt{(1-T_{xz}^2)(1-T_{yz}^2)}} \qquad (9.13)[14]$$

A Equação (9.13) é, em termos de cálculo, mais fácil do que a Equação (9.12). Para usá-la, primeiro é preciso encontrar as correlações (os $T$'s entre $X$ e $Y$, $X$ e $Z$, e $Y$ e $Z$). Tendo obtido esses valores, pode-se usar a Equação (9.13) para encontrar $T_{xy.z}$.

Para os postos de $X$, $Y$ e $Z$ que estamos considerando, $T_{xy} = 0{,}67$, $T_{xz} = 0{,}33$ e $T_{yz} = 0{,}67$. Inserindo esses valores na Equação (9.13), temos

$$T_{xy.z} = \frac{0{,}67 - (0{,}33)(0{,}67)}{\sqrt{[1-(0{,}33)^2][1-(0{,}67)^2]}}$$

$$= 0{,}63$$

---

[14] Esta fórmula é diretamente comparável com a usada para encontrar a correlação parcial momento-produto. No entanto, Kendall (1975) e outros observaram que essa similaridade na forma deve ser interpretada como uma coincidência.

Usando a Equação (9.13), chegamos ao mesmo valor para $T_{xy \cdot z}$ que já encontramos com a Equação (9.12).

**Exemplo 9.5a** Já vimos que nos dados coletados por Siegel e Fagan, a correlação entre escores sobre autoritarismo e escores sobre aspiração por *status* social é $T = 0{,}67$. No entanto, também observamos que existe uma correlação entre aspiração por *status* social e quantidade de conformismo (cessão) a pressões grupais – $T = 0{,}39$. O que pode nos fazer pensar se a primeira correlação simplesmente representa a operação de uma terceira variável, a saber, conformismo a pressões grupais. Isto é, pode ser que a necessidade de conformismo dos sujeitos afete suas respostas para ambas, a escala de autoritarismo e a escala de aspiração por *status* social, e assim a correlação entre os escores nestas duas escalas pode ser devida a uma associação entre cada uma destas variáveis e a necessidade de conformismo. Podemos verificar se isto é verdadeiro calculando a correlação parcial entre autoritarismo e aspiração por *status* social, identificando o efeito de necessidade de conformismo, como indicado pela quantidade de aspiração por *status* na situação de Asch.

Os escores para os 12 sujeitos sobre cada uma das três variáveis são mostrados nas Tabelas 9.3 e 9.5. Os três conjuntos de postos são combinados na Tabela 9.9. Observe que a variável cujo efeito queremos identificar – conformismo – é a variável $Z$.

Já determinamos que a correlação entre aspiração por *status* social (a variável $X$) e autoritarismo (a variável $Y$) é $T_{xy} = 0{,}67$. Também já determinamos que a correlação entre aspiração por *status* social e conformismo (a variável $Z$) é $T_{xz} = 0{,}39$ (este valor está corrigido para empates). Dos dados apresentados na Tabela 9.9, podemos imediatamente determinar, usando a Equação (9.10), que a correlação entre autoritarismo e

**TABELA 9.9**
Postos sobre aspiração por *status* social, autoritarismo e conformismo

| Sujeito | Aspiração por *status* social X | Autoritarismo Y | Conformismo (cessão) Z |
|---|---|---|---|
| A | 3 | 2 | 1,5 |
| B | 4 | 6 | 1,5 |
| C | 2 | 5 | 3,5 |
| D | 1 | 1 | 3,5 |
| E | 8 | 10 | 5 |
| F | 11 | 9 | 6 |
| G | 10 | 8 | 7 |
| H | 6 | 3 | 8 |
| I | 7 | 4 | 9 |
| J | 12 | 12 | 10,5 |
| K | 5 | 7 | 10,5 |
| L | 9 | 11 | 12 |

conformismo é $T_{yz} = 0{,}36$ (este valor está corrigido para empates). Com esta informação, podemos determinar o valor de $T_{xy \cdot z}$ usando a Equação (9.13):

$$T_{xy \cdot z} = \frac{T_{xy} - T_{xz}T_{yz}}{\sqrt{(1 - T_{xz}^2)(1 - T_{yz}^2)}} \qquad (9.13)$$

$$= \frac{0{,}67 - (0{,}39)(0{,}36)}{\sqrt{[1 - (0{,}39)^2][1 - (0{,}36)^2]}}$$

$$= 0{,}62$$

Determinamos que, quando o conformismo é separado ou controlado estatisticamente, a correlação entre aspiração por *status* social e autoritarismo é $T_{xy \cdot z} = 0{,}62$. Uma vez que este valor não é muito menor do que $T_{xy} = 0{,}67$, podemos concluir que a relação entre aspiração por *status* social e autoritarismo (como medidos por estas escalas) é relativamente independente da influência do conformismo (como medida em termos da quantidade de cessão a pressões de grupos.)

### 9.5.4 Testando a significância de $T_{xy \cdot z}$

Se uma amostra aleatória é extraída de alguma população na qual $X$ e $Y$ não são relacionadas quando a variável $Z$ é controlada, então todas as possíveis ordenações de postos são igualmente prováveis. No entanto, ao contrário do coeficiente de correlação posto-ordem $T_{xy}$ de Kendall, no qual para cada ordenação de $X$ há $N!$ possíveis ordenações de $Y$, o número de possíveis ordenações que precisam ser consideradas ao calcular a distribuição do coeficiente de correlação posto-ordem parcial de Kendall é $(N!)^2$. Sob a suposição que cada uma das ordenações é igualmente provável quando não há relação entre as variáveis, é possível calcular a distribuição de $T_{xy \cdot z}$. Devido aos cálculos serem extremamente laboriosos mesmo para amostras pequenas, precisamos usar tabelas da distribuição amostral. A Tabela S do Apêndice fornece valores críticos de $T_{xy \cdot z}$ para $N < 20$ e para valores selecionados de $N$ maiores do que 20.

A Tabela S do Apêndice pode ser usada para determinar a probabilidade exata associada com a ocorrência (unilateral), sob $H_0$, de qualquer valor tão extremo quanto um $T_{xy \cdot z}$ observado. Ao testar hipóteses sobre a correlação posto-ordem $\tau_{xy \cdot z}$ de Kendall, a hipótese nula é $H_0$: $\tau_{xy \cdot z} = 0$, ou "$X$ e $Y$ são independentes para $Z$ fixado".

A hipótese alternativa pode ser que $\tau_{xy \cdot z} > 0$ (um teste unilateral) ou, mais comumente, a hipótese alternativa é $H_1$: $\tau_{xy \cdot z} \neq 0$, ou "$X$ e $Y$ não são independentes para $Z$ fixado," o qual é um teste bilateral.

Por exemplo, suponha que tenhamos escolhido $\alpha = 0{,}05$ e que $N = 11$, e calculado a correlação posto-ordem parcial de Kendall como sendo $T_{xy \cdot z} = 0{,}48$. Desejamos testar a hipótese de que $X$ e $Y$ não são independentes para $Z$ fixado (ou, de forma equivalente, quando mantemos $Z$ constante) contra a hipótese que $X$ e $Y$ não são independentes para $Z$ fixado. Entrando na Tabela S com $N = 11$ e $\alpha/2 = 0{,}025$ (pois queremos um teste bilateral), encontramos o valor crítico de 0,453. Como o valor observado de $T_{xy \cdot z} = 0{,}48$ excede o valor crítico 0,453, podemos rejeitar, no nível $\alpha = 0{,}05$ de significância, a hipótese de que $X$ e $Y$ são independentes para valores fixados da variável $Z$.

Para valores grandes de $N$, a distribuição de $T_{xy \cdot z}$ é complicada, mas aproxima-se da distribuição normal. Uma aproximação para a variância é

$$\sigma^2_{T_{xy \cdot z}} = \frac{2(2N+5)}{9N(N-1)} \qquad (9.14)$$

a qual é a mesma que a variância de $T_{xy}$ dada na Seção 9.4.6. Portanto, quando $N$ é grande, podemos testar a hipótese $H_0$: $\tau_{xy \cdot z} = 0$ calculando

$$z = \frac{3T_{xy \cdot z}\sqrt{N(N-1)}}{\sqrt{2(2N+5)}} \qquad (9.15)$$

o qual tem distribuição aproximadamente normal com média 0 e desvio padrão 1. Então a probabilidade associada com a ocorrência de um valor tão extremo quanto um valor observado de $T_{xy \cdot z}$, quando $H_0$ é verdadeira, pode ser determinada usando a Equação (9.15) e consultando a Tabela A do Apêndice para determinar a significância daquele $z$.

**Exemplo 9.5b** No experimento conduzido por Siegel e Fagan, a correlação entre aspiração por *status* social e conformismo foi $T_{xz} = 0{,}39$. Entretanto, cada uma destas variáveis está correlacionada com escores de autoritarismo ($T_{xy} = 0{,}67$ e $T_{zy} = 0{,}36$, respectivamente). Gostaríamos de saber se esta correlação é mediada pela relação conjunta de cada variável com autoritarismo. Isto é, para níveis fixos de autoritarismo, aspiração por *status* social e conformismo são independentes? Para determinar isto, precisamos calcular a correlação parcial entre aspiração por *status* social e conformismo quando autoritarismo é mantido constante, o que pode ser encontrado usando a Equação (9.13):

$$T_{xz \cdot y} = \frac{T_{xz} - T_{xy}T_{zy}}{\sqrt{(1-T_{xy}^2)(1-T_{zy}^2)}} \qquad (9.13)$$

$$= \frac{0{,}39 - (0{,}67)(0{,}36)}{\sqrt{(1-0{,}67^2)(1-0{,}36^2)}}$$

$$= 0{,}21$$

Para testar a hipótese sobre a independência condicional de $X$ e $Z$, podemos consultar a Tabela S do Apêndice para determinar a probabilidade de obter um valor $T_{xy \cdot z} \geq 0{,}21$ quando as ordenações das variáveis são independentes. Entrando nessa tabela com $N = 12$, encontramos que $0{,}10 \leq p \leq 0{,}20$. Portanto, podemos não rejeitar a hipótese de que aspiração por *status* social e conformismo são independentes para níveis fixados de autoritarismo.

Deve ser observado que o teste da hipótese nula de que duas variáveis são independentes para níveis fixados de uma terceira variável, é baseado na suposição de que todas as postagens das três variáveis são igualmente prováveis. Em algumas aplicações, pode ser apropriado testar a mesma hipótese, mas não admitir que todas as ordenações da terceira variável sejam igualmente prováveis; isto é, pode-se não desejar admitir que $\tau_{xz}$ e $\tau_{yz}$ são 0. Parece que o teste de significância dado aqui é relativamente resistente em tais casos.

### 9.5.5 Um cuidado sobre coeficientes de correlação parcial

O leitor deve estar consciente de que coeficientes de correlação parcial devem ser calculados e interpretados com extremo cuidado. Se um pesquisador quer analisar o efeito que uma variável tem sobre a relação entre duas outras variáveis – ou mostrar que a dependência observada entre as duas variáveis é mediada por uma terceira variável ($\tau_{xy \cdot z} \approx 0$) ou que uma terceira variável tem um efeito pequeno sobre a relação entre duas variáveis ($\tau_{xy \cdot z} \approx \tau_{xy}$) – a fundamentação lógica para analisar o efeito da terceira variável deve ser baseada em algumas noções *a priori* sobre quais relações devem ser obtidas. Existe um risco considerável envolvido na estratégia de simplesmente calcular todas as possíveis correlações parciais e testar sua significância, porque, como o número de variáveis cresce, a possibilidade de obter diferenças falsas cresce devido ao grande número de testes aplicados.

### 9.5.6 Resumo do procedimento

Estes são os passos no uso do coeficiente $T_{xy \cdot z}$ de correlação posto-ordem parcial de Kendall:

1. Sejam $X$ e $Y$ duas variáveis cuja relação deve ser determinada, e seja $Z$ a variável cujo efeito sobre $X$ e $Y$ deve ser isolado ou mantido constante.
2. Atribua postos às observações sobre a variável $X$ de 1 a $N$. Faça o mesmo para as observações sobre as variáveis $Y$ e $Z$.
3. Com a Equação (9.9) (se não há postos empatados) ou a Equação (9.10) (se há empates), determine os valores observados de $T_{xy}$, $T_{xz}$ e $T_{yx}$.
4. Com o uso destes valores, calcule o valor de $T_{xy \cdot z}$, usando a Equação (9.13).
5. Para testar a significância de $T_{xy \cdot z}$, isto é, para testar a hipótese de que as variáveis $X$ e $Y$ são independentes para níveis fixados da variável $Z$, o valor obtido de $T_{xy \cdot z}$ é comparado a valores críticos da estatística fornecidos na Tabela S do Apêndice. Para valores grandes de $N$, a significância de $T_{xy \cdot z}$ pode ser determinada calculando $z$ com a Equação (9.15) e encontrando a probabilidade associada de um valor tão grande quanto o $z$ observado e, portanto, a correlação posto-ordem parcial $T_{xy \cdot z}$. Ao testar a hipótese de que as duas variáveis são independentes, considerando níveis fixados de uma terceira variável, a hipótese alternativa é usualmente que as duas variáveis não são independentes; neste caso, o teste de significância é bilateral.

### 9.5.7 Eficiência

Pouco é conhecido sobre a eficiência dos testes baseados no coeficiente de correlação posto-ordem parcial de Kendall. Apesar de se saber que o teste de $H_0$: $\tau_{xy \cdot z} = 0$ admite que todas as ordenações sobre as três variáveis são igualmente prováveis, o teste parece ser relativamente resistente com relação a violações destas suposições concernentes a $\tau_{xz}$ e $\tau_{yz}$.

## 9.5.8 Referências

O leitor pode encontrar outras discussões sobre esta estatística em Kendall (1970) e em Moran (1951). Para discussões concernentes a testes de significância do coeficiente de correlação posto-ordem parcial de Kendall, o leitor deve consultar Johnson (1979), Maghsoodloo (1975) e Maghsoodloo e Pallos (1981).

## 9.6 O COEFICIENTE DE CONCORDÂNCIA W DE KENDALL

### 9.6.1 Função

Nas seções precedentes deste capítulo, temos tratado de medidas de correlação entre dois conjuntos de postos de $N$ objetos ou indivíduos. Nesta seção e na próxima vamos considerar duas medidas de relação entre *várias* ordenações de $N$ objetos ou indivíduos.

Quando temos $k$ conjuntos de postos, podemos determinar a associação entre eles usando o *coeficiente de concordância W de Kendall*. Enquanto o $r_s$ de Spearman e o $T$ de Kendall expressam o grau de associação entre duas variáveis medidas ou transformadas em postos, $W$ expressa o grau de associação entre $k$ variáveis, isto é, a associação entre $k$ conjuntos de postos. Uma tal medida pode ser particularmente útil em estudos de agrupamentos de variáveis.

### 9.6.2 Fundamentos lógicos

Como uma solução para o problema de determinar a concordância global entre $k$ conjuntos de postos, pode parecer razoável encontrar as correlações posto-ordem de Spearman (os $r_s$'s) ou os coeficientes de correlação posto-ordem de Kendall (os $T$'s) entre todos os possíveis pares de postagens e, então, calcular a média destes coeficientes para determinar a associação global. Se usássemos tal procedimento, precisaríamos calcular $\binom{k}{2}$ coeficientes de correlação posto-ordem. A menos que $k$ fosse muito pequeno, um tal procedimento seria extremamente cansativo.

O cálculo de $W$ é muito mais simples; além disso, ele segue uma relação linear com a média $r_s$ tomada sobre todos os grupos. Se denotarmos o valor médio dos coeficientes de correlação posto-ordem de Spearman entre os $\binom{k}{2}$ possíveis pares de ordenações como média($r_s$), então pode ser mostrado que

$$\text{média}(r_s) = \frac{kW - 1}{k - 1} \tag{9.16}$$

Outra abordagem seria imaginar como nossos dados se pareceriam se não houvesse concordância entre os vários conjuntos de ordenação, e então imaginar como

### TABELA 9.10
Postos atribuídos a seis candidatos a empregos por três executivos da empresa (dados artificiais)

| Examinadores | Candidatos | | | | | |
|---|---|---|---|---|---|---|
| | a | b | c | d | e | f |
| Executivo X | 1 | 6 | 3 | 2 | 5 | 4 |
| Executivo Y | 1 | 5 | 6 | 4 | 2 | 3 |
| Executivo Z | 6 | 3 | 2 | 5 | 4 | 1 |
| $R_i$ | 8 | 14 | 11 | 11 | 11 | 8 |
| $\bar{R}_i$ | 2,67 | 4,67 | 3,67 | 3,67 | 3,67 | 2,67 |

eles se pareceriam se houvesse uma perfeita concordância entre os vários conjuntos de ordenação. O coeficiente de concordância seria então um índice da divergência entre a verdadeira concordância mostrada nos dados e a concordância perfeita ou máxima possível. *Grosso modo, W* é exatamente este coeficiente.

Suponha que três executivos de uma empresa são solicitados a entrevistar seis candidatos a um emprego e atribuir postos a eles a fim de julgar competência para uma vaga. Os três conjuntos independentes de postos dados pelos executivos X, Y e Z aos candidatos de *a* até *f* podem ser aqueles mostrados na Tabela 9.10. As duas últimas linhas da Tabela 9.10 fornecem as somas dos postos (denotados por $R_i$) e o posto médio ($\bar{R}_i$) atribuídos para cada candidato.

Assim, se três ($k = 3$) executivos estivessem em concordância *perfeita* sobre os candidatos, isto é, se cada um deles tivesse atribuído postos aos seis candidatos na mesma ordem, então um candidato teria recebido três postos de 1 e a correspondente soma dos postos $R_i$ seria $1 + 1 + 1 = 3 = k$. O candidato que todos os executivos designaram como o imediatamente inferior teria

$$R_i = 2 + 2 + 2 = 6 = 2k$$

O candidato menos promissor entre os seis teria

$$R_i = 6 + 6 + 6 = 18 = 6k = Nk$$

De fato, com a perfeita concordância entre os executivos, as várias somas de postos $R_i$ seriam 3, 6, 9, 12, 15, 18, mas não necessariamente nesta ordem. Em geral, quando há perfeita concordância entre os $k$ conjuntos de ordenação, obtemos, para o $R_i$, a seqüência $k, 2k, 3k, ..., Nk$ e os postos médios seriam $1, 2, 3, ..., N$.

Por outro lado, se tivesse ocorrido concordância aleatória entre os três executivos, então os vários $R_i$'s seriam aproximadamente iguais.

Deste exemplo, deve estar claro que o grau de concordância entre os $k$ juízes é refletido pelo grau de variação entre as $N$ somas de postos. $W$, o coeficiente de concordância, é uma função deste grau de variação.

## 9.6.3 Método

Para calcular $W$, os dados são inicialmente organizados em uma tabela $k \times N$ com cada linha representando os postos atribuídos por um particular juiz aos $N$ objetos. A seguir, encontramos a soma dos postos $R_i$ em cada coluna da tabela e dividimos cada uma por $k$ para obter o posto médio $\bar{R}_i$. Então somamos os $\bar{R}_i$ e dividimos esta soma por $N$ para obter o valor médio dos $\bar{R}_i$'s. Cada um dos $\bar{R}_i$ pode então ser expresso como um desvio do posto médio global. Argumentamos acima que, quanto maiores forem estes desvios, maior será o grau de associação entre os $k$ conjuntos de postos. A seguir a soma dos quadrados desses desvios é encontrada. Conhecendo estes valores, podemos encontrar o valor de $W$:

$$W = \frac{\sum_{i=1}^{N}(\bar{R}_i - \bar{R})^2}{N(N^2 - 1)/12} \qquad (9.17a)$$

onde
- $k$ = número de conjuntos de ordenação, por exemplo, número de juízes
- $N$ = número de objetos (ou indivíduos) colocados em ordem
- $\bar{R}_i$ = média dos postos atribuídos ao $i$-ésimo objeto ou sujeito
- $\bar{R}$ = média (ou média global) dos postos atribuídos a todos os objetos ou sujeitos
- $N(N^2 - 1)/12$ = soma máxima possível dos quadrados dos desvios, isto é, o numerador que ocorreria se houvesse perfeita concordância entre as $k$ ordenações, e as médias dos postos fossem 1, 2, ..., $N$

Para os dados mostrados na Tabela 9.10, os totais de postos são 8, 14, 11, 11, 11 e 8, e as médias dos postos são 2,67; 4,67; 3,67; 3,67; 3,67 e 2,67, respectivamente. A média global destas médias é 3,5.

Para obter o numerador de $W$ na Equação (9.17a), elevamos ao quadrado o desvio de cada posto médio $\bar{R}_i$ do valor médio e, então, somamos esses quadrados:

$$\begin{aligned}\sum_{i=1}^{N}(\bar{R}_i - \bar{R})^2 &= (2{,}67 - 3{,}5)^2 + (4{,}67 - 3{,}5)^2 + (3{,}67 - 3{,}5)^2 \\ &\quad + (3{,}67 - 3{,}5)^2 + (3{,}67 - 3{,}5)^2 + (2{,}67 - 3{,}5)^2 \\ &= 2{,}833\end{aligned}$$

Obtendo o numerador, podemos encontrar o valor de $W$ dos dados na Tabela 9.10 usando a Equação (9.17a):

$$W = \frac{2{,}833}{6(6^2 - 1)/12}$$

$$= 0{,}16$$

$W = 0{,}16$ expressa o grau de concordância entre os três executivos na ordenação dos seis candidatos ao emprego.

Apesar da Equação (9.17a) mostrar a lógica "intuitiva" para a estatística $W$, uma fórmula significativamente mais simples pode ser usada. Como os valores dos dados são conhecidos antecipadamente quando eles estão na forma de postos, o valor de $\bar{R}$, a média global de todos os postos, é também conhecido antecipadamente. Como a soma dos $N$ postos é $N(N + 1)/2$, a média é então $(N + 1)/2$. Usando este valor, a Equação (9.17a) pode ser simplificada:

$$W = \frac{12\Sigma \bar{R}_i^2 - 3N(N + 1)^2}{N(N^2 - 1)} \qquad (9.17b)$$

ou podemos simplificar mais ainda, usando os totais $R_i$ dos postos no lugar das médias dos postos $\bar{R}_i$:

$$W = \frac{12\Sigma R_i^2 - 3k^2 N(N + 1)^2}{k^2 N(N^2 - 1)} \qquad (9.17c)$$

onde $\Sigma R_i^2$ é a soma dos quadrados das somas dos postos para cada um dos $N$ objetos ou indivíduos sendo ordenados. Para os dados na Tabela 9.10,

$$\Sigma R_i^2 = 8^2 + 14^2 + 11^2 + 11^2 + 11^2 + 8^2$$
$$= 687$$

Usando este valor e substituindo-o na Equação (9.17c), encontramos

$$W = \frac{12(687) - 3(3^2)(6)(6 + 1)^2}{3^2(6)(6^2 - 1)}$$
$$= 0{,}16$$

É claro, este valor é o mesmo que o obtido pela expressão equivalente, a Equação (9.17a). A escolha da fórmula para o cálculo de $W$ é feita pelo usuário. A Equação (9.17c) é mais fácil, pois os cálculos são rápidos. Muitas calculadoras podem calcular a soma dos quadrados dos desvios diretamente, então a Equação (9.17a) pode ser apropriada neste caso.

Para os mesmos dados, podemos encontrar média$(r_s)$ pelos dois métodos. Uma maneira seria encontrar as três correlações posto-ordem $r_{S_{xy}}$, $r_{S_{xz}}$ e $r_{S_{yz}}$. Então poderia ser feita a média destes três valores. Para os dados na Tabela 9.10, $r_{S_{xy}} = 0{,}31$, $r_{S_{yz}} = -0{,}54$ e $r_{S_{xz}} = -0{,}54$. A média destes valores é

$$\text{média}(r_s) = \frac{0{,}31 + (-0{,}54) + (-0{,}54)}{3}$$
$$= -0{,}26$$

Outra maneira para encontrar a média$(r_s)$ seria usar a Equação (9.16):

$$\text{média}(r_s) = \frac{kW - 1}{k - 1} \qquad (9.16)$$

$$= \frac{3(0{,}16) - 1}{3 - 1}$$

$$= -0{,}26$$

Ambos os métodos fornecem o mesmo valor, média($r_s$) = – 0,26. Como mostrado antes, este valor é uma função linear do valor de $W$.

Uma diferença entre usar $W$ e média($r_s$) para expressar a concordância entre $k$ ordenações é que a média($r_s$) pode tomar valores entre – 1/($k$ – 1) e + 1, enquanto que $W$ varia entre 0 e + 1, independentemente do número de conjuntos de postagens. A razão pela qual $W$ não pode ser negativo é porque quando mais do que dois conjuntos de postos estão envolvidos, as ordenações não podem estar completamente em discordância. Por exemplo, se o juiz $X$ e o juiz $Y$ estão em discordância, e o juiz $X$ também está em discordância com o juiz $Z$, então os juízes $Y$ e $Z$ precisam concordar. Isto é, quando mais do que dois juízes estão envolvidos, concordância e discordância não são simetricamente opostas. Em um grupo de $k$ juízes podem todos concordar, mas não podem todos discordar completamente. Portanto $W$ precisa ser 0 ou positivo. Também, como foi observado nos fundamentos lógicos para $W$, o numerador é um índice da variabilidade das ordenações. Quando não há nenhum consenso entre os juízes, a variabilidade das ordenações será zero, isto é, o posto médio será o mesmo para todos os objetos ordenados.

Como o intervalo da média($r_s$) depende do número de juízes, o limite inferior de – 1/($k$ – 1) não é diretamente comparável por meio dos conjuntos de dados. No exemplo acima, os dois primeiros juízes ($X$ e $Y$) discordam ($r_s$ = – 1), o juiz $Z$ também discorda perfeitamente do juiz $X$ ($r_s$ = – 1), e, conseqüentemente, $Y$ e $Z$ precisam concordar ($r_s$ = 1). Neste caso, média($r_s$) = – $\frac{1}{3}$. O valor mínimo possível de média($r_s$) para $k$ = 3 juízes é – $\frac{1}{2}$.

O leitor deve observar que $W$ tem uma relação linear com $r_s$, mas parece não ter nenhuma relação de ordem com $T$ de Kendall. Isto revela uma das vantagens de $r_s$ sobre $T$; no entanto, como veremos na Seção 9.7, há um índice de concordância correspondente para $T$.

### 9.6.4 Observações empatadas

Quando ocorrem observações empatadas, a cada uma delas é atribuída a média dos postos que teriam sido atribuídos se não tivessem ocorrido empates, o qual é o nosso procedimento usual na ordenação de escores empatados.

O efeito de postos empatados é reduzir o valor de $W$ encontrado pela Equação (9.17) (em qualquer uma de suas formas). Se a proporção de postos empatados é pequena, o efeito é desprezível e, então, a Equação (9.17) poderia ainda ser usada. No entanto, se a proporção de empates é grande ou se o pesquisador desejasse uma estimativa mais precisa, uma correção deve ser usada. Esta correção resultará em um leve aumento no valor de $W$ comparado ao valor que teria sido obtido se nenhuma correção tivesse sido feita. O fator de correção é o mesmo usado no coeficiente $r_s$ de correlação posto-ordem de Spearman:

$$T_j = \sum_{i=1}^{g_j} (t_i^3 - t_i)$$

onde $t_i$ é o número de postos empatados no $i$-ésimo agrupamento de empates, e $g_j$ é o número de grupos de empates no $j$-ésimo conjunto de ordenação. Então, $T_j$ é o fator de correção requerido para o $j$-ésimo conjunto de ordenação.

Com a correção para empates incorporada, a fórmula para o coeficiente de concordância de Kendall é

$$W = \frac{12\Sigma \bar{R}_i^2 - 3N(N+1)^2}{N(N^2-1) - (\Sigma T_j)/k} \qquad (9.18a)$$

ou

$$W = \frac{12\Sigma R_i^2 - 3k^2 N(N+1)^2}{k^2 N(N^2-1) - k\Sigma T_j} \qquad (9.18b)$$

onde $\Sigma T_j$ é a soma dos valores de $T_j$ para todos os $k$ conjuntos de postos.

**Exemplo 9.6a** Um grupo acadêmico e profissional, "The Society for Cross-Cultural Research" (SCCR), decidiu conduzir uma pesquisa entre seus associados com relação

**TABELA 9.11**
Classificação de fatores que influenciam a decisão de comparecer a um encontro profissional

| Avaliadores | Fatores | | | | | | | |
|---|---|---|---|---|---|---|---|---|
| | Preço da passagem | Clima | Época do encontro | Pessoas | Programa | Anúncio | Presença | Falta de interesse |
| 1 | 2 | 7 | 3 | 5 | 4 | 6 | 1 | 8 |
| 2 | 6 | 5 | 7 | 3 | 4 | 2 | 1 | 8 |
| 3 | 1 | 6 | 4 | 5 | 2 | 7 | 3 | 8 |
| 4 | 5 | 6 | 7 | 1 | 2 | 4 | 3 | 8 |
| 5 | 1 | 8 | 6 | 5 | 2 | 4 | 3 | 7 |
| 6 | 2 | 7 | 5 | 1 | 3 | 6 | 4 | 8 |
| 7 | 2 | 7 | 1 | 4 | 3 | 6 | 5 | 8 |
| 8 | 1 | 4 | 7 | 2 | 3 | 6 | 5 | 8 |
| 9 | 1 | 7 | 3 | 6 | 2 | 4 | 5 | 8 |
| 10 | 1 | 6 | 7 | 3 | 2 | 4 | 5 | 8 |
| 11 | 4 | 5 | 1 | 3 | 2 | 7 | 6 | 8 |
| 12 | 1 | 4 | 6 | 7 | 2 | 5 | 3 | 8 |
| 13 | 1 | 5 | 2 | 3 | 4 | 6 | 7 | 8 |
| 14 | 1 | 6 | 5 | 2 | 3 | 4 | 7 | 8 |
| 15 | 1 | 7 | 2 | 4,5 | 3 | 4,5 | 6 | 8 |
| 16 | 1 | 6 | 5 | 2,5 | 2,5 | 7 | 4 | 8 |
| 17 | 1 | 7 | 6 | 4 | 3 | 5 | 2 | 8 |
| 18 | 3 | 7 | 5 | 6 | 1 | 4 | 2 | 8 |
| 19 | 1 | 6 | 2 | 4 | 5 | 7 | 3 | 8 |
| 20 | 1 | 6 | 5 | 3 | 4 | 7 | 2 | 8 |
| 21 | 1 | 7 | 6 | 2 | 3 | 5 | 4 | 8 |
| 22 | 1,5 | 8 | 1,5 | 4,5 | 3 | 6 | 4,5 | 7 |
| $R_i$ | 39,5 | 137 | 96,5 | 80,5 | 62,5 | 116,5 | 85,5 | 174 |

à escolha de lugares para seu encontro anual.[15] Para avaliar o interesse da associação, foi solicitado a uma amostra de associados que classificassem e atribuíssem postos às características que poderiam ser usadas para descrever fatores que influenciam a participação potencial nos encontros da associação. Estes fatores incluem características tais como preço da passagem aérea, clima e conteúdo do programa.

Além de obter o posto médio atribuído a cada um dos fatores que influenciam a participação ao encontro, é desejável saber se os associados da amostra podem ser considerados como se tivessem chegado a um consenso. Uma maneira de medir consenso é determinar o grau de concordância entre os associados em seus julgamentos. O coeficiente de Kendall de concordância é uma medida que proveria um tal índice. Os postos atribuídos a cada um dos $N = 8$ fatores ou atributos para cada um dos $k = 22$ questionados são dados na Tabela 9.11. Um posto 1 significa que a característica seria importante na decisão de participar de encontros anuais, e um posto 8 seria atribuído ao aspecto menos importante.

Para calcular o coeficiente de concordância, é necessário primeiro calcular a soma dos postos para cada um dos itens que foram postados pelos associados questionados. (Se os dados não tivessem sido coletados como postos, teria sido necessário primeiro transformar os dados registrados em postos.) As somas dos postos são dados na base da Tabela 9.11. A soma dos quadrados dos postos é

$$\Sigma R_i^2 = 39{,}5^2 + 137^2 + 96{,}5^2 + 80{,}5^2 + 62{,}5^2 + 116{,}5^2 + 85{,}5^2 + 174^2$$
$$= 91.186{,}5$$

Deve ser observado que é possível, aqui, uma verificação sobre os cálculos já que $\Sigma R_i$ deve ser igual a $kN(N + 1)/2$. Como a soma observada é 792 e $22(8)(9)/2 = 792$, temos uma verificação parcial dos cálculos.

A seguir observamos que os associados questionados 15, 16 e 22 têm seus postos empatados. Portanto é necessário encontrar os termos de correção (os $T_j$'s) para calcular o valor de $W$ corrigido para empates. Para o 15º questionado, há um grupo de empates de tamanho 2; então $g_{15} = 1$ e $t_1 = 2$; assim,

$$T_{15} = 2^3 - 2 = 6$$

Similarmente, como o associado 16 teve um grupo de empates de tamanho 2, também $T_{16} = 6$. No entanto, o associado 22 teve dois grupos de empates, de modo que

$$T_{22} = (2^3 - 2) + (2^3 - 2)$$
$$= 12$$

---

[15] Starr, B. J. (Outono de 1982). A report from the SCCR Secretary-Treasurer. Society for Cross-Cultural Research: *SCCR Newsletter*, p. 3-4.

Com estes resultados, e como $N = 8$ e $k = 22$, podemos encontrar o valor de $W$ usando a Equação (9.18):

$$W = \frac{12\Sigma R_i^2 - 3k^2 N(N+1)^2}{k^2 N(N^2-1) - k\Sigma T_i} \qquad (9.18b)$$

$$= \frac{12(91186,5) - 3(22^2)(8)(8+1)^2}{22^2(8)(8^2-1) - 22(6+6+12)}$$

$$= \frac{153342}{243408}$$

$$= 0,630$$

Então podemos concluir que há uma boa concordância entre os associados questionados em suas ordenações de fatores importantes na decisão para participar de encontros da associação. Além disso, podemos concluir que o custo de passagens aéreas e conteúdo do programa são considerados como sendo os mais importantes (nesta ordem), falta de interesse na área de trabalho de intercâmbio cultural e clima são considerados os fatores menos importantes na decisão de participar ao encontro anual.

Foi observado anteriormente que $W$ está relacionado com o coeficiente de correlação posto-ordem de Spearman. Se tivéssemos calculado o valor de $r_s$ para cada um dos $\binom{22}{2} = 22(21)/2 = 231$ pares de associados questionados, teríamos também um índice de concordância fazendo a média dos valores. No entanto, em vez de calcular todos os pares, podemos usar a Equação (9.16):

$$\text{média}(r_s) = \frac{kW - 1}{k - 1} \qquad (9.16)$$

$$= \frac{22(0,630) - 1}{22 - 1}$$

$$= 0,61$$

Então a média de concordância entre os associados, concernente aos fatores que afetam a participação aos encontros, é 0,61.

Finalmente, deve ser destacado que se tivéssemos desconsiderado os empates no cálculo de $W$, isto é, se tivéssemos usado a Equação (9.17) ao invés da Equação (9.18), teríamos encontrado $W = 0,6286$, o qual é um pouco menor do que o valor obtido com a correção. O efeito de empates é pequeno neste caso porque o número de grupos de postos empatados é pequeno, e cada grupo de empates contém não mais do que dois empates.

### 9.6.5 Testando a significância de W

Assim como com várias outras técnicas estatísticas não-paramétricas apresentadas neste livro, o método para testar a significância do coeficiente de concordância de Kendall depende do tamanho da amostra – neste caso, do número de objetos que foram ordenados.

**PEQUENAS AMOSTRAS.** Podemos testar a significância de qualquer valor observado de $W$ determinando a probabilidade associada com a ocorrência, quando $H_0$ é verdadeira, de um valor tão grande quanto o valor observado. Se obtivermos a distribuição amostral de $W$ para todas as permutações nos $N$ postos, em todas as possíveis maneiras entre as $k$ postagens, teremos $(N!)^k$ conjuntos de postos possíveis. Com estes podemos testar a hipótese nula de que os $k$ conjuntos de postos são independentes, tomando desta distribuição a probabilidade associada com a ocorrência, sob $H_0$, de um valor tão grande quanto um $W$ observado.

Por este método, a distribuição de $W$ sob $H_0$ (a suposição de que as ordenações são independentes) tem sido trabalhada e certos valores críticos têm sido tabelados. A Tabela T do Apêndice fornece valores críticos de $W$ para os níveis $\alpha = 0{,}05$ e $\alpha = 0{,}01$ de significância. Esta tabela é aplicável para $k$ de 3 a 20 e para $N$ de 3 a 7. Se um $W$ observado é maior ou igual ao valor mostrado na Tabela T do Apêndice para um nível de significância particular, então $H_0$ pode ser rejeitada neste nível de significância. Deve ser relembrado que, como um índice de concordância, $0 \leq W \leq 1$, de modo que somente testes unilaterais concernentes a $W$ são apropriados.

Por exemplo, vimos que quando $k = 3$ executivos fictícios ordenaram $N = 6$ candidatos a um emprego, sua concordância foi $W = 0{,}16$. Uma consulta à Tabela T do Apêndice revela que o valor de $W$ não é significante no nível $\alpha = 0{,}05$. Para a concordância ter sido significante no nível $\alpha = 0{,}05$, o $W$ observado teria de ser $0{,}660$ ou maior.

**GRANDES AMOSTRAS** Quando $N$ é maior do que 7, a Tabela T do Apêndice não pode ser usada para determinar a significância de um $W$ observado. No entanto, a quantidade

$$X^2 = k(N-1)W \tag{9.19}$$

é aproximadamente distribuída como um qui-quadrado com $N - 1$ graus de liberdade. Isto é, a probabilidade associada com a ocorrência, quando $H_0$ é verdadeira, de qualquer valor tão grande quanto um $W$ observado, pode ser determinada encontrando $X^2$ por meio da Equação (9.19) e então determinando a probabilidade associada com um valor tão grande quanto um valor de $X^2$, consultando a Tabela C do Apêndice.

Se o valor calculado de $X^2$ a partir da Equação (9.19) é igual ou excede aquele mostrado na Tabela C do Apêndice para um nível de significância particular e um valor particular de $gl = N - 1$, então a hipótese nula $H_0$ de que as $k$ ordenações não são relacionadas (ou independentes) pode ser rejeitada nesse nível de significância.

**Exemplo 9.6b**[16] No estudo de fatores que influenciam a participação em encontros da Society for Cross-Cultural Research, $k = 22$ associados questionados classificaram $N = 8$ fatores e encontramos $W = 0{,}630$. Podemos determinar a significância de sua concordância aplicando a Equação (9.19):

$$\begin{aligned} X^2 &= k(N-1)W \tag{9.19} \\ &= 22(8-1)(0{,}630) \\ &= 97{,}02 \end{aligned}$$

---

[16] Estes dados também fazem parte da pesquisa da SCCR relatada anteriormente.

Consultando a Tabela C do Apêndice, encontramos que $X^2 \geq 97,02$ com

$$gl = N - 1 = 8 - 1 = 7$$

tem probabilidade de ocorrência sob $H_0$ de $p < 0,001$. Podemos concluir, com considerável confiança, que a concordância entre os 22 associados é mais alta do que seria se fosse devido ao acaso, isto é, se suas ordenações tivessem sido aleatórias ou independentes. A probabilidade muito baixa sob $H_0$ associada com o valor observado de $W$, nos permite rejeitar a hipótese nula de que as classificações dos associados não estão relacionadas umas com as outras e concluir que há um bom consenso entre os membros no que se refere aos fatores que afetam decisões para participar das reuniões da associação.

### 9.6.6 Resumo do procedimento

Estes são os passos no uso de $W$, o coeficiente de concordância de Kendall:

1. Seja $N$ o número de seres ou objetos a serem ordenados, e seja $k$ o número de juízes atribuindo postos. Coloque os postos observados em uma tabela $k \times N$.
2. Para cada objeto, determine $R_i$, a soma dos postos atribuídos a este objeto pelos $k$ juízes.
3. Determine o quadrado do valor de cada uma das somas $(R_i^2)$.
4. Se não há empates ou se a proporção de postos empatados é pequena, calcule o valor de $W$ com uma das formas da Equação (9.17). Se a proporção de empates entre os $N$ postos é grande, use a Equação (9.18) para determinar o valor de $W$.
5. O método para determinar se o valor observado de $W$ é significativamente diferente de zero, depende do tamanho de $N$, o número de objetos ordenados:

    a) Se $N \leq 7$, a Tabela T do Apêndice fornece os valores críticos de $W$ para níveis de significância $\alpha = 0,05$ e $\alpha = 0,01$.

    b) Se $N > 7$, a Equação (9.19) pode ser usada para calcular o valor de $X^2$, o qual é aproximadamente distribuído como um qui-quadrado, e cuja significância para $gl = N - 1$ pode ser testada consultando a Tabela C do Apêndice.

6. Se $W$ é maior do que o valor crítico encontrado pela Tabela C do Apêndice ou pela Tabela T do Apêndice, rejeite $H_0$ e conclua que as ordenações não são independentes.

### 9.6.7 Interpretação de W

Um valor alto ou significante de $W$ pode ser interpretado como significando que os $k$ observadores ou juízes estão aplicando essencialmente o mesmo padrão na ordenação dos $N$ objetos em estudo. Muitas vezes suas ordenações podem ser usadas como um "padrão", especialmente quando não há critério externo relevante para ordenar os objetos.

Deve ser enfatizado que um valor alto ou significante de $W$ não significa que as ordenações observadas são *corretas*. De fato, elas podem ser todas incorretas com relação a algum critério externo. Por exemplo, os 22 membros questionados no exemplo concordam bem ao julgar quais fatores são importantes para determinar a participação aos encontros anuais da sociedade; no entanto, somente o tempo poderá dizer se seus julgamentos foram confirmados. É possível que vários juízes possam concordar ao ordenar objetos por empregarem o critério "errado". Neste caso, um $W$ alto ou significante simplesmente mostraria que todos mais ou menos concordam no uso de um critério "errado". Para estabelecer a questão de uma outra maneira, um alto grau de concordância sobre uma ordenação não significa necessariamente que a ordem sobre a qual houve concordância é a ordem "objetiva". Em ciências do comportamento, ordenações "objetivas" e ordenações "consensuais" são muitas vezes consideradas como sendo sinônimas.

Kendall sugere que a melhor estimativa da ordenação "verdadeira" dos $N$ objetos é fornecida, quando $W$ é significante, pela ordem das várias somas de postos $R_i$ ou, equivalentemente, as médias das postagens $\bar{R}_i$. Se o critério sobre o qual vários juízes concordaram é aceito (como evidenciado pela magnitude e significância de $W$) na ordenação de $N$ entidades, então a melhor estimativa da "verdadeira" ordenação é fornecida pela ordem das somas (ou médias) dos postos. Esta "melhor estimativa" é associada, em um certo sentido, com a estimativa de mínimos quadrados. Então, no exemplo do emprego dado anteriormente, nossa melhor estimativa seria que o candidato $a$ ou $f$ (ver Tabela 9.10) deveria ser contratado para a vaga de emprego, pois em cada um destes casos as somas dos postos são iguais – $R_1 = R_6 = 8$ – o mais baixo valor observado. E nossa melhor estimativa seria que, dos oito fatores que afetam a freqüência a encontros da SCCR, o custo de passagens aéreas é o fator mais importante e a falta de interesse é o fator menos importante.

Finalmente, deve ser observado que o coeficiente de concordância $W$ de Kendall é bastante relacionado com a estatística $F_r$ de Friedman, discutida na Seção 7.2. O leitor cuidadoso irá notar que na discussão da análise de variância de dois fatores de Friedman, o modelo foi descrito como um conjunto de $k$ medidas sobre cada um dos $N$ sujeitos. Em nossa discussão de $W$, descrevemos o modelo como envolvendo um conjunto de $k$ juízes atribuindo postos a cada um de $N$ objetos. As duas estatísticas são linearmente relacionadas, mas, em nossa apresentação, $N$ e $k$ têm papéis trocados nas duas estatísticas.

### 9.6.8 Eficiência

Não há um análogo paramétrico direto para $W$ interpretado como um índice de concordância entre um conjunto de $k$ ordenações. Entretanto, como um teste de igualdade de $N$ ordenações, podemos apelar para a sua relação com a análise de variância de dois fatores de Friedman. Neste caso, quando as suposições para a análise de variância são satisfeitas, a eficiência de $W$ é baixa quando $N = 2(2/\pi = 0,64)$, mas cresce para $0,80$ quando $N = 5$ e para $3/\pi = 0,955$ quando $N$ é grande. Então, a eficiência do teste aumenta quando o número de objetos ordenados cresce.

### 9.6.9 Referências

Discussões sobre o coeficiente de concordância de Kendall são encontradas em Friedman (1940) e em Kendall (1975). Outras discussões mais recentes podem ser encontradas em Gibbons (1985).

## 9.7 O COEFICIENTE DE CONCORDÂNCIA $u$ DE KENDALL PARA COMPARAÇÕES EMPARELHADAS OU ORDENAÇÕES

Quando discutimos o coeficiente de concordância $W$ de Kendall, ele foi descrito como um índice de similaridade das ordenações dos postos, produzidas por cada um dos $k$ juízes. Nesta seção, discutiremos uma medida similar, $W_T$, a qual é baseada sobre o *coeficiente de concordância u de Kendall*. Algumas vezes, em vez de solicitar a um grupo de juízes para atribuir postos a um conjunto de objetos, podemos apresentar a eles pares de objetos e solicitar a cada juiz a indicação de uma preferência por um dos dois objetos. Uma tarefa que consiste em solicitar a sujeitos que indiquem preferências por um dos elementos de um par de objetos é chamada *comparações emparelhadas*.

No método de comparações emparelhadas, as preferências entre o conjunto de objetos podem ser inconsistentes. Isto é, se existem três objetos para serem comparados – digamos, $A$, $B$ e $C$ –, o sujeito pode preferir $A$ ao $B$, $B$ ao $C$, mas, também, preferir $C$ ao $A$. Se tivéssemos solicitado ao sujeito que atribuísse postos aos objetos, seria impossível já que, quando objetos são ordenados, as preferências duas a duas precisam ser consistentes.[17] Apesar de podermos tentar evitar preferências inconsistentes em uma pesquisa particular, deve ser observado que elas podem ocorrer mais freqüentemente do que se poderia supor. Considere o seguinte exemplo: Solicitamos a um estudante das séries iniciais que atribuísse postos a um grupo de colegas a partir daquele com quem ele mais gostaria de brincar até aquele com quem ele menos gostaria de brincar. Uma tal tarefa é difícil porque estamos solicitando a uma criança que atribua postos a um grupo, do primeiro ao último, o que não é um comportamento "natural"; além disso, isto pode não ser possível pois as preferências podem não ser transitivas. No entanto, se apresentamos à criança os nomes de dois colegas, seria possível, e certamente mais natural, indicar uma preferência por uma pessoa em cada par.

Quando os dados são colocados juntos pelo método de comparações emparelhadas, é possível calcular o grau de concordância entre indivíduos em suas preferências. Nesta seção, vamos discutir um coeficiente de concordância $u$ apropriado para dados de comparações emparelhadas. Além disso, veremos que este coeficiente é relacionado com a média do coeficiente de correlação posto-ordem $T$ de Kendall quando os dados estão em postos.

### 9.7.1 Fundamentos lógicos e método

Para calcular o coeficiente de concordância, precisamos olhar somente para as preferências de cada indivíduo e então agregá-las em um único índice. Suponha que uma pessoa seja solicitada a indicar preferências para $N = 4$ objetos. Para fazer isto, precisaríamos apresentar $\binom{4}{2} = (4)(3)/2 = 6$ pares ao sujeito que indicaria uma preferência por um membro de cada par. Cada par pode ser denotado por $(a, b)$, e a pessoa expressa uma preferência $a > b$ ou $b > a$. (Leia > como "é preferível a".) Assim, para os seis pares apresentados, suponha que as preferências tivessem sido as seguintes:

---

[17] Comparações duas a duas que são consistentes são também *transitivas*. Ver discussão sobre escalas ordinais na Seção 3.3.2.

| Par | Preferência |
|---|---|
| (a, b) | a |
| (a, c) | a |
| (a, d) | d |
| (b, c) | b |
| (b, d) | d |
| (c, d) | d |

Estas preferências podem ser resumidas em uma matriz de preferência. Uma matriz de preferência é uma tabela resumindo o número de vezes que cada objeto é preferido (ou ordenado antes) a cada um dos outros objetos. A tabela contém uma entrada para cada par, na qual a variável *linha* é preferida à variável *coluna*. A matriz de preferência para as preferências dadas acima é a seguinte:

**Matriz de Preferência**

|   | a | b | c | d |
|---|---|---|---|---|
| a | — | 1 | 1 | — |
| b | — | — | 1 | — |
| c | — | — | — | — |
| d | 1 | 1 | 1 | — |

Se há vários juízes ou sujeitos atribuindo postos, então suas preferências são combinadas na matriz de preferência. Para ilustrar o cálculo, usaremos o exemplo de ordenação da Seção 9.6.3. Estes dados estão novamente resumidos no topo da Tabela 9.12. A seguir, transformamos estes postos na tabela de preferência dada na base da Tabela 9.12. Deve ser destacado que, se tivesse ocorrido completa concordância entre os três executivos, exatamente 15 células da tabela teriam entradas, e cada entrada seria igual a 3. [Em geral, se há completa concordância entre $k$ juízes, fazendo comparações emparelhadas entre $N$ objetos, então $N(N-1)/2$ células teriam freqüências iguais a $k$. As $N(N-1)/2$ células restantes conteriam 0.] Kendall propôs um coeficiente de concordância entre os juízes o qual é:

$$u = \frac{2\sum_{i=1}^{N}\sum_{j=1}^{N}\binom{a_{ij}}{2}}{\binom{k}{2}\binom{N}{2}} - 1 \qquad (9.20a)$$

onde $a_{ij}$ é o número de vezes que o objeto associado com a linha $i$ é preferido ao objeto associado com a coluna $j$. Apesar do cálculo de $u$ envolver operações matemáticas

### TABELA 9.12
Postos atribuídos a seis candidatos a um emprego por três executivos da empresa (dados artificiais)

| Juízes | Candidato | | | | | |
|---|---|---|---|---|---|---|
| | a | b | c | d | e | f |
| Executivo X | 1 | 6 | 3 | 2 | 5 | 4 |
| Executivo Y | 1 | 5 | 6 | 4 | 2 | 3 |
| Executivo Z | 6 | 3 | 2 | 5 | 4 | 1 |

Matriz de preferência

| | a | b | c | d | e | f |
|---|---|---|---|---|---|---|
| a | — | 2 | 2 | 2 | 2 | 2 |
| b | 1 | — | 1 | 1 | 1 | 0 |
| c | 1 | 2 | — | 1 | 2 | 1 |
| d | 1 | 2 | 2 | — | 1 | 1 |
| e | 1 | 2 | 1 | 2 | — | 1 |
| f | 1 | 3 | 2 | 2 | 2 | — |

bastante cansativas e complicadas, ele pode ser feito de forma direta. Se manipularmos as expressões combinatórias e as simplificarmos, a Equação (9.20a) pode ser reescrita na seguinte forma:

$$u = \frac{4\sum_{i=1}^{N}\sum_{j=1}^{N} a_{ij}(a_{ij}-1)}{k(k-1)N(N-1)} - 1 \quad (9.20b)$$

Novamente, observando alguns relacionamentos (principalmente entre as células da metade superior e da metade inferior da matriz), podemos simplificar mais ainda a fórmula computacional:

$$u = \frac{8(\Sigma a_{ij}^2 - k\Sigma a_{ij})}{k(k-1)N(N-1)} + 1 \quad (9.20c)$$

onde o somatório é tomado sobre os $a_{ij}$'s abaixo *ou* acima da diagonal. Se há menos entradas não-nulas (ou entradas menores) sobre um lado da diagonal, aquele lado pode ser escolhido por conveniência quando se aplicar a Equação (9.20c) para o cálculo do coeficiente de concordância.

Para a matriz de preferência dada na Tabela 9.12, temos as seguintes somas para os $a_{ij}$ abaixo da diagonal:

$$\Sigma a_{ij} = 1 + 1 + 1 + 1 + 1 + 2 + 2 + 2 + 3 + 2 + 1 + 2 + 2 + 2 + 2$$
$$= 25$$

e  $\Sigma a_{ij}^2 = 1^2 + 1^2 + 1^2 + 1^2 + 1^2 + 2^2 + 2^2 + 2^2 + 3^2$
$+ 2^2 + 1^2 + 2^2 + 2^2 + 2^2 + 2^2$

$= 47$

Com estes valores, calculamos $u$ usando a Equação (9.20c):

$$u = \frac{8(\Sigma a_{ij}^2 - k\Sigma a_{ij})}{k(k-1)N(N-1)} + 1 \qquad (9.20c)$$

$$= \frac{8[47 - 3(25)]}{(3)(2)(6)(5)} + 1$$

$$= \frac{8(-28)}{(6)(30)} + 1$$

$$= -0,244$$

O leitor pode verificar que este valor é o mesmo que obteríamos se tivéssemos aplicado a Equação (9.20c) para as entradas acima da diagonal ou usado a Equação (9.20a) ou (9.20b).

Um aspecto útil deste coeficiente é que, se as comparações emparelhadas para cada sujeito são consistentes, isto é, uma ordenação dos $N$ objetos poderia ser feita, então $u$ é igual à média $T$. Alternativamente, se calculamos a correlação posto-ordem de Kendall para cada par de juízes, então a média de todos os $T$'s seria igual a $u$. No exemplo da classificação de candidatos a um emprego por executivos, $T_{xy} = 0,20$, $T_{yz} = -0,467$ e $T_{xz} = -0,467$; média($T$) = $(0,20 - 0,467 - 0,467)/3 = -0,244$, que é o valor obtido usando a Equação (9.20).

Como vimos na discussão sobre o coeficiente de concordância $W$ de Kendall, aquele índice era uma função do coeficiente de correlação posto-ordem de Spearman médio. Assim como a estatística média($r_s$), $u$ seria igual a um quando houvesse concordância completa entre os juízes. No entanto, apesar de cada valor de $T$ poder variar de $-1$ a $+1$, o $T$ médio não pode atingir um mínimo de $-1$. Isto porque, quando há mais do que dois conjuntos de ordenação, eles não podem estar todos em discordância (ou em ordem "reversa" de postos) um com relação ao outro. De fato, o valor mínimo de $u$ é $-1/(k-1)$ quando $k$ é par e $-1/k$ quando $k$ é ímpar. Para ter um índice de concordância similar ao coeficiente de concordância de Kendall, podemos definir $W_T$ como

$$W_T = \frac{(k-1)u + 1}{k} \qquad \text{se } k \text{ é par} \qquad (9.21a)$$

e  $$W_T = \frac{ku + 1}{k + 1} \qquad \text{se } k \text{ é ímpar} \qquad (9.21b)$$

Então, assim como $W$, $W_T$ pode variar de 0 a 1. Para o exemplo dos três executivos,

$$W_T = \frac{3(-0,244) + 1}{3 + 1}$$

$$= 0,067$$

o que indica que há uma concordância pequena entre os executivos. Como esperaríamos, o valor está de acordo com o valor do coeficiente de concordância de Kendall calculado na Seção 9.5 onde encontramos $W = 0,16$.

**Exemplo 9.7a.** A teoria de decisão de múltiplos atributos é aplicada para tomada de decisão de pessoas, em um esforço para desenvolver modelos de tomada de decisão que não só ajudem psicólogos a entender melhor o processo de tomada de decisão, como também servem como uma ajuda para aperfeiçoar o processo de tomada de decisão quando elas são tomadas sob incerteza. A teoria de utilidade de múltiplos atributos modela o processo de decisão como um modelo linear; isto é, ela admite que decisões podem ser modeladas como uma soma ponderada das variáveis ou fatores envolvidos na decisão. Os pesos aplicados aos fatores são usualmente pesos de "importância" baseados nos julgamentos individuais da importância de cada fator ao tomar uma decisão. Em um estudo designado para avaliar a aplicabilidade de modelos de utilidade de múltiplos atributos para decisões concernentes ao uso da terra,[18] sujeitos foram solicitados a classificar a importância de cinco fatores gerais que descrevem o efeito de certas normas para uso da terra. Os fatores identificados no estudo foram:

1. Uso múltiplo, por exemplo, a localização, o acesso e o tipo de atividades possíveis no lugar.
2. Beleza, recreação e vida selvagem, por exemplo, o suporte potencial para populações de vida selvagem, esportes ao ar livre e paisagens.
3. Reservas de produtividade, por exemplo, o potencial para óleo e gás, produtos florestais, agricultura e mineração.
4. Ganho potencial para o governo, por exemplo, ganhos em *royalties* e custos de manutenção
5. Condições econômicas, por exemplo, impacto sobre taxa básica local, emprego e efeito sobre grupos vulneráveis.

Para determinar a importância de cada fator para cada pessoa no estudo, foram apresentados, a cada sujeito, os cinco fatores aos pares, para que indicasse qual dos dois ele considerava mais importante para chegar a decisões concernentes ao uso da terra. Como havia cinco fatores, cada sujeito julgou 10 pares de fatores. Devido ao modo como as comparações emparelhadas foram feitas, há a possibilidade de que um sujeito julgue ambos os membros de um par como sendo de igual importância.

Apesar de ser esperado que, em qualquer análise de fatores concernentes ao uso da terra, pessoas expressarão uma ampla variedade de opiniões, é, mesmo assim, desejável determinar o grau de consenso entre opiniões de pessoas concernentes aos fatores afetando o uso da terra. Como os dados neste estudo são comparações emparelhadas, o coeficiente de concordância de Kendall é uma estatística apropriada para avaliar a concordância entre os juízes.

Em uma condição no estudo, $k = 10$ sujeitos ou juízes fizeram comparações emparelhadas entre $N = 5$ fatores. Suas escolhas estão resumidas na matriz de prefe-

---

[18] Sawyer, T. A., e Castellan, N. J., Jr. (1983). Preferences among predictions and the correlation between predicted and observed judgments (estudo não-publicado).

## TABELA 9.13
Matriz de preferência para 10 sujeitos no estudo do uso da terra

|  | Uso múltiplo | Beleza | Reservas | Lucro | Condição econômica |
|---|---|---|---|---|---|
| Uso múltiplo | — | 3 | $4\frac{1}{2}$ | $7\frac{1}{2}$ | $2\frac{1}{2}$ |
| Beleza | 7 | — | 8 | 10 | 7 |
| Reservas | $5\frac{1}{2}$ | 2 | — | 6 | $2\frac{1}{2}$ |
| Lucro | $2\frac{1}{2}$ | 0 | 4 | — | 1 |
| Condição econômica | $7\frac{1}{2}$ | 3 | $7\frac{1}{2}$ | 9 | — |

rência dada na Tabela 9.13. Esta matriz de preferência foi formada agregando as matrizes de preferência para cada um dos 10 sujeitos. (Deve ser observado que, quando um sujeito é indiferente aos elementos de um par, uma contagem de um meio é registrada em cada uma das células correspondentes na matriz.) O coeficiente de concordância foi então calculado:

$$u = \frac{8(\Sigma a_{ij}^2 - k\Sigma a_{ij})}{k(k-1)N(N-1)} + 1 \tag{9.20c}$$

$$= \frac{8[(7^2 + 5{,}5^2 + \ldots + 9^2) - 10(7 + 5{,}5 + \ldots + 9)]}{(10)(10-1)(5)(5-1)} + 1$$

$$= \frac{8[(308) - 10(48)]}{(10)(9)(5)(4)} + 1$$

$$= 0{,}236$$

Então vemos que há uma concordância modesta entre os sujeitos em suas preferências pelos fatores. Na próxima seção, determinaremos se este grau de concordância representa um desvio significativo de uma concordância aleatória entre os juízes.

Apesar de poder parecer conveniente calcular $W_T$ para estes postos, é preciso lembrar que ele seria apropriado somente se as classificações tivessem sido ordenadas. Como as classificações foram feitas por comparações emparelhadas, o índice de concordância $W_T$ não é calculado para estes dados.

### 9.7.2 Testando a significância de *u*

A estatística $u$ pode ser considerada como uma estimativa de um parâmetro populacional $\upsilon$, o qual representa o verdadeiro grau de concordância na população. Neste caso, a população consiste de objetos sendo ordenados. Ao contrário de muitas outras estatísticas discutidas neste livro, ao testar hipóteses concernentes ao coeficiente de concordância, há dois casos a serem considerados já que a distribuição amostral de $u$ depende de os dados serem comparações emparelhadas ou postos. Discutiremos um de cada vez. Precisa ser enfatizado que, a fim de testar hipóteses sobre $u$ propriamente, o pesquisador precisa conhecer a natureza dos dados sobre os quais o coeficiente de concordância foi calculado.

**TESTANDO SIGNIFICÂNCIA QUANDO OS DADOS SÃO COMPARAÇÕES EMPARELHADAS.** Quando os dados usados para calcular o coeficiente de concordância são comparações emparelhadas, podemos testar a hipótese nula $H_0$: $u = 0$ contra a hipótese $H_1$: $u =\backslash 0$. Isto é, a hipótese nula é que não há concordância entre os juízes, e a alternativa é que o grau de concordância é maior do que se poderia esperar se as comparações emparelhadas tivessem sido feitas aleatoriamente. Se o número de juízes ou classificadores é pequeno ($k \leq 6$) e o número de variáveis ou fatores sendo ordenados é pequeno ($N \leq 8$), então a Tabela U do Apêndice pode ser usada para testar hipóteses concernentes à concordância. Para cada valor de $k$ e $N$, a tabela lista os possíveis valores de $u \geq 0$ junto com a probabilidade de obter um valor de $u$ maior ou igual ao valor tabelado. Suponha que $k = 4$ juízes classificaram um grupo de $N = 6$ objetos pelo método de comparações emparelhadas. Suponha, além disso, que o valor observado de $u$ foi 0,333. Consultando a Tabela U do Apêndice, vemos que a probabilidade de observar um valor de $u \geq 0,333$ tem probabilidade de ocorrência de 0,0037 se os juízes tivessem alocado suas preferências aleatoriamente. Neste caso, seria apropriado concluir que existe uma concordância significante entre os juízes. Por conveniência, na Tabela U do Apêndice, também estão incluídos os valores de S correspondentes aos somatórios na Equação (9.20c):

$$S = \Sigma a_{ij}^2 - k\Sigma a_{ij}$$

Em alguns casos, pode ser mais conveniente determinar a significância de $u$ usando S em vez de $u$.

Para outros valores de $k$ e $N$, podemos usar uma aproximação para grandes amostras para a distribuição amostral. Neste caso, a estatística do teste é

$$X^2 = \binom{N}{2}[1 + u(k-1)]$$

$$= \frac{N(N-1)[1 + u(k-1)]}{2} \quad (9.22)$$

a qual é assintoticamente distribuída como $\chi^2$ com $\binom{N}{2} = N(N-1)/2$ graus de liberdade. O teste é bastante relacionado ao teste de aderência qui-quadrado discutido na Seção 4.2.

**Exemplo 9.7b** No exemplo de tomada de decisão dado anteriormente nesta seção, o valor do coeficiente de concordância de Kendall foi $u = 0,236$. Para testar a hipótese de que há concordância entre os $k = 10$ sujeitos em classificar os $N = 5$ fatores afetando o uso da terra, não podemos usar a Tabela U do Apêndice porque a tabela é limitada a $k \leq 6$. Portanto, devemos testar a hipótese $H_0$: $\upsilon = 0$ usando a Equação (9.22):

$$X^2 = \frac{N(N-1)[1 + u(k-1)]}{2} \qquad (9.22)$$

$$= \frac{(5)(5-1)[1 + (0,236)(10-1)]}{2}$$

$$= 10(1 + 2,124)$$

$$= 31,24$$

a qual é assintoticamente distribuída como $\chi^2$ com $\binom{N}{2} = 5(5-1)/2 = 10$ graus de liberdade. A Tabela C do Apêndice mostra que podemos rejeitar a hipótese nula $H_0$: $\upsilon = 0$ no nível $\alpha = 0,001$ e concluir que há uma forte concordância entre os sujeitos em suas classificações da importância dos fatores de uso da terra.

**TESTANDO A SIGNIFICÂNCIA QUANDO OS DADOS SÃO POSTOS.** Quando os dados usados para calcular o coeficiente de concordância são baseados sobre postos, o teste de significância pode ser escrito em termos de $\bar{\tau}$, o qual é o valor na população para a média $\tau$. Então a hipótese nula é $H_0$: $\bar{\tau} = 0$; a hipótese alternativa é que $\bar{\tau} \neq 0$. (De forma equivalente, poderíamos considerar a hipótese de que o valor populacional é $W_\tau = 0$ contra a hipótese de que $W_\tau \neq 0$.) O teste de significância é

$$X^2 = \frac{6(2N+5)\binom{N}{2}\binom{k}{2}}{(k-2)(2N^2 + 6N + 7)}|u| + f$$

$$= \frac{3(2N+5)N(N-1)k(k-1)}{2(k-2)(2N^2 + 6N + 7)}|u| + f \qquad (9.23)$$

o qual é distribuído aproximadamente como $\chi^2$ com $f$ graus de liberdade:

$$f = \frac{2(2N+5)^3\binom{N}{2}\binom{k}{2}}{(k-2)^2(2N^2 + 6N + 7)^2}$$

$$= \frac{(2N+5)^3 N(N-1)k(k-1)}{2(k-2)^2(2N^2 + 6N + 7)^2} \qquad (9.24)$$

Deve ser observado que, em geral, o número de graus de liberdade determinado com a Equação (9.24) não será um inteiro. Para o uso apropriado da aproximação, é suficiente reduzir $f$ ao mais próximo menor inteiro ao entrar em uma tabela da distribuição $\chi^2$ tal como a Tabela C do Apêndice.

No exemplo dos três executivos discutido anteriormente (ver Tabela 9.12), encontramos que $u = -0{,}244$. Para testar a hipótese $H_0$: $\bar{\tau} = 0$, primeiro usamos a Equação (9.24) para encontrar $f$, os graus de liberdade:

$$f = \frac{(2N + 5)^3 N(N - 1)k(k - 1)}{2(k - 2)^2(2N^2 + 6N + 7)^2} \quad (9.24)$$

$$= \frac{[(2)(6) + 5]^3 (6)(6 - 1)(3)(3 - 1)}{2(3 - 2)^2[(2(6^2) + (6)(6) + 7]^2}$$

$$= \frac{(17^3)(6)(5)(3)}{115^2}$$

$$= 33{,}43$$

A seguir, usamos a Equação (9.23) para encontrar o valor de $X^2$:

$$X^2 = \frac{3(2N + 5)N(N - 1)k(k - 1)}{2(k - 2)(2N^2 + 6N + 7)} |u| + f \quad (9.23)$$

$$= \frac{3[(2)(6) + 5](6)(6 - 1)(3)(3 - 1)}{2(3 - 2)[(2)(6^2) + (6)(6) + 7]} |-0{,}244| + f$$

$$= \frac{(3)(17)(6)(5)(3)(2)}{2[(2)(36) + (6)(6) + 7]} |-0{,}244| + f$$

$$= \frac{(9180)|-0{,}244|}{230} + 33{,}43$$

$$= 43{,}17$$

Uma consulta à Tabela C do Apêndice com $f = 33$ graus de liberdade indica que não podemos rejeitar a hipótese de que as ordenações dos executivos aos candidatos não estão relacionadas (ou são independentes) no nível $\alpha = 0{,}05$. Este resultado é consistente com aquele relatado na Seção 9.6.5.

### 9.7.3 Resumo do procedimento

Estes são os passos na determinação de $u$, o coeficiente de concordância de Kendall:

1. Seja $N$ o número de entidades ou objetos a serem classificados (ou por postos ou por comparações emparelhadas) e seja $k$ o número de juízes que fazem as classificações. Coloque os dados em uma tabela de preferência $N \times N$ como descrito na Seção 9.7.1. Se há postos empatados, adicione $\frac{1}{2}$ a cada célula $ij$ e $ji$ nas quais ocorrem os empates. Denote a freqüência total na $ij$-ésima célula como $a_{ij}$.

2. Com o uso ou das freqüências acima ou das freqüências abaixo da diagonal (qualquer uma que for conveniente), calcule $\Sigma a_{ij}^2$ e $\Sigma a_{ij}$ e determine o valor de $u$ com a Equação (9.20c).
3. O método para determinar se o valor observado de $u$ é significantemente diferente de 0, depende de se os dados foram obtidos por comparações emparelhadas ou por ordenações:

   a) Se os dados foram obtidos pelo método das comparações emparelhadas, a Tabela U do Apêndice dá as probabilidades da cauda superior para $u$, para $k \leq 6$ e $N \leq 8$. Se a magnitude de $k$ ou de $N$ não permite o uso da Tabela U do Apêndice, a Equação (9.22) pode ser usada para calcular o valor de $X^2$ o qual é distribuído aproximadamente como $\chi^2$, e cuja significância para $gl = N(N-1)/2$ pode ser determinada usando a Tabela C do Apêndice.

   b) Se os dados foram obtidos pelo método de ordenações, a Equação (9.23) pode ser usada para calcular $X^2$ a qual é distribuída aproximadamente como $\chi^2$ com graus de liberdade dados pela Equação (9.24). A significância de $u$ pode ser obtida usando a Tabela C do Apêndice. [Se os graus de liberdade obtidos com a Equação (9.24) não são inteiros, reduza o valor ao menor inteiro mais próximo antes de entrar na Tabela C do Apêndice.]

4. Se a probabilidade da cauda superior obtida com a Tabela U do Apêndice ou com a Tabela C do Apêndice é menor ou igual à probabilidade predeterminada $\alpha$, rejeite $H_0$ e conclua que as classificações (comparações emparelhadas ou ordenações) não são independentes.

## 9.7.4 A correlação $T_C$ entre vários juízes e um critério de ordenação

Uma vantagem do coeficiente de concordância $u$ de Kendall sobre o uso de $W$, o outro coeficiente de concordância de Kendall, é que ele é a *média* da correlação posto-ordem de Kendall entre vários juízes. Outra vantagem é que ele generaliza diretamente a correlação entre vários juízes e um critério de ordenação. Suponha que houvesse vários indivíduos em treinamento clínico aos quais foi solicitado que atribuíssem postos a um grupo de pacientes em ordem de gravidade de patologia. O coeficiente de correlação posto-ordem $r_s$ de Spearman e o coeficiente de correlação posto-ordem $T$ de Kendall fornecem um índice da relação entre duas ordenações, e o coeficiente de concordância $W$ de Kendall e o coeficiente de concordância $u$ de Kendall fornecem uma indicação da concordância *entre* os classificadores; no entanto, estas medidas não medem quão próximas as postagens estão de acordo com um critério especificado. Nesta seção esboçamos um procedimento para calcular $T_C$, a correlação entre $k$ conjuntos de ordenação e um critério de ordenação. Deve ser ressaltado que $T_C$ é a média dos coeficientes de correlação posto-ordem de Kendall entre cada ordenação e seu critério. No entanto, vamos verificar que há uma maneira relativamente simples para calcular a correlação $T_C$, e que podemos também executar um teste para a significância de $T_C$.

**O CÁLCULO DE $T_C$.** O primeiro passo ao calcular $T_C$ é determinar o critério de ordenação para $N$ objetos. Use esta ordenação para construir uma matriz de preferência na qual os objetos (variáveis) são listados na ordem do critério. A seguir, para cada um dos $k$ juízes ou indivíduos que atribuem os postos, coloque os postos na matriz de preferência usando o método delineado na Seção 9.7.1. Então, denotando a soma das freqüências acima da diagonal como $\Sigma^+ a_{ij}$ e daquelas abaixo da diagonal como $\Sigma^- a_{ij}$, podemos calcular $T_C$, a correlação com um critério de ordenação:

$$T_C = \frac{2(\Sigma^+ a_{ij} - \Sigma^- a_{ij})}{kN(N-1)} \quad (9.25)$$

Alternativas, e muitas vezes mais convenientes, formas de cálculo para $T_C$ são:

$$T_C = \frac{4\Sigma^+ a_{ij}}{kN(N-1)} - 1 \quad (9.25a)$$

e
$$T_C = 1 - \frac{4\Sigma^- a_{ij}}{kN(N-1)} \quad (9.25b)$$

Deve ser observado que $\Sigma^+ a_{ij}$ é o número de concordâncias entre ordenações com o critério assumido pelos juízes. Similarmente, $\Sigma^- a_{ij}$ é o número de discordâncias na ordem entre as ordenações.

**TESTANDO A SIGNIFICÂNCIA DE $T_C$.** As probabilidades da cauda superior para a distribuição amostral de $T_C$ são dadas na Tabela V do Apêndice para $k = 2$ e $3$ e $2 \leq N \leq 5$. Para outros valores, a distribuição amostral de $T_C$ é aproximadamente normal. Portanto, para testar a hipótese $H_0$: $\tau_C = 0$ contra a hipótese alternativa $H_1$: $\tau_C > 0$ podemos usar a estatística

$$z = \left[ T_C \pm \frac{2}{kN(N-1)} \right] \frac{3\sqrt{kN(N-1)}}{\sqrt{2(2N+5)}} \quad (9.26)$$

a qual tem distribuição aproximadamente normal com média 0 e desvio padrão 1. A Tabela A do Apêndice pode ser usada para estimar probabilidades associadas com valores de $T_C$. Ao calcular $z$, $2/kN(N-1)$ é subtraído do numerador se $T_C > 0$, caso contrário a quantidade é adicionada (o qual seria o caso se fossemos testar a hipótese $H_1$: $\tau_C < 0$).

**Exemplo 9.7c**[19] Suponha que $k = 5$ juízes tenham postado $N = 5$ objetos e desejássemos determinar a correlação entre as ordenações dos juízes e um critério de ordenação. Por conveniência, o critério de ordenação dos objetos segue a ordem de seus códigos de rótulos, isto é, A, B, C, D, E. As postagens atribuídas pelos juízes aos objetos são dadas na Tabela 9.14. O critério de ordenação é usado para rotular as linhas e colunas da matriz de preferência na porção inferior da Tabela 9.14. Usando as ordenações, os dados são então resumidos na tabela de preferência. Para estes dados encontramos que $\Sigma^+ a_{ij} = 37$ e $\Sigma^- a_{ij} = 13$.

---

[19] Estes dados são de um exemplo dado por Stilson e Campbell (1962).

**TABELA 9.14**
Dados ordenados para o cálculo de $T_C$, a correlação entre várias ordenações e um critério de ordenação*

|  | Pacientes | | | | |
| --- | --- | --- | --- | --- | --- |
| Juiz | A | B | C | D | E |
| I | 1 | 2 | 3 | 4 | 5 |
| II | 2 | 1 | 4 | 3 | 5 |
| III | 4 | 1 | 3 | 2 | 5 |
| IV | 1 | 3 | 5 | 2 | 4 |
| V | 1 | 4 | 3 | 5 | 2 |

Matriz de preferência

|  | A | B | C | D | E |
| --- | --- | --- | --- | --- | --- |
| A | — | 3 | 4 | 4 | 5 |
| B | 2 | — | 4 | 4 | 4 |
| C | 1 | 1 | — | 2 | 3 |
| D | 1 | 1 | 3 | — | 4 |
| E | 0 | 1 | 2 | 1 | — |

*Objetos (pacientes) são listados pela ordem de critério de ordenação.

Para calcular $T_C$, usamos a Equação (9.25a):

$$T_C = \frac{4\Sigma^+ a_{ij}}{kN(N-1)} - 1 \qquad (9.25a)$$

$$= \frac{(4)(37)}{(5)(5)(4)} - 1$$

$$= 0{,}48$$

O leitor pode verificar que os mesmos valores seriam obtidos se tivéssemos usado a Equação (9.25) ou a (9.25b).

Para testar a hipótese de que a concordância observada entre as ordenações dos sujeitos e o critério excede o que se esperaria se as ordenações tivessem sido feitas aleatoriamente, usamos a Equação (9.26) para testar a hipótese de que o valor populacional é $\tau_C = 0$ contra a hipótese de que o valor populacional é $\tau_C > 0$:

$$z = \left[ T_C \pm \frac{2}{kN(N-1)} \right] \frac{3\sqrt{kN(N-1)}}{\sqrt{2(2N+5)}} \tag{9.26}$$

$$= (0{,}48 - 0{,}02) \frac{3\sqrt{(5)(5)(5-1)}}{\sqrt{2[(2)(5)+5]}}$$

$$= 2{,}52$$

Uma consulta à Tabela A do Apêndice revela que a probabilidade de obter um valor de $z \geq 2{,}52$ é $0{,}0059$ (unilateral). Portanto, podemos concluir com um alto grau de confiança que os juízes, como um grupo, mostram forte concordância com o critério de ordenação.

### 9.7.5 Referências

O coeficiente de concordância é discutido por Kendall (1970), o qual também obteve a distribuição amostral de $u$ quando os dados eram baseados em comparações emparelhadas. A distribuição amostral de $u$ quando os dados são baseados em postos é também apresentada na monografia de Kendall; uma discussão útil pode ser encontrada em Ehrenberg (1952). Para mais informações sobre $u$ e sobre a correlação $T_C$ entre um conjunto de ordenações e um critério de ordenação, o leitor deve consultar Hays (1960) e Stilson e Campbell (1962). Hays também discute um índice apropriado para avaliar a concordância entre vários grupos de juízes. Até este momento, pouco é conhecido sobre o poder de vários índices discutidos nesta seção. Outras abordagens para a análise de dados derivados de comparações emparelhadas ou de ordenações são discutidas por Feigin e Cohen (1978).

## 9.8 DADOS EM ESCALA NOMINAL E A ESTATÍSTICA KAPPA $K$

Nas duas seções prévias discutimos duas medidas de concordância entre um conjunto de $k$ juízes que ordenaram ou compararam $N$ objetos (entidades ou indivíduos). Estas medidas, média$(r_s)$, o coeficiente de concordância $W$ de Kendall, o coeficiente de concordância $u$ de Kendall e sua correspondente medida de concordância $W_T$ admitiram que os objetos pudessem ser colocados em postos ou, no caso do coeficiente de concordância de Kendall, comparações emparelhadas pudessem ser feitas entre os objetos. Em algumas situações, os objetos podem não ser ordenados, mas simplesmente colocados em categorias que podem não ter nenhuma ordem inerente entre elas. Um exemplo seria um grupo de $k$ psicólogos que desejam indicar um entre $m$ diagnósticos ou categorias de tratamento a cada membro de um grupo de $N$ pacientes ou clientes. As categorias de tratamento são simplesmente classificações nominais. Suponha que cada um dos psicólogos categoriza cada paciente independentemente dos outros pacientes e dos outros psicólogos. Dada esta situação, seria possível para um dado psicólogo indicar cada paciente para a mesma categoria ou distribuir os pacientes ao longo das categorias. O que o pesquisador gostaria de saber sobre as indicações é se os psicólogos concordam entre si sobre a categoria de cada paciente. Em um extremo, os psicólogos poderiam ter completa concordância entre si, e no outro extremo, suas indicações poderiam mostrar nenhuma concordância e pareceriam ser aleatórias. (Deve ser observado que mesmo se os psicólogos atribuíssem pacientes às categorias aleatoriamente, haveria alguma pequena concordância entre eles devido a atribuições ao acaso, especialmente se o número $k$ de psicólogos excedesse o número de categorias $m$.)

A *estatística kappa* discutida nesta seção descreve uma entre diversas medidas de concordância que têm sido propostas para variáveis categóricas. Estas medidas são todas similares, algumas são designadas para acessar a concordância entre somente dois juízes ou um único juiz avaliando pares de objetos. Nossa escolha é uma estatística, a qual é conceitualmente similar às nossas medidas anteriores de concordância, e uma que pode ser aplicada a atribuições feitas por um número arbitrário de juízes. As referências irão dirigir o leitor a algumas das outras medidas.

### 9.8.1 Fundamentos lógicos e método

Considere um grupo de $N$ objetos ou sujeitos, cada um dos quais deve ser indicado a uma das $m$ categorias. É suposto que estas categorias são nominais. Cada um de um grupo de $k$ juízes indica cada objeto a uma categoria. Os dados obtidos das indicações podem ser colocados em uma tabela $N \times m$:

| Objeto | Categoria | | | | | | |
|---|---|---|---|---|---|---|---|
| | 1 | 2 | ... | $j$ | ... | $m$ | |
| 1 | $n_{11}$ | $n_{12}$ | ... | $n_{1j}$ | ... | $n_{1m}$ | $S_1$ |
| 2 | $n_{21}$ | | | | | | $S_2$ |
| $\vdots$ | | | | $\vdots$ | | | |
| $i$ | $n_{i1}$ | | ... | $n_{ij}$ | ... | $n_{im}$ | $S_i$ |
| $\vdots$ | | | | $\vdots$ | | | |
| $N$ | $n_{N1}$ | | ... | $n_{Nj}$ | ... | $n_{Nm}$ | $S_N$ |
| | $C_1$ | $C_2$ | ... | $C_j$ | ... | $C_m$ | |

onde $n_{ij}$ é o número de juízes atribuindo o $i$-ésimo objeto à $j$-ésima categoria. Uma vez que cada juiz classifica cada objeto, a soma de freqüências em cada linha é igual a $k$. No entanto, o número de vezes que um objeto é atribuído a uma particular categoria irá variar de categoria para categoria. Seja $C_j$ o número de vezes que um objeto é atribuído para a $j$-ésima categoria, o qual é simplesmente a soma das freqüências da coluna:

$$C_j = \sum_{i=1}^{N} n_{ij}$$

Assim, se os juízes estão em completa concordância com relação às suas atribuições, uma freqüência em cada coluna seria igual a $k$ e as outras freqüências seriam iguais a 0. Se não há consenso entre os juízes, as atribuições seriam aleatórias e as freqüências em cada linha seriam proporcionais aos totais por colunas. É claro, se os juízes fizerem atribuições aleatoriamente, esperaríamos que ocorresse alguma concordância puramente devido ao acaso.

O coeficiente kappa de concordância é a razão da proporção de vezes que os juízes concordam (corrigido por concordância devido ao acaso) com a proporção máxima de vezes que os juízes poderiam concordar (corrigida por concordância devido ao acaso):[20]

$$K = \frac{P(A) - P(E)}{1 - P(E)} \qquad (9.27)$$

onde $P(A)$ é a proporção de vezes que os $k$ juízes concordam e $P(E)$ é a proporção de vezes que esperaríamos que os $k$ juízes concordassem devido ao acaso. Se há completa concordância entre os juízes, então $K = 1$; enquanto se não há concordância (outra além da concordância que se esperaria que ocorresse devido ao acaso) entre os juízes, então $K = 0$.

Para encontrar $P(E)$ observamos que a proporção de objetos atribuídos à $j$-ésima categoria é $p_j = C_j/Nk$. Se os juízes fazem suas atribuições aleatoriamente, a proporção esperada de concordância para cada categoria seria $p_j^2$, e o total esperado de concordância através de todas as categorias seria

$$P(E) = \sum_{j=1}^{m} p_j^2 \qquad (9.28)$$

A extensão da concordância entre os juízes, concernente ao $i$-ésimo sujeito, é a proporção do número de pares para os quais há concordância no conjunto dos possíveis pares de atribuições. Para o $j$-ésimo sujeito este valor é

$$S_i = \frac{\sum_{j=1}^{m} \binom{n_{ij}}{2}}{\binom{k}{2}} = \frac{1}{k(k-1)} \sum_{j=1}^{m} n_{ij}(n_{ij} - 1)$$

Para obter a proporção total de concordância, encontramos a média destas proporções ao longo de todos os objetos classificados:

$$P(A) = \frac{1}{N} \sum_{i=1}^{N} S_i = \left[ \frac{1}{Nk(k-1)} \sum_{i=1}^{N} \sum_{j=1}^{m} n_{ij}^2 \right] - \frac{1}{k-1} \qquad (9.29)$$

---

[20] Tem sido muito comum em livros textos e em relatórios de pesquisas denotar a estatística kappa pelo uso da letra grega κ. Além disso, muitas das estatísticas similares à estatística kappa também são denotadas com κ. Neste livro, usamos κ para denotar o parâmetro que é estimado pela estatística kappa $K$.

Os valores de $P(E)$ e $P(A)$ são então combinados usando a Equação (9.27) para encontrar a estatística kappa $K$.

**Exemplo 9.8a**[21] Tem sido observado por pesquisadores do comportamento animal que o peixe esgana-gata muda de cor durante o ciclo de acasalamento. Quando colocado em um meio ambiente apropriado, o esgana-gata macho estabelece territórios, constrói ninhos, iniciando acasalamento e agressão quando estímulos para peixes são introduzidos no ambiente. Para analisar a relação entre cor e outros comportamentos durante o estudo experimental, foi necessário codificar o peixe em termos de sua coloração. Como o peixe precisa ser observado de fora de seu meio ambiente, e devido às variações nas condições de observação, $k = 4$ juízes treinados avaliaram a coloração de cada peixe. A coloração foi dividida em $m = 5$ categorias. A primeira categoria foi para aqueles peixes com o mínimo desenvolvimento de cor e a última categoria representou o desenvolvimento máximo de cor e coloração; as outras categorias envolviam vários graus de coloração. Neste estudo, um grupo de $N = 29$ peixes foi observado. Os dados estão resumidos na Tabela 9.15. Note que os juízes estavam em completa concordância sobre a coloração do peixe 1 e que eles estavam divididos em suas classificações do peixe 2. Um exame das linhas da tabela mostra que havia completa concordância sobre alguns peixes, mas baixa concordância sobre outros.

Para avaliar o consenso global entre os juízes, o coeficiente kappa de concordância $K$ será calculado. Primeiro, encontramos $C_j$, o número de vezes que um peixe foi indicado para a $j$-ésima categoria. Somamos as freqüências em cada coluna para obter os valores dados na segunda até a última linha na tabela. Cada um destes é dividido por $Nk = (29)(4) = 116$ para obter $p_j$, a proporção de observações atribuídas à categoria $j$. Encontramos que $p_1 = C_1/Nk = \frac{42}{116} = 0{,}362$, etc. Estes valores são dados na última linha da tabela. Destes valores podemos determinar os valores de $P(E)$, a proporção de concordância que esperaríamos devido ao acaso:

$$P(E) = \sum_{j=1}^{m} p_j^2 \qquad (9.28)$$

$$= 0{,}362^2 + 0{,}026^2 + 0{,}319^2 + 0{,}069^2 + 0{,}224^2$$

$$= 0{,}2884$$

A seguir precisamos encontrar $P(A)$, a proporção de vezes que os juízes concordam. Uma maneira é determinar o valor de $S_i$ para cada peixe e então fazer a média destes valores. Outra maneira é determinar $P(A)$ diretamente usando o lado direito da Equação (9.29). Vamos ilustrar ambos os métodos. Os valores de $S_i$ são dados na tabela de maneira que o leitor possa entender seus cálculos.

---

[21] Rowland, W. J. (1984). The relationships among nuptial coloration, aggression, and courtship of male three-spined sticklebacks, *Gasterosteus aculeatus. Canadian Journal of Zoology,* **62**, 999-1004. Apesar da coloração mudar com o tempo (um processo contínuo), as colorações são distintas. Um observador treinado para identificar a coloração poderia não se dar conta dos aspectos seqüenciais. Portanto um índice categórico de concordância é apropriado.

## TABELA 9.15
Estimativas de coloração nupcial de peixes esgana-gatas machos*

| Peixe | Categorias de coloração | | | | | $S_i$ |
|---|---|---|---|---|---|---|
| | 1 | 2 | 3 | 4 | 5 | |
| 1 | — | — | — | — | 4 | $\frac{12}{12} = 1$ |
| 2 | 2 | — | 2 | — | — | $\frac{4}{12} = 0{,}333$ |
| 3 | — | — | — | — | 4 | $\frac{12}{12} = 1$ |
| 4 | 2 | — | 2 | — | — | $\frac{4}{12} = 0{,}333$ |
| 5 | — | — | — | 1 | 3 | $\frac{6}{12} = 0{,}50$ |
| 6 | 1 | 1 | 2 | — | — | $\frac{2}{12} = 0{,}167$ |
| 7 | 3 | — | 1 | — | — | $\frac{6}{12} = 0{,}50$ |
| 8 | 3 | — | 1 | — | — | $\frac{6}{12} = 0{,}50$ |
| 9 | — | — | 2 | 2 | — | $\frac{4}{12} = 0{,}333$ |
| 10 | 3 | — | 1 | — | — | $\frac{6}{12} = 0{,}50$ |
| 11 | — | — | — | — | 4 | $\frac{12}{12} = 1$ |
| 12 | 4 | — | — | — | — | $\frac{12}{12} = 1$ |
| 13 | 4 | — | — | — | — | $\frac{12}{12} = 1$ |
| 14 | 4 | — | — | — | — | $\frac{12}{12} = 1$ |
| 15 | — | — | 3 | 1 | — | $\frac{6}{12} = 0{,}50$ |
| 16 | 1 | — | 2 | 1 | — | $\frac{2}{12} = 0{,}167$ |
| 17 | — | — | — | 2 | 2 | $\frac{4}{12} = 0{,}333$ |
| 18 | — | — | — | — | 4 | $\frac{12}{12} = 1$ |
| 19 | — | — | 3 | — | 1 | $\frac{6}{12} = 0{,}50$ |
| 20 | — | 1 | 3 | — | — | $\frac{6}{12} = 0{,}50$ |
| 21 | — | — | 1 | — | 3 | $\frac{6}{12} = 0{,}50$ |
| 22 | — | — | 3 | 1 | — | $\frac{6}{12} = 0{,}50$ |
| 23 | 4 | — | — | — | — | $\frac{12}{12} = 1$ |
| 24 | 4 | — | — | — | — | $\frac{12}{12} = 1$ |
| 25 | 2 | — | 2 | — | — | $\frac{4}{12} = 0{,}333$ |
| 26 | 1 | — | 3 | — | — | $\frac{6}{12} = 0{,}50$ |
| 27 | 2 | — | 2 | — | — | $\frac{4}{12} = 0{,}333$ |
| 28 | 2 | — | 2 | — | — | $\frac{4}{12} = 0{,}333$ |
| 29 | — | 1 | 2 | — | 1 | $\frac{2}{12} = 0{,}167$ |
| $C_j$ | 42 | 3 | 37 | 8 | 26 | |
| $p_j$ | 0,362 | 0,026 | 0,319 | 0,069 | 0,224 | |

*As entradas nas células são o número de juízes concordando naquela categoria. Uma célula vazia indica que uma categoria particular não foi escolhida por nenhum dos juízes para aquele peixe.

$$S_1 = \frac{1}{k(k-1)} \sum_{j=1}^{m} n_{1j}(n_{1j} - 1)$$

$$= \frac{1}{(4)(3)} [0 + 0 + 0 + 0 + (4)(3)]$$

$$= \frac{12}{12}$$

$$= 1$$

$$S_2 = \frac{1}{(4)(3)} [(2)(1) + 0 + (2)(1) + 0 + 0]$$

$$= \frac{4}{12}$$

$$= 0{,}333$$

O leitor deve notar que o valor de $S_i$ é uma medida de concordância para o $i$-ésimo peixe. Então, usando estes valores, encontramos $P(A)$:

$$P(A) = \frac{1}{N} \sum_{i=1}^{N} S_i \qquad (9.29)$$

$$= \frac{1 + 0{,}333 + 1 + 0{,}333 + 0{,}50 + \ldots + 0{,}333 + 0{,}167}{29}$$

$$= 0{,}5804$$

Alternativamente, poderíamos ter evitado o cálculo dos $S_i$ somando os quadrados das freqüências das células:

$$P(A) = \left[ \frac{1}{Nk(k-1)} \sum_{i=1}^{N} \sum_{j=1}^{m} n_{ij}^2 \right] - \frac{1}{k-1} \qquad (9.29)$$

$$= \frac{1}{(29)(4)(3)} (4^2 + 2^2 + 2^2 + 4^2 \ldots + 1^2 + 2^2 + 1^2) - \frac{1}{4-1}$$

$$= \frac{318}{348} - \frac{1}{3}$$

$$= 0{,}5804$$

Podemos usar estes valores de $P(E)$ e $P(A)$ para encontrar $K$:

$$K = \frac{P(A) - P(E)}{1 - P(E)} \qquad (9.27)$$

$$= \frac{0{,}580 - 0{,}288}{1 - 0{,}288}$$

$$= 0{,}41$$

Assim, concluímos que há uma concordância moderada entre os juízes. Se este valor representa uma diferença de 0 significante ou não, será discutido na próxima seção.

### 9.8.2 Testando a significância de K

Após determinar o valor da estatística kappa $K$, usualmente se desejaria determinar se o valor observado foi maior do que o valor que seria esperado devido ao acaso. Note que, apesar de subtrairmos um termo da proporção de concordância nos julgamentos para corrigir por concordância aleatória, uma tal correção subtrai somente a *concordância esperada* devido ao acaso. É claro, concordância devido ao acaso não é uma constante, mas irá variar em torno de algum valor esperado ou central. Apesar da distribuição amostral de $K$ ser complicada para $N$ pequeno, tem sido encontrado que, para $N$ grande, $K$ tem distribuição aproximadamente normal com média 0 e variância

$$\text{var}(K) \approx \frac{2}{Nk(k-1)} \frac{P(E) - (2k-3)[P(E)]^2 + 2(k-2)\Sigma p_j^3}{[1-P(E)]^2} \quad (9.30)$$

Portanto, poderíamos usar a estatística

$$z = \frac{K}{\sqrt{\text{var}(K)}} \quad (9.31)$$

para testar a hipótese $H_0$: $\kappa = 0$ contra a hipótese $H_1$: $\kappa > 0$.

**Exemplo 9.8b** Para as taxas de coloração dadas no exemplo anterior foi obtido $K = 0{,}41$. Para testar $H_0$: $\kappa = 0$ contra $H_1$: $\kappa > 0$, precisamos encontrar a variância de $K$. O nível de significância $\alpha = 0{,}01$ é escolhido. Relembre que $N = 29$ (objetos classificados), $m = 5$ (categorias de classificação), $k = 4$ (juízes) e $P(E) = 0{,}288$. A única outra informação necessária é $\Sigma p_j^3$. Usando os valores de $p_j$ dados na Tabela 9.15, temos

$$\Sigma p_j^3 = 0{,}362^3 + 0{,}026^3 + 0{,}319^3 + 0{,}069^3 + 0{,}224^3 = 0{,}092$$

então

$$\text{var}(K) \approx \frac{2}{Nk(k-1)} \frac{P(E) - (2k-3)[P(E)]^2 + 2(k-2)\Sigma p_j^3}{[1-P(E)]^2} \quad (9.30)$$

$$= \frac{2}{(29)(4)(3)} \frac{0{,}288 - [(2)(4) - 3](0{,}288^2) + (2)(4-2)(0{,}092)}{(1 - 0{,}288)^2}$$

$$= \frac{2}{348} \left( \frac{0{,}2413}{0{,}5069} \right)$$

$$= 0{,}002736$$

Usando este valor para var(K), podemos encontrar z:

$$z = \frac{K}{\sqrt{\mathrm{var}(K)}} \quad (9.31)$$

$$= \frac{0{,}41}{\sqrt{0{,}002736}}$$

$$= 7{,}84$$

Este valor excede o nível de significância $\alpha = 0{,}01$ (onde $z = 2{,}32$). Portanto, o pesquisador pode concluir que os juízes exibem significativa concordância em suas classificações.

### 9.8.3 Resumo do procedimento

Estes são os passos na determinação da estatística kappa $K$, o coeficiente de concordância para dados em escala nominal:

1. Seja $N$ o número de objetos (sujeitos ou entidades) a serem classificados, seja $m$ o número de categorias nas quais os objetos devem ser classificados e seja $k$ o número de avaliadores ou juízes que produzem as classificações. Para cada objeto, conte o número de vezes que os avaliadores o designam para cada categoria. Coloque estas freqüências em uma tabela de classificações $N \times m$ como aquela descrita na Seção 9.8.1. Note que as freqüências em cada linha da tabela somarão $k$, o número de avaliadores.
2. Para cada categoria $j$, encontre o número de vezes que algum objeto é atribuído para aquela categoria. Este número é $C_j$. A seguir encontre $p_j$, a proporção de avaliações atribuídas à $j$-ésima categoria. Então, usando a Equação (9.28), encontre $P(E)$, a proporção esperada de concordância entre avaliadores se eles tivessem avaliado os objetos aleatoriamente.
3. Então, usando a Equação (9.29), encontre $P(A)$, a proporção média de concordância.
4. Para encontrar $K$, o coeficiente de concordância, use os valores calculados de $P(E)$ e $P(A)$ na Equação (9.27).
5. Finalmente, para testar a hipótese $H_0$: $\kappa = 0$ contra $H_1$: $\kappa > 0$, encontre a variância de $K$ com a Equação (9.30) e encontre o correspondente valor de $z$ com a Equação (9.31). Se o valor obtido de $z$ excede o valor crítico apropriado de $z$ na Tabela A do Apêndice, rejeite $H_0$.

### 9.8.4 Uma nota sobre várias versões da estatística kappa $K$

Como foi observado anteriormente, existem várias estatísticas que têm sido propostas para medir concordância para dados em escala nominal. Em muitas referências elas são denotadas por $\kappa$ (kappa), independentemente da forma da estatística. Estas estatísticas são derivadas de argumentos básicos feitos por Scott (1955) e Cohen (1960) para medidas de concordância, em escala nominal.[22] É a forma desenvolvida por Cohen (para a concordância entre dois avaliadores ou para $N$ pares de avaliações) que tem motivado muitas generalizações. A forma da estatística kappa dada nesta seção é uma generalização da estatística de Cohen para $k$ avaliadores, a qual é atribuída a Fleiss (1971). No entanto, devido a alguns argumentos concernentes ao significado de concordância "devido ao acaso", quando $k = 2$, nossa estatística kappa $K$ é a mesma que o índice anterior proposto por Scott. A suposição feita por Scott e Fleiss é que os $p_j$'s são os mesmos para todos os avaliadores, isto é, a probabilidade de um objeto ser atribuído a uma particular categoria não varia por meio dos avaliadores. Apesar de alguns pesquisadores poderem não concordar com esta visão, sob a hipótese nula de não concordância os avaliadores devem ser incapazes de distinguir um objeto do outro. Fleiss argumentou que "tal inabilidade implica que os avaliadores aplicam as taxas globais de atribuições, $\{p_j\}$, para todo e qualquer sujeito".

### 9.8.5 Referências

Referências básicas sobre $K$, a estatística Kappa, e outros índices de concordância para dados em escala nominal, são os artigos de Scott (1955), Cohen (1960) e Fleiss (1971). Cohen (1968) generalizou seu índice para situações nas quais as categorias eram ponderadas por alguma função objetiva ou subjetiva. Outras generalizações podem ser encontradas em Fleiss (1971) que incluiu um índice de concordância com um critério (como $T_C$) e o trabalho de Light (1971). Outra discussão útil pode ser encontrada em Bishop e colaboradores (1975).

## 9.9 VARIÁVEIS ORDENADAS E A ESTATÍSTICA GAMA G

### 9.9.1 Função

Discutimos, em algum grau de extensão, medidas úteis para avaliar a relação entre duas variáveis ordenadas. Essas medidas incluem a correlação posto-ordem $r_s$ de Spearman e a correlação posto-ordem $T$ de Kendall. Apesar destas estatísticas serem apropriadas para serem usadas com variáveis que estejam em postos, elas são menos úteis e menos apropriadas quando existem muitos empates ou em qualquer situação na qual seja adequado colocar os dados em uma tabela de contingência. Muitas medidas de associação para variáveis ordenadas em tabelas de contingência têm sido propostas. O índice a ser apresentado aqui é especialmente útil, relativamente fácil de ser calculado, e proximamente relacionado a outras medidas que têm sido discutidas (em particular, $T$ de Kendall). A *estatística gama G* é apropriada para medir a relação entre duas variáveis em escala ordinal. A estatística Gama foi inicialmente discutida de forma ampla por Goodman e Kruskal.

---

[22] Outra estatística semelhante à kappa tem sido proposta para outros propósitos. Hammond, Householder e Castellan (1970) descrevem uma medida de dispersão (variabilidade) para dados categóricos, a qual é uma função da estatística kappa descrita nesta seção.

## 9.9.2 Fundamentos lógicos

A lógica da estatística gama é muito similar a de $T$ de Kendall. Suponha que tenhamos duas variáveis, $A$ e $B$, ordenadas. Vamos admitir que a variável $A$ possa tomar os valores $A_1, A_2, ..., A_k$. Além disso, vamos supor que as variáveis são ordenadas em magnitude pelos seus subscritos, isto é, $A_1 < A_2 < ... < A_k$. Similarmente, suponha que a variável $B$ é ordenada de uma forma similar, $B_1 < B_2 < ... < B_r$. Na população da qual as variáveis $A$ e $B$ são extraídas, definimos o parâmetro populacional $\gamma$ como sendo função da concordância na ordenação de *pares de observações* selecionados aleatoriamente. O leitor deve notar que uma observação consiste de dois dados – uma observação da variável $A$ e uma observação da variável $B$. O parâmetro $\gamma$ é, então, a diferença na probabilidade de que, dentro de um par de observações, $A$ e $B$ estejam na mesma ordem e a probabilidade de que, dentro de um par de observações, $A$ e $B$ estejam em diferentes ordens, desde que não haja empates nos dados. Isto é,

$$\gamma = \frac{P[A \& B \text{ concordam na ordem}] - P[A \& B \text{ discordam na ordem}]}{1 - P[A \& B \text{ estão empatadas}]}$$

$$= \frac{P[A \& B \text{ concordam na ordem}] - P[A \& B \text{ discordam na ordem}]}{P[A \& B \text{ concordam na ordem}] + P[A \& B \text{ discordam na ordem}]}$$

Como raramente conhecemos as probabilidades na população, precisamos estimá-las a partir dos dados; então, precisamos usar a estatística $G$ para estimar $\gamma$.

## 9.9.3 Método

Para calcular a estatística gama $G$ de dois conjuntos de variáveis ordinais, digamos $A_1, A_2, ..., A_k$ e $B_1, B_2, ..., B_r$, organizamos as freqüências em uma tabela de contingência:

|       | $A_1$    | $A_2$    | ... | $A_k$    | Total |
|-------|----------|----------|-----|----------|-------|
| $B_1$ | $n_{11}$ | $n_{12}$ | ... | $n_{1k}$ | $R_1$ |
| $B_2$ | $n_{21}$ | $n_{22}$ | ... | $n_{2k}$ | $R_2$ |
| ⋮     | ⋮        | ⋮        |     | ⋮        | ⋮     |
| $B_r$ | $n_{r1}$ | $n_{r2}$ | ... | $n_{rk}$ | $R_r$ |
| Total | $C_1$    | $C_2$    | ... | $C_k$    | $N$   |

Os dados podem consistir de qualquer número de categorias. Isto é, podemos calcular a estatística gama para dados de uma tabela 2 × 2, de uma tabela 2 × 5, de uma tabela 4 × 4, de uma tabela 3 × 7 ou de qualquer tabela r × k.

A estatística gama $G$ é definida como segue:

$$G = \frac{\text{\# concordâncias} - \text{\# discordâncias}}{\text{\# concordâncias} + \text{\# discordâncias}}$$

$$= \frac{\#(+) - \#(-)}{\#(+) + \#(-)} \tag{9.32}$$

onde $\#(+)$ e $\#(-)$ denotam o número de concordâncias e o número de discordâncias, respectivamente, nas ordenações. O leitor deve notar a similaridade entre $G$ e $T$ discutida na Seção 9.4.2. (Se não há observações empatadas, isto é, se todas as freqüências na tabela de contingência são iguais a 1 ou 0, então $G = T$.) O leitor interessado deve rever as Seções 9.4.2 e 9.4.3 para detalhes sobre o cálculo do número de concordâncias e discordâncias dos dados "linha". A expressão dada acima é uma fórmula de cálculo muito eficiente; no entanto, uma abordagem alternativa pode tornar o cálculo de $G$ muito mais simples, especialmente se os dados forem colocados em uma tabela de contingência. Primeiro devemos dar uma abordagem "formal" ao cálculo; isto será seguido por uma abordagem heurística que é extremamente simples.

Primeiro precisamos de uma maneira simples para calcular o número de concordâncias e o número de discordâncias na ordenação para cada observação quando os dados estão agregados em uma tabela de contingência. Podemos fazer isto como segue:

$\#(+) = \text{\# concordâncias}$

$$= \sum_{i=1}^{r-1} \sum_{j=1}^{k-1} n_{ij} \sum_{p=i+1}^{r} \sum_{q=j+1}^{k} n_{pq} \tag{9.33a}$$

$$= \sum_{i,j} n_{ij} N_{ij}^+ \qquad \begin{array}{l} i = 1, 2, ..., r-1 \\ j = 1, 2, ..., k-1 \end{array} \tag{9.33b}$$

onde $N_{ij}^+$ é a *soma* de todas as freqüências *abaixo e à direita* da $ij$-ésima célula.

$\#(-) = \text{\# discordâncias}$

$$= \sum_{i=1}^{r-1} \sum_{j=2}^{k} n_{ij} \sum_{p=i+1}^{r} \sum_{q=1}^{j-1} n_{pq} \tag{9.34a}$$

$$= \sum_{i,j} n_{ij} N_{ij}^- \qquad \begin{array}{l} i = 1, 2, ..., r-1 \\ j = 2, ..., k \end{array} \tag{9.34b}$$

onde $N_{ij}^-$ é a *soma* de todas as freqüências *abaixo e à esquerda* da $ij$-ésima célula na tabela de contingência. Graficamente, podemos esquematizar as expressões como segue:

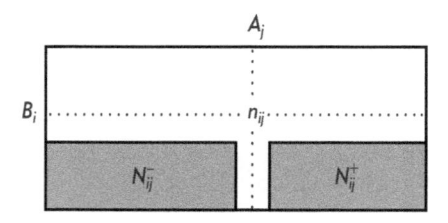

Nesta tabela, $N_{ij}^+$ e $N_{ij}^-$ são as somas das freqüências nas correspondentes porções da tabela. Com estas somas, e ponderando-as pela freqüência na *ij*-ésima célula, contamos as concordâncias e as discordâncias para cada par de dados na tabela inteira. (Contamos as concordâncias e as discordâncias considerando cada par uma só vez.)

Como uma ilustração do cálculo da estatística gama, considere os dados na Tabela 9.16. A variável A pode assumir $k = 4$ valores e a variável B pode assumir $r = 3$ valores. Um total de $N = 70$ observações foram consideradas e os dados foram colocados em uma tabela de contingência. Para calcular o número de concordâncias, $\#(+)$, e o número de discordâncias, $\#(-)$, precisamos encontrar vários valores de $N_{ij}^+$ e $N_{ij}^-$:

$$N_{11}^+ = 9 + 7 + 1 + 6 + 8 + 9$$
$$= 40$$

$$N_{12}^+ = 7 + 1 + 8 + 9$$
$$= 25$$

$$N_{12}^- = 8 + 2$$
$$= 10$$

$$N_{14}^- = 8 + 9 + 7 + 2 + 6 + 8$$
$$= 40$$

Com estes valores (e os outros valores de $N_{ij}^+$ requeridos), calculamos

$$\#(+) = \sum_{i,j} n_{ij} N_{ij}^+ \qquad i = 1, 2 \qquad (9.33b)$$
$$j = 1, 2, 3$$

$$= (10)(40) + (5)(25) + (2)(10) + (8)(23) + (9)(17) + (7)(9)$$
$$= 945$$

e
$$\#(-) = \sum_{i,j} n_{ij} N_{ij}^- \qquad i = 1, 2 \qquad (9.34b)$$
$$j = 2, 3, 4$$

$$= (5)(10) + (2)(25) + (3)(40) + (9)(2) + (7)(8) + (1)(16)$$
$$= 310$$

**TABELA 9.16**
Dados artificiais para o cálculo da estatística gama G

| Variável B | Variável A | | | | Total |
|---|---|---|---|---|---|
| | $A_1$ | $A_2$ | $A_3$ | $A_4$ | |
| $B_1$ | 10 | 5 | 2 | 3 | 20 |
| $B_2$ | 8 | 9 | 7 | 1 | 25 |
| $B_3$ | 2 | 6 | 8 | 9 | 25 |
| Total | 20 | 20 | 17 | 13 | 70 |

Com estes valores encontramos

$$G = \frac{\#(+) - \#(-)}{\#(+) + \#(-)} \qquad (9.32)$$

$$= \frac{945 - 310}{945 + 310}$$

$$= 0,51$$

Assim, podemos concluir que há uma concordância (ou correlação) moderada entre as duas variáveis.

A estatística gama $G$ é igual a 1 se as freqüências na tabela de contingência estão concentradas sobre a diagonal da esquerda superior para a direita inferior da tabela de contingência. (Recorde que as variáveis A e B estão ordenadas por magnitude de seus subscritos.) $G = -1$ se todas as freqüências caem sobre a diagonal do canto direito superior para o canto esquerdo inferior da tabela de contingência. Há outros casos para os quais $G = 1$. Quando não há discordâncias na ordenação das variáveis, $G = 1$, isto é, se $\#(-) = 0$. Similarmente, se não há concordâncias nas ordenações [$\#(+) = 0$], $G = -1$. Por exemplo, em cada uma das seguintes tabelas, $G = 1$:

|     | $A_1$ | $A_2$ | $A_3$ |
|-----|-------|-------|-------|
| $B_1$ | X | X |   |
| $B_2$ |   | X | X |
| $B_3$ |   |   | X |

|     | $A_1$ | $A_2$ | $A_3$ |
|-----|-------|-------|-------|
| $B_1$ | X |   |   |
| $B_2$ | X |   |   |
| $B_3$ | X | X | X |

onde $X$ denota qualquer entrada não-nula. Se as variáveis A e B são independentes, então $\gamma = 0$. No entanto, exceto quando a tabela de contingência é $2 \times 2$, $\gamma = 0$ não implica independência.

**Exemplo 9.9a** Nos últimos anos, tem havido numerosos estudos concernentes ao comportamento de fumantes e à habilidade de indivíduos que desejam parar de fumar. Um dos fatores que afeta muitos destes estudos é a variedade de características da amostra estudada. Em um estudo recente, um pesquisador examinou a relação entre a habilidade de parar de fumar (habilidade de cessação) e o número de anos que a pessoa tem fumado.[23] Os sujeitos eram todos enfermeiros que estavam bastante conscientes dos benefícios de parar de fumar. Além disso, como os sujeitos partilhavam a mesma ocupação, estresses no trabalho levando a continuar a fumar, bem como pressões da saúde para cessar de fumar deveriam ser similares.

Os enfermeiros no estudo eram todos pessoas que ou tinham parado de fumar ou tentavam parar de fumar. Então cada um foi classificado em uma entre três categorias

---

[23] Wagner, T.J. (1985). Smoking behavior of nurses in western New York. *Nursing Research*, **34**, 58-60.

**TABELA 9.17**
Habilidade de cessação por tempo de uso de fumo

|  | Anos de uso de fumo | | | | | | | |
|---|---|---|---|---|---|---|---|---|
|  | 1 | 2 – 4 | 5 – 9 | 10 – 14 | 15 – 19 | 20 – 25 | > 25 | Total |
| Sucesso no abandono do fumo | 13 | 29 | 26 | 22 | 9 | 8 | 8 | 115 |
| Em processo de abandono | 5 | 2 | 6 | 2 | 1 | 3 | 0 | 19 |
| Fracasso no abandono do fumo | 1 | 9 | 16 | 14 | 21 | 16 | 29 | 106 |
| Total | 19 | 40 | 48 | 38 | 31 | 27 | 37 | 240 |

– abandonou o fumo com sucesso, em processo de abandono do fumo e fracasso no abandono do fumo. Além disso, os sujeitos foram categorizados pelo número de anos que eles têm fumado – de 1 a mais do que 25 anos. Os anos de fumo foram combinados em sete categorias. Uma questão importante é se o sucesso que alguém teve em abandonar o fumo está relacionado ao número de anos que ele fumou.

Estes dados estão resumidos na Tabela 9.17 para a amostra de $N = 240$ enfermeiros. Como ambas as variáveis estão ordenadas, a estatística gama $G$ é uma medida apropriada de associação.

Para calcular $G$, precisamos calcular o número de concordâncias e de discordâncias na ordenação das variáveis na tabela. Note que há $r = 3$ linhas na tabela correspondentes ao estado atual do fumante. E há $k = 7$ colunas correspondentes ao número de anos que o sujeito tem fumado.

$$\#(+) = \sum_{i,j} n_{ij} N_{ij}^+ \qquad i = 1, 2 \qquad (9.33b)$$
$$j = 1, 2, ..., 6$$

$$= (13)(119) + (29)(108) + (26)(86) + ... + (1)(45) + (3)(29)$$

$$= 10.580$$

e
$$\#(-) = \sum_{i,j} n_{ij} N_{ij}^- \qquad i = 1, 2 \qquad (9.34b)$$
$$j = 2, 3, ..., 7$$

$$= (29)(6) + (26)(17) + (22)(39) + ... + (3)(61) + (0)(77)$$

$$= 3690$$

A seguir, calculamos o valor de $G$:

$$G = \frac{\#(+) - \#(-)}{\#(+) + \#(-)} \qquad (9.32)$$

$$= \frac{10.580 - 3690}{10.580 + 3690}$$

$$= 0,483$$

Então, para os dados de cessação no ato de fumar, há uma associação positiva entre inabilidade de parar de fumar e o número de anos que a pessoa tem fumado; isto é, quanto mais a pessoa tem fumado, menos provável é que ela tenha sucesso em eliminar o hábito de fumar.

### 9.9.4 Testando a significância de G

Para testar a significância de $G$, precisamos nos valer de uma aproximação que requer amostras grandes. Se $N$ é relativamente grande, a distribuição amostral de $G$ é aproximadamente normal com média $\gamma$. Apesar da expressão para a variância ser complicada, um limite superior para a variância pode ser escrito de forma bastante simples:

$$\text{var}(G) \leq \frac{N(1-G^2)}{\#(+) + \#(-)} \quad (9.35)$$

Portanto, a quantidade

$$z = (G - \gamma)\sqrt{\frac{\#(+) + \#(-)}{N(1-G^2)}} \quad (9.36)$$

tem distribuição aproximadamente normal com média 0 e desvio padrão 1. Como a variância de $G$ dada pela Equação (9.35) é um limite superior, o teste de significância usando a Equação (9.36) é conservativo; isto é, podemos inferir que o nível de significância "verdadeiro" é *pelo menos* aquele obtido pela Equação (9.36) usando uma tabela da distribuição normal (por exemplo, Tabela A do Apêndice).

**Exemplo 9.9b** No estudo sobre parar de fumar, encontramos que $G = 0{,}483$. Apesar desta associação parecer ser grande, gostaríamos de testar a hipótese $H_0$: $\gamma = 0$ contra a hipótese $H_1$: $\gamma \neq 0$. Um teste bilateral é exigido porque o pesquisador não tinha uma hipótese *a priori* sobre a direção da associação. Vamos escolher $\alpha = 0{,}01$ como o nível de significância. Primeiro, calculamos $z$:

$$z = (G - \gamma)\sqrt{\frac{\#(+) + \#(-)}{N(1-G^2)}} \quad (9.36)$$

$$= (0{,}483 - 0)\sqrt{\frac{10580 + 3690}{(240)(1 - 0{,}483^2)}}$$

$$= (0{,}483)(8{,}81)$$

$$= 4{,}24$$

Como o valor de $z$ excede o valor crítico para $\alpha = 0{,}01$ ($z = 2{,}58$, bilateral), podemos rejeitar a hipótese de que $\gamma = 0$ e concluir que as variáveis não são independentes na população.

## 9.9.5 Resumo do procedimento

Estes são os passos no cálculo da estatística gama $G$:

1. Coloque as $N$ freqüências observadas em uma tabela de contingência $r \times k$, onde $r$ é o número de categorias nas quais uma variável é classificada e $k$ é o número de categorias nas quais a outra variável é classificada. Como as variáveis são ordenadas, a variável coluna deve ser organizada em ordem crescente de magnitude cruzando as colunas; similarmente a variável linha deve ser colocada em ordem crescente de magnitude cruzando as linhas.
2. Use as Equações (9.33$b$) e (9.34$b$) para calcular o número de concordâncias na ordenação, $\#(+)$, e o número de discordâncias na ordenação, $\#(-)$. Insira estes valores na Equação (9.32) para calcular $G$.
3. Se $N$ for moderado ou grande, teste a hipótese $H_0$: $\gamma = 0$ (ou a hipótese $H_0$: $\gamma = \gamma_0$, se for o caso) usando a Equação (9.36) para calcular um desvio normal. Determine a probabilidade de significância com a Tabela A do Apêndice. A probabilidade obtida é uma estimativa conservativa da "verdadeira" probabilidade de significância.

## 9.9.6 Referências

As referências anteriores neste capítulo são relevantes também para esta seção. Além disso, discussões sobre a estatística gama podem ser encontradas em uma série de artigos de Goodman e Kruskal (1954, 1959, 1963, 1972). Goodman e Kruskal (1963) dão uma estimativa mais precisa, mas computacionalmente mais complexa, da variância de $G$. É também de interesse o trabalho de Somers (1980) que dá expressões alternativas para a variância amostral de $G$. O artigo de Goodman e Kruskal (1954) dá uma fundamentação lógica para uma "gama parcial," a qual é similar ao coeficiente de correlação posto-ordem parcial $T_{xy \cdot z}$ de Kendall, discutido na Seção 9.5.

## 9.10 ASSOCIAÇÃO ASSIMÉTRICA E A ESTATÍSTICA LAMBDA $L_B$

### 9.10.1 Função e fundamentos lógicos

Na Seção 9.1, o coeficiente $C$ de Cramér foi discutido como um índice de associação para uma tabela $r \times k$. Apesar deste índice ser muito útil, ele apresenta algumas limitações, as quais foram destacadas na Seção 9.1.5. Uma dessas limitações era que $C$ não media a associação que podia existir diferencialmente entre as variáveis linha e coluna; ao contrário, ele é um índice do grau de dependência (ou não-dependência) entre as duas variáveis. O coeficiente descrito nesta seção pode ser usado quando desejamos medir a associação entre uma variável e a outra. Um exemplo seria quando observamos uma seqüência de comportamentos e codificamos alguns que antecedem a um comportamento particular e alguns que são conseqüentes. Então, os dados consistem de pares antecedente-conseqüente. Pode ser de particular interesse do pesquisador, a relação entre os antecedentes e os conseqüentes (ou o grau com o qual os antecedentes estão relacionados com os conseqüentes). Em tais situações, o coeficiente de Cramér não é sensível às diferenças na dependência que o pesquisador deseja avaliar.

A *estatística lambda* $L_B$ desenvolvida por Goodman e Kruskal é um índice apropriado de associação quando desejamos avaliar a relação entre uma variável e a outra. A estatística lambda faz poucas suposições sobre as categorias definidoras das variáveis originais. Ela admite que os dados são categóricos ou nominais, isto é, que as variáveis não são ordenadas. Como a estatística lambda é uma medida de relação de assimetria entre as variáveis, há dois índices diferentes, um baseado nas linhas e outro baseado nas colunas. No exemplo do comportamento seqüencial descrito acima, o pesquisador pode estar interessado em quão bem a variável $A$ (um antecedente) "prediz" a variável $B$ (um conseqüente). No entanto, a relação inversa entre as duas variáveis pode ser de menor (ou nenhum) interesse. A estatística é designada para avaliar o decréscimo relativo na imprevisibilidade de uma variável (ou seja, um conseqüente) quando a outra variável (ou seja, um antecedente) é conhecida; isto é, é uma medida da redução relativa no erro em predizer uma variável quando a outra é conhecida.

A fundamentação lógica da estatística lambda é relativamente direta. Suponha que na população, sendo $P[\text{erro}]$ a probabilidade de um erro ao predizer $B$, e $P[\text{erro}|A]$ a probabilidade condicional de um erro ao predizer $B$ quando a variável $A$ é conhecida, a forma geral do índice pode ser escrita como

$$\lambda_B = \frac{P[\text{erro}] - P[\text{erro}|A]}{P[\text{erro}]}$$

Para calcular $\lambda_B$, precisamos encontrar as duas probabilidades $P[\text{erro}]$ e $P[\text{erro}|A]$. Intuitivamente, a melhor adivinhação de $B$ quando o antecedente é desconhecido é escolher aquele $B_i$ com a maior probabilidade de ocorrência. Similarmente, se é conhecido o antecedente $A_j$, poderia ser escolhido aquele conseqüente com a maior probabilidade de ocorrência, dado $A_j$. No entanto, raramente conhecemos estas probabilidades. Portanto, elas precisam ser estimadas e, então, estimamos $\lambda_B$ usando a estatística $L_B$.

### 9.10.2 Método

Para calcular a estatística lambda $L_B$ de dois conjuntos de valores de variáveis categóricas, digamos $A_1, A_2, ..., A_k$ e $B_1, B_2, ..., B_r$, colocamos as freqüências em uma tabela de contingência:

|       | $A_1$    | $A_2$    | ...  | $A_k$    | Total |
|-------|----------|----------|------|----------|-------|
| $B_1$ | $n_{11}$ | $n_{12}$ | ...  | $n_{1k}$ | $R_1$ |
| $B_2$ | $n_{21}$ | $n_{22}$ | ...  | $n_{2k}$ | $R_2$ |
| ⋮     | ⋮        | ⋮        |      | ⋮        | ⋮     |
| $B_r$ | $n_{r1}$ | $n_{r2}$ | ...  | $n_{rk}$ | $R_r$ |
| Total | $C_1$    | $C_2$    | ...  | $C_k$    | $N$   |

Os dados podem consistir de um número qualquer de categorias. Isto é, pode-se calcular a estatística lambda para dados de uma tabela 2 × 2, uma tabela 2 × 5, uma tabela 4 × 4, uma tabela 3 × 7 ou qualquer tabela $r \times k$.

A estatística lambda $L_B$ é calculada a partir de uma tabela de contingência como segue:

$$L_B = \frac{\sum_{j=1}^{k} n_{Mj} - \max(R_i)}{N - \max(R_i)} \quad (9.37)$$

onde $n_{Mj}$ é a *maior* freqüência na *j*-ésima coluna e $\max(R_i)$ é o *maior* total por linhas.

**TABELA 9.18**
Dados artificiais para o cálculo de $L_B$

| Conseqüente | Antecedente | | | Total |
|---|---|---|---|---|
| | $A_1$ | $A_2$ | $A_3$ | |
| $B_1$ | 10 | 1 | 4 | 15 |
| $B_2$ | 5 | 3 | 6 | 14 |
| $B_3$ | 3 | 12 | 2 | 17 |
| $B_4$ | 3 | 3 | 8 | 14 |
| Total | 21 | 19 | 20 | 60 |

Para ilustrar o cálculo de $L_B$, um conjunto de dados artificiais estão resumidos na Tabela 9.18. Os dados consistem de 60 pares antecedente-conseqüente. Para estes dados, o maior total por linhas é 17, assim $\max(R_i) = 17$. A seguir, precisamos somar as maiores freqüências em cada coluna:

$$\sum_{j=1}^{k} n_{Mj} = 10 + 12 + 8 = 30$$

Então o valor da estatística lambda é

$$L_B = \frac{\sum_{j=1}^{k} n_{Mj} - \max(R_i)}{N - \max(R_i)} \quad (9.37)$$

$$= \frac{30 - 17}{60 - 17}$$

$$= 0{,}30$$

Este valor pode ser interpretado da seguinte maneira. Quando conhecemos o antecedente (variável *A*), há uma redução de 30% no erro ao predizer o valor da variável *B*.

## 9.10.3 Testando a significância de $L_B$

É possível testar hipóteses concernentes a $\lambda_B$. No entanto, a distribuição amostral é relativamente complicada e não é possível testar a hipótese de que $\lambda_B = 0$ ou $\lambda_B = 1$. Podemos testar a hipótese de que a redução no erro é igual a um particular valor, isto é, podemos testar a hipótese $H_0$: $\lambda_B = \lambda_{B0}$. Quando $N$ é relativamente grande, $L_B$ tem distribuição aproximadamente normal com média $\lambda_{B0}$ e variância

$$\text{var}(L_B) = \frac{\left(N - \sum_{j=1}^{k} n_{Mj}\right)\left(\sum_{j=1}^{k} n_{Mj} + \max(R_i) - 2\Sigma' n_{Mj}\right)}{[N - \max(R_i)]^3} \quad (9.38)$$

onde $\Sigma' n_{Mj}$ é a soma de todas as freqüências *máximas* que estão na linha associada com $\max(R_i)$. Se existe somente um máximo naquela linha, então $\Sigma' n_{Mj} = n_{Mj}$. Como uma ilustração, no exemplo dado acima,

$$\text{var}(L_B) = \frac{(60 - 30)[30 + 17 - (2)(12)]}{(60 - 17)^3}$$

$$= 0{,}00868$$

Suponha que tenhamos como uma hipótese nula $H_0$: $\lambda_{B0} = 0{,}10$, um nível de significância de $\alpha = 0{,}05$ e os dados na Tabela 9.18. Então

$$z = \frac{0{,}30 - 0{,}10}{\sqrt{0{,}00868}}$$

$$= 2{,}15$$

Então, podemos rejeitar a hipótese $H_0$ de que o valor de $\lambda_B$ é 0,10; isto é, podemos concluir que o decréscimo no erro de predição de $B$ quando $A$ é conhecido excede 10%.

## 9.10.4 Propriedades de $L_B$

Apesar de $\lambda_B$ compartilhar algumas propriedades com o coeficiente de Cramér, ele tem vantagens distintas devido às suas propriedades de assimetria. Algumas propriedades de $\lambda_B$ são as seguintes:

1. Ele pode variar de 0 a 1. Um valor 0 significa que a variável $A$ não tem valor na predição da variável $B$, enquanto um valor 1 implica uma perfeita previsibilidade da variável $B$ a partir da variável $A$.
2. Ela é igual a 0 se e somente se a variável $A$ não é de ajuda na predição da variável $B$.
3. Ela é igual a 1 somente se há uma completa previsibilidade da variável $B$ pela $A$. Isto é, se $\lambda_B = 1$, então o conhecimento da variável $A$ permitirá que se prediga a variável $B$ *perfeitamente*. Se $\lambda_B = 1$, então, para cada valor da variável $A$, há somente um valor possível para a variável $B$. Assim, se $L_B = 1$, há somente uma entrada não-nula em cada coluna na tabela de contingência.

4. Se as variáveis $A$ e $B$ são independentes, então $\lambda_B = 0$. Entretanto, $\lambda_B = 0$ não implica que as variáveis $A$ e $B$ são independentes.
5. O valor de $\lambda_B$ não é afetado por permutações de linhas (ou colunas) da tabela de contingência. Isto reflete o fato de que a estatística não admite qualquer ordenação dos valores de qualquer das variáveis.

Deve ser observado que, apesar de haver muitas vantagens para medidas assimétricas de associação, um defeito é que as medidas são muitas vezes confusas para um pesquisador principiante. Muitos de nós estamos tão acostumados a pensar sobre as medidas (simétricas) usuais de associação que é difícil interpretar um índice assimétrico.

**PREDIZENDO COLUNAS A PARTIR DE LINHAS: $L_A$.** Em nossa discussão sobre a estatística lambda, focalizamos sobre $L_B$, a qual é usada para medir a redução no erro na predição da variável $B$ quando a variável $A$ é conhecida. Há um índice correspondente para avaliar a redução no erro de predição da variável $A$ quando a variável $B$ é conhecida. Apesar de podermos trocar linhas por colunas e calcular a estatística lambda com a Equação 9.37, é usualmente mais conveniente usar uma equação que não requer reorganização das entradas na tabela de freqüências:

$$L_A = \frac{\sum_{j=1}^{r} n_{iM} - \max(C_j)}{N - \max(C_j)} \qquad (9.39)$$

onde $n_{iM}$ é a *maior* freqüência na $i$-ésima linha, e $\max(C_j)$ é o *maior* total por colunas. É claro, a expressão para a variância de $L_A$ precisa ser reescrita em uma forma similar:

$$\mathrm{var}(L_A) = \frac{\left(N - \sum_{i=1}^{r} n_{iM}\right)\left(\sum_{i=1}^{r} n_{iM} + \max(C_j) - 2\Sigma' n_{iM}\right)}{[N - \max(C_j)]^3} \qquad (9.40)$$

onde $\Sigma' n_{iM}$ é a soma de todas as freqüências máximas na coluna associada com $\max(C_j)$. Se há somente um máximo nesta coluna, então $\Sigma' n_{iM} = n_{iM}$.

Em geral, $L_A \neq L_B$. O leitor pode verificar, como um exercício, que para os dados na Tabela 9.18, $L_A = 0{,}38$. De fato, é possível que $L_A$ (ou $L_B$) seja igual a 1 (previsibilidade perfeita) enquanto $L_B$ (ou $L_A$) puder ser bastante pequena.

Na Seção 9.1.5 foi observado que, se o coeficiente de Cramér fosse igual a um e a tabela de contingência *não* fosse quadrada, então havia uma associação "perfeita" em somente uma direção. A estatística lambda $L_B$ (ou $L_A$) será igual a um quando $C = 1$. Se a tabela é quadrada, então, se um índice é igual a um, o outro também terá que ser igual a um.

## 9.10.5 Resumo do procedimento

Estes são os passos no cálculo da estatística lambda $L_B$:

1. Coloque as $N$ freqüências observadas em uma tabela de contingência $r \times k$ como a Tabela 9.18, onde $r$ é o número de categorias nas quais uma variável

é classificada, e $k$ é o número de categorias nas quais a outra variável é classificada. Calcule os totais marginais por linha e por coluna.
2. Determine a freqüência máxima em cada coluna da tabela de contingência (denotada $n_{Mj}$) e o total máximo por linhas [denotado $\max(R_i)$]. Use estes valores para calcular o valor de $L_B$ usando a Equação (9.37).
3. Para testar a significância de $L_B$, use a Equação (9.38) para calcular a variância e use este valor para calcular um escore $z$. Quando $N$ é grande, a significância de $z$ (e, portanto, de $L_B$) pode ser determinada com a Tabela A do Apêndice. Se o valor observado de $z$ excede o valor crítico, podemos rejeitar $H_0$: $\lambda_B = \lambda_{B0}$.
4. Para calcular $L_A$ e testar hipóteses sobre $\lambda_A$, siga os passos 1 até 3 usando as Equações (9.39) e (9.40).

### 9.10.6 Referências

Discussões sobre a estatística lambda podem ser encontradas na série de artigos de Goodman e Kruskal (1954, 1959, 1963, 1972). Uma discussão geral sobre a aplicação de $L_B$ e $L_A$ com ênfase na análise de dados seqüenciais pode ser encontrada em Castellan (1979). O último artigo também discute intervalos de confiança e testes para comparar dois ou mais lambdas. Todas as referências acima discutem um índice $L_{AB}$, o qual é uma medida da redução no erro de predição da variável $A$ ou da variável $B$.

## 9.11 ASSOCIAÇÃO ASSIMÉTRICA PARA VARIÁVEIS ORDENADAS: $d_{BA}$ DE SOMERS

### 9.11.1 Função e fundamentos lógicos

A estatística gama discutida anteriormente na Seção 9.10 é um índice apropriado para medir a associação entre variáveis ordenadas. Assim como com o coeficiente de Cramér, o qual media a associação entre duas variáveis categóricas, a estatística gama não é sensível à relação *diferencial* entre duas variáveis. Quando as variáveis são categóricas em escala nominal, a estatística lambda é um índice apropriado da associação assimétrica entre uma variável e a outra. Quando as variáveis são ordenadas, há algumas vezes a necessidade de medir o grau de associação entre uma variável particular e outra. Um exemplo seria quando uma das variáveis é designada como independente e a outra como dependente. Outro seria quando estamos estudando seqüências de comportamentos – comportamentos antecedentes estão relacionados com comportamentos conseqüentes? O *Δ de Somers* é um índice assimétrico apropriado da relação entre uma variável ordenada e outra variável ordenada. Usando os mesmos rótulos da seção precedente, suponha que a variável $A$ é uma variável em escala ordinal tal que $A_1 < A_2 < ... < A_k$, e que pode ser considerada como uma variável independente. Além disso, suponha que a variável $B$ é uma variável em escala ordinal para a qual $B_1 < B_2 < ... < B_r$, e que pode ser considerada como uma variável dependente. Isto é, admitimos que $A$ e $B$ estão ordenadas em magnitude por seus subscritos. Então $\Delta_{BA}$ é um índice assimétrico de associação entre as variáveis. Se os papéis das duas variáveis são revertidos, então o índice é denotado por $\Delta_{AB}$. Em uma amostra, as estatísticas correspondentes seriam $d_{BA}$ e $d_{AB}$, respectivamente.

O parâmetro $\Delta_{BA}$ é a diferença entre a probabilidade de que dentro de um par de observações A e B estejam na mesma ordem e a probabilidade de que dentro de um par de observações A e B não concordem em sua ordenação, condicionado sobre a *não* ocorrência de empates na variável A. Uma expressão para este parâmetro é

$$\Delta_{BA} = \frac{P[A \text{ \& } B \text{ concordam na ordem}] - P[A \text{ \& } B \text{ discordam na ordem}]}{P[\text{um par de observações não estão empatados em } A]}$$

De uma maneira similar,

$$\Delta_{AB} = \frac{P[A \text{ \& } B \text{ concordam na ordem}] - P[A \text{ \& } B \text{ discordam na ordem}]}{P[\text{um par de observações não estão empatados em } B]}$$

Como raramente conhecemos as probabilidades na população, precisamos estimá-las a partir dos dados; então precisamos usar as estatísticas $d_{BA}$ e $d_{AB}$ para estimar $\Delta_{BA}$ e $\Delta_{AB}$, respectivamente.

### 9.11.2 Método

Para calcular o $d$ de Somers dos dois conjuntos de valores de variáveis ordinais, digamos, $A_1, A_2, ..., A_k$ e $B_1, B_2, ..., B_r$, colocamos as freqüências em uma tabela de contingência:

|       | $A_1$    | $A_2$    | ... | $A_k$    | Total |
|-------|----------|----------|-----|----------|-------|
| $B_1$ | $n_{11}$ | $n_{12}$ | ... | $n_{1k}$ | $R_1$ |
| $B_2$ | $n_{21}$ | $n_{22}$ | ... | $n_{2k}$ | $R_2$ |
| $\vdots$ | $\vdots$ | $\vdots$ |   | $\vdots$ | $\vdots$ |
| $B_r$ | $n_{r1}$ | $n_{r2}$ | ... | $n_{rk}$ | $R_r$ |
| Total | $C_1$    | $C_2$    | ... | $C_k$    | $N$   |

Os dados podem consistir de um número qualquer de categorias. Isto é, pode-se calcular a estatística $d$ de Somers para dados de uma tabela $2 \times 2$, de uma tabela $2 \times 5$ ou de uma tabela $r \times k$.

Assim como com a estatística gama, começamos calculando o número de concordâncias e discordâncias entre pares de variáveis; a diferença entre $d$ e $G$ está no denominador, pois precisamos omitir os empates na variável A. Para calcular $d_{BA}$, a equação é

$$d_{BA} = \frac{\text{\# concordâncias} - \text{\# discordâncias}}{\text{\# pares não empatados na variável } A}$$

$$= \frac{2[\#(+) - \#(-)]}{N^2 - \sum_{j=1}^{k} C_j^2} \quad (9.41)$$

onde #(+) e #(−) são os números de concordâncias e discordâncias nas ordenações, respectivamente, como definidos nas Equações (9.33) e (9.34). Os procedimentos para fazer estas contas pela tabela de contingência estão delineados na Seção 9.9.3. $N$ é o número de observações e $C_j$ é a freqüência marginal do $j$-ésimo valor da variável $A$. Apesar do denominador parecer não contar os pares e omitir os empates na variável $A$, ele o faz. Se contarmos cada um dos possíveis pares de observações, haveria $\frac{1}{2}N^2$ pares. (Incluímos aqui a possibilidade de fazer um par de uma observação com ela mesma, mas dividindo por 2 porque desejamos contar somente os pares únicos.) Então há $\frac{1}{2}C_1^2$ pares com o primeiro valor da variável $A$, isto é, $A_1$, $\frac{1}{2}C_2^2$ é o número de empates em $A_2$, etc. Subtraímos estes empates do número total de pares.

Se desejarmos calcular o índice assimétrico $d_{AB}$, a fórmula é

$$d_{AB} = \frac{\# \text{ concordâncias} - \# \text{ discordâncias}}{\# \text{ pares não-empatados na variável } B}$$

$$= \frac{2[\#(+) - \#(-)]}{N^2 - \sum_{i=1}^{r} R_i^2} \quad (9.42)$$

onde $R_i$ é a freqüência marginal para o valor $B_i$.

Para ilustrar o cálculo de $d_{BA}$, vamos calcular a estatística para os dados na Tabela 9.16. O uso do $d_{BA}$ de Somers seria apropriado se assumirmos que a variável $A$ é uma variável independente e que a variável $B$ é uma variável dependente e se desejarmos avaliar a associação de $A$ para $B$. Na Seção 9.9.3 encontramos $\#(+) = 945$ e $\#(-) = 310$. Usando estes valores e os totais marginais por colunas da tabela, encontramos

$$d_{BA} = \frac{2[\#(+) - \#(-)]}{N^2 - \sum_{j=1}^{k} C_j^2} \quad (9.41)$$

$$= \frac{2(945 - 310)}{70^2 - (20^2 + 20^2 + 17^2 + 13^2)}$$

$$= \frac{2(635)}{3642}$$

$$= 0,35$$

Este valor de $d_{BA}$ indica que há uma relação ou associação assimétrica moderada da variável $A$ para a variável $B$. (Note que não encontramos $d_{AB}$. Isto será deixado como um exercício para o leitor.)

**Exemplo 9.11a** Com o desenvolvimento de barras de leitura ótica para serem usadas em supermercados e em muitas outras lojas, tem havido uma tendência para a omissão de preços marcados em itens individuais. Os varejistas estão bastante interessados em não ter que marcar preços individuais. Duas das mais importantes razões são (1) a economia de trabalho resultante de não ter que marcar cada item e (2) a habilidade para remarcar preços rapidamente em resposta a mudanças no custo, liquidações especiais, etc. Por outro lado, os consumidores estão acostumados a ter os preços marcados sobre os itens individuais. As vantagens de preços unitários citados pelos consumidores incluem a habilidade (1) para comparar preços facilmente para marcas diferentes de um produto particular; (2) para revisar o custo total dos itens em um carrinho de supermercado; e (3) para assegurar cobranças corretas no caixa. Se os varejistas querem fazer mudanças no sentido de omissão de marcação de preços nos produtos, especialistas em mercado argumentam que precisam ser articuladas campanhas de relações públicas para educar o público sobre as vantagens de tais omissões. Para ter uma campanha efetiva, é importante conhecer atitudes atuais e qual tipo de consumidor tem maior resistência à omissão de preços. Em um estudo sobre consumidores em uma grande cidade do meio oeste,[24] atitudes frente à omissão de preços de itens foram analisadas e relacionadas a um número de variáveis demográficas, tais como idade, renda, educação, etc.

Em uma pesquisa, as variáveis demográficas podem ser consideradas como variáveis independentes e a resposta a uma questão sobre atitude como a variável dependente. Uma das variáveis demográficas era educação, e os pesquisadores queriam determinar como a educação afetava a atitude. Como as variáveis educação e atitude eram ambas variáveis ordinais e como estávamos principalmente interessados no efeito da educação sobre a atitude, o $d_{BA}$ de Somers é a medida apropriada. A Tabela 9.19 resume as respostas de $N = 165$ mulheres consumidoras. Para determinar a relação, o $d_{BA}$ de Somers será calculado.

**TABELA 9.19**
Atitude sobre omissão de preços de itens para vários níveis de educação

| | Educação | | | | |
|---|---|---|---|---|---|
| Atitude | Menos que ensino médio | Ensino médio completo | Curso superior incompleto | Curso superior completo | Total |
| Muito ruim para ruim | 22 | 39 | 19 | 8 | 88 |
| Nenhuma diferença | 6 | 8 | 6 | 14 | 34 |
| Boa para muito boa | 5 | 16 | 12 | 10 | 43 |
| Total | 33 | 63 | 37 | 32 | 165 |

Primeiro precisamos determinar o número de concordâncias e de discordâncias na ordenação para as duas variáveis.

$$\#(+) = (22)(66) + (39)(42) + (19)(24) + \ldots + (8)(22) + (6)(10)$$
$$= 4010$$

e $\#(-) = (39)(11) + (19)(35) + (8)(53) + \ldots + (6)(21) + (14)(33)$
$$= 2146$$

---
[24] Langrehr, F. W., e Langrehr, V. B. (1983). Consumer acceptance of item price removal: A survey study of Milwaukee shoppers, *Journal of Consumer Affairs*, **17**, 149-171.

A seguir, calculamos o $d_{BA}$ de Somers:

$$d_{BA} = \frac{2[\#(+) - \#(-)]}{N^2 - \sum_{j=1}^{k} C_j^2} \tag{9.41}$$

$$= \frac{2[4010 - 2146]}{165^2 - (33^2 + 63^2 + 37^2 + 32^2)}$$

$$= \frac{2(1864)}{19{,}774}$$

$$= 0{,}189$$

Com base nesta análise concluímos que a educação tem uma pequena relação com a atitude frente à omissão de preços nos itens. A tabela mostra uma tendência de que mulheres com mais educação tenham uma atitude mais positiva frente à omissão de preços nos itens e mulheres com menos educação tenham atitudes mais negativas. Se esta tendência é significante ou não, será discutido na Seção 9.11.4.

### 9.11.3 A interpretação do $d_{BA}$ de Somers

Como $\Delta_{BA}$ "ignora" empates entre as variáveis coluna, ele é um índice de associação entre dois pares de observações que estão em duas colunas diferentes (isto é, não empatadas sobre a variável $A$). Considere duas observações selecionadas aleatoriamente, $(A - B)$ e $(A' - B')$, para as quais $A$ e $A'$ são diferentes. O $\Delta_{BA}$ de Somers é a diferença entre a probabilidade de que $A$ e $A'$ estejam na mesma ordem que $B$ e $B'$ (com $B = B'$ calculado como uma concordância na ordem) menos a probabilidade de que $A$ e $A'$ estejam em uma ordem diferente do que $B$ e $B'$, todas as duas condicionadas sobre $A = \backslash A'$.

O índice $d_{BA} = 1$ se e somente se $\#(-) = 0$ (não há discordância na ordem) e cada linha tem no máximo uma célula não-nula. A aparência de tal tabela de contingência teria células não-nulas descendentes do canto superior esquerdo ao inferior direito, como uma escada. Similarmente, $d_{BA} = -1$ se as células não-nulas ascendem da esquerda inferior para a direita superior.

O índice $d_{BA} = 0$ se as variáveis (na amostra) são independentes; no entanto, $d_{BA} = 0$ não implica independência, a menos que a tabela de contingência seja $2 \times 2$. O leitor deve notar que na população, se as variáveis $A$ e $B$ são independentes, $\Delta_{BA} = 0$ enquanto $\Delta_{BA} = 0$ não implica independência.

Se o pesquisador está focalizando sobre $d_{AB}$, então podem ser feitos argumentos correspondentes; no entanto, o papel de linhas e colunas precisa ser trocado.

### 9.11.4 Testando a significância de $d_{BA}$

Assim como muitas medidas de associação dadas neste capítulo, a distribuição amostral de $d_{BA}$ é relativamente complicada. Entretanto, há algumas simplificações possíveis que podem tornar o teste de significância mais fácil.

Relembre que, quando calculamos o número de concordâncias $\#(+)$ e o número de discordâncias $\#(-)$, incluímos somente pares únicos de dados nas contas. Para calcular a variância de $d_{BA}$ precisamos contar todas as concordâncias que ocorrem com cada dado. Para fazer isto, vamos precisar alguma notação adicional. Quando descrevemos o cálculo de $\#(+)$ e $\#(-)$, usamos os símbolos $N_{ij}^+$ e $N_{ij}^-$ para denotar a *soma* das freqüências abaixo e à direita e a *soma* das freqüências abaixo e à esquerda da *ij*-ésima célula, respectivamente. Para calcular a variância de $d_{BA}$, vamos precisar das freqüências acima e à esquerda e acima e à direita da *ij*-ésima célula. Estas freqüências serão denotadas por $M_{ij}^+$ e $M_{ij}^-$, respectivamente. Estas duas variáveis podem ser definidas usando a seguinte notação:

$$M_{ij}^+ = \sum_{p=1}^{i-1} \sum_{q=1}^{j-1} n_{pq} \tag{9.43}$$

$$M_{ij}^- = \sum_{p=1}^{i-1} \sum_{q=j+1}^{k} n_{pq} \tag{9.44}$$

Graficamente, podemos representar as expressões como segue:

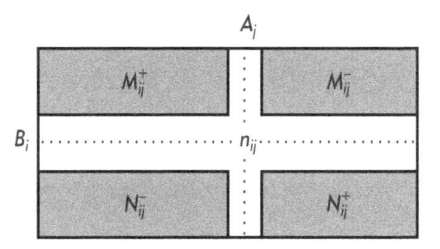

Usando estas somas, juntamente com $N_{ij}^+$ e $N_{ij}^-$, e ponderando-as pelas freqüências na *ij*-ésima célula, poderíamos contar as concordâncias e as discordâncias para cada par de dados na tabela inteira. (Contamos concordâncias e discordâncias considerando cada objeto com cada outro objeto – cada par tem sido contado duas vezes.) Todos estes termos são usados para calcular a variância de $d_{BA}$ sob a hipótese $H_0$: $\Delta_{BA} = 0$:

$$\text{var}(d_{BA}) = \frac{4\sum_{i=1}^{r}\sum_{j=1}^{k} n_{ij}(N_{ij}^+ + M_{ij}^+ - N_{ij}^- - M_{ij}^-)^2}{\left(N^2 - \sum_{j=1}^{k} C_j^2\right)^2} \tag{9.45}$$

Se fizermos a suposição de que a amostragem foi feita a partir de uma população com uma distribuição uniforme sobre todas as células na tabela, a Equação (9.45) é simplificada para

$$\text{var}(d_{BA}) = \frac{4(r^2-1)(k+1)}{9Nr^2(k-1)} \tag{9.46a}$$

A Equação (9.46a) também parece ser uma razoável estimativa de var($d_{BA}$) mesmo quando a amostra não é multinomial. Devido à sua facilidade de cálculo, a Equação (9.46a) poderia ser usada quando o pesquisador puder admitir uma amostragem multinomial uniforme. Em muitos casos o pesquisador tem algum controle sobre as probabilidades amostrais, pelo menos nas colunas, e poderia incluir algum controle adicional escolhendo as $B$ categorias cuidadosamente; portanto, a suposição de amostragem multinomial uniforme pode ser razoável para estas situações.

Para testar a hipótese $H_0$: $\Delta_{BA} = 0$ contra uma alternativa unilateral ou bilateral, use a seguinte estatística:

$$z = \frac{d_{BA}}{\sqrt{\mathrm{var}(d_{BA})}} \qquad (9.47)$$

Este valor tem distribuição aproximadamente normal com média 0 e desvio padrão 1. A significância de $z$ e, portanto, de $d_{BA}$, pode ser determinada por meio da Tabela A do Apêndice.

Se o pesquisador quer testar hipóteses sobre $\Delta_{AB}$, então a variância $\mathrm{var}(d_{AB})$ seria calculada com a Equação (9.45), exceto pelo denominador, que seria substituído por

$$\left(N^2 - \sum_{i=1}^{r} R_i^2\right)^2$$

Se a variância fosse estimada com a Equação (9.46a), as variáveis $r$ e $k$ seriam trocadas entre si:

$$\mathrm{var}(d_{AB}) = \frac{4(k^2 - 1)(r + 1)}{9Nk^2(r - 1)} \qquad (9.46b)$$

Deve ser observado que a variância dada pela Equação (9.45) não pode ser usada para determinar intervalos de confiança ou para testar hipóteses outras que não $H_0$: $\Delta_{BA} = 0$. As referências no final desta seção dão as variâncias para outras situações.

**Exemplo 9.11b** Na pesquisa sobre atitude no exemplo precedente, encontramos que $d_{BA} = 0{,}189$. Não podemos falar sobre a magnitude de $d_{BA}$ sozinho, se o valor observado for significantemente diferente de 0. Vamos testar a hipótese $H_0$: $\Delta_{BA} = 0$ contra a hipótese $H_1$: $\Delta_{BA} \neq 0$. Um teste bilateral é usado porque os autores não tinham noções *a priori* sobre a relação entre educação e atitude. Começamos calculando $\mathrm{var}(d_{BA})$:

$$\mathrm{var}(d_{BA}) = \frac{4 \sum_{i=1}^{r} \sum_{j=1}^{k} n_{ij} (N_{ij}^+ + M_{ij}^+ - N_{ij}^- - M_{ij}^-)^2}{\left(N^2 - \sum_{j=1}^{k} C_j^2\right)^2} \qquad (9.45)$$

$$= \frac{4[(22)(66-0)^2 + (39)(42-11)^2 + \ldots + (12)(75-22)^2 + (10)(100-0)^2]}{[165^2 - (33^2 + 63^2 + 37^2 + 32^2)]^2}$$

$$= \frac{4(389{,}112)}{19{,}774^2}$$

$$= 0{,}00398$$

Usando este valor para a variância, podemos calcular

$$z = \frac{d_{BA}}{\sqrt{\text{var}(d_{BA})}} \qquad (9.47)$$

$$= \frac{0,189}{\sqrt{0,00398}}$$

$$= 3,00$$

Como este valor excede o valor crítico (bilateral) de $z$ para $\alpha = 0,05$, podemos rejeitar a hipótese de que educação não tem relação com atitude. Note, no entanto, que *não* testamos se há associação entre educação e atitude. Consideramos somente a relação assimétrica *de* educação *para* atitude.

Finalmente, como uma verificação sobre a aproximação de var($d_{BA}$) para amostragem multinomial uniforme, vamos calcular tal estimativa.

$$\text{var}(d_{BA}) = \frac{4(r^2-1)(k+1)}{9Nr^2(k-1)} \qquad (9.46a)$$

$$= \frac{4(3^3-1)(4+1)}{9(165)(3^2)(4-1)}$$

$$= 0,00399$$

Este valor está muito próximo do valor obtido pela Equação (9.45). Apesar dos valores serem extremamente próximos neste exemplo, não há certeza de que eles sempre o serão. Mesmo assim, estudos com o método de Monte Carlo feitos por Somers detectaram que a diferença é relativamente pequena em muitos casos.

### 9.11.5 Resumo do procedimento

Estes são os passos no cálculo do $d_{BA}$ de Somers.

1. Coloque as $N$ freqüências observadas em uma tabela de contingência $r \times k$, onde $r$ é o número de categorias nas quais uma das variáveis é classificada e $k$ é o número de categorias nas quais a outra variável é classificada. Para a variável linha, valores devem ser tabelados na ordem de magnitude crescente através das colunas. Similarmente, a variável linha deve ser listada em magnitude crescente ao longo das linhas. Denote a variável coluna como $A$ e a variável linha como $B$.
2. Use as Equações (9.33b) e (9.34b) para calcular o número de concordâncias na ordenação, #(+), e o número de discordâncias na ordenação, #(−). Entre com estes valores na Equação (9.41) [ou (9.42)] para determinar $d_{BA}$ (ou $d_{AB}$).
3. Se $N$ é moderado ou grande, teste a hipótese $H_0$: $\Delta_{BA} = 0$ (ou $H_0$: $\Delta_{AB} = 0$ se for o caso) usando a Equação (9.47) para calcular um desvio normal $z$. Use a Tabela $A$ do Apêndice para determinar a significância de $z$.

## 9.11.6 Referências

O índice assimétrico de associação $\Delta_{BA}$ foi proposto por Somers (1962) que também considerou formas alternativas para sua distribuição amostral (1980). As referências das duas seções precedentes, principalmente aquelas de Goodman e Kruskal (1963, 1972) também são relevantes.

## 9.12 DISCUSSÃO

Neste capítulo, apresentamos muitas técnicas não-paramétricas para medir o grau de associação entre variáveis em uma amostra. Para cada uma delas, testes de significância de associação observada foram apresentados.

### 9.12.1 Associação para variáveis em escala nominal

Quatro destas técnicas, o coeficiente $C$ de Cramér, o coeficiente phi $r_\phi$, a estatística kappa $K$, e o coeficiente lambda $L_B$, são aplicáveis quando os dados são categóricos e estão em uma escala nominal. Isto é, se a mensuração é tal que as classificações envolvidas não estão relacionadas dentro de qualquer conjunto e, então, não podem ser ordenadas com significado, então estes coeficientes fornecem medidas significativas do grau de associação nos dados.

O coeficiente $C$ de Cramér é uma das mais simples medidas de associação para variáveis categóricas. Apesar dele fornecer informação mínima sobre a associação entre as variáveis, pode não haver uma alternativa prática. O coeficiente phi $r_\phi$ é um índice de associação apropriado quando há dois níveis de cada variável e a relação é resumida em uma tabela $2 \times 2$.

A estatística kappa $K$ é um índice útil quando vários avaliadores categorizam cada grupo de objetos ou sujeitos em categorias nominais. $K$ é um índice de concordância entre os avaliadores.

O coeficiente lambda $L_B$ é um índice assimétrico de associação, o qual é uma medida da previsibilidade de uma das variáveis categóricas quando o valor da outra é conhecido. Há duas medidas: $L_B$, onde é medida a previsibilidade da variável $B$ a partir da variável $A$, e $L_A$, onde é medida a previsibilidade da variável $A$ a partir da variável $B$. Em geral $L_B \neq L_A$. Como conseqüência, é preciso especial cuidado na interpretação da estatística.

### 9.12.2 Associação para variáveis em escala ordinal

Se as variáveis sob estudo são medidas em uma escala pelo menos ordinal, ainda se pode usar uma das quatro medidas categóricas de associação; entretanto, uma das várias medidas de correlação de *postos* utilizará a informação de ordem nos dados e é, portanto, preferível.

Se os dados são pelo menos ordinais, os dois coeficientes de correlação posto-ordem – o $r_s$ de Spearman e o $T$ de Kendall – são apropriados. O $r_s$ de Spearman é um pouco mais fácil para calcular. O $T$ de Kendall tem a vantagem adicional de poder ser generalizado para um coeficiente de correlação parcial $T_{xy \cdot z}$.

O coeficiente de correlação posto-ordem parcial $T_{xy.z}$ de Kendall mede o grau de relação entre duas variáveis $X$ e $Y$ quando uma terceira variável $Z$ (da qual a associação entre $X$ e $Y$ pode logicamente depender) é mantida constante. $T_{xy.z}$ é o equivalente não-paramétrico do coeficiente de correlação parcial produto-momento. Sob suposições razoáveis, hipóteses sobre o parâmetro populacional correspondente podem ser testadas.

Se há vários conjuntos de ordenações para serem analisados, há duas medidas de concordância ou discordância entre os vários conjuntos de ordenações que podem ser usadas. O coeficiente de concordância $W$ de Kendall e o coeficiente de concordância $u$ de Kendall medem a extensão de associação entre vários ($k$) conjuntos de ordenações de $N$ entidades. Cada um é útil na determinação da concordância entre vários juízes ou da associação entre três ou mais variáveis. O coeficiente de concordância $W$ de Kendall é linearmente relacionado ao $r_s$ de Spearman. O outro índice, o coeficiente de concordância $u$ de Kendall, é linearmente relacionado ao $T$ de Kendall.

O coeficiente de concordância de Kendall também pode ser generalizado para uma medida $T_C$ da concordância entre vários juízes e um critério de ordenação. O coeficiente de concordância pode também ser usado para fornecer um método padrão de ordenação de entidades de acordo com um consenso quando nenhuma ordem objetiva para os objetos é disponibilizada ou conhecida *a priori*.

O coeficiente de concordância $u$ de Kendall também tem a vantagem de ser um índice apropriado de associação quando os dados são obtidos pelo método de comparações emparelhadas em vez de ordenações. Para certos planejamentos experimentais, comparações emparelhadas podem fornecer dados mais apropriados do que ordenações. O índice pode ser usado mesmo se as comparações não são consistentes ou transitivas.

As estatísticas gama $G$ de Goodman e Kruskal e $d_{BA}$ de Somers são medidas apropriadas de associação quando as observações de duas variáveis ordenadas são resumidas em uma tabela de contingência ou quando as variáveis são ordenações para as quais há muitos empates. O $d_{BA}$ de Somers dá uma medida de associação quando uma das duas variáveis é de particular importância ou há uma distinção especial entre as variáveis – por exemplo, quando uma delas é uma variável dependente e a outra é uma variável independente. Assim como a estatística lambda, o $d_{BA}$ de Somers é assimétrico e é preciso tomar cuidado em sua interpretação.

Há muitas medidas de associação que têm sido desenvolvidas para o uso com dados categóricos ou ordinais. Neste capítulo, não foi possível discutir todas elas. Nossas escolhas foram motivadas por um desejo de oferecer cobertura àquelas técnicas que acreditamos serem mais úteis aos pesquisadores. Algumas delas, tais como o coeficiente de Cramér, o $r_s$ de Spearman e o $T$ de Kendall, são familiares para muitos pesquisadores. Outras, como a estatística kappa e o coeficiente de Kendall de concordância, são menos familiares. Todas elas serão úteis quando aplicadas apropriadamente.

# REFERÊNCIAS

Bailey, D. E. (1971). *Probability and statistics: models for research.* New York: J. Wiley.

Bishop, Y. M. M., Feinberg, S. E., e Holland, P. W. (1975). *Discrete multivariate analysis: theory and practice.* Cambridge, MA: MIT Press.

Bradley, J. V. (1968). *Distribution-free statistical tests.* Englewood Cliffs, NJ: Prentice-Hall.

Castellan, N. J., Jr. (1965). On the partitioning of contingency tables. *Psychological Bulletin,* **64**, 330-338.

_____. (1979). The analysis of behavior sequences. In R. B. Cairns (ed.), *The analysis of social interactions: methods, issues, and illustrations.* Hillsdale, NJ: L. Erlbaum, p. 81-116.

Chacko, V. J. (1963). Testing homogeneity against ordered alternatives. *Annals of Mathematical Statistics,* **34**, 945-956.

Cochran, W. G. (1950). The comparison of percentages in matched samples. *Biometrika,* **37**, 256-266.

_____. (1952). The $\chi^2$ test of goodness of fit. *Annals of Mathematical Statistics,* **23**, 315-345.

_____. (1954). Some methods for strengthening the common $\chi^2$ tests. *Biometrics,* **10**, 417-451.

Cohen, J. (1960). A coefficient of agreement for nominal scales. *Educational and Psychological Measurement,* **20**, 37-46.

_____. (1968). Weighted kappa: Nominal scale agreement with provision for scaled disagreement or partial credit. *Psychological Bulletin,* **70**, 213-220.

Davidson, D., Suppes, P., e Siegel, S. (1957). *Decision making: an experimental approach.* Stanford, CA: Stanford University Press.

Delucchi, K. L. (1983). The use and misuse of chi-square: Lewis and Burke revisited. *Psychological Bulletin,* **94**, 166-176.

Dixon, W. J., e Massey, F. J. (1983). *Introduction to statistical analysis* (4. ed.). New York: McGraw-Hill.

Edwards, A. L. (1967). *Statistical methods* (2. ed.). New York: Holt, Rinehart and Winston.

Ehrenberg, A. S. C. (1952). On sampling from a population of rankers. *Biometrika,* **39**, 82-87.

Everitt, B. S. (1977). *The analysis of contingency tables.* London: Chapman and Hall.

Feigin, P. D. e Cohen, A. (1978). On a model for concordance between judges. *Journal Royal Statistical Society* (Série B), **40**, 203-221.

Fisher, R. A. (1973). *Statistical methods for research workers* (14. ed.). New York: Hafner.

Fleiss, J. L. (1971). Measuring nominal scale agreement among many raters. *Psychological Bulletin*, **76**, 378-382.

Fligner, M. A., e Policello, G. E., III (1981). Robust rank procedures for the Behrens-Fisher problem. *Journal of the American Statistical Association*, **76**, 162-168.

Fraser, C. O. (1980). Measurement in psychology. *British Journal of Psychology*, **71**, 23-34.

Friedman, M. (1937). The use of ranks to avoid the assumption of normality implicit in the analysis of variance. *Journal of the American Statistical Association*, **32**, 675-701.

_____. (1940). A comparison of alternative tests of significance for the problem of *m* rankings. *Annals of Mathematical Statistics*, **11**, 86-92.

Gibbons, J. D. (1976). *Nonparametric methods for quantitative analysis.* New York: Holt, Rinehart and Winston.

_____. (1985). *Nonparametric statistical inference* (2. ed., revista e ampliada). New York: Marcel Dekker.

Goodman, L. A. (1954). Kolmogorov-Smirnov tests for psychological research. *Psychological Bulletin*, **51**, 160-168.

_____. e Kruskal, W. H. (1954). Measures of association for cross classifications. *Journal of the American Statistical Association*, **49**, 732-764.

_____. e _____. (1959). Measures of association for cross classifications. II: Further discussion and references. *Journal of the American Statistical Association*, **54**, 123-163.

_____. e _____. (1963). Measures of association for cross classifications. III: Approximate sampling theory. *Journal of the American Statistical Association*, **58**, 310-364.

_____. e _____. (1972). Measures of association for cross classifications. IV: Simplification of asymptotic variances. *Journal of the American Statistical Association*, **67**, 415-421.

Haberman, S. J. (1973). The analysis of residuals in cross-classified tables. *Biometrics*, **29**, 205-220.

Hammond, K. R., Householder, J. E., e Castellan, N. J., Jr. (1970). *Introduction to the statistical method* (2. ed.). New York: A. A. Knopf.

Hays, W. L. (1960). A note on average tau as a measure of concordance. *Journal of the American Statistical Association*, **55**, 331-341.

_____. (1981). *Statistics* (3. ed.). New York: Holt, Rinehart and Winston.

Hettmansperger, T. P. (1984). *Statistical inference based on ranks.* New York: J. Wiley.

Hollander, M. (1967). Asymptotic efficiency of two nonparametric competitors of Wilcoxon's two sample test. *Journal of the American Statistical Association*, **62**, 939-949.

_____. e Wolfe, D. A. (1973). *Nonparametric statistical methods.* New York: J. Wiley.

Johnson, N. S. (1979). Nonnull properties of Kendall's partial rank correlation coefficient. *Biometrika*, **66**, 333-338.

Jonckheere, A. R. (1954). A distribution-free *k*-sample test against ordered alternatives. *Biometrika*, **41**, 133-145.

Kendall, M. G. (1970). *Rank correlation methods* (4. ed.). London: Griffin.

Kolmogorov, A. (1941). Confidence limits for an unknown distribution function. *Annals of Mathematical Statistics*, **12**, 461-463.

Kruskal, W. H. (1952). A nonparametric test for the several sample problem. *Annals of Mathematical statistics*, **23**, 525-540.

_____. e Wallis, W. A. (1952). Use of ranks in one-criterion variance analysis. *Journal of the American Statistical Association*, **47**, 583-621.

Lehmann, E. L. (1975). *Nonparametrics: statistical methods based on ranks*. San Francisco: Holden-Day.

Lewis, D., e Burke, C. J. (1949). The use and misuse of the chi-square test. *Psychological Bulletin*, **46**, 433-489.

Lienert, G. A., e Netter, P. (1987). Nonparametric analysis of treatment-response tables by bipredictive configural frequency analysis. *Methods of Information in Medicine*, **26**, 89-92.

Light, R. J. (1971). Measures of response agreement for qualitative data: some generalizations and alternatives. *Psychological Bulletin*, **76**, 365-377.

McNemar, Q. (1969). *Psychological statistics* (4. ed.). New York: J. Wiley.

Mack, G. A., e Wolfe, D. A. (1981). $k$-sample rank tests for umbrella alternatives. *Journal of the American Statistical Association*. **76**, 175-181.

Maghsoodloo, S. (1975). Estimates of the quantiles of Kendall's partial rank correlation coefficient. *Journal of Statistical Computing and Simulation*, **4**, 155-164.

_____. e Pallos, L. L. (1981). Asymptotic behavior of Kendall's partial rank correlation coefficient and additional quantile estimates. *Journal of Statistical Computing and Simulation*, **13**, 41-48.

Mann, H. B., e Whitney, D. R. (1947). On a test of whether one of two random variables is stochastically larger than the other. *Annals of Mathematical Statistics*, **18**, 50-60.

Marascuilo, L. A., e McSweeney, M. (1977). *Nonparametric and distribution-free methods for the social sciences*. Monterey, CA: Brooks/Cole.

Mood, A. M. (1950). *Introduction to the theory of statistics*. New York: McGraw-Hill.

Moran, P. A. P. (1951). Partial and multiple rank correlation. *Biometrika*, **38**, 26-32.

Moses, L. E. (1952). Non-parametric statistics for psychological research. *Psychological Bulletin*, **49**, 122-143.

_____. (1963). Rank tests of dispersion. *Annals of Mathematical Statistics*, **34**, 973-983.

Mosteller, F. (1948). A $k$-sample slippage test for an extreme population. *Annals of Mathematical Statistics*, **19**, 58-65.

_____. e Tukey, J. W. (1950). Significance levels for a $k$-sample slippage test. *Annals of Mathematical Statistics*, **21**, 120-123.

Page, E. B. (1963). Ordered hypotheses for multiple treatments: A significance test for linear ranks. *Journal of the American Statistical Association*, **58**, 216-230.

Page, E. S. (1955). A test for a change in a parameter occurring at an unknown point. *Biometrika*, **42**, 523-527.

Patil, K. D. (1975). Cochran's Q test: Exact distribution. *Journal of the American Statistical Association*, **70**, 186-189.

Pettitt, A. N. (1979). A non-parametric approach to the change-point problem. *Applied Statistics*, **28**, 126-135.

Pitman, E. J. G. (1937a). Significance tests which may be applied to samples from any populations. Suplemento no *Journal of the Royal Statistical Society*, **4**, 119-130.

_____. (1937b). Significance tests which may be applied to samples from any populations. II. The correlation coefficient test. Suplemento no *Journal of the Royal Statistical Society*, **4**, 225-232.

_____. (1937c). Significance tests which may be applied to samples from any populations. III. The analysis of variance test. *Biometrika*, **29**, 322-335.

Potter, R. W., e Strum, G. W. (1981). The power of Jonckheere's test. *Journal of the American Statistical Association*, **35**, 249-250.

Puri, M. L. (1965). Some distribution-free $k$-sample rank tests for homogeneity against ordered alternatives. *Communications Pure Applied Mathematics*, **18**, 51-63.

Randles, R. H., Fligner, M. A., Policello, G. E., III, e Wolfe, D. A. (1980). An asymptotically distribution-free test for symmetry versus asymmetry. *Journal of the American Statistical Association*, **75**, 168-172.

_____. e Wolfe, D. A. (1979). *Introduction to the theory of nonparametric statistics*. New York: J. Wiley.

Scheffé, H. V. (1943). Statistical inference in the non-parametric case. *Annals of Mathematical Statistics*, **14**, 305-332.

Schorak, G. R. (1969). Testing and estimating ratios of scale parameters. *Journal of the American statistical Association*, **64**, 999-1013.

Scott, W. A. (1955). Reliability of content analysis: The case of nominal scale coding. *Public Opinion Quarterly*, **19**, 321-325.

Shaffer, J. P. (1973). Defining and testing hypotheses in multidimensional contingency tables. *Psychological Bulletin*, **79**, 127-141.

Siegel, S., e Tukey, J. W. (1960). A nonparametric sum of ranks procedure for relative spread in unpaired samples. *Journal of the American Statistical Association*, **55**, 429-445. (Emenda no *Journal of the American Statistical Association*, 1961, **56**, 1005.)

Smirnov, N. V. (1948). Table for estimating the goodness of fit of empirical distributions. *Annals of Mathematical Statistics*, **19**, 279-281.

Somers, R. H. (1962). A new asymmetric measure of association for ordinal variables. *American Sociological Review*, **27**, 799-811.

_____. (1980). Simple approximations to null sampling variances: Goodman and Kruskal's gamma, Kendall's tau, and Somers's $d_{yx}$. *Sociological Methods and Research*, **9**, 115-126.

Stilson, D. W., e Campbell, V. N. (1962). A note on calculating tau and average tau and on the sampling distribution of average tau with a criterion ranking. *Journal of the American Statistical Association*, **57**, 567-571.

Swed, F. S., e Eisenhart, C. (1943). Tables for testing randomness of grouping in a sequence of alternatives. *Annals of Mathematical Statistics*, **14**, 83-86.

Terpstra, T. J. (1952). The asymptotic normality and consistency of Kendall's test against trend, when ties are present in one ranking. *Indagationes Mathematicae*, **14**, 327-333.

Townsend, J. T., e Ashby, F. G. (1984). Measurement scales and statistics: The misconception misconceived. *Psychological Bulletin*, **96**, 394-401.

Whitney, D. R. (1948). A comparison of the power of non-parametric tests and tests based on the normal distribution under non-normal alternatives. (Tese de Doutorado não-publicada, Ohio State University.)

Wilcoxon, F. (1945). Individual comparisons by ranking methods. *Biometrics*, **1**, 80-83.

_____. (1947). Probability tables for individual comparisons by ranking methods. *Biometrics*, **3**, 119-122.

_____. (1949). *Some rapid approximate statistical procedures*. Stamford, CT: American Cyanamid.

Yates, F. (1934). Contingency tables involving small numbers and the $\chi^2$ test. *Journal of the Royal Statistical Society Supplement*, **1**, 217-235.

# APÊNDICE I
# TABELAS

A.   Probabilidades associadas com a cauda superior da distribuição normal.
$A_{II}$.  Valores críticos $z$ para $\#c$ comparações múltiplas.
$A_{III}$. Valores críticos $q(\alpha, \# c)$ para $\# c$ comparações múltiplas dependentes.
B.   Valores críticos da distribuição $t$ de Student.
C.   Valores críticos da distribuição qui-quadrado.
D.   Tabela das probabilidades associadas com valores tão pequenos quanto (ou menores do que) os valores observados de $k$ no teste binomial.
E.   Distribuição binomial.
F.   Valores críticos de $D$ no teste de uma amostra de Kolmogorov-Smirnov.
G.   Valores críticos de $r$ no teste das séries.
H.   Valores críticos de $T^+$ para o teste de postos com sinal de Wilcoxon.
I.   Teste exato de Fisher, probabilidades para tabelas com quatro entradas, $N \leq 15$.
J.   Probabilidades da cauda inferior e superior para $W_x$, a estatística posto-soma de Wilcoxon-Mann-Whitney.
K.   Valores críticos de $\grave{U}$ para teste posto-ordem robusto.
$L_I$.  Teste (unilateral) de duas amostras de Kolmogorov-Smirnov.
$L_{II}$. Teste (bilateral) de duas amostras de Kolmogorov-Smirnov.
$L_{III}$. Valores críticos de $D_{m,n}$ para o teste de duas amostras de Kolmogorov-Smirnov (grandes amostras: teste bilateral).
M.   Valores críticos para a estatística $F_r$ para análise de variância de dois fatores de Friedman por postos.
N.   Valores críticos para a estatística $L$ de Page.
O.   Valores críticos para análise de variância de dois fatores de Kruskal-Wallis pela estatística de pontos $KW$.
P.   Valores críticos para a estatística $J$ de Jonckheere.
Q.   Valores críticos de $r_s$, o coeficiente de correlação posto-ordem de Spearman.
$R_I$.  Probabilidades da cauda superior para $T$, o coeficiente de correlação posto-ordem de Kendall ($N \leq 10$).

$R_{II}$. Valores críticos para $T$, o coeficiente de correlação posto-ordem de Kendall.
S. Valores críticos para $T_{xy.z}$, o coeficiente de correlação posto-ordem parcial de Kendall.
T. Valores críticos para o coeficiente de concordância $W$ de Kendall.
U. Probabilidades da cauda superior de $u$, o coeficiente de concordância de Kendall, quando os dados são baseados em comparações emparelhadas.
V. Probabilidades da cauda superior de $T_C$, a correlação de $k$ ordenações com um critério de ordenação.
W. Fatoriais.
X. Coeficientes binomiais.

## Tabela A
Probabilidades associadas com a cauda superior da distribuição normal

O corpo da tabela dá as probabilidades unilaterais sob $H_0$ de $z$. A coluna marginal do lado esquerdo dá vários valores de $z$ com uma casa decimal. A linha do topo dá vários valores para a segunda casa decimal. Então, por exemplo, o $p$ unilateral de $z \geq 0{,}11$ ou $z \leq -0{,}11$ é $p = 0{,}4562$.

| z | 0,00 | 0,01 | 0,02 | 0,03 | 0,04 | 0,05 | 0,06 | 0,07 | 0,08 | 0,09 |
|---|---|---|---|---|---|---|---|---|---|---|
| 0,0 | 0,5000 | 0,4960 | 0,4920 | 0,4880 | 0,4840 | 0,4801 | 0,4761 | 0,4721 | 0,4681 | 0,4641 |
| 0,1 | 0,4602 | 0,4562 | 0,4522 | 0,4483 | 0,4443 | 0,4404 | 0,4364 | 0,4325 | 0,4286 | 0,4247 |
| 0,2 | 0,4207 | 0,4168 | 0,4129 | 0,4090 | 0,4052 | 0,4013 | 0,3974 | 0,3936 | 0,3897 | 0,3859 |
| 0,3 | 0,3821 | 0,3783 | 0,3745 | 0,3707 | 0,3669 | 0,3632 | 0,3594 | 0,3557 | 0,3520 | 0,3483 |
| 0,4 | 0,3446 | 0,3409 | 0,3372 | 0,3336 | 0,3300 | 0,3264 | 0,3228 | 0,3192 | 0,3156 | 0,3121 |
| 0,5 | 0,3085 | 0,3050 | 0,3015 | 0,2981 | 0,2946 | 0,2912 | 0,2877 | 0,2843 | 0,2810 | 0,2776 |
| 0,6 | 0,2743 | 0,2709 | 0,2676 | 0,2643 | 0,2611 | 0,2578 | 0,2546 | 0,2514 | 0,2483 | 0,2451 |
| 0,7 | 0,2420 | 0,2389 | 0,2358 | 0,2327 | 0,2296 | 0,2266 | 0,2236 | 0,2206 | 0,2177 | 0,2148 |
| 0,8 | 0,2119 | 0,2090 | 0,2061 | 0,2033 | 0,2005 | 0,1977 | 0,1949 | 0,1922 | 0,1894 | 0,1867 |
| 0,9 | 0,1841 | 0,1814 | 0,1788 | 0,1762 | 0,1736 | 0,1711 | 0,1685 | 0,1660 | 0,1635 | 0,1611 |
| 1,0 | 0,1587 | 0,1562 | 0,1539 | 0,1515 | 0,1492 | 0,1469 | 0,1446 | 0,1423 | 0,1401 | 0,1379 |
| 1,1 | 0,1357 | 0,1335 | 0,1314 | 0,1292 | 0,1271 | 0,1251 | 0,1230 | 0,1210 | 0,1190 | 0,1170 |
| 1,2 | 0,1151 | 0,1131 | 0,1112 | 0,1093 | 0,1075 | 0,1056 | 0,1038 | 0,1020 | 0,1003 | 0,0985 |
| 1,3 | 0,0968 | 0,0951 | 0,0934 | 0,0918 | 0,0901 | 0,0885 | 0,0869 | 0,0853 | 0,0838 | 0,0823 |
| 1,4 | 0,0808 | 0,0793 | 0,0778 | 0,0764 | 0,0749 | 0,0735 | 0,0721 | 0,0708 | 0,0694 | 0,0681 |
| 1,5 | 0,0668 | 0,0655 | 0,0643 | 0,0630 | 0,0618 | 0,0606 | 0,0594 | 0,0582 | 0,0571 | 0,0559 |
| 1,6 | 0,0548 | 0,0537 | 0,0526 | 0,0516 | 0,0505 | 0,0495 | 0,0485 | 0,0475 | 0,0465 | 0,0455 |
| 1,7 | 0,0446 | 0,0436 | 0,0427 | 0,0418 | 0,0409 | 0,0401 | 0,0392 | 0,0384 | 0,0375 | 0,0367 |
| 1,8 | 0,0359 | 0,0351 | 0,0344 | 0,0336 | 0,0329 | 0,0322 | 0,0314 | 0,0307 | 0,0301 | 0,0294 |
| 1,9 | 0,0287 | 0,0281 | 0,0274 | 0,0268 | 0,0262 | 0,0256 | 0,0250 | 0,0244 | 0,0239 | 0,0233 |
| 2,0 | 0,0228 | 0,0222 | 0,0217 | 0,0212 | 0,0207 | 0,0202 | 0,0197 | 0,0192 | 0,0188 | 0,0183 |
| 2,1 | 0,0179 | 0,0174 | 0,0170 | 0,0166 | 0,0162 | 0,0158 | 0,0154 | 0,0150 | 0,0146 | 0,0143 |
| 2,2 | 0,0139 | 0,0136 | 0,0132 | 0,0129 | 0,0125 | 0,0122 | 0,0119 | 0,0116 | 0,0113 | 0,0110 |
| 2,3 | 0,0107 | 0,0104 | 0,0102 | 0,0099 | 0,0096 | 0,0094 | 0,0091 | 0,0089 | 0,0087 | 0,0084 |
| 2,4 | 0,0082 | 0,0080 | 0,0078 | 0,0075 | 0,0073 | 0,0071 | 0,0069 | 0,0068 | 0,0066 | 0,0064 |
| 2,5 | 0,0062 | 0,0060 | 0,0059 | 0,0057 | 0,0055 | 0,0054 | 0,0052 | 0,0051 | 0,0049 | 0,0048 |
| 2,6 | 0,0047 | 0,0045 | 0,0044 | 0,0043 | 0,0041 | 0,0040 | 0,0039 | 0,0038 | 0,0037 | 0,0036 |
| 2,7 | 0,0035 | 0,0034 | 0,0033 | 0,0032 | 0,0031 | 0,0030 | 0,0029 | 0,0028 | 0,0027 | 0,0026 |
| 2,8 | 0,0026 | 0,0025 | 0,0024 | 0,0023 | 0,0023 | 0,0022 | 0,0021 | 0,0021 | 0,0020 | 0,0019 |
| 2,9 | 0,0019 | 0,0018 | 0,0018 | 0,0017 | 0,0016 | 0,0016 | 0,0015 | 0,0015 | 0,0014 | 0,0014 |
| 3,0 | 0,0013 | 0,0013 | 0,0013 | 0,0012 | 0,0012 | 0,0011 | 0,0011 | 0,0011 | 0,0010 | 0,0010 |
| 3,1 | 0,0010 | 0,0009 | 0,0009 | 0,0009 | 0,008 | 0,0008 | 0,0008 | 0,0008 | 0,0007 | 0,0007 |
| 3,2 | 0,0007 | | | | | | | | | |
| 3,3 | 0,0005 | | | | | | | | | |
| 3,4 | 0,0003 | | | | | | | | | |
| 3,5 | 0,00023 | | | | | | | | | |
| 3,6 | 0,00016 | | | | | | | | | |
| 3,7 | 0,00011 | | | | | | | | | |
| 3,8 | 0,00007 | | | | | | | | | |
| 3,9 | 0,00005 | | | | | | | | | |
| 4,0 | 0,00003 | | | | | | | | | |

Níveis de significância selecionados para a distribuição normal.

| Bilateral $\alpha$ | 0,20 | 0,10 | 0,05 | 0,02 | 0,01 | 0,002 | 0,001 | 0,0001 | 0,00001 |
|---|---|---|---|---|---|---|---|---|---|
| Unilateral $\alpha$ | 0,10 | 0,05 | 0,025 | 0,01 | 0,005 | 0,001 | 0,0005 | 0,00005 | 0,000005 |
| z | 1,282 | 1,645 | 1,960 | 2,326 | 2,576 | 3,090 | 3,291 | 3,891 | 4,417 |

## Tabela $A_{II}$
Valores críticos z para #c comparações múltiplas*

As entradas na tabela para um dado #c e para um dado nível de significância $\alpha$ são o ponto sobre a distribuição normal padrão tal que a probabilidade da cauda superior é igual a $\frac{1}{2}\alpha/\#c$. Para valores de #c fora do intervalo incluído na tabela, z pode ser encontrado usando a Tabela A do Apêndice.

|     |           | $\alpha$ |       |       |       |       |       |
| --- | --------- | ----- | ----- | ----- | ----- | ----- | ----- |
|     | Bilateral | 0,30  | 0,25  | 0,20  | 0,15  | 0,10  | 0,05  |
| #c  | Unilateral| 0,15  | 0,125 | 0,10  | 0,075 | 0,05  | 0,025 |
| 1   |           | 1,036 | 1,150 | 1,282 | 1,440 | 1,645 | 1,960 |
| 2   |           | 1,440 | 1,534 | 1,645 | 1,780 | 1,960 | 2,241 |
| 3   |           | 1,645 | 1,732 | 1,834 | 1,960 | 2,128 | 2,394 |
| 4   |           | 1,780 | 1,863 | 1,960 | 2,080 | 2,241 | 2,498 |
| 5   |           | 1,881 | 1,960 | 2,054 | 2,170 | 2,326 | 2,576 |
| 6   |           | 1,960 | 2,037 | 2,128 | 2,241 | 2,394 | 2,638 |
| 7   |           | 2,026 | 2,100 | 2,189 | 2,300 | 2,450 | 2,690 |
| 8   |           | 2,080 | 2,154 | 2,241 | 2,350 | 2,498 | 2,734 |
| 9   |           | 2,128 | 2,200 | 2,287 | 2,394 | 2,539 | 2,773 |
| 10  |           | 2,170 | 2,241 | 2,326 | 2,432 | 2,576 | 2,807 |
| 11  |           | 2,208 | 2,278 | 2,362 | 2,467 | 2,608 | 2,838 |
| 12  |           | 2,241 | 2,301 | 2,394 | 2,498 | 2,638 | 2,866 |
| 15  |           | 2,326 | 2,394 | 2,475 | 2,576 | 2,713 | 2,935 |
| 21  |           | 2,450 | 2,515 | 2,593 | 2,690 | 2,823 | 3,038 |
| 28  |           | 2,552 | 2,615 | 2,690 | 2,785 | 2,913 | 3,125 |

*c é o número de comparações.

## Tabela A$_{III}$
Valores críticos q($\alpha$, #c) para #c comparações múltiplas dependentes*•*

Entradas na tabela para um dado #c e um nível de significância $\alpha$ são valores críticos para os valores absolutos máximos de #c variáveis aleatórias com distribuição normal e com correlação comum 0,5 para o teste bilateral, e valores críticos para a cauda superior de #c variáveis aleatórias com distribuição normal com correlação comum 0,5 para o teste unilateral.

| #c | $\alpha$: | Bilateral | | Unilateral | |
|---|---|---|---|---|---|
| | | 0,05 | 0,01 | 0,05 | 0,01 |
| 1 | | 1,96 | 2,58 | 1,65 | 2,33 |
| 2 | | 2,21 | 2,79 | 1,92 | 2,56 |
| 3 | | 2,35 | 2,92 | 2,06 | 2,69 |
| 4 | | 2,44 | 3,00 | 2,16 | 2,77 |
| 5 | | 2,51 | 3,06 | 2,24 | 2,84 |
| 6 | | 2,57 | 3,11 | 2,29 | 2,89 |
| 7 | | 2,61 | 3,15 | 2,34 | 2,94 |
| 8 | | 2,65 | 3,19 | 2,38 | 2,97 |
| 9 | | 2,69 | 3,22 | 2,42 | 3,00 |
| 10 | | 2,72 | 3,25 | 2,45 | 3,03 |
| 11 | | 2,74 | 3,27 | 2,48 | 3,06 |
| 12 | | 2,77 | 3,29 | 2,50 | 3,08 |
| 15 | | 2,83 | 3,35 | 2,57 | 3,14 |
| 20 | | 2,91 | 3,42 | 2,64 | 3,21 |

* #c é o número de comparações.
• Entradas bilaterais são adaptadas de Dunnett, C.W. (1964). New tables for multiple comparisons with a control. *Biometrics*, **20**, 482-491. (Com a permissão do autor e do editor da *Biometrics*.)
* Entradas unilaterais são adaptadas de Gupta, S.S. (1963). Probability integrals of multivariate normal and multivariate t. *Annals of Mathematical Statistics*, **34**, 792-828. (Com a permissão do autor e do editor de *Annals of Mathematical Statistics*.)

## Tabela B
Valores críticos da distribuição t de Student*

| gl | Nível de significância para teste unilateral | | | | | |
|---|---|---|---|---|---|---|
| | 0,10 | 0,05 | 0,025 | 0,01 | 0,005 | 0,0005 |
| | Nível de significância para teste bilateral | | | | | |
| | 0,20 | 0,10 | 0,05 | 0,02 | 0,01 | 0,001 |
| 1 | 3,078 | 6,314 | 12,706 | 31,821 | 63,657 | 636,619 |
| 2 | 1,886 | 2,920 | 4,303 | 6,695 | 9,925 | 31,598 |
| 3 | 1,638 | 2,353 | 3,182 | 4,541 | 5,841 | 12,941 |
| 4 | 1,533 | 2,132 | 2,776 | 3,747 | 4,604 | 8,610 |
| 5 | 1,476 | 2,015 | 2,571 | 3,365 | 4,032 | 6,859 |
| 6 | 1,440 | 1,943 | 2,447 | 3,143 | 3,707 | 5,959 |
| 7 | 1,415 | 1,895 | 2,365 | 2,998 | 3,499 | 5,405 |
| 8 | 1,397 | 1,860 | 2,306 | 2,896 | 3,355 | 5,041 |
| 9 | 1,383 | 1,833 | 2,262 | 2,821 | 3,250 | 4,781 |
| 10 | 1,372 | 1,812 | 2,228 | 2,764 | 3,169 | 4,587 |
| 11 | 1,363 | 1,796 | 2,201 | 2,718 | 3,106 | 4,437 |
| 12 | 1,356 | 1,782 | 2,179 | 2,681 | 3,055 | 4,318 |
| 13 | 1,350 | 1,771 | 2,160 | 2,650 | 3,012 | 4,221 |
| 14 | 1,345 | 1,761 | 2,145 | 2,624 | 2,977 | 4,140 |
| 15 | 1,341 | 1,753 | 2,131 | 2,602 | 2,947 | 4,073 |
| 16 | 1,337 | 1,746 | 2,120 | 2,583 | 2,921 | 4,015 |
| 17 | 1,333 | 1,740 | 2,110 | 2,567 | 2,898 | 3,965 |
| 18 | 1,330 | 1,734 | 2,101 | 2,552 | 2,878 | 3,922 |
| 19 | 1,328 | 1,729 | 2,093 | 2,539 | 2,861 | 3,883 |
| 20 | 1,325 | 1,725 | 2,086 | 2,528 | 2,845 | 3,850 |
| 21 | 1,323 | 1,721 | 2,080 | 2,518 | 2,831 | 3,819 |
| 22 | 1,321 | 1,717 | 2,074 | 2,508 | 2,819 | 3,792 |
| 23 | 1,319 | 1,714 | 2,069 | 2,500 | 2,807 | 3,767 |
| 24 | 1,318 | 1,711 | 2,064 | 2,492 | 2,797 | 3,745 |
| 25 | 1,316 | 1,708 | 2,060 | 2,485 | 2,787 | 3,725 |
| 26 | 1,315 | 1,706 | 2,056 | 2,479 | 2,779 | 3,707 |
| 27 | 1,314 | 1,703 | 2,052 | 2,473 | 2,771 | 3,690 |
| 28 | 1,313 | 1,701 | 2,048 | 2,467 | 2,763 | 3,674 |
| 29 | 1,311 | 1,699 | 2,045 | 2,462 | 2,756 | 3,659 |
| 30 | 1,310 | 1,697 | 2,042 | 2,457 | 2,750 | 3,646 |
| 40 | 1,303 | 1,684 | 2,021 | 2,423 | 2,704 | 3,551 |
| 60 | 1,296 | 1,671 | 2,000 | 2,390 | 2,660 | 3,460 |
| 120 | 1,289 | 1,658 | 1,980 | 2,358 | 2,617 | 3,373 |
| ∞ | 1,282 | 1,645 | 1,960 | 2,326 | 2,576 | 3,291 |

*A Tabela B é abreviada da Tabela III de Fisher e Yates: *Statistical tables for biological, agricultural, and medical research*, publicada por Longman Group UK Ltd., Londres (previamente publicada por Oliver and Boyd Ltd., Edinburgo) e com a permissão dos autores e dos editores.

## Tabela C
Valores críticos da distribuição qui-quadrado*

| gl | Probabilidade sob $H_0$ de que $\chi^2 \geq X^2$ | | | | | | | | | | | | |
|---|---|---|---|---|---|---|---|---|---|---|---|---|---|
| | 0,99 | 0,98 | 0,95 | 0,90 | 0,80 | 0,70 | 0,50 | 0,30 | 0,20 | 0,10 | 0,05 | 0,02 | 0,01 | 0,001 |
| 1 | 0,00016 | 0,00063 | 0,0039 | 0,016 | 0,064 | 0,15 | 0,46 | 1,07 | 1,64 | 2,71 | 3,84 | 5,41 | 6,64 | 10,83 |
| 2 | 0,02 | 0,04 | 0,10 | 0,21 | 0,45 | 0,71 | 1,39 | 2,41 | 3,22 | 4,60 | 5,99 | 7,82 | 9,21 | 13,82 |
| 3 | 0,12 | 0,18 | 0,35 | 0,58 | 1,00 | 1,42 | 2,37 | 3,66 | 4,64 | 6,25 | 7,82 | 9,84 | 11,34 | 16,27 |
| 4 | 0,30 | 0,43 | 0,71 | 1,06 | 1,65 | 2,20 | 3,36 | 4,88 | 5,99 | 7,78 | 9,49 | 11,67 | 13,28 | 18,46 |
| 5 | 0,55 | 0,75 | 1,14 | 1,61 | 2,34 | 3,00 | 4,35 | 6,06 | 7,29 | 9,24 | 11,07 | 13,39 | 15,09 | 20,52 |
| 6 | 0,87 | 1,13 | 1,64 | 2,20 | 3,07 | 3,83 | 5,35 | 7,23 | 8,56 | 10,64 | 12,59 | 15,03 | 16,81 | 22,46 |
| 7 | 1,24 | 1,56 | 2,17 | 2,83 | 3,82 | 4,67 | 6,35 | 8,38 | 9,80 | 12,02 | 14,07 | 16,62 | 18,48 | 24,32 |
| 8 | 1,65 | 2,03 | 2,73 | 3,49 | 4,59 | 5,53 | 7,34 | 9,52 | 11,03 | 13,36 | 15,51 | 18,17 | 20,09 | 26,12 |
| 9 | 2,09 | 2,53 | 3,32 | 4,17 | 5,38 | 6,39 | 8,34 | 10,66 | 12,24 | 14,68 | 16,92 | 19,68 | 21,67 | 27,88 |
| 10 | 2,56 | 3,06 | 3,94 | 4,86 | 6,18 | 7,27 | 9,34 | 11,78 | 13,44 | 15,99 | 18,31 | 21,16 | 23,21 | 29,59 |
| 11 | 3,05 | 3,61 | 4,58 | 5,58 | 6,99 | 8,15 | 10,34 | 12,90 | 14,63 | 17,28 | 19,68 | 22,62 | 24,72 | 31,26 |
| 12 | 3,57 | 4,18 | 5,23 | 6,30 | 7,81 | 9,03 | 11,34 | 14,01 | 15,81 | 18,55 | 21,03 | 24,05 | 26,22 | 32,91 |
| 13 | 4,11 | 4,76 | 5,89 | 7,04 | 8,63 | 9,93 | 12,34 | 15,12 | 16,98 | 19,81 | 22,36 | 25,47 | 27,69 | 34,53 |
| 14 | 4,66 | 5,37 | 6,57 | 7,79 | 9,47 | 10,82 | 13,34 | 16,22 | 18,15 | 21,06 | 23,68 | 26,87 | 29,14 | 36,12 |
| 15 | 5,23 | 5,98 | 7,26 | 8,55 | 10,31 | 11,72 | 14,34 | 17,32 | 19,31 | 22,31 | 25,00 | 28,26 | 30,58 | 37,70 |
| 16 | 5,81 | 6,61 | 7,96 | 9,31 | 11,15 | 12,62 | 15,34 | 18,42 | 20,46 | 23,54 | 26,30 | 29,63 | 32,00 | 39,29 |
| 17 | 6,41 | 7,26 | 8,67 | 10,08 | 12,00 | 13,53 | 16,34 | 19,51 | 21,62 | 24,77 | 27,59 | 31,00 | 33,41 | 40,75 |
| 18 | 7,02 | 7,91 | 9,39 | 10,86 | 12,86 | 14,44 | 17,34 | 20,60 | 22,76 | 25,99 | 28,87 | 32,35 | 34,80 | 42,31 |
| 19 | 7,63 | 8,57 | 10,12 | 11,65 | 13,72 | 15,35 | 18,34 | 21,69 | 23,90 | 27,20 | 30,14 | 33,69 | 36,19 | 43,82 |
| 20 | 8,26 | 9,24 | 10,85 | 12,44 | 14,58 | 16,27 | 19,34 | 22,78 | 25,04 | 28,41 | 31,41 | 35,02 | 37,57 | 45,32 |
| 21 | 8,90 | 9,92 | 11,59 | 13,24 | 15,44 | 17,18 | 20,34 | 23,86 | 26,17 | 29,62 | 32,67 | 36,34 | 38,93 | 46,80 |
| 22 | 9,54 | 10,60 | 12,34 | 14,04 | 16,31 | 18,10 | 21,24 | 24,94 | 27,30 | 30,81 | 33,92 | 37,66 | 40,29 | 48,27 |
| 23 | 10,20 | 11,29 | 13,09 | 14,85 | 17,19 | 19,02 | 22,34 | 26,02 | 28,43 | 32,01 | 35,17 | 38,97 | 41,64 | 49,73 |
| 24 | 10,86 | 11,99 | 13,85 | 15,66 | 18,06 | 19,94 | 23,34 | 27,10 | 29,55 | 33,20 | 36,42 | 40,27 | 42,98 | 51,18 |
| 25 | 11,52 | 12,70 | 14,61 | 16,47 | 18,94 | 20,87 | 24,34 | 28,17 | 30,68 | 34,38 | 37,65 | 41,57 | 44,31 | 52,62 |
| 26 | 12,20 | 13,41 | 15,38 | 17,29 | 19,82 | 21,79 | 25,34 | 29,25 | 31,80 | 35,56 | 38,88 | 42,86 | 45,64 | 54,05 |
| 27 | 12,88 | 14,12 | 16,15 | 18,11 | 20,70 | 22,72 | 26,34 | 30,32 | 32,91 | 36,74 | 40,11 | 44,14 | 46,96 | 55,48 |
| 28 | 13,56 | 14,85 | 16,93 | 18,94 | 21,59 | 23,65 | 27,34 | 31,39 | 34,03 | 37,92 | 41,34 | 45,42 | 48,28 | 56,89 |
| 29 | 14,26 | 15,57 | 17,71 | 19,77 | 22,48 | 24,58 | 28,34 | 32,46 | 35,14 | 39,09 | 42,56 | 46,69 | 49,59 | 58,30 |
| 30 | 14,95 | 16,31 | 18,49 | 20,60 | 23,36 | 25,51 | 29,34 | 33,53 | 36,25 | 40,26 | 43,77 | 47,96 | 50,89 | 59,70 |

* A Tabela C é abreviada da Tabela IV de Fisher e Yates: *Statistical tables for biological, agricultural, and medical research*, publicada por Longman Group UK Ltd., Londres (previamente publicada por Oliver and Boyd Ltd., Edinburgo) e com a permissão dos autores e dos editores.

## Tabela D

Tabela de probabilidades associadas com valores tão pequenos quanto (ou menores do que) valores observados de k no teste binomial
No corpo da tabela são dadas as probabilidades unilaterais sob $H_0$ para o teste binomial quando $p = q = \frac{1}{2}$.

As entradas são $P[Y \leq k]$. Note que as entradas também podem ser lidas como $P[Y \geq N - k]$.

| N | 0 | 1 | 2 | 3 | 4 | 5 | 6 | 7 | 8 | 9 | 10 | 11 | 12 | 13 | 14 | 15 | 16 | 17 |
|---|---|---|---|---|---|---|---|---|---|---|---|---|---|---|---|---|---|---|
| 4 | 062 | 312 | 688 | 938 | 1,0 | | | | | | | | | | | | | |
| 5 | 031 | 188 | 500 | 812 | 969 | 1,0 | | | | | | | | | | | | |
| 6 | 016 | 109 | 344 | 656 | 891 | 984 | 1,0 | | | | | | | | | | | |
| 7 | 008 | 062 | 227 | 500 | 773 | 938 | 992 | 1,0 | | | | | | | | | | |
| 8 | 004 | 035 | 145 | 363 | 637 | 855 | 965 | 996 | 1,0 | | | | | | | | | |
| 9 | 002 | 020 | 090 | 254 | 500 | 746 | 910 | 980 | 998 | 1,0 | | | | | | | | |
| 10 | 001 | 011 | 055 | 172 | 377 | 623 | 828 | 945 | 989 | 999 | 1,0 | | | | | | | |
| 11 | | 006 | 033 | 113 | 274 | 500 | 726 | 887 | 967 | 994 | 999+ | 1,0 | | | | | | |
| 12 | | 003 | 019 | 073 | 194 | 387 | 613 | 806 | 927 | 981 | 997 | 999+ | 1,0 | | | | | |
| 13 | | 002 | 011 | 046 | 133 | 291 | 500 | 709 | 867 | 954 | 989 | 998 | 999+ | 1,0 | | | | |
| 14 | | 001 | 006 | 029 | 090 | 212 | 395 | 605 | 788 | 910 | 971 | 994 | 999 | 999+ | 1,0 | | | |
| 15 | | | 004 | 018 | 059 | 151 | 304 | 500 | 696 | 849 | 941 | 982 | 996 | 999+ | 999+ | 1,0 | | |
| 16 | | | 002 | 011 | 038 | 105 | 227 | 402 | 598 | 773 | 895 | 962 | 989 | 998 | 999+ | 999+ | 1,0 | |
| 17 | | | 001 | 006 | 025 | 072 | 166 | 315 | 500 | 685 | 834 | 928 | 975 | 994 | 999 | 999+ | 999+ | 1,0 |
| 18 | | | 001 | 004 | 015 | 048 | 119 | 240 | 407 | 593 | 760 | 881 | 952 | 985 | 996 | 999 | 999+ | 999+ |
| 19 | | | | 002 | 010 | 032 | 084 | 180 | 324 | 500 | 676 | 820 | 916 | 968 | 990 | 998 | 999+ | 999+ |
| 20 | | | | 001 | 006 | 021 | 058 | 132 | 252 | 412 | 588 | 748 | 868 | 942 | 979 | 994 | 999 | 999+ |

*Nota:* Vírgulas decimais e valores menores do que 0,0005 foram omitidos.

(continua)

**Tabela D**
(Continuação)

| N | 0 | 1 | 2 | 3 | 4 | 5 | 6 | 7 | 8 | 9 | 10 | 11 | 12 | 13 | 14 | 15 | 16 | 17 |
|---|---|---|---|---|---|---|---|---|---|---|----|----|----|----|----|----|----|----|
| 21 |   |   |   | 001 | 004 | 013 | 039 | 095 | 192 | 332 | 500 | 668 | 808 | 905 | 961 | 987 | 996 | 999 |
| 22 |   |   |   |   | 002 | 008 | 026 | 067 | 143 | 262 | 416 | 584 | 738 | 857 | 933 | 974 | 992 | 998 |
| 23 |   |   |   |   | 001 | 005 | 017 | 047 | 105 | 202 | 339 | 500 | 661 | 798 | 895 | 953 | 983 | 995 |
| 24 |   |   |   |   | 001 | 003 | 011 | 032 | 076 | 154 | 271 | 419 | 581 | 729 | 846 | 924 | 968 | 989 |
| 25 |   |   |   |   |   | 002 | 007 | 022 | 054 | 115 | 212 | 345 | 500 | 655 | 788 | 885 | 946 | 978 |
| 26 |   |   |   |   |   | 001 | 005 | 014 | 038 | 084 | 163 | 279 | 423 | 577 | 721 | 837 | 916 | 962 |
| 27 |   |   |   |   |   | 001 | 003 | 010 | 026 | 061 | 124 | 221 | 351 | 500 | 649 | 779 | 876 | 939 |
| 28 |   |   |   |   |   |   | 002 | 006 | 018 | 044 | 092 | 172 | 286 | 425 | 575 | 714 | 828 | 908 |
| 29 |   |   |   |   |   |   | 001 | 004 | 012 | 031 | 068 | 132 | 229 | 356 | 500 | 644 | 771 | 868 |
| 30 |   |   |   |   |   |   | 001 | 003 | 008 | 021 | 049 | 100 | 181 | 292 | 428 | 572 | 708 | 819 |
| 31 |   |   |   |   |   |   |   | 002 | 005 | 015 | 035 | 075 | 141 | 237 | 360 | 500 | 640 | 763 |
| 32 |   |   |   |   |   |   |   | 001 | 004 | 010 | 025 | 055 | 108 | 189 | 298 | 430 | 570 | 702 |
| 33 |   |   |   |   |   |   |   | 001 | 002 | 007 | 018 | 040 | 081 | 148 | 243 | 364 | 500 | 636 |
| 34 |   |   |   |   |   |   |   |   | 001 | 005 | 012 | 029 | 061 | 115 | 196 | 304 | 432 | 568 |
| 35 |   |   |   |   |   |   |   |   | 001 | 003 | 008 | 020 | 045 | 088 | 155 | 250 | 368 | 500 |

Nota: Vírgulas decimais e valores menores do que 0,0005 foram omitidos.

## Tabela E
A distribuição binomial*

$$P[Y = k] = \binom{N}{k} p^k(1-p)^{N-k}$$

A vírgula decimal foi omitida. Todas as entradas devem ser lidas como ,nnnn.
Para valores de $p \leq 0{,}5$ use a linha do topo para $p$ e a coluna esquerda para $k$.
Para valores de $p > 0{,}5$ use a linha da base para $p$ e a coluna direita para $k$.

| N | k | 0,01 | 0,05 | 0,10 | 0,15 | 0,20 | 0,25 | 0,30 | 1/3 | 0,40 | 0,45 | 0,50 | | |
|---|---|------|------|------|------|------|------|------|-----|------|------|------|---|---|
| 2 | 0 | 9801 | 9025 | 8100 | 7225 | 6400 | 5625 | 4900 | 4444 | 3600 | 3025 | 2500 | 2 | 2 |
|   | 1 | 198  | 950  | 1800 | 2550 | 3200 | 3750 | 4200 | 4444 | 4800 | 4950 | 5000 | 1 |   |
|   | 2 | 1    | 25   | 100  | 225  | 400  | 625  | 900  | 1111 | 1600 | 2025 | 2500 | 0 |   |
| 3 | 0 | 9703 | 8574 | 7290 | 6141 | 5120 | 4219 | 3430 | 2963 | 2160 | 1664 | 1250 | 3 | 3 |
|   | 1 | 294  | 1354 | 2430 | 3251 | 3840 | 4219 | 4410 | 4444 | 4320 | 4084 | 3750 | 2 |   |
|   | 2 | 3    | 71   | 270  | 574  | 960  | 1406 | 1890 | 2222 | 2880 | 3341 | 3750 | 1 |   |
|   | 3 | 0    | 1    | 10   | 34   | 80   | 156  | 270  | 370  | 640  | 911  | 1250 | 0 |   |
| 4 | 0 | 9606 | 8145 | 6561 | 5220 | 4096 | 3164 | 2401 | 1975 | 1296 | 915  | 625  | 4 | 4 |
|   | 1 | 388  | 1715 | 2916 | 3685 | 4096 | 4219 | 4116 | 3951 | 3456 | 2995 | 2500 | 3 |   |
|   | 2 | 6    | 135  | 486  | 975  | 1536 | 2109 | 2646 | 2963 | 3456 | 3675 | 3750 | 2 |   |
|   | 3 | 0    | 5    | 36   | 115  | 256  | 469  | 756  | 988  | 1536 | 2005 | 2500 | 1 |   |
|   | 4 | 0    | 0    | 1    | 5    | 16   | 39   | 81   | 123  | 256  | 410  | 625  | 0 |   |
| 5 | 0 | 9510 | 7738 | 5905 | 4437 | 3277 | 2373 | 1681 | 1317 | 778  | 503  | 312  | 5 | 5 |
|   | 1 | 480  | 2036 | 3280 | 3915 | 4096 | 3955 | 3602 | 3292 | 2592 | 2059 | 1562 | 4 |   |
|   | 2 | 10   | 214  | 729  | 1382 | 2048 | 2637 | 3087 | 3292 | 3456 | 3369 | 3125 | 3 |   |
|   | 3 | 0    | 11   | 81   | 244  | 512  | 879  | 1323 | 1646 | 2304 | 2757 | 3125 | 2 |   |
|   | 4 | 0    | 0    | 4    | 22   | 64   | 146  | 283  | 412  | 768  | 1128 | 1562 | 1 |   |
|   | 5 | 0    | 0    | 0    | 1    | 3    | 10   | 24   | 41   | 102  | 185  | 312  | 0 |   |
| 6 | 0 | 9415 | 7351 | 5314 | 3771 | 2621 | 1780 | 1176 | 878  | 467  | 277  | 156  | 6 | 6 |
|   | 1 | 571  | 2321 | 3543 | 3993 | 3932 | 3560 | 3025 | 2634 | 1866 | 1359 | 938  | 5 |   |
|   | 2 | 14   | 305  | 984  | 1762 | 2458 | 2966 | 3241 | 3292 | 3110 | 2780 | 2344 | 4 |   |
|   | 3 | 0    | 21   | 146  | 415  | 819  | 1318 | 1852 | 2195 | 2765 | 3032 | 3125 | 3 |   |
|   | 4 | 0    | 1    | 12   | 55   | 154  | 330  | 595  | 823  | 1382 | 1861 | 2344 | 2 |   |
|   | 5 | 0    | 0    | 1    | 4    | 15   | 44   | 102  | 165  | 369  | 609  | 938  | 1 |   |
|   | 6 | 0    | 0    | 0    | 0    | 1    | 2    | 7    | 14   | 41   | 83   | 156  | 0 |   |
| 7 | 0 | 9321 | 6983 | 4783 | 3206 | 2097 | 1335 | 824  | 585  | 280  | 152  | 78   | 7 | 7 |
|   | 1 | 659  | 2573 | 3720 | 3960 | 3670 | 3115 | 2471 | 2048 | 1306 | 872  | 547  | 6 |   |
|   | 2 | 20   | 406  | 1240 | 2097 | 2753 | 3115 | 3177 | 3073 | 2613 | 2140 | 1641 | 5 |   |
|   | 3 | 0    | 36   | 230  | 617  | 1147 | 1730 | 2269 | 2561 | 2903 | 2918 | 2734 | 4 |   |
|   | 4 | 0    | 2    | 26   | 109  | 287  | 577  | 972  | 1280 | 1935 | 2388 | 2734 | 3 |   |
|   | 5 | 0    | 0    | 2    | 12   | 43   | 115  | 250  | 384  | 774  | 1172 | 1641 | 2 |   |
|   | 6 | 0    | 0    | 0    | 1    | 4    | 13   | 36   | 64   | 172  | 320  | 547  | 1 |   |
|   | 7 | 0    | 0    | 0    | 0    | 0    | 1    | 2    | 5    | 16   | 37   | 78   | 0 |   |
|   |   | 0,99 | 0,95 | 0,90 | 0,85 | 0,80 | 0,75 | 0,70 | 2/3 | 0,60 | 0,55 | 0,50 | k | N |
|   |   |      |      |      |      |      |      | p    |     |      |      |      |   |   |

*Adaptado de Massey, F. J., Jr. (1951). The Kolmogorov-Smirnov test for goodness of fit. *Journal of the American Statistical Association*, 46, 70, com a permissão do autor e do editor.

## Tabela E
(*Continuação*)

| N | k | \multicolumn{10}{c}{p} | | |
|---|---|------|------|------|------|------|------|------|------|------|------|------|---|---|
|   |   | 0,01 | 0,05 | 0,10 | 0,15 | 0,20 | 0,25 | 0,30 | 1/3 | 0,40 | 0,45 | 0,50 | | |
| 8 | 0 | 9227 | 6634 | 4305 | 2725 | 1678 | 1001 | 576 | 390 | 168 | 84 | 39 | 8 | 8 |
|   | 1 | 746 | 2793 | 3826 | 3847 | 3355 | 2670 | 1977 | 1561 | 896 | 548 | 312 | 7 | |
|   | 2 | 26 | 515 | 1488 | 2376 | 2936 | 3115 | 2965 | 2731 | 2090 | 1569 | 1094 | 6 | |
|   | 3 | 1 | 54 | 331 | 839 | 1468 | 2076 | 2541 | 2731 | 2787 | 2568 | 2188 | 5 | |
|   | 4 | 0 | 4 | 46 | 185 | 459 | 865 | 1361 | 1707 | 2322 | 2627 | 2734 | 4 | |
|   | 5 | 0 | 0 | 4 | 26 | 92 | 231 | 467 | 683 | 1239 | 1719 | 2188 | 3 | |
|   | 6 | 0 | 0 | 0 | 2 | 11 | 38 | 100 | 171 | 413 | 703 | 1094 | 2 | |
|   | 7 | 0 | 0 | 0 | 0 | 1 | 4 | 12 | 24 | 79 | 164 | 312 | 1 | |
|   | 8 | 0 | 0 | 0 | 0 | 0 | 0 | 1 | 2 | 7 | 17 | 39 | 0 | |
| 9 | 0 | 9135 | 6302 | 3874 | 2316 | 1342 | 751 | 404 | 260 | 101 | 46 | 20 | 9 | 9 |
|   | 1 | 830 | 2985 | 3874 | 3679 | 3020 | 2253 | 1556 | 1171 | 605 | 339 | 176 | 8 | |
|   | 2 | 34 | 629 | 1722 | 2597 | 3020 | 3003 | 2668 | 2341 | 1612 | 1110 | 703 | 7 | |
|   | 3 | 1 | 77 | 446 | 1069 | 1762 | 2336 | 2668 | 2731 | 2508 | 2119 | 1641 | 6 | |
|   | 4 | 0 | 6 | 74 | 283 | 661 | 1168 | 1715 | 2048 | 2508 | 2600 | 2461 | 5 | |
|   | 5 | 0 | 0 | 8 | 50 | 165 | 389 | 735 | 1024 | 1672 | 2128 | 2461 | 4 | |
|   | 6 | 0 | 0 | 1 | 6 | 28 | 87 | 210 | 341 | 743 | 1160 | 1641 | 3 | |
|   | 7 | 0 | 0 | 0 | 0 | 3 | 12 | 39 | 73 | 212 | 407 | 703 | 2 | |
|   | 8 | 0 | 0 | 0 | 0 | 0 | 1 | 4 | 9 | 35 | 83 | 176 | 1 | |
|   | 9 | 0 | 0 | 0 | 0 | 0 | 0 | 0 | 1 | 3 | 8 | 20 | 0 | |
| 10 | 0 | 9044 | 5987 | 3487 | 1969 | 1074 | 563 | 282 | 173 | 60 | 25 | 10 | 10 | 10 |
|   | 1 | 914 | 3151 | 3874 | 3474 | 2684 | 1877 | 1211 | 867 | 403 | 207 | 98 | 9 | |
|   | 2 | 42 | 746 | 1937 | 2759 | 3020 | 2816 | 2335 | 1951 | 1209 | 763 | 439 | 5 | |
|   | 3 | 1 | 105 | 574 | 1298 | 2013 | 2503 | 2668 | 2601 | 2150 | 1665 | 1172 | 7 | |
|   | 4 | 0 | 10 | 112 | 401 | 881 | 1460 | 2001 | 2276 | 2508 | 2384 | 2051 | 6 | |
|   | 5 | 0 | 1 | 15 | 85 | 264 | 584 | 1029 | 1366 | 2007 | 2340 | 2461 | 5 | |
|   | 6 | 0 | 0 | 1 | 12 | 55 | 162 | 368 | 569 | 1115 | 1596 | 2051 | 4 | |
|   | 7 | 0 | 0 | 0 | 1 | 8 | 31 | 90 | 163 | 425 | 746 | 1172 | 3 | |
|   | 8 | 0 | 0 | 0 | 0 | 1 | 4 | 14 | 30 | 106 | 229 | 439 | 2 | |
|   | 9 | 0 | 0 | 0 | 0 | 0 | 0 | 1 | 3 | 16 | 42 | 98 | 1 | |
|   | 10 | 0 | 0 | 0 | 0 | 0 | 0 | 0 | 0 | 1 | 3 | 10 | 0 | |
| 15 | 0 | 8601 | 4633 | 2059 | 874 | 352 | 134 | 47 | 23 | 5 | 1 | 0 | 15 | 15 |
|   | 1 | 1303 | 3658 | 3432 | 2312 | 1319 | 668 | 305 | 171 | 47 | 16 | 5 | 14 | |
|   | 2 | 92 | 1348 | 2669 | 2856 | 2309 | 1559 | 916 | 599 | 219 | 90 | 32 | 13 | |
|   | 3 | 4 | 307 | 1285 | 2184 | 2501 | 2252 | 1700 | 1299 | 634 | 318 | 139 | 12 | |
|   | 4 | 0 | 49 | 428 | 1156 | 1876 | 2252 | 2186 | 1948 | 1268 | 780 | 417 | 11 | |
|   | 5 | 0 | 6 | 105 | 449 | 1032 | 1651 | 2061 | 2143 | 1859 | 1404 | 916 | 10 | |
|   | 6 | 0 | 0 | 19 | 132 | 430 | 917 | 1472 | 1786 | 2066 | 1914 | 1527 | 9 | |
|   | 7 | 0 | 0 | 3 | 30 | 138 | 393 | 811 | 1148 | 1771 | 2013 | 1964 | 8 | |
|   | 8 | 0 | 0 | 0 | 5 | 35 | 131 | 348 | 574 | 1181 | 1647 | 1964 | 7 | |
|   | 9 | 0 | 0 | 0 | 1 | 7 | 34 | 116 | 223 | 612 | 1048 | 1527 | 6 | |
|   | 10 | 0 | 0 | 0 | 0 | 1 | 7 | 30 | 67 | 245 | 515 | 916 | 5 | |
|   | 11 | 0 | 0 | 0 | 0 | 0 | 1 | 6 | 15 | 74 | 191 | 417 | 4 | |
|   | 12 | 0 | 0 | 0 | 0 | 0 | 0 | 1 | 3 | 16 | 52 | 139 | 3 | |
|   | 13 | 0 | 0 | 0 | 0 | 0 | 0 | 0 | 0 | 3 | 10 | 32 | 2 | |
|   | 14 | 0 | 0 | 0 | 0 | 0 | 0 | 0 | 0 | 0 | 1 | 5 | 1 | |
|   | 15 | 0 | 0 | 0 | 0 | 0 | 0 | 0 | 0 | 0 | 0 | 0 | 0 | |
|   |   | 0,99 | 0,95 | 0,90 | 0,85 | 0,80 | 0,75 | 0,70 | 2/3 | 0,60 | 0,55 | 0,50 | k | N |
|   |   | \multicolumn{11}{c}{p} | | |

(*continua*)

## Tabela E
(Continuação)

| N | k | \multicolumn{11}{c}{p} | | |
|---|---|------|------|------|------|------|------|------|------|------|------|------|---|---|
|   |   | 0,01 | 0,05 | 0,10 | 0,15 | 0,20 | 0,25 | 0,30 | 1/3  | 0,40 | 0,45 | 0,50 |   |   |
| 20 | 0  | 8179 | 3585 | 1216 | 388  | 115  | 32   | 8    | 3    | 0    | 0    | 0    | 20 | 20 |
|    | 1  | 1652 | 3774 | 2702 | 1368 | 576  | 211  | 68   | 30   | 5    | 1    | 0    | 19 |    |
|    | 2  | 159  | 1887 | 2852 | 2293 | 1369 | 669  | 278  | 143  | 31   | 8    | 2    | 18 |    |
|    | 3  | 10   | 596  | 1901 | 2428 | 2054 | 1339 | 716  | 429  | 123  | 40   | 11   | 17 |    |
|    | 4  | 0    | 133  | 898  | 1821 | 2182 | 1897 | 1304 | 911  | 350  | 139  | 46   | 16 |    |
|    | 5  | 0    | 22   | 319  | 1028 | 1746 | 2023 | 1789 | 1457 | 746  | 365  | 148  | 15 |    |
|    | 6  | 0    | 3    | 89   | 454  | 1091 | 1686 | 1916 | 1821 | 1244 | 746  | 370  | 14 |    |
|    | 7  | 0    | 0    | 20   | 160  | 545  | 1124 | 1643 | 1821 | 1659 | 1221 | 739  | 13 |    |
|    | 8  | 0    | 0    | 4    | 46   | 222  | 609  | 1144 | 1480 | 1797 | 1623 | 1201 | 12 |    |
|    | 9  | 0    | 0    | 1    | 11   | 74   | 271  | 654  | 987  | 1597 | 1771 | 1602 | 11 |    |
|    | 10 | 0    | 0    | 0    | 2    | 20   | 99   | 308  | 543  | 1171 | 1593 | 1762 | 10 |    |
|    | 11 | 0    | 0    | 0    | 0    | 5    | 30   | 120  | 247  | 710  | 1185 | 1602 | 9  |    |
|    | 12 | 0    | 0    | 0    | 0    | 1    | 8    | 39   | 92   | 355  | 727  | 1201 | 8  |    |
|    | 13 | 0    | 0    | 0    | 0    | 0    | 2    | 10   | 28   | 146  | 366  | 739  | 7  |    |
|    | 14 | 0    | 0    | 0    | 0    | 0    | 0    | 2    | 7    | 49   | 150  | 370  | 6  |    |
|    | 15 | 0    | 0    | 0    | 0    | 0    | 0    | 0    | 1    | 13   | 49   | 148  | 5  |    |
|    | 16 | 0    | 0    | 0    | 0    | 0    | 0    | 0    | 0    | 3    | 13   | 46   | 4  |    |
|    | 17 | 0    | 0    | 0    | 0    | 0    | 0    | 0    | 0    | 0    | 2    | 11   | 3  |    |
|    | 18 | 0    | 0    | 0    | 0    | 0    | 0    | 0    | 0    | 0    | 0    | 2    | 2  |    |
|    | 19 | 0    | 0    | 0    | 0    | 0    | 0    | 0    | 0    | 0    | 0    | 0    | 1  |    |
|    | 20 | 0    | 0    | 0    | 0    | 0    | 0    | 0    | 0    | 0    | 0    | 0    | 0  |    |
| 25 | 0  | 7778 | 2774 | 718  | 172  | 38   | 8    | 1    | 0    | 0    | 0    | 0    | 25 | 25 |
|    | 1  | 1964 | 3650 | 1994 | 759  | 236  | 63   | 14   | 5    | 0    | 0    | 0    | 24 |    |
|    | 2  | 238  | 2305 | 2659 | 1607 | 708  | 251  | 74   | 30   | 4    | 1    | 0    | 23 |    |
|    | 3  | 18   | 930  | 2265 | 2174 | 1358 | 641  | 243  | 114  | 19   | 4    | 1    | 22 |    |
|    | 4  | 1    | 269  | 1384 | 2110 | 1867 | 1175 | 572  | 313  | 71   | 18   | 4    | 21 |    |
|    | 5  | 0    | 60   | 646  | 1564 | 1960 | 1645 | 1030 | 658  | 199  | 63   | 16   | 20 |    |
|    | 6  | 0    | 10   | 239  | 920  | 1633 | 1828 | 1472 | 1096 | 442  | 172  | 53   | 19 |    |
|    | 7  | 0    | 1    | 72   | 441  | 1108 | 1654 | 1712 | 1487 | 800  | 381  | 143  | 18 |    |
|    | 8  | 0    | 0    | 18   | 175  | 623  | 1241 | 1651 | 1673 | 1200 | 701  | 322  | 17 |    |
|    | 9  | 0    | 0    | 4    | 58   | 294  | 781  | 1336 | 1580 | 1511 | 1084 | 609  | 16 |    |
|    | 10 | 0    | 0    | 1    | 16   | 118  | 417  | 916  | 1264 | 1612 | 1419 | 974  | 15 |    |
|    | 11 | 0    | 0    | 0    | 4    | 40   | 189  | 536  | 862  | 1465 | 1583 | 1328 | 14 |    |
|    | 12 | 0    | 0    | 0    | 1    | 12   | 74   | 268  | 503  | 1140 | 1511 | 1550 | 13 |    |
|    | 13 | 0    | 0    | 0    | 0    | 3    | 25   | 115  | 251  | 760  | 1236 | 1550 | 12 |    |
|    | 14 | 0    | 0    | 0    | 0    | 1    | 7    | 42   | 108  | 434  | 867  | 1328 | 11 |    |
|    | 15 | 0    | 0    | 0    | 0    | 0    | 2    | 13   | 40   | 212  | 520  | 974  | 10 |    |
|    | 16 | 0    | 0    | 0    | 0    | 0    | 0    | 4    | 12   | 88   | 266  | 609  | 9  |    |
|    | 17 | 0    | 0    | 0    | 0    | 0    | 0    | 1    | 3    | 31   | 115  | 322  | 8  |    |
|    | 18 | 0    | 0    | 0    | 0    | 0    | 0    | 0    | 1    | 9    | 42   | 143  | 7  |    |
|    | 19 | 0    | 0    | 0    | 0    | 0    | 0    | 0    | 0    | 2    | 13   | 53   | 6  |    |
|    | 20 | 0    | 0    | 0    | 0    | 0    | 0    | 0    | 0    | 0    | 3    | 16   | 5  |    |
|    | 21 | 0    | 0    | 0    | 0    | 0    | 0    | 0    | 0    | 0    | 1    | 4    | 4  |    |
|    | 22 | 0    | 0    | 0    | 0    | 0    | 0    | 0    | 0    | 0    | 0    | 1    | 3  |    |
|    | 23 | 0    | 0    | 0    | 0    | 0    | 0    | 0    | 0    | 0    | 0    | 0    | 2  |    |
|    | 24 | 0    | 0    | 0    | 0    | 0    | 0    | 0    | 0    | 0    | 0    | 0    | 1  |    |
|    | 25 | 0    | 0    | 0    | 0    | 0    | 0    | 0    | 0    | 0    | 0    | 0    | 0  |    |
|    |    | 0,99 | 0,95 | 0,90 | 0,85 | 0,80 | 0,75 | 0,70 | 2/3  | 0,60 | 0,55 | 0,50 | k  | N  |
|    |    | \multicolumn{11}{c}{p} | | |

(continua)

## Tabela E
(Continuação)

| N | k | p | | | | | | | | | | | k | N |
|---|---|---|---|---|---|---|---|---|---|---|---|---|---|---|
| | | 0,01 | 0,05 | 0,10 | 0,15 | 0,20 | 0,25 | 0,30 | 1/3 | 0,40 | 0,45 | 0,50 | | |
| 30 | 0 | 7397 | 2146 | 424 | 76 | 12 | 2 | 0 | 0 | 0 | 0 | 0 | 30 | 30 |
| | 1 | 2242 | 3389 | 1413 | 404 | 93 | 18 | 3 | 1 | 0 | 0 | 0 | 29 | |
| | 2 | 328 | 2586 | 2277 | 1034 | 337 | 86 | 18 | 6 | 0 | 0 | 0 | 28 | |
| | 3 | 31 | 1270 | 2361 | 1703 | 785 | 269 | 72 | 26 | 3 | 0 | 0 | 27 | |
| | 4 | 2 | 451 | 1771 | 2028 | 1325 | 604 | 208 | 89 | 12 | 2 | 0 | 26 | |
| | 5 | 0 | 124 | 1023 | 1861 | 1723 | 1047 | 464 | 232 | 41 | 8 | 1 | 25 | |
| | 6 | 0 | 27 | 474 | 1368 | 1795 | 1455 | 829 | 484 | 115 | 29 | 6 | 24 | |
| | 7 | 0 | 5 | 180 | 828 | 1538 | 1662 | 1219 | 829 | 263 | 81 | 19 | 23 | |
| | 8 | 0 | 1 | 58 | 420 | 1106 | 1593 | 1501 | 1192 | 505 | 191 | 55 | 22 | |
| | 9 | 0 | 0 | 16 | 181 | 676 | 1298 | 1573 | 1457 | 823 | 382 | 133 | 21 | |
| | 10 | 0 | 0 | 4 | 67 | 355 | 909 | 1416 | 1530 | 1152 | 656 | 280 | 20 | |
| | 11 | 0 | 0 | 1 | 22 | 161 | 551 | 1103 | 1391 | 1396 | 976 | 509 | 19 | |
| | 12 | 0 | 0 | 0 | 6 | 64 | 291 | 749 | 1101 | 1474 | 1265 | 805 | 18 | |
| | 13 | 0 | 0 | 0 | 1 | 22 | 134 | 444 | 762 | 1360 | 1433 | 1115 | 17 | |
| | 14 | 0 | 0 | 0 | 0 | 7 | 54 | 231 | 436 | 1101 | 1424 | 1354 | 16 | |
| | 15 | 0 | 0 | 0 | 0 | 2 | 19 | 106 | 247 | 783 | 1242 | 1445 | 15 | |
| | 16 | 0 | 0 | 0 | 0 | 0 | 6 | 42 | 116 | 489 | 953 | 1354 | 14 | |
| | 17 | 0 | 0 | 0 | 0 | 0 | 2 | 15 | 48 | 269 | 642 | 1115 | 13 | |
| | 18 | 0 | 0 | 0 | 0 | 0 | 0 | 5 | 17 | 129 | 379 | 805 | 12 | |
| | 19 | 0 | 0 | 0 | 0 | 0 | 0 | 1 | 5 | 54 | 196 | 509 | 11 | |
| | 20 | 0 | 0 | 0 | 0 | 0 | 0 | 0 | 1 | 20 | 88 | 280 | 10 | |
| | 21 | 0 | 0 | 0 | 0 | 0 | 0 | 0 | 0 | 6 | 34 | 133 | 9 | |
| | 22 | 0 | 0 | 0 | 0 | 0 | 0 | 0 | 0 | 1 | 12 | 55 | 8 | |
| | 23 | 0 | 0 | 0 | 0 | 0 | 0 | 0 | 0 | 0 | 3 | 19 | 7 | |
| | 24 | 0 | 0 | 0 | 0 | 0 | 0 | 0 | 0 | 0 | 1 | 6 | 6 | |
| | 25 | 0 | 0 | 0 | 0 | 0 | 0 | 0 | 0 | 0 | 0 | 1 | 5 | |
| | 26 | 0 | 0 | 0 | 0 | 0 | 0 | 0 | 0 | 0 | 0 | 0 | 4 | |
| | 27 | 0 | 0 | 0 | 0 | 0 | 0 | 0 | 0 | 0 | 0 | 0 | 3 | |
| | 28 | 0 | 0 | 0 | 0 | 0 | 0 | 0 | 0 | 0 | 0 | 0 | 2 | |
| | 29 | 0 | 0 | 0 | 0 | 0 | 0 | 0 | 0 | 0 | 0 | 0 | 1 | |
| | 30 | 0 | 0 | 0 | 0 | 0 | 0 | 0 | 0 | 0 | 0 | 0 | 0 | |
| | | 0,99 | 0,95 | 0,90 | 0,85 | 0,80 | 0,75 | 0,70 | 2/3 | 0,60 | 0,55 | 0,50 | k | N |
| | | p | | | | | | | | | | | | |

## Tabela F
Valores críticos de D no teste de uma amostra de Kolmogorov-Smirnov*

| Tamanho da amostra (N) | Nível de significância para $D = $ máximo $\|F_0(X) - S_N(X)\|$ | | | | |
|---|---|---|---|---|---|
| | 0,20 | 0,15 | 0,10 | 0,05 | 0,01 |
| 1 | 0,900 | 0,925 | 0,950 | 0,975 | 0,995 |
| 2 | 0,684 | 0,726 | 0,776 | 0,842 | 0,929 |
| 3 | 0,565 | 0,597 | 0,642 | 0,708 | 0,828 |
| 4 | 0,494 | 0,525 | 0,564 | 0,624 | 0,733 |
| 5 | 0,446 | 0,474 | 0,510 | 0,565 | 0,669 |
| 6 | 0,410 | 0,436 | 0,470 | 0,521 | 0,618 |
| 7 | 0,381 | 0,405 | 0,438 | 0,486 | 0,577 |
| 8 | 0,358 | 0,381 | 0,411 | 0,457 | 0,543 |
| 9 | 0,339 | 0,360 | 0,388 | 0,432 | 0,514 |
| 10 | 0,322 | 0,342 | 0,368 | 0,410 | 0,490 |
| 11 | 0,307 | 0,326 | 0,352 | 0,391 | 0,468 |
| 12 | 0,295 | 0,313 | 0,338 | 0,375 | 0,450 |
| 13 | 0,284 | 0,302 | 0,325 | 0,361 | 0,433 |
| 14 | 0,274 | 0,292 | 0,314 | 0,349 | 0,418 |
| 15 | 0,266 | 0,283 | 0,304 | 0,338 | 0,404 |
| 16 | 0,258 | 0,274 | 0,295 | 0,328 | 0,392 |
| 17 | 0,250 | 0,266 | 0,286 | 0,318 | 0,381 |
| 18 | 0,244 | 0,259 | 0,278 | 0,309 | 0,371 |
| 19 | 0,237 | 0,252 | 0,272 | 0,301 | 0,363 |
| 20 | 0,231 | 0,246 | 0,264 | 0,294 | 0,356 |
| 25 | 0,21 | 0,22 | 0,24 | 0,27 | 0,32 |
| 30 | 0,19 | 0,20 | 0,22 | 0,24 | 0,29 |
| 35 | 0,18 | 0,19 | 0,21 | 0,23 | 0,27 |
| Acima de 50 | $\dfrac{1,07}{\sqrt{N}}$ | $\dfrac{1,14}{\sqrt{N}}$ | $\dfrac{1,22}{\sqrt{N}}$ | $\dfrac{1,36}{\sqrt{N}}$ | $\dfrac{1,63}{\sqrt{N}}$ |

# TABELA G
Valores críticos de r no teste das séries[*]

São dados nas tabelas os vários valores críticos de r para valores de m e n menores ou iguais a 20. Para o teste das séries de uma amostra, qualquer valor observado de r é menor ou igual ao menor valor, ou é maior ou igual ao maior valor em um par, sendo significante no nível $\alpha = 0{,}05$.

| n \ m | 2 | 3 | 4 | 5 | 6 | 7 | 8 | 9 | 10 | 11 | 12 | 13 | 14 | 15 | 16 | 17 | 18 | 19 | 20 |
|---|---|---|---|---|---|---|---|---|---|---|---|---|---|---|---|---|---|---|---|
| 2 | | | | | | | | | | | 2 | 2 | 2 | 2 | 2 | 2 | 2 | 2 | 2 |
|   | | | | | | | | | | | – | – | – | – | – | – | – | – | – |
| 3 | | | | 2 | 2 | 2 | 2 | 2 | 2 | 2 | 2 | 2 | 3 | 3 | 3 | 3 | 3 | 3 | 3 |
|   | | | | – | – | – | – | – | – | – | – | – | – | – | – | – | – | – | – |
| 4 | | | 2 | 2 | 2 | 3 | 3 | 3 | 3 | 3 | 3 | 3 | 3 | 3 | 4 | 4 | 4 | 4 | 4 |
|   | | | 9 | 9 | – | – | – | – | – | – | – | – | – | – | – | – | – | – | – |
| 5 | | | 2 | 2 | 3 | 3 | 3 | 3 | 3 | 4 | 4 | 4 | 4 | 4 | 4 | 4 | 5 | 5 | 5 |
|   | | | 9 | 10 | 10 | 11 | 11 | – | – | – | – | – | – | – | – | – | – | – | – |
| 6 | | 2 | 2 | 3 | 3 | 3 | 3 | 4 | 4 | 4 | 4 | 5 | 5 | 5 | 5 | 5 | 5 | 6 | 6 |
|   | | – | 9 | 10 | 11 | 12 | 12 | 13 | 13 | 13 | 13 | – | – | – | – | – | – | – | – |
| 7 | | 2 | 2 | 3 | 3 | 3 | 4 | 4 | 5 | 5 | 5 | 5 | 5 | 6 | 6 | 6 | 6 | 6 | 6 |
|   | | – | – | 11 | 12 | 13 | 13 | 14 | 14 | 14 | 14 | 15 | 15 | 15 | – | – | – | – | – |
| 8 | | 2 | 3 | 3 | 3 | 4 | 4 | 5 | 5 | 5 | 6 | 6 | 6 | 6 | 6 | 7 | 7 | 7 | 7 |
|   | | – | – | 11 | 12 | 13 | 14 | 14 | 15 | 15 | 16 | 16 | 16 | 16 | 17 | 17 | 17 | 17 | 17 |
| 9 | | 2 | 3 | 3 | 4 | 4 | 5 | 5 | 5 | 6 | 6 | 6 | 7 | 7 | 7 | 7 | 8 | 8 | 8 |
|   | | – | – | – | 13 | 14 | 14 | 15 | 16 | 16 | 16 | 17 | 17 | 18 | 18 | 18 | 18 | 18 | 18 |
| 10 | | 2 | 3 | 3 | 4 | 5 | 5 | 5 | 6 | 6 | 7 | 7 | 7 | 7 | 8 | 8 | 8 | 8 | 9 |
|   | | – | – | – | 13 | 14 | 15 | 16 | 16 | 17 | 17 | 18 | 18 | 18 | 19 | 19 | 19 | 20 | 20 |
| 11 | | 2 | 3 | 4 | 4 | 5 | 5 | 6 | 6 | 7 | 7 | 7 | 8 | 8 | 8 | 9 | 9 | 9 | 9 |
|   | | – | – | – | 13 | 14 | 15 | 16 | 17 | 17 | 18 | 19 | 19 | 19 | 20 | 20 | 20 | 21 | 21 |
| 12 | 2 | 2 | 3 | 4 | 4 | 5 | 6 | 6 | 7 | 7 | 7 | 8 | 8 | 8 | 9 | 9 | 9 | 10 | 10 |
|    | – | – | – | – | 13 | 14 | 16 | 16 | 17 | 18 | 19 | 19 | 20 | 20 | 21 | 21 | 21 | 22 | 22 |
| 13 | 2 | 2 | 3 | 4 | 5 | 5 | 6 | 6 | 7 | 7 | 8 | 8 | 9 | 9 | 9 | 10 | 10 | 10 | 10 |
|    | – | – | – | – | – | 15 | 16 | 17 | 18 | 19 | 19 | 20 | 20 | 21 | 21 | 22 | 22 | 23 | 23 |
| 14 | 2 | 2 | 3 | 4 | 5 | 5 | 6 | 7 | 7 | 8 | 8 | 9 | 9 | 9 | 10 | 10 | 10 | 11 | 11 |
|    | – | – | – | – | – | 15 | 16 | 17 | 18 | 19 | 20 | 20 | 21 | 22 | 22 | 23 | 23 | 23 | 24 |
| 15 | 2 | 3 | 3 | 4 | 5 | 6 | 6 | 7 | 7 | 8 | 8 | 9 | 9 | 10 | 10 | 11 | 11 | 11 | 12 |
|    | – | – | – | – | – | 15 | 16 | 18 | 18 | 19 | 20 | 21 | 22 | 22 | 23 | 23 | 24 | 24 | 25 |
| 16 | 2 | 3 | 4 | 4 | 5 | 6 | 6 | 7 | 8 | 8 | 9 | 9 | 10 | 10 | 11 | 11 | 11 | 12 | 12 |
|    | – | – | – | – | – | – | 147 | 18 | 19 | 20 | 21 | 21 | 22 | 23 | 23 | 24 | 25 | 25 | 25 |
| 17 | 2 | 3 | 4 | 4 | 5 | 6 | 7 | 7 | 8 | 9 | 9 | 10 | 10 | 11 | 11 | 11 | 12 | 12 | 13 |
|    | – | – | – | – | – | – | 17 | 18 | 19 | 20 | 21 | 22 | 23 | 23 | 24 | 25 | 25 | 26 | 26 |
| 18 | 2 | 3 | 4 | 5 | 5 | 6 | 7 | 8 | 8 | 9 | 9 | 10 | 10 | 11 | 11 | 12 | 12 | 13 | 13 |
|    | – | – | – | – | – | – | 17 | 18 | 19 | 20 | 21 | 22 | 23 | 24 | 25 | 25 | 26 | 26 | 27 |
| 19 | 2 | 3 | 4 | 5 | 6 | 6 | 7 | 8 | 8 | 9 | 10 | 10 | 11 | 11 | 12 | 12 | 13 | 13 | 13 |
|    | – | – | – | – | – | – | 17 | 18 | 20 | 21 | 22 | 23 | 23 | 24 | 25 | 26 | 26 | 27 | 27 |
| 20 | 2 | 3 | 4 | 5 | 6 | 6 | 7 | 8 | 9 | 9 | 10 | 10 | 11 | 12 | 12 | 13 | 13 | 13 | 14 |
|    | – | – | – | – | – | – | 17 | 18 | 20 | 21 | 22 | 23 | 24 | 25 | 25 | 26 | 27 | 27 | 28 |

[*] Adaptado de Swed e Eisenhart, C. (1943). Tables for testing randomness of grouping in a sequence of alternatives. *Annals of Mathematical Statistics*, **14**, 83-86, com a permissão dos autores e do editor.

## TABELA H
Valores críticos de $T^+$ para o teste de postos com sinal de Wilcoxon

A entrada da tabela para um dado $N$ é $P[T^+ \geq c]$, a probabilidade de que $T^+$ seja maior ou igual à soma $c$.

| c | 3 | 4 | 5 | 6 | 7 | 8 | 9 | 10 | 11 | 12 | 13 | 14 | 15 |
|---|---|---|---|---|---|---|---|---|---|---|---|---|---|
| 3 | 0,6250 | | | | | | | | | | | | |
| 4 | 0,3750 | | | | | | | | | | | | |
| 5 | 0,2500 | 0,5625 | | | | | | | | | | | |
| 6 | 0,1250 | 0,4375 | | | | | | | | | | | |
| 7 | | 0,3125 | | | | | | | | | | | |
| 8 | | 0,1875 | 0,5000 | | | | | | | | | | |
| 9 | | 0,1250 | 0,4063 | | | | | | | | | | |
| 10 | | 0,0625 | 0,3125 | | | | | | | | | | |
| 11 | | | 0,2188 | 0,5000 | | | | | | | | | |
| 12 | | | 0,1563 | 0,4219 | | | | | | | | | |
| 13 | | | 0,0938 | 0,3438 | | | | | | | | | |
| 14 | | | 0,0625 | 0,2813 | 0,5313 | | | | | | | | |
| 15 | | | 0,0313 | 0,2188 | 0,4688 | | | | | | | | |
| 16 | | | | 0,1563 | 0,4063 | | | | | | | | |
| 17 | | | | 0,1094 | 0,3438 | | | | | | | | |
| 18 | | | | 0,0781 | 0,2891 | 0,5273 | | | | | | | |
| 19 | | | | 0,0469 | 0,2344 | 0,4727 | | | | | | | |
| 20 | | | | 0,0313 | 0,1875 | 0,4219 | | | | | | | |
| 21 | | | | 0,0156 | 0,1484 | 0,3711 | | | | | | | |
| 22 | | | | | 0,1094 | 0,3203 | | | | | | | |
| 23 | | | | | 0,0781 | 0,2734 | 0,5000 | | | | | | |
| 24 | | | | | 0,0547 | 0,2305 | 0,4551 | | | | | | |
| 25 | | | | | 0,0391 | 0,1914 | 0,4102 | | | | | | |
| 26 | | | | | 0,0234 | 0,1563 | 0,3672 | | | | | | |
| 27 | | | | | 0,0156 | 0,1250 | 0,3262 | | | | | | |
| 28 | | | | | 0,0078 | 0,0977 | 0,2852 | 0,5000 | | | | | |
| 29 | | | | | | 0,0742 | 0,2480 | 0,4609 | | | | | |
| 30 | | | | | | 0,0547 | 0,2129 | 0,4229 | | | | | |
| 31 | | | | | | 0,0391 | 0,1797 | 0,3848 | | | | | |
| 32 | | | | | | 0,0273 | 0,1504 | 0,3477 | | | | | |
| 33 | | | | | | 0,0195 | 0,1250 | 0,3125 | 0,5171 | | | | |

(continua)

## TABELA H
*(Continuação)*

| c | 3 | 4 | 5 | 6 | 7 | 8 | N 9 | 10 | 11 | 12 | 13 | 14 | 15 |
|---|---|---|---|---|---|---|---|---|---|---|---|---|---|
| 34 | | | | | | 0,0117 | 0,1016 | 0,2783 | 0,4829 | | | | |
| 35 | | | | | | 0,0078 | 0,0820 | 0,2461 | 0,4492 | | | | |
| 36 | | | | | | 0,0039 | 0,0645 | 0,2158 | 0,4155 | | | | |
| 37 | | | | | | | 0,0488 | 0,1875 | 0,3823 | | | | |
| 38 | | | | | | | 0,0371 | 0,1611 | 0,3501 | | | | |
| 39 | | | | | | | 0,0273 | 0,1377 | 0,3188 | | | | |
| 40 | | | | | | | 0,0195 | 0,1162 | 0,2886 | | | | |
| 41 | | | | | | | 0,0137 | 0,0967 | 0,2598 | | | | |
| 42 | | | | | | | 0,0098 | 0,0801 | 0,2324 | | | | |
| 43 | | | | | | | 0,0059 | 0,0654 | 0,2065 | | | | |
| 44 | | | | | | | 0,0039 | 0,0527 | 0,1826 | | | | |
| 45 | | | | | | | 0,0020 | 0,0420 | 0,1602 | 0,5151 | | | |
| 46 | | | | | | | | 0,0322 | 0,1392 | 0,4849 | | | |
| 47 | | | | | | | | 0,0244 | 0,1201 | 0,4548 | | | |
| 48 | | | | | | | | 0,0186 | 0,1030 | 0,4250 | | | |
| 49 | | | | | | | | 0,0137 | 00874 | 0,3955 | | | |
| 50 | | | | | | | | 0,0098 | 0,0737 | 0,3667 | 0,5000 | | |
| 51 | | | | | | | | 0,0068 | 0,0615 | 0,3386 | 0,4730 | | |
| 52 | | | | | | | | 0,0049 | 0,0508 | 0,3110 | 0,4463 | | |
| 53 | | | | | | | | 0,0029 | 0,0415 | 0,2847 | 0,4197 | | |
| 54 | | | | | | | | 0,0020 | 0,0337 | 0,2593 | 0,3934 | 0,5000 | |
| 55 | | | | | | | | 0,0010 | 0,0269 | 0,2349 | 0,3677 | 0,4758 | |
| 56 | | | | | | | | | 0,0210 | 0,2119 | 0,3424 | 0,4516 | |
| 57 | | | | | | | | | 0,0161 | 0,1902 | 0,3177 | 0,4276 | |
| 58 | | | | | | | | | 0,0122 | 0,1697 | 0,2939 | 0,4039 | |
| 59 | | | | | | | | | 0,0093 | 0,1506 | 0,2709 | 0,3804 | |
| 60 | | | | | | | | | 0,0068 | 0,1331 | 0,2487 | 0,3574 | 0,5110 |
| 61 | | | | | | | | | 0,0049 | 0,1167 | 0,2274 | 0,3349 | 0,4890 |
| 62 | | | | | | | | | 0,0034 | 0,1018 | 0,2072 | 0,3129 | 0,4670 |

*(continua)*

## TABELA H
*(Continuação)*

| c | 3 | 4 | 5 | 6 | 7 | 8 | N 9 | 10 | 11 | 12 | 13 | 14 | 15 |
|---|---|---|---|---|---|---|---|---|---|---|---|---|---|
| 63 | | | | | | | | | 0,0024 | 0,0320 | 0,1219 | 0,2708 | 0,4452 |
| 64 | | | | | | | | | 0,0015 | 0,0261 | 0,1082 | 0,2508 | 0,4235 |
| 65 | | | | | | | | | 0,0010 | 0,0212 | 0,0955 | 0,2316 | 0,4020 |
| 66 | | | | | | | | | 0,0005 | 0,0171 | 0,0839 | 0,2131 | 0,3808 |
| 67 | | | | | | | | | | 0,0134 | 0,0732 | 0,1955 | 0,3599 |
| 68 | | | | | | | | | | 0,0105 | 0,0636 | 0,1788 | 0,3394 |
| 69 | | | | | | | | | | 0,0081 | 0,0549 | 0,1629 | 0,3193 |
| 70 | | | | | | | | | | 0,0061 | 0,0471 | 0,1479 | 0,2997 |
| 71 | | | | | | | | | | 0,0046 | 0,0402 | 0,1338 | 0,2807 |
| 72 | | | | | | | | | | 0,0034 | 0,0341 | 0,1206 | 0,2622 |
| 73 | | | | | | | | | | 0,0024 | 0,0287 | 0,1083 | 0,2444 |
| 74 | | | | | | | | | | 0,0017 | 0,0239 | 0,0969 | 0,2271 |
| 75 | | | | | | | | | | 0,0012 | 0,0199 | 0,0863 | 0,2106 |
| 76 | | | | | | | | | | 0,0007 | 0,0164 | 0,0765 | 0,1947 |
| 77 | | | | | | | | | | 0,0005 | 0,0133 | 0,0676 | 0,1796 |
| 78 | | | | | | | | | | 0,0002 | 0,0107 | 0,0594 | 0,1651 |
| 79 | | | | | | | | | | | 0,0085 | 0,0520 | 0,1514 |
| 80 | | | | | | | | | | | 0,0067 | 0,0453 | 0,1384 |
| 81 | | | | | | | | | | | 0,0052 | 0,0392 | 0,1262 |
| 82 | | | | | | | | | | | 0,0040 | 0,0338 | 0,1147 |
| 83 | | | | | | | | | | | 0,0031 | 0,0290 | 0,1039 |
| 84 | | | | | | | | | | | 0,0023 | 0,0247 | 0,0938 |
| 85 | | | | | | | | | | | 0,0017 | 0,0209 | 0,0844 |
| 86 | | | | | | | | | | | 0,0012 | 0,0176 | 0,0757 |
| 87 | | | | | | | | | | | 0,0009 | 0,0148 | 0,0677 |
| 88 | | | | | | | | | | | 0,0006 | 0,0123 | 0,0603 |
| 89 | | | | | | | | | | | 0,0004 | 0,0101 | 0,0535 |
| 90 | | | | | | | | | | | 0,0002 | 0,0083 | 0,0473 |
| 91 | | | | | | | | | | | 0,0001 | 0,0067 | 0,0416 |

*(continua)*

## TABELA H
(Continuação)

A entrada da tabela para um dado $N$ é $P[T^+ \geq c]$, a probabilidade de que $T^+$ seja maior ou igual à soma $c$.

| c | 3 | 4 | 5 | 6 | 7 | 8 | 9 | 10 | 11 | 12 | 13 | 14 | 15 |
|---|---|---|---|---|---|---|---|----|----|----|----|----|----|
| 92 | | | | | | | | | | | | 0,0054 | 0,0365 |
| 93 | | | | | | | | | | | | 0,0043 | 0,0319 |
| 94 | | | | | | | | | | | | 0,0034 | 0,0277 |
| 95 | | | | | | | | | | | | 0,0026 | 0,0240 |
| 96 | | | | | | | | | | | | 0,0020 | 0,0206 |
| 97 | | | | | | | | | | | | 0,0015 | 0,0177 |
| 98 | | | | | | | | | | | | 0,0012 | 0,0151 |
| 99 | | | | | | | | | | | | 0,0009 | 0,0128 |
| 100 | | | | | | | | | | | | 0,0006 | 0,0108 |
| 101 | | | | | | | | | | | | 0,0004 | 0,0090 |
| 102 | | | | | | | | | | | | 0,0003 | 0,0075 |
| 103 | | | | | | | | | | | | 0,0002 | 0,0062 |
| 104 | | | | | | | | | | | | 0,0001 | 0,0051 |
| 105 | | | | | | | | | | | | | 0,0042 |
| 106 | | | | | | | | | | | | | 0,0034 |
| 107 | | | | | | | | | | | | | 0,0027 |
| 108 | | | | | | | | | | | | | 0,0021 |
| 109 | | | | | | | | | | | | | 0,0017 |
| 110 | | | | | | | | | | | | | 0,0013 |
| 111 | | | | | | | | | | | | | 0,0010 |
| 112 | | | | | | | | | | | | | 0,0008 |
| 113 | | | | | | | | | | | | | 0,0006 |
| 114 | | | | | | | | | | | | | 0,0004 |
| 115 | | | | | | | | | | | | | 0,0003 |
| 116 | | | | | | | | | | | | | 0,0002 |
| 117 | | | | | | | | | | | | | 0,0002 |
| 118 | | | | | | | | | | | | | 0,0001 |
| 119 | | | | | | | | | | | | | 0,0001 |
| 120 | | | | | | | | | | | | | 0,0000 |

## TABELA I
Probabilidades para tabelas de quatro entradas, teste exato de Fisher, $N \leq 15^*$

$N$ é o tamanho total da amostra, $S_1$ é o menor total marginal, $S_2$ é o próximo menor e $X$ é a freqüência na célula correspondente aos dois menores totais. Para um dado conjunto $N$, $S_1$ e $S_2$, os valores possíveis de $X$ são 0,1,2,..., $S_1$. Para cada conjunto há um valor sublinhado para $X$ de modo que, para este valor ou valores menores, $X/S_1 \leq (S_2 - X)/(N - S_1)$, enquanto que para valores maiores, $X/S_1 > (S_2 - X)/(N - S_1)$. Estes pontos de corte definem as *mesmas* direções e as direções *opostas* em proporções iguais nas duas amostras. A probabilidade acumulada de um desvio tão grande ou maior na *mesma* direção da igualdade de proporções está na coluna rotulada "Obs.", enquanto a probabilidade de um desvio tão grande ou maior na direção *oposta* da igualdade de proporções está na coluna rotulada "Outro". O tamanho do desvio aqui é medido pelo valor absoluto de $X/S_1 - (S_2 - X)/(N - S_1)$.

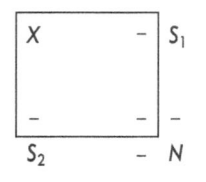

Estas tabelas são extraídas de tabelas mais extensas preparadas por Donald Goyette e M. Ray Mickey, Health Science Computing Facility, UCLA.

|   |   |   |   | Probabilidade |   |   |   |   |   |   | Probabilidade |   |   |   |   |   |   | Probabilidade |   |   |
|---|---|---|---|---|---|---|---|---|---|---|---|---|---|---|---|---|---|---|---|---|
| N | $S_1$ | $S_2$ | X | Obs. | Outro | Totais | N | $S_1$ | $S_2$ | X | Obs. | Outro | Totais | N | $S_1$ | $S_2$ | X | Obs. | Outro | Totais |
| 2 | 1 | 1 | 0 | 0,500 | 0,500 | 1,000 | 7 | 2 | 2 | 0 | 0,476 | 0,048 | 0,524 | 9 | 1 | 1 | 0 | 0,889 | 0,111 | 1,000 |
|   |   |   | 1 | 0,500 | 0,500 | 1,000 |   |   |   | 1 | 0,524 | 0,476 | 1,000 |   |   |   | 1 | 0,111 | 0,000 | 1,111 |
| 3 | 1 | 1 | 0 | 0,667 | 0,333 | 1,000 |   |   |   | 2 | 0,048 | 0,000 | 0,048 | 9 | 1 | 2 | 0 | 0,778 | 0,222 | 1,000 |
|   |   |   | 1 | 0,333 | 0,000 | 0,333 | 7 | 2 | 3 | 0 | 0,286 | 0,143 | 0,429 |   |   |   | 1 | 0,222 | 0,000 | 0,222 |
| 4 | 1 | 1 | 0 | 0,750 | 0,250 | 1,000 |   |   |   | 1 | 0,714 | 0,286 | 1,000 | 9 | 1 | 3 | 0 | 0,667 | 0,333 | 1,000 |
|   |   |   | 1 | 0,250 | 0,000 | 0,250 |   |   |   | 2 | 0,143 | 0,000 | 0,143 |   |   |   | 1 | 0,333 | 0,000 | 0,333 |
| 4 | 1 | 2 | 0 | 1,500 | 0,500 | 1,000 | 7 | 3 | 3 | 0 | 0,114 | 0,029 | 0,143 | 9 | 1 | 4 | 0 | 0,556 | 0,444 | 1,000 |
|   |   |   | 1 | 0,500 | 0,500 | 1,000 |   |   |   | 1 | 0,629 | 0,371 | 1,000 |   |   |   | 1 | 0,444 | 0,000 | 0,444 |
| 4 | 2 | 2 | 0 | 0,167 | 0,167 | 0,333 |   |   |   | 2 | 0,371 | 0,114 | 0,486 | 9 | 2 | 2 | 0 | 0,583 | 0,417 | 1,000 |
|   |   |   | 1 | 0,833 | 0,833 | 1,000 |   |   |   | 3 | 0,029 | 0,000 | 0,029 |   |   |   | 1 | 0,417 | 0,000 | 0,417 |
|   |   |   | 2 | 0,167 | 0,167 | 0,333 | 8 | 1 | 1 | 0 | 0,875 | 0,125 | 1,000 |   |   |   | 2 | 0,028 | 0,000 | 0,028 |
| 5 | 1 | 1 | 0 | 0,800 | 0,200 | 1,000 |   |   |   | 1 | 0,125 | 0,000 | 0,125 | 9 | 2 | 6 | 0 | 0,417 | 0,083 | 0,500 |
|   |   |   | 1 | 0,200 | 0,000 | 0,200 | 8 | 1 | 2 | 0 | 0,750 | 0,250 | 1,000 |   |   |   | 1 | 0,583 | 0,417 | 1,000 |
| 5 | 1 | 2 | 0 | 0,600 | 0,400 | 1,000 |   |   |   | 1 | 0,250 | 0,000 | 0,250 |   |   |   | 2 | 0,083 | 0,000 | 0,083 |
|   |   |   | 1 | 0,400 | 0,000 | 0,400 | 8 | 1 | 3 | 0 | 0,625 | 0,375 | 1,000 | 9 | 2 | 4 | 0 | 0,278 | 0,167 | 0,444 |
| 5 | 2 | 2 | 0 | 0,300 | 0,100 | 0,400 |   |   |   | 1 | 0,375 | 0,000 | 0,375 |   |   |   | 1 | 0,722 | 0,278 | 1,000 |
|   |   |   | 1 | 0,700 | 0,300 | 1,000 | 8 | 1 | 4 | 0 | 0,500 | 0,500 | 1,000 |   |   |   | 2 | 0,167 | 0,000 | 0,167 |
|   |   |   | 2 | 0,100 | 0,000 | 0,100 |   |   |   | 1 | 0,500 | 0,500 | 1,000 | 9 | 3 | 3 | 0 | 0,238 | 0,226 | 0,464 |
| 6 | 1 | 1 | 0 | 0,833 | 0,167 | 1,000 | 8 | 2 | 2 | 0 | 0,536 | 0,464 | 1,000 |   |   |   | 1 | 0,774 | 0,774 | 1,000 |
|   |   |   | 1 | 0,167 | 1,000 | 1,167 |   |   |   | 1 | 1,464 | 0,536 | 1,000 |   |   |   | 2 | 0,226 | 0,238 | 0,464 |
| 6 | 1 | 2 | 0 | 0,667 | 0,333 | 1,000 |   |   |   | 2 | 0,036 | 0,000 | 0,036 |   |   |   | 3 | 0,012 | 0,000 | 0,012 |
|   |   |   | 1 | 0,333 | 0,000 | 0,333 | 8 | 2 | 3 | 0 | 0,357 | 0,107 | 0,464 | 9 | 3 | 4 | 0 | 0,119 | 0,048 | 0,167 |
| 6 | 1 | 3 | 0 | 0,500 | 0,500 | 1,000 |   |   |   | 1 | 0,643 | 0,357 | 1,000 |   |   |   | 1 | 0,595 | 0,450 | 1,000 |
|   |   |   | 1 | 0,500 | 0,500 | 1,000 |   |   |   | 2 | 0,107 | 0,000 | 0,107 |   |   |   | 2 | 0,405 | 0,119 | 0,524 |
| 6 | 2 | 2 | 0 | 1,400 | 1,067 | 0,467 | 8 | 2 | 4 | 0 | 0,214 | 0,214 | 0,429 |   |   |   | 3 | 0,048 | 0,000 | 0,048 |
|   |   |   | 1 | 0,600 | 0,400 | 1,000 |   |   |   | 1 | 0,786 | 0,786 | 1,000 | 9 | 4 | 4 | 0 | 0,040 | 0,008 | 0,048 |
|   |   |   | 2 | 0,067 | 0,000 | 0,067 |   |   |   | 2 | 0,214 | 0,214 | 0,429 |   |   |   | 1 | 0,357 | 0,167 | 0,524 |
| 6 | 2 | 3 | 0 | 0,200 | 0,200 | 0,400 | 8 | 3 | 3 | 0 | 0,179 | 0,018 | 0,196 |   |   |   | 2 | 0,643 | 0,357 | 1,000 |
|   |   |   | 1 | 0,800 | 0,800 | 1,000 |   |   |   | 1 | 0,714 | 0,286 | 1,000 |   |   |   | 3 | 0,167 | 0,040 | 0,206 |
|   |   |   | 2 | 0,200 | 0,200 | 0,400 |   |   |   | 2 | 0,286 | 0,179 | 0,464 |   |   |   | 4 | 0,008 | 0,000 | 0,008 |
| 6 | 3 | 3 | 0 | 0,050 | 0,050 | 0,100 |   |   |   | 3 | 0,018 | 0,000 | 0,018 | 10 | 1 | 1 | 0 | 0,900 | 0,100 | 1,000 |
|   |   |   | 1 | 0,500 | 0,500 | 1,000 | 8 | 3 | 4 | 0 | 0,071 | 0,071 | 0,143 |   |   |   | 1 | 0,100 | 0,000 | 0,100 |
|   |   |   | 2 | 0,500 | 0,500 | 1,000 |   |   |   | 1 | 0,500 | 0,500 | 1,000 | 10 | 1 | 2 | 0 | 0,800 | 0,200 | 1,000 |
|   |   |   | 3 | 0,050 | 0,050 | 0,100 |   |   |   | 2 | 0,500 | 0,500 | 1,000 |   |   |   | 1 | 0,200 | 0,000 | 0,200 |
| 7 | 1 | 1 | 0 | 0,857 | 0,143 | 1,000 |   |   |   | 3 | 0,071 | 0,071 | 0,143 | 10 | 1 | 3 | 0 | 0,700 | 0,300 | 1,000 |
|   |   |   | 1 | 0,143 | 0,000 | 0,143 | 8 | 4 | 4 | 0 | 0,014 | 0,014 | 0,029 |   |   |   | 1 | 0,300 | 0,000 | 0,300 |
| 7 | 1 | 2 | 0 | 0,714 | 0,286 | 1,000 |   |   |   | 1 | 0,243 | 0,243 | 0,486 | 10 | 1 | 4 | 0 | 0,600 | 0,400 | 1,000 |
|   |   |   | 1 | 0,286 | 0,000 | 0,286 |   |   |   | 2 | 0,757 | 0,757 | 1,000 |   |   |   | 1 | 0,400 | 0,000 | 0,400 |
| 7 | 2 | 3 | 0 | 0,571 | 0,429 | 1,000 |   |   |   | 3 | 0,243 | 0,243 | 0,486 | 10 | 1 | 5 | 0 | 0,500 | 0,500 | 1,000 |
|   |   |   | 1 | 0,429 | 0,000 | 0,429 |   |   |   | 4 | 0,014 | 0,014 | 0,029 |   |   |   | 1 | 0,500 | 0,500 | 1,000 |

*Reproduzida da Tabela A-9e em Dixon, W. J. e Massey, F. J., Jr. (1983). *Introduction to a statistical analysis* (4. ed.), New York: McGraw-Hill, com a permissão do editor. Também somos gratos ao Dr. M. R. Mickey e à UCLA pela permissão para reproduzir estas tabelas.

*(continua)*

# TABELA I
*(Continuação)*

| N | $S_1$ | $S_2$ | X | Obs. | Outro | Totais | N | $S_1$ | $S_2$ | X | Obs. | Outro | Totais | N | $S_1$ | $S_2$ | X | Obs. | Outro | Totais |
|---|---|---|---|---|---|---|---|---|---|---|---|---|---|---|---|---|---|---|---|---|
| 10 | 2 | 2 | 0 | 0,622 | 0,378 | 1,000 | 1 | 3 | 4 | 0 | 0,212 | 0,024 | 0,236 | | | | 3 | 0,091 | 0,091 | 0,182 |
| | | | 1 | 0,378 | 0,000 | 0,378 | | | | 1 | 0,721 | 0,279 | 1,000 | 12 | 4 | 4 | 0 | 0,141 | 0,067 | 0,208 |
| | | | 2 | 0,022 | 0,000 | 0,022 | | | | 2 | 0,279 | 0,212 | 0,491 | | | | 1 | 0,594 | 0,406 | 1,000 |
| 10 | 2 | 3 | 0 | 0,467 | 0,067 | 0,533 | | | | 3 | 0,024 | 0,000 | 0,024 | | | | 2 | 0,406 | 0,141 | 0,547 |
| | | | 1 | 0,533 | 0,467 | 1,000 | 11 | 3 | 5 | 0 | 0,121 | 0,061 | 0,182 | | | | 3 | 0,067 | 0,000 | 0,067 |
| | | | 2 | 0,067 | 0,000 | 0,067 | | | | 1 | 0,576 | 0,424 | 1,000 | | | | 4 | 0,002 | 0,000 | 0,002 |
| 10 | 2 | 4 | 0 | 0,333 | 0,133 | 0,467 | | | | 2 | 0,424 | 0,121 | 0,545 | 12 | 4 | 5 | 0 | 0,071 | 0,010 | 0,081 |
| | | | 1 | 0,667 | 0,333 | 1,000 | | | | 3 | 0,061 | 0,000 | 0,061 | | | | 1 | 0,424 | 0,152 | 0,576 |
| | | | 2 | 0,133 | 0,000 | 0,133 | 11 | 4 | 4 | 0 | 0,106 | 0,088 | 0,194 | | | | 2 | 0,576 | 0,424 | 1,000 |
| 10 | 2 | 5 | 0 | 0,222 | 0,222 | 0,444 | | | | 1 | 0,530 | 0,470 | 1,000 | | | | 3 | 0,152 | 0,071 | 0,222 |
| | | | 1 | 0,778 | 0,778 | 1,000 | | | | 2 | 0,470 | 0,106 | 0,576 | | | | 4 | 0,010 | 0,000 | 0,010 |
| | | | 2 | 0,222 | 0,222 | 0,444 | | | | 3 | 0,088 | 0,000 | 0,088 | 12 | 4 | 6 | 0 | 0,030 | 0,030 | 0,061 |
| 10 | 3 | 3 | 0 | 0,292 | 0,183 | 0,475 | | | | 4 | 0,003 | 0,000 | 0,003 | | | | 1 | 0,273 | 0,273 | 0,545 |
| | | | 1 | 0,708 | 0,292 | 1,000 | 11 | 4 | 5 | 0 | 0,045 | 0,015 | 0,061 | | | | 2 | 0,727 | 0,727 | 1,000 |
| | | | 2 | 0,183 | 0,000 | 0,183 | | | | 1 | 0,348 | 0,197 | 0,545 | | | | 3 | 0,273 | 0,273 | 0,545 |
| | | | 3 | 0,008 | 0,000 | 0,008 | | | | 2 | 0,652 | 0,348 | 1,000 | | | | 4 | 0,030 | 0,030 | 0,061 |
| 10 | 3 | 4 | 0 | 0,167 | 0,033 | 0,200 | | | | 3 | 0,197 | 0,045 | 0,242 | 12 | 5 | 5 | 0 | 0,027 | 0,001 | 0,028 |
| | | | 1 | 0,667 | 0,333 | 1,000 | | | | 4 | 0,015 | 0,000 | 0,015 | | | | 12 | 0,247 | 0,045 | 0,293 |
| | | | 2 | 0,333 | 0,167 | 0,500 | 11 | 5 | 5 | 0 | 0,013 | 0,002 | 0,015 | | | | 2 | 0,689 | 0,311 | 1,000 |
| | | | 3 | 0,033 | 0,000 | 0,033 | | | | 1 | 0,175 | 0,067 | 0,242 | | | | 3 | 0,311 | 0,247 | 0,558 |
| 10 | 3 | 5 | 0 | 0,083 | 0,083 | 0,167 | | | | 2 | 0,608 | 0,392 | 1,000 | | | | 4 | 0,045 | 0,027 | 0,072 |
| | | | 1 | 0,500 | 0,500 | 1,000 | | | | 3 | 0,392 | 0,175 | 0,567 | | | | 5 | 0,001 | 0,000 | 0,001 |
| | | | 2 | 0,500 | 0,500 | 1,000 | | | | 4 | 0,067 | 0,013 | 0,080 | 12 | 5 | 6 | 0 | 0,008 | 0,008 | 0,015 |
| | | | 3 | 0,083 | 0,083 | 0,167 | | | | 5 | 0,002 | 0,000 | 0,002 | | | | 1 | 0,121 | 0,121 | 0,242 |
| 10 | 4 | 4 | 0 | 0,071 | 0,005 | 0,076 | 12 | 1 | 1 | 0 | 0,917 | 0,083 | 1,000 | | | | 2 | 0,500 | 0,500 | 1,000 |
| | | | 1 | 0,452 | 0,119 | 0,571 | | | | 1 | 0,083 | 0,000 | 0,083 | | | | 3 | 0,500 | 0,500 | 1,000 |
| | | | 2 | 0,548 | 0,452 | 1,000 | 12 | 1 | 2 | 0 | 0,833 | 0,167 | 1,000 | | | | 4 | 0,121 | 0,121 | 0,242 |
| | | | 3 | 0,119 | 0,071 | 0,190 | | | | 1 | 0,167 | 0,000 | 0,167 | | | | 5 | 0,008 | 0,008 | 0,015 |
| | | | 4 | 0,005 | 0,000 | 0,005 | 12 | 1 | 3 | 0 | 0,750 | 0,250 | 1,000 | 12 | 6 | 6 | 0 | 0,001 | 0,001 | 0,002 |
| 10 | 4 | 5 | 0 | 0,024 | 0,024 | 0,048 | | | | 1 | 0,250 | 0,000 | 0,250 | | | | 1 | 0,040 | 0,040 | 0,080 |
| | | | 1 | 0,262 | 0,262 | 0,524 | 12 | 1 | 4 | 0 | 0,667 | 0,333 | 1,000 | | | | 2 | 0,284 | 0,284 | 0,567 |
| | | | 2 | 0,738 | 0,738 | 1000 | | | | 1 | 0,333 | 0,000 | 0,333 | | | | 3 | 0,716 | 0,716 | 1,000 |
| | | | 3 | 0,262 | 0,262 | 0,524 | 12 | 1 | 5 | 0 | 0,583 | 0,417 | 1,000 | | | | 4 | 0,284 | 0,284 | 0,567 |
| | | | 4 | 0,024 | 0,024 | 0,048 | | | | 1 | 0,417 | 0,000 | 0,471 | | | | 5 | 0,040 | 0,040 | 0,080 |
| 10 | 5 | 5 | 0 | 0,004 | 0,004 | 0,008 | 12 | 1 | 6 | 0 | 0,500 | 0,500 | 1,000 | | | | 6 | 0,001 | 0,001 | 0,002 |
| | | | 1 | 0,103 | 0,103 | 0,206 | | | | 1 | 0,500 | 0,500 | 1,000 | 13 | 1 | 1 | 0 | 0,923 | 0,077 | 1,000 |
| | | | 2 | 0,500 | 0,500 | 1,000 | 12 | 2 | 2 | 0 | 0,682 | 0,318 | 1,000 | | | | 1 | 0,077 | 0,000 | 0,077 |
| | | | 3 | 0,500 | 0,500 | 1,000 | | | | 1 | 0,318 | 0,000 | 0,318 | 13 | 1 | 2 | 0 | 0,846 | 0,154 | 1,000 |
| | | | 4 | 0,103 | 0,103 | 0,206 | | | | 2 | 0,015 | 0,000 | 0,015 | | | | 1 | 0,154 | 0,000 | 0,154 |
| | | | 5 | 0,004 | 0,004 | 0,008 | 12 | 2 | 3 | 0 | 0,545 | 0,455 | 1,000 | 13 | 1 | 3 | 0 | 0,769 | 0,231 | 1,000 |
| 11 | 1 | 1 | 0 | 0,909 | 0,091 | 1,000 | | | | 1 | 0,455 | 0,545 | 1,000 | | | | 1 | 0,231 | 0,000 | 0,231 |
| | | | 1 | 0,091 | 0,000 | 0,091 | | | | 2 | 0,045 | 0,000 | 0,045 | 13 | 1 | 4 | 0 | 0,692 | 0,308 | 1,000 |
| 11 | 1 | 2 | 0 | 0,818 | 0,182 | 1,000 | 12 | 2 | 4 | 0 | 0,424 | 0,091 | 0,515 | | | | 1 | 0,308 | 0,000 | 0,308 |
| | | | 1 | 0,182 | 0,000 | 0,182 | | | | 1 | 0,576 | 0,424 | 1,000 | 13 | 1 | 5 | 0 | 0,615 | 0,385 | 1,000 |
| 11 | 1 | 3 | 0 | 0,727 | 0,273 | 1,000 | | | | 2 | 0,091 | 0,000 | 0,091 | | | | 1 | 0,385 | 0,000 | 0,385 |
| | | | 1 | 0,273 | 0,000 | 0,273 | 12 | 2 | 5 | 0 | 0,318 | 0,152 | 0,470 | 13 | 1 | 6 | 0 | 0,538 | 0,462 | 1,000 |
| 11 | 1 | 4 | 0 | 0,636 | 0,364 | 1,000 | | | | 1 | 0,682 | 0,318 | 1,000 | | | | 1 | 0,462 | 0,000 | 0,462 |
| | | | 1 | 0,364 | 0,000 | 0,364 | | | | 2 | 0,152 | 0,000 | 0,152 | 13 | 2 | 2 | 0 | 0,705 | 0,295 | 1,000 |
| 11 | 1 | 5 | 0 | 0,545 | 0,455 | 1,000 | 12 | 2 | 6 | 0 | 0,227 | 0,227 | 0,455 | | | | 1 | 0,295 | 0,000 | 0,295 |
| | | | 1 | 0,455 | 0,000 | 0,455 | | | | 1 | 0,773 | 0,773 | 1,000 | | | | 2 | 0,013 | 0,000 | 0,013 |
| 11 | 2 | 2 | 0 | 0,655 | 0,345 | 1,000 | | | | 2 | 0,227 | 0,227 | 0,455 | 13 | 2 | 3 | 0 | 0,577 | 0,423 | 1,000 |
| | | | 1 | 0,345 | 0,000 | 0,345 | 12 | 3 | 3 | 0 | 0,382 | 0,127 | 0,509 | | | | 1 | 0,423 | 0,000 | 0,423 |
| | | | 2 | 0,018 | 0,000 | 0,018 | | | | 1 | 0,618 | 0,382 | 1,000 | | | | 2 | 0,038 | 0,000 | 0,038 |
| 11 | 2 | 3 | 0 | 0,509 | 0,055 | 0,564 | | | | 2 | 0,127 | 0,000 | 0,127 | 13 | 2 | 4 | 0 | 0,462 | 0,077 | 0,538 |
| | | | 1 | 0,491 | 0,509 | 1,000 | | | | 3 | 0,005 | 0,000 | 0,005 | | | | 1 | 0,538 | 0,462 | 1,000 |
| | | | 2 | 0,055 | 0,000 | 1,055 | 12 | 3 | 4 | 0 | 0,225 | 0,236 | 0,491 | | | | 2 | 0,077 | 0,000 | 0,077 |

*(continua)*

## TABELA I
(Continuação)

| N | $S_1$ | $S_2$ | X | Probabilidade Obs. | Outro | Totais | N | $S_1$ | $S_2$ | X | Probabilidade Obs. | Outro | Totais | N | $S_1$ | $S_2$ | X | Probabilidade Obs. | Outro | Totais |
|---|---|---|---|---|---|---|---|---|---|---|---|---|---|---|---|---|---|---|---|---|
| 11 | 2 | 4 | 0 | 0,382 | 0,109 | 0,491 |  |  |  | 1 | 0,764 | 0,764 | 1,000 | 13 | 2 | 5 | 0 | 0,359 | 0,128 | 0,487 |
|  |  |  | 1 | 0,618 | 0,382 | 1,000 |  |  |  | 2 | 0,236 | 0,255 | 0,491 |  |  |  | 1 | 0,641 | 0,359 | 1,000 |
|  |  |  | 2 | 0,109 | 0,000 | 0,109 |  |  |  | 3 | 0,018 | 0,000 | 0,018 |  |  |  | 2 | 0,128 | 0,000 | 0,128 |
| 11 | 2 | 5 | 0 | 0,273 | 0,182 | 0,455 | 12 | 3 | 5 | 0 | 0,159 | 0,045 | 0,205 | 13 | 2 | 6 | 0 | 0,269 | 0,192 | 0,462 |
|  |  |  | 1 | 0,727 | 0,273 | 1,000 |  |  |  | 1 | 0,636 | 0,364 | 1,000 |  |  |  | 1 | 0,731 | 0,269 | 1,000 |
|  |  |  | 2 | 0,182 | 0,000 | 0,182 |  |  |  | 2 | 0,364 | 0,159 | 0,523 |  |  |  | 2 | 0,192 | 0,000 | 0,192 |
| 11 | 3 | 3 | 0 | 0,339 | 0,152 | 0,491 |  |  |  | 3 | 0,045 | 0,000 | 0,045 | 13 | 3 | 3 | 0 | 0,420 | 0,108 | 0,528 |
|  |  |  | 1 | 0,661 | 0,339 | 1,000 | 12 | 3 | 6 | 0 | 0,091 | 0,091 | 0,182 |  |  |  | 1 | 0,580 | 0,420 | 1,000 |
|  |  |  | 2 | 0,152 | 0,000 | 0,152 |  |  |  | 1 | 0,500 | 0,500 | 1,000 |  |  |  | 2 | 0,108 | 0,000 | 0,108 |
|  |  |  | 3 | 0,006 | 0,000 | 0,006 |  |  |  | 2 | 0,500 | 0,500 | 1,000 |  |  |  | 3 | 0,003 | 0,000 | 0,003 |
| 13 | 3 | 4 | 0 | 0,294 | 0,203 | 0,497 | 14 | 2 | 4 | 0 | 0,495 | 0,066 | 0,560 |  |  |  | 2 | 0,500 | 0,500 | 1,000 |
|  |  |  | 1 | 0,706 | 0,294 | 1,000 |  |  |  | 1 | 0,505 | 0,495 | 1,000 |  |  |  | 3 | 0,500 | 0,500 | 1,000 |
|  |  |  | 2 | 0,203 | 0,000 | 0,203 |  |  |  | 2 | 0,066 | 0,000 | 0,066 |  |  |  | 4 | 0,133 | 0,133 | 0,266 |
|  |  |  | 3 | 0,014 | 0,000 | 0,014 | 14 | 2 | 5 | 0 | 0,396 | 0,110 | 0,505 |  |  |  | 5 | 0,010 | 0,010 | 0,021 |
| 13 | 3 | 5 | 0 | 0,196 | 0,035 | 0,231 |  |  |  | 1 | 0,604 | 0,396 | 1,000 | 14 | 6 | 6 | 0 | 0,009 | 0,000 | 0,010 |
|  |  |  | 1 | 0,685 | 0,315 | 1,000 |  |  |  | 2 | 0,110 | 0,000 | 0,110 |  |  |  | 1 | 0,121 | 0,016 | 0,138 |
|  |  |  | 2 | 0,315 | 0,196 | 0,510 | 14 | 2 | 6 | 0 | 0,308 | 0,165 | 0,473 |  |  |  | 2 | 0,471 | 0,156 | 0,627 |
|  |  |  | 3 | 0,035 | 0,000 | 0,035 |  |  |  | 1 | 0,692 | 0,308 | 1,000 |  |  |  | 3 | 0,529 | 0,471 | 1,000 |
| 13 | 3 | 6 | 0 | 0,122 | 0,070 | 0,192 |  |  |  | 2 | 0,165 | 0,000 | 0,165 |  |  |  | 4 | 0,156 | 0,121 | 0,277 |
|  |  |  | 1 | 0,563 | 0,437 | 1,000 | 14 | 2 | 7 | 0 | 0,231 | 0,231 | 0,462 |  |  |  | 5 | 0,016 | 0,009 | 0,026 |
|  |  |  | 2 | 0,437 | 0,122 | 0,559 |  |  |  | 1 | 0,769 | 0,769 | 1,000 |  |  |  | 6 | 0,000 | 0,000 | 0,000 |
|  |  |  | 3 | 0,070 | 0,000 | 0,070 |  |  |  | 1 | 0,231 | 0,231 | 0,462 | 14 | 6 | 7 | 0 | 0,002 | 0,002 | 0,005 |
| 13 | 4 | 4 | 0 | 0,176 | 0,052 | 0,228 | 14 | 3 | 3 | 0 | 0,453 | 0,093 | 0,547 |  |  |  | 1 | 0,051 | 0,051 | 0,103 |
|  |  |  | 1 | 0,646 | 0,354 | 1,000 |  |  |  | 1 | 0,547 | 0,453 | 1,000 |  |  |  | 2 | 0,296 | 0,296 | 0,592 |
|  |  |  | 2 | 0,354 | 0,176 | 0,530 |  |  |  | 2 | 0,093 | 0,000 | 0,093 |  |  |  | 3 | 0,704 | 0,704 | 1,000 |
|  |  |  | 3 | 0,052 | 0,000 | 0,052 |  |  |  | 3 | 0,003 | 0,000 | 0,003 |  |  |  | 4 | 0,296 | 0,296 | 0,592 |
|  |  |  | 4 | 0,001 | 0,000 | 0,001 | 14 | 3 | 4 | 0 | 0,330 | 0,176 | 0,505 |  |  |  | 5 | 0,051 | 0,051 | 0,103 |
| 13 | 4 | 5 | 0 | 0,098 | 0,007 | 0,105 |  |  |  | 1 | 0,670 | 0,330 | 1,000 |  |  |  | 6 | 0,002 | 0,002 | 0,005 |
|  |  |  | 1 | 0,490 | 0,119 | 0,608 |  |  |  | 2 | 0,176 | 0,000 | 0,176 | 14 | 7 | 7 | 0 | 0,000 | 0,000 | 0,001 |
|  |  |  | 2 | 0,510 | 0,490 | 1,000 |  |  |  | 3 | 0,011 | 0,000 | 0,011 |  |  |  | 1 | 0,015 | 0,015 | 0,029 |
|  |  |  | 3 | 0,119 | 0,098 | 0,217 | 14 | 3 | 5 | 0 | 0,231 | 0,027 | 0,258 |  |  |  | 2 | 0,143 | 0,143 | 0,286 |
|  |  |  | 4 | 0,007 | 0,000 | 0,007 |  |  |  | 1 | 0,725 | 0,275 | 1,000 |  |  |  | 3 | 0,500 | 0,500 | 1,000 |
| 13 | 4 | 6 | 0 | 0,049 | 0,021 | 0,070 |  |  |  | 2 | 0,275 | 0,231 | 0,505 |  |  |  | 4 | 0,500 | 0,500 | 1,000 |
|  |  |  | 1 | 0,343 | 0,217 | 0,559 |  |  |  | 3 | 0,027 | 0,000 | 0,027 |  |  |  | 5 | 0,143 | 0,143 | 0,286 |
|  |  |  | 2 | 0,657 | 0,343 | 1,000 | 14 | 3 | 6 | 0 | 0,154 | 0,055 | 0,209 |  |  |  | 6 | 0,015 | 0,015 | 0,029 |
|  |  |  | 3 | 0,217 | 0,049 | 0,266 |  |  |  | 1 | 0,615 | 0,385 | 1,000 |  |  |  | 7 | 0,000 | 0,000 | 0,001 |
|  |  |  | 4 | 0,021 | 0,000 | 0,021 |  |  |  | 2 | 0,385 | 0,154 | 0,538 | 15 | 1 | 1 | 0 | 0,933 | 0,067 | 1,000 |
| 13 | 5 | 5 | 0 | 0,044 | 0,032 | 0,075 |  |  |  | 3 | 0,055 | 0,000 | 0,055 |  |  |  | 1 | 0,067 | 0,000 | 0,067 |
|  |  |  | 1 | 0,315 | 0,249 | 0,565 | 14 | 3 | 7 | 0 | 0,096 | 0,096 | 0,192 | 15 | 1 | 2 | 0 | 0,867 | 0,133 | 1,000 |
|  |  |  | 2 | 0,685 | 0,315 | 1,000 |  |  |  | 1 | 0,500 | 0,500 | 1,000 |  |  |  | 1 | 0,133 | 0,000 | 0,133 |
|  |  |  | 3 | 0,249 | 0,044 | 0,293 |  |  |  | 2 | 0,500 | 0,500 | 1,000 | 15 | 1 | 3 | 0 | 0,800 | 0,200 | 1,000 |
|  |  |  | 4 | 0,032 | 0,000 | 0,032 |  |  |  | 3 | 0,096 | 0,096 | 0,192 |  |  |  | 1 | 0,200 | 0,000 | 0,200 |
|  |  |  | 5 | 0,001 | 0,000 | 0,001 | 14 | 4 | 4 | 0 | 0,210 | 0,041 | 0,251 | 15 | 1 | 4 | 0 | 0,733 | 0,267 | 1,000 |
| 13 | 5 | 6 | 0 | 0,016 | 0,005 | 0,021 |  |  |  | 1 | 0,689 | 0,311 | 1,000 |  |  |  | 1 | 0,267 | 0,000 | 0,267 |
|  |  |  | 1 | 0,179 | 0,086 | 0,266 |  |  |  | 2 | 0,311 | 0,210 | 0,520 | 15 | 1 | 5 | 0 | 0,667 | 0,333 | 1,000 |
|  |  |  | 2 | 0,587 | 0,413 | 1,000 |  |  |  | 3 | 0,041 | 0,000 | 0,041 |  |  |  | 1 | 0,333 | 0,000 | 0,333 |
|  |  |  | 3 | 0,413 | 0,179 | 0,592 |  |  |  | 4 | 0,001 | 0,000 | 0,001 | 15 | 1 | 6 | 0 | 0,600 | 0,400 | 1,000 |
|  |  |  | 4 | 0,086 | 0,016 | 0,103 | 14 | 4 | 5 | 0 | 0,126 | 0,095 | 0,221 |  |  |  | 1 | 0,400 | 0,000 | 0,400 |
|  |  |  | 5 | 0,005 | 0,000 | 0,005 |  |  |  | 1 | 0,545 | 0,455 | 1,000 | 15 | 1 | 7 | 0 | 0,533 | 0,467 | 1,000 |
| 13 | 6 | 6 | 0 | 0,004 | 0,001 | 0,005 |  |  |  | 2 | 0,455 | 0,126 | 0,580 |  |  |  | 1 | 0,467 | 0,000 | 0,467 |
|  |  |  | 1 | 0,078 | 0,025 | 0,103 |  |  |  | 3 | 0,095 | 0,000 | 0,095 | 15 | 2 | 2 | 0 | 0,713 | 0,257 | 1,000 |
|  |  |  | 2 | 0,383 | 0,209 | 0,592 |  |  |  | 4 | 0,005 | 0,000 | 0,005 |  |  |  | 1 | 0,257 | 0,000 | 0,257 |
|  |  |  | 3 | 0,617 | 0,383 | 1,000 | 14 | 4 | 6 | 0 | 0,070 | 0,015 | 0,085 |  |  |  | 2 | 0,010 | 0,000 | 0,010 |
|  |  |  | 4 | 0,209 | 0,078 | 0,286 |  |  |  | 1 | 0,406 | 0,175 | 0,580 | 15 | 2 | 3 | 0 | 0,629 | 0,371 | 1,000 |
|  |  |  | 5 | 0,025 | 0,004 | 0,029 |  |  |  | 2 | 0,594 | 0,406 | 1,000 |  |  |  | 1 | 0,371 | 0,000 | 0,371 |
|  |  |  | 6 | 0,001 | 0,000 | 0,001 |  |  |  | 3 | 0,175 | 0,070 | 0,245 |  |  |  | 2 | 0,029 | 0,000 | 0,029 |

(continua)

# TABELA I
(*Continuação*)

| N | $S_1$ | $S_2$ | X | Probabilidade Obs. | Outro | Totais | N | $S_1$ | $S_2$ | X | Probabilidade Obs. | Outro | Totais | N | $S_1$ | $S_2$ | X | Probabilidade Obs. | Outro | Totais |
|---|---|---|---|---|---|---|---|---|---|---|---|---|---|---|---|---|---|---|---|---|
| 14 | 1 | 1 | 0 | 0,929 | 0,071 | 1,000 |  |  |  | 4 | 0,015 | 0,000 | 0,015 | 15 | 2 | 4 | 0 | 0,524 | 0,057 | 0,581 |
|  |  |  | 1 | 0,071 | 0,000 | 0,071 | 14 | 4 | 7 | 0 | 0,035 | 0,035 | 0,070 |  |  |  | 1 | 0,476 | 0,524 | 1,000 |
| 14 | 1 | 2 | 0 | 0,857 | 0,143 | 1,000 |  |  |  | 1 | 0,280 | 0,280 | 0,559 |  |  |  | 2 | 0,057 | 0,000 | 0,057 |
|  |  |  | 1 | 0,143 | 0,000 | 0,143 |  |  |  | 2 | 0,720 | 0,720 | 1,000 | 15 | 2 | 5 | 0 | 0,429 | 0,095 | 0,524 |
| 14 | 1 | 3 | 0 | 0,786 | 0,214 | 1,000 |  |  |  | 3 | 0,280 | 0,280 | 0,559 |  |  |  | 1 | 0,571 | 0,429 | 1,000 |
|  |  |  | 1 | 0,214 | 0,000 | 0,214 |  |  |  | 4 | 0,035 | 0,035 | 0,070 |  |  |  | 2 | 0,095 | 0,000 | 0,095 |
| 14 | 1 | 4 | 0 | 0,714 | 0,286 | 1,000 | 14 | 5 | 5 | 0 | 0,063 | 0,023 | 0,086 | 15 | 2 | 6 | 0 | 0,343 | 0,143 | 0,486 |
|  |  |  | 1 | 0,286 | 0,000 | 0,286 |  |  |  | 1 | 0,378 | 0,203 | 0,580 |  |  |  | 1 | 0,657 | 0,343 | 1,000 |
| 14 | 1 | 5 | 0 | 0,643 | 0,357 | 1,000 |  |  |  | 2 | 0,622 | 0,378 | 1,000 |  |  |  | 2 | 0,143 | 0,000 | 0,143 |
|  |  |  | 1 | 0,357 | 0,000 | 0,357 |  |  |  | 3 | 0,203 | 0,063 | 0,266 | 15 | 2 | 7 | 0 | 0,267 | 0,200 | 0,467 |
| 14 | 1 | 6 | 0 | 0,571 | 0,429 | 1,000 |  |  |  | 4 | 0,023 | 0,000 | 0,023 |  |  |  | 1 | 0,733 | 0,267 | 1,000 |
|  |  |  | 1 | 0,429 | 0,000 | 0,429 |  |  |  | 5 | 0,000 | 0,000 | 0,000 |  |  |  | 2 | 0,200 | 0,000 | 0,200 |
| 14 | 1 | 7 | 0 | 0,500 | 0,500 | 1,000 | 14 | 5 | 6 | 0 | 0,028 | 0,003 | 0,031 | 15 | 3 | 3 | 0 | 0,484 | 0,081 | 0,565 |
|  |  |  | 1 | 0,500 | 0,500 | 1,000 |  |  |  | 1 | 0,238 | 0,063 | 0,301 |  |  |  | 1 | 0,516 | 0,484 | 1,000 |
| 14 | 2 | 2 | 0 | 0,725 | 0,275 | 1,000 |  |  |  | 2 | 0,657 | 0,343 | 1,000 |  |  |  | 2 | 0,081 | 0,000 | 0,081 |
|  |  |  | 1 | 0,275 | 0,000 | 0,275 |  |  |  | 3 | 0,343 | 0,238 | 0,580 |  |  |  | 3 | 0,002 | 0,000 | 0,002 |
|  |  |  | 2 | 0,011 | 0,000 | 0,011 |  |  |  | 4 | 0,063 | 0,028 | 0,091 | 15 | 3 | 4 | 0 | 0,363 | 0,154 | 0,516 |
| 14 | 2 | 3 | 0 | 0,604 | 0,396 | 1,000 |  |  |  | 5 | 0,003 | 0,000 | 0,003 |  |  |  | 1 | 0,637 | 0,363 | 1,000 |
|  |  |  | 1 | 0,396 | 0,000 | 0,396 | 14 | 5 | 7 | 0 | 0,010 | 0,010 | 0,021 |  |  |  | 2 | 0,154 | 0,000 | 0,154 |
|  |  |  | 2 | 0,033 | 0,000 | 0,033 |  |  |  | 1 | 0,133 | 0,133 | 0,266 |  |  |  | 3 | 0,009 | 0,000 | 0,009 |
| 15 | 3 | 5 | 0 | 0,264 | 0,242 | 0,505 |  |  |  | 2 | 0,538 | 0,462 | 1,000 |  |  |  | 4 | 0,100 | 0,019 | 0,119 |
|  |  |  | 1 | 0,758 | 0,758 | 1,000 |  |  |  | 3 | 0,143 | 0,092 | 0,235 |  |  |  | 5 | 0,007 | 0,000 | 0,007 |
|  |  |  | 2 | 0,242 | 0,264 | 0,505 |  |  |  | 4 | 0,011 | 0,000 | 0,011 | 15 | 6 | 6 | 0 | 0,017 | 0,011 | 0,028 |
|  |  |  | 3 | 0,022 | 0,000 | 0,022 | 15 | 4 | 7 | 0 | 0,051 | 0,026 | 0,077 |  |  |  | 1 | 0,168 | 0,119 | 0,287 |
| 15 | 3 | 6 | 0 | 0,185 | 0,044 | 0,229 |  |  |  | 1 | 0,338 | 0,231 | 0,569 |  |  |  | 2 | 0,545 | 0,455 | 1,000 |
|  |  |  | 1 | 0,659 | 0,341 | 1,000 |  |  |  | 2 | 0,662 | 0,338 | 1,000 |  |  |  | 3 | 0,455 | 0,168 | 0,622 |
|  |  |  | 2 | 0,341 | 0,185 | 0,525 |  |  |  | 3 | 0,231 | 0,051 | 0,282 |  |  |  | 4 | 0,119 | 0,017 | 0,136 |
|  |  |  | 3 | 0,044 | 0,000 | 0,044 |  |  |  | 4 | 0,026 | 0,000 | 0,026 |  |  |  | 5 | 0,011 | 0,000 | 0,011 |
| 15 | 3 | 7 | 0 | 0,123 | 0,077 | 0,200 | 15 | 5 | 5 | 0 | 0,084 | 0,017 | 0,101 |  |  |  | 6 | 0,000 | 0,000 | 0,000 |
|  |  |  | 1 | 0,554 | 0,446 | 1,000 |  |  |  | 1 | 0,434 | 0,167 | 0,600 | 15 | 6 | 7 | 0 | 0,006 | 0,001 | 0,007 |
|  |  |  | 2 | 0,446 | 0,123 | 0,569 |  |  |  | 2 | 0,566 | 0,434 | 1,000 |  |  |  | 1 | 0,084 | 0,035 | 0,119 |
|  |  |  | 3 | 0,077 | 0,000 | 0,077 |  |  |  | 3 | 0,167 | 0,084 | 0,251 |  |  |  | 2 | 0,378 | 0,231 | 0,608 |
| 15 | 4 | 4 | 0 | 0,242 | 0,033 | 0,275 |  |  |  | 4 | 0,017 | 0,000 | 0,017 |  |  |  | 3 | 0,622 | 0,378 | 1,000 |
|  |  |  | 1 | 0,725 | 0,275 | 1,000 |  |  |  | 5 | 0,000 | 0,000 | 0,000 |  |  |  | 4 | 0,231 | 0,084 | 0,315 |
|  |  |  | 2 | 0,275 | 0,242 | 0,516 | 15 | 5 | 6 | 0 | 0,042 | 0,047 | 0,089 |  |  |  | 5 | 0,035 | 0,006 | 0,041 |
|  |  |  | 3 | 0,033 | 0,000 | 0,033 |  |  |  | 1 | 0,294 | 0,287 | 0,580 |  |  |  | 6 | 0,001 | 0,000 | 0,001 |
|  |  |  | 4 | 0,001 | 0,000 | 0,001 |  |  |  | 2 | 0,713 | 0,713 | 1,000 | 15 | 7 | 7 | 0 | 0,001 | 0,000 | 0,001 |
| 15 | 4 | 5 | 0 | 0,154 | 0,077 | 0,231 |  |  |  | 3 | 0,287 | 0,294 | 0,580 |  |  |  | 1 | 0,032 | 0,009 | 0,041 |
|  |  |  | 1 | 0,593 | 0,407 | 1,000 |  |  |  | 4 | 0,047 | 0,042 | 0,089 |  |  |  | 2 | 0,214 | 0,100 | 0,315 |
|  |  |  | 2 | 0,407 | 0,154 | 0,560 |  |  |  | 5 | 0,002 | 0,000 | 0,002 |  |  |  | 3 | 0,595 | 0,405 | 1,000 |
|  |  |  | 3 | 0,077 | 0,000 | 0,077 | 15 | 5 | 7 | 0 | 0,019 | 0,007 | 0,026 |  |  |  | 4 | 0,405 | 0,214 | 0,619 |
|  |  |  | 4 | 0,004 | 0,000 | 0,004 |  |  |  | 1 | 0,182 | 0,100 | 0,282 |  |  |  | 5 | 0,100 | 0,032 | 0,132 |
| 15 | 4 | 6 | 0 | 0,092 | 0,011 | 0,103 |  |  |  | 2 | 0,573 | 0,427 | 1,000 |  |  |  | 6 | 0,009 | 0,001 | 0,010 |
|  |  |  | 1 | 0,462 | 0,143 | 0,604 |  |  |  | 3 | 0,427 | 0,182 | 0,608 |  |  |  | 7 | 0,000 | 0,000 | 0,000 |

## TABELA J
Probabilidades da cauda inferior e da cauda superior para $W_x$, a estatística posto-soma de Wilcoxon-Mann-Whitney

As entradas são $P[W_x \leq c_L]$ e $P[W_x \geq c_U]$. $W_x$ é o posto-soma para o menor grupo.

$m = 3$

| $c_L$ | $n = 3$ | $c_U$ | $n = 4$ | $c_U$ | $n = 5$ | $c_U$ | $n = 6$ | $c_U$ | $n = 7$ | $c_U$ | $n = 8$ | $c_U$ | $n = 9$ | $c_U$ | $n = 10$ | $c_U$ | $n = 11$ | $c_U$ | $n = 12$ | $c_U$ |
|---|---|---|---|---|---|---|---|---|---|---|---|---|---|---|---|---|---|---|---|---|
| 6 | 0,0500 | 15 | 0,0286 | 18 | 0,0179 | 21 | 0,0119 | 24 | 0,0083 | 27 | 0,0061 | 30 | 0,0045 | 33 | 0,0035 | 36 | 0,0027 | 39 | 0,0022 | 42 |
| 7 | 0,1000 | 14 | 0,0571 | 17 | 0,0357 | 20 | 0,0238 | 23 | 0,0167 | 26 | 0,0121 | 29 | 0,0091 | 32 | 0,0070 | 35 | 0,0055 | 38 | 0,0044 | 41 |
| 8 | 0,2000 | 13 | 0,1143 | 16 | 0,0714 | 19 | 0,0476 | 22 | 0,0333 | 25 | 0,0242 | 28 | 0,0182 | 31 | 0,0140 | 34 | 0,0110 | 37 | 0,0088 | 40 |
| 9 | 0,3500 | 12 | 0,2000 | 15 | 0,1250 | 18 | 0,0833 | 21 | 0,0583 | 24 | 0,0424 | 27 | 0,0318 | 30 | 0,0245 | 33 | 0,0192 | 36 | 0,0154 | 39 |
| 10 | 0,5000 | 11 | 0,3143 | 14 | 0,1964 | 17 | 0,1310 | 20 | 0,0917 | 23 | 0,0667 | 26 | 0,0500 | 29 | 0,0385 | 32 | 0,0302 | 35 | 0,0242 | 38 |
| 11 | 0,6500 | 10 | 0,4286 | 13 | 0,2857 | 16 | 0,1905 | 19 | 0,1333 | 22 | 0,0970 | 25 | 0,0727 | 28 | 0,0559 | 31 | 0,0440 | 34 | 0,0352 | 37 |
| 12 | 0,8000 | 9 | 0,5714 | 12 | 0,3929 | 15 | 0,2738 | 18 | 0,1917 | 21 | 0,1394 | 24 | 0,1045 | 27 | 0,0804 | 30 | 0,0632 | 33 | 0,0505 | 36 |
| 13 | 0,9000 | 8 | 0,6857 | 11 | 0,5000 | 14 | 0,3571 | 17 | 0,2583 | 20 | 0,1879 | 23 | 0,1409 | 26 | 0,1084 | 29 | 0,0852 | 32 | 0,0681 | 35 |
| 14 | 0,9500 | 7 | 0,8000 | 10 | 0,6071 | 13 | 0,4524 | 16 | 0,3333 | 19 | 0,2485 | 22 | 0,1864 | 25 | 0,1434 | 28 | 0,1126 | 31 | 0,0901 | 34 |
| 15 | 1,0000 | 6 | 0,8857 | 9 | 0,7143 | 12 | 0,5476 | 15 | 0,4167 | 18 | 0,3152 | 21 | 0,2409 | 24 | 0,1853 | 27 | 0,1456 | 30 | 0,1165 | 33 |
| 16 |  |  | 0,9429 | 8 | 0,8036 | 11 | 0,6429 | 14 | 0,5000 | 17 | 0,3879 | 20 | 0,3000 | 23 | 0,2343 | 26 | 0,1841 | 29 | 0,1473 | 32 |
| 17 |  |  | 0,9714 | 7 | 0,8750 | 10 | 0,7262 | 13 | 0,5833 | 16 | 0,4606 | 19 | 0,3636 | 22 | 0,2867 | 25 | 0,2280 | 28 | 0,1824 | 31 |
| 18 |  |  | 1,0000 | 6 | 0,9286 | 9 | 0,8095 | 12 | 0,6667 | 15 | 0,5394 | 18 | 0,4318 | 21 | 0,3462 | 24 | 0,2275 | 27 | 0,2242 | 30 |
| 19 |  |  |  |  | 0,9643 | 8 | 0,8690 | 11 | 0,7417 | 14 | 0,6121 | 17 | 0,5000 | 20 | 0,4056 | 23 | 0,3297 | 26 | 0,2681 | 29 |
| 20 |  |  |  |  | 0,9821 | 7 | 0,9167 | 10 | 0,8083 | 13 | 0,6848 | 16 | 0,5682 | 19 | 0,4685 | 22 | 0,3846 | 25 | 0,3165 | 28 |
| 21 |  |  |  |  | 1,0000 | 6 | 0,9524 | 9 | 0,8667 | 12 | 0,7515 | 15 | 0,6364 | 18 | 0,5315 | 21 | 0,4423 | 24 | 0,3670 | 27 |
| 22 |  |  |  |  |  |  | 0,9762 | 8 | 0,9083 | 11 | 0,8121 | 14 | 0,7000 | 17 | 0,5944 | 20 | 0,5000 | 23 | 0,4198 | 26 |
| 23 |  |  |  |  |  |  | 0,9881 | 7 | 0,9417 | 10 | 0,8606 | 13 | 0,7591 | 16 | 0,6538 | 19 | 0,5577 | 22 | 0,4725 | 25 |
| 24 |  |  |  |  |  |  | 1,0000 | 6 | 0,9667 | 9 | 0,9030 | 12 | 0,8136 | 15 | 0,7133 | 18 | 0,6154 | 21 | 0,5275 | 24 |

(continua)

APÊNDICE I  TABELAS  **377**

**TABELA J**
(Continuação)

$m = 4$

| $c_L$ | $n = 4$ | $c_U$ | $n = 5$ | $c_U$ | $n = 6$ | $c_U$ | $n = 7$ | $c_U$ | $n = 8$ | $c_U$ | $n = 9$ | $c_U$ | $n = 10$ | $c_U$ | $n = 11$ | $c_U$ | $n = 12$ | $c_U$ |
|---|---|---|---|---|---|---|---|---|---|---|---|---|---|---|---|---|---|---|
| 10 | 0,0143 | 26 | 0,0079 | 30 | 0,0048 | 34 | 0,0030 | 38 | 0,0020 | 42 | 0,0014 | 46 | 0,0010 | 50 | 0,0007 | 54 | 0,0005 | 58 |
| 11 | 0,0286 | 25 | 0,0159 | 29 | 0,0095 | 33 | 0,0061 | 37 | 0,0040 | 41 | 0,0028 | 45 | 0,0020 | 49 | 0,0015 | 53 | 0,0011 | 57 |
| 12 | 0,0571 | 24 | 0,0317 | 28 | 0,0190 | 32 | 0,0121 | 36 | 0,0081 | 40 | 0,0056 | 44 | 0,0040 | 48 | 0,0029 | 52 | 0,0022 | 56 |
| 13 | 0,1000 | 23 | 0,0556 | 27 | 0,0333 | 31 | 0,0212 | 35 | 0,0141 | 39 | 0,0098 | 43 | 0,0070 | 47 | 0,0051 | 51 | 0,0038 | 55 |
| 14 | 0,1714 | 22 | 0,0952 | 26 | 0,0571 | 30 | 0,0364 | 34 | 0,0242 | 38 | 0,0168 | 42 | 0,0120 | 46 | 0,0088 | 50 | 0,0066 | 54 |
| 15 | 0,2429 | 21 | 0,1429 | 25 | 0,0857 | 29 | 0,0545 | 33 | 0,0364 | 37 | 0,0252 | 41 | 0,0180 | 45 | 0,0132 | 49 | 0,0099 | 53 |
| 16 | 0,3429 | 20 | 0,2063 | 24 | 0,1286 | 28 | 0,0818 | 32 | 0,0545 | 36 | 0,0378 | 40 | 0,0270 | 44 | 0,0198 | 48 | 0,0148 | 52 |
| 17 | 0,4429 | 19 | 0,2778 | 23 | 0,1762 | 27 | 0,1152 | 31 | 0,0768 | 35 | 0,0531 | 39 | 0,0380 | 43 | 0,0278 | 47 | 0,0209 | 51 |
| 18 | 0,5571 | 18 | 0,3651 | 22 | 0,2381 | 26 | 0,1576 | 30 | 0,1071 | 34 | 0,0741 | 38 | 0,0529 | 42 | 0,0388 | 46 | 0,0291 | 50 |
| 19 | 0,6571 | 17 | 0,4524 | 21 | 0,3048 | 25 | 0,2061 | 29 | 0,1414 | 33 | 0,0993 | 37 | 0,0709 | 41 | 0,0520 | 45 | 0,0390 | 49 |
| 20 | 0,7571 | 16 | 0,5476 | 20 | 0,3810 | 24 | 0,2636 | 28 | 0,1838 | 32 | 0,1301 | 36 | 0,0939 | 40 | 0,0689 | 44 | 0,0516 | 48 |
| 21 | 0,8286 | 15 | 0,6349 | 19 | 0,4571 | 23 | 0,3242 | 27 | 0,2303 | 31 | 0,1650 | 35 | 0,1199 | 39 | 0,0886 | 43 | 0,0665 | 47 |
| 22 | 0,9000 | 14 | 0,7222 | 18 | 0,5429 | 22 | 0,3939 | 26 | 0,2848 | 30 | 0,2070 | 34 | 0,1518 | 38 | 0,1128 | 42 | 0,0852 | 46 |
| 23 | 0,9429 | 13 | 0,7937 | 17 | 0,6190 | 21 | 0,4636 | 25 | 0,3414 | 29 | 0,2517 | 33 | 0,1868 | 37 | 0,1399 | 41 | 0,1060 | 45 |
| 24 | 0,9714 | 12 | 0,8571 | 16 | 0,6952 | 20 | 0,5364 | 24 | 0,4040 | 28 | 0,3021 | 32 | 0,2268 | 36 | 0,1714 | 40 | 0,1308 | 44 |
| 25 | 0,9857 | 11 | 0,9048 | 15 | 0,7619 | 19 | 0,6061 | 23 | 0,4667 | 27 | 0,3552 | 31 | 0,2697 | 35 | 0,2059 | 39 | 0,1582 | 43 |
| 26 | 1,0000 | 10 | 0,9444 | 14 | 0,8238 | 18 | 0,6758 | 22 | 0,5333 | 26 | 0,4126 | 30 | 0,3177 | 34 | 0,2447 | 38 | 0,1896 | 42 |
| 27 |  |  | 0,9683 | 13 | 0,8714 | 17 | 0,7364 | 21 | 0,5960 | 25 | 0,4699 | 29 | 0,3666 | 33 | 0,2857 | 37 | 0,2231 | 41 |
| 28 |  |  | 0,9841 | 12 | 0,9143 | 16 | 0,7939 | 20 | 0,6586 | 24 | 0,5301 | 28 | 0,4196 | 32 | 0,3304 | 36 | 0,2604 | 40 |
| 29 |  |  | 0,9921 | 11 | 0,9429 | 15 | 0,8424 | 19 | 0,7152 | 23 | 0,5874 | 27 | 0,4725 | 31 | 0,3766 | 35 | 0,2995 | 39 |
| 30 |  |  | 1,0000 | 10 | 0,9667 | 14 | 0,8848 | 18 | 0,7697 | 22 | 0,6448 | 26 | 0,5275 | 30 | 0,4256 | 34 | 0,3418 | 38 |
| 31 |  |  |  |  | 0,9810 | 13 | 0,9182 | 17 | 0,8162 | 21 | 0,6979 | 25 | 0,5804 | 29 | 0,4747 | 33 | 0,3852 | 37 |
| 32 |  |  |  |  | 0,9905 | 12 | 0,9455 | 16 | 0,8586 | 20 | 0,7483 | 24 | 0,6334 | 28 | 0,5253 | 32 | 0,4308 | 36 |
| 33 |  |  |  |  | 0,9952 | 11 | 0,9636 | 15 | 0,8929 | 19 | 0,7930 | 23 | 0,6823 | 27 | 0,5744 | 31 | 0,4764 | 35 |
| 34 |  |  |  |  | 1,0000 | 10 | 0,9788 | 14 | 0,9232 | 18 | 0,8350 | 22 | 0,7303 | 26 | 0,6234 | 30 | 0,5236 | 34 |

(continua)

## TABELA J
(Continuação)

$m = 5$

| $c_L$ | $n = 5$ | $c_U$ | $n = 6$ | $c_U$ | $n = 7$ | $c_U$ | $n = 8$ | $c_U$ | $n = 9$ | $c_U$ | $n = 10$ | $c_U$ |
|---|---|---|---|---|---|---|---|---|---|---|---|---|
| 15 | 0,0040 | 40 | 0,0022 | 45 | 0,0013 | 50 | 0,0008 | 55 | 0,0005 | 60 | 0,0003 | 65 |
| 16 | 0,0079 | 39 | 0,0043 | 44 | 0,0025 | 49 | 0,0016 | 54 | 0,0010 | 59 | 0,0007 | 64 |
| 17 | 0,0159 | 38 | 0,0087 | 43 | 0,0051 | 48 | 0,0031 | 53 | 0,0020 | 58 | 0,0013 | 63 |
| 18 | 0,0278 | 37 | 0,0152 | 42 | 0,0088 | 47 | 0,0054 | 52 | 0,0035 | 57 | 0,0023 | 62 |
| 19 | 0,0476 | 36 | 0,0260 | 41 | 0,0152 | 46 | 0,0093 | 51 | 0,0060 | 56 | 0,0040 | 61 |
| 20 | 0,0754 | 35 | 0,0411 | 40 | 0,0240 | 45 | 0,0148 | 50 | 0,0095 | 55 | 0,0063 | 60 |
| 21 | 0,1111 | 34 | 0,0628 | 39 | 0,0366 | 44 | 0,0225 | 49 | 0,0145 | 54 | 0,0097 | 59 |
| 22 | 0,1548 | 33 | 0,0887 | 38 | 0,0530 | 43 | 0,0326 | 48 | 0,0210 | 53 | 0,0140 | 58 |
| 23 | 0,2103 | 32 | 0,1234 | 37 | 0,0745 | 42 | 0,0466 | 47 | 0,0300 | 52 | 0,0200 | 57 |
| 24 | 0,2738 | 31 | 0,1645 | 36 | 0,1010 | 41 | 0,0637 | 46 | 0,0415 | 52 | 0,0276 | 56 |
| 25 | 0,3452 | 30 | 0,2143 | 65 | 0,1338 | 40 | 0,0855 | 45 | 0,0559 | 50 | 0,0376 | 55 |
| 26 | 0,4206 | 29 | 0,2684 | 34 | 0,1717 | 39 | 0,1111 | 44 | 0,0734 | 49 | 0,0496 | 54 |
| 27 | 0,5000 | 28 | 0,3312 | 33 | 0,2159 | 38 | 0,1422 | 43 | 0,0949 | 48 | 0,0646 | 53 |
| 28 | 0,5794 | 27 | 0,3961 | 32 | 0,2652 | 37 | 0,1772 | 42 | 0,1199 | 47 | 0,0823 | 52 |
| 29 | 0,6548 | 26 | 0,4654 | 31 | 0,3194 | 36 | 0,2176 | 41 | 0,1489 | 46 | 0,1032 | 52 |
| 30 | 0,7262 | 25 | 0,5346 | 30 | 0,3775 | 35 | 0,2618 | 40 | 0,1818 | 45 | 0,1272 | 50 |
| 31 | 0,7897 | 24 | 0,6039 | 29 | 0,4381 | 34 | 0,3108 | 39 | 0,2188 | 44 | 0,1548 | 49 |
| 32 | 0,8452 | 23 | 0,6688 | 28 | 0,5000 | 33 | 0,3621 | 38 | 0,2592 | 43 | 0,1855 | 48 |
| 33 | 0,8889 | 22 | 0,7316 | 27 | 0,5619 | 32 | 0,4165 | 37 | 0,3032 | 42 | 0,2198 | 47 |
| 34 | 0,9246 | 21 | 0,7857 | 26 | 0,6225 | 31 | 0,4716 | 36 | 0,3497 | 41 | 0,2567 | 46 |
| 35 | 0,9524 | 20 | 0,8355 | 25 | 0,6806 | 30 | 0,5284 | 35 | 0,3986 | 40 | 0,2970 | 45 |
| 36 | 0,9722 | 19 | 0,8766 | 24 | 0,7348 | 29 | 0,5835 | 34 | 0,4491 | 39 | 0,3393 | 44 |
| 37 | 0,9841 | 18 | 0,9113 | 23 | 0,7841 | 28 | 0,6379 | 33 | 0,5000 | 38 | 0,3839 | 43 |
| 38 | 0,9921 | 17 | 0,9372 | 22 | 0,8283 | 27 | 0,6892 | 32 | 0,5509 | 37 | 0,4296 | 42 |
| 39 | 0,9960 | 16 | 0,9589 | 21 | 0,8662 | 26 | 0,7382 | 31 | 0,6014 | 36 | 0,4765 | 41 |
| 40 | 1,0000 | 15 | 0,9740 | 20 | 0,8990 | 25 | 0,7824 | 30 | 0,6503 | 35 | 0,5235 | 40 |

(continua)

## TABELA J
(Continuação)

| | | | | | $m = 6$ | | | | | |
|---|---|---|---|---|---|---|---|---|---|---|
| $c_L$ | $n = 6$ | $c_U$ | $n = 7$ | $c_U$ | $n = 8$ | $c_U$ | $n = 9$ | $c_U$ | $n = 10$ | $c_U$ |
| 21 | 0,0011 | 57 | 0,0006 | 63 | 0,0003 | 69 | 0,0002 | 75 | 0,0001 | 81 |
| 22 | 0,0022 | 56 | 0,0012 | 62 | 0,0007 | 68 | 0,0004 | 74 | 0,0002 | 80 |
| 23 | 0,0043 | 55 | 0,0023 | 61 | 0,0013 | 67 | 0,0008 | 73 | 0,0005 | 79 |
| 24 | 0,0076 | 54 | 0,0041 | 60 | 0,0023 | 66 | 0,0014 | 72 | 0,0009 | 78 |
| 25 | 0,0130 | 53 | 0,0070 | 59 | 0,0040 | 98 | 0,0024 | 71 | 0,0015 | 77 |
| 26 | 0,0206 | 52 | 0,0111 | 58 | 0,0063 | 64 | 0,0038 | 70 | 0,0024 | 76 |
| 27 | 0,0325 | 51 | 0,0175 | 57 | 0,0100 | 63 | 0,0060 | 69 | 0,0037 | 78 |
| 28 | 0,0465 | 50 | 0,0256 | 56 | 0,0147 | 62 | 0,0088 | 68 | 0,0055 | 74 |
| 29 | 0,0660 | 49 | 0,0367 | 55 | 0,0213 | 61 | 0,0128 | 67 | 0,0080 | 73 |
| 30 | 0,0898 | 42 | 0,0507 | 54 | 0,0296 | 60 | 0,0180 | 66 | 0,0112 | 72 |
| 31 | 0,1201 | 47 | 0,0688 | 53 | 0,0406 | 59 | 0,0248 | 65 | 0,0156 | 71 |
| 32 | 0,1548 | 46 | 0,0903 | 52 | 0,0539 | 58 | 0,0332 | 64 | 0,0210 | 70 |
| 33 | 0,1970 | 45 | 0,1171 | 51 | 0,0709 | 57 | 0,0440 | 63 | 0,0280 | 69 |
| 34 | 0,2424 | 44 | 0,1474 | 50 | 0,0906 | 56 | 0,0567 | 62 | 0,0363 | 68 |
| 35 | 0,2944 | 43 | 0,1830 | 49 | 0,1142 | 55 | 0,0723 | 61 | 0,0467 | 67 |
| 36 | 0,3496 | 42 | 0,2226 | 48 | 0,1412 | 54 | 0,0905 | 60 | 0,0589 | 66 |
| 37 | 0,4091 | 41 | 0,2669 | 47 | 0,1725 | 53 | 0,1119 | 59 | 0,0736 | 65 |
| 38 | 0,4686 | 40 | 0,3141 | 46 | 0,2068 | 52 | 0,1361 | 58 | 0,0903 | 64 |
| 39 | 0,5314 | 39 | 0,3654 | 45 | 0,2454 | 51 | 0,1638 | 57 | 0,1099 | 63 |
| 40 | 0,5909 | 38 | 0,4178 | 44 | 0,2864 | 50 | 0,1942 | 56 | 0,1317 | 62 |
| 41 | 0,6504 | 37 | 0,4726 | 43 | 0,3310 | 49 | 0,2280 | 55 | 0,1566 | 61 |
| 42 | 0,7056 | 36 | 0,5274 | 42 | 0,3773 | 48 | 0,2643 | 54 | 0,1838 | 60 |
| 43 | 0,7576 | 35 | 0,5822 | 41 | 0,4259 | 47 | 0,3035 | 53 | 0,2139 | 59 |
| 44 | 0,8030 | 34 | 0,6346 | 40 | 0,4749 | 46 | 0,3445 | 52 | 0,2461 | 58 |
| 45 | 0,8452 | 33 | 0,6859 | 39 | 0,5251 | 45 | 0,3878 | 51 | 0,2811 | 57 |
| 46 | 0,8799 | 32 | 0,7331 | 38 | 0,5741 | 44 | 0,4320 | 50 | 0,3177 | 56 |
| 47 | 0,9102 | 31 | 0,7774 | 37 | 0,6227 | 43 | 0,4773 | 49 | 0,3564 | 55 |
| 48 | 0,9340 | 30 | 0,8170 | 36 | 0,6690 | 42 | 0,5227 | 48 | 0,3962 | 54 |
| 49 | 0,9535 | 29 | 0,8526 | 35 | 0,7136 | 41 | 0,5680 | 47 | 0,4374 | 53 |
| 50 | 0,9675 | 28 | 0,8829 | 34 | 0,7546 | 40 | 0,6122 | 46 | 0,4789 | 52 |
| 51 | 0,9794 | 27 | 0,9097 | 33 | 0,7932 | 39 | 0,6555 | 45 | 0,5211 | 51 |

(continua)

## TABELA J
(Continuação)

| | | | | m = 7 | | | | |
|---|---|---|---|---|---|---|---|---|
| $c_L$ | n = 7 | $c_U$ | n = 8 | $c_U$ | n = 9 | $c_U$ | n = 10 | $c_U$ |
| 28 | 0,0003 | 77 | 0,0002 | 84 | 0,0001 | 91 | 0,0001 | 98 |
| 29 | 0,0006 | 76 | 0,0003 | 83 | 0,0002 | 90 | 0,0001 | 97 |
| 30 | 0,0012 | 75 | 0,0006 | 82 | 0,0003 | 89 | 0,0002 | 96 |
| 31 | 0,0020 | 74 | 0,0011 | 81 | 0,0006 | 88 | 0,0004 | 95 |
| 32 | 0,0035 | 73 | 0,0019 | 80 | 0,0010 | 87 | 0,0006 | 94 |
| 33 | 0,0055 | 72 | 0,0030 | 79 | 0,0017 | 86 | 0,0010 | 93 |
| 34 | 0,0087 | 71 | 0,0047 | 78 | 0,0026 | 85 | 0,0015 | 92 |
| 35 | 0,0131 | 70 | 0,0070 | 77 | 0,0039 | 84 | 0,0023 | 91 |
| 36 | 0,0189 | 69 | 0,0103 | 76 | 0,0058 | 83 | 0,0034 | 90 |
| 37 | 00265 | 68 | 0,0145 | 75 | 0,0082 | 82 | 0,0048 | 89 |
| 38 | 0,0364 | 67 | 0,0200 | 74 | 0,0115 | 81 | 0,0068 | 88 |
| 39 | 0,0487 | 66 | 0,0270 | 73 | 0,0156 | 80 | 0,0093 | 87 |
| 40 | 0,0641 | 65 | 0,0361 | 72 | 0,0209 | 79 | 0,0125 | 86 |
| 41 | 0,0825 | 64 | 0,0469 | 71 | 0,0274 | 78 | 0,0165 | 85 |
| 42 | 0,1043 | 63 | 0,0603 | 70 | 0,0356 | 77 | 0,0215 | 84 |
| 43 | 0,1297 | 62 | 0,0760 | 69 | 0,0454 | 76 | 0,0277 | 83 |
| 44 | 0,1588 | 61 | 0,0946 | 68 | 0,0571 | 75 | 0,0351 | 82 |
| 45 | 0,1914 | 60 | 0,1159 | 67 | 0,0708 | 74 | 0,0439 | 81 |
| 46 | 0,2279 | 59 | 0,1405 | 66 | 0,0869 | 73 | 0,0544 | 80 |
| 47 | 0,2675 | 58 | 0,1678 | 65 | 0,1052 | 72 | 0,0665 | 79 |
| 48 | 0,3100 | 57 | 0,1984 | 64 | 0,1261 | 71 | 0,0806 | 78 |
| 49 | 0,3552 | 56 | 0,2317 | 63 | 0,1496 | 70 | 0,0966 | 77 |
| 50 | 0,4024 | 55 | 0,2679 | 62 | 0,1755 | 69 | 0,1148 | 76 |
| 51 | 0,4508 | 54 | 0,3063 | 61 | 0,2039 | 68 | 0,1349 | 75 |
| 52 | 0,5000 | 53 | 0,3472 | 60 | 0,2349 | 67 | 0,1574 | 74 |
| 53 | 0,5492 | 54 | 0,3894 | 59 | 0,2680 | 66 | 0,1819 | 73 |
| 54 | 0,5976 | 51 | 0,4333 | 58 | 0,3032 | 65 | 0,2087 | 72 |
| 55 | 0,6448 | 50 | 0,4775 | 57 | 0,3403 | 64 | 0,2374 | 71 |
| 56 | 0,6900 | 49 | 0,5225 | 56 | 0,3788 | 63 | 0,2681 | 70 |
| 57 | 0,7325 | 48 | 0,5667 | 55 | 0,4185 | 62 | 0,3004 | 69 |
| 58 | 0,7721 | 47 | 0,6106 | 54 | 0,4591 | 61 | 0,3345 | 68 |
| 59 | 0,8086 | 46 | 0,6528 | 53 | 0,5000 | 60 | 0,3698 | 67 |
| 60 | 0,8412 | 45 | 0,6937 | 52 | 0,5409 | 59 | 0,4063 | 66 |
| 61 | 0,8703 | 44 | 0,7321 | 51 | 0,5815 | 58 | 0,4434 | 65 |
| 62 | 0,8957 | 43 | 0,7683 | 50 | 0,6212 | 57 | 0,4811 | 64 |
| 63 | 0,9175 | 42 | 0,8016 | 49 | 0,6597 | 56 | 0,5189 | 63 |

(continua)

## TABELA J
(*Continuação*)

| | | | $m = 8$ | | | |
|---|---|---|---|---|---|---|
| $c_L$ | $n = 8$ | $c_U$ | $n = 9$ | $c_U$ | $n = 10$ | $c_U$ |
| 36 | 0,0001 | 100 | 0,0000 | 108 | 0,0000 | 116 |
| 37 | 0,0002 | 99 | 0,0001 | 107 | 0,0000 | 115 |
| 38 | 0,0003 | 98 | 0,0002 | 106 | 0,0001 | 114 |
| 39 | 0,0005 | 97 | 0,0003 | 105 | 0,0002 | 113 |
| 40 | 0,0009 | 96 | 0,0005 | 104 | 0,0003 | 112 |
| 41 | 0,0015 | 95 | 0,0008 | 103 | 0,0004 | 111 |
| 42 | 0,0023 | 94 | 0,0012 | 102 | 0,0007 | 110 |
| 43 | 0,0035 | 93 | 0,0019 | 101 | 0,0010 | 109 |
| 44 | 0,0052 | 92 | 0,0028 | 100 | 0,0015 | 108 |
| 45 | 0,0074 | 91 | 0,0039 | 99 | 0,0022 | 107 |
| 46 | 0,0103 | 90 | 0,0056 | 98 | 0,0031 | 106 |
| 47 | 0,0141 | 89 | 0,0076 | 97 | 0,0043 | 105 |
| 48 | 0,0190 | 88 | 0,0103 | 96 | 0,0058 | 104 |
| 49 | 0,0249 | 87 | 0,0137 | 95 | 0,0078 | 103 |
| 50 | 0,0325 | 86 | 0,0180 | 94 | 0,0103 | 102 |
| 51 | 0,0415 | 85 | 0,0232 | 93 | 0,0133 | 101 |
| 52 | 0,0524 | 84 | 0,0296 | 92 | 0,0171 | 100 |
| 53 | 0,0652 | 83 | 0,0372 | 91 | 0,0217 | 99 |
| 54 | 0,0803 | 82 | 0,0464 | 90 | 0,0273 | 98 |
| 55 | 0,0974 | 81 | 0,0570 | 89 | 0,0338 | 97 |
| 56 | 0,1172 | 80 | 0,0694 | 88 | 0,0416 | 96 |
| 57 | 0,1393 | 79 | 0,0836 | 87 | 0,0506 | 95 |
| 58 | 0,1641 | 78 | 0,0998 | 86 | 0,0610 | 94 |
| 59 | 0,1911 | 77 | 0,1179 | 85 | 0,0729 | 93 |
| 60 | 0,2209 | 76 | 0,1383 | 84 | 0,0864 | 92 |
| 61 | 0,2527 | 75 | 0,1606 | 83 | 0,1015 | 91 |
| 62 | 0,2869 | 74 | 0,1852 | 82 | 0,1185 | 90 |
| 63 | 0,3227 | 73 | 0,2117 | 81 | 0,1371 | 89 |
| 64 | 0,3605 | 72 | 0,2404 | 80 | 0,1577 | 88 |
| 65 | 0,3992 | 71 | 0,2707 | 79 | 0,1800 | 87 |
| 66 | 0,4392 | 70 | 0,3029 | 78 | 0,2041 | 86 |
| 67 | 0,4796 | 69 | 0,3365 | 77 | 0,2299 | 85 |
| 68 | 0,5204 | 68 | 0,3715 | 76 | 0,2574 | 84 |
| 69 | 0,5608 | 67 | 0,4074 | 75 | 0,2863 | 83 |
| 70 | 0,6008 | 66 | 0,4442 | 74 | 0,3167 | 82 |
| 71 | 0,6395 | 65 | 0,4813 | 73 | 0,3482 | 81 |
| 72 | 0,6773 | 64 | 0,5187 | 72 | 0,3809 | 80 |
| 73 | 0,7131 | 63 | 0,5558 | 71 | 0,4143 | 79 |
| 74 | 0,7473 | 62 | 0,5926 | 70 | 0,4484 | 78 |
| 75 | 0,7791 | 61 | 0,6285 | 69 | 0,4827 | 77 |
| 76 | 0,8089 | 60 | 0,6635 | 68 | 0,5173 | 76 |

(*continua*)

## TABELA J
(Continuação)

| | | | | | m = 9 | | | | | |
|---|---|---|---|---|---|---|---|---|---|---|
| $c_L$ | n = 9 | $c_U$ | n = 10 | $c_U$ | | $c_L$ | n = 9 (continuação) | $c_U$ | n = 10 (continuação) | $c_U$ |
| 45 | 0,0000 | 126 | 0,0000 | 135 | | 68 | 0,0680 | 103 | 0,0394 | 112 |
| 46 | 0,0000 | 125 | 0,0000 | 134 | | 69 | 0,0807 | 102 | 0,0474 | 111 |
| 47 | 0,0001 | 124 | 0,0000 | 133 | | 70 | 0,0951 | 101 | 0,0564 | 110 |
| 48 | 0,0001 | 123 | 0,0001 | 132 | | 71 | 0,1112 | 100 | 0,0667 | 109 |
| 49 | 0,0002 | 122 | 0,0001 | 131 | | 72 | 0,1290 | 99 | 0,0782 | 108 |
| 50 | 0,0004 | 121 | 0,0002 | 130 | | 73 | 0,1487 | 98 | 0,0912 | 107 |
| 51 | 0,0006 | 120 | 0,0003 | 129 | | 74 | 0,1701 | 97 | 0,1055 | 106 |
| 52 | 0,0009 | 119 | 0,0005 | 128 | | 75 | 0,1933 | 96 | 0,1214 | 105 |
| 53 | 0,0014 | 118 | 0,0007 | 127 | | 76 | 0,2181 | 95 | 0,1388 | 104 |
| 54 | 0,0020 | 117 | 0,0011 | 126 | | 77 | 0,2447 | 94 | 0,1577 | 103 |
| 55 | 0,0028 | 116 | 0,0015 | 125 | | 78 | 0,2729 | 93 | 0,1781 | 102 |
| 56 | 0,0039 | 115 | 0,0021 | 124 | | 79 | 0,3024 | 92 | 0,2001 | 101 |
| 57 | 0,0053 | 114 | 0,0028 | 123 | | 80 | 0,3332 | 91 | 0,2235 | 100 |
| 58 | 0,0071 | 113 | 0,0038 | 122 | | 81 | 0,3652 | 90 | 0,2483 | 99 |
| 59 | 0,0094 | 112 | 0,0051 | 121 | | 82 | 0,3981 | 89 | 0,2745 | 98 |
| 60 | 0,0122 | 111 | 0,0066 | 120 | | 83 | 0,4317 | 88 | 0,3019 | 97 |
| 61 | 0,0157 | 110 | 0,0086 | 119 | | 84 | 0,4657 | 87 | 0,3304 | 96 |
| 62 | 0,0200 | 109 | 0,0110 | 118 | | 85 | 0,5000 | 86 | 0,3598 | 95 |
| 63 | 0,0252 | 108 | 0,0140 | 117 | | 86 | 0,5343 | 85 | 0,3901 | 94 |
| 64 | 0,0313 | 107 | 0,0175 | 116 | | 87 | 0,5683 | 84 | 0,4211 | 93 |
| 65 | 0,0385 | 106 | 0,0217 | 115 | | 88 | 0,6019 | 83 | 0,4524 | 92 |
| 66 | 0,0470 | 105 | 0,0267 | 001 | | 89 | 0,6348 | 82 | 0,4841 | 91 |
| 67 | 0,0567 | 104 | 0,0326 | 113 | | 90 | 0,6668 | 81 | 0,5159 | 90 |

(continua)

## TABELA J
(*Continuação*)

| | | | | | |
|---|---|---|---|---|---|
| | | $m = 10$ | | | |
| $c_L$ | $n = 10$ | $c_U$ | $c_L$ | $n = 10$ (*continuação*) | $c_U$ |
| 55 | 0,0000 | 155 | 81 | 0,0376 | 129 |
| 56 | 0,0000 | 154 | 82 | 0,0446 | 128 |
| 57 | 0,0000 | 153 | 83 | 0,0526 | 127 |
| 58 | 0,0000 | 152 | 84 | 0,0615 | 126 |
| 59 | 0,0001 | 151 | 85 | 0,0716 | 125 |
| 60 | 0,0001 | 150 | 86 | 0,0827 | 124 |
| 61 | 0,0002 | 149 | 87 | 0,0952 | 123 |
| 62 | 0,0002 | 148 | 88 | 0,1088 | 122 |
| 63 | 0,0004 | 147 | 89 | 0,1237 | 121 |
| 64 | 0,0005 | 146 | 90 | 0,1399 | 120 |
| 65 | 0,0008 | 145 | 91 | 0,1575 | 119 |
| 66 | 0,0010 | 144 | 92 | 0,1763 | 118 |
| 67 | 0,0014 | 143 | 93 | 0,1965 | 117 |
| 68 | 0,0019 | 142 | 94 | 0,2179 | 116 |
| 69 | 0,0026 | 141 | 95 | 0,2406 | 115 |
| 70 | 0,0034 | 140 | 96 | 0,2644 | 114 |
| 71 | 0,0045 | 139 | 97 | 0,2894 | 113 |
| 72 | 0,0057 | 138 | 98 | 0,3153 | 112 |
| 73 | 0,0073 | 137 | 99 | 0,3421 | 111 |
| 74 | 0,0093 | 136 | 100 | 0,3697 | 110 |
| 75 | 0,0116 | 135 | 101 | 0,3980 | 109 |
| 76 | 0,0144 | 134 | 102 | 0,4267 | 108 |
| 77 | 0,0177 | 133 | 103 | 0,4559 | 107 |
| 78 | 0,0216 | 132 | 104 | 0,4853 | 106 |
| 79 | 0,0262 | 131 | 105 | 0,5147 | 105 |
| 80 | 0,0315 | 130 | | | |

## TABELA K
Valores críticos de Ù para o teste posto-ordem robusto*

| α | 3 | 4 | 5 | 6 | n 7 | 8 | 9 | 10 | 11 | 12 | m |
|---|---|---|---|---|---|---|---|---|---|---|---|
| 0,10  | 2,347 | 1,732 | 1,632 | 1,897 | 1,644 | 1,500 | 1,575 | 1,611 | 1,638 | 1,616 |   |
| 0,05  | ∞*    | 3,273 | 2,324 | 2,912 | 2,605 | 2,777 | 2,353 | 2,553 | 2,369 | 2,449 |   |
| 0,025 |       | ∞*    | 4,195 | 5,116 | 6,037 | 4,082 | 3,566 | 3,651 | 3,503 | 3,406 | 3 |
| 1,01  |       |       | ∞*    | ∞*    | ∞*    | 6,957 | 7,876 | 8,795 | 5,831 | 5,000 |   |
|       |       | 1,586 | 1,500 | 1,434 | 1,428 | 1,371 | 1,434 | 1,466 | 1,448 | 1,455 |   |
|       |       | 2,502 | 2,160 | 2,247 | 2,104 | 2,162 | 2,057 | 2,000 | 2,067 | 2,096 |   |
|       |       | 4,483 | 3,265 | 3,021 | 3,295 | 2,868 | 2,683 | 2,951 | 2,776 | 2,847 | 4 |
|       |       | ∞*    | ∞*    | 6,899 | 4,786 | 4,252 | 4,423 | 4,276 | 4,017 | 3,904 |   |
|       |       |       | 1,447 | 1,362 | 1,308 | 1,378 | 1,361 | 1,361 | 1,340 | 1,369 |   |
|       |       |       | 2,063 | 1,936 | 1,954 | 1,919 | 1,893 | 1,900 | 1,891 | 1,923 |   |
|       |       |       | 2,859 | 2,622 | 2,465 | 2,556 | 2,536 | 2,496 | 2,497 | 2,479 | 5 |
|       |       |       | 7,187 | 3,913 | 4,246 | 3,730 | 3,388 | 3,443 | 3,435 | 3,444 |   |
|       |       |       |       | 1,335 | 1,326 | 1,327 | 1,338 | 1,339 | 1,320 | 1,330 |   |
|       |       |       |       | 1,860 | 1,816 | 1,796 | 1,845 | 1,829 | 1,833 | 1,835 |   |
|       |       |       |       | 2,502 | 2,500 | 2,443 | 2,349 | 2,339 | 2,337 | 2,349 | 6 |
|       |       |       |       | 3,712 | 3,519 | 3,230 | 3,224 | 3,164 | 3,161 | 3,151 |   |
|       |       |       |       |       | 1,333 | 1,310 | 1,320 | 1,313 | 1,302 | 1,318 |   |
|       |       |       |       |       | 1,804 | 1,807 | 1,790 | 1,776 | 1,769 | 1,787 |   |
|       |       |       |       |       | 2,331 | 2,263 | 2,287 | 2,248 | 2,240 | 2,239 | 7 |
|       |       |       |       |       | 3,195 | 3,088 | 2,967 | 3,002 | 2,979 | 2,929 |   |
|       |       |       |       |       |       | 1,295 | 1,283 | 1,284 | 1,290 | 1,293 |   |
|       |       |       |       |       |       | 1,766 | 1,765 | 1,756 | 1,746 | 1,759 |   |
|       |       |       |       |       |       | 2,251 | 2,236 | 2,209 | 2,205 | 2,198 | 8 |
|       |       |       |       |       |       | 2,954 | 2,925 | 2,880 | 2,856 | 2,845 |   |
|       |       |       |       |       |       |       | 1,294 | 1,304 | 1,288 | 1,299 |   |
|       |       |       |       |       |       |       | 1,744 | 1,742 | 1,744 | 1,737 |   |
|       |       |       |       |       |       |       | 2,206 | 2,181 | 2,172 | 2,172 | 9 |
|       |       |       |       |       |       |       | 2,857 | 2,802 | 2,798 | 2,770 |   |
|       |       |       |       |       |       |       |       | 1,295 | 12,84 | 1,284 |   |
|       |       |       |       |       |       |       |       | 1,723 | 1,726 | 1,720 |   |
|       |       |       |       |       |       |       |       | 2,161 | 2,152 | 2,144 | 10 |
|       |       |       |       |       |       |       |       | 2,770 | 2,733 | 2,718 |   |
|       |       |       |       |       |       |       |       |       | 1,289 | 1,290 |   |
|       |       |       |       |       |       |       |       |       | 1,716 | 1,708 |   |
|       |       |       |       |       |       |       |       |       | 2,138 | 2,127 | 11 |
|       |       |       |       |       |       |       |       |       | 2,705 | 2,683 |   |
|       |       |       |       |       |       |       |       |       |       | 1,283 |   |
|       |       |       |       |       |       |       |       |       |       | 1,708 |   |
|       |       |       |       |       |       |       |       |       |       | 2,117 | 12 |
|       |       |       |       |       |       |       |       |       |       | 2,661 |   |

Valores tabelados em linhas sucessivas são para α = 0,10; 0,05; 0,025; 0,01 para vários valores de m e n.

Nota: m é o menor tamanho da amostra e n é o maior tamanho da amostra. Valor na tabela é o ponto crítico unilateral com nível o mais próximo possível dos níveis tradicionais.

*O mais alto valor de Ù é usado, no qual $V_x$ ou $V_y$ é 0, ou Ù é indefinido.

* Adaptado de Fligner, M. A. e Policello, G. E., II (1981). Robust rank procedures for the Behrens-Fisher problem. *Journal of the American Statistical Association*, **76**, 162-168. Com a permissão dos autores e do editor.

## TABELA L₁
### O teste de duas amostras de Kolmogorov-Smirnov*

Valores críticos para uma região de rejeição unilateral $mnD_{m,n} \geq c$. Os números superior, do meio e inferior são $c_{0,10}$, $c_{0,05}$, e $c_{0,01}$, para cada entrada $(m, n)$.

| n | 3 | 4 | 5 | 6 | 7 | 8 | 9 | 10 | 11 | 12 | 13 | 14 | 15 | 16 | 17 | 18 | 19 | 20 | 21 | 22 | 23 | 24 | 25 |
|---|---|---|---|---|---|---|---|---|---|---|---|---|---|---|---|---|---|---|---|---|---|---|---|
| 3 | **9**<br>9<br>** | **10**<br>10<br>** | **11**<br>13<br>** | **15**<br>15<br>** | **15**<br>16<br>19 | **16**<br>19<br>22 | **21**<br>21<br>27 | **19**<br>22<br>28 | **22**<br>25<br>31 | **24**<br>27<br>33 | **25**<br>28<br>34 | **26**<br>31<br>37 | **30**<br>33<br>42 | **30**<br>34<br>43 | **32**<br>35<br>43 | **36**<br>39<br>48 | **36**<br>40<br>49 | **37**<br>41<br>52 | **42**<br>45<br>54 | **40**<br>46<br>55 | **43**<br>47<br>58 | **45**<br>51<br>63 | **46**<br>52<br>64 |
| 4 | **10**<br>10<br>** | **16**<br>16<br>** | **13**<br>16<br>17 | **16**<br>18<br>22 | **18**<br>21<br>25 | **24**<br>24<br>32 | **21**<br>25<br>29 | **24**<br>28<br>34 | **26**<br>29<br>37 | **32**<br>36<br>40 | **29**<br>33<br>41 | **32**<br>38<br>46 | **34**<br>38<br>46 | **40**<br>44<br>52 | **37**<br>44<br>53 | **40**<br>46<br>56 | **41**<br>49<br>57 | **48**<br>52<br>64 | **45**<br>52<br>64 | **48**<br>56<br>66 | **49**<br>57<br>69 | **56**<br>60<br>76 | **56**<br>61<br>73 |
| 5 | **11**<br>13<br>** | **13**<br>16<br>17 | **20**<br>20<br>25 | **19**<br>21<br>26 | **21**<br>24<br>29 | **23**<br>26<br>33 | **26**<br>28<br>36 | **30**<br>35<br>40 | **30**<br>35<br>41 | **32**<br>36<br>46 | **35**<br>40<br>48 | **37**<br>42<br>51 | **45**<br>50<br>60 | **41**<br>46<br>56 | **44**<br>49<br>61 | **46**<br>51<br>63 | **47**<br>56<br>67 | **55**<br>60<br>75 | **51**<br>60<br>75 | **54**<br>62<br>76 | **56**<br>65<br>81 | **58**<br>67<br>82 | **65**<br>75<br>90 |
| 6 | **15**<br>15<br>** | **16**<br>18<br>22 | **19**<br>21<br>26 | **24**<br>30<br>36 | **24**<br>25<br>31 | **26**<br>30<br>38 | **30**<br>33<br>42 | **32**<br>36<br>44 | **33**<br>38<br>49 | **42**<br>48<br>54 | **37**<br>43<br>54 | **42**<br>48<br>60 | **45**<br>51<br>63 | **48**<br>54<br>66 | **49**<br>56<br>68 | **54**<br>66<br>78 | **54**<br>61<br>77 | **56**<br>66<br>80 | **60**<br>69<br>84 | **62**<br>70<br>88 | **63**<br>73<br>91 | **72**<br>78<br>96 | **67**<br>78<br>96 |
| 7 | **15**<br>16<br>19 | **18**<br>21<br>25 | **21**<br>24<br>29 | **24**<br>25<br>31 | **35**<br>35<br>42 | **28**<br>34<br>42 | **32**<br>36<br>46 | **34**<br>40<br>50 | **38**<br>43<br>53 | **410**<br>45<br>57 | **44**<br>50<br>59 | **49**<br>56<br>70 | **48**<br>56<br>70 | **51**<br>58<br>71 | **54**<br>61<br>75 | **56**<br>64<br>81 | **59**<br>68<br>85 | **61**<br>72<br>87 | **71**<br>77<br>98 | **68**<br>77<br>97 | **70**<br>79<br>99 | **72**<br>83<br>103 | **74**<br>85<br>106 |
| 8 | **16**<br>19<br>22 | **24**<br>24<br>32 | **23**<br>26<br>33 | **26**<br>30<br>38 | **28**<br>34<br>42 | **40**<br>40<br>48 | **33**<br>40<br>49 | **40**<br>44<br>56 | **41**<br>48<br>59 | **48**<br>52<br>64 | **47**<br>53<br>66 | **50**<br>58<br>72 | **52**<br>60<br>75 | **64**<br>72<br>88 | **57**<br>65<br>81 | **62**<br>72<br>88 | **64**<br>73<br>91 | **72**<br>80<br>100 | **71**<br>81<br>100 | **74**<br>84<br>106 | **76**<br>89<br>107 | **88**<br>96<br>120 | **81**<br>95<br>118 |
| 9 | **21**<br>21<br>27 | **21**<br>25<br>29 | **26**<br>28<br>36 | **30**<br>33<br>42 | **32**<br>36<br>46 | **33**<br>40<br>49 | **45**<br>54<br>63 | **43**<br>46<br>61 | **45**<br>51<br>62 | **51**<br>57<br>69 | **51**<br>57<br>73 | **54**<br>63<br>77 | **610**<br>69<br>84 | **61**<br>68<br>86 | **65**<br>74<br>92 | **72**<br>81<br>99 | **70**<br>80<br>99 | **73**<br>83<br>103 | **78**<br>90<br>111 | **79**<br>91<br>111 | **82**<br>94<br>117 | **87**<br>99<br>123 | **88**<br>101<br>124 |
| 10 | **19**<br>22<br>28 | **24**<br>28<br>34 | **30**<br>35<br>40 | **32**<br>36<br>44 | **34**<br>40<br>50 | **40**<br>44<br>56 | **43**<br>46<br>61 | **50**<br>60<br>70 | **48**<br>57<br>69 | **52**<br>60<br>74 | **55**<br>62<br>78 | **60**<br>68<br>84 | **65**<br>75<br>90 | **66**<br>76<br>94 | **69**<br>77<br>97 | **72**<br>82<br>104 | **74**<br>85<br>104 | **90**<br>100<br>120 | **80**<br>91<br>118 | **86**<br>98<br>120 | **88**<br>101<br>125 | **92**<br>106<br>130 | **100**<br>110<br>140 |
| 11 | **22**<br>25<br>31 | **26**<br>29<br>37 | **30**<br>35<br>41 | **33**<br>38<br>49 | **38**<br>43<br>53 | **41**<br>48<br>59 | **45**<br>51<br>62 | **48**<br>57<br>69 | **66**<br>66<br>88 | **54**<br>64<br>77 | **59**<br>67<br>85 | **63**<br>72<br>89 | **66**<br>76<br>95 | **69**<br>80<br>100 | **72**<br>86<br>104 | **76**<br>87<br>108 | **79**<br>92<br>114 | **84**<br>95<br>117 | **85**<br>101<br>124 | **99**<br>110<br>143 | **95**<br>108<br>132 | **98**<br>111<br>138 | **100**<br>116<br>143 |
| 12 | **24**<br>27<br>33 | **32**<br>36<br>40 | **32**<br>36<br>46 | **42**<br>48<br>54 | **40**<br>45<br>57 | **48**<br>52<br>64 | **51**<br>57<br>69 | **52**<br>60<br>74 | **54**<br>64<br>77 | **72**<br>72<br>96 | **61**<br>71<br>92 | **68**<br>78<br>94 | **72**<br>84<br>102 | **76**<br>88<br>108 | **77**<br>89<br>111 | **84**<br>96<br>120 | **85**<br>98<br>121 | **92**<br>104<br>128 | **73**<br>108<br>132 | **98**<br>110<br>138 | **100**<br>113<br>138 | **108**<br>132<br>156 | **106**<br>120<br>153 |
| 13 | **25**<br>28<br>34 | **29**<br>33<br>41 | **35**<br>40<br>48 | **37**<br>43<br>54 | **44**<br>50<br>59 | **47**<br>53<br>66 | **51**<br>57<br>73 | **55**<br>62<br>78 | **59**<br>67<br>85 | **61**<br>71<br>92 | **78**<br>91<br>104 | **725**<br>78<br>102 | **75**<br>86<br>106 | **79**<br>90<br>112 | **81**<br>94<br>118 | **87**<br>98<br>121 | **89**<br>102<br>127 | **95**<br>108<br>135 | **97**<br>112<br>138 | **100**<br>117<br>1436 | **105**<br>120<br>150 | **109**<br>124<br>154 | **111**<br>131<br>160 |
| 14 | **26**<br>31<br>37 | **32**<br>38<br>46 | **37**<br>42<br>51 | **42**<br>48<br>60 | **49**<br>56<br>70 | **50**<br>58<br>72 | **54**<br>63<br>77 | **60**<br>68<br>84 | **63**<br>72<br>89 | **68**<br>78<br>94 | **72**<br>78<br>102 | **84**<br>98<br>112 | **81**<br>92<br>111 | **84**<br>96<br>120 | **87**<br>99<br>124 | **92**<br>104<br>130 | **94**<br>005<br>135 | **100**<br>114<br>142 | **112**<br>126<br>154 | **108**<br>124<br>152 | **110**<br>127<br>157 | **116**<br>132<br>164 | **119**<br>136<br>169 |

*Adaptado de Gail, M. H., e Green, S. B. (1976). Critical values for the one-sided two-sample Kolmogorov-Smirnov statistic. *Journal of the American Statistical Association*, **71**, 757-760, com a permissão dos autores e do editor.
** A estatística não pode atingir este nível de significância.

*(continua)*

**TABELA $L_1$**
(Continuação)

| n | 3 | 4 | 5 | 6 | 7 | 8 | 9 | 10 | 11 | 12 | 13 | 14 | 15 | 16 | 17 | 18 | 19 | 20 | 21 | 22 | 23 | 24 | 25 |
|---|---|---|---|---|---|---|---|---|---|---|---|---|---|---|---|---|---|---|---|---|---|---|---|
| 15 | **30** | **34** | **45** | **45** | **48** | **52** | **60** | **65** | **66** | **72** | **75** | **80** | **90** | **87** | **91** | **99** | **100** | **110** | **111** | **111** | **117** | **123** | **130** |
|  | 33 | 38 | 50 | 51 | 56 | 60 | 69 | 75 | 76 | 84 | 86 | 92 | 105 | 101 | 108 | 111 | 113 | 125 | 126 | 130 | 134 | 141 | 145 |
|  | 42 | 46 | 60 | 63 | 70 | 75 | 84 | 90 | 95 | 102 | 106 | 111 | 135 | 120 | 130 | 138 | 142 | 150 | 156 | 160 | 165 | 174 | 180 |
| 16 | **30** | **40** | **41** | **48** | **51** | **64** | **61** | **66** | **69** | **76** | **79** | **84** | **87** | **112** | **94** | **100** | **104** | **112** | **114** | **118** | **122** | **136** | **130** |
|  | 34 | 44 | 46 | 54 | 58 | 72 | 68 | 76 | 80 | 88 | 90 | 96 | 101 | 112 | 106 | 116 | 120 | 125 | 130 | 136 | 140 | 152 | 148 |
|  | 43 | 52 | 56 | 66 | 71 | 88 | 86 | 94 | 100 | 108 | 112 | 120 | 120 | 144 | 139 | 142 | 149 | 156 | 162 | 168 | 174 | 184 | 185 |
| 17 | **32** | **37** | **44** | **49** | **54** | **57** | **65** | **69** | **72** | **77** | **81** | **87** | **91** | **94** | **119** | **102** | **108** | **113** | **118** | **122** | **128** | **132** | **137** |
|  | 35 | 44 | 49 | 56 | 61 | 65 | 74 | 77 | 83 | 89 | 94 | 99 | 105 | 109 | 136 | 118 | 125 | 130 | 135 | 141 | 146 | 150 | 156 |
|  | 43 | 53 | 61 | 68 | 75 | 81 | 92 | 97 | 104 | 111 | 115 | 124 | 130 | 139 | 153 | 150 | 157 | 162 | 168 | 178 | 181 | 187 | 192 |
| 18 | **36** | **40** | **46** | **54** | **56** | **62** | **72** | **72** | **76** | **84** | **87** | **92** | **99** | **100** | **102** | **126** | **116** | **120** | **126** | **128** | **133** | **144** | **142** |
|  | 39 | 46 | 51 | 66 | 64 | 72 | 81 | 82 | 87 | 96 | 98 | 104 | 111 | 116 | 118 | 144 | 127 | 136 | 144 | 148 | 151 | 162 | 161 |
|  | 48 | 56 | 63 | 78 | 81 | 88 | 99 | 104 | 108 | 120 | 120 | 130 | 138 | 142 | 150 | 180 | 160 | 170 | 177 | 184 | 189 | 198 | 201 |
| 19 | **36** | **41** | **47** | **54** | **59** | **64** | **70** | **74** | **79** | **85** | **89** | **94** | **100** | **104** | **108** | **116** | **133** | **125** | **128** | **132** | **137** | **142** | **148** |
|  | 40 | 49 | 56 | 61 | 68 | 73 | 80 | 85 | 92 | 98 | 102 | 108 | 113 | 120 | 125 | 127 | 152 | 144 | 147 | 151 | 159 | 162 | 168 |
|  | 49 | 57 | 67 | 77 | 85 | 91 | 99 | 104 | 114 | 121 | 127 | 135 | 142 | 149 | 157 | 160 | 190 | 171 | 183 | 189 | 197 | 204 | 211 |
| 20 | **37** | **48** | **55** | **56** | **61** | **72** | **73** | **90** | **84** | **92** | **95** | **100** | **110** | **112** | **113** | **120** | **125** | **140** | **134** | **138** | **143** | **152** | **155** |
|  | 41 | 52 | 60 | 66 | 72 | 80 | 83 | 100 | 95 | 104 | 108 | 114 | 125 | 128 | 130 | 136 | 144 | 160 | 154 | 160 | 163 | 172 | 180 |
|  | 52 | 64 | 75 | 80 | 87 | 100 | 103 | 120 | 117 | 128 | 135 | 142 | 150 | 156 | 162 | 170 | 171 | 200 | 193 | 196 | 203 | 212 | 220 |
| 21 | **42** | **45** | **51** | **60** | **70** | **71** | **78** | **80** | **85** | **93** | **97** | **112** | **111** | **114** | **118** | **126** | **128** | **134** | **147** | **142** | **147** | **156** | **158** |
|  | 45 | 52 | 60 | 69 | 77 | 81 | 90 | 91 | 101 | 108 | 112 | 126 | 126 | 130 | 135 | 144 | 147 | 154 | 168 | 163 | 170 | 177 | 182 |
|  | 54 | 64 | 75 | 84 | 98 | 100 | 111 | 118 | 124 | 132 | 138 | 154 | 156 | 162 | 168 | 177 | 183 | 193 | 210 | 205 | 212 | 222 | 225 |
| 22 | **40** | **48** | **54** | **62** | **68** | **74** | **79** | **86** | **99** | **98** | **100** | **108** | **111** | **118** | **122** | **128** | **132** | **138** | **142** | **176** | **151** | **158** | **163** |
|  | 46 | 56 | 62 | 70 | 77 | 84 | 91 | 98 | 110 | 110 | 117 | 124 | 130 | 136 | 141 | 148 | 151 | 460 | 163 | 19/ | 173 | 182 | 188 |
|  | 55 | 66 | 76 | 88 | 97 | 106 | 111 | 120 | 143 | 138 | 143 | 152 | 160 | 168 | 178 | 184 | 189 | 196 | 205 | 242 | 217 | 228 | 234 |
| 23 | **43** | **49** | **56** | **63** | **70** | **76** | **82** | **88** | **95** | **100** | **105** | **110** | **117** | **122** | **128** | **133** | **137** | **1436** | **147** | **151** | **184** | **160** | **169** |
|  | 47 | 57 | 65 | 73 | 79 | 89 | 94 | 101 | 108 | 113 | 120 | 127 | 134 | 140 | 146 | 151 | 159 | 163 | 170 | 173 | 207 | 183 | 194 |
|  | 58 | 69 | 81 | 91 | 99 | 107 | 117 | 125 | 132 | 138 | 150 | 157 | 165 | 174 | 181 | 189 | 197 | 203 | 212 | 217 | 253 | 228 | 242 |
| 24 | **45** | **56** | **58** | **72** | **72** | **88** | **87** | **92** | **98** | **108** | **109** | **116** | **123** | **136** | **132** | **144** | **142** | **152** | **156** | **158** | **160** | **192** | **178** |
|  | 51 | 60 | 67 | 78 | 83 | 96 | 99 | 106 | 111 | 132 | 124 | 132 | 141 | 152 | 150 | 162 | 162 | 172 | 177 | 182 | 183 | 216 | 204 |
|  | 63 | 76 | 82 | 96 | 103 | 120 | 123 | 130 | 138 | 156 | 154 | 164 | 174 | 184 | 187 | 198 | 204 | 212 | 222 | 228 | 22/8 | 264 | 254 |
| 25 | **46** | **53** | **65** | **67** | **74** | **81** | **88** | **100** | **100** | **106** | **111** | **119** | **130** | **130** | **137** | **142** | **148** | **155** | **158** | **163** | **169** | **178** | **200** |
|  | 52 | 61 | 75 | 78 | 85 | 95 | 101 | 110 | 116 | 120 | 131 | 136 | 145 | 148 | 156 | 161 | 168 | 180 | 182 | 188 | 194 | 204 | 225 |
|  | 64 | 73 | 90 | 96 | 106 | 118 | 124 | 140 | 143 | 153 | 160 | 169 | 180 | 185 | 192 | 201 | 211 | 220 | 225 | 234 | 242 | 254 | 275 |

$m$

## TABELA $L_{II}$
Teste de duas amostras de Kolmogorov-Smirnov[*]

Valores críticos para região de rejeição bilateral $mnD_{m,n} \geq c$. Os números superior, do meio e inferior são $c_{0,10}$, $c_{0,05}$ e $c_{0,01}$ para cada entrada $(m, n)$.

| n | 1 | 2 | 3 | 4 | 5 | 6 | 7 | 8 | 9 | 10 | 11 | 12 | 13 | 14 | 15 | 16 | 17 | 18 | 19 | 20 | 21 | 22 | 23 | 24 | 25 |
|---|---|---|---|---|---|---|---|---|---|---|---|---|---|---|---|---|---|---|---|---|---|---|---|---|---|
| 1 | | | | | | | | | | | | | | | | | | | | | | | | | |
| 2 | | | | | | | | | | | | | | | | | | | | | | | | | **25** |
| | | | | | | | | | | | | | | | | | | | | | | | | | 42 |
| | | | | | | | | | | | | | | | | | | | | | | | | | 46 |
| | | | | | 10 | 12 | 14 | **16** | **18** | **18** | **20** | **22** | **24** | **24** | **26** | **28** | **30** | **32** | | **20** | **21** | **22** | **23** | **24** | 50 |
| | | | | | | | | 16 | 18 | 20 | 22 | 24 | 26 | 26 | 28 | 30 | 32 | 34 | | 34 | 36 | 38 | 38 | 40 | |
| 3 | | | 9 | 12 | **15** | **15** | **18** | **21** | **21** | **24** | **27** | **27** | **30** | **33** | **33** | **36** | **36** | **39** | **32** | **34** | **36** | **38** | **38** | **40** | **42** |
| | | | | | 15 | 18 | 21 | 21 | 24 | 27 | 30 | 30 | 33 | 36 | 36 | 39 | 42 | 45 | 36 | 38 | 38 | 40 | 42 | 44 | 46 |
| | | | | | | | | | 27 | 30 | 33 | 36 | 39 | 42 | 42 | 45 | 48 | 51 | 38 | 40 | 42 | 44 | 46 | 48 | 50 |
| 4 | | | 12 | **16** | **16** | **18** | **21** | **24** | **27** | **28** | **29** | **27** | **30** | **33** | **35** | **36** | **36** | **39** | **42** | **42** | **45** | **48** | **48** | **51** | **54** |
| | | | | 16 | 20 | 20 | 24 | 28 | 28 | 30 | 33 | 30 | 33 | 36 | 36 | 39 | 42 | 45 | 45 | 48 | 51 | 51 | 54 | 57 | 60 |
| | | | | | | 24 | 28 | 32 | 36 | 36 | 40 | 36 | 39 | 42 | 42 | 45 | 48 | 51 | 54 | 57 | 57 | 60 | 63 | 66 | 69 |
| 5 | | **10** | **15** | **16** | **20** | **24** | **25** | **27** | **30** | **35** | **35** | **36** | **40** | **42** | **40** | **48** | **50** | **52** | **49** | **52** | **52** | **56** | **57** | **60** | **63** |
| | | | 15 | 20 | 25 | 24 | 28 | 30 | 35 | 40 | 39 | 43 | 45 | 46 | 44 | 54 | 55 | 60 | 53 | 60 | 59 | 62 | 64 | 68 | 68 |
| | | | | | 25 | 30 | 35 | 35 | 40 | 45 | 45 | 50 | 52 | 56 | 52 | 56 | 68 | 70 | 64 | 68 | 72 | 72 | 76 | 80 | 84 |
| 6 | | **12** | **15** | **18** | **24** | **30** | **28** | **30** | **33** | **36** | **38** | **48** | **46** | **48** | **51** | **54** | **56** | **66** | **56** | **60** | **60** | **63** | **65** | **67** | **75** |
| | | | 18 | 20 | 24 | 30 | 30 | 34 | 39 | 40 | 43 | 48 | 52 | 54 | 57 | 60 | 62 | 72 | 61 | 65 | 69 | 70 | 72 | 76 | 80 |
| | | | | 24 | 30 | 36 | 36 | 40 | 45 | 48 | 54 | 60 | 60 | 64 | 69 | 72 | 73 | 84 | 71 | 80 | 80 | 83 | 87 | 90 | 95 |
| 7 | | **14** | **18** | **21** | **25** | **28** | **35** | **34** | **36** | **40** | **44** | **46** | **50** | **56** | **56** | **59** | **61** | **65** | **64** | **66** | **69** | **70** | **73** | **78** | **78** |
| | | | 21 | 24 | 28 | 30 | 42 | 40 | 42 | 46 | 48 | 53 | 56 | 63 | 62 | 64 | 68 | 72 | 70 | 72 | 75 | 78 | 80 | 90 | 88 |
| | | | | 28 | 35 | 36 | 42 | 48 | 49 | 53 | 59 | 60 | 65 | 77 | 75 | 77 | 84 | 87 | 91 | 93 | 90 | 92 | 97 | 102 | 107 |
| 8 | | **16** | **21** | **24** | **27** | **30** | **34** | **40** | **40** | **44** | **48** | **52** | **54** | **58** | **60** | **72** | **68** | **72** | **74** | **80** | **81** | **84** | **89** | **96** | **95** |
| | | 16 | 21 | 28 | 30 | 34 | 40 | 48 | 46 | 48 | 53 | 60 | 62 | 64 | 67 | 80 | 77 | 80 | 82 | 88 | 89 | 94 | 98 | 104 | 104 |
| | | | | 32 | 35 | 40 | 48 | 56 | 55 | 60 | 64 | 68 | 72 | 76 | 81 | 88 | 88 | 94 | 98 | 104 | 107 | 112 | 115 | 128 | 125 |
| 9 | | **18** | **21** | **27** | **30** | **33** | **36** | **40** | **54** | **50** | **52** | **57** | **59** | **63** | **69** | **69** | **74** | **81** | **80** | **84** | **90** | **91** | **94** | **99** | **101** |
| | 18 | 24 | 28 | 35 | 39 | 42 | 46 | 54 | 53 | 59 | 63 | 65 | 70 | 75 | 78 | 82 | 90 | 89 | 93 | 99 | 101 | 106 | 111 | 114 |
| | | | 36 | 40 | 45 | 49 | 55 | 63 | 63 | 70 | 75 | 78 | 84 | 90 | 94 | 99 | 108 | 107 | 111 | 117 | 122 | 126 | 132 | 135 |
| 10 | | **18** | **24** | **28** | **35** | **36** | **40** | **44** | **50** | **60** | **57** | **60** | **64** | **68** | **75** | **76** | **79** | **82** | **85** | **100** | **95** | **98** | **101** | **106** | **110** |
| | 20 | 27 | 30 | 40 | 40 | 46 | 48 | 53 | 70 | 60 | 66 | 70 | 74 | 80 | 84 | 89 | 92 | 94 | 110 | 105 | 108 | 114 | 118 | 125 |
| | | 30 | 36 | 45 | 48 | 53 | 60 | 63 | 80 | 77 | 80 | 84 | 90 | 100 | 100 | 106 | 108 | 113 | 130 | 126 | 130 | 137 | 140 | 150 |
| 11 | | **20** | **27** | **29** | **35** | **38** | **44** | **48** | **52** | **57** | **66** | **64** | **67** | **73** | **76** | **80** | **85** | **88** | **92** | **96** | **101** | **110** | **108** | **111** | **117** |
| | 22 | 30 | 33 | 39 | 43 | 48 | 53 | 59 | 60 | 77 | 72 | 75 | 82 | 84 | 89 | 93 | 97 | 102 | 107 | 112 | 121 | 119 | 124 | 129 |
| | | 36 | 40 | 45 | 54 | 59 | 64 | 70 | 77 | 88 | 86 | 91 | 96 | 102 | 106 | 110 | 118 | 122 | 127 | 134 | 1436 | 142 | 150 | 154 |
| 12 | | **22** | **27** | **36** | **36** | **48** | **46** | **52** | **57** | **60** | **64** | **72** | **71** | **78** | **84** | **88** | **90** | **96** | **99** | **104** | **108** | **110** | **113** | **132** | **120** |
| | 24 | 30 | 36 | 43 | 48 | 53 | 60 | 63 | 66 | 72 | 84 | 81 | 86 | 93 | 96 | 100 | 108 | 108 | 116 | 120 | 124 | 125 | 144 | 138 |
| | | 36 | 44 | 50 | 60 | 60 | 68 | 75 | 80 | 86 | 96 | 95 | 104 | 108 | 116 | 119 | 126 | 130 | 140 | 141 | 148 | 149 | 168 | 165 |
| 13 | | **24** | **30** | **35** | **40** | **46** | **50** | **54** | **59** | **64** | **67** | **71** | **91** | **78** | **87** | **91** | **96** | **99** | **104** | **108** | **113** | **117** | **120** | **125** | **131** |
| | 26 | 33 | 39 | 45 | 52 | 56 | 62 | 65 | 70 | 75 | 81 | 91 | 89 | 96 | 101 | 105 | 110 | 114 | 120 | 126 | 130 | 135 | 140 | 145 |
| | | 39 | 48 | 52 | 60 | 65 | 72 | 78 | 84 | 91 | 95 | 117 | 104 | 115 | 121 | 127 | 131 | 138 | 143 | 150 | 156 | 161 | 166 | 172 |

(continua)

[*]Adaptada da tabela 55 em Pearson, E. S., e Hartley, H. O. (1972). *Biometrika tables for statisticians*, vol. 2. Cambridge, Cambridge University Press, com a permissão dos mantenedores da *Biometrika*.

## TABELA $L_{II}$ (Continuação)

| n | 1 | 2 | 3 | 4 | 5 | 6 | 7 | 8 | 9 | 10 | 11 | 12 | 13 | 14 | 15 | 16 | 17 | 18 | 19 | 20 | 21 | 22 | 23 | 24 | 25 |
|---|---|---|---|---|---|---|---|---|---|----|----|----|----|----|----|----|----|----|----|----|----|----|----|----|----|
| 14 |  | **24** 26 | **33** 36 42 | **38** 42 48 | **42** 46 56 | **48** 54 64 | **56** 63 77 | **58** 64 76 | **63** 70 84 | **68** 74 90 | **73** 82 96 | **78** 86 104 | **78** 89 104 | **98** 112 126 | **92** 98 123 | **96** 106 126 | **100** 111 134 | **104** 116 140 | **110** 121 148 | **114** 126 152 | **126** 140 161 | **124** 138 164 | **127** 142 170 | **132** 146 176 | **136** 150 182 |
| 15 |  | **26** 28 | **33** 36 42 | **40** 44 52 | **50** 55 60 | **51** 57 69 | **56** 62 75 | **60** 67 81 | **69** 75 90 | **75** 80 100 | **76** 84 102 | **84** 93 108 | **87** 96 115 | **92** 98 123 | **105** 120 135 | **101** 114 133 | **105** 116 142 | **111** 123 147 | **114** 127 152 | **125** 135 160 | **126** 138 168 | **130** 144 173 | **134** 149 179 | **141** 156 186 | **145** 160 195 |
| 16 |  | **28** 30 | **36** 39 45 | **44** 48 56 | **48** 54 64 | **54** 60 72 | **59** 64 77 | **72** 80 88 | **69** 78 94 | **76** 84 100 | **80** 89 106 | **88** 96 116 | **91** 101 121 | **96** 106 126 | **101** 114 133 | **112** 128 160 | **109** 124 143 | **116** 128 154 | **120** 133 160 | **128** 140 168 | **130** 145 173 | **136** 150 180 | **141** 157 187 | **152** 168 200 | **149** 167 199 |
| 17 |  | **30** 32 | **36** 42 48 | **44** 48 60 | **50** 55 68 | **56** 62 73 | **61** 68 84 | **68** 77 88 | **74** 82 99 | **79** 89 106 | **85** 93 110 | **90** 100 119 | **96** 105 127 | **100** 111 134 | **105** 116 142 | **109** 124 143 | **136** 136 170 | **118** 133 164 | **126** 141 166 | **132** 146 176 | **136** 151 180 | **142** 157 187 | **146** 163 196 | **151** 168 203 | **156** 173 207 |
| 18 |  | **32** 34 | **39** 45 51 | **46** 50 60 | **52** 60 70 | **66** 72 84 | **65** 72 87 | **72** 80 94 | **81** 90 108 | **82** 92 108 | **88** 97 118 | **96** 108 126 | **99** 110 131 | **104** 116 140 | **111** 123 147 | **116** 128 154 | **118** 133 164 | **144** 162 180 | **133** 142 176 | **136** 152 182 | **144** 159 189 | **148** 164 196 | **152** 170 204 | **162** 180 216 | **162** 180 216 |
| 19 | **19** | **32** 36 38 | **42** 45 54 | **49** 53 64 | **56** 61 71 | **64** 70 83 | **69** 76 91 | **74** 82 98 | **80** 89 107 | **85** 94 113 | **92** 102 122 | **99** 108 130 | **104** 114 138 | **110** 121 148 | **114** 127 152 | **120** 133 160 | **126** 141 166 | **133** 142 176 | **152** 171 190 | **144** 160 187 | **147** 163 199 | **152** 169 204 | **159** 177 209 | **164** 183 218 | **168** 187 224 |
| 20 | **20** | **34** 38 40 | **42** 48 57 | **52** 60 68 | **60** 65 80 | **66** 72 88 | **72** 79 93 | **80** 88 104 | **84** 93 111 | **100** 110 130 | **96** 107 127 | **104** 116 140 | **108** 120 143 | **114** 126 152 | **125** 135 160 | **128** 140 168 | **132** 146 175 | **136** 152 182 | **144** 160 187 | **160** 180 220 | **154** 173 199 | **160** 176 202 | **164** 184 219 | **172** 192 228 | **180** 200 235 |
| 21 | **21** | **36** 38 42 | **45** 51 57 | **52** 59 72 | **60** 69 80 | **69** 75 90 | **77** 91 105 | **81** 89 107 | **90** 99 117 | **95** 105 126 | **101** 112 134 | **108** 120 141 | **113** 126 150 | **126** 140 161 | **126** 138 168 | **130** 145 173 | **136** 151 180 | **144** 159 189 | **147** 163 199 | **154** 173 199 | **168** 189 231 | **163** 183 223 | **171** 189 227 | **177** 198 237 | **182** 202 244 |
| 22 | **22** | **38** 40 44 | **48** 51 60 | **56** 62 72 | **63** 70 83 | **70** 78 92 | **77** 84 103 | **84** 94 112 | **91** 101 122 | **98** 108 130 | **110** 121 143 | **110** 124 148 | **117** 130 156 | **124** 138 164 | **130** 144 173 | **136** 150 180 | **142** 157 187 | **148** 164 196 | **152** 169 204 | **160** 176 212 | **163** 183 223 | **198** 198 242 | **173** 194 237 | **182** 204 242 | **189** 209 250 |
| 23 | **23** | **38** 42 46 | **48** 54 63 | **57** 64 76 | **65** 72 87 | **73** 80 97 | **80** 89 108 | **89** 98 115 | **94** 106 126 | **101** 114 137 | **108** 119 142 | **113** 125 149 | **120** 135 161 | **127** 142 170 | **134** 149 179 | **141** 157 187 | **146** 163 196 | **152** 170 204 | **159** 177 209 | **164** 184 219 | **171** 189 227 | **173** 194 237 | **207** 230 253 | **183** 205 249 | **195** 216 262 |
| 24 | **24** | **40** 44 48 | **51** 57 66 | **60** 68 80 | **67** 76 90 | **78** 90 102 | **84** 92 112 | **96** 104 128 | **99** 111 132 | **106** 118 140 | **111** 124 150 | **132** 144 168 | **125** 140 166 | **132** 146 176 | **141** 156 186 | **152** 168 200 | **151** 168 203 | **162** 180 216 | **164** 183 218 | **172** 192 228 | **177** 198 237 | **182** 204 242 | **183** 205 249 | **216** 240 288 | **204** 225 262 |
| 25 | **25** | **42** 46 50 | **54** 60 69 | **63** 68 84 | **75** 80 95 | **78** 88 107 | **86** 97 115 | **95** 104 125 | **101** 114 135 | **110** 125 150 | **117** 129 154 | **120** 138 165 | **131** 145 172 | **136** 150 182 | **145** 160 195 | **149** 167 199 | **156** 173 207 | **162** 180 216 | **168** 187 224 | **180** 200 235 | **182** 202 244 | **189** 209 250 | **195** 216 262 | **204** 225 262 | **225** 250 300 |

## TABELA L$_{III}$
Valores críticos de $D_{m,n}$ para o teste de duas amostras de Kolmogorov-Smirnov (Grandes amostras, bilateral)[*]

| Nível de significância | Valor de $D_{m,n}$ tão grande quanto necessário para a rejeição de $H_0$ no nível de significância indicado, onde $D_{m,n}$ = máximo $\mid S_m(X) - S_n(X) \mid$ |
|---|---|
| 0,10 | $1{,}22\sqrt{\dfrac{m+n}{mn}}$ |
| 0,05 | $1{,}36\sqrt{\dfrac{m+n}{mn}}$ |
| 0,025 | $1{,}48\sqrt{\dfrac{m+n}{mn}}$ |
| 0,01 | $1{,}63\sqrt{\dfrac{m+n}{mn}}$ |
| 0,005 | $1{,}73\sqrt{\dfrac{m+n}{mn}}$ |
| 0,001 | $1{,}95\sqrt{\dfrac{m+n}{mn}}$ |

[*]Adaptado de Smirnov, N. (1948). Tables for estimating the goodness of fit of empirical distributions. *Annals of Mathematical Statistics*, **19**, 280-281, com a permissão do editor.

## TABELA M
Valores críticos para a análise de variância de dois fatores de Friedman pela estatística de postos, $F_r^*$

| k | N | $\alpha \leq 0,10$ | $\alpha \leq 0,05$ | $\alpha \leq 0,01$ |
|---|---|---|---|---|
| 3 | 3 | 6,00 | 6,00 | – |
|   | 4 | 6,00 | 6,50 | 8,00 |
|   | 5 | 5,20 | 6,40 | 8,40 |
|   | 6 | 5,33 | 7,00 | 9,00 |
|   | 7 | 5,43 | 7,14 | 8,86 |
|   | 8 | 5,25 | 6,25 | 9,00 |
|   | 9 | 5,56 | 6,22 | 8,67 |
|   | 10 | 5,00 | 6,20 | 9,60 |
|   | 11 | 4,91 | 6,54 | 8,91 |
|   | 12 | 5,17 | 6,17 | 8,67 |
|   | 13 | 4,77 | 6,00 | 9,39 |
|   | ∞ | 4,61 | 5,99 | 9,21 |
| 4 | 2 | 6,00 | 6,00 | – |
|   | 3 | 6,60 | 7,40 | 8,60 |
|   | 4 | 6,30 | 7,80 | 9,60 |
|   | 5 | 6,36 | 7,80 | 9,96 |
|   | 6 | 6,40 | 7,60 | 10,00 |
|   | 7 | 6,26 | 7,80 | 10,37 |
|   | 8 | 6,30 | 7,50 | 10,35 |
|   | ∞ | 6,25 | 7,82 | 11,34 |
| 5 | 3 | 7,47 | 8,53 | 10,13 |
|   | 4 | 7,60 | 8,80 | 11,00 |
|   | 5 | 7,68 | 8,96 | 11,52 |
|   | ∞ | 7,78 | 9,49 | 13,28 |

*Algumas entradas foram adaptadas e reproduzidas com a permissão dos editores Charles Griffin & Co. Ltd. (16 Pembridge Road, London W11 3HL) a partir da Tabela 5 do apêndice de Kendall, M. G. (1970). *Rank correlation methods* (4. ed.). Outras entradas foram adaptadas da tabela A.15 de Hollander, M., e Wolfe, D. A. (1973). *Nonparametric statistics*. New York: J. Wiley. Reproduzida por permissão dos autores e do editor.

## TABELA N
Valores críticos para a estatística $L$ de Page*

*Valores tabelados são $L_\alpha$, $P[L \geq L_\alpha] = \alpha$

| N | k = 3 | | | k = 4 | | | k = 5 | | | k = 6 | | | k = 7 | | | k = 8 | | | k = 9 | | | k = 10 | | |
|---|---|---|---|---|---|---|---|---|---|---|---|---|---|---|---|---|---|---|---|---|---|---|---|---|
| | α | | | α | | | α | | | α | | | α | | | α | | | α | | | α | | |
| | 0,05 | 0,01 | 0,001 | 0,05 | 0,01 | 0,001 | 0,05 | 0,01 | 0,001 | 0,05 | 0,01 | 0,001 | 0,05 | 0,01 | 0,001 | 0,05 | 0,01 | 0,001 | 0,05 | 0,01 | 0,001 | 0,05 | 0,01 | 0,001 |
| 2 | 28 | | | 58 | 60 | | 103 | 106 | 109 | 166 | 173 | 178 | 252 | 261 | 269 | 362 | 376 | 388 | 500 | 520 | 544 | 670 | 696 | 726 |
| 3 | 41 | 42 | | 84 | 87 | 89 | 150 | 155 | 160 | 244 | 252 | 260 | 370 | 382 | 394 | 532 | 549 | 567 | 736 | 761 | 790 | 987 | 1019 | 1056 |
| 4 | 54 | 55 | 56 | 111 | 114 | 117 | 197 | 204 | 210 | 321 | 331 | 341 | 487 | 501 | 516 | 701 | 722 | 743 | 971 | 999 | 1032 | 1301 | 1339 | 1382 |
| 5 | 66 | 68 | 70 | 137 | 141 | 145 | 244 | 251 | 259 | 397 | 409 | 420 | 603 | 620 | 637 | 869 | 893 | 917 | 1204 | 1236 | 1273 | 1614 | 1656 | 1704 |
| 6 | 79 | 81 | 83 | 163 | 167 | 1725 | 291 | 299 | 307 | 474 | 486 | 499 | 719 | 737 | 757 | 1037 | 1063 | 1090 | 1436 | 1472 | 1512 | 1927 | 1972 | 2025 |
| 7 | 91 | 93 | 96 | 189 | 193 | 198 | 338 | 346 | 355 | 550 | 563 | 577 | 835 | 855 | 876 | 1204 | 1232 | 1262 | 1668 | 1706 | 1750 | 2238 | 2288 | 2344 |
| 8 | 104 | 106 | 109 | 214 | 220 | 225 | 384 | 393 | 403 | 625 | 640 | 655 | 950 | 972 | 994 | 1371 | 1401 | 1433 | 1900 | 1940 | 1987 | 2549 | 2602 | 2662 |
| 9 | 116 | 119 | 121 | 240 | 246 | 252 | 431 | 441 | 451 | 701 | 717 | 733 | 1065 | 1088 | 1113 | 1537 | 1569 | 1603 | 2131 | 2174 | 2223 | 2859 | 2915 | 2980 |
| 10 | 128 | 131 | 134 | 266 | 272 | 278 | 477 | 487 | 499 | 777 | 793 | 811 | 1180 | 1205 | 1230 | 1703 | 1736 | 1773 | 2361 | 2407 | 2459 | 3169 | 3228 | 3296 |
| 11 | 141 | 144 | 147 | 292 | 298 | 305 | 523 | 534 | 546 | 852 | 869 | 888 | 1295 | 1321 | 1348 | 1868 | 1905 | 1943 | 2592 | 2639 | 2694 | 3478 | 3541 | 3612 |
| 12 | 153 | 156 | 160 | 317 | 324 | 331 | 570 | 581 | 593 | 928 | 946 | 965 | 1410 | 1437 | 1465 | 2035 | 2072 | 2112 | 2822 | 2872 | 2929 | 3788 | 3852 | 3927 |
| 13 | 165 | 169 | 172 | | | | | | | | | | | | | | | | | | | | | |
| 14 | 178 | 181 | 185 | | | | | | | | | | | | | | | | | | | | | |
| 15 | 190 | 194 | 197 | | | | | | | | | | | | | | | | | | | | | |
| 16 | 202 | 206 | 210 | | | | | | | | | | | | | | | | | | | | | |
| 17 | 215 | 218 | 223 | | | | | | | | | | | | | | | | | | | | | |
| 18 | 227 | 231 | 235 | | | | | | | | | | | | | | | | | | | | | |
| 19 | 239 | 243 | 248 | | | | | | | | | | | | | | | | | | | | | |
| 20 | 251 | 256 | 260 | | | | | | | | | | | | | | | | | | | | | |

*Adaptado de Page, E. B. (1963). Ordered hypotheses for multiple treatments: a significance test for linear ranks. Journal of the American Statistical Association, **58**, 216-230, com a permissão do autor e do editor.

## TABELA O
Valores críticos para análise de variância de dois fatores de Kruskall-Wallis pela estatística de postos, KW

| Tamanhos das amostras | | | α | | | | |
|---|---|---|---|---|---|---|---|
| $n_1$ | $n_2$ | $n_3$ | 0,10 | 0,05 | 0,01 | 0,005 | 0,001 |
| 2 | 2 | 2 | 4,25 | | | | |
| 3 | 2 | 1 | 4,29 | | | | |
| 3 | 2 | 2 | 4,71 | 4,71 | | | |
| 3 | 3 | 1 | 4,57 | 5,14 | | | |
| 3 | 3 | 2 | 4,56 | 5,36 | | | |
| 3 | 3 | 3 | 4,62 | 5,60 | 7,20 | 7,20 | |
| 4 | 2 | 1 | 4,50 | | | | |
| 4 | 2 | 2 | 4,46 | 5,33 | | | |
| 4 | 3 | 1 | 4,06 | 5,21 | | | |
| 4 | 3 | 2 | 4,51 | 5,44 | 6,44 | 7,00 | |
| 4 | 3 | 3 | 4,71 | 5,73 | 6,75 | 7,32 | 8,02 |
| 4 | 4 | 1 | 4,17 | 4,97 | 6,67 | | |
| 4 | 4 | 2 | 4,55 | 5,45 | 7,04 | 7,28 | |
| 4 | 4 | 3 | 4,55 | 5,60 | 7,14 | 7,59 | 8,32 |
| 4 | 4 | 4 | 4,65 | 5,69 | 7,66 | 8,00 | 8,65 |
| 5 | 2 | 1 | 4,20 | 5,00 | | | |
| 5 | 2 | 2 | 4,36 | 5,16 | 6,53 | | |
| 5 | 3 | 1 | 4,02 | 4,96 | | | |
| 5 | 3 | 2 | 4,65 | 5,25 | 6,82 | 7,18 | |
| 5 | 3 | 3 | 4,53 | 5,65 | 7,08 | 7,51 | 8,24 |
| 5 | 4 | 1 | 3,99 | 4,99 | 6,95 | 7,36 | |
| 5 | 4 | 2 | 4,54 | 5,27 | 7,12 | 7,57 | 8,11 |
| 5 | 4 | 3 | 4,55 | 5,63 | 7,44 | 7,91 | 8,50 |
| 5 | 4 | 4 | 4,62 | 5,62 | 7,76 | 8,14 | 9,00 |
| 5 | 5 | 1 | 4,11 | 5,13 | 7,31 | 7,75 | |
| 5 | 5 | 2 | 4,62 | 5,34 | 7,27 | 8,13 | 8,68 |
| 5 | 5 | 3 | 4,54 | 5,71 | 7,54 | 8,24 | 9,06 |
| 5 | 5 | 4 | 4,53 | 5,64 | 7,77 | 8,37 | 9,32 |
| 5 | 5 | 5 | 4,56 | 5,78 | 7,98 | 8,72 | 9,68 |
| Grandes amostras | | | 4,61 | 5,99 | 9,21 | 10,60 | 13,82 |

*Nota*: A ausência de uma entrada nas caudas extremas indica que a distribuição pode não tomar valores sobre valores extremos.
Adaptada da Tabela F em Kraft, C. H., e van Eeden, C., (1968). *A nonparametric introduction to statistics*. New York: Macmillan, com a permissão do editor.

## TABELA P
Valores críticos para a estatística $J$ de Jonckheere

As entradas são $P(J \geq$ valor tabelado$)$ para $k = 3$ e $n_i \leq 8$ e $n$'s iguais $(2 \leq n \leq 6)$ para $k = 4, 5, 6, 7, 8$.

| Tamanhos das amostras | | | α | | | |
|---|---|---|---|---|---|---|
| | | | 0,10 | 0,05 | 0,01 | 0,005 |
| 2 | 2 | 2 | 10 | 11 | 12 | – |
| 2 | 2 | 3 | 13 | 14 | 15 | 16 |
| 2 | 2 | 4 | 16 | 17 | 19 | 20 |
| 2 | 2 | 5 | 18 | 20 | 22 | 23 |
| 2 | 2 | 6 | 21 | 23 | 25 | 27 |
| 2 | 2 | 7 | 24 | 26 | 29 | 30 |
| 2 | 2 | 8 | 27 | 29 | 32 | 33 |
| 2 | 3 | 3 | 16 | 18 | 19 | 20 |
| 2 | 3 | 4 | 20 | 21 | 23 | 25 |
| 2 | 3 | 5 | 23 | 25 | 27 | 29 |
| 2 | 3 | 6 | 26 | 28 | 31 | 33 |
| 2 | 3 | 7 | 30 | 32 | 35 | 37 |
| 2 | 3 | 8 | 33 | 35 | 39 | 41 |
| 2 | 4 | 4 | 24 | 25 | 28 | 29 |
| 2 | 4 | 5 | 27 | 29 | 33 | 34 |
| 2 | 4 | 6 | 31 | 34 | 37 | 39 |
| 2 | 4 | 7 | 35 | 38 | 42 | 44 |
| 2 | 4 | 8 | 36 | 42 | 46 | 49 |
| 2 | 5 | 5 | 32 | 34 | 38 | 40 |
| 2 | 5 | 6 | 36 | 39 | 43 | 45 |
| 2 | 5 | 7 | 41 | 44 | 48 | 51 |
| 2 | 5 | 8 | 45 | 48 | 53 | 56 |
| 2 | 6 | 6 | 42 | 44 | 49 | 51 |
| 2 | 6 | 7 | 47 | 50 | 55 | 57 |
| 2 | 6 | 8 | 52 | 55 | 61 | 64 |
| 2 | 7 | 7 | 52 | 56 | 61 | 64 |
| 2 | 7 | 8 | 58 | 62 | 68 | 71 |
| 2 | 8 | 8 | 64 | 68 | 75 | 78 |
| 3 | 3 | 3 | 20 | 22 | 24 | 25 |
| 3 | 3 | 4 | 24 | 26 | 29 | 30 |
| 3 | 3 | 5 | 28 | 30 | 33 | 35 |
| 3 | 3 | 6 | 32 | 34 | 38 | 40 |
| 3 | 3 | 7 | 36 | 38 | 42 | 44 |
| 3 | 3 | 8 | 40 | 42 | 47 | 49 |
| 3 | 4 | 4 | 29 | 31 | 34 | 36 |
| 3 | 4 | 5 | 33 | 35 | 39 | 41 |
| 3 | 4 | 6 | 38 | 40 | 44 | 46 |
| 3 | 4 | 7 | 42 | 45 | 49 | 52 |
| 3 | 4 | 8 | 47 | 50 | 55 | 57 |
| 3 | 5 | 5 | 38 | 41 | 45 | 47 |
| 3 | 5 | 6 | 43 | 46 | 51 | 53 |
| 3 | 5 | 7 | 48 | 51 | 57 | 59 |
| 3 | 5 | 8 | 53 | 57 | 63 | 65 |
| 3 | 6 | 6 | 49 | 52 | 57 | 60 |
| 3 | 6 | 7 | 54 | 58 | 64 | 67 |
| 3 | 6 | 8 | 60 | 64 | 70 | 73 |
| 3 | 7 | 7 | 61 | 64 | 71 | 74 |

*Nota*: Valores críticos tabelados têm sido escolhidos para obter níveis de significância *arredondados*, por exemplo, um valor de $J$ com uma probabilidade $\leq 0,0149$ é a entrada tabelada para o nível de significância $\alpha = 0,01$.

*(continua)*

## TABELA P
(Continuação)

| Tamanhos das amostras | | | | | | | α | | | |
|---|---|---|---|---|---|---|---|---|---|---|
| | | | | | | | 0,10 | 0,05 | 0,01 | 0,005 |
| | | | | 3 | 7 | 8 | 67 | 71 | 78 | 81 |
| | | | | 3 | 8 | 8 | 74 | 78 | 86 | 89 |
| | | | | 4 | 4 | 4 | 34 | 36 | 40 | 42 |
| | | | | 4 | 4 | 5 | 39 | 41 | 45 | 48 |
| | | | | 4 | 4 | 6 | 44 | 47 | 51 | 54 |
| | | | | 4 | 4 | 7 | 49 | 52 | 57 | 60 |
| | | | | 4 | 4 | 8 | 54 | 57 | 63 | 66 |
| | | | | 4 | 5 | 5 | 44 | 47 | 52 | 55 |
| | | | | 4 | 5 | 6 | 50 | 53 | 58 | 61 |
| | | | | 4 | 5 | 7 | 56 | 59 | 65 | 68 |
| | | | | 4 | 5 | 8 | 61 | 65 | 71 | 75 |
| | | | | 4 | 6 | 6 | 56 | 60 | 66 | 69 |
| | | | | 4 | 6 | 7 | 62 | 66 | 73 | 76 |
| | | | | 4 | 6 | 8 | 68 | 73 | 80 | 83 |
| | | | | 4 | 7 | 7 | 69 | 73 | 81 | 84 |
| | | | | 4 | 7 | 8 | 76 | 80 | 88 | 92 |
| | | | | 4 | 8 | 8 | 83 | 88 | 97 | 100 |
| | | | | 5 | 5 | 5 | 50 | 54 | 59 | 62 |
| | | | | 5 | 5 | 6 | 57 | 60 | 66 | 69 |
| | | | | 5 | 5 | 7 | 63 | 67 | 73 | 76 |
| | | | | 5 | 5 | 8 | 69 | 73 | 80 | 84 |
| | | | | 5 | 6 | 6 | 63 | 67 | 74 | 77 |
| | | | | 5 | 6 | 7 | 70 | 74 | 82 | 85 |
| | | | | 5 | 6 | 8 | 77 | 81 | 89 | 93 |
| | | | | 5 | 7 | 7 | 77 | 82 | 90 | 94 |
| | | | | 5 | 7 | 8 | 85 | 89 | 98 | 102 |
| | | | | 5 | 8 | 8 | 92 | 98 | 107 | 111 |
| | | | | 6 | 6 | 6 | 71 | 75 | 82 | 86 |
| | | | | 6 | 6 | 7 | 78 | 82 | 91 | 94 |
| | | | | 6 | 6 | 8 | 85 | 90 | 99 | 103 |
| | | | | 6 | 7 | 7 | 86 | 91 | 100 | 103 |
| | | | | 6 | 7 | 8 | 94 | 99 | 109 | 113 |
| | | | | 6 | 8 | 8 | 102 | 108 | 118 | 122 |
| | | | | 7 | 7 | 7 | 94 | 99 | 109 | 113 |
| | | | | 7 | 7 | 8 | 102 | 108 | 119 | 123 |
| | | | | 7 | 8 | 8 | 111 | 117 | 129 | 133 |
| | | | | 8 | 8 | 8 | 121 | 127 | 139 | 144 |
| | | 2 | 2 | 2 | 2 | 2 | 18 | 19 | 21 | 22 |
| | 2 | 2 | 2 | 2 | 2 | 2 | 28 | 30 | 33 | 34 |
| 2 | 2 | 2 | 2 | 2 | 2 | 2 | 40 | 43 | 46 | 49 |
| | | | 3 | 3 | 3 | 3 | 37 | 39 | 43 | 45 |
| 3 | 3 | 3 | 3 | 3 | 3 | 3 | 85 | 89 | 97 | 101 |
| | | | 4 | 4 | 4 | 4 | 63 | 66 | 72 | 76 |
| | 4 | 4 | 4 | 4 | 4 | 4 | 100 | 105 | 115 | 119 |
| 4 | 4 | 4 | 4 | 4 | 4 | 4 | 146 | 153 | 166 | 171 |
| | | 5 | 5 | 5 | 5 | 5 | 95 | 100 | 109 | 113 |
| | 5 | 5 | 5 | 5 | 5 | 5 | 152 | 159 | 173 | 178 |
| 5 | 5 | 5 | 5 | 5 | 5 | 5 | 223 | 233 | 251 | 258 |
| | | 6 | 6 | 6 | 6 | 6 | 134 | 140 | 153 | 158 |
| | 6 | 6 | 6 | 6 | 6 | 6 | 215 | 225 | 243 | 250 |
| 6 | 6 | 6 | 6 | 6 | 6 | 6 | 316 | 329 | 353 | 362 |

## TABELA Q
Valores críticos de $r_s$, o coeficiente de correlação posto-ordem de Spearman

| | α | 0,25 | 0,10 | 0,05 | 0,025 | 0,01 | 0,005 | 0,0025 | 0,001 | 0,0005 | (unilateral) |
|---|---|---|---|---|---|---|---|---|---|---|---|
| N | α | 0,50 | 0,20 | 0,10 | 0,05 | 0,02 | 0,01 | 0,005 | 0,002 | 0,001 | (bilateral) |
| 4 | | 0,600 | 1,000 | | | | | | | | |
| 5 | | 0,500 | 0,800 | 0,900 | 1,000 | 1,000 | | | | | |
| 6 | | 0,371 | 0,657 | 0,829 | 0,886 | 0,943 | 1,000 | 1,000 | | | |
| 7 | | 0,321 | 0,571 | 0,714 | 0,786 | 0,893 | 0,929 | 0,964 | 1,000 | 1,000 | |
| 8 | | 0,310 | 0,524 | 0,643 | 0,738 | 0,833 | 0,881 | 0,905 | 0,952 | 0,976 | |
| 9 | | 0,267 | 0,483 | 0,600 | 0,700 | 0,783 | 0,833 | 0,867 | 0,917 | 0,933 | |
| 10 | | 0,248 | 0,455 | 0,564 | 0,648 | 0,745 | 0,794 | 0,830 | 0,879 | 0,903 | |
| 11 | | 0,236 | 0,427 | 0,536 | 0,618 | 0,709 | 0,755 | 0,800 | 0,845 | 0,873 | |
| 12 | | 0,224 | 0,406 | 0,503 | 0,587 | 0,671 | 0,727 | 0,776 | 0,825 | 0,860 | |
| 13 | | 0,209 | 0,385 | 0,484 | 0,560 | 0,648 | 0,703 | 0,747 | 0,802 | 0,835 | |
| 14 | | 0,200 | 0,367 | 0,464 | 0,538 | 0,622 | 0,675 | 0,723 | 0,776 | 0,811 | |
| 15 | | 0,189 | 0,354 | 0,443 | 0,521 | 0,604 | 0,654 | 0,700 | 0,754 | 0,786 | |
| 16 | | 0,182 | 0,341 | 0,429 | 0,503 | 0,582 | 0,635 | 0,679 | 0,732 | 0,765 | |
| 17 | | 0,176 | 0,328 | 0,414 | 0,485 | 0,566 | 0,615 | 0,662 | 0,713 | 0,748 | |
| 18 | | 0,170 | 0,317 | 0,401 | 0,472 | 0,550 | 0,600 | 0,643 | 0,695 | 0,728 | |
| 19 | | 0,165 | 0,309 | 0,391 | 0,460 | 0,535 | 0,584 | 0,628 | 0,677 | 0,712 | |
| 20 | | 0,161 | 0,299 | 0,380 | 0,447 | 0,520 | 0,570 | 0,612 | 0,662 | 0,696 | |
| 21 | | 0,156 | 0,292 | 0,370 | 0,435 | 0,508 | 0,556 | 0,599 | 0,648 | 0,681 | |
| 22 | | 0,152 | 0,284 | 0,361 | 0,425 | 0,496 | 0,544 | 0,586 | 0,634 | 0,667 | |
| 23 | | 0,148 | 0,278 | 0,353 | 0,415 | 0,486 | 0,532 | 0,573 | 0,622 | 0,654 | |
| 24 | | 0,144 | 0,271 | 0,344 | 0,406 | 0,476 | 0,521 | 0,562 | 0,610 | 0,642 | |
| 25 | | 0,142 | 0,265 | 0,337 | 0,398 | 0,466 | 0,511 | 0,551 | 0,598 | 0,630 | |

Fonte: Zar, J. H. (1972). Significance testing of the Spearman rank correlation coefficient. *Journal of the American Statistical Association*, **67**, 578-580. Adaptado com a permissão do autor e editor.

(continua)

## TABELA Q
(Continuação)

| N | α 0,25 (unilateral)<br>α 0,50 (bilateral) | 0,10<br>0,20 | 0,05<br>0,10 | 0,025<br>0,05 | 0,01<br>0,02 | 0,005<br>0,01 | 0,0025<br>0,005 | 0,001<br>0,002 | 0,0005 (unilateral)<br>0,001 (bilateral) |
|---|---|---|---|---|---|---|---|---|---|
| 26 | 0,138 | 0,259 | 0,331 | 0,390 | 0,457 | 0,501 | 0,541 | 0,587 | 0,619 |
| 27 | 0,136 | 0,255 | 0,324 | 0,382 | 0,448 | 0,491 | 0,531 | 0,577 | 0,608 |
| 28 | 0,133 | 0,250 | 0,317 | 0,375 | 0,440 | 0,483 | 0,522 | 0,567 | 0,598 |
| 29 | 0,130 | 0,245 | 0,312 | 0,368 | 0,433 | 0,475 | 0,513 | 0,558 | 0,589 |
| 30 | 0,128 | 0,240 | 0,306 | 0,362 | 0,425 | 0,467 | 0,504 | 0,549 | 0,580 |
| 31 | 0,126 | 0,236 | 0,301 | 0,356 | 0,418 | 0,459 | 0,496 | 0,541 | 0,571 |
| 32 | 0,124 | 0,232 | 0,296 | 0,350 | 0,412 | 0,452 | 0,489 | 0,533 | 0,563 |
| 33 | 0,121 | 0,229 | 0,291 | 0,345 | 0,405 | 0,446 | 0,482 | 0,525 | 0,554 |
| 34 | 0,120 | 0,225 | 0,287 | 0,340 | 0,399 | 0,439 | 0,475 | 0,517 | 0,547 |
| 35 | 0,118 | 0,222 | 0,283 | 0,335 | 0,394 | 0,433 | 0,468 | 0,510 | 0,539 |
| 36 | 0,116 | 0,219 | 0,279 | 0,330 | 0,388 | 0,427 | 0,462 | 0,504 | 0,533 |
| 37 | 0,114 | 0,216 | 0,275 | 0,325 | 0,383 | 0,421 | 0,456 | 0,497 | 0,526 |
| 38 | 0,113 | 0,212 | 0,271 | 0,321 | 0,378 | 0,415 | 0,450 | 0,491 | 0,519 |
| 39 | 0,111 | 0,210 | 0,267 | 0,317 | 0,373 | 0,410 | 0,444 | 0,485 | 0,513 |
| 40 | 0,110 | 0,207 | 0,264 | 0,313 | 0,368 | 0,405 | 0,439 | 0,479 | 0,507 |
| 41 | 0,108 | 0,204 | 0,261 | 0,309 | 0,364 | 0,400 | 0,433 | 0,473 | 0,501 |
| 42 | 0,107 | 0,202 | 0,257 | 0,305 | 0,359 | 0,395 | 0,428 | 0,468 | 0,495 |
| 43 | 0,105 | 0,199 | 0,254 | 0,301 | 0,355 | 0,391 | 0,423 | 0,463 | 0,490 |
| 44 | 0,104 | 0,197 | 0,251 | 0,298 | 0,351 | 0,386 | 0,419 | 0,458 | 0,484 |
| 45 | 0,103 | 0,194 | 0,248 | 0,294 | 0,347 | 0,382 | 0,414 | 0,453 | 0,479 |
| 46 | 0,102 | 0,192 | 0,246 | 0,291 | 0,343 | 0,378 | 0,410 | 0,448 | 0,474 |
| 47 | 0,101 | 0,190 | 0,243 | 0,288 | 0,340 | 0,374 | 0,405 | 0,443 | 0,469 |
| 48 | 0,100 | 0,188 | 0,240 | 0,285 | 0,336 | 0,370 | 0,401 | 0,439 | 0,465 |
| 49 | 0,098 | 0,186 | 0,238 | 0,282 | 0,333 | 0,366 | 0,397 | 0,434 | 0,460 |
| 50 | 0,097 | 0,184 | 0,235 | 0,279 | 0,329 | 0,363 | 0,393 | 0,430 | 0,456 |

(continua)

## TABELA R₁
Probabilidades da cauda superior para $T$, o coeficiente de correlação posto-ordem de Kendall $(N \leq 10)^*$

As entradas são $p = P[T \geq$ valor tabelado$]$.

| N | T | p | N | T | p | N | T | p | N | T | p |
|---|---|---|---|---|---|---|---|---|---|---|---|
| 4 | 0,000 | 0,625 | 7 | 0,048 | 0,500 | 9 | 0,000 | 0,540 | 10 | 0,022 | 0,500 |
|   | 0,333 | 0,375 |   | 0,143 | 0,386 |   | 0,056 | 0,460 |    | 0,067 | 0,431 |
|   | 0,667 | 0,167 |   | 0,238 | 0,281 |   | 0,111 | 0,381 |    | 0,111 | 0,364 |
|   | 1,000 | 0,042 |   | 0,333 | 0,191 |   | 0,167 | 0,306 |    | 0,156 | 0,300 |
|   |       |       |   | 0,429 | 0,119 |   | 0,222 | 0,238 |    | 0,200 | 0,242 |
| 5 | 0,000 | 0,592 |   | 0,524 | 0,068 |   | 0,278 | 0,179 |    | 0,244 | 0,190 |
|   | 0,200 | 0,408 |   | 0,619 | 0,035 |   | 0,333 | 0,130 |    | 0,289 | 0,146 |
|   | 0,400 | 0,242 |   | 0,714 | 0,015 |   | 0,389 | 0,090 |    | 0,333 | 0,108 |
|   | 0,600 | 0,117 |   | 0,810 | 0,005 |   | 0,444 | 0,060 |    | 0,378 | 0,078 |
|   | 0,800 | 0,042 |   | 0,905 | 0,001 |   | 0,500 | 0,038 |    | 0,422 | 0,054 |
|   | 1,000 | 0,008 |   | 1,000 | 0,000 |   | 0,556 | 0,022 |    | 0,467 | 0,036 |
|   |       |       |   |       |       |   | 0,611 | 0,012 |    | 0,511 | 0,023 |
| 6 | 0,067 | 0,500 | 8 | 0,000 | 0,548 |   | 0,667 | 0,006 |    | 0,556 | 0,014 |
|   | 0,200 | 0,360 |   | 0,071 | 0,452 |   | 0,722 | 0,003 |    | 0,600 | 0,008 |
|   | 0,333 | 0,235 |   | 0,143 | 0,360 |   | 0,778 | 0,001 |    | 0,644 | 0,005 |
|   | 0,467 | 0,136 |   | 0,214 | 0,274 |   | 0,833 | 0,000 |    | 0,689 | 0,002 |
|   | 0,600 | 0,068 |   | 0,286 | 0,199 |   | 0,889 | 0,000 |    | 0,733 | 0,001 |
|   | 0,733 | 0,028 |   | 0,357 | 0,138 |   | 0,944 | 0,000 |    | 0,778 | 0,000 |
|   | 0,867 | 0,008 |   | 0,429 | 0,089 |   | 1,000 | 0,000 |    | 0,822 | 0,000 |
|   | 1,000 | 0,001 |   | 0,500 | 0,054 |   |       |       |    | 0,867 | 0,000 |
|   |       |       |   | 0,571 | 0,031 |   |       |       |    | 0,911 | 0,000 |
|   |       |       |   | 0,643 | 0,016 |   |       |       |    | 0,956 | 0,000 |
|   |       |       |   | 0,714 | 0,007 |   |       |       |    | 1,000 | 0,000 |
|   |       |       |   | 0,786 | 0,003 |   |       |       |    |       |       |
|   |       |       |   | 0,857 | 0,001 |   |       |       |    |       |       |
|   |       |       |   | 0,929 | 0,000 |   |       |       |    |       |       |
|   |       |       |   | 1,000 | 0,000 |   |       |       |    |       |       |

*Adaptado e reproduzido com a permissão dos editores Charles Griffin & Co. Ltd. (16 Pembridge Road, London W11 3HL) a partir da Tabela 5 do Apêndice de Kendall, M. G. (1970). *Rank correlation methods* (4. ed.).

## TABELA $R_{II}$
Valores críticos para $T$, o coeficiente de correlação posto-ordem de Kendall*

As entradas são valores de $T$ tais que $P[T \geq \text{valor tabelado}] \leq \alpha$.

| N | $\alpha$<br>$\alpha$ | 0,100<br>0,200 | 0,050<br>0,100 | 0,025<br>0,050 | 0,010<br>0,020 | 0,005<br>0,010 | (unilateral)<br>(bilateral) |
|---|---|---|---|---|---|---|---|
| 11 | | 0,345 | 0,418 | 0,491 | 0,564 | 0,600 | |
| 12 | | 0,303 | 0,394 | 0,455 | 0,545 | 0,576 | |
| 13 | | 0,308 | 0,359 | 0,436 | 0,513 | 0,564 | |
| 14 | | 0,275 | 0,363 | 0,407 | 0,473 | 0,516 | |
| 15 | | 0,276 | 0,333 | 0,390 | 0,467 | 0,505 | |
| 16 | | 0,250 | 0,317 | 0,383 | 0,433 | 0,483 | |
| 17 | | 0,250 | 0,309 | 0,368 | 0,426 | 0,471 | |
| 18 | | 0,242 | 0,294 | 0,346 | 0,412 | 0,451 | |
| 19 | | 0,228 | 0,287 | 0,333 | 0,392 | 0,439 | |
| 20 | | 0,221 | 0,274 | 0,326 | 0,379 | 0,421 | |
| 21 | | 0,210 | 0,267 | 0,314 | 0,371 | 0,410 | |
| 22 | | 0,195 | 0,253 | 0,295 | 0,344 | 0,378 | |
| 23 | | 0,202 | 0,257 | 0,296 | 0,352 | 0,391 | |
| 24 | | 0,196 | 0,246 | 0,290 | 0,341 | 0,377 | |
| 25 | | 0,193 | 0,240 | 0,287 | 0,333 | 0,367 | |
| 26 | | 0,188 | 0,237 | 0,280 | 0,329 | 0,360 | |
| 27 | | 0,179 | 0,231 | 0,271 | 0,322 | 0,356 | |
| 28 | | 0,180 | 0,228 | 0,265 | 0,312 | 0,344 | |
| 29 | | 0,172 | 0,222 | 0,261 | 0,310 | 0,340 | |
| 30 | | 0,172 | 0,218 | 0,255 | 0,301 | 0,333 | |

*Adaptado e reproduzido com a permissão dos editores Charles Griffin & Co. Ltd. (16 Pembridge Road, London W11 3HL) da Tabela 5 do Apêndice de Kendall, M. G. (1970). Rank correlation methods (4. ed.).

## TABELA S
Valores críticos para $T_{xy.z}$, o coeficiente de correlação posto-ordem parcial de Kendall*

| N | \multicolumn{8}{c}{α} |
|---|---|---|---|---|---|---|---|---|
|   | 0,25 | 0,20 | 0,10 | 0,05 | 0,025 | 0,01 | 0,005 | 0,001 |
| 3 | 0,500 | 1,000 | | | | | | |
| 4 | 0,447 | 0,500 | 0,707 | 0,707 | 1,000 | | | |
| 5 | 0,333 | 0,408 | 0,534 | 0,667 | 0,802 | 0,816 | 1,000 | |
| 6 | 0,277 | 0,327 | 0,472 | 0,600 | 0,667 | 0,764 | 0,866 | 1,000 |
| 7 | 0,233 | 0,282 | 0,421 | 0,527 | 0,617 | 0,712 | 0,761 | 0,901 |
| 8 | 0,206 | 0,254 | 0,382 | 0,484 | 0,565 | 0,648 | 0,713 | 0,807 |
| 9 | 0,187 | 0,230 | 0,347 | 0,443 | 0,515 | 0,602 | 0,660 | 0,757 |
| 10 | 0,170 | 0,215 | 0,325 | 0,413 | 0,480 | 0,562 | 0,614 | 0,718 |
| 11 | 0,162 | 0,202 | 0,305 | 0,387 | 0,453 | 0,530 | 0,581 | 0,677 |
| 12 | 0,153 | 0,190 | 0,288 | 0,465 | 0,430 | 0,505 | 0,548 | 0,643 |
| 13 | 0,145 | 0,180 | 0,273 | 0,347 | 0,410 | 0,481 | 0,527 | 0,616 |
| 14 | 0,137 | 0,172 | 0,260 | 0,331 | 0,391 | 0,458 | 0,503 | 0,590 |
| 15 | 0,133 | 0,166 | 0,251 | 0,319 | 0,377 | 0,442 | 0,485 | 0,570 |
| 16 | 0,125 | 0,157 | 0,240 | 0,305 | 0,361 | 0,423 | 0,466 | 0,549 |
| 17 | 0,121 | 0,151 | 0,231 | 0,294 | 0,348 | 0,410 | 0,450 | 0,532 |
| 18 | 0,117 | 0,147 | 0,222 | 0,284 | 0,336 | 0,395 | 0,434 | 0,514 |
| 19 | 0,114 | 0,141 | 0,215 | 0,275 | 0,326 | 0,382 | 0,421 | 0,498 |
| 20 | 0,111 | 0,139 | 0,210 | 0,268 | 0,318 | 0,374 | 0,412 | 0,488 |
| 25 | 0,098 | 0,122 | 0,185 | 0,236 | 0,279 | 0,329 | 0,363 | 0,430 |
| 30 | 0,088 | 0,110 | 0,167 | 0,213 | 0,253 | 0,298 | 0,329 | 0,390 |
| 35 | 0,081 | 0,101 | 0,153 | 0,196 | 0,232 | 0,274 | 0,303 | 0,361 |
| 40 | 0,075 | 0,094 | 0,142 | 0,182 | 0,216 | 0,255 | 0,282 | 0,335 |
| 45 | 0,071 | 0,088 | 0,133 | 0,171 | 0,203 | 0,240 | 0,265 | 0,316 |
| 50 | 0,067 | 0,083 | 0,126 | 0,161 | 0,192 | 0,225 | 0,250 | 0,298 |
| 60 | 0,060 | 0,075 | 0,114 | 0,147 | 0,174 | 0,206 | 0,227 | 0,270 |
| 70 | 0,056 | 0,070 | 0,106 | 0,135 | 0,160 | 0,190 | 0,210 | 0,251 |
| 80 | 0,052 | 0,065 | 0,098 | 0,126 | 0,150 | 0,178 | 0,197 | 0,235 |
| 90 | 0,049 | 0,061 | 0,092 | 0,119 | 0,141 | 0,167 | 0,185 | 0,221 |

*Adaptado de Maghsoodloo, S., (1975). Estimates of the quantiles of Kendall's partial rank correlation coefficient. *Journal of Statistical Computing and Simulation*, **4**, 155-164, e Maghsoodloo, S.& Pallos, L. L., (1981). Asymptotic behavior of Kendall's partial rank correlation coefficient and additional quantile estimates. *Journal of Statistical Computing and Simulation*, **13**, 41-48, com a permissão do autor e do editor.

## TABELA T
Valores críticos para o coeficiente de concordância W de Kendall*

| | N = 3 | |
|---|---|---|
| k   α | 0,05 | 0,01 |
| 8 | 0,376 | 0,522 |
| 9 | 0,333 | 0,469 |
| 10 | 0,300 | 0,425 |
| 12 | 0,250 | 0,359 |
| 14 | 0,214 | 0,311 |
| 15 | 0,200 | 0,291 |
| 16 | 0,187 | 0,274 |
| 18 | 0,166 | 0,245 |
| 20 | 0,150 | 0,221 |

| | N = 4 | | N = 5 | | N = 6 | | N = 7 | |
|---|---|---|---|---|---|---|---|---|
| k   α | 0,05 | 0,01 | 0,05 | 0,01 | 0,05 | 0,01 | 0,05 | 0,01 |
| 3 | – | – | 0,716 | 0,840 | 0,660 | 0,780 | 0,624 | 0,737 |
| 4 | 0,619 | 0,768 | 0,552 | 0,683 | 0,512 | 0,629 | 0,484 | 0,592 |
| 5 | 0,501 | 0,644 | 0,449 | 0,571 | 0,417 | 0,524 | 0,395 | 0,491 |
| 6 | 0,421 | 0,553 | 0,378 | 0,489 | 0,351 | 0,448 | 0,333 | 0,419 |
| 8 | 0,318 | 0,429 | 0,287 | 0,379 | 0,267 | 0,347 | 0,253 | 0,324 |
| 10 | 0,256 | 0,351 | 0,231 | 0,309 | 0,215 | 0,282 | 0,204 | 0,263 |
| 15 | 0,171 | 0,240 | 0,155 | 0,211 | 0,145 | 0,193 | 0,137 | 0,179 |
| 20 | 0,129 | 0,182 | 0,117 | 0,160 | 0,109 | 0,146 | 0,103 | 0,136 |

Nota: Para N = 3 e k < 8, nenhum valor de W tem probabilidade de ocorrência na cauda superior menor do que 0,05.
*Adaptada e reproduzida com a permissão dos editores Charles Griffin & Co. Ltd. (16 Pembridge Road, London W11 3HL) a partir da Tabela 5 do Apêndice de Kendall, M. G. (1970). Rank correlation methods (4. ed.).

## TABELA U

Probabilidades da cauda superior de $u$, o coeficiente de concordância de Kendall, quando os dados são baseados em comparações emparelhadas

| N | S | K=3 u | P | N | S | K=4 u | P | N | S | K=5 u | P | N | S | K=6 u | P |
|---|---|---|---|---|---|---|---|---|---|---|---|---|---|---|---|
| 2 | 1 | −0,333 | 1,0000 | 2 | 2 | −0,333 | 1,0000 | 2 | 4 | −0,200 | 1,0000 | 2 | 6 | −0,200 | 1,0000 |
|   | 3 | 1,000 | 0,2500 |   | 3 | 0,000 | 0,6250 |   | 6 | 0,200 | 0,3750 |   | 7 | −0,067 | 0,6875 |
| 3 | 5 | 0,111 | 0,5781 |   | 6 | 1,000 | 0,1250 |   | 10 | 1,000 | 0,0620 |   | 10 | 0,333 | 0,2188 |
|   | 7 | 0,556 | 0,1563 | 3 | 9 | 0,000 | 0,4551 | 3 | 16 | 0,067 | 0,3896 | 3 | 15 | 1,000 | 0,0312 |
|   | 9 | 1,000 | 0,0156 |   | 10 | 0,111 | 0,3301 |   | 18 | 0,200 | 0,2065 |   | 23 | 0,022 | 0,4682 |
| 4 | 10 | 0,111 | 0,4661 |   | 11 | 0,222 | 0,2773 |   | 20 | 0,333 | 0,1028 |   | 24 | 0,067 | 0,3034 |
|   | 12 | 0,333 | 0,1694 |   | 12 | 0,333 | 0,1367 |   | 22 | 0,467 | 0,0295 |   | 26 | 0,156 | 0,1798 |
|   | 14 | 0,556 | 0,0376 |   | 14 | 0,556 | 0,0430 |   | 24 | 0,600 | 0,0112 |   | 27 | 0,200 | 0,1469 |
|   | 16 | 0,778 | 0,0046 |   | 15 | 0,667 | 0,0254 |   | 26 | 0,733 | 0,0039 |   | 28 | 0,244 | 0,0883 |
|   | 18 | 1,000 | 0,0002 |   | 18 | 1,000 | 0,0020 |   | 30 | 1,000 | 0,0002 |   | 29 | 0,289 | 0,0608 |
| 5 | 16 | 0,067 | 0,4744 | 4 | 18 | 0,000 | 0,5242 | 4 | 30 | 0,000 | 0,5381 |   | 30 | 0,333 | 0,0402 |
|   | 18 | 0,200 | 0,2241 |   | 19 | 0,056 | 0,4097 |   | 32 | 0,067 | 0,3533 |   | 31 | 0,378 | 0,0336 |
|   | 20 | 0,333 | 0,0781 |   | 20 | 0,111 | 0,2779 |   | 34 | 0,133 | 0,2080 |   | 32 | 0,422 | 0,0226 |
|   | 22 | 0,467 | 0,0197 |   | 21 | 0,167 | 0,1853 |   | 36 | 0,200 | 0,1074 |   | 35 | 0,556 | 0,0062 |
|   | 24 | 0,600 | 0,0035 |   | 22 | 0,222 | 0,1372 |   | 38 | 0,267 | 0,0528 |   | 36 | 0,600 | 0,0029 |
|   | 26 | 0,733 | 0,0004 |   | 23 | 0,278 | 0,0877 |   | 40 | 0,333 | 0,0238 |   | 37 | 0,644 | 0,0020 |
| 6 | 23 | 0,022 | 0,5387 |   | 24 | 0,333 | 0,0438 |   | 42 | 0,400 | 0,0093 |   | 40 | 0,778 | 0,0006 |
|   | 25 | 0,111 | 0,3135 |   | 25 | 0,389 | 0,0271 |   | 44 | 0,467 | 0,0036 | 4 | 45 | 0,000 | 0,4656 |
|   | 27 | 0,200 | 0,1484 |   | 26 | 0,444 | 0,0188 |   | 46 | 0,533 | 0,0012 |   | 46 | 0,022 | 0,4094 |
|   | 29 | 0,289 | 0,0566 |   | 27 | 0,500 | 0,0079 |   | 48 | 0,600 | 0,0004 |   | 47 | 0,044 | 0,3374 |
|   | 31 | 0,378 | 0,0173 |   | 28 | 0,556 | 0,0030 |   | 50 | 0,667 | 0,0001 |   | 48 | 0,067 | 0,2569 |
|   | 33 | 0,467 | 0,0042 | 5 | 29 | 0,611 | 0,0025 | 5 | 52 | 0,040 | 0,3838 |   | 49 | 0,089 | 0,2086 |
|   | 35 | 0,556 | 0,0008 |   | 30 | 0,667 | 0,0011 |   | 54 | 0,080 | 0,2544 |   | 50 | 0,111 | 0,1746 |
|   | 37 | 0,644 | 0,0001 |   | 32 | 0,778 | 0,0002 |   | 56 | 0,120 | 0,1579 |   | 51 | 0,133 | 0,1332 |
| 7 | 33 | 0,048 | 0,4334 |   | 33 | 0,833 | 0,0001 |   | 58 | 0,160 | 0,0918 |   | 52 | 0,156 | 0,0970 |
|   | 35 | 0,111 | 0,2564 | 5 | 30 | 0,000 | 0,5137 |   | 60 | 0,200 | 0,0500 |   | 53 | 0,178 | 0,0725 |
|   | 37 | 0,175 | 0,1299 |   | 31 | 0,033 | 0,4126 |   | 62 | 0,240 | 0,0257 |   | 54 | 0,200 | 0,0566 |
|   | 39 | 0,238 | 0,0561 |   |   |   |   |   | 64 | 0,280 | 0,0124 |   | 55 | 0,222 | 0,0433 |

*(continua)*

Nota: Os valores são tabelados somente para probabilidades $c \geq 0,0001$ (arredondadas). Assim, probabilidades da cauda superior para valores maiores de $u$ tem probabilidades $< 0,00005$.

## TABELA U
(Continuação)

| N | K = 3 | | | | K = 4 | | | | K = 5 | | | | K = 6 | | |
|---|---|---|---|---|---|---|---|---|---|---|---|---|---|---|---|
| | S | u | P | N | S | u | P | N | S | u | P | N | S | u | P |
| | 41 | 0,302 | 0,0206 | | 32 | 0,067 | 0,3266 | | 66 | 0,320 | 0,0057 | | 56 | 0,244 | 0,0289 |
| | 43 | 0,365 | 0,0064 | | 33 | 0,100 | 0,2491 | | 68 | 0,360 | 0,0025 | | 57 | 0,267 | 0,0198 |
| | 45 | 0,429 | 0,0017 | | 34 | 0,133 | 0,1795 | | 70 | 0,400 | 0,0010 | | 58 | 0,289 | 0,0160 |
| | 47 | 0,492 | 0,0004 | | 35 | 0,167 | 0,1271 | | 72 | 0,440 | 0,0004 | | 59 | 0,311 | 0,0114 |
| | 49 | 0,556 | 0,0001 | | 36 | 0,200 | 0,0903 | | 74 | 0,480 | 0,0001 | | 60 | 0,333 | 0,0072 |
| 8 | 42 | 0,000 | 0,5721 | | 37 | 0,233 | 0,0604 | | 76 | 0,013 | 0,4663 | | 61 | 0,356 | 0,0049 |
| | 44 | 0,048 | 0,4003 | 6 | 38 | 0,267 | 0,0376 | | 78 | 0,040 | 0,3453 | | 62 | 0,378 | 0,0034 |
| | 46 | 0,095 | 0,2499 | | 39 | 0,300 | 0,0242 | | 80 | 0,067 | 0,2428 | | 63 | 0,400 | 0,0025 |
| | 48 | 0,143 | 0,1385 | | 40 | 0,333 | 0,0156 | | 82 | 0,093 | 0,1623 | | 64 | 0,422 | 0,0016 |
| | 50 | 0,190 | 0,0679 | | 41 | 0,367 | 0,0088 | | 84 | 0,120 | 0,1034 | | 65 | 0,444 | 0,0008 |
| | 52 | 0,238 | 0,0294 | | 42 | 0,400 | 0,0048 | | 86 | 0,147 | 0,0628 | | 66 | 0,467 | 0,0007 |
| | 54 | 0,286 | 0,0112 | | 43 | 0,433 | 0,0030 | | 88 | 0,173 | 0,0364 | | 67 | 0,489 | 0,0005 |
| | 56 | 0,333 | 0,0038 | | 44 | 0,467 | 0,0017 | | 90 | 0,200 | 0,0202 | | 68 | 0,511 | 0,0003 |
| | 58 | 0,381 | 0,0011 | | 45 | 0,500 | 0,0007 | | 92 | 0,227 | 0,0108 | | 69 | 0,533 | 0,0002 |
| | 60 | 0,429 | 0,0003 | | 46 | 0,533 | 0,0004 | | 94 | 0,253 | 0,0055 | | 70 | 0,556 | 0,0001 |
| | 62 | 0,476 | 0,0001 | | 47 | 0,567 | 0,0002 | | 96 | 0,280 | 0,0027 | | 71 | 0,578 | 0,0001 |
| | | | | | 48 | 0,600 | 0,0001 | | 98 | 0,307 | 0,0013 | 5 | 75 | 0,000 | 0,4841 |
| | | | | 6 | 45 | 0,000 | 0,5134 | | 100 | 0,333 | 0,0006 | | 76 | 0,013 | 0,4258 |
| | | | | | 46 | 0,022 | 0,4310 | | 102 | 0,360 | 0,0005 | | 77 | 0,027 | 0,3665 |
| | | | | | 47 | 0,044 | 0,3532 | | 104 | 0,387 | 0,0001 | | 78 | 0,040 | 0,3085 |
| | | | | | 48 | 0,067 | 0,2837 | 7 | 106 | 0,010 | 0,4718 | | 79 | 0,053 | 0,2600 |
| | | | | | 49 | 0,089 | 0,2231 | | 108 | 0,029 | 0,3674 | | 80 | 0,067 | 0,2190 |
| | | | | | 50 | 0,111 | 0,1708 | | 110 | 0,048 | 0,2750 | | 81 | 0,080 | 0,1800 |
| | | | | | 51 | 0,133 | 0,1277 | | 112 | 0,067 | 0,1980 | | 82 | 0,093 | 0,1452 |
| | | | | | 52 | 0,156 | 0,0939 | | 114 | 0,086 | 0,1372 | | 83 | 0,107 | 0,1173 |
| | | | | | 53 | 0,178 | 0,0676 | | 116 | 0,105 | 0,0916 | | 84 | 0,120 | 0,0949 |
| | | | | | 54 | 0,200 | 0,0472 | | 118 | 0,124 | 0,0589 | | 85 | 0,133 | 0,0753 |
| | | | | | 55 | 0,222 | 0,0324 | | 120 | 0,143 | 0,0366 | | 86 | 0,146 | 0,0583 |
| | | | | | 56 | 0,244 | 0,0219 | | 122 | 0,162 | 0,0220 | | 87 | 0,160 | 0,0452 |

(continua)

## TABELA U
(Continuação)

| K = 3 | | | K = 4 | | | K = 5 | | | K = 6 | | |
|---|---|---|---|---|---|---|---|---|---|---|---|
| N | S | u | P | N | S | u | P | N | S | u | P |
| | | | | 7 | 57 | 0,267 | 0,145 | | 124 | 0,181 | 0,0128 | | 88 | 0,173 | 0,0355 |
| | | | | | 58 | 0,289 | 0,0092 | | 126 | 0,200 | 0,0072 | | 89 | 0,187 | 0,0272 |
| | | | | | 59 | 0,311 | 0,0058 | | 128 | 0,219 | 0,0039 | | 90 | 0,200 | 0,0202 |
| | | | | | 60 | 0,333 | 0,0037 | | 130 | 0,238 | 0,0021 | | 91 | 0,213 | 0,0151 |
| | | | | | 61 | 0,356 | 0,0022 | | 132 | 0,257 | 0,0011 | | 92 | 0,227 | 0,0115 |
| | | | | | 62 | 0,378 | 0,0013 | | 134 | 0,276 | 0,0005 | | 93 | 0,240 | 0,0085 |
| | | | | | 63 | 0,400 | 0,0008 | | 136 | 0,295 | 0,0003 | | 94 | 0,253 | 0,0062 |
| | | | | | 64 | 0,422 | 0,0004 | | 138 | 0,314 | 0,0001 | | 95 | 0,267 | 0,0044 |
| | | | | 8 | 65 | 0,444 | 0,0002 | | 140 | 0,333 | 0,0001 | | 96 | 0,280 | 0,0033 |
| | | | | | 66 | 0,467 | 0,0001 | | 140 | 0,000 | 0,5233 | | 97 | 0,293 | 0,0024 |
| | | | | | 67 | 0,489 | 0,0001 | | 142 | 0,014 | 0,4291 | | 98 | 0,307 | 0,0017 |
| | | | | | 63 | 0,000 | 0,5111 | | 144 | 0,029 | 0,3411 | | 99 | 0,320 | 0,0011 |
| | | | | | 64 | 0,016 | 0,4413 | | 146 | 0,043 | 0,2629 | | 100 | 0,333 | 0,0008 |
| | | | | | 65 | 0,032 | 0,3746 | | 148 | 0,057 | 0,1965 | | 101 | 0,347 | 0,0006 |
| | | | | | 66 | 0,048 | 0,3124 | | 150 | 0,071 | 0,1425 | | 102 | 0,360 | 0,0004 |
| | | | | | 67 | 0,063 | 0,2562 | | 152 | 0,086 | 0,1003 | | 103 | 0,373 | 0,0003 |
| | | | | | 68 | 0,079 | 0,2066 | | 154 | 0,100 | 0,0686 | | 104 | 0,387 | 0,0002 |
| | | | | | 69 | 0,095 | 0,1637 | | 156 | 0,114 | 0,0456 | | 105 | 0,400 | 0,0001 |
| | | | | | 70 | 0,111 | 0,1275 | | 158 | 0,129 | 0,0294 | | 106 | 0,413 | 0,0001 |
| | | | | | 71 | 0,127 | 0,0977 | | 160 | 0,143 | 0,0185 | | 107 | 0,427 | 0,0001 |
| | | | | | 72 | 0,143 | 0,0736 | | 162 | 0,157 | 0,0113 | 6 | 113 | 0,004 | 0,4640 |
| | | | | | 73 | 0,159 | 0,0545 | | 164 | 0,171 | 0,0068 | | 114 | 0,013 | 0,4126 |
| | | | | | 74 | 0,175 | 0,0397 | | 166 | 0,186 | 0,0039 | | 115 | 0,022 | 0,3637 |
| | | | | | 75 | 0,190 | 0,0285 | | 168 | 0,200 | 0,0022 | | 116 | 0,031 | 0,3186 |
| | | | | | 76 | 0,206 | 0,0201 | | 170 | 0,214 | 0,0012 | | 117 | 0,040 | 0,2768 |
| | | | | | 77 | 0,222 | 0,0139 | | 172 | 0,229 | 0,0007 | | 118 | 0,049 | 0,2380 |
| | | | | | 78 | 0,238 | 0,0095 | | 174 | 0,243 | 0,0003 | | 119 | 0,058 | 0,2030 |
| | | | | | 79 | 0,254 | 0,0064 | | 176 | 0,257 | 0,0002 | | 120 | 0,067 | 0,1723 |
| | | | | | 80 | 0,270 | 0,0042 | | 178 | 0,271 | 0,0001 | | 121 | 0,076 | 0,1451 |

*(continua)*

**TABELA U**
(Continuação)

| N | K = 3 S | K = 3 u | K = 3 P | N | K = 4 S | K = 4 u | K = 4 P | N | K = 5 S | K = 5 u | K = 5 P | N | K = 6 S | K = 6 u | K = 6 P |
|---|---|---|---|---|---|---|---|---|---|---|---|---|---|---|---|
| | | | | 8 | 81 | 0,286 | 0,0028 | | | | | | 122 | 0,084 | 0,1209 |
| | | | | | 82 | 0,302 | 0,0018 | | | | | | 123 | 0,093 | 0,1000 |
| | | | | | 83 | 0,317 | 0,0011 | | | | | | 124 | 0,102 | 0,0824 |
| | | | | | 84 | 0,333 | 0,0007 | | | | | | 125 | 0,111 | 0,0674 |
| | | | | | 85 | 0,349 | 0,0004 | | | | | | 126 | 0,120 | 0,0546 |
| | | | | | 86 | 0,365 | 0,0003 | | | | | | 127 | 0,129 | 0,0439 |
| | | | | | 87 | 0,381 | 0,0002 | | | | | | 128 | 0,138 | 0,0352 |
| | | | | | 88 | 0,397 | 0,0001 | | | | | | 129 | 0,147 | 0,0280 |
| | | | | | 89 | 0,413 | 0,0001 | | | | | | 130 | 0,156 | 0,0221 |
| | | | | | 84 | 0,000 | 0,5098 | | | | | | 131 | 0,164 | 0,0173 |
| | | | | | 85 | 0,012 | 0,4490 | | | | | | 132 | 0,173 | 0,0135 |
| | | | | | 86 | 0,024 | 0,3903 | | | | | | 133 | 0,182 | 0,0105 |
| | | | | | 87 | 0,036 | 0,3348 | | | | | | 134 | 0,191 | 0,0081 |
| | | | | | 88 | 0,048 | 0,2833 | | | | | | 135 | 0,200 | 0,0062 |
| | | | | | 89 | 0,060 | 0,2366 | | | | | | 136 | 0,209 | 0,0047 |
| | | | | | 90 | 0,071 | 0,1949 | | | | | | 137 | 0,218 | 0,0036 |
| | | | | | 91 | 0,083 | 0,1585 | | | | | | 138 | 0,227 | 0,0027 |
| | | | | | 92 | 0,095 | 0,1271 | | | | | | 139 | 0,236 | 0,0020 |
| | | | | | 93 | 0,107 | 0,1006 | | | | | | 140 | 0,244 | 0,0015 |
| | | | | | 94 | 0,119 | 0,0786 | | | | | | 141 | 0,253 | 0,0011 |
| | | | | | 95 | 0,131 | 0,0606 | | | | | | 142 | 0,262 | 0,0008 |
| | | | | | 96 | 0,143 | 0,0461 | | | | | | 143 | 0,271 | 0,0006 |
| | | | | | 97 | 0,155 | 0,0346 | | | | | | 144 | 0,280 | 0,0004 |
| | | | | | 98 | 0,167 | 0,0257 | | | | | | 145 | 0,289 | 0,0003 |
| | | | | | 99 | 0,179 | 0,0188 | | | | | | 146 | 0,298 | 0,0002 |
| | | | | | 100 | 0,190 | 0,0136 | | | | | | 147 | 0,307 | 0,0002 |
| | | | | | 101 | 0,202 | 0,0097 | | | | | | 148 | 0,316 | 0,0001 |
| | | | | | 102 | 0,214 | 0,0068 | | | | | | 149 | 0,324 | 0,0001 |
| | | | | | 103 | 0,226 | 0,0048 | | | | | | 150 | 0,333 | 0,0001 |
| | | | | | 104 | 0,238 | 0,0033 | | | | | 7 | 158 | 0,003 | 0,4694 |

(continua)

**TABELA U**
(Continuação)

| N | K = 3 | | | N | K = 4 | | | N | K = 5 | | | N | K = 6 | | |
|---|---|---|---|---|---|---|---|---|---|---|---|---|---|---|---|
| S | u | P | | S | u | P | | S | u | P | | S | u | P | |
| | | | | 105 | 0,250 | 0,0022 | | | | | 7 | 159 | 0,010 | 0,4258 |
| | | | | 106 | 0,262 | 0,0015 | | | | | | 160 | 0,016 | 0,3838 |
| | | | | 107 | 0,274 | 0,0010 | | | | | | 161 | 0,022 | 0,3436 |
| | | | | 108 | 0,286 | 0,0007 | | | | | | 162 | 0,029 | 0,3057 |
| | | | | 109 | 0,298 | 0,0004 | | | | | | 163 | 0,035 | 0,2703 |
| | | | | 110 | 0,310 | 0,0003 | | | | | | 164 | 0,041 | 0,2375 |
| | | | | 111 | 0,321 | 0,0002 | | | | | | 165 | 0,048 | 0,2074 |
| | | | | 112 | 0,333 | 0,0001 | | | | | | 166 | 0,054 | 0,1800 |
| | | | | 113 | 0,345 | 0,0001 | | | | | | 167 | 0,060 | 0,1553 |
| | | | | | | | | | | | | 168 | 0,067 | 0,1332 |
| | | | | | | | | | | | | 169 | 0,073 | 0,1136 |
| | | | | | | | | | | | | 170 | 0,079 | 0,0963 |
| | | | | | | | | | | | | 171 | 0,086 | 0,0812 |
| | | | | | | | | | | | | 172 | 0,092 | 0,0680 |
| | | | | | | | | | | | | 173 | 0,098 | 0,0567 |
| | | | | | | | | | | | | 174 | 0,105 | 0,0470 |
| | | | | | | | | | | | | 175 | 0,111 | 0,0388 |
| | | | | | | | | | | | | 176 | 0,117 | 0,0318 |
| | | | | | | | | | | | | 177 | 0,124 | 0,0260 |
| | | | | | | | | | | | | 178 | 0,130 | 0,0211 |
| | | | | | | | | | | | | 179 | 0,137 | 0,0170 |
| | | | | | | | | | | | | 180 | 0,143 | 0,0137 |
| | | | | | | | | | | | | 181 | 0,149 | 0,0110 |
| | | | | | | | | | | | | 182 | 0,156 | 0,0087 |
| | | | | | | | | | | | | 183 | 0,162 | 0,0069 |
| | | | | | | | | | | | | 184 | 0,168 | 0,0054 |
| | | | | | | | | | | | | 185 | 0,175 | 0,0043 |
| | | | | | | | | | | | | 186 | 0,181 | 0,0033 |
| | | | | | | | | | | | | 187 | 0,187 | 0,0026 |
| | | | | | | | | | | | | 188 | 0,194 | 0,0020 |

(continua)

## TABELA U
### (Continuação)

| N | K = 3 S | u | P | N | K = 4 S | u | P | N | K = 5 S | u | P | N | K = 6 S | u | P |
|---|---|---|---|---|---|---|---|---|---|---|---|---|---|---|---|
| | | | | | | | | | | | | 7 | 189 | 0,200 | 0,0015 |
| | | | | | | | | | | | | | 190 | 0,206 | 0,0012 |
| | | | | | | | | | | | | | 191 | 0,213 | 0,0009 |
| | | | | | | | | | | | | | 192 | 0,219 | 0,0007 |
| | | | | | | | | | | | | | 193 | 0225 | 0,0005 |
| | | | | | | | | | | | | | 194 | 0,232 | 0,0004 |
| | | | | | | | | | | | | | 195 | 0,238 | 0,0003 |
| | | | | | | | | | | | | | 196 | 0,244 | 0,0002 |
| | | | | | | | | | | | | | 197 | 0,251 | 0,0002 |
| | | | | | | | | | | | | | 198 | 0,257 | 0,0001 |
| | | | | | | | | | | | | | 199 | 0,263 | 0,0001 |
| | | | | | | | | | | | | | 200 | 0,270 | 0,0001 |
| | | | | | | | | | | | | 8 | 210 | 0,000 | 0,4930 |
| | | | | | | | | | | | | | 211 | 0,005 | 0,4545 |
| | | | | | | | | | | | | | 212 | 0,010 | 0,4169 |
| | | | | | | | | | | | | | 213 | 0,014 | 0,3805 |
| | | | | | | | | | | | | | 214 | 0,019 | 0,3455 |
| | | | | | | | | | | | | | 215 | 0,024 | 0,3122 |
| | | | | | | | | | | | | | 216 | 0,029 | 0,2807 |
| | | | | | | | | | | | | | 217 | 0,033 | 0,2511 |
| | | | | | | | | | | | | | 218 | 0,038 | 0,2235 |
| | | | | | | | | | | | | | 219 | 0,043 | 0,1980 |
| | | | | | | | | | | | | | 220 | 0,048 | 0,1745 |
| | | | | | | | | | | | | | 221 | 0,052 | 0,1531 |
| | | | | | | | | | | | | | 222 | 0,057 | 0,1337 |
| | | | | | | | | | | | | | 223 | 0,062 | 0,1162 |
| | | | | | | | | | | | | | 224 | 0,067 | 0,1005 |
| | | | | | | | | | | | | | 225 | 0,071 | 0,0866 |
| | | | | | | | | | | | | | 226 | 0,076 | 0,0742 |
| | | | | | | | | | | | | | 227 | 0,081 | 0,0633 |

*(continua)*

## TABELA U
*(Continuação)*

| N | K = 3 ||| K = 4 ||| K = 5 ||| N | K = 6 |||
|---|---|---|---|---|---|---|---|---|---|---|---|---|---|
| | S | u | P | S | u | P | S | u | P | | S | u | P |
| | | | | | | | | | | 8 | 228 | 0,086 | 0,0538 |
| | | | | | | | | | | | 229 | 0,090 | 0,0455 |
| | | | | | | | | | | | 230 | 0,095 | 0,0383 |
| | | | | | | | | | | | 231 | 0,100 | 0,0321 |
| | | | | | | | | | | | 232 | 0,105 | 0,0268 |
| | | | | | | | | | | | 233 | 0110 | 0,0223 |
| | | | | | | | | | | | 234 | 0,114 | 0,0185 |
| | | | | | | | | | | | 235 | 0,119 | 0,0152 |
| | | | | | | | | | | | 236 | 0,124 | 0,0125 |
| | | | | | | | | | | | 237 | 0,129 | 0,0102 |
| | | | | | | | | | | | 238 | 0,133 | 0,0083 |
| | | | | | | | | | | | 239 | 0,138 | 0,0068 |
| | | | | | | | | | | | 240 | 0,143 | 0,0055 |
| | | | | | | | | | | | 241 | 0,148 | 0,0044 |
| | | | | | | | | | | | 242 | 0,152 | 0,0035 |
| | | | | | | | | | | | 243 | 0,157 | 0,0028 |
| | | | | | | | | | | | 244 | 0,162 | 0,0022 |
| | | | | | | | | | | | 245 | 0,167 | 0,0018 |
| | | | | | | | | | | | 246 | 0,171 | 0,0014 |
| | | | | | | | | | | | 247 | 0,176 | 0,0011 |
| | | | | | | | | | | | 248 | 0,181 | 0,0009 |
| | | | | | | | | | | | 249 | 0,186 | 0,0007 |
| | | | | | | | | | | | 250 | 0,190 | 0,0005 |
| | | | | | | | | | | | 251 | 0,195 | 0,0004 |
| | | | | | | | | | | | 252 | 0,200 | 0,0003 |
| | | | | | | | | | | | 253 | 0,205 | 0,0002 |
| | | | | | | | | | | | 254 | 0210 | 0,0002 |
| | | | | | | | | | | | 255 | 0,214 | 0,0001 |
| | | | | | | | | | | | 256 | 0,219 | 0,0001 |
| | | | | | | | | | | | 257 | 0,224 | 0,0001 |
| | | | | | | | | | | | 258 | 0,229 | 0,0001 |

## TABELA V
Probabilidades da cauda superior de $T_c$, a correlação de $k$ ordenações com um critério de ordenação[*]

| | $k = 2$ | | | $k = 3$ | |
|---|---|---|---|---|---|
| N | $T_c$ | p | N | $T_c$ | p |
| 2 | 0,000 | 0,750 | 2 | 0,333 | 0,500 |
|   | 1,000 | 0,250 |   | 1,000 | 0,125 |
| 3 | 0,000 | 0,639 | 3 | 0,111 | 0,500 |
|   | 0,333 | 0,361 |   | 0,333 | 0,278 |
|   | 0,667 | 0,139 |   | 0,556 | 0,116 |
|   | 1,000 | 0,028 |   | 0,778 | 0,033 |
|   |       |       |   | 1,000 | 0,005 |
| 4 | 0,000 | 0,592 | 4 | 0,000 | 0,576 |
|   | 0,167 | 0,408 |   | 0,111 | 0,424 |
|   | 0,333 | 0,241 |   | 0,222 | 0,282 |
|   | 0,500 | 0,118 |   | 0,333 | 0,167 |
|   | 0,667 | 0,045 |   | 0,444 | 0,086 |
|   | 0,833 | 0,012 |   | 0,556 | 0,038 |
|   | 1,000 | 0,002 |   | 0,667 | 0,014 |
|   |       |       |   | 0,778 | 0,004 |
|   |       |       |   | 0,889 | 0,001 |
|   |       |       |   | 1,000 | 0,000+ |
| 5 | 0,000 | 0,567 | 5 | 0,000 | 0,556 |
|   | 0,100 | 0,433 |   | 0,067 | 0,445 |
|   | 0,200 | 0,306 |   | 0,113 | 0,338 |
|   | 0,300 | 0,198 |   | 0,200 | 0,243 |
|   | 0,400 | 0,116 |   | 0,267 | 0,164 |
|   | 0,500 | 0,060 |   | 0,333 | 0,103 |
|   | 0,600 | 0,027 |   | 0,400 | 0,060 |
|   | 0,700 | 0,010 |   | 0,467 | 0,032 |
|   | 0,800 | 0,003 |   | 0,533 | 0,016 |
|   | 0,900 | 0,001 |   | 0,600 | 0,007 |
|   | 1,000 | 0,000+ |  | 0,667 | 0,003 |
|   |       |       |   | 0,733 | 0,001 |
|   |       |       |   | 0,800 | 0,000+ |

[*]Adaptada de Stilson, D. W., e Campbell, V. N. (1962). A note on calculating tau and average tau and on the sampling distribution of average tau with a criterion ranking. *Journal of the American Statistical Association*, **57**, 567-571, com a permissão do autor e do editor.

## TABELA W
Fatoriais

| N | N! |
|---|---|
| 0 | 1 |
| 1 | 1 |
| 2 | 2 |
| 3 | 6 |
| 4 | 24 |
| 5 | 120 |
| 6 | 720 |
| 7 | 5040 |
| 8 | 40320 |
| 9 | 362880 |
| 10 | 3628800 |
| 11 | 39916800 |
| 12 | 479001600 |
| 13 | 6227020800 |
| 14 | 87178291200 |
| 15 | 130767436800 |
| 16 | 20922789888000 |
| 17 | 355687428096000 |
| 18 | 6402373705728000 |
| 19 | 121645100408832000 |
| 20 | 2432902008176640000 |

## TABELA X
Coeficientes binomiais

| N | $\binom{N}{0}$ | $\binom{N}{1}$ | $\binom{N}{2}$ | $\binom{N}{3}$ | $\binom{N}{4}$ | $\binom{N}{5}$ | $\binom{N}{6}$ | $\binom{N}{7}$ | $\binom{N}{8}$ | $\binom{N}{9}$ | $\binom{N}{10}$ |
|---|---|---|---|---|---|---|---|---|---|---|---|
| 0 | 1 | | | | | | | | | | |
| 1 | 1 | 1 | | | | | | | | | |
| 2 | 1 | 2 | 1 | | | | | | | | |
| 3 | 1 | 3 | 3 | 1 | | | | | | | |
| 4 | 1 | 4 | 6 | 4 | 1 | | | | | | |
| 5 | 1 | 5 | 10 | 10 | 5 | 1 | | | | | |
| 6 | 1 | 6 | 15 | 20 | 15 | 6 | 1 | | | | |
| 7 | 1 | 7 | 21 | 35 | 35 | 21 | 7 | 1 | | | |
| 8 | 1 | 8 | 28 | 56 | 70 | 56 | 28 | 8 | 1 | | |
| 9 | 1 | 9 | 36 | 84 | 126 | 126 | 84 | 36 | 9 | 1 | |
| 10 | 1 | 10 | 45 | 120 | 210 | 252 | 210 | 120 | 45 | 10 | 1 |
| 11 | 1 | 11 | 55 | 165 | 330 | 462 | 462 | 330 | 165 | 55 | 11 |
| 12 | 1 | 12 | 66 | 220 | 495 | 792 | 924 | 792 | 495 | 220 | 66 |
| 13 | 1 | 13 | 78 | 286 | 715 | 1287 | 1716 | 1716 | 1287 | 715 | 286 |
| 14 | 1 | 14 | 91 | 364 | 1001 | 2002 | 3003 | 3432 | 3003 | 2002 | 1001 |
| 15 | 1 | 15 | 105 | 455 | 1365 | 3003 | 5005 | 6435 | 6435 | 5005 | 3003 |
| 16 | 1 | 16 | 120 | 560 | 1820 | 4368 | 8008 | 11440 | 12870 | 11440 | 8008 |
| 17 | 1 | 17 | 136 | 680 | 2380 | 6188 | 12376 | 19448 | 24310 | 24310 | 19448 |
| 18 | 1 | 18 | 153 | 816 | 3060 | 8568 | 18564 | 31824 | 43758 | 48620 | 43758 |
| 19 | 1 | 19 | 171 | 969 | 3876 | 11628 | 27132 | 50388 | 75582 | 92378 | 92378 |
| 20 | 1 | 20 | 190 | 1140 | 4845 | 15504 | 38760 | 77520 | 125970 | 167960 | 184756 |

# APÊNDICE II
# PROGRAMAS

1. Caso de uma amostra: teste para simetria
2. Uma amostra, duas medidas: teste da permutação para replicações emparelhadas
3. Duas amostras independentes: teste da permutação para duas amostras independentes
4. $k$ amostras independentes: teste qui-quadrado para tabelas de contingência $r \times k$ com partições
5. $k$ amostras independentes: teste de Jonckheere para alternativas ordenadas

## PROGRAMA 1

### Caso de uma amostra: teste para simetria

```
100 REM Test for Section 4.4
110 REM Randles, R. H., Fligner, M. A., Policello, G. E., and Wolfe, D. A.,
120 REM An Asymptotically Distribution-Free Test for Symmetry Versus Asymmetry,
130 REM Journal of the American Statistical Association, 1980, 75, 168-172.
140 REM Coded by N. J. Castellan, Jr., Copyright 1982.
150 PRINT"An Asymptotically Distribution-Free Test for Symmetry Versus Asymmetry"
160 INPUT "How many observations (N)": N
170 DIM X(N),T1(N),T2(N,N)
180 REM -- read data
190 PRINT "Enter the data values one at a time."
200 FOR I=1 TO N : INPUT X(I) : NEXT I
210 REM -- begin computations
220 REM -- this program assumes that all variables and arrays
230 REM -- are initialized to zero's
240 FOR I=1 TO N-2
250     FOR J=I+1 TO N-1
260         FOR K=J+1 TO N
270             AVE = (X(I)+X(J)+X(K))/3
280             MIN=X(I) : MED=X(J) : MAX=X(K)
290             IF MIN>MED THEN SWAP MIN,MED
300             IF MED>MAX THEN SWAP MED,MAX
310             IF MIN>MED THEN SWAP MIN,MED
320             IF AVE>MED THEN RL=1 ELSE IF AVE<MED THEN RL=-1 ELSE RL=0
330             T = T+RL
340             T1(I)=T1(I)+RL
350             T1(J)=T1(J)+RL
360             T1(K)=T1(K)+RL
370             T2(I,J)=T2(I,J)+RL
380             T2(I,K)=T2(I,K)+RL
390             T2(J,K)=T2(J,K)+RL
400         NEXT K
410     NEXT J
420 NEXT I
430 B1=T1(N)^2 : B2=0
440 FOR I=1 TO N-1
450     B1=B1+T1(I)^2
460     FOR J=I+1 TO N
470         B2=B2+T2(I,J)^2
480     NEXT J
490 NEXT I
500 PRINT "N =";N;", Sum B2(i) =";B1;", Sum B2(jk) =";B2
510 VAR = B1*(N-3)*(N-4)/((N-1)*(N-2)) + B2*(N-3)/(N-4) + N*(N-1)*(N-2)/6
520 VAR = VAR - (1 - (N-3)*(N-4)*(N-5)/(N*(N-1)*(N-2)))*T^2
530 PRINT "T =";T;", Var(T) =";VAR;", z = T/sqr(var(T)) =";T/SQR(VAR)
540 END
```

## PROGRAMA 2

**Uma amostra, duas medidas: teste da permutação para replicações emparelhadas**

```
' THE PERMUTATION TEST FOR PAIRED REPLICATES, Section 5.4
' Coded in QuickBASIC.  Copyright 1987 N. John Castellan, Jr.
' Algorithm will work if number of pairs of data (N) < 15
' Note: This limit is not checked by the program.
' For larger sample sizes remove the DEFINT statement.
' (Removing DEFINT allows larger samples sizes at the expense of
' increased execution time.)
' This version of the program has not been optimized to minimize
' the number of iterations.  (This was done to make program more readable.)
' Integrated package version is optimized and handles large N.
DEFINT I,N,W,U ' Remove this statement if N>14.
UPPERTAIL=0 : NPERM=0: CRIT=0
INPUT "What is the sample size":N
DIM D(N,2),INDEX(N)
PRINT "Input the data, pair by pair (two entries separated by a comma):"
' The following data are from example in Section 5.4
DATA 82,63, 69,42, 73,74, 43,37, 58,51, 56,43, 76,80, 85,82
FOR I=1 TO N
    ' After debugging, insert a ' before the following READ statement and
    ' delete the ' from the next line so data may be entered from keyboard.
    READ D1,D2:D(I,1)=D1-D2:D(I,2)=D2-D1
    ' INPUT D1,D2 : D(I,1)=D1-D2 : D(I,2)=D2-D1
    CRIT=CRIT+D(I,1)
    INDEX(I)=1
NEXT I
LOOP1:
    SUM=0
    FOR I=1 TO N
        SUM=SUM+D(I,INDEX(I))
    NEXT I
    NPERM=NPERM+1
    IF SUM>=CRIT THEN UPPERTAIL=UPPERTAIL+1
    I=N
    WHILE I>0
        IF INDEX(I)=1 THEN INDEX(I)=2 : GOTO LOOP1
        INDEX(I)=1 ' Reset index
        I=I-1
    WEND
' Calculations done, print summary
PRINT "PERMUTATION TEST FOR PAIRED REPLICATES"
PRINT USING "Observed sum of differences = #####.##":CRIT
PRINT USING "Number of sums >= observed sum: ##### out of ##### sums.";UPPERTAIL
,NPERM
PRINT USING "Upper Tail Probability = #.####":UPPERTAIL/NPERM
END
```

---

Portions © Copyright Microsoft Corporation, 1982, 1983, 1984, 1985, 1986, 1987. Todos os direitos reservados.

## Amostra de saída para o Programa 2

*Os seguintes dados são do Exemplo 5.4, página 103.*

```
What is the sample size? 8
Input the data, pair by pair (two entries separated by a comma):
? 82,63
? 69,42
? 73,74
? 43,37
? 58,51
? 56,43
? 76,80
? 85,82

PERMUTATION TEST FOR PAIRED REPLICATES

Observed sum of differences =    70.00

Number of sums >= observed sum:     6 out of    256 sums.

Upper Tail Probability = 0.0234


Normal termination. Press any key.
```

## PROGRAMA 3

**Duas amostras independentes: teste da permutação para duas amostras independentes.**

```
' PERMUTATION TEST FOR TWO INDEPENDENT SAMPLES, Section 6.7
' Coded in QuickBASIC.  Copyright 1987 N. J. Castellan, Jr.
' Algorithm will work if number of permutations is less than 32768
' Limits:   M + N < 18
'           or (M=7, N<12), (M=6, N<14), (M=5, N<18), (M=4, N<28), (M=3, N<57)
' Note: These limits are not checked by program.
' Program will run significantly faster if the smaller group is entered first.
' This version of the program has not been optimized to minimize
' the number of iterations.  (This was done to make program more readable.)
' Integrated package version is optimized and handles large M and N.
DEFINT I,M,N,U
INPUT "What are the samples sizes";M,N
MN=M+N
DIM X(MN), INDEX(MN)
PRINT "Input the data for Group 1. (One datum at a time.)"
FOR I=1 TO M : INPUT X(I) : NEXT I
PRINT "Input the data for Group 2. (One datum at a time.)"
FOR I=1 TO N : INPUT X(M+I) : NEXT I
' Get totals and set indexes
FOR I=1 TO MN
    SUM = SUM + X(I)
    IF I=M THEN CRIT1=SUM
    INDEX(I)=I
NEXT I
NPERM=1 : UPPERTAIL=1 ' NPERM = # permutations, UPPERTAIL = # in uppertail
LOOP1:
    I=M
    LOOP2:
        IF INDEX(I)=MN THEN I=I-1 : IF I=0 GOTO WRAPUP ELSE GOTO LOOP2
        INDEX(I)=INDEX(I)+1
        IF I<M THEN ' get next element of permutation
            I=I+1
            INDEX(I)=INDEX(I-1)
            GOTO LOOP2
        ELSE ' Evaluate current sum
            NPERM=NPERM+1
            SUM1=0
            FOR I=1 TO M
                SUM1=SUM1+X(INDEX(I))
            NEXT I
            IF SUM1 >= CRIT1 THEN UPPERTAIL=UPPERTAIL+1
            GOTO LOOP1
        END IF
WRAPUP: ' Computation is done, print results
PRINT "            PERMUTATION TEST"
PRINT "      Group:     1          2"
PRINT USING "Sample Size:  ###        ###";M,N
PRINT USING "Sample Sums: #####.##  #####.##":CRIT1,SUM-CRIT1
PRINT USING "Number of Sums >= Group 1 Sum: ##### out of ##### sums.";UPPERTAIL,NPERM
PRINT USING "Upper Tail Probability = #.####";UPPERTAIL/NPERM
END
```

---

Portions © Copyright Microsoft Corporation, 1982, 1983, 1984, 1985, 1986, 1987. Todos os direitos reservados.

## Amostra de saída para o Programa 3

*Os seguintes dados são do exemplo na Seção 6.7.2, página 161.*

```
What are the samples sizes? 5,4
Input the data for Group 1. (One datum at a time.)
? 22
? 19
? 16
? 29
? 24
Input the data for Group 2. (One datum at a time.)
? 11
? 12
? 20
? 0
                PERMUTATION TEST
       Group:         1         2
Sample Size:          5         4
Sample Sums:     110.00     43.00
Number of Sums >= Group 1 Sum:     3 out of   126 sums.
Upper Tail Probability = 0.0238



Normal termination.  Press any key.
```

## PROGRAMA 4

### *k* amostras independentes: teste qui-quadrado para tabelas de contingência *r* × *k* com partições

```
100 REM Test for Section 8.1
110 REM Coded by N. J. Castellan, Jr., Copyright 1984, 1985.
120 PRINT "Routine to calculate chi-square and partitioned chi-square"
130 PRINT "for general r by k contingency table."
140 PRINT : PRINT"     You must enter the size of the contingency table,"
150 PRINT "      followed by the cell frequencies." : PRINT
160 INPUT "How many rows":R
170 INPUT "How many columns":K
180 DIM X(R,K), ROW(R), COL(K), E(R,K)
190 REM Read Data -- READ X(I,J) at line 240 may be changed to INPUT X(I,J)
200 REM              Remove the REM at the beginning of line 250
210 PRINT : PRINT"Now enter the data, cell by cell."
220 FOR I=1 TO R
230    FOR J=1 TO K
240       READ X(I,J)
250       REM PRINT "Enter the data for cell":I:",":J; : INPUT X(I,J)
260    NEXT J
270 NEXT I
280 REM Calculate marginal frequencies
290 FOR I=1 TO R
300    FOR J=1 TO K
310       ROW(I)=ROW(I)+X(I,J)
320       COL(J)=COL(J)+X(I,J)
330       N=N+X(I,J)
340    NEXT J
350 NEXT I
360 REM Find expected values and calculate chi-square (X2)
370 FOR I=1 TO R
380    FOR J=1 TO K
390       E(I,J)=ROW(I)*COL(J)/N
400       X2=X2+(X(I,J)^2)/E(I,J)
410    NEXT J
420 NEXT I
430 X2=X2-N
440 PRINT : PRINT "Chi-square =";X2;" with ";(R-1)*(K-1);" degrees of freedom."
450 REM Begin partitioning procedure
460 PRINT : PRINT"Partition  cell(i,j)    Chi-Square"
470 FOR J=2 TO K
480    UR=X(1,J) : UL=0 : LL=0 : LR=0
490    FOR JJ=1 TO J-1 : UL=UL+X(1,JJ) : NEXT JJ
500    SR=0 : SC=SC+COL(J-1)
510    FOR I=2 TO R
520       UL=UL+LL
530       UR=UR+LR
540       LL=0 : FOR JJ=1 TO J-1 : LL=LL+X(I,JJ) : NEXT JJ
550       LR=X(I,J)
560       SR=SR+ROW(I-1)
570       XT=N*(COL(J)*(ROW(I)*UL - SR*LL) - SC*(ROW(I)*UR - LR*SR))^2
580       XT=XT/(COL(J)*ROW(I)*SC*(SC+COL(J))*SR*(SR+ROW(I)))
590       T=(R-1)*(J-2)+I-1
600       PRINT USING "   ###        ##:##       ###.###";T,I,J,XT
610    NEXT I
620 NEXT J
630 STOP : '-----------------------------------------------------------
640 REM Data from Sample Problem of Section 8.1
650 REM k = 4 Groups, r = 3 levels or rows
660 DATA 13,8,10,3, 20,23,27,18, 11,12,12,21
670 END
```

## Amostra de saída para o Programa 4

*Os seguintes dados são dos Exemplos 8.1a e 8.1b, páginas 205 e 208.*

```
Routine to calculate chi-square and partitioned chi-square
for general r by k contingency table.

    You must enter the size of the contingency table,
    followed by the cell frequencies.

How many rows? 3
How many columns? 4

Chi-square = 12.778 with 6 degrees of freedom.

Partition   cell(i,j)   Chi-Square
    1         2: 2         1.620
    2         3: 2         0.085
    3         2: 3         0.415
    4         3: 3         0.055
    5         2: 4         1.840
    6         3: 4         8.762
```

## PROGRAMA 5

### k amostras independentes: teste de Jonckheere para alternativas ordenadas

```
100 REM Test for Section 8.4
110 REM Coded by N. J. Castellan, Jr., Copyright 1982.
120 PRINT "Routine to Calculate the Jonckheere Test for Ordered Alternatives"
130 INPUT "How many groups":K
140 DIM N(K), U(K,K)
150 REM Read Group sizes and Calculate terms for Mean and Variance
160 REM -- This program assumes that all variables and arrays
170 REM -- are initialized to zero's
180 FOR I = 1 TO K
190     PRINT "How many observations in group ";I; : INPUT N(I)
200     N1 = N1 + N(I)
210     N2 = N2 + N(I)^2
220     N3 = N3 + N(I)^3
230 NEXT I
240 REM Read Data -- READ X(IJ) may be changed to INPUT X(IJ)
250 DIM X(N1)
260 FOR I = 1 TO K
270     FOR J = 1 TO N(I)
280         IJ=IJ+1
290         READ X(IJ)
300     NEXT J
310 NEXT I
320 REM Calculate Mean and Variance
330 MEAN = (N1^2 - N2)/4
340 VARIANCE = ((N1^2)*(2*N1 + 3) - (2*N3 + 3*N2))/72
350 REM Calculate Mann-Whitney U-counts
360 ILOW=0 : IHIGH=0
370 FOR I = 1 TO K-1
380     ILOW = IHIGH + 1
390     IHIGH = ILOW + N(I) - 1
400     FOR IX = ILOW TO IHIGH
410         JHIGH = IHIGH
420         FOR J = I+1 TO K
430             JLOW = JHIGH + 1
440             JHIGH = JLOW + N(J) - 1
450             FOR JX = JLOW TO JHIGH
460                 IF X(IX) < X(JX) THEN U(I,J) = U(I,J) + 1
470                 IF X(IX) = X(JX) THEN U(I,J) = U(I,J) + .5
480             NEXT JX
490         NEXT J
500     NEXT IX
510 NEXT I
520 PRINT "Group         Group         U(i,j)"
530 FOR I=1 TO K-1
540     FOR J=I+1 TO K
550         PRINT I,J,U(I,J)
560         JS = JS + U(I,J)
570     NEXT J
580 NEXT I
590 PRINT : PRINT "Jonckheere Statistic: J = ";JS
600 PRINT : PRINT "Mean = "; MEAN; ", Variance = "; VARIANCE
610 PRINT "Standard Normal Approximation: J* = "; (JS - MEAN)/SQR(VARIANCE)
620 STOP : '-----------------------------------------------------------
630 REM Data from Sample Problem of Section 8.4
640 REM k = 4 Groups, n(1)=12, n(2)=9, n(3)=8, n(4)=6
650 DATA  8.82, 11.27, 15.78, 17.39, 24.99, 39.05, 47.54, 48.85
660 DATA 71.66, 72.77, 90.38, 103.13
670 DATA 13.53, 28.42, 48.11, 48.64, 51.40, 59.91, 67.98, 79.13, 103.05
680 DATA 19.23, 67.83, 73.68, 75.22, 77.71, 83.67, 86.83, 93.25
690 DATA 73.51, 85.25, 85.82, 88.88, 90.33, 118.11
700 END
```

## Amostra de saída para o Programa 5

*Os seguintes dados são do Exemplo 8.4, página 231.*

```
How many observations in group 1 ? 12
How many observations in group 2 ? 9
How many observations in group 3 ? 8
How many observations in group 4 ? 6

Group        Group          U(i,j)
  1            2              66
  1            3              73
  1            4              62
  2            3              52
  2            4              48
  3            4              36

Jonckheere Statistic: J =   337

Mean =  255 , Variance =  1140
Standard Normal Approximation: J* =   3.31715
```

# APÊNDICE III
# USO DE RECURSOS COMPUTACIONAIS PARA O TRATAMENTO DE DADOS

O presente apêndice fornece um conjunto de possibilidades computacionais para os mesmos testes do Apêndice II. É importante destacar que não há um *software* único que realize todos os testes mencionados. Assim, a opção foi apresentar aqueles mesmos programas do referido apêndice com plataformas mais amigáveis e mais acessíveis ao público em geral. A exceção a todos eles é o teste de Jonckheere, que está disponível apenas no módulo "SPSS Exact Tests 7.0"®. Os outros, contudo, estão disponíveis *on-line* ou podem ser obtidos (*via download*) na Internet.

## 1. CASO DE UMA AMOSTRA: TESTE PARA SIMETRIA (SEÇÃO 4.4)

Para este teste há um programa que pode ser obtido (*via download*) gratuitamente pela Internet. Acesse o site: <http://www.brixtonhealth.com>, o qual possui várias opções de *download*. No caso do teste para simetria deve ser usado o arquivo WINPEPI.ZIP (Figura AIII.1.1).

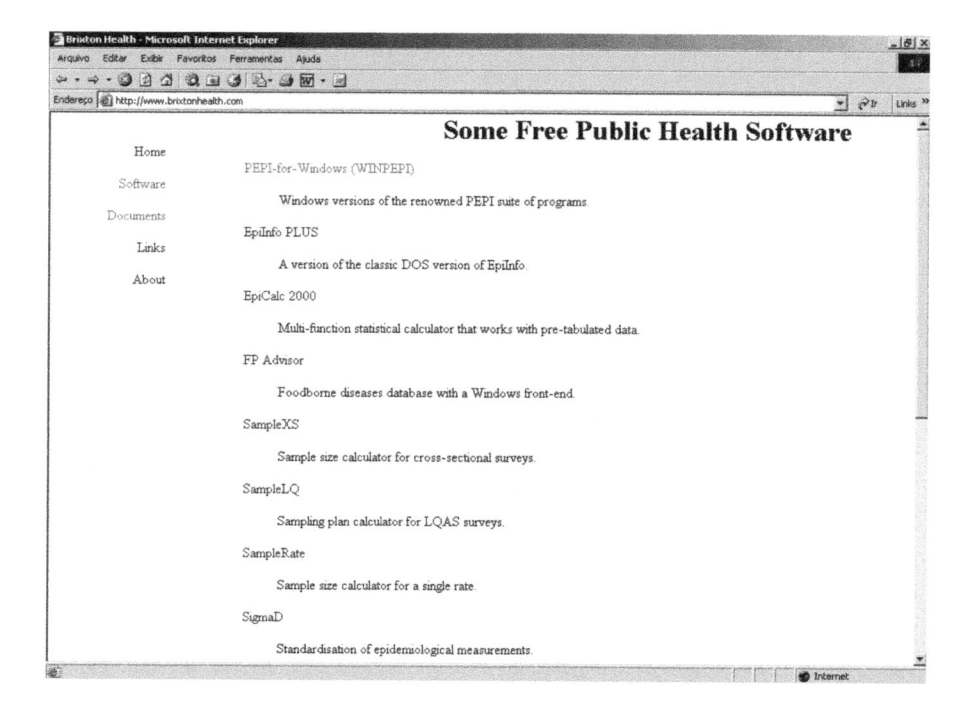

**Figura AIII.1.1**
Página para *download* de programas estatísticos.

Após "baixar" o programa, descompacte-o e atente para o fato de que este é um programa para ser instalado no seu computador (ou não, pois pode ser executado diretamente), o que representa uma comodidade. No conjunto de arquivos há vários programas e um arquivo de ajuda (finder.hlp). Para selecionar o teste ou procurar outro, o arquivo de ajuda é recomendado. Neste arquivo, o teste para simetria é apresentado com os nomes dos seus criadores (Randles-Fligner-Policello-Wolfe test for symmetry, FIT). Assim, analisando o tutorial de ajuda, encontra-se uma indicação de que o teste em questão está no programa "DESCRIBE D" (Figura AIII.1.2). Isto é, no programa DESCRIBE deve-se selecionar a opção D.

Ao escolher a opção D, uma nova janela é aberta (Figura AIII.1.3), na qual aparecem as opções dos dados coletados e a subjanela para a entrada dos dados. Isto é feito por meio da digitação dos valores (com pontos em vez de vírgulas) seguidos da digitação da tecla "espaço" ou "enter". Os dados ficam em seqüência (Figura AIII.1.3).

Uma vez colocados os dados da tabela 4.4 (Seção 4.4), clique em "run". O programa abrirá outra janela com os resultados (Figura AIII.1.4). Como o programa realiza vários testes, utilize a barra lateral da janela para localizar o resultado do teste.

Como resultado, obteve-se o valor da significância de $p = 0{,}878$ (que é calculado diretamente pelo *software*), indicando que não se pode rejeitar a $H_0$ para o nível de significância adotado a $= 0{,}05$ ($p > \alpha$), como mostrado na Seção 4.4.

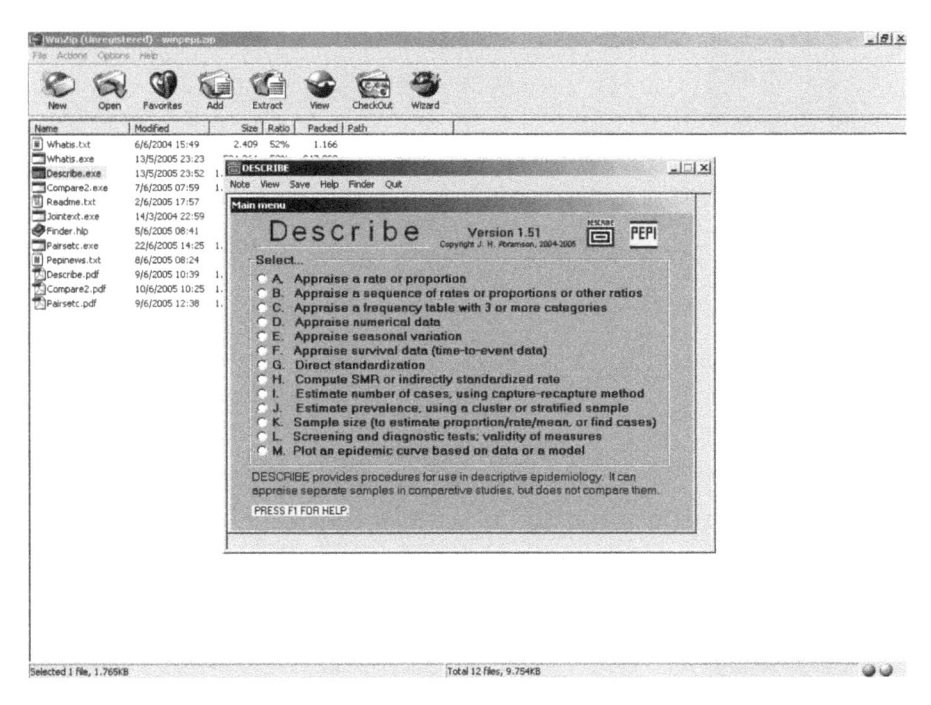

APÊNDICE III   USO DE RECURSOS COMPUTACIONAIS PARA O TRATAMENTO DE DADOS    **423**

**Figura AIII.1.2**
Programa para o cálculo do teste de simetria.

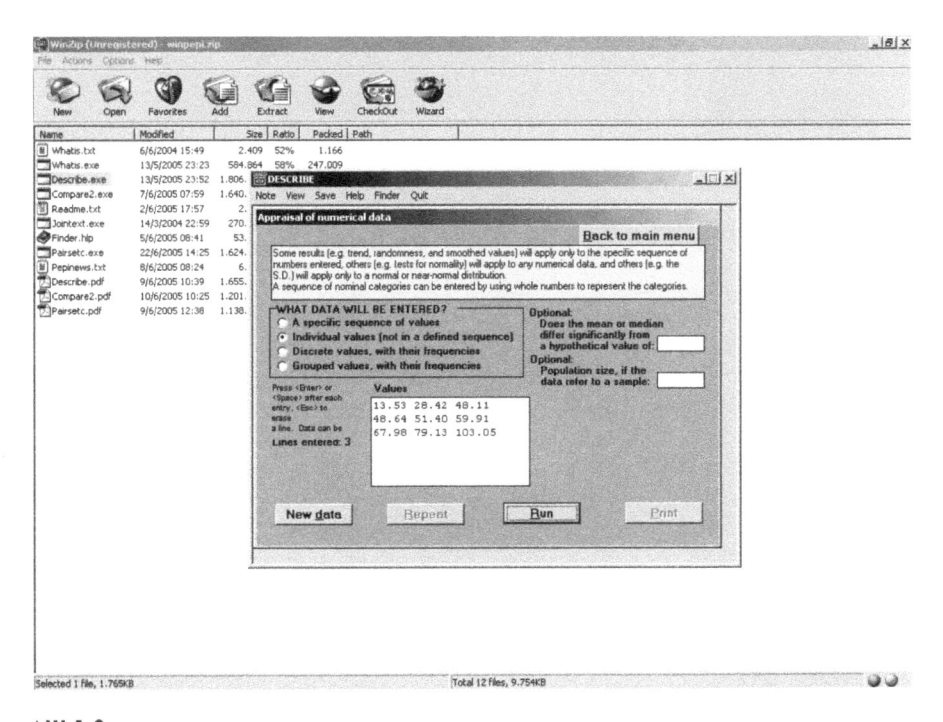

**Figura AIII.1.3**
Programa para o cálculo do teste de simetria.

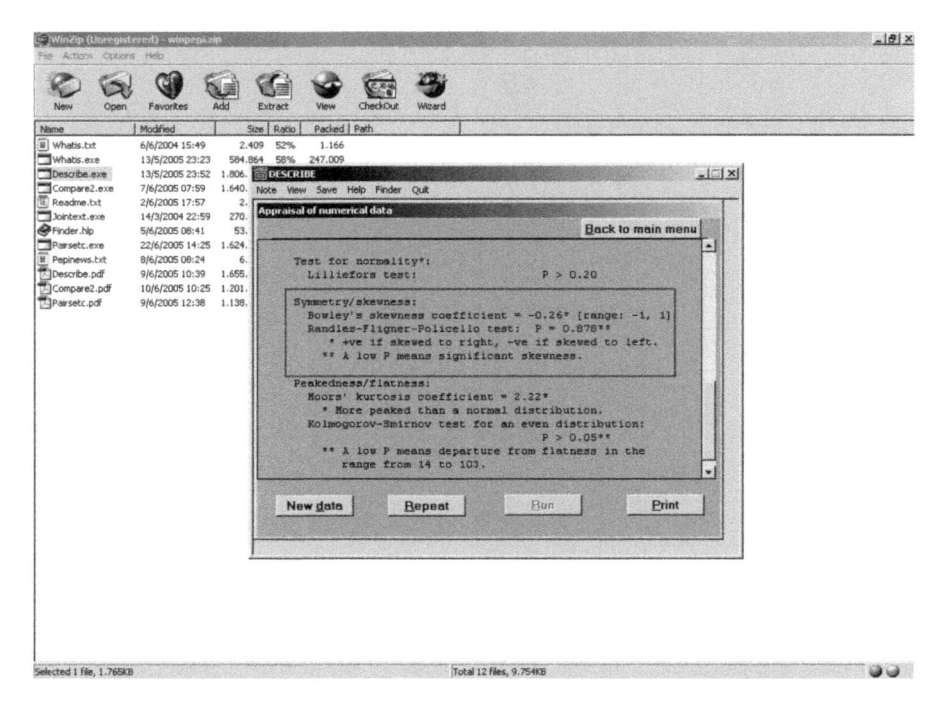

**Figura AIII.1.4**
Resultados do cálculo do teste para simetria.

## 2. UMA AMOSTRA, DUAS MEDIDAS: TESTE DA PERMUTAÇÃO PARA REPLICAÇÕES EMPARELHADAS (SEÇÃO 5.4)

Para este programa também há um *site* de fácil acesso na Internet, o qual possui um programa em Javaescript para o cálculo on-line. Este programa roda diretamente no servidor da Universidade da Califórnia – Los Angeles (UCLA), e o *site* em questão também pertence a esta universidade.

Para realizar o teste acesse a página: <www.stat.ucla.edu> (Figura AIII.2.1)

Em seguida deve-se acessar o *link* "Statistics Calculator".

A página nova (Figura AIII.2.2) mostra vários *links* para o uso *on-line* de programas para o cálculo de testes estatísticos específicos.

Ao escolher o *link* "Two Sample Test Calculator" aciona-se o programa (Figura AIII.2.3).

Insira os dados usando a tecla "enter" a cada digitação. Ao inserir os dados apresentados no exemplo da Seção 5.4, escolha a opção "paired samples", com a hipótese de que $ì_1 > = ì_2$, isto é, a amostra com média 1 é maior ou igual a amostra com média 2, pois esta é a $H_0$ do exemplo (os dois tratamentos são equivalentes).

Como resultado (Figura AIII.2.4) observamos que o valor da significância é de $p = 0,04$, o qual é maior do que o valor de a (nível de significância) que era de 0,05. A comparação com o valor da significância revela que $p < \alpha$ e, portanto, a $H_0$ é aceita.

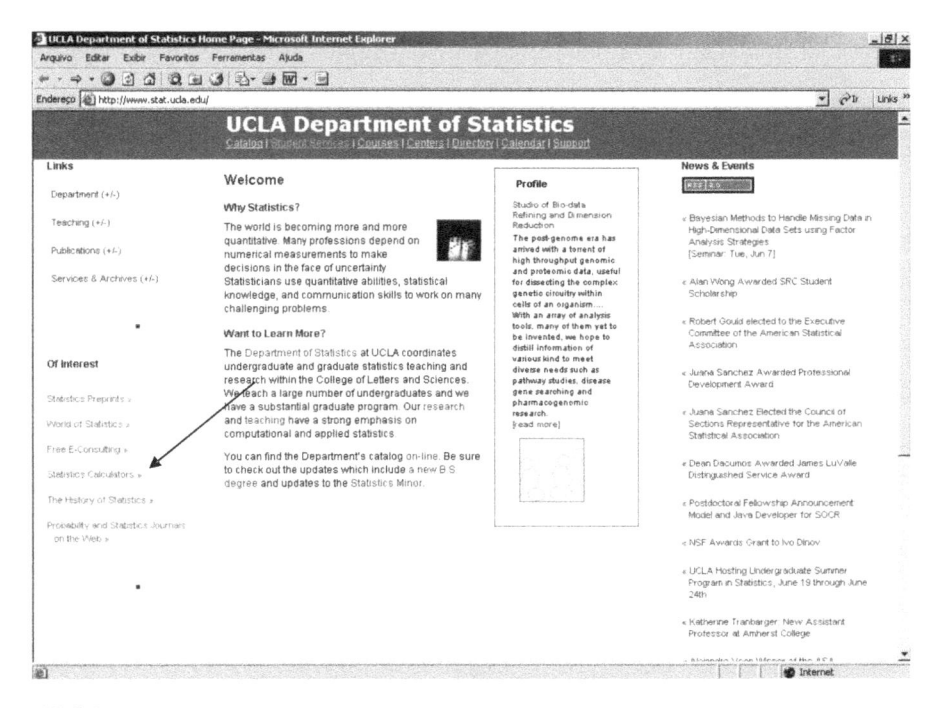

APÊNDICE III   USO DE RECURSOS COMPUTACIONAIS PARA O TRATAMENTO DE DADOS    **425**

**Figura AIII.2.1**
Página do Departamento de Estatística da UCLA.

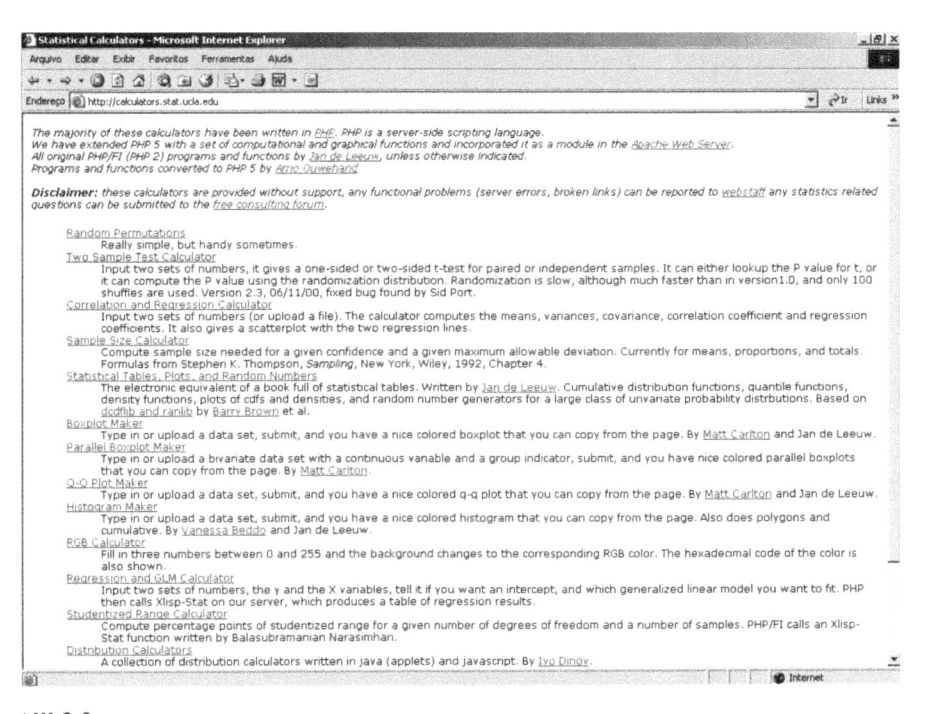

**Figura AIII.2.2**
Página dos programas de cálculo de testes.

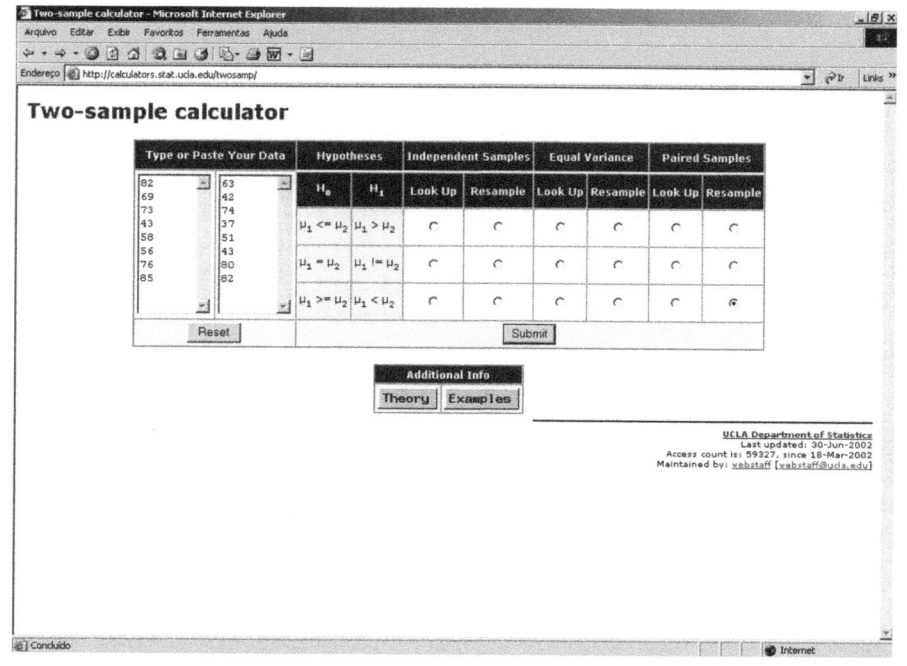

**Figura AIII.2.3**
Página dos programas *on-line* de cálculo do teste da permutação para replicações emparelhadas contendo os dados do exemplo da Seção 5.4.

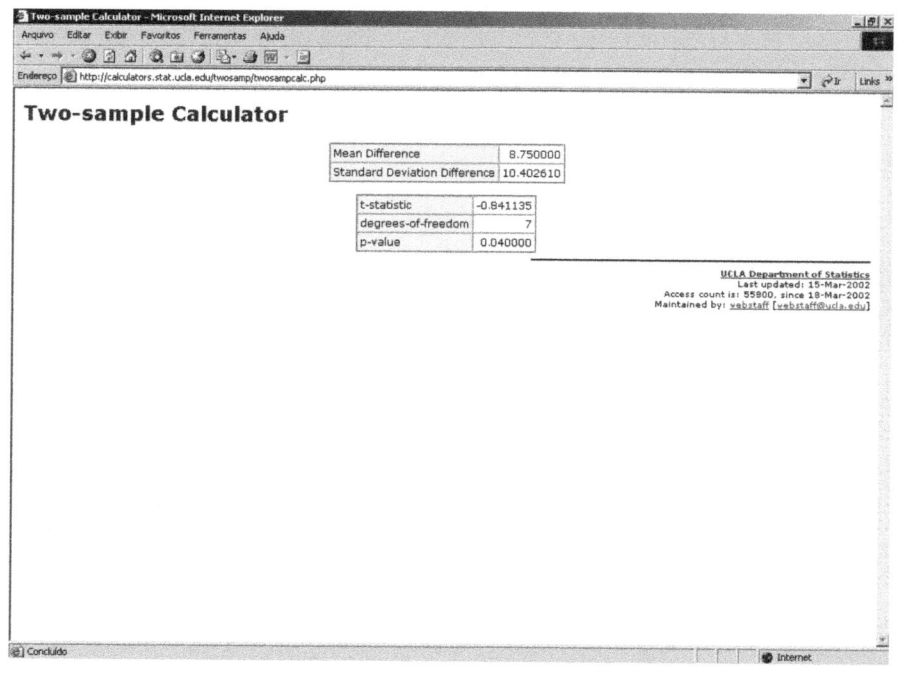

**Figura AIII.2.4**
Resultados do teste da Seção 5.4: Teste da permutação para replicações emparelhadas.

Note que no Apêndice II, o resultado do teste apresentado mostra $p = 0{,}0234$ para *uma* cauda. O resultado do teste do programa citado aqui mostra 0,040, que se refere a *duas* caudas e é, aproximadamente, o dobro do primeiro valor pois há diferenças de arredondamento nos programas.

Sempre que usamos protocolos em Java podem ocorrer diferenças ou instabilidade nos resultados em função do sistema operacional que está instalado no computador de acesso ao programa. Sistemas operacionais mais recentes apresentam maior estabilidade.

## 3. DUAS AMOSTRAS INDEPENDENTES: TESTE DA PERMUTAÇÃO PARA DUAS AMOSTRAS INDEPENDENTES (SEÇÃO 6.7)

Da mesma forma que no teste anterior, o *site* da UCLA fornece a opção de análise de duas amostras independentes (Figura AIII.3.1).

Inseridos os dados do exemplo da Seção 6.7 (*ver* Figura AIII.3.1), são obtidos os resultados (Figura AIII.3.2) que indicam que a $H_0$ não é rejeitada no nível de significância de 0,05 ($p < \alpha$).

Novamente o teste é calculado para duas caudas e o valor de $p$ é o dobro daquele mostrado no Apêndice II.

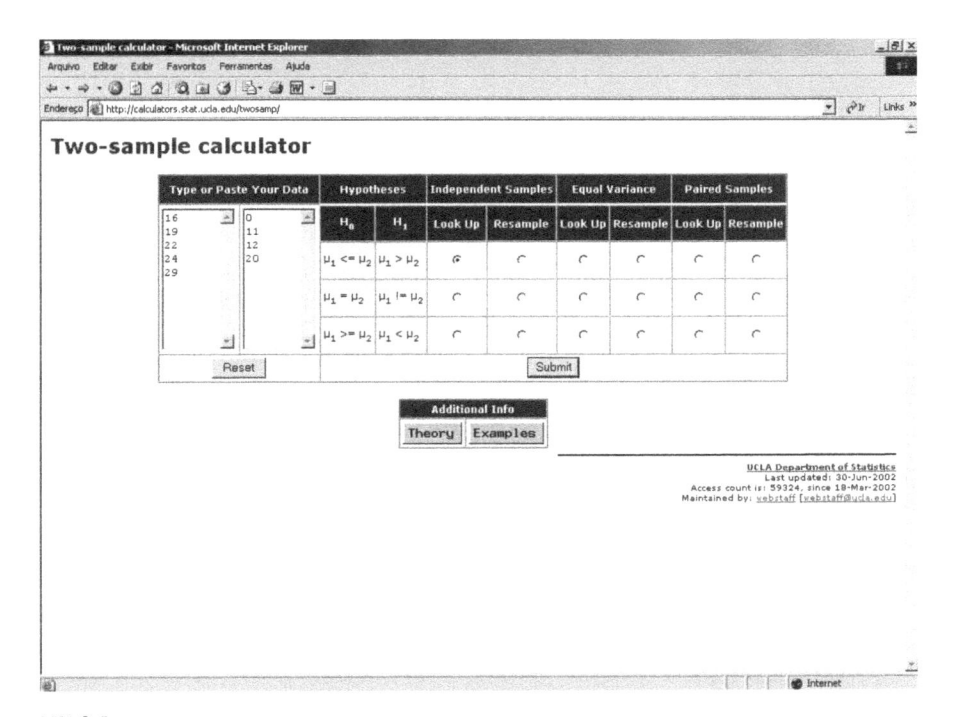

**Figura AIII.3.1**
Página dos programas *on-line* de cálculo de teste da permutação para duas amostras independentes (Seção 6.7).

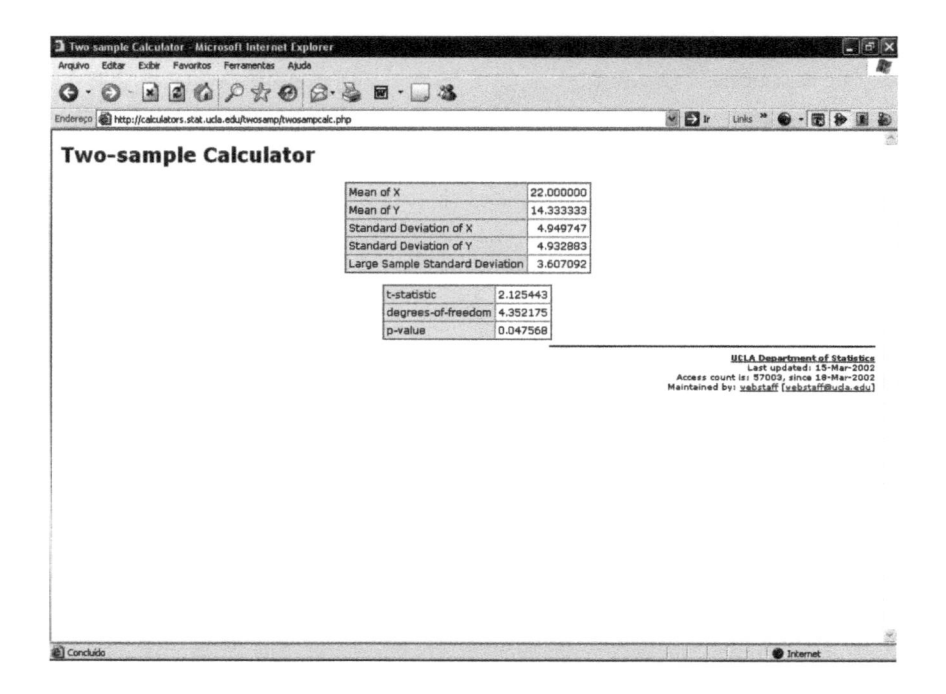

**Figura AIII.3.2**
Resultados do teste da Seção 6.7: Teste da permutação para duas amostras independentes.

## 4. *K* AMOSTRAS INDEPENDENTES: TESTE QUI-QUADRADO PARA TABELAS DE CONTINGÊNCIA *R* × *K* COM PARTIÇÕES (SEÇÃO 8.1)

O melhor programa para o cálculo do qui-quadrado é o BioEstat 3.0, *software* brasileiro gratuito criado pelos pesquisadores da Sociedade Civil Mamirauá, com o apoio do Ministério da Ciência e da Tecnologia e do CNPq. Tal programa pode ser obtido por *download* no *site* <www.mamiraua.org.br> ou encaminhando um pedido à entidade. Este *software* calcula a maioria dos testes apresentados neste livro, além de outros. Seu manual encontra-se, em formato .pdf, no tópico "Ajuda" da barra de menu.

O BioEstat 3.0 é simples de ser utilizado e permite a realização do cálculo de forma rápida e segura. Para a entrada de dados, colocam-se apenas as contingências (Figura AIII.4.1), omitindo-se os valores esperados, diferentemente do que é apresentado na tabela 8.1 (Seção 8.1), pois o próprio programa calcula esses valores.

Para a escolha do teste basta selecionar no menu a opção "Estatísticas" e, em seguida, "Qui-Quadrado", "Partição L x C" (*vide* Figura AIII.4.2).

Ao pressionar teste "Qui-Quadrado" e "Partição L x C", uma nova caixa de diálogo será aberta (Figura AIII.4.3) oferecendo a opção de seleção de variáveis para o cálculo do teste. Neste caso, devem-se selecionar todas as colunas disponíveis, clicando sobre cada variável e usando o botão ">>".

Ao selecionar as quatro variáveis e pressionar o botão "Executar Estatística", uma nova janela apresentará o resultado (Figura AIII.4.4).

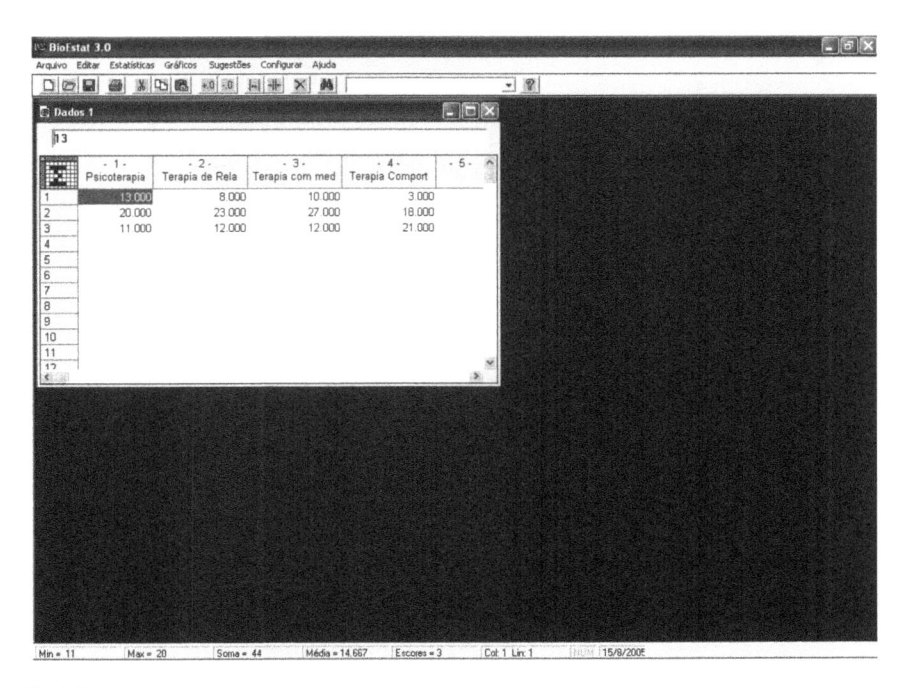

**Figura AIII.4.1**
Tela do BioEstat 3.0 com o dados do teste de qui-quadrado do exemplo 8.1a.

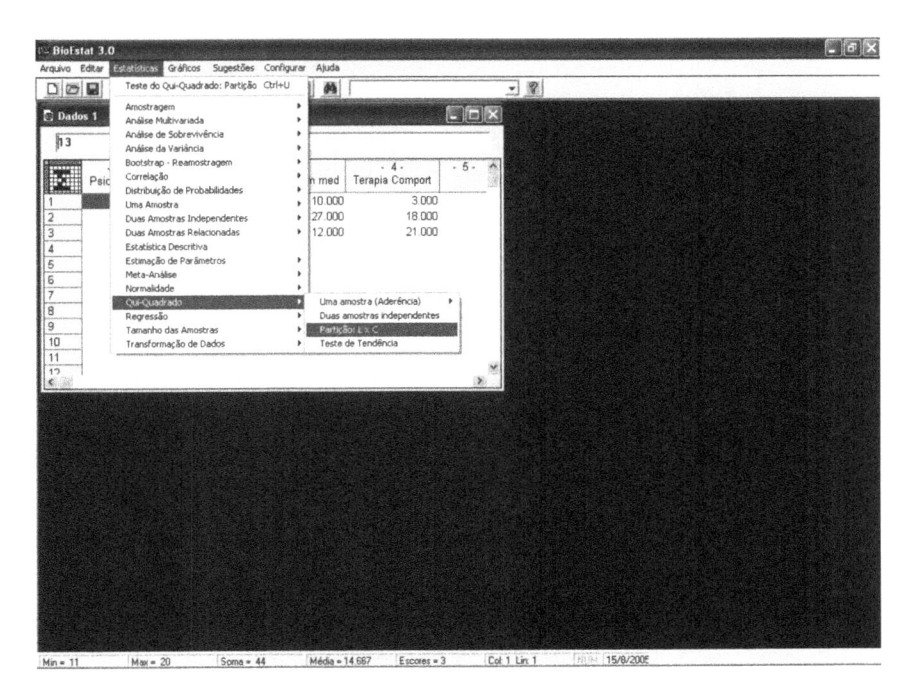

**Figura AIII.4.2**
Tela com o caminho para a escolha do teste qui-quadrado no BioEstat 3.0.

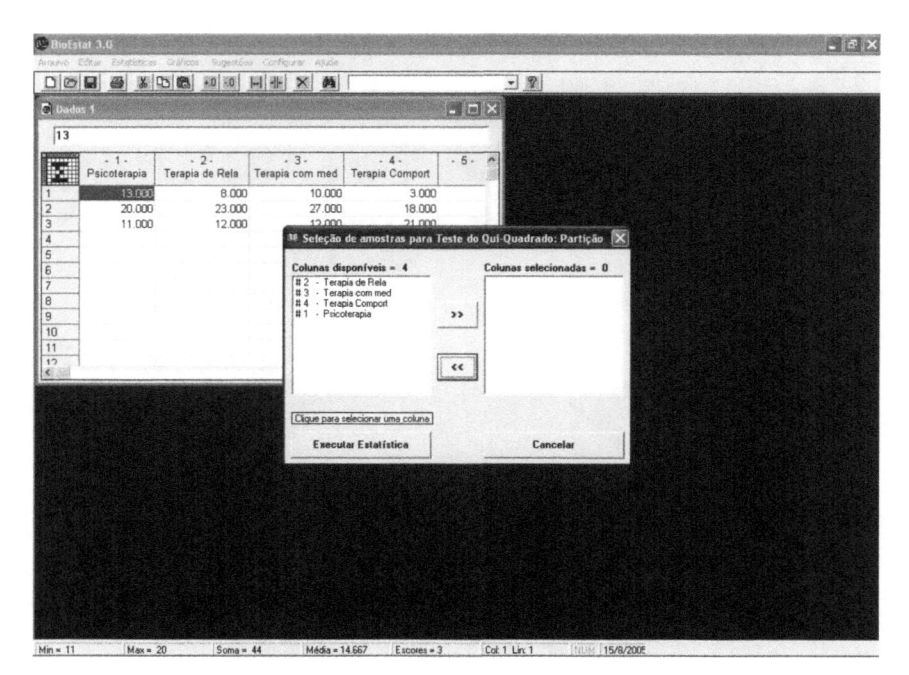

**Figura AIII.4.3**
Janela de seleção das variáveis para o cálculo do teste qui-quadrado no BioEstat 3.0.

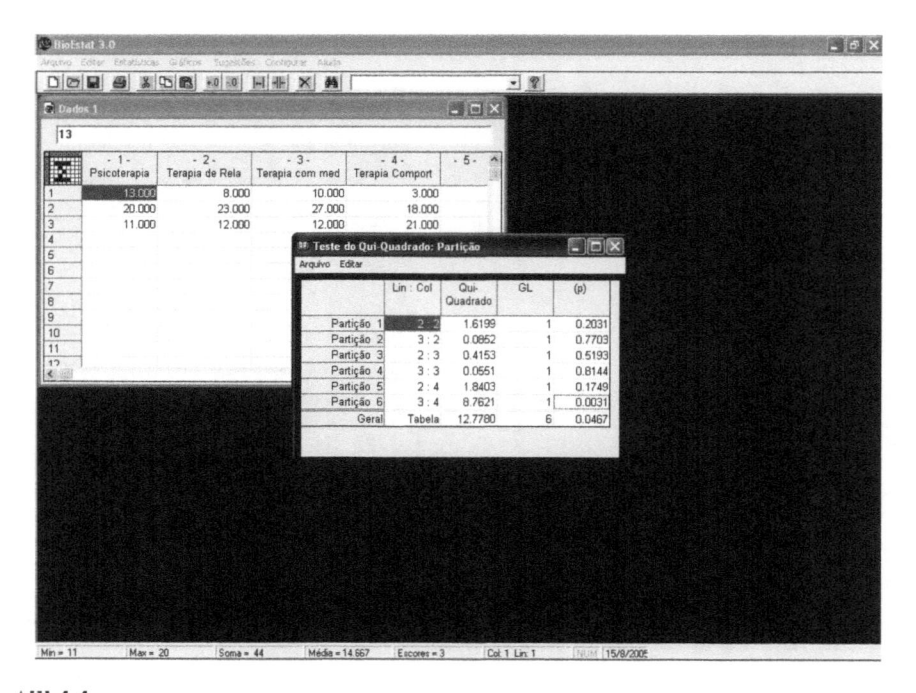

**Figura AIII.4.4**
Janela com resultado do teste qui-quadrado no BioEstat 3.0.

A interpretação do teste é bem simples. O programa calcula o valor da significância ($p = 0{,}0467$), o qual pode ser comparado com o valor do nível de significância (a) escolhido neste exemplo (0,05). Como $p < \alpha$, rejeita-se $H_0$.

## 5. *K* AMOSTRAS INDEPENDENTES: TESTE DE JONCKHEERE PARA ALTERNATIVAS ORDENADAS (SEÇÃO 8.4)

Para o teste de Jonckheere a opção é o programa SPSS®, *software* comercial muito usado por pesquisadores e profissionais de todo o mundo. Possui diversos módulos para o tratamento dos mais variados tipos de dados. Para maiores informações sobre o programa acesse o site do fabricante <www.spss.com>.

O programa em questão usa como padrão duas planilhas distintas.

1. *data view*: onde aparecem os dados em números ou em palavras (categorias).
2. *variable view*: onde aparecem as informações das variáveis.

Na planilha 1 (*data view*), a entrada de dados sempre deve ser feita com as variáveis nas colunas (vertical), e os casos, sujeitos ou medidas nas linhas (horizontal).

Note que os dados foram colocados em apenas uma coluna, pois no SPSS deve-se criar uma variável categórica para os grupos. Esta variável foi criada com valores arbitrários – 1, 2, 3 e 4 – para cada grupo. Assim, o valor 1 foi atribuído ao grupo de porcentagem de estímulo puro-NaCl 80, o valor 2 foi atribuído ao grupo de porcentagem de estímulo puro-NaCl 50 e assim por diante (Figura AIII.5.1).

**Figura AIII.5.1**
Tela da planilha de dados do SPSS para o teste de Jonckheere do exemplo 8.4 (Seção 8.4).

Na segunda tela do SPSS (*variable view*) foram acrescentados rótulos ou nomes aos quatro grupos (*vide* Figura AIII.5.2), pressionando o campo esquerdo da coluna "values". Assim, uma nova caixa de diálogo é aberta e os nomes, com os respectivos valores, devem ser incluídos. O não-uso deste recurso não prejudica o cálculo, mas os resultados obtidos ficam sem os rótulos, o que pode dificultar a interpretação.

Na seqüência deve-se escolher o teste (Figura AIII.5.3) recorrendo à barra de menu na opção "Analyze", "Nonparametrics tests", "k independent samples" (Figura AIII.5.3).

Como foi dito anteriormente, o SPSS é comercializado em módulos, e o teste em questão está disponível apenas no módulo "Exact Test" que, para ser usado, necessita da aquisição do módulo "Base" que permite a instalação e a operação do *software*.

Ao ser escolhido o caminho indicado, uma nova janela de diálogo será aberta. Deve-se selecionar a variável "por_NaCl" e transferi-la para a caixa "Test Variable List", e a variável categórica "grupo" para a caixa "Grouping Variable". Deve-se também pressionar o botão "Define Range" para selecionar a extensão dos valores que serão considerados no cálculo do teste (mínimo = 1 e máximo = 4). Essa opção existe porque o SPSS permite que o teste seja feito, por exemplo, apenas para valores compreendidos entre o intervalo 1 e 3, deixando de fora o grupo 4 (Figura AIII.5.4).

A seguir devem ser pressionados os botões "Continue" e "OK". Uma nova janela será aberta com os resultados (*OUTPUTS*). Identifica-se, então, entre as janelas geradas, aquela que corresponde ao teste em questão (Figura AIII.5.5).

**Figura AIII.5.2**
Tela da planilha 2, *variable view*, do SPSS para o exemplo 8.4.

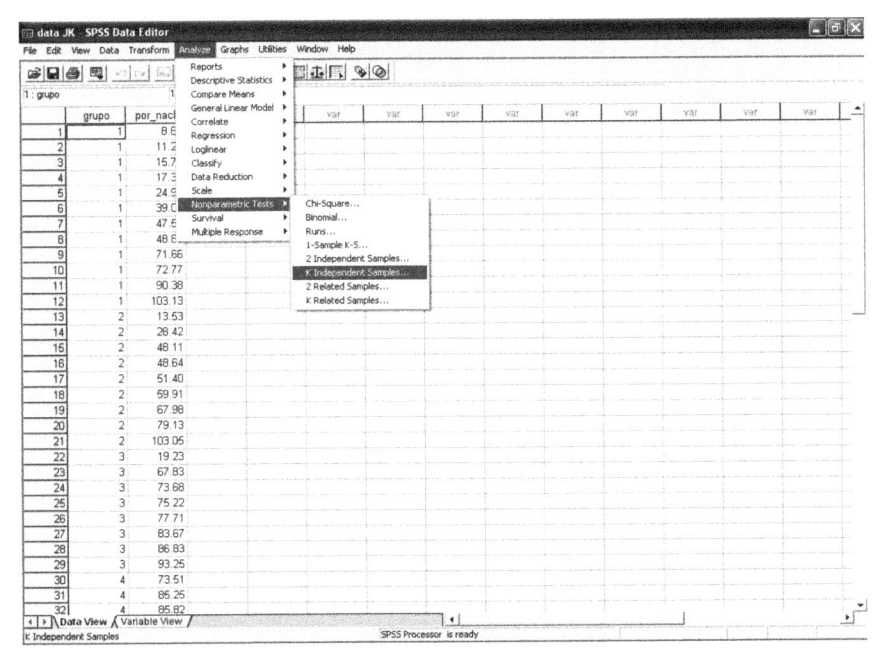

APÊNDICE III   USO DE RECURSOS COMPUTACIONAIS PARA O TRATAMENTO DE DADOS   **433**

**Figura AIII.5.3**
Tela do SPSS indicando o caminho para a escolha do teste de Jonckheere.

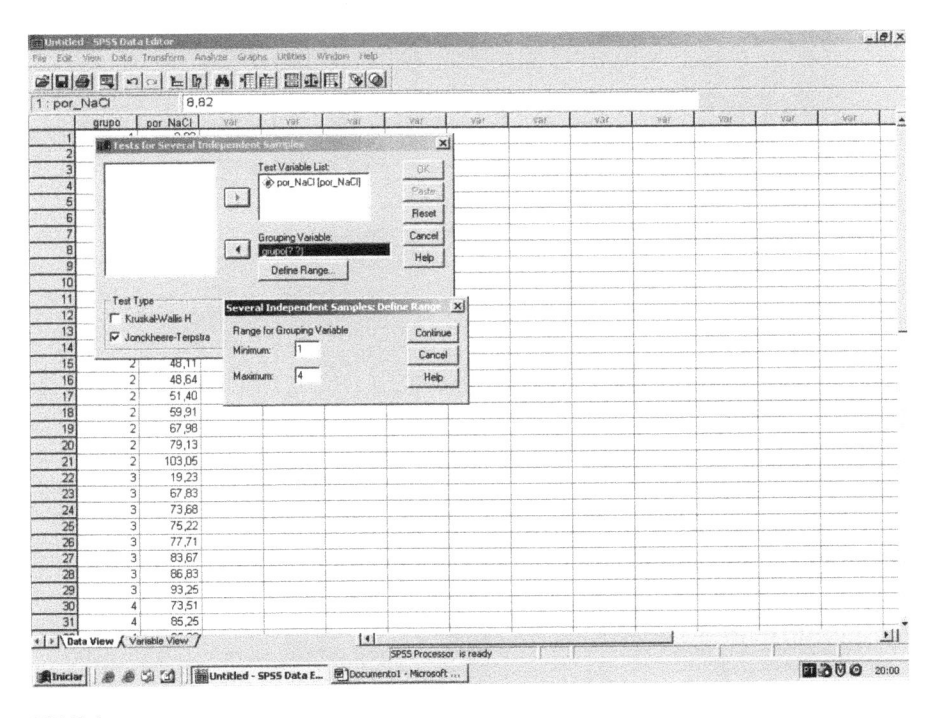

**Figura AIII.5.4**
Janela de diálogo para a seleção de variáveis do teste de Jonckheere no SPSS.

### TABELA AIII.5.1
Tabela com os resultados do teste Jonckheere no SPSS

**Jonckheere-Terpstra Test(a)**

|  | por_NaCl |
|---|---|
| Number of Levels in grupo | 4 |
| N | 35 |
| Observed J-T Statistic | 337.000 |
| Mean J-T Statistic | 225.000 |
| Std. Deviation of J-T Statistic | 33.764 |
| Std. J-T Statistic | 3.317 |
| Asymp. Sig. (2-tailed) | .001 |

a Grouping Variable: grupo

Traduzindo a tabela AIII.5.1:

**Teste Terpstra de Jonckheere(a)**

|  | por_NaCl |
|---|---|
| Número de Níveis no grupo | 4 |
| N | 35 |
| Estatística J-T Observada | 337.000 |
| Estatística média J-T | 225.000 |
| Desvio-Padrão da Estatística J-T | 33.764 |
| Estatística Padrão J-T | 3.317 |
| Significância Assintótica (2-caudas) | .001 |

a Variável de Agrupamento: grupo

Para auxiliar a interpretação do resultado, o SPSS possui um recurso muito interessante. Ao pressionar o botão direito do *mouse* sobre a tabela que se quer interpretar aparecerá uma lista de opções. Corra o ponteiro do *mouse* sobre a lista e pressione com o botão esquerdo a opção "Results Coach" (Orientador do Resultado). Uma nova janela trará um tutorial contendo exemplos genéricos do programa. A navegação no tutorial permite entender o que está contido na tabela de resultado do teste (Figura AIII.5.5).

Analisando a Tabela AIII.5.1, vê-se que o valor da significância ($p$) é de 0,002 ($p < \alpha$), o que implica na rejeição de $H_0$.

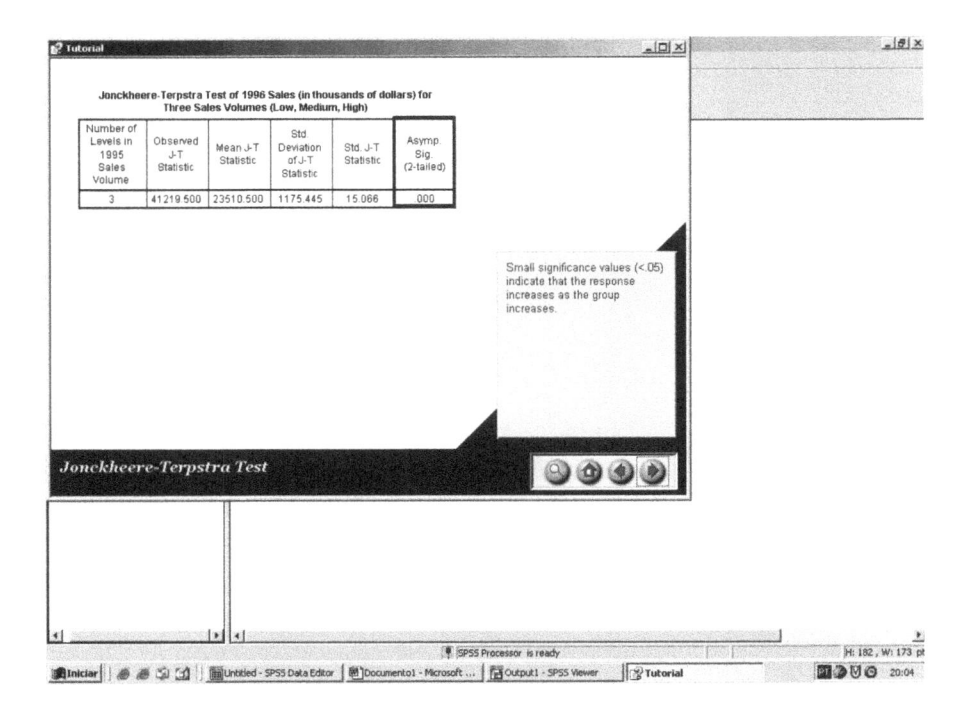

**Figura AIII.5.5**
Janela do tutorial do SPSS para a interpretação do resultado do teste.

# ÍNDICE POR AUTOR

Ashby, F. G., 52-53

Bailey, D. E., 38, 52-54, 63-64
Bishop, Y. M. M., 325-326
Burke, C. J., 147-148, 229

Campbell, V. N., 318-319
Castellan, N. J., Jr., 147-148, 229, 324-325, 338-339
Chacko, V. J., 252-253
Cochran, W. G., 71, 134-135, 146-148, 197-198, 201, 228, 229, 262-263
Cohen, A. , 318-319
Cohen, J., 324-326

Davidson, D., 52-53
Delucchi, K. L., 147-148, 229
Dixon,W. J., 71, 109-110

Edwards, A. L., 53-54
Ehrenberg, A. S. C., 317-318
Eisenhart, C., 84-85
Everitt, B. S., 71, 102, 147-148, 229, 286-287

Feigin, P. D., 318-319
Fisher, R. A., 122-123
Fleiss, J. L., 325-326
Fligner, M. A., 78, 169-170
Fraser, C. O., 52-53
Friedman, M., 211, 305-306

Gibbons, J. D., 75, 275-276, 305-306
Goodman, L. A., 173-177, 333-334, 338-339, 345-346

Haberman, S. J., 229
Hammond, K. R., 324-325
Hays, W. L., 38, 52-54, 63-64, 75, 318-319
Hettmansperger, T. P., 245-246
Hollander, M., 191-192, 216
Householder. J. E., 324-325

Johnson, N. S., 295
Jonckheere, A. R., 251-252

Kendall, M. G., 262-263, 286-290, 295, 305-306, 317-318
Kolmogorov, A., 176-177
Kruskal, W. H., 245-246, 333-334, 338-339, 345-346

Lehmann, E. L., 109-110, 117-118, 161-162, 169-170, 180-181, 184-185, 211, 245-246, 251-252
Lewis, D., 147-148, 229
Lienert, G. A., 229
Light, R. J., 325-326

Mack, G. A., 252-253
McNemar, Q., 71, 102, 134-135, 147-148, 229, 262-263, 275-276
McSweenev. M., 201

Maghsoodloo, S., 295
Mann, H. B., 161-162
Marascuilo, L. A., 201
Massey, F. J., 71, 109-110
Mood, A. M., 117-118, 147-148, 152
Moran, P. A. P., 286-287, 295

Moses, L. E., 109-110, 122-123, 180-181, 184-185, 191-192
Mosteller, F., 252-253

Netter, P., 229

Page, E. B., 216
Page, E. S., 91-92
Pallos, L. L., 295
Patil, K. D., 201
Pettitt, A. N., 91-92
Pitman, E. J. G., 122-123, 177-181
Policello, G. E., III, 78, 169-170
Potter, R. W., 251-252
Puri, M. L., 251-253

Randles, R. H., 78, 109-110, 117-118, 169-170, 211

Scheffé, H. V., 122-123
Schorak. G. R., 191-192
Scott, W. A., 324-326
Shaffer, J. P., 229
Siegel, S., 52-53, 184-185
Smirnov, N. V., 176-177
Somers, R. H., 333-334, 345-346
Stilson, D. W., 318-319
Strum, G. W., 251-252
Suppes, P., 52-53
Swed, F. S., 84-85

Terpstra, T. J., 251-252
Townsend, J. T., 52-53
Tukey, J. W., 184-185, 252-253

Wallis, W. A., 245-246
Whitney, D. R., 161-162
Wilcoxon, F., 117-118, 161-162
Wolfe, D. A., 78, 109-110, 117-118, 169-170, 191-192, 211, 252-253

Yates, F., 97-98, 147-148

# ÍNDICE POR AUTOR DE EXEMPLOS

Asch, S. E., 270-271

Barthol, R. P., 60-61
Brandstatter, B., 263-264
Bunney, W. E., 164-165

Campbell, V. N., 316-317
Castellan, N. J., Jr., 87, 236, 240, 242-243, 310, 312
Child, I. L., 149, 156-157
Coles, M. R., 155-156
Craig, J. C., 214

Davis, J. H., 263-264
Dellantonio, R., 188-189
De Martinis, C., 188-189
De Pirro, R., 188-189
Dodd, B., 111-112

Eisler, H., 183-184

Fagan, J., 268, 270-271, 274-275, 280-282, 285-286, 290-291, 293
Ferretti, G., 188-189

Grosslight, J. H., 204-205, 208-209
Groves, P. M., 88-89

Hakstian, A. R., 220-221, 224, 227
Helson, H., 247-248
Hurst, P. M., 112-113
Hussein, M. E., 258, 261

Jenkins, R., 236, 240, 242-243

Kroeze, J. H. A., 76, 247-248
Ku, N. D., 60-61

Langrehr, F. W., 341-342, 344-345
Langrehr, V. B., 341-342, 344-345
Lauro, R., 171-172
Lepley, W. M., 171-172

McLean, P. D., 220-221, 224, 227
Mann, L., 130, 132
Morrison, D. G., 72

Pitman, E. J. G., 177-178

Qualls, W. J., 103

Radlow, R., 204-205, 208-209
Rebec, G. V., 88-89
Rosenstiel, L. von, 263-264
Rowland, W. J., 320-321, 323-324

Sawyer. T. A., 310, 312
Schmittlein, D. C., 72
Shiffman, S., 138-139, 140-141, 143-144
Siegel, A. E., 80, 268
Siegel, S., 112-113, 173-174, 268, 270-271, 274-275, 280-282, 285-286, 290-291, 293
Solomon, R. L., 155-156
Starr, B. J., 300-304
Stemberg, D. E., 164-165
Stilson, D. W., 316-317
Stocker-Kreichgauer, G., 263-264

Testa. I., 188-189

Van Kammen. D. P., 164-165

Wagner, T. J., 331-333
Whiting, J. W. M., 149, 156-157

# ÍNDICE POR ASSUNTO

Aleatoriedade, teste de (*ver* Teste das séries de aleatoriedade)
Alfa ($\alpha$)
   definição de, 28-32
      e erro do Tipo I, 29-31
Amostragem aleatória, $103n$
Análise de resíduos, 226-227
Análise de variância de dois fatores de Friedman por postos, 201-211
   comparações múltiplas, 207-209
      comparação com um controle, 208-211
   e coeficiente de concordância de Kendall, 211, 304-305
   e teste de Page para alternativas ordenadas, 211-212, 216-217
   eficiência relativa, 211
   função, 201-203
   fundamentos lógicos e método, 202-208
      empates, 205-208
   resumo do procedimento, 211
   tabela de valores críticos, 390
Análise de variância de um fator de Kruskal-Wallis por postos, 235-246, 251-253
   comparações múltiplas, 242-243
      tratamento *versus* controle, 243-244
   comparada com a extensão do teste da mediana, 243-244, 252-253
   função e fundamentos lógicos, 235
   método, 235-241
      grandes amostras, 236, 240-241
      observações empatadas, 239
      pequenas amostras, 236-239
   poder-eficiência, 243-244

   resumo do procedimento, 243-244
   tabela de valores críticos, 392
Análise de variância
   não-paramétrica
      análise de variância de dois fatores de Friedman por postos, 201-211
      análise de variância de dois fatores de Kruskal-Wallis por postos, 235, 245-246
      teste de Jonckheere para alternativas ordenadas, 245-246, 251-252
      teste de Page para alternativas ordenadas, 211-216
   natureza de, 195-197, 219-220
Análise seqüencial, 338-339
Associação
   descrita, 255-256, 345-347
   medidas de
      coeficiente de concordância de Kendall, 295, 305-306
      coeficiente de concordância de Kendall, 305-306, 318-319
      coeficiente de correlação posto-ordem de Kendall, 277, 286-287
      coeficiente de correlação posto-ordem de Spearman, 266-267, 275-276
      coeficiente de correlação posto-ordem parcial de Kendall, 286-287, 295
      coeficiente de Cramér, 255-256, 262-263
      coeficiente phi para tabelas $2 \times 2$, 262-267
      correlação entre vários juízes e critério, 315-319
      estatística de Somers para associação assimétrica de variáveis em escala ordinal, 338-339, 345-346

estatística gama para variáveis ordenadas, 325-326, 333-334
estatística kappa para dados em escala nominal, 318-319, 325-326
estatística lambda para associação assimétrica em variáveis categóricas, 333-334, 338-339
testando significância de medidas, 260
Associação assimétrica
variáveis categóricas (ver estatística Lambda $L_B$ para associação assimétrica)
variáveis ordenadas (ver $d_{BA}$ de Somers)

Beta ($\beta$)
definição de, 29-32
e erro do Tipo II, 30-31
Blocos aleatorizados, 170$n$

C (ver coeficiente de Cramér)
Cálculos $U$ de Mann-Whitney, 246-247
Coeficiente ($T$) de correlação posto-ordem de Kendall, 277, 286-287, 346-347
e coeficiente de concordância de Kendall, 309-310
e coeficiente de correlação posto-ordem de Spearman, 277, 283-284
e coeficiente de Cramér, 262
eficiência, 286-287
função e fundamentos lógicos, 277-279
método, 279-282
empates, 281-284
resumo do procedimento, 285-287
tabela da distribuição amostral ($N$ pequeno), 397
tabela de valores críticos ($N$ moderado), 398
testando significância, 283-286
Coeficiente de concordância ($u$) de Kendall, 305-306, 318-319, 346-347
e coeficiente de correlação posto-ordem de Kendall, 309-310
fundamentos lógicos e método, 306-311
resumo do procedimento, 314-316
tabela da distribuição amostral para comparações emparelhadas, 401-407
testando significância
para comparações emparelhadas, 313-315
para ordenações múltiplas, 311-313
Coeficiente de concordância ($W$) de Kendall, 295, 305-306, 346-347
e análise de variância de dois fatores de Friedman por postos, 211, 304-305
e coeficiente de correlação posto-ordem de Spearman, 295, 298-299
eficiência, 304-306
função e fundamentos lógicos, 295-296
interpretação, 304-305
método, 296-300
observações empatadas, 299-303
tabela de valores críticos, 400
testando significância, 302-304
Coeficiente de correlação posto-ordem de Spearman ($r_s$), 266-277, 346-347
e coeficiente de concordância de Kendall, 295-299
e coeficiente de correlação posto-ordem de Kendall, 277, 283-284
e coeficiente de Cramér, 262
e correlação momento-produto, 266-267
eficiência relativa, 275-276
função e fundamentos lógicos, 266-268
método, 268-269
empates, 270-274
resumo do procedimento, 275-276
tabela de valores críticos, 395-396
testando significância, 273-275
Coeficiente de correlação posto-ordem parcial ($T_{xy.z}$) de Kendall, 286-287, 295, 346-347
cautela sobre o uso, 294
eficiência, 294
função e fundamentos lógicos, 286-290
método, 289
resumo do procedimento, 294
tabela de valores críticos, 399
testando significância, 291-293
Coeficiente phi ($r_f$), 262-267, 345-347
e distribuição qui-quadrado, 263-264
função, 262-263
método, 263-267
poder-eficiência, 266-267
resumo do procedimento, 266-267
Coeficientes binomiais, tabela de, 410
Comparações emparelhadas, 346-347 (Ver também Coeficiente de concordância de Kendall)
análise de, 305-306
Comparações múltiplas ou tratamento versus controle (ver também Partições de tabelas de contingências)
no teste de Friedman, 207-211
no teste de Jonckheere, 251-252
no teste de Kruskal-Wallis, 242-244
no teste de Page, 216
tabelas para testar significância, 356-357
Comparações múltiplas (ver também Partições de tabelas de contingência)
no teste de Friedman, 207-211
no teste de Jonckheere, 251-252
no teste de Kruskal-Wallis, 242-244
no teste de Page, 216
tabelas para testar significância, 356-357
Concordância (ver coeficiente de concordância de Kendall)
Concordância, medidas, 346-347
contagem, 278-279, 327-328, 339

entre dados categóricos (*ver* estatística Kappa para dados em escala nominal)
entre vários juízes e um critério, 315-319, 346-347
entre vários juízes, 295-306, 315-316
para dados em escala nominal (*ver* a estatística Kappa para dados em escala nominal)
Contas $U$, 246-247
Controle estatístico *versus* controle experimental, 287-288
Controle experimental *versus* controle estatístico, 287-288
Correção para continuidade de Yates, 97-98, 139-140
Correlação, 255-256 (Ver também Associação)
entre vários juízes e critério, 315-319, 346-347
Correlação momento-produto, 255-267
de Pearson, 255-256, 267
e coeficiente de correlação posto-ordem de Kendall ($T$), 262
e coeficiente de Cramér, 258, 262
e correlação posto-ordem de Spearman ($r_s$), 262, 266-267
Correlação parcial (*ver* Coeficiente de correlação posto-ordem parcial de Kendall)
Correlação posto-ordem (*ver tipos específicos*, por exemplo, Kendall; Spearman; etc.)
Contagem, concordância e discordância, 278-279
Coeficiente de Cramér ($C$), 255-256, 262-263, 345-347
e correlação momento-produto, 258, 262
e qui-quadrado, 256-257, 260-261
função, 255-256
limitações, 261-263
método, 256-260
poder, 262-263
resumo do procedimento, 261
testando a significância, 259-261

$d_{BA}$ de Somers, 338-339, 345-347
função e fundamentos lógicos, 338-339
interpretação, 342-343
método, 339-343
resumo do procedimento, 345-346
testando significância, 342-346
Deslizamento, teste de $k$ amostras para, 252-253
Diferença de escores, 95-97, 267-268
Discordância, contagem, 278-279
Dispersão
medida para dados categóricos, 326
testes para diferenças de escalas
teste de Siegel-Tukey, 181-185
teste posto-similaridade de Moses, 186-192

Distribuição binomial, 58-59
aplicações de (*ver* Teste binomial, Teste do sinal)
e aproximação pela distribuição normal, 62-63
exemplo ilustrativo, 35-38
propriedades de grandes amostras, 61-62
tabela, 360-365
uso da tabela, 60-61
Distribuição de freqüências relativas acumuladas e distribuição de freqüências acumuladas, $170n$
Distribuição hipergeométrica, 126-127, 149
Distribuição normal
aproximações
em correlação entre ordenações com um critério, 316-317
na correlação posto-ordem de Spearman, 274-275
na estatística gama, 332-333
na estatística kappa, 323-324
na estatística lambda, 343-344
no coeficiente de correlação posto-ordem de Kendall, 284-285
no coeficiente de correlação posto-ordem parcial de Kendall, 293
no $d_{BA}$ de Somers, 343-344
no teste de Page, 212-213
no teste de postos com sinal de Wilcoxon, 112-113
no teste de séries, 82
no teste de Wilcoxon-Mann-Whitney com empates, 159-160
no teste de Wilcoxon-Mann-Whitney, 156-157
no teste do sinal, 106-107
para distribuição binomial, 61-63
equação, 31-32
tabelas de, 355-358
Distribuição qui-quadrado (*ver também* Testes qui-quadrado)
aproximações:
no coeficiente de concordância de Kendall para comparações emparelhadas, 312
no coeficiente de Cramér, 259-261
no teste de Friedman, 204-205
no teste Q de Cochran, 197-198
e a estatística qui-quadrado, $66n$
e o coeficiente de Cramér, 260-261
e o coeficiente phi, 263-264
no coeficiente de concordância de Kendall, 302-304
no coeficiente de concordância de Kendall para postos, 313-315
no teste de duas amostras de Kolmogorov-Smirnov, 173-174

no teste de Kruskal-Wallis, 236
no teste de McNemar, 97-98
para o coeficiente phi, 263-264
tabela de valores críticos, 359
Distribuição *t* (*ver* Distribuição *t* de Student)
Distribuição *t* de Student
e correlação posto-ordem de Spearman, 243$n$
e teste da permutação para duas amostras independentes, 179-180
tabela de valores críticos, 358
Distribuição
hipergeométrica, 126-127, 149
normal, 31-32
Distribuições amostrais, 31-35
exemplo, 31-38
Distribuições de freqüências acumuladas e distribuições de freqüências relativas acumuladas, 144$n$

Eficiência, 40-41 (*ver também* Poder-eficiência)
coeficiente de concordância de Kendall, 304-306
coeficiente de correlação posto-ordem parcial de Kendall, 294
correlação posto-ordem de Kendall, 286-287
correlação posto-ordem de Spearman, 275-276
Eficiência relativa assintótica, 41-42
(*Ver também* Eficiência)
Eficiência relativa, 41-42 (*Ver também* Eficiência)
análise de variância de dois fatores de Friedman por postos, 211
correlação posto-ordem de Spearman, 275-276
teste de Page para alternativas ordenadas, 216
Erro, Tipo I e Tipo II, 29-30
Erro padrão da média, 33-34
Escala classificatória, 42-43
Escala de postos (*ver* Escala ordinal)
Escala de razão, 49-52
Escala intervalar, 47-50
Escala nominal, 42-45
Escala ordinal, 44-48
Escala quantitativa, 49-50
Escalas (*ver* Mensuração)
Estatística gama (*G*), 325-326, 333-334
função e fundamentos lógicos, 325-328
gama parcial, 333-334
método, 327-328
resumo do procedimento, 332-334
testando significância, 332-333
Estatística kappa (*K*) para dados em escala nominal, 318-319, 325-326, 345-347
função e fundamentos lógicos, 318-321
método, 318-324
resumo do procedimento, 324-325
testando significância, 323-325

Estatística lambda para associação assimétrica ($L_B$), 333-339, 345-347
função e fundamentos lógicos, 333-336
método, 334-336
propriedades, 336-338
resumo do procedimento, 337-339
testando significância, 335-337
Estatística qui-quadrado e distribuição qui-quadrado, 66$n$
Extensão do teste da mediana, 229-235
(*Ver também* teste da Mediana)

Fatoriais, 60$n$
tabela, 409

Gama de Goodman-Kruskal (*ver* Estatística Gama)
Gama parcial, 333-334
Grupos ou amostras combinadas, 95-97, 195-197
*versus* grupos ou amostras independentes, 125-126, 195-197, 219-220
Grupos ou amostras independentes
pares combinados, 125-126
*versus* amostras combinadas ou medidas repetidas, 195-197, 219-220

Hipótese alternativa ($H_1$), 27-32
e região de rejeição, 34-36
Hipótese nula ($H_0$), 27-29
cautela sobre "aceitação" de hipóteses, 239$n$
Hipóteses
aceitação *versus* rejeição, 239$n$
alternativa, 27-28
cautela sobre "aceitar" hipóteses, 239$n$
nula, 27-28
pesquisa, 27-28

Índice de concordância de Kendall ($W_r$) entre ordenações múltiplas, 309-310
Inferência, estatística, 23

Lambda de Goodman-Kruskall (*ver* Estatística Lambda para associação assimétrica)
Listagem de programas computacionais, XII
teste da permutação para dois grupos independentes, 415-416
teste da permutação para replicações emparelhadas, 412-414
teste de Jonckheere para alternativas ordenadas, 419-420
teste para simetria distribucional, 412
teste qui-quadrado para tabelas de contingência $r \times k$ com partições, 417-418

Matriz de preferência, construção de, 306-307
Medidas repetidas, 95-97, 195-197 (*ver também* Grupos ou amostras combinadas)

Mensuração, 7, 42-43, 52-53
    e escolha do teste estatístico, 28-29, 39-43, 51-55
    escala intervalar, 47-50
    escala nominal ou categórica, 42-45
    escala ordinal, 44-48
    escala por razão, 49-52

Ordem natural e ordenação, 277$n$

Partições de tabelas de contingência (*ver também* Testes qui-quadrado)
    e análise de resíduos, 226-227
    procedimentos alternativos, 229
    tabelas $r \times 2$ 3-24, 141-146
    tabelas $r \times k$, 223-226
Planejamento de pesquisa
    amostras únicas, 57-58
    antes e depois, 95-97
    correlação, 255-256, 260-261
    duas amostras combinadas ou relacionadas, 95-96
    duas amostras independentes, 125-126
    $k$ amostras combinadas ou relacionadas, 195-197
    $k$ amostras independentes, 219-220
Planejamentos anteriores e posteriores, 96-97
Poder, 30-32, 40-41
    coeficiente de Cramér, 262-263
    teste de Siegel-Tukey, 184-185
    teste de uma amostra de Kolmogorov-Smirnov, 74-75
    teste exato de Fisher para tabelas $2 \times 2$, 134-135
    teste para simetria distribucional, 78
    teste qui-quadrado de aderência, 70-71
    teste qui-quadrado para duas amostras independentes, 147-148
    teste qui-quadrado para tabelas $r \times k$, 229
Poder-eficiência, 40-41 (*ver também* Eficiência)
    análise de variância de um fator de Kruskal-Wallis, 243-244
    coeficiente phi, 266-267
    distribuição binomial, 63-64
    teste da mediana, 152
    teste da permutação para duas amostras independentes, 180-181
    teste da permutação para replicações emparelhadas, 122-123
    teste das séries, 84-85
    teste de duas amostras de Kolmogorov-Smirnov, 176-177
    teste de Jonckheere para alternativas ordenadas, 251-252
    teste de mudança de McNemar, 101-102
    teste de postos com sinal de Wilcoxon, 117-118
    teste de Wilcoxon-Mann-Whitney, 161-162
    teste do sinal, 109-110
    teste ponto-mudança, 90-92
    teste posto-ordem robusto, 168-170
    teste posto-similaridade de Moses para diferenças de escalas, 190-192
    teste Q de Cochran, 201
Posicionamentos (em testes de ordenação), 163-164
Predição seqüencial, 333-334, 338-339
Problema de Behrens-Fisher, 161-162
Programas (*ver* listagens de programas computacionais)
Proporções correlacionadas, teste de (*ver* teste de mudança de McNemar)

Reflexividade, 44$n$-45$n$
Região de rejeição, 34-36
$r_\phi$ (*ver* coeficiente phi)
$r_s$ (*ver* coeficiente de correlação posto-ordem de Spearman)

Significância e tamanho da amostra, 28-32
Simetria, teste para (*ver* Simetria distribucional, teste de)
Simetria distribucional, teste de, 75-78, 92-93
    função e fundamentos lógicos, 75
    listagem de programa computacional, 412
    método, 75-77
    poder, 78
    resumo do procedimento, 77
Simetria, assimetria (em mensurações), 44$n$-45$n$

$T$ (*ver* Coeficiente de correlação posto-ordem de Kendall)
$T^+$ (*ver* Teste de postos com sinal de Wilcoxon)
Tabelas de contingência $2 \times 2$, 139-140
Tamanho da amostra e significância, 28-29
$T_C$ (correlação entre vários juízes e um critério de ordenação), 315-319, 346-347
    e correlação média com um critério, 315-316
    tabela de valores críticos, 408
    teste de significância, 316-318
Teorema do limite central, 33-34
Testando significância: (*Ver também testes específicos*)
    medidas de associação, 260
Teste binomial, 57-58, 63-64, 91-93
    e teste de mudança de McNemar, 101
    função e fundamentos lógicos, 57-59
    método, 58-59, 63-64
        grandes amostras, 61-64
        pequenas amostras, 60-62
    poder-eficiência, 63-64
    resumo do procedimento, 63-64

tabela de probabilidades, 360-361
Teste da mediana, 147-152
   e distribuição hipergeométrica, 149
   extensão para $k$ grupos ou amostras, 229-235, 251-252
      comparado com o teste de Kruskal-Wallis, 243-244, 252-253
      função, 229
      método, 229-234
      resumo do procedimento, 234-235
   função e fundamentos lógicos, 147-148
   método, 147-152
   poder-eficiência, 152
   resumo do procedimento, 152
Teste da permutação para duas amostras independentes, 176-181
   função e fundamentos lógicos, 176-177
   listagem de programa computacional, 415-416
   método, 176-180
      grandes amostras, 179-181
   poder-eficiência, 180-181
   resumo do procedimento, 180-181
Teste da permutação para replicações emparelhadas, 117-123
   e teste de postos com sinal de Wilcoxon, 121$n$
   função e fundamentos lógicos, 117-118
   listagem de programa computacional, 412-414
   método, 117-122
      grandes amostras, 121-122
   poder-eficiência, 122-123
   resumo do procedimento, 121-123
Teste das séries de aleatoriedade, 78-85, 92-93
   aproximação normal, 82
   função e fundamentos lógicos, 78-79
   método, 79-84
      grandes amostras, 82-84
      pequenas amostras, 79-82
   poder-eficiência, 84-85
   resumo do procedimento, 83-85
   tabela de valores críticos, 367
Teste de deslizamento, 252-253
Teste de duas amostras de Kolmogorov-Smirnov, 169-177, 191-192
   e teste ponto-mudança, 87
   função e fundamentos lógicos, 169-170
   grandes amostras:
      teste bilateral, 172-173
      teste unilateral, 172-174
   método, 169-173
   poder-eficiência, 176-177
   resumo do procedimento, 175-177
   tabelas de valores críticos
      teste bilateral, 387-389
      teste unilateral, 385-386

Teste de Jonckheere para alternativas ordenadas ($J$), 245-246, 251-253
   função e fundamentos lógicos, 245-246
   listagem de programa computacional, 419-420
   método, 245-251
      observações empatadas, 250-251
   poder-eficiência, 251-252
   resumo do procedimento, 250-251
   tabela de valores críticos, 393-394
   *versus* extensão do teste da mediana, 252-253
Teste de Mann-Whitney (*ver* teste de Wilcoxon-Mann-Whitney)
Teste de mudança de McNemar, 96-102, 122-123
   correção para continuidade, 97-98
   e teste binomial, 101
   e teste do sinal, 108-109
   freqüências pequenas esperadas, 99-101
   função e fundamentos lógicos, 96-97
   método, 96-101
   poder-eficiência, 101-102
   resumo do procedimento, 101
Teste de Page para alternativas ordenadas, 211-217
   aproximação normal, 212-213
   e análise de variância de dois fatores de Friedman para postos, 211-212
   eficiência relativa, 216
   função e fundamentos lógicos, 211-213
   método, 211-215
      grandes amostras, 212-213
   resumo do procedimento, 215-216
   tabela de valores críticos, 391
Teste de postos com sinal de Wilcoxon ($T^+$), 109-118, 122-123
   aproximação normal, 112-113
   e teste da permutação para replicações emparelhadas, 121$n$
   função, 109-110
   fundamentos lógicos e método, 109-111
      grandes amostras, 112-117
      pequenas amostras, 110-113
      postos empatados, 110-111, 116-117
   poder-eficiência, 117-118
   resumo do procedimento, 116-118
   tabela de probabilidades significantes, 368-371
Teste de Siegel-Tukey para diferenças de escalas, 181-185, 191-192
   ajustamento quando as medianas são conhecidas, 184-185
   e teste de Wilcoxon-Mann-Whitney, 182-183
   e teste posto-similaridade de Moses, 186-187, 191-193
   função e fundamentos lógicos, 181-183

método, 182-184
poder, 184-185
resumo do procedimento, 184-185
Teste de uma amostra de Kolmogorov-Smirnov, 71, 91-93
    e teste qui-quadrado de aderência, 74-75
    função e fundamentos lógicos, 71
    método, 72
    poder, 74
    resumo do procedimento, 74
    tabela de valores críticos, 36
Teste de Wilcoxon-Mann-Whitney ($W_x$), 152, 161-162, 191-192
    aproximação da distribuição normal, 156-157
        com empates, 159-160
    e teste ponto-mudança, 87-89
    função e fundamentos lógicos, 152-153
    método, 153-155
        empates, 158-161
        grandes amostras, 156-161
        pequenas amostras, 154-157
    poder-eficiência, 161-162
    resumo do procedimento, 160-162
    tabela de probabilidades significantes, 376-383
Teste do *guarda-chuva*, 252-253
Teste do sinal, 102-110, 122-123
    aproximação normal, 106-107
    e expansão binomial, 105-106
    e teste de mudança de McNemar, 108-109
    função, 102
    método, 102-109
        empates, 105-106
        grandes amostras, 105-109
        pequenas amostras, 103-106
    poder-eficiência, 109-110
    resumo do procedimento, 108-110
    tabela da distribuição amostral, 360-361
Teste exato de Fisher para tabelas $2 \times 2$, 125-126, 134-135, 191-192
    função, 125-127
    método, 126-127
    poder, 134-135
    resumo do procedimento, 133-135
    tabela da distribuição amostral, 372-375
Teste ponto-mudança, 84-85, 91-93
    e teste de duas amostras de Kolmogorov-Smirnov, 87
    método para variáveis binomiais, 87-88
        resumo do procedimento, 87-88
    método para variáveis contínuas, 87-91
        grandes amostras, 88-91
        pequenas amostras, 87-89
        resumo do procedimento, 90-91

    função e fundamentos lógicos, 84-87
    poder-eficiência, 90-92
Teste posto-ordem robusto ($\grave{U}$), 161-162, 169-170
    função, 161-163
    poder-eficiência, 168-170
    método, 162-169
        empates, 168-169
    resumo do procedimento, 168-169
    tabela de valores críticos, 384
Teste posto-similaridade de Moses para diferenças de escala, 186-192
    comparado com o teste de Siegel-Tukey, 186-187, 191-193
    função e fundamentos lógicos, 186-187
    método, 186-191
        empates, 190-191
        grandes amostras, 190-191
    poder-eficiência, 190-192
    resumo do procedimento, 190-191
Teste Q (*ver* Q de Cochran)
Teste Q de Cochran, 196-201, 216
    função, 196-198
    método, 197-201
    poder-eficiência, 201
    resumo do procedimento, 201
Teste qui-quadrado para duas amostras independentes, 134-135, 147-148, 191-193
    com graus de liberdade maiores do que 1, 146-147
    função, 134-135
    graus de liberdade, 135-138
    listagem de programas computacionais, 417-418
    método, 134-140
    partições de graus de liberdade em tabelas $r \times 2$, 141-146
    poder, 147-148
    resumo do procedimento, 145-147
    tabelas de contingência $2 \times 2$, 139-140, 262-264
        correção de Yates, 139-140
        quando usar, 146-147
    valores esperados pequenos, 146-148
    valores esperados, 135-137
    *versus* teste de duas amostras de Kolmogorov-Smirnov, 192-193
Teste qui-quadrado para $k$ amostras independentes, 219-220, 229, 251-253
    análise de resíduos, 226-227
    categorias colapsadas, 232n
    e coeficiente de Cramér, 256-257
    função, 219-220
    graus de liberdade, 220-221
    linhas e colunas combinadas, 232n
    listagem de programas computacionais, 417-418
    método, 219-223

partições de graus de liberdade em tabelas $r \times k$, 223-226
poder, 229
quando usar o teste qui-quadrado, 228-229
resumo do procedimento, 227-228
valores esperados pequenos, 228-229
valores esperados, 220-221, 228-229

Testes com $k$ amostras:
grupos combinados ou medidas repetidas, 195-197
grupos independentes, 219-220

Testes de aderência (*ver* Teste qui-quadrado de aderência; Teste de uma amostra de Kolmogorov-Smirnov)

Testes de amostra única, características, 57-58

Testes estatísticos livres de distribuição, 24-25

Testes não-paramétricos
comparados com testes paramétricos, 52-55
desvantagens, 55-56
vantagens, 54-56

Testes paramétricos comparados com testes não-paramétricos, 52-55

Testes qui-quadrado de aderência, 64-65, 91-93
comparado com o teste de uma amostra de Kolmogorov-Smirnov, 74-75
função e fundamentos lógicos, 64-65
método, 64-65, 70
freqüências esperadas pequenas, 69
poder, 70-71
resumo do procedimento, 70

Transitividade, $44n$-$45n$

$u$ (*ver* coeficiente de concordância de Kendall)
$\grave{U}$ (*ver* Teste posto-ordem robusto)

Valores esperados (*ver* testes qui-quadrado)

$W$ (*ver* Coeficiente de concordância de Kendall)
$W_T$ (índice de Kendall de concordância entre ordenações múltiplas), 309-310

## Testes estatísticos não-paramétricos

| Nível de mensuração | Caso de uma amostra (Cap. 4) | Caso de duas amostras | | Caso de k amostras | | Medidas de associação (Cap. 9) |
|---|---|---|---|---|---|---|
| | | Amostras combinadas ou relacionadas (Cap. 5) | Amostras independentes (Cap. 6) | Amostras relacionadas (Cap. 7) | Amostras independentes (Cap. 8) | |
| Nominal ou categórica | Teste binomial (4.1)<br>Teste qui-quadrado de aderência (4.2) | Teste de mudança de McNemar (5.1) | Teste exato de Fisher para tabelas $2 \times 2$ (6.1)<br>Teste qui-quadrado para tabelas $r \times 2$ (6.2) | Teste Q de Cochran (7.1) | Teste qui-quadrado para tabelas $r \times k$ (8.1) | Coeficiente de Cramér, $C$ (9.1)<br>Coeficiente phi, $r_\phi$ (9.2)<br>O coeficiente kappa de concordância, $K$ (9.8)<br>Associação assimétrica, a estatística lambda, $L_B$ (9.10) |
| Ordinal ou ordenada | Teste de uma amostra de Kolmogorov-Smirnov $D_{m,n}$ (4.3)<br>Teste das séries de uma amostra (4.5)<br>Teste ponto-mudança (4.6) | Teste do sinal (5.2)<br>Teste de postos com sinal de Wilcoxon, $T^+$ (5.3) | Teste da mediana (6.3)<br>Teste de Wilcoxon-Mann-Whitney, $W_x$ (6.4)<br>Teste posto-ordem robusto, $U$ (6.5)<br>Teste de duas amostras de Kolmogorov-Smirnov, $D_{m,n}$ (6.6)<br>Teste de Siegel-Tukey para diferenças de escalas (6.8) | Análise de variância de dois fatores de Friedman por postos, $F_r$ (7.2)<br>Teste de Page para alternativas ordenadas, $L$ (7.3) | Extensão do teste da mediana (8.2)<br>Análise de variância de um fator de Kruskal-Wallis, $K_W$ (8.3)<br>Teste de Jonckheere para alternativas ordenadas, $J$ (8.4) | Coeficiente de correlação posto-ordem, $r_s$ (9.3)<br>Coeficiente de correlação posto-ordem de Kendall, $T$ (9.4)<br>Coeficiente de concordância posto-ordem parcial de Kendall, $T_{xy.z}$ (9.5)<br>Coeficiente de concordância de Kendall, $W$ (9.6)<br>Coeficiente de concordância de Kendall, $u$ (9.7) |
| Intervalo | Teste para inferência de simetrias de distribuições (4.4) | Teste da permutação para replicações emparelhadas (5.4) | Teste da permutação para duas amostras independentes (6.7)<br>Teste posto similaridade de Moses para diferenças de escalas (6.9) | | | Correlação entre $k$ juízes e um critério, $T_C$ (9.7.4)<br>Estatística gama, $G$ (9.9)<br>Índice de Somers de associação assimétrica, $d_{BA}$ (9.11) |

*Nota:* Cada coluna lista, cumulativamente para baixo, os testes aplicáveis para o dado nível de mensuração, quando as variáveis são ordenadas, a análise de variância de dois fatores de Friedman e o teste Q de Cochran são aplicáveis. No entanto, ver texto para uma discussão sobre a adequação de um teste particular a determinado tipo de dados. O número entre parênteses refere-se às seções dos capítulos.